COMPILATION OF DOCUMENTS OF
THE SECOND NATIONAL CENSUS OF
POLLUTION SOURCES

第二次
全国污染源普查
文献汇编

生态环境部第二次全国污染源普查工作办公室－编

中国环境出版集团 • 北京

图书在版编目（CIP）数据

第二次全国污染源普查文献汇编/生态环境部第二次全国污染源普查工作办公室编. —北京：中国环境出版集团，2022.11

ISBN 978-7-5111-4987-9

Ⅰ. ①第… Ⅱ. ①生… Ⅲ. ①污染源调查—文献—汇编—中国 Ⅳ. ①X508.2

中国版本图书馆 CIP 数据核字（2021）第 259879 号

出 版 人 武德凯
责任编辑 曲 婷
责任校对 任 丽
封面设计 王春声

出版发行 中国环境出版集团
（100062 北京市东城区广渠门内大街 16 号）
网 址：http://www.cesp.com.cn
电子邮箱：bjgl@cesp.com.cn
联系电话：010-67112765（编辑管理部）
发行热线：010-67125803，010-67113405（传真）
印 刷 北京中科印刷有限公司
经 销 各地新华书店
版 次 2022 年 11 月第 1 版
印 次 2022 年 11 月第 1 次印刷
开 本 880×1230 1/16
印 张 42.75
字 数 1020 千字
定 价 300.00 元

第二次全国污染源普查资料

编纂委员会

主任委员

孙金龙　黄润秋

副主任委员

库热西·买合苏提　翟　青　赵英民　刘　华　庄国泰　张　波

委　　员

田为勇　刘长根　徐必久　别　涛　叶　民　邹首民　崔书红
柯　昶　刘炳江　李　高　苏克敬　邱启文　郭承站　汤　搏
江　光　刘志全　柏仇勇　曹立平　郭　敬　刘友宾　宋铁栋
王志斌　洪亚雄　赵群英

第二次全国污染源普查资料

编写人员

主　编

赵英民

副主编

洪亚雄　刘舒生　景立新

编　委（按姓氏笔画排序）

王　强　王夏娇　王赫婧　毛玉如　邢　瑜　朱　琦　刘晨峰
李雪迎　杨庆榜　吴　琼　汪志锋　汪震宇　沈　忱　张　震
陈敏敏　周潇云　郑国峰　赵学涛　柳王荣　谢明辉

国务院第二次全国污染源普查领导小组人员名单

国发〔2016〕59号文，2016年10月20日

组　长

张高丽　国务院副总理

副组长

陈吉宁　环境保护部部长
宁吉喆　国家统计局局长
丁向阳　国务院副秘书长

成　员

郭卫民　国务院新闻办副主任
张　勇　国家发展改革委副主任
辛国斌　工业和信息化部副部长
黄　明　公安部副部长
刘　昆　财政部副部长
汪　民　国土资源部副部长
翟　青　环境保护部副部长
倪　虹　住房城乡建设部副部长
戴东昌　交通运输部副部长
陆桂华　水利部副部长
张桃林　农业部副部长
孙瑞标　税务总局副局长
刘玉亭　工商总局副局长
田世宏　质检总局党组成员、国家标准委主任
钱毅平　中央军委后勤保障部副部长

* 领导小组办公室主任由环境保护部副部长翟青兼任

国务院第二次全国污染源普查领导小组人员名单

国办函〔2018〕74号文，2018年11月5日

组　长

韩　正　国务院副总理

副组长

丁学东　国务院副秘书长

李干杰　生态环境部部长

宁吉喆　统计局局长

成　员

郭卫民　中央宣传部部务会议成员、新闻办副主任

张　勇　发展改革委副主任

辛国斌　工业和信息化部副部长

杜航伟　公安部副部长

刘　伟　财政部副部长

王春峰　自然资源部党组成员

赵英民　生态环境部副部长

倪　虹　住房城乡建设部副部长

戴东昌　交通运输部副部长

魏山忠　水利部副部长

张桃林　农业农村部副部长

孙瑞标　税务总局副局长

马正其　市场监管总局副局长

钱毅平　中央军委后勤保障部副部长

★领导小组办公室设在生态环境部，办公室主任由生态环境部副部长赵英民兼任

第二次全国污染源普查

工作办公室人员

主　任　洪亚雄

副主任　刘舒生　景立新

综合（农业）组　毛玉如　汪志锋　赵兴征　刘晨峰　王夏娇
柳王荣　沈　忱　周潇云　罗建波

督办组　谢明辉　李雪迎

技术组　赵学涛　朱　琦　王　强　张　震　陈敏敏　王赫婧
郑国峰　吴　琼　邢　瑜

宣传组　汪震宇　杨庆榜

此外，于飞、张山岭、王振刚、崔积山、王利强、范育鹏、孙嘉绩、王俊能、谷萍同志也参加了普查工作。

序 言

掌握生态环境保护底数
助力打赢污染防治攻坚战

第二次全国污染源普查是中国特色社会主义进入新时代的一次重大国情调查，是在决胜全面建成小康社会关键阶段、坚决打赢打好污染防治攻坚战的大背景下实施的一项系统工程，是为全面摸清建设“美丽中国”生态环境底数、加快补齐生态环境短板采取的一项重大举措。在以习近平同志为核心的党中央坚强领导下，按照国务院和国务院第二次全国污染源普查领导小组的部署，各地区、各部门和各级普查机构深入贯彻习近平新时代中国特色社会主义思想和习近平生态文明思想，精心组织、奋力作为，广大普查人员无私奉献、辛勤付出，广大普查对象积极支持、大力配合，第二次全国污染源普查取得重大成果，达到了“治污先治本、治本先清源”的目的，为依法治污、科学治污、精准治污和制定决策规划提供了真实可靠的数据基础，集中反映了十年来中国经济社会健康稳步发展和生态环境保护不断深化优化的新成就，昭示着生态文明建设迈向高质量发展的新图景。

一、第二次全国污染源普查高质量完成

第二次全国污染源普查对象为中华人民共和国境内有污染源的单位和个体经营户，范围包括：工业污染源，农业污染源，生活污染源，集中式污染治理设施，移动源及其他产生、排放污染物的设施。普查标准时点为 2017 年 12 月 31 日，时期资料为 2017 年度。这次污染源普查历时 3 年时间，经过前期准备、全面调查和总结发布三个阶段，对全国 357.97 万个产业活动单位和个体经营户进行入户调查和产排污核算工作，摸清了全国各类污染源数量、结构和分布情况，掌握了各类污染物产生、排放和处理情况，建立了重点污染源档案和污染源信息数据库，高标准、高质量完成了既定的目标任务。这次污染源普查的主要特点有：

党中央、国务院高度重视，凝聚工作合力。张高丽、韩正副总理先后担任国务院第二次全国污染源普查领导小组组长，领导小组办公室设在生态环境部。按照“全国统一领导、部门分工协作、地方分级负责、各方共同参与”的原则，县以上各级政府和相关部门组建了普查机构。各级生态环境部门重视普查工作中党的建设，着力打造一支生态环境保护铁军，做到组织到位、人员到位、措施到位、经费到位，为普查顺利实施提供了有力保障。全国（不含港、澳、台）共成立普查机构 9321 个，投入普查经费 90 亿元，动员 50 万人参与，确保了普查顺利实施。

科学设计，普查方案执行有力。依据相关法律法规，加强顶层设计，制定《第二次全国污染源普查方案》，提高普查的科学性和规范性。坚持目标引领、问题导向，经过 12 个省（区、市）普查综合试点、10 个省（区、市）普查专项试点检验，完善涵盖工业源 41 个行业大类的污染源产排污核算方法体系。采取“地毯式”全面清查和全面入户调查相结合的方式，了解掌握“污染源在哪里、排什么、如何排和排多少”四个关键问题，全面摸清生态环境底数。31 个省（区、市）和新疆生产建设兵团以“钉钉子”精神推进污染源普查工作“全国一盘棋”。

运用现代信息技术，推动实践创新。积极推进政务信息大数据共享应用，有效减轻调查对象负担和普查成本。共有 17 个部门作为国务院第二次全国污染源普查领导小组成员单位和联络员单位参与普查，累计提供行政记录和业务资料近 1 亿条，通过比对、合并形成普查清查底册和污染源基本单位名录。首次运用全国环保云资源，建立完善联网直报系统。全面采用电子化手段进行普查小区划分和空间信息采集，使用手持移动终端（PDA）采集和传输数据，提高普查效率。

聚焦数据质量，强化全过程控制。严格“真实、准确、全面”要求，建立细化的数据质量标准，完善数据质量溯源机制，严格普查质量管理和工作纪律。组建普查专家咨询和技术支持团队，开展分类指导和专项督办，引入 4692 个第三方机构参与普查工作，发挥公众监督作用，推动普查公正透明。国务院第二次全国污染源普查领导小组办公室先后对普查各个阶段组织开展工作督导，对全国 31 个省（区、市）和新疆生产建设兵团普查调研指导全覆盖、质量核查全覆盖，确保普查数据质量。

广泛开展宣传培训，营造良好社会氛围。加强普查新闻宣传矩阵平台建设，采取通俗易懂、喜闻乐见的形式，推进普查宣传进基层、进乡镇、进社区、进企业，推广工作中的好经验好方法，营造全社会关注、支持和参与普查的舆论氛围。创新培训方式，统一培训与分级培训相结合，现场培训与网络远程培训相结合，理论传授与案例讲解相结合，由国家负责省级和试点地区、省级负责地市和区县，全方位提高各级普查人员工作能力和技术水平。专题为新疆、西藏等西部地区培训普查业务骨干，深化对口援疆、援藏、援青工作。总的看，第二次全国污染源普查为生态环境保护做了一次高质量“体检”，获得了极其宝贵的海量数据，为加强生态文明建设、推动经济社会高质量发展、推进生态环境领域国家治理体系和治理能力现代化提供了丰富详实的数据支撑。

二、十年来我国生态环境保护取得重大成就

对比第二次全国污染源普查与第一次全国污染源普查结果，可以发现，十年来特别是党的十八大以来，我国在经济规模、结构调整、产业升级、创新动力、区域协调、环境治理等方面呈现诸多积极变化，高质量发展迈出了稳健步伐，生态文明建设取得积极成效，生态环境质量显著改善。

十年来，我国经济社会发展状况以及生态环境保护领域重大改革措施取得重大成果。从十年间两次普查的变化来看：2017 年，化学需氧量、二氧化硫、氮氧化物等污染物排放量较 2007 年分别下降 46%、72%、34%。工业企业废水处理、脱硫和除尘等设施数量，分别是 2007 年的 2.35 倍、3.27 倍和 5.02 倍。城镇污水处理厂数量增加 5.4 倍，设计处理能力增加 1.7 倍，实际污水处理量增加 3 倍；城镇生活污水化学需氧量去除率由 2007 年的 28% 提高至 2017 年的 67%。生活垃圾处置厂数量增加 86%，其中垃圾焚烧厂数量增加 303%，焚烧处理量增加 577%，焚烧处理量比例由 8% 提高到 27%。危险废物集中利用处置厂数量增加 8.22 倍，设计处理能力增加 4279 万吨 / 年，提高 10.4 倍，集中处置利用量增加 1467 万吨，提高 12.5 倍。这些变化充分体现了生态文明建设战略实施的成就。

十年来，我国经济结构优化升级、协调发展取得新进展。我国正处在转变发展方式、优化经济结构、转换增长动能的攻关期。两次普查数据相比，十年间，工业结构持续改善，制造业转型升级表现突出。工业源普查对象涵盖国民经济行业分类 41 个工业大类行业产业活动单位，数量由 157.55 万个增加到 247.74 万个，增加 90.19 万个，增幅达 57.24%。重点行业生产规模集中，造纸制浆、皮革鞣制、铜铅锌冶炼、炼铁炼钢、水泥制造、炼焦行业的普查对象数量分别减少 24%、36%、51%、50%、37% 和 62%，产品产量分别增加 61%、7%、89%、50%、71% 和 30%。农业源普查对象中，畜禽规模程度明显提高，养殖结构得到优化，生猪规模养殖场（500 头及以上）养殖量占比由 22% 上升为 41%。同时，生猪规模养殖场采用干清粪方式养殖量占比从 55% 提高到 81%。这些深刻反映了我国经济结构的重大变化，表明重点行业产业集中度提高，产业优化升级、淘汰落后产能、严格环境准入等结构调整政策取得积极成效。重点行

业产业结构调整既获得了规模效益和经济效益，同时取得了好的环境成效。

十年来，我国工业企业节能减排成效显著。两次普查相比，在工业源方面，废气、废水污染治理快速发展，治理水平大幅提升。2017 年废水治理设施套数比 2007 年提高了 135.47%，废水治理能力提高了 26.88%。脱硫设施数和除尘设施数分别提高了 226.88%、401.72%。十年间，总量控制重点关注行业排放量占比明显下降，化学需氧量、氨氮、二氧化硫、氮氧化物等四项主要污染物排放量分别下降 83.89%、77.56%、75.05%、45.65%。电力、热力生产和供应业二氧化硫、氮氧化物，造纸和纸制品业化学需氧量分别下降 86.54%、76.93%、84.44%。铜铅锌冶炼行业二氧化硫减少 78%。炼铁炼钢行业二氧化硫减少 54%。水泥制造行业氮氧化物减少 23%。表明全国各领域生态环境基础设施建设的均等化水平提升，污染治理能力大幅提高，污染治理效果显著。

另外，普查结果也显示当前生态环境保护工作仍然存在薄弱环节，全国污染物排放量总体处于较高水平。第二次全国污染源普查数据为下一步精准施策、科学治污奠定了坚实基础。

三、贯彻落实新发展理念　推动生态环境质量持续改善

习近平总书记强调，小康全面不全面，生态环境很关键。普查结果显示，在党中央、国务院的坚强领导下，经济高质量发展和生态环境高水平保护协同推动，依法治污、科学治污、精准治污方向不变、力度不减，扎实推进蓝天、碧水、净土保卫战，污染防治攻坚战取得关键进展，生态环境质量持续明显改善。从普查数据中也发现，当前污染防治攻坚战面临的困难、问题和挑战还很大，形势仍然严峻，不容乐观。我们既要看到发展的有利条件，也要清醒认识到内外挑战相互交织、生态文明建设“三期叠加”影响持续深化、经济下行压力加大的复杂形势。要以习近平新时代中国特色社会主义思想为指导，紧紧围绕统筹推进“五位一体”总体布局和协调推进“四个全面”战略布局，紧密围绕污染防治攻坚战阶段性目标任务，持续改善生态环境质量，构建生态环境治理体系，为推动生态环境根本好转、建设生态文明和美丽中国、开启全面建设社会主义现代化国家新征程奠定坚实基础。

深入贯彻落实新发展理念。深入贯彻落实习近平生态文明思想，增强各方面践行新发展理念的思想自觉、政治自觉、行动自觉。充分发挥生态环境保护的引导、优化和促进作用，支持服务重大国家战略实施。落实生态环境监管服务、推动经济高质量发展、支持服务民营企业绿色发展各项举措，继续推进“放管服”改革，主动加强环境治理服务，推动环保产业发展。

坚定不移推进污染治理。用好第二次全国污染源普查成果，推进数据开放共享，以改善生态环境质量为核心，制定国民经济和社会发展“十四五”规划和重大发展战略。全面完成《打赢蓝天保卫战三年行动计划》目标任务，狠抓重点区域秋冬季大气污染综合治理攻坚，积极稳妥推进北方地区清洁取暖，持续整治“散乱污”企业，深入推进柴油货车污染治理，继续实施重污染天气应急减排按企业环保绩效分级管控。深入实施《水污染防治行动计划》，巩固饮用水水源地环境整治成效，持续开展城市黑臭水体整治，加强入海入河排污口治理，推进农村环境综合整治。全面实施《土壤污染防治行动计划》，推进农用地污染综合整治，强化建设用地土壤污染风险管控和修复，组织开展危险废物专项排查整治，深入推进“无废城市”建设试点，基本实现固体废物零进口。

加强生态系统保护和修复。协调推进生态保护红线评估优化和勘界定标。对各地排查违法违规挤占生态空间、破坏自然遗迹等行为情况进行检查。持续开展“绿盾”自然保护地强化监督。全力推动《生物多样性公约》第十五次缔约方大会圆满成功。开展国家生态文明建设示范市县和“绿水青山就是金山银山”实践创新基地评选工作。

着力构建生态环境治理体系。推动落实关于构建现代环境治理体系的指导意见、中央和国家机关有关部门生态环境保护责任清单。基本建立生态环境保护综合行政执法体制。构建以排污许可制为核心的固定污染源监管制度体系。健全生态环境监测和评价制度、生态环境损害赔偿制度。夯实生态环境科技支撑。强化生态环境保护宣传引导。加强国际交流和履约能力建设。妥善应对突发环境事件。

加强生态环境保护督察帮扶指导。持续开展中央生态环境保护督察。持续开展蓝天保卫战重点区域强化监督定点帮扶，聚焦污染防治攻坚战其他重点领域，开展统筹强化监督工作。精准分析影响生态环境质量的突出问题，分流域区域、分行业企业对症下药，实施精细化管理。充分发挥国家生态环境科技成果转化综合平台作用，切实提高环境治理措施的系统性、针对性、有效性。坚持依法行政、依法推进，规范自由裁量权，严格禁止“一刀切”，避免处置措施简单粗暴。

充分发挥党建引领作用。牢固树立“抓好党建是本职、不抓党建是失职、抓不好党建是渎职”的管党治党意识，始终把党的政治建设摆在首位，巩固深化“不忘初心、牢记使命”主题教育成果，着力解决形式主义突出问题，严格落实中央八项规定及其实施细则精神，进一步发挥巡视利剑作用，一体推进不敢腐、不能腐、不想腐，营造风清气正的政治生态，加快打造生态环境保护铁军。

编制说明

全国污染源普查是重大的国情调查，是生态环境保护的基础性工作，党中央、国务院高度重视第二次全国污染源普查工作。根据《全国污染源普查条例》和《国务院关于开展第二次全国污染源普查的通知》要求，国务院成立第二次全国污染源普查领导小组，负责领导和协调全国污染源普查工作；领导小组办公室设立在生态环境部，负责本次普查的日常工作；生态环境部组建工作办公室，作为领导小组和领导小组办公室的工作机构，负责指导全国各地、各有关单位按照普查领导小组统一部署组织开展普查工作。

《第二次全国污染源普查文献汇编》整理收录了 2017—2020 年间国家及生态环境部普查机构形成的主要工作文件，并收录了领导发言、批准执行复函及其他相关文件，这些文件对普查各阶段工作提供了重要依据。

本书主要分为六个章节，分别是领导讲话、综合性文件、普查制度与技术规定、工作安排与要求、其他及污染源普查表式。工作文件内容主要由第二次全国污染源普查工作办公室的同志编纂完成，由周潇云、汪志锋同志整理、编辑。

值此书籍付梓之际，向参加本项工作的所有单位和个人表示衷心的感谢。

编制说明

全国污染源普查是重大的国情调查，是生态环境保护的基础性工作，党中央、国务院高度重视第二次全国污染源普查工作。根据《全国污染源普查条例》和《国务院关于开展第二次全国污染源普查的通知》要求，国务院成立第二次全国污染源普查领导小组，负责领导和协调全国污染源普查工作；领导小组办公室设立在生态环境部，负责本次普查的日常工作；生态环境部组建工作办公室，作为领导小组和领导小组办公室的工作机构，负责指导全国各地、各有关单位按照普查领导小组统一部署组织开展普查工作。

《第二次全国污染源普查文献汇编》整理收录了 2017—2020 年间国家及生态环境部普查机构形成的主要工作文件，并收录了领导发言、批准执行复函及其他相关文件，这些文件对普查各阶段工作提供了重要依据。

本书主要分为六个章节，分别是领导讲话、综合性文件、普查制度与技术规定、工作安排与要求、其他及污染源普查表式。工作文件内容主要由第二次全国污染源普查工作办公室的同志编纂完成，由周潇云、汪志锋同志整理、编辑。

值此书籍付梓之际，向参加本项工作的所有单位和个人表示衷心的感谢。

目 录

第一部分　领导讲话 /1

全面细致做好入户调查　高质量完成第二次全国污染源普查任务——国务院第二次全国污染源普查领导小组副组长、生态环境部部长李干杰在第二次全国污染源普查工作推进视频会议上的讲话 /3

严格质量管理　凝炼调查成果　扎实推进第二次全国污染源普查和全国土壤污染状况详查——生态环境部部长李干杰在第二次全国污染源普查暨全国土壤污染状况详查工作推进视频会议上的讲话 /10

科学应用普查成果　有力支撑深入打好污染防治攻坚战和助推高质量发展——黄润秋部长在第二次全国污染源普查工作总结视频会议上的讲话 /18

国务院第二次全国污染源普查领导小组办公室主任、环境保护部副部长翟青在第二次全国污染源普查工作培训班上的讲话 /23

国务院第二次全国污染源普查领导小组办公室主任、生态环境部副部长翟青在第二次全国污染源普查现场暨视频会议上的讲话 /28

团结协作、积极作为，确保圆满完成普查任务——国务院第二次全国污染源普查领导小组办公室主任、生态环境部副部长赵英民在国务院第二次全国污染源普查领导小组办公室会议上的讲话 /34

强化审核责任，全面提升普查数据质量——国务院第二次全国污染源普查领导小组办公室主任、生态环境部副部长赵英民在华北片区第二次全国污染源普查入户调查数据汇总评估及质量提升指导工作会上的讲话 /37

坚定信心、强化责任，全面提升污染源普查工作质量——国务院第二次全国污染源普查领导小组办公室主任、生态环境部副部长赵英民在第二次全国污染源普查工作办公室主任培训班上的讲话 /41
国务院第二次全国污染源普查领导小组办公室主任、生态环境部副部长赵英民在国务院第二次全国污染源普查领导小组办公室会议上的讲话 /49
第二次全国污染源普查总体情况——国务院第二次全国污染源普查领导小组办公室主任、生态环境部副部长赵英民在国务院新闻办公室新闻发布会上的讲话 /51
坚持风险导向 加强安全监管 努力推进核与辐射安全监管体系和监管能力现代化——环境保护部副部长、国家核安全局局长刘华在 2017 年全国辐射安全监管工作座谈会上的总结讲话 /54

第二部分 综合性文件 /63

全国污染源普查条例 /65
国务院关于开展第二次全国污染源普查的通知 /70
国务院办公厅关于印发第二次全国污染源普查方案的通知 /73
环境保护部关于成立第二次全国污染源普查工作办公室的通知 /78
环境保护部办公厅 中共中央宣传部办公厅关于做好第二次全国污染源普查宣传工作的通知 /80
生态环境部 国家档案局关于印发《污染源普查档案管理办法》的通知 /84
国务院第二次全国污染源普查领导小组办公室议事规则 /95
关于印发《第二次全国污染源普查项目预算编制指南》的通知 /97
关于印发《第二次全国污染源普查部门分工》的通知 /103
关于申请审批《第二次全国污染源普查报表制度》的函 /106
国家统计局关于批准执行第二次全国污染源普查制度的函 /107
国务院办公厅关于调整国务院第二次全国污染源普查领导小组组成人员的通知 /108
关于第二次全国污染源普查工作进展情况的报告 /109
第二次全国污染源普查工作总结报告 /111
关于表扬第二次全国污染源普查表现突出的集体和个人的决定 /144

第三部分 普查制度与技术规定 /145

关于第二次全国污染源普查普查员和普查指导员选聘及管理工作的指导意见 /147
关于印发《第二次全国污染源普查伴生放射性矿普查监测技术规定》的通知 /151
关于印发《第二次全国污染源普查清查技术规定》的通知 /213
关于印发《第二次全国污染源普查数据处理方案》的通知 /246

关于印发《第二次全国污染源普查清查工作抽查检查方案》的通知 /258
关于印发《第二次全国污染源普查技术规定》的通知 /262
关于印发《第二次全国污染源普查质量控制技术指南》的通知 /283
关于印发《第二次全国污染源普查工作总结报告提纲》《第二次全国污染源普查数据分析报告提纲》的通知 /290
关于印发《第二次全国污染源普查经费支持项目验收管理办法》的通知 /298
关于印发《第二次全国污染源普查公报审核技术规定》的通知 /305

第四部分　工作安排与要求 /313

关于报送产排污核算工作开展情况的函 /315
关于加快推进第二次全国污染源普查工作的通知 /316
关于组织申报第二次全国污染源普查试点工作的通知 /318
关于开展第二次全国污染源普查伴生放射性矿普查试点工作的通知 /323
关于报送《第二次全国污染源普查工作大事记》材料的函 /328
关于印发《第二次全国污染源普查工作要点》的通知 /329
关于做好第三方机构参与第二次全国污染源普查工作的通知 /333
环境保护部　质检总局关于开展第二次全国污染源普查生活源锅炉清查工作的通知 /335
关于印发《第二次全国污染源普查试点工作方案》的通知 /339
关于开展第二次全国污染源普查入河（海）排污口普查与监测工作的通知 /342
关于加强第二次全国污染源普查保密管理工作的通知 /348
关于第二次全国污染源普查质量管理工作的指导意见 /355
关于做好第二次全国污染源普查质量核查工作的通知 /358
关于做好第二次全国污染源普查清查工作的通知 /364
关于开展第二次全国污染源普查前期工作检查的通知 /366
关于做好第二次全国污染源普查清查结果报送工作的通知 /369
关于做好普查入户调查和数据审核工作的通知 /381
关于进一步做好第二次全国污染源普查质量控制工作的通知 /384
关于加强第二次全国污染源普查数据安全管理工作的通知 /387
关于强化污染源普查数据审核和质量核查工作的通知 /388
关于印发《第二次全国污染源普查 2019 年及后续工作要点》的通知 /390
关于开展污染源基本单位名录比对核实工作的通知 /392
关于进一步做好第二次全国污染源普查数据审核与汇总阶段相关工作的通知 /401
关于开展第二次全国污染源普查量核查工作的通知 /403
关于进一步做好工业污染源排放量核算工作的通知 /418

关于开展第二次全国污染源普查工作验收的通知 /421
关于开展第二次全国污染源普查数据汇交工作的通知 /424
关于开展第二次全国污染源普查表扬工作的通知 /434
关于通过第二次全国污染源普查工作验收的通知 /442
关于加强第二次全国污染源普查数据库及相关软件运维管理工作的通知 /443

第五部分　其他 /445

致第二次全国污染源普查对象的一封信 /447
致普查员和普查指导员的一封信 /448
企业代表在第二次全国污染源普查工作推进视频会议上的发言 /449
普查员代表在第二次全国污染源普查工作推进视频会议上的发言 /451

第六部分　污染源普查表式 /453

关于印发《第二次全国污染源普查制度》的通知 /455

后记 /665

第一部分

领导讲话

全面细致做好入户调查　高质量完成第二次全国污染源普查任务

——国务院第二次全国污染源普查领导小组副组长、生态环境部部长李干杰在第二次全国污染源普查工作推进视频会议上的讲话

2018 年 8 月 24 日

同志们：

在党中央、国务院的坚强领导下，在各地区各部门的通力合作下，第二次全国污染源普查取得积极进展，目前已经进入入户调查这个关键阶段和攻坚阶段。今天，我们召开视频会议，一直开到区县一级，主要任务是，深入学习贯彻习近平新时代中国特色社会主义思想和党的十九大精神，以习近平生态文明思想为指导，全面落实国务院关于第二次全国污染源普查的部署和要求，总结前期工作进展，动员部署入户调查工作，确保高标准、高质量、高水平完成第二次全国污染源普查任务。

刚才，企业和普查员代表做了发言，讲得都很好，我听了很受感动，也深受启发。普查工作办公室宣读了《致普查员和普查指导员的一封信》《致第二次全国污染源普查对象的一封信》，明确了普查员、普查指导员和普查对象的责任和义务，我都赞成。在此，我代表国务院普查领导小组办公室和生态环境部，向所有关心、参与和支持第二次全国污染源普查工作的同志们表示衷心感谢！

下面，我就全面推进污染源普查后续工作，特别是开展好入户调查，讲三点意见，与大家交流。

一、充分认识第二次全国污染源普查的重大意义，不断强化做好普查工作的责任感和使命感

第二次全国污染源普查是在国务院的统一部署下，依据《全国污染源普查条例》开展的一次重大国情调查，是在全面建成小康社会进入决胜阶段，坚决打好污染防治攻坚战的大背景下实施的一项系统工程，是为全面摸清建设“美丽中国”生态环境家底采取的一项重大举措。

党的十八大以来，以习近平同志为核心的党中央把生态文明建设作为统筹推进“五位一体”总体布局和协调推进“四个全面”战略布局的重要内容，谋划开展了一系列根本性、长远性、开创性工作，推动生态文明建设和生态环境保护从实践到认识发生了历史性、转折性、全局性变化。党的十九大对加强生态文明建设、打好污染防治攻坚战、建设美丽中国作出了全面部署，明确到 2020 年，坚决打好污染防治攻坚战；到 2035 年，生态环境根本好转，美丽中国目标基本实现；到本世纪中叶，把我国建成富强民主文明和谐美丽的社会主义现代化强国。今年 4 月 2 日，习近平总书记主持中央财经委员会第一次会议，研究打好污染防治攻坚战的思路和举措，要求打赢蓝天保卫战，打好柴油货车污染治理、城市黑臭水体治理、渤海综合治理、长江保护修复、水源地保护、农业农村污染治理攻坚战等几场标志性重大战役。5 月 18 日至 19 日，党中央、国务院召开全国生态环境保护大会，习近平总书记出席会议并发表

重要讲话，对全面加强生态环境保护、坚决打好污染防治攻坚战作出再部署，提出新要求。这次会议是我国生态文明建设和生态环境保护发展历程中规格最高、规模最大、影响最广、意义最深的历史性盛会，大会实现了“四个第一次”和取得了“一个标志性成果”，具有划时代的里程碑意义。“四个第一次”是，党中央决定召开大会，是第一次；总书记出席大会并发表重要讲话，是第一次；以中共中央、国务院名义出台加强生态环境保护的重大政策性文件，是第一次；会议名称改为全国生态环境保护大会，是第一次。“一个标志性成果”就是大会确立了习近平生态文明思想，这是大会最大亮点，为新时代推进生态文明建设、加强生态环境保护提供了思想指引和行动指南。6 月 16 日，中共中央、国务院印发《关于全面加强生态环境保护　坚决打好污染防治攻坚战的意见》，明确了打好污染防治攻坚战的时间表、路线图、任务书。这一系列决策部署充分体现了党中央、国务院解决突出生态环境问题、提供更多优质生态产品、满足人民日益增长的优美生态环境需要的坚定决心和坚强意志，我们必须深入学习领会，坚定不移抓好贯彻落实。

打好污染防治攻坚战，要进一步坚持和发扬总结当前工作好的做法和经验，做到“六个坚持”。一是坚持稳中求进，既打攻坚战，也打持久战。二是坚持统筹兼顾，努力实现“三个有利于”，即有利于减少污染物排放，改善生态环境质量；有利于推动产业结构转型升级，促进经济高质量发展；有利于解决老百姓身边的突出环境问题，化解社会矛盾，促进社会和谐，实现环境效益、经济效益和社会效益多赢。三是坚持综合施策，既发挥好行政、法治的约束作用，又发挥好经济、市场和技术的支撑保障作用。四是坚持两手发力，一手抓宏观顶层设计，开展政策制定和综合协调；一手抓微观推动落实，强化督察执法，传导压力，夯实责任。五是坚持突出重点，不搞“眉毛胡子一把抓”，通过重点突破带动整体推进。六是坚持求真务实，不断强化工作基础，加快解决当前和历史遗留问题，严格数据归真，确保实现没有“水分”的生态环境质量改善。

“治污要治本、治本先清源”。打好打胜污染防治这场大仗、硬仗和苦仗，不断改善生态环境质量，首先要摸清底数，全面掌握各类污染源的数量、行业和地区分布情况，了解主要污染物产生、排放和处理情况，制定实施有针对性的经济社会和环境保护政策、规划。2007—2010 年，在国务院统一领导下，原环境保护部会同有关部门联合开展了第一次全国污染源普查，取得了重要成果，为实施污染物总量减排，编制“十二五”和“十三五”国民经济和社会发展规划以及环境保护规划发挥了有力支撑作用。但随着事业发展，第一次全国污染源普查掌握的数据信息已经不能满足当前工作需要。组织开展第二次全国污染源普查，就是要在第一次全国污染源普查的基础上，坚持目标导向，以改善生态环境质量为核心，以影响生态环境质量的主要污染物、敏感污染物为重点，建立健全重点污染源档案、污染源信息数据库和环境统计平台，掌握一套真实的，能够反映全国和不同区域、流域环境形势的污染物排放数据，形成一张可动态更新的污染源名录库电子地图，建立一套科学的污染物排放核算方法。简单来说，就是产出“一套数”“一张图”“一套核算方法”，为加强污染源监管、改善生态环境质量、防控环境风险、服务环境与发展综合决策提供科学依据和重要支撑。

同时，我国生态文明建设正处于压力叠加、负重前行的关键期，已进入提供更多优质生态产品以满足人民日益增长的优美生态环境需要的攻坚期，也到了有条件有能力解决生态环境突出问题的窗口期。

这是习近平总书记立足当前、着眼长远，统筹考虑包括经济、政治、社会和环境诸要素在内的发展全局，作出的重大战略判断。开展第二次全国污染源普查，将进一步帮助我们准确、客观、全面把握这个重大战略判断，对于科学谋划当前和今后一个时期生态环境保护工作具有重要意义。

党中央、国务院高度重视这次污染源普查工作，成立了国务院第二次全国污染源普查领导小组。2016年10月，国务院印发《关于开展第二次全国污染源普查的通知》，对普查对象和内容、普查时间安排、普查组织和实施、普查经费保障作出明确部署、提出明确要求。2017年9月，国务院办公厅印发《第二次全国污染源普查方案》（以下简称《普查方案》），进一步明确普查工作目标、普查时点、对象、范围和内容，提出了普查技术路线。这些工作为做好第二次全国污染源普查工作提供了根本保证和基本遵循。

我们要切实提高政治站位，从服务国家战略决策、打好污染防治攻坚战、推进生态文明建设、建设美丽中国的高度，全面认识开展第二次全国污染源普查的重大意义，不断强化做好普查工作的责任感和使命感，自觉以习近平生态文明思想为指导，对标对表国务院关于普查工作的具体要求，全面细致、系统科学、求真务实做好这次污染源普查的各项工作，以高标准、高质量、高效率圆满完成普查任务。

二、客观把握第二次全国污染源普查取得的进展和存在的问题，不断强化做好普查工作的信心和决心

2016年国务院启动第二次全国污染源普查以来，各地区各部门认真贯彻落实国务院决策部署和第二次全国污染源普查领导小组的工作要求，积极开展动员部署、不断强化统筹安排、持续夯实各项保障，普查工作进展顺利。目前已经基本完成普查前期准备、清查建库、普查试点等任务，为全面实施入户调查奠定了坚实基础。

一是组建污染源普查机构，扎实做好前期工作。原环境保护部于2015年12月启动第二次全国污染源普查准备工作。经国务院批准，2016年10月会同国务院普查领导小组成员单位，组建领导小组办公室，并成立普查工作办公室，具体负责日常工作。全国31个省份和新疆生产建设兵团均已成立普查领导机构及其办公室，选调专职人员，印发普查实施方案，内蒙古、江西、北京、安徽、甘肃、浙江、青海、山西、新疆、陕西等省（区、市）人民政府召开省、市、县三级政府及相关部门参加的普查动员部署会，推进落实普查工作。

二是建立部门共商机制，严格落实普查责任。国务院普查领导小组成员单位密切配合，建立普查领导小组办公室工作制度，明确工作责任，完善共商机制。各部门各单位大力支持、全力配合，积极提出工作意见和建议，主动提供相关资料和数据信息。国家统计局提供全国基本单位名录库，共享相关领域普查信息和成果，帮助建立和完善调查制度；农业农村部印发《关于做好第二次全国农业污染源普查有关工作的通知》和《全国农业污染源普查方案》，全面部署开展农业污染源普查；国家税务总局和国家市场监督管理总局分别提供调查单位名录；水利部提供水利普查成果及入河排污口有关信息；自然资源部提供地理国情普查相关成果；国家电网等单位提供有关用电信息；中央军委后勤保障部研究部署全军和武警部队开展污染源普查工作，基本形成了部门联动、军地协作、齐抓共管的良好局面。

三是优化普查工作思路，紧密对接管理需求。在方案设计上，坚持以改善生态环境质量为核心，以

用为本，以普查结果“一张图”为目标，规划普查整体思路；以普查成果管理应用为出发点，优化调查指标和报表制度。在技术路线上，对固定源和分散源采取不同的普查技术路线，查实、查全、查细固定源，对分散源进行区域科学核算；建立专家咨询机制，普查各个阶段均有专家参与把关。在调查内容上，将当前影响生态环境质量的主要污染物，包括颗粒物、挥发性有机物、氨和重金属等纳入重点调查范围。在普查方法上，建立中央和省级“两级部署、五级应用”“联网采集、专网审核”的工作方法，充分运用现代化信息技术手段，减轻基层工作负担。在质量控制上，加大现场核查、分级审核、抽样评估等工作力度，落实数据质量管理责任，引入第三方机构参与，确保普查数据真实有效。在成果总结上，围绕打赢蓝天保卫战、实施“水十条”“土十条”以及推行排污许可、征收环境税和防范生态环境风险等管理需求，统一规划普查成果产出。

四是研究编制普查方案，积极落实普查经费。在深入地方调研、广泛征求意见、充分咨询论证的基础上，原环境保护部会同国务院普查领导小组各成员单位，组织编制《普查方案》，经普查领导小组会议审议通过，由国务院办公厅印发实施。按照分级保障原则，各地区落实普查经费 51.2 亿多元。其中，省级层面落实经费 7.8 亿多元，地市级层面落实经费 12.3 亿多元，县级层面落实经费约 31 亿多元。四川、湖北、江西等地以省级财政专项资金形式，支持贫困区县开展普查工作。

五是制定普查工作规范，大力推进普查试点。建立工业污染源、农业污染源、生活污染源、集中式污染治理设施、移动源等五大类污染源普查报表制度，出台技术规定，推进数据处理软件开发及系统环境建设。确定 18 个市（县）作为国家试点，开展入户调查前“试用试行”工作，验证完善普查报表制度和配套软件的可操作性。单独选择 4 个省的 8 个地级市开展伴生放射性矿普查试点，完成 1 539 家伴生放射性矿企业的初测和 229 家企业的详查。通过试点，普查的相关制度文件得到补充完善，普查技术路线和实施机制得到检验和优化，达到了预期目的。

六是大力开展普查培训，圆满完成清查建库。现场培训省、市两级普查机构技术骨干、师资力量，以及试点地区业务骨干约 3 000 人次，在线培训约 1 万人次，各地区培训本行政区域普查工作人员约 5 万人次。汇总各部门数据，形成“污染源基本单位名录”底册，下发各省（区、市）补充完成清查名录筛选建库，指导市、县两级开展清查工作。各地充分发动乡镇（街道）一级和村（居）民委员会积极参与普查，采取拉网式、地毯式方式，逐点位逐单位排查，加强数据会审，强化质量控制，按照预定时间节点有序报送清查结果。

七是广泛开展宣传活动，不断强化工作督导。原环境保护部、中央宣传部联合印发《关于做好第二次全国污染源普查宣传工作的通知》。通过召开部例行新闻发布会，开通官方“双微”，设置网站和报纸专栏，组织征文活动，制作宣传海报和短片，播出普查专题节目等，及时发布权威信息，强化普查宣传引导。各地充分发挥地方报刊、电视、网络和新媒体作用，组建宣传矩阵，开展各类宣传活动，营造全社会关注普查、支持普查和参与普查的良好氛围。健全完善工作督导检查机制，国家层面按照区域、省份和专题深入现场开展调研检查共 20 余次，组织 12 次月调度和 10 次双周调度，发布新闻通报和内部通报，推动地方各级政府积极落实普查目标责任制。

总体而言，第二次全国污染源普查工作进展顺利，取得了阶段性成果。但从调研检查和基层反映的情况来看，后续普查任务十分繁重，全面落实国务院关于普查工作的部署和要求，圆满完成普查任务仍面临严峻挑战和诸多困难。

一是普查范围广、工作量大。在前期清查建库工作中，根据各部门及相关单位提供的基本单位名录，经过筛选、各地补充完善以及普查员、普查指导员逐一现场排查，通过县级自查、省市级质量核查、国家层面抽查核查和集中审核，在排查 1 001 万家疑似排污企业的基础上，最终确定全面入户调查对象的数量为 333.25 万家，其中工业企业和产业活动单位 266.59 万家、规模畜禽养殖场 38.23 万家、生活源锅炉 8.70 万台、入河（海）排污口 11.45 万个、集中式污染治理设施 8.29 万个。按照要求，在入户调查阶段，普查员、普查指导员需要根据排污单位类型，逐一到现场分类采集数据，工作量巨大。

二是普查要求严、难度高。污染源普查成果既与排污许可、环境监测等生态环境管理制度实施密切相关，又与国民经济和社会发展五年规划编制紧密相连。普查数据必须客观、全面、真实反映各地污染源的状况，经得起社会和历史的检验。这对普查各个环节的工作质量都提出了更高要求，必须严格把关、确保万无一失。同时，相比第一次全国污染源普查，这次普查更加重视现代信息技术的应用。为实现部门行政记录的获取、单位信息的比对，普查区电子底图的数据处理、服务和部署，还包括使用互联网、手持移动采集终端（PDA）采集、审核、报送普查数据，需要使用一整套更加全面、更具适应性的软件系统，这加大了技术开发和运维的难度。

三是普查进展不均衡、基础弱。今年 5 月和 7 月开展的两次全国性检查督导结果显示，各地工作不均衡。特别是 7 月份的清查抽查结果显示，全国清查工作比较好的有北京市、重庆市、陕西省、上海市、云南省、福建省；工作相对较差的是湖南省和辽宁省。已对两省发函通报督办。其中，河北省保定市，内蒙古自治区鄂尔多斯市，辽宁省鞍山市、抚顺市，黑龙江省哈尔滨市，江苏省扬州市，山东省潍坊市，河南省郑州市，湖北省武汉市，湖南省岳阳市，广东省汕头市，四川省遂宁市，青海省西宁市等 13 个地市出现抽查的普查小区清查表填报错误率超过 10%的情况。部分地方政府对普查工作不重视，疏于布置、疏于检查、疏于调度、疏于督办，相关保障措施落实不到位。请工作落后的相关地区更加重视普查工作，务必提升下一步入户调查的工作质量。基层还普遍反映，选聘既懂环保业务，又熟悉计算机、网络知识的普查员和普查指导员难度较大，普查培训任务十分艰巨；部分普查对象存在思想顾虑，不积极配合普查工作，可能导致漏查和少报，影响普查进度和普查质量；有的中小企业没有足够的环保业务技术骨干以及相关信息台账，可能导致普查数据缺乏依据，不能真实反映企业实际生产经营状况，无法满足普查工作的需要等问题。

随着普查的深入推进，一些潜在的困难和问题还将逐步显现出来。对此，我们要有清醒的认识、足够的心理准备，积极采取有效措施，强化工作指导，帮助清除普查过程中“拦路虎”，全力推进污染源普查工作，确保顺利达到普查目标。

三、以做好入户调查为重点，不断强化普查工作的科学性和准确性

入户调查是污染源普查最关键的工作，也是最艰难的阶段，涉及范围广、技术环节多、工作要求高。入户调查的数据结果，直接决定普查工作的成败；入户调查水平的高低，直接关系普查质量的好坏。必

须高度重视，突出入户调查这个重点，攻克入户调查这个难题，千方百计提高入户调查质量，带动普查各项工作全面有序推进，确保普查任务按时高标准高质量完成。

一是科学细致谋划，认真做好入户调查各项准备。地方各级政府及相关部门要统一思想认识，提前分析预测，强化资源保障，根据本行政区入户调查工作量，合理确定普查员、普查指导员数量。要充分发挥基层政府管理部门、环保员、网格员作用，从有关单位抽调业务精、作风硬、组织协调能力强的干部参加到普查工作当中来，也可以从社会和大专院校中招聘一批素质高、责任心强、善于沟通、热爱普查工作的同志充实普查队伍，确保“人”“事”相符。要明确普查软硬件要求，尽快完善入户调查数据处理环境建设，落实手持移动采集终端，确保各级环保专网稳定、快速畅通运行。对普查员、普查指导员、数据质量审核人员要强化分类培训和业务指导，确保每位普查人员都能够熟知普查流程、熟悉普查要领、熟练操作普查设备。市、县两级政府要做好入户前动员工作，为普查人员鼓劲加油，帮助克服畏难情绪。

二是认真开展入户调查，确保普查数据质量。要坚持“全面覆盖、应查尽查、不重不漏”的基本原则，根据清查确定的污染源普查基本单位名录，落实报表制度和技术规定要求，用好手持移动采集终端和联网直报等现代信息手段，登记被调查单位基本信息、活动水平信息、污染治理设施和排放信息，抽样调查城乡居民能源使用情况、农村居民生活水污染情况，科学准确采集相关数据。各级普查机构要加强对普查汇总数据的质量审核，强化普查公正透明，积极发挥第三方机构和公众监督作用，确保普查结果与所在行政区域能源、经济、社会发展水平相匹配、相一致。

数据质量是普查工作的生命线。在这里，我特别强调一点，各级普查机构、普查人员和普查对象，务必按照法律法规和这次普查工作的具体要求，在规定的时间内如实填报普查数据，不得虚报、瞒报、拒报、迟报，不得伪造、篡改普查资料。国家将加强对入户调查工作的现场监督、对各级普查机构数据质量的现场抽查和事后抽查，开展第三方评估工作，对数据造假、瞒报的单位和个人，发现一起，查处一起，严格追责问责，决不姑息。

三是广泛开展宣传，积极营造良好社会氛围。要想全社会理解、关心和支持普查工作，确保入户调查顺利推进，前提就是要让各个企业、单位和个人掌握入户调查安排和要求，充分了解这次污染源普查的目的和意义，彻底打消心头疑虑。不然，普查员在开展入户调查时就可能“吃闭门羹”，企业也会对我们“防一手”。各级政府和普查机构要高度重视污染源普查宣传工作，针对普查各个阶段的工作特点，特别是对入户调查，开展多层次、多波次、多维度的宣传活动。要加强普查宣传的策划和组织工作，充分利用广播、电视、报刊、互联网等各种媒体，多用通俗易懂、喜闻乐见的形式，广泛深入宣传污染源普查的重大意义和具体要求，全面告知入户调查具体安排，包括调查时间、需要配合开展的调查事项等。要发挥生态环保系统新闻宣传矩阵平台作用，深度挖掘普查工作中的好经验、好方法，推广先进典型，做好示范引导。要建立起全媒体信息发布制度与政策解读的联动机制，及时回应社会关切，正确引导社会舆论。要加强普查法制宣传，保守国家秘密和普查单位的商业秘密。

四是强化责任担当，建设一支高素质的普查队伍。习近平总书记在全国生态环境保护大会上强调，建设一支政治强、本领高、作风硬、敢担当，特别能吃苦、特别能战斗、特别能奉献的生态环境保护铁军。全国 7 万多名普查机构工作人员和 33 万多名普查员、普查指导员，是生态环境保护铁军的重要组成部分。大家要牢记总书记的重要指示和殷殷嘱托，苦练技术本领、提高工作能力、锤炼工作作风、强化使命担当，不断提升普查队伍规范化、标准化、专业化水平。开展入户调查就是“走村串户”，就是要和广大人民群众接触，这就要求每个工作人员都必须具备比较强的群众工作本领，充分发扬群众工作精神，秉承家国情怀、民族情怀、为民情怀和事业情怀，坚决贯彻全面从严治党，加强党风廉政建设要求，严格落实中央八项规定精神，以“严、真、细、实、快”工作作风，稳步推进入户调查工作。

五是加强组织领导，凝聚推进普查工作合力。污染源普查涉及经济社会各个方面，光靠生态环境部门一家很难完成。地方各级政府是普查工作的责任主体，要切实加强组织领导，政府主要领导要掌握进度，主管领导要全面推动，广泛动员各部门、各行业力量参与普查工作。各级普查领导小组成员单位要完善协调联动工作机制，按照职责分工，密切协作、形成合力、推动工作。生态环境部门要充分发挥牵头作用，开展业务指导，做好服务保障。各级普查机构要切实履行组织协调和监督管理的职责，健全和完善督办制度，做到一级抓一级，层层抓落实。从今天开始，国家层面将每双周调度一次各省（区、市）工作进展情况，也将把普查工作开展情况纳入生态环境保护强化督查和中央环境保护督察范畴。各省（区、市）也要加强对普查工作进展和工作质量的督查督办。

同志们，第二次全国污染源普查全面实施入户调查的号角已经吹响。让我们更加紧密地团结在以习近平同志为核心的党中央周围，深入贯彻落实习近平新时代中国特色社会主义思想和党的十九大精神，以习近平生态文明思想为指导，认真落实党中央、国务院决策部署，以更加坚定的决心、更加务实的工作，全力以赴做好入户调查工作，圆满完成污染源普查任务，为打好污染防治攻坚战、建设美丽中国作出我们的贡献！

严格质量管理　凝炼调查成果
扎实推进第二次全国污染源普查和全国土壤污染状况详查

——生态环境部部长李干杰在第二次全国污染源普查暨全国土壤污染状况详查工作推进视频会议上的讲话

2018 年 12 月 15 日

同志们：

今天在广西南宁主会场召开第二次全国污染源普查暨全国土壤污染状况详查工作推进视频会议，主要任务是，认真落实习近平生态文明思想和全国生态环境保护大会精神，深入贯彻党中央、国务院关于开展第二次全国污染源普查和全国土壤污染状况详查的决策部署，总结前期工作，研究部署下一阶段重点任务，确保污染源普查和土壤详查工作高质量推进、任务高水平完成。

今天的会议既是一次工作总结会，也是一次经验交流会，更是一次再动员再部署会议。会前，我们参观了广西普查和详查工作初步成果展，听取了污染源普查和土壤详查工作情况汇报，看望了基层污染源普查和土壤详查的工作人员代表，查看了农用地土壤污染状况详查的初步成果，对他们的工作成效留下了深刻印象，对圆满完成普查和详查工作有了信心。刚才，广西壮族自治区生态环境厅介绍了推进土壤污染状况详查工作的经验，广东省广州市、陕西省延安市、福建省厦门市翔安区介绍了污染源普查入户调查工作做法，讲得都很好，我听了很欣慰，也深受启发。总的来看，各地普查和详查工作稳步推进，取得了阶段性成效。在此，我代表生态环境部，向支持和参与普查与详查工作，特别是工作在普查与详查一线的同志们表示衷心感谢！

下面，我讲几点意见，与大家交流。

一、进一步提高思想认识，确保污染源普查和土壤详查工作按时保质推进

2018 年是生态环境保护事业发展历程中具有里程碑意义的一年。党中央、国务院对生态文明建设和生态环境保护作出一系列重大决策部署。在理念引领方面，5 月 18 日至 19 日，全国生态环境保护大会在北京召开，习近平总书记出席会议并发表重要讲话。会议的最大亮点，也是标志性、创新性、战略性的重大理论成果，就是正式确立了习近平生态文明思想，为加强生态环境保护、建设美丽中国提供了方向指引和行动指南。在顶层设计方面，全国生态环境保护大会对全面加强生态环境保护、坚决打好污染防治攻坚战作出部署。中共中央、国务院印发《关于全面加强生态环境保护　坚决打好污染防治攻坚战的意见》，进一步明确了打好污染防治攻坚战的时间表、路线图、任务书。其中，明确提出要坚决打赢蓝天保卫战和打好柴油货车污染治理、城市黑臭水体治理、渤海综合治理、长江保护修复、水源地保护、农业农村污染治理攻坚战等七场标志性重大战役。在法治保障方面，十三届全国人大一次会议表决通过

宪法修正案，把新发展理念、生态文明和建设美丽中国的要求写入《宪法》。在机构改革方面，新组建生态环境部，统一行使生态和城乡各类污染排放监管与行政执法职责。同时决定组建生态环境保护综合执法队伍，增强执法的统一性、独立性、权威性和有效性。这些重要部署和举措为全面加强生态环境保护、打好污染防治攻坚战提供了基本遵循和有力保障。也正是因为这些重要支持和保障，今年生态环境部工作态势非常不错，各项工作推进顺利，成效比较明显，环境质量4项关键指标达到了预期目标。这些成绩的取得，也与大家的共同努力密切相关，借此机会，向全国生态环境保护系统干部职工表示诚挚问候和衷心感谢！

开展第二次全国污染源普查和全国土壤污染状况详查，是党中央、国务院作出的重大决策部署，是打好打胜污染防治攻坚战的重要举措。其中，第二次全国污染源普查是依据《全国污染源普查条例》，为全面摸清建设“美丽中国”生态环境家底开展的一次重大国情调查。根据《国务院关于开展第二次全国污染源普查的通知》和《国务院办公厅关于印发第二次全国污染源普查方案的通知》要求，2019年要全面完成污染源普查任务。普查成果将直接应用于“十四五”生态环境保护规划，直接服务于生态环境保护管理决策。当前，全国330多万家普查对象的入户调查工作已经基本完成，污染源普查正处于数据质量审核的关键阶段，后续将开展污染物排放量核算、数据汇总、评估验收和结果发布。全国土壤污染状况详查是《土壤污染防治行动计划》明确的首要任务，也是土壤环境管理领域重要的基础性工作。详查包括两方面内容：一是农用地土壤污染状况详查，要求2018年年底前查明农用地土壤污染的面积、分布及其对农产品质量的影响，2019年6月向国务院报告有关情况；二是重点行业企业用地调查，要求2020年年底前掌握重点行业企业用地中污染地块的分布及其环境风险，2021年6月向国务院报告情况。按照经国务院批准的《全国土壤污染状况详查总体方案》，全国共布设农用地详查点位约56万个、计划采集样品70万份。总的来看，普查和详查这两项工作任务重，专业性强，技术要求高，差距还不小。3年污染源普查工作从现在到结束仅剩1年时间，土壤详查工作面临管理基础薄弱、支撑能力薄弱的现实情况，完成任务需要付出艰苦的努力。各级生态环境部门一定要切实提高政治站位，牢固树立“四个意识”，坚定“四个自信”，自觉做到“两个坚决维护”，不断强化做好普查和详查工作的责任感和使命感，牢固树立“上下一盘棋”思想，关心关注普查和详查工作进展和现实困难，推动普查、详查工作与业务工作相衔接，为改善环境质量，服务管理决策，打好污染防治攻坚战提供基础支撑。特别是随着各省级生态环境厅（局）相继挂牌成立，生态环境系统机构改革正在深入推进。在这一过程中，要保持普查和详查的机构队伍稳定，保障专项工作经费，确保在机构改革期间，思想不乱、队伍不散、工作不断、干劲不减，为圆满完成普查和详查任务提供坚强的思想、组织和资源保障。

二、总结普查工作前期成果，全面提升普查工作水平

今年8月第二次全国污染源普查工作推进视频会议召开以来，各地区各部门在前期高标准完成清查工作基础上，再接再厉、重点攻关、整体推进入户调查工作，相关任务已基本完成，为确定全国污染源普查对象名录库、建立普查数据库、产出“一套数”“一张图”“一套核算方法”奠定了坚实基础。

一是加强工作部署，深化业务培训。国务院第二次全国污染源普查领导小组各成员单位大力支持普

查工作，集中审议并参与修改《全国污染源普查制度》，积极协助提供有关数据资料。普查办印发《关于第二次全国污染源普查质量管理工作的指导意见》《第二次全国污染源普查工作要点》等文件，明确工作要求和时序进度；制定 10 余份技术规范，构建普查技术体系；组织开展产排污系数研究编制，完成产排污系数体系框架和排放量核算表单设计。全国 31 个省（区、市）和新疆生产建设兵团均召开入户调查工作动员部署会议。各级普查机构认真制定工作方案，对入户调查作出具体安排。北京、浙江、河北、河南、湖南、广东、重庆、四川等地党委和政府将入户调查纳入环保督察或绩效考核，进一步压实各级政府和部门普查责任。福建省政府主要负责同志多次对普查工作作出批示，要求全省严格普查入户调查质量管理，用好普查数据。

为提高各级普查人员业务能力和技术水平，普查办组织 16 期、22 批次业务培训，培训省、市两级普查机构技术骨干，师资力量和试点地区业务骨干 4 200 人次；充分发挥“全国环保网络学院”平台作用，录制发布培训视频课件 30 部，在线培训 10 余万人次。各地区组织培训本行政区域普查工作人员逾 120 万人次。新疆、西藏、青海、云南等省（区）采取灵活多样的方式，克服地域条件限制，积极开展培训工作。

二是加强技术指导，严格质量管理。普查办组建专家团队，建立技术答疑共商机制，及时研究解决、梳理工作中的问题和困难，建立答疑题库和在线共享平台。组织研发普查小助手 App，实现对普查表关键指标在线查询和常见问题答疑在线检索，助力提高数据采集填报效率。各省级普查机构组建技术团队，深入市（县）现场指导普查表填报。有 21 个省（区、市）提前选取典型企业，开展报表试填工作，总结归纳入户调查工作流程、注意事项，编制形成普查样表和技术指导手册，为入户调查和报表填报提供参考。

各级普查机构严格贯彻落实“数据质量是普查工作生命线”要求，对入户调查实行全过程质量管理。普查办制定印发《关于做好普查入户调查数据审核工作的通知》和《普查质量控制技术指南》；组织对全国普查清查数据进一步审核评估，提出具体整改意见；对入户调查任务繁重、工作进展缓慢的 12 个省份进行现场调研和分类指导。各地建立普查数据审核、溯源和责任追究制度，明确各环节质控要点、各指标审核规则，加强入户调查数据录入前的复核和审核把关，对存疑问题逐一核实，对新发现的污染源及时增补纳入普查范围。截至目前，全国新增污染源普查对象 53 606 家，补充初测伴生放射性矿企业数量 3 621 家，其中纳入详查 195 家。

三是加强信息化建设，保障数据采集。普查办协同信息中心组织开发普查数据采集软件，利用国家、省、市、县四级环保专网为普查数据采集工作提供基础保障。组织各省级普查机构和技术支持单位建立应急响应机制，及时处置数据处理和上报过程中出现的突发问题，确保数据采集软件系统稳定运行。通过网络咨询、自助查询、现场服务等方式，为各地普查机构软件使用提供技术支持和服务。天津、山西、江苏、安徽、重庆等地编制图文并茂、简单实用的软件系统操作指南，江西、四川等地录制入户调查操作视频，详细解读填报流程及注意事项。

四是加强调度督导，推进工作落实。普查办定期汇总地方工作进展，9—11 月开展 6 次双周调度，12 月初转为日调度；发布新闻通稿、内部通报各 1 次；印发 2 期预警函，分别对普查表填报进度缓慢的

11个省份和普查数据录入互联网进度缓慢的5个省份进行预警，对个别省份进行现场督办。各级普查机构注重提高入户调查工作效率，北京、上海、吉林、江苏、湖北、广东、宁夏、甘肃、辽宁、黑龙江、山东等地实行周调度，陕西、河北、福建、重庆、贵州、云南等地实行日调度，对措施不力、进度落后的地区进行通报、约谈和督办，直接点名批评、提出整改要求。

五是加强普查宣传，营造良好氛围。普查办运用“双微”传递权威信息，开展“入户调查经验谈”“我为普查献一策”征文活动，制作宣传片2部和主题海报6张，在“中国之声”滚动播出普查公益报时，并在央视《焦点访谈》播出专题节目。各地普查机构充分发挥报刊、电视、网络和新媒体作用，采取丰富多彩、生动活泼的宣传形式，推进普查宣传进基层、进乡镇、进社区、进企业，得到了广大普查对象的理解、支持和配合。

总的来看，污染源普查入户调查阶段的工作已基本完成，其中陕西省率先完成，天津、福建、贵州、海南、吉林也较快完成了任务，广西、内蒙古、新疆及新疆生产建设兵团、西藏、青海克服困难，按时完成了任务。但从调研检查和基层反映的情况看，还有部分地区对普查工作重视不够、对面临形势估计不足、技术保障不力，有关工作还存在一些突出问题，主要表现在3个方面：

一是工作进展不均衡。部分地区前期工作准备不充分，业务培训不到位，部门协调配合不顺畅，工作推进不够有力，导致入户调查进度滞后于全国平均水平。个别地区在数据采集、专网录入方面进展缓慢，一定程度上影响了工作进度。

二是技术要求贯彻不到位。部分地区对普查技术路线和技术方法理解、学习、培训不够，对基层遇到的技术问题不认真鉴别、不分析归纳、不主动解决，当“二传手”，导致问题越积越多，造成基层工作被动。

三是工作落实标准不高。部分地区现场核查不扎实，收集相关佐证材料不全面，存在普查报表填报不完整、内容指标缺失等现象，影响污染物排放量的准确核算。个别地区未认真贯彻落实数据安全管理要求，存在安全隐患。个别地区数据移动采集终端应配未配，影响普查现场数据采集工作。

对于这些突出问题，请有关地区采取切实有效的措施，认真抓好整改，要进一步提高认识，向先进地区看齐，争取迎头赶上，补齐差距和短板。

2019年是第二次全国污染源普查的收官之年。下一步，各地区要按照党中央、国务院决策部署和国务院第二次全国污染源普查领导小组办公室工作安排，坚持目标导向，聚焦数据质量，做好全过程控制，有力有序推进普查任务圆满完成。

一是开展数据审核与汇总，组织质量核查。各地区要围绕“全面、真实、一致”目标要求，将质量控制贯穿普查工作全过程，建立统一的数据质量标准，微观细核、中观比较、宏观把握，强化数据质量控制。各地区普查领导小组办公室要对本地区污染源普查结果的质量负责。各级普查机构要对入户调查、抽样调查采集的数据，以及通过核算方法获得的污染物产生量、排放量等数据，开展审核与汇总。要分级开展质量核查，逐级汇总核定全国污染源普查数据库。要采取与统计部门联合执法等手段，加强评估核查，发挥社会公众的监督作用，确保质量控制目标落实，确保普查数据全面、真实、可靠。

二是加强工作指导与督办，做好普查宣传。要定期调度各地普查工作进展情况，建立工作交流平台，加强工作指导，交流工作经验。对工作进展缓慢、数据质量不符合要求、工作保障不力、延误普查工作的，要予以约谈、通报。依法严厉惩处虚报、瞒报、拒报、迟报以及伪造、篡改普查资料等违法行为。持续深入开展多种形式的宣传活动，深度挖掘普查工作中的好经验、好方法，推广先进典型，加强示范引导；及早分析谋划，做好普查成果发布的舆情应对工作。

三是编制普查工作报告，总结发布成果。2019 年 5 月底前分级、分阶段完成污染物排放量核算、数据汇总审核；7 月底前各地区完成质量核查与评估，组织整改；8 月底前完成普查数据定库工作，编制普查质量核查与评估报告，分级开展普查成果汇总分析；11 月底前完成普查公报并报国务院审定，各地公报经同级普查领导小组审核，并报上级普查机构同意后发布。生态环境部将会同有关部门制定表彰普查工作先进集体和个人的工作方案，各地区也可按要求报批后组织相应表彰活动。要奖惩分明，对工作完成好的表彰表扬，对工作完成差的批评问责。

四是规范普查工作档案，严格保密管理。各地区要按照《污染源普查档案管理办法》和《污染源普查保密管理规定》，建立各类污染源普查档案。普查工作结束后，各地普查机构要及时将污染源普查档案移交至同级生态环境主管部门保管。各级普查机构、普查数据管理机构、第三方机构及有关工作人员，必须严格按照要求做好普查数据保密管理。

五是加强党的领导，全面推进普查机构建设。要深化“以案为鉴，营造良好政治生态”专项治理工作成效，严格工作责任制，切实改进工作作风，坚决避免形式主义、官僚主义。各级普查机构要坚决克服和杜绝“临时”思想，充分发挥党组织的战斗堡垒作用和党员的先锋模范作用，做到“普查工作进行到哪里，党组织的组织力、凝聚力和战斗力就跟进到哪里”，进一步锤炼思想和作风，为加快打造生态环境保护铁军发挥好作用。要通过污染源普查锻炼一支专业队伍、考察推荐一批好的干部、培养选拔一批优秀人才，旗帜鲜明地为敢干事、能干事的干部撑腰鼓劲，进一步鼓励和保护广大干部干事创业的热情。

三、全面把握详查工作形势，全力推进详查各项工作任务

2017 年全国土壤污染状况详查工作开展以来，各省（区、市）人民政府和有关部门高度重视，省级生态环境部门加强组织协调，各部门密切配合、切实发挥各自专业优势，详查工作取得积极进展。

一是农用地土壤污染状况详查进入全面收官阶段。生态环境部会同自然资源部、农业农村部（以下简称三部委），切实加强对农用地土壤污染状况详查工作的指导、监督和推动，共同编制印发技术文件和管理文件 31 份、举办技术培训 21 期。开发农用地详查手持终端、详查数据库与信息化管理平台，实现详查全过程信息化管理，并对各地各关键环节工作进展及数据质量情况实行周通报、月评估。成立专家咨询委员会、技术专家组、质量管理专家库，及时研究解决详查过程中的突出问题。组织完成多轮技术指导、工作督导及质量监督检查，督促各地规范、有序推进农用地详查。中央财政大力支持详查工作，财政部 2016 年即落实土壤污染防治专项资金 26 亿元，专项支持土壤污染状况详查工作。

各省（区、市）生态环境、自然资源、农业农村等部门密切配合，组织多方专业技术力量积极参与农用地详查工作，按照统一技术要求，在样品采集、样品制备、样品流转、分析测试、成果集成、外部

质控样品研制、质量管理等环节充分发挥各自专业优势，提升工作效率，保障工作质量。各地先后完成突出问题区域梳理排查、重点行业企业空间位置遥感核实、详查点位布设与详查单元划分、详查实验室筛选、土壤和农产品样品采集制备流转分析测试等工作。截至12月上旬，全国31个省（区、市）和新疆生产建设兵团，已全部完成农用地详查所有样品的采集、制备、分析测试和数据上传工作，正在抓紧推进成果集成。广西、广东、浙江、河南、江苏等省（区）已初步完成成果集成工作。在农用地详查过程中，各省（区、市）生态环境部门牵头做了大量卓有成效的工作；各地参与详查工作的同志们加班加点、夜以继日，克服了许多困难，仅用一年左右的时间就完成70万份样品的采集和分析测试等工作，并较好保障了数据质量，充分体现了生态环保铁军的精神风貌。

二是重点行业企业用地调查工作有序推进。已梳理确定土壤污染重点行业及其企业筛选原则，完成20多万家重点行业企业数据汇总分析。开发重点行业企业用地调查的手持终端及信息管理系统。在天津、重庆、台州、雄安新区等6个城市开展试点，构建稳妥、可靠的调查技术体系。出台相关技术文件和管理文件11份，开展相关培训，完成首轮22个省（区、市）基础信息调查工作技术指导。目前，全国已有28个省（区、市）和新疆生产建设兵团全面启动基础信息调查工作，上海市在严抓质量的前提下完成了基础信息调查，雄安新区已率先完成重点行业企业用地调查。据不完全统计，截至12月上旬，全国初步完成基础信息调查的重点行业企业用地7.2万块。

三是建立质量管理体系并有效发挥作用。建立国家级、省级、任务承担单位三级质量管理体系，部分省市延伸至地市级甚至县级。在农用地详查方面，明确5家技术单位为国家级质控实验室、32家省级环境监测站为省级质控实验室，加强对各地区、各关键环节工作的质量监督检查，及时反馈并督促整改有关问题。落实质控技术手段，制发12类、近7万件统一监控样品，设密码平行样品5.8万组，及时分析并通报各省（区、市）质控样品反映出的质量问题。组建由200多名专家组成的农用地详查质量监督检查专家库，完成2轮农用地详查质量监督检查和1轮飞行检查。从详查数据及各地反映来看，农用地详查工作质量管理体系有效保障了相关工作质量。在重点行业企业用地调查方面，初步明确9家技术单位为国家级质控单位，组建由200多名专家组成的企业用地调查专家库。31个省（区、市）和新疆生产建设兵团全部明确企业用地调查质控工作牵头单位。

总的来看，土壤污染状况详查工作推进顺利，农用地详查有望年内如期完成。但也面临一些突出问题。

一是农用地详查成果集成任务艰巨。农用地详查成果集成时间短、要求高，部分省（区、市）没有有效组织生态环境、自然资源、农业农村等部门的权威专家参与成果集成工作。如果缺乏强有力的组织协调和相关专家的积极参与，详查成果的可靠性将难以保证。

二是重点行业企业用地调查质量管理挑战大。我国污染地块管理工作起步较晚，企业用地调查尚属首次，无论是生态环境部门还是相关部门，在技术力量积累上都几近空白。从首轮22个省（区、市）技术指导及日常摸排情况看，全国参与基础信息调查的416支队伍中，具备场地调查工作经验的不足10%，95%的省份调查单位专业性不足。同时，企业用地调查技术要求高，基础信息调查过程中暴露出地块使用历史不清、特征污染物识别困难、地块迁移途径识别不准、信息采集技术要点把握不准等问题，调查结果容易失真、工作质量容易失控。许多省（区、市）在基础信息调查工作中重进度、轻质量，导致调查结果不可靠，且成为普遍性问题。

另外，由于今年各地普遍将工作重点放在农用地详查，重点行业企业用地调查工作进展相对缓慢，个别省份尚未正式启动。部分已经开展企业用地调查工作的省（区、市），没有对在产和关闭搬迁企业全面摸排，调查对象存在明显漏项。

下一步，各地要认真做好全国土壤污染状况详查工作，确保 2018 年年底前如期保质完成农用地土壤污染状况详查任务，并在保证质量的前提下积极推进重点行业企业用地调查工作。

第一，精心组织，认真做好农用地详查成果集成。成果集成十分关键，做好了，能够最大限度处理好本次详查数据及历史调查数据，为农用地土壤分类管理、推进农用地土壤环境风险管控打下坚实基础；做不好，前面工作做得再好，整体工作效果也要大打折扣。

一是强化组织领导。各省（区、市）务必高度重视成果集成工作，生态环境部门“一把手”要切实负起责任，对成果集成工作亲自过问、亲自研究、亲自推动。要组建强有力的工作队伍，健全工作机制，落实保障条件，积极争取省级党委和政府支持。要组建由生态环境、自然资源、农业农村等部门相关核心专家组成的成果集成专家组，全过程参与成果集成工作。各省（区、市）和新疆生产建设兵团要在 2018 年 12 月 31 日前完成省级土壤污染状况详查的初步成果并上报，经三部委组织专家评审并报经省级人民政府审定后于 2019 年 3 月 31 日前正式上报三部委。

二是加强数据共享。要按照三部委办公厅《关于认真组织做好农用地土壤污染状况详查成果集成工作的通知》，加强部门间沟通协调，推动数据共享，充分运用多部门调查数据和其他基础数据，确保成果准确反映本省（区、市）农用地土壤污染状况，说清农用地土壤污染的面积、分布和对农产品质量的影响。要以详查为契机，建立统一的、多部门调查原始数据共享的土壤生态环境数据库，健全数据库动态更新机制，为本省（区、市）的多目标土壤管理提供数据支撑。在成果集成完成后，各省（区、市）要组织技术力量，对数据库数据进行持续深入的分析和挖掘，全面掌握本行政区域的土壤环境质量状况及其变化趋势，进一步厘清土壤环境管理的重点区域、重点环节、重点行业企业。

三是推动成果应用。按照《土壤污染防治法》的规定，农业农村、林业草原部门应在详查基础上，组织进一步调查并实施分类管理。《土壤污染防治行动计划》明确了 4 000 万亩安全利用、2 000 万亩调整种植结构或退耕还林还草、1 000 万亩治理修复的任务，并要求在 2020 年年底前完成土壤环境质量类别划分。各省（区、市）生态环境部门应积极配合有关部门，在本次详查及相关部门历史调查的基础上，抓紧推进上述工作，确保如期完成工作任务。

第二，强化质控，稳步推进重点行业企业用地调查。发达国家对企业用地土壤污染状况调查的实践表明，通过一次调查发现所有问题应该说是比较困难的，关键是突出工作重点，聚焦有限目标。本次重点行业企业用地调查的技术路线主要包括以下步骤：一是全面筛查重点行业规模以上在产企业和关闭搬迁企业地块名单，确定本次调查对象；二是针对所有调查对象，通过基于“污染源-污染途径-受体”的企业基础信息调查，进行地块风险程度筛查预判；三是对全部高关注度和部分中低关注度地块开展初步采样调查，辅以地块风险程度校验和优化，确定污染地块和优先管控名录。其中，基础信息调查是企业用地调查最基础、最关键的环节。从各省（区、市）情况来看，企业用地调查特别是基础信息调查工作正处于关键阶段，各地务必要强化质量管理，积极稳妥推进重点行业企业用地调查工作。

一是健全工作机制。各省（区、市）要吸收专业化的工作队伍参加基础信息调查、采样调查、样品分析测试、质量管理等，及时研究解决工作中的突出问题。结合各地具体情况，明确并落实各级地方人民政府及有关部门在基础信息调查、质量控制、成果上报等方面的责任，保障企业用地调查工作顺利推进。

二是加强技术指导。从首轮企业用地调查技术指导的反馈情况看，由专家组通过实际案例剖析，及时发现纠正地方信息采集工作人员对技术文件理解存在的偏差，帮助技术人员准确理解和掌握企业用地调查相关技术要求和操作要领，对提升工作队伍专业能力、增强调查工作的规范性十分有效。各省（区、市）可以参照国家的做法，以地市为单位，组织专家通过案例剖析开展技术指导工作，指导调查队伍和质控队伍切实打通基础信息调查、采样调查、质量管理等环节的工作链条，在调查实战中不断提升能力和水平。

三是严格质量管理。质量是企业用地调查的生命线。要指导督促企业用地调查任务承担单位，建立运行有效的质量审查机制，严格工作成果质量管控。省级生态环境部门要督促省级质控单位，吸收具有丰富场调经验的专家加入专业化质控工作队伍，严格对各任务承担单位工作成果的外部质量审查。要在保障质量的前提下，积极稳妥推进调查工作，切忌盲目求快。目前工作进展较快的省份，要组织专家对已完成工作的质量进行全面系统评估，查找解决问题，补齐质量短板。

上一次视频会议讲话中，重点强调了质量控制。这次会议，对质量控制再一次提出明确的要求。生态环境监测是生态环境保护“四梁八柱”最关键的支柱，对监测数据提出了“真实、准确、全面”三方面质量控制要求；对与之相关联的污染源普查与土壤详查来讲，质量控制同样重要。各级生态环境部门务必要把“数据质量是普查与详查工作生命线”要求放在首位，普查与详查取得的数据务必真实、准确、全面、客观、可靠。

同志们，做好第二次全国污染源普查和全国土壤污染状况详查工作，责任重大、使命光荣。让我们更加紧密地团结在以习近平同志为核心的党中央周围，认真落实习近平生态文明思想和全国生态环境保护大会精神，坚定信心、凝神聚力、团结协作、攻坚克难，全力推进普查和详查任务高质量完成，向党中央和国务院、向人民群众交上一份满意的答卷。

谢谢大家。

科学应用普查成果 有力支撑深入打好污染防治攻坚战和助推高质量发展

——黄润秋部长在第二次全国污染源普查工作总结视频会议上的讲话

2020 年 11 月 25 日

同志们：

今天，我们组织召开第二次全国污染源普查工作总结视频会议。会前，中央政治局常委、国务院副总理、国务院第二次全国污染源普查领导小组组长韩正在百忙中专门作出重要批示。韩正副总理的重要批示，充分体现了党中央、国务院对第二次全国污染源普查工作的高度重视，积极评价普查工作取得的重要成果，对参与普查工作的有关单位和广大普查人员表示热烈祝贺，并明确要求开发应用好普查成果，为生态环境保护工作提供重要决策支撑。生态环境部党组书记孙金龙同志要求，认真抓好韩正副总理重要批示精神的贯彻落实，把生态环境保护各项工作做得更好。我们要深入学习领会、认真贯彻落实韩正副总理重要批示精神。

这次会议的主要任务是，全面贯彻党的十九届五中全会精神，深入贯彻习近平生态文明思想，认真总结第二次全国污染源普查工作完成情况和取得的重要成果，切实把普查成果开发应用好，有力支撑深入打好污染防治攻坚战和助推高质量发展。

下面，我讲三点意见，与大家交流。

一、第二次全国污染源普查工作开展情况

定期开展全国污染源普查工作是《全国污染源普查条例》的法定要求。第二次全国污染源普查于 2017—2019 年开展，普查标准时点为 2017 年 12 月 31 日，时期资料为 2017 年度。这次普查是站在“两个一百年”奋斗目标历史交汇点上开展的一次重大国情调查，对坚决打赢打好污染防治攻坚战、决胜全面建成小康社会、全面摸清建设美丽中国的生态环境底数，具有重大现实意义和深远历史意义。

三年多来，在党中央、国务院的坚强领导下，在第二次全国污染源普查领导小组（以下简称普查领导小组）的安排部署下，各地区各有关部门和广大普查人员创新思路、扎实苦干，经过前期准备、全面调查和总结发布三个工作阶段，圆满完成普查各项工作任务。据统计，全国共成立普查机构 9 321 个，动员普查人员约 50 万人，对全国 358.32 万个（不含移动源）普查对象进行入户调查和产排污核算，获得大量的污染源信息和翔实的普查数据，摸清了全国各类污染源的数量、结构和分布状况，掌握了各类污染物的产生、排放和处理情况，建立健全了重点污染源档案和污染源信息数据库，高标准、高质量完成了既定目标任务。经国务院批准，2020 年 6 月 8 日，生态环境部联合国家统计局、农业农村部发布《第二次全国污染源普查公报》，并于 6 月 10 日在国务院新闻办公室举行发布会介绍有关情况，中央及地方

主流媒体开展宣传解读，社会舆情反映积极正面。总结起来，这次污染源普查工作主要有以下五个特点。

（一）坚决贯彻落实党中央、国务院决策部署，有效形成工作合力

2016年10月，国务院印发《关于开展第二次全国污染源普查的通知》，成立普查领导小组，由国务院副总理任组长，国务院副秘书长、生态环境部部长、国家统计局局长任副组长，成员单位包括中央宣传部、发展改革委、中央军委后勤保障部等 15 个部门和单位。普查领导小组办公室设在生态环境部，牵头会同各有关部门组织开展污染源普查工作。按照“全国统一领导、部门分工协作、地方分级负责、各方共同参与”的原则，全国 31 个省（区、市）和新疆生产建设兵团均成立省级普查领导小组及其办公室，全国各地市和区县成立相应的普查领导小组并组建普查工作办公室，部分地区的普查机构下沉到乡镇一级。中央军委后勤保障部部署推进全军和武警部队开展污染源普查工作。有效形成部门配合、上下联动、军地协作、齐抓共管的污染源普查工作良好局面，为按时保质完成普查任务提供了重要保障。

（二）加强顶层设计，提高普查科学性和规范性

依据《全国污染源普查条例》和《中华人民共和国统计法》，遵循“治污要治本、治本先清源”的工作思路，围绕改善生态环境质量和防控环境风险的工作需要，总结借鉴第一次全国污染源普查的工作经验，科学制定《第二次全国污染源普查方案》，并以国办名义印发实施。经过12个普查综合试点、10个普查专项试点的全面检验，完善了污染源普查制度及产排污核算方法体系。采取“地毯式”拉网排查和全面入户调查相结合的方式，准确掌握了“污染源在哪里、排什么、排多少和如何排”，全面摸清全国生态环境底数。31个省（区、市）和新疆生产建设兵团以“钉钉子”精神有序推进污染源普查工作，实现“全国一盘棋”。

（三）运用现代信息技术，推动普查实践创新

积极推进政务信息大数据共享应用，减轻调查对象负担，降低普查成本。普查领导小组各成员单位和联络员单位积极参与，累计提供行政记录和业务资料近 1 亿条，通过比对筛查、整合优化，形成普查清查底册和污染源基本单位名录，划定 66 万个普查小区边界，完成普查对象的空间定位、普查数据填报和审核汇总分析。这次普查首次运用全国环保云平台，建立联网直报系统。按照精简节约原则，充分利用已有资源，避免重复建设。采用“两级部署、联网采集、专网审核、统一管理”工作模式，普查工作效率显著提高。

（四）聚焦普查数据质量，实施精准管理和精细指导

按照《第二次全国污染源普查方案》规定的对象、范围和内容，建立统一的数据质量标准、完善的质量溯源机制，严格普查质量管理和工作纪律。组建普查专家咨询和技术支持团队，建立工作交流平台，开展分类指导和专项督办，引入 4 692 个第三方机构参与普查工作，充分发挥公众监督作用，推动普查公开透明。在全国范围内集中组织多轮次的质量审核，确保普查数据“真实、准确、全面”。第三方机构对国家和省级普查工作与数据质量进行了独立评估，结果表明数据质量符合要求。

（五）广泛开展宣传培训，营造良好社会氛围

建设全国污染源普查新闻宣传矩阵，采取通俗易懂、喜闻乐见的形式，推动传统媒体与新媒体深度融合，推广普查工作中的好经验、好方法，推动普查宣传进基层、进乡镇、进社区、进企业，营造全社

会关注、支持和参与普查的良好氛围，进一步提高全民生态环境保护意识。建立普查培训保障体系，由国家负责培训省级和试点地区，省级负责培训地市和区县，区县负责培训一线工作人员，确保培训内容有效衔接。创新培训方式方法，采取集中培训、现场教学和在线学习相结合的方式，广泛利用全国环保网络学院课堂、网络小视频、普查小助手 App 等信息化手段，提高培训效果。为新疆、西藏、青海等西部地区安排普查专题培训班，全面培训技术骨干，全方位提高各级普查人员的工作能力和业务水平。

二、高度肯定第二次全国污染源普查取得的主要成果

与第一次全国污染源普查相比，第二次全国污染源普查完善和发展了普查技术方法体系，更新完善了产排污核算方法，优化了普查调查方法，掌握了目前生态环境领域覆盖最全面、最准确、最权威的信息数据，获取了大量丰富翔实的数据资料，真实客观地反映了我国经济社会发展和生态环境保护的成果。同时，普查成果为加强污染源管理、改善生态环境质量、防范环境风险、服务环境与发展综合决策提供了重要依据，为全面研判我国生态环境形势、推进生态文明建设和绿色发展奠定了坚实基础。主要成果体现在以下四个方面。

（一）掌握了各类污染源的排放情况

通过普查，查清了全国工业源、农业源、生活源、集中式污染处理设施和移动源的数量、行业和地区分布［截至 2017 年年底，全国各类污染源数量 358.32 万个（不含移动源），其中工业源 247.74 万个，生活源 63.95 万个，畜禽规模养殖场 37.88 万个，集中式污染治理设施 8.4 万个；以行政区为单位的普查对象数量 3 497 个］；掌握了各类源产生的主要污染物及其排放量、排放去向、污染治理等情况（全国水污染物排放量：化学需氧量 2 143.98 万吨、总氮 304.14 万吨、氨氮 96.34 万吨；全国大气污染物排放量：氮氧化物 1 785.22 万吨、颗粒物 1 684.05 万吨、二氧化硫 696.32 万吨；一般工业固体废物产生量 38.68 亿吨、综合利用量 20.62 亿吨、处置量 9.43 亿吨、当年存储量 9.31 亿吨；全国秸秆产生量 8.05 亿吨、利用量 5.85 亿吨、调查部分行业和部分领域的挥发性有机物排放量约 1 017.45 万吨），较为全面准确地反映了我国生态环境状况、环境治理能力现状以及污染变化趋势。

（二）健全了重点污染源档案和污染源信息数据库

本次普查建立了第二次全国污染源普查统一数据库，包括 1 800 余张数据库表、1.5 万余个数据字段、1.5 亿多条数据记录；形成第二次全国污染源普查结果“一张图”，为建立和完善全国固定污染源统一数据库提供了有力支撑。按照《污染源普查档案管理办法》要求，所有普查档案做到了有序管理和安全存放。

（三）支撑了污染防治攻坚战和生态环境管理工作

在依法依规保护好各类普查对象敏感信息的基础上，及时归纳和总结普查成果，为加强污染源监管、重点地区监督帮扶、排污许可证核发、环境风险排查等生态环境保护重点工作提供数据支持，为精准治污、科学治污、依法治污提供有力支撑。普查建立和发展的一整套规章制度和技术方法体系，为完善环境统计制度提供了重要借鉴。

（四）培养了一批具有生态环保铁军精神的人才队伍

普查工作中，各级普查员和普查指导员充分发扬生态环保铁军精神，坚持奋战在普查工作第一线，

任劳任怨，甘于奉献，做了大量卓有成效的工作，创造出优良的业绩，全国共有 1 912 个表现突出的集体和 7 894 位普查工作人员获得通报表扬，涌现出一批可歌可泣的典型事迹和先进人物。通过普查，培养了一批具有高度责任心和奉献精神，同时又熟悉政策、精通业务的综合型人才。

这些成绩的取得，根本在于党中央、国务院的坚强领导，在于普查领导小组的部署指导，是各地区各有关部门主动作为推进落实的结果，是广大普查人员努力奋斗的结果。这里，受孙金龙书记委托，我代表生态环境部党组和部领导班子向出席今天会议的各位代表，向各地区各有关部门，向付出辛勤劳动的全体普查人员，以及关心和支持污染源普查工作的各界人士表示崇高敬意和衷心感谢！

三、做好普查成果开发应用，为深入打好污染防治攻坚战和助推高质量发展提供重要支撑

今年10月下旬，党的十九届五中全会在北京胜利闭幕，全会审议通过的《中共中央关于制定国民经济和社会发展第十四个五年规划和二〇三五年远景目标的建议》（以下简称《建议》），是开启全面建设社会主义现代化国家新征程、向第二个百年奋斗目标进军的纲领性文件。《建议》明确提出2035年“美丽中国建设目标基本实现”的远景目标和“十四五”时期“生态文明建设实现新进步”的新目标新任务，并就“推动绿色发展，促进人与自然和谐共生”作出具体部署。这是以习近平同志为核心的党中央，深刻把握我国生态文明建设及生态环境形势，着眼美丽中国建设目标，立足满足人民日益增长的美好生活需要作出的重大战略部署，为“十四五”时期乃至到2035年生态文明建设和生态环境保护提供了方向指引和根本遵循。

我们要结合学习贯彻党的十九届五中全会精神，坚持以习近平生态文明思想为指导，切实将第二次全国污染源普查成果开发应用好，为“十四五”时期深入打好污染防治攻坚战、推动经济高质量发展提供重要决策支撑。

（一）助力推动高质量发展

第二次全国污染源普查结果揭示了我国当前生态环境保护工作的重点领域、重点区域流域、重点行业、重点污染物等最新最全面的状况。我们要通过分析应用归纳总结的规律和趋势性成果，为“十四五”时期乃至未来一个时期研究制定有针对性的经济社会发展和生态环境保护政策、规划提供基础依据，牢牢把握我国全面推进绿色发展转型的战略机遇期，将绿色发展和生态环保要求体现到经济社会发展的各领域各方面，更加充分地发挥生态环境保护对经济结构、产业结构、能源结构优化升级和发展方式绿色低碳转型的倒逼作用、推动作用和引领作用，加快形成绿色发展方式和生活方式，以生态环境高水平保护推动经济高质量发展。

（二）科学应用污染源普查成果

污染源普查成果来之不易，凝聚着几十万普查人员的智慧和心血，是全社会共同的宝贵财富，我们一定要利用好这笔财富，确保普查成果“用得好”。这次普查结果与第一次污染源普查结果同口径相比，充分展示了十年来尤其是党的十八大以来，生态环境保护取得的历史性成就、发生的历史性变革。但普查结果也揭示了当前生态环境保护存在的薄弱环节，全国污染物排放量总体处于较高水平，不同区域、

流域、行业的污染物排放强度差异较大，不同污染源对污染物排放的贡献差异明显。具体表现在：化学需氧量、颗粒物、氮氧化物和挥发性有机物排放量仍在千万吨量级以上，部分区域流域和行业主要污染物排放强度仍然偏高；相对于东部地区和城市而言，西部地区和农村的污染治理能力和水平相对滞后，固体废物往年储存量偏大，农业面源、生活污染源和移动源对影响环境质量的污染物排放贡献比较突出。我们要准确把握面临的生态环境形势，坚持问题导向、目标导向和结果导向，突出精准治污、科学治污、依法治污，深入挖掘普查数据价值，拓展普查成果应用的广度和深度，科学确定“十四五”生态环境保护工作的总体思路和目标指标，抓紧谋划深入打好污染防治攻坚战、应对气候变化、生物多样性保护、环境风险防范等重点任务，不断开创生态环境保护事业新局面。

（三）推动构建现代化环境治理体系

加快推进生态环境统计改革。第二次全国污染源普查成果已经为固定污染源排污许可清理整顿和发证登记等亮点工作提供了强有力支持，是实现固定污染源排污许可全覆盖的重要数据来源。我们要继续在依法依规保护好各类普查对象敏感信息的基础上，以第二次全国污染源普查为重要基准，优化常规污染源统计调查范围、指标及方式，规范污染物排放量核算方法，统一产排污系数，强化统计数据质量控制，做好污染源动态更新，完善全国固定污染源统一数据库。围绕构建以排污许可制为核心的固定污染源监管制度体系，完善生态环境统计制度，推动将排污许可证执行报告作为固定污染源统计数据重要来源，减轻基层和企业负担，提高统计数据时效性，更好服务生态环境管理决策。与此同时，在普查工作过程中，各级普查机构选拔培养了一批政治觉悟高、组织纪律强，能吃苦、懂业务的骨干力量，我们一定要管好用好这支生态环保铁军队伍，为深入打好污染防治攻坚战、建设美丽中国提供人才队伍保障。

同志们，第二次全国污染源普查已经圆满结束，为生态环境保护事业长远发展打下了牢固的基础。希望大家站在新的起点上，奋发有为、开拓进取，积极推动完成“十三五”污染防治攻坚战阶段性目标任务，努力推进生态文明建设实现新进步，为决胜全面建成小康社会、开启全面建设社会主义现代化国家新征程作出新的更大贡献。

国务院第二次全国污染源普查领导小组办公室主任、环境保护部副部长翟青在第二次全国污染源普查工作培训班上的讲话

2017 年 9 月 26 日

同志们：

本次普查工作培训班的主要目的是，贯彻落实国务院办公厅《第二次全国污染源普查方案》（以下简称《方案》），统一思想认识，厘清工作思路，明确重点任务，加快推进工作落实。这次培训非常重要，既是全国环保系统普查工作的业务培训，也是普查工作的动员部署。环境保护部第二次全国污染源普查工作办公室（以下简称普查办）精心筹备，培训内容丰富，组织比较严密；各地环保厅（局）普查工作主管领导、普查各技术支持单位相关负责人带队参训，充分体现了大家对第二次全国污染源普查工作的高度重视。

国务院办公厅印发《方案》，标志着第二次全国污染源普查工作全面启动。今天这次培训，就是要按照国务院统一部署，安排下一阶段工作，特别是要将 2017 年的各项准备工作落到实处。下面，我讲三点意见：

一、充分认识普查工作的重要性和紧迫性

党中央、国务院高度重视污染源普查工作。国务院于 2007 年 10 月 9 日颁布《全国污染源普查条例》，确定全国污染源普查每十年进行一次。经国务院批准，第一次全国污染源普查于 2007 年开展。

党的十八大以来，以习近平同志为核心的党中央把生态文明建设摆在更加突出的位置，做出一系列重大决策部署，生态文明建设和环境保护正在发生历史性、根本性、全局性变化，为环境保护工作提供了前所未有的机遇，也为开展第二次全国污染源普查创造了有利条件。2016 年 10 月，国务院印发《关于开展第二次全国污染源普查的通知》（国发〔2016〕59 号），批准开展第二次全国污染源普查。这是一次重大国情调查，突出以改善环境质量为核心，摸清当前全国不同行业、领域污染源总体分布和排放基本情况及动态变化信息，建立完善全国统一的污染源数据信息管理系统，有利于正确判断环境形势，为经济社会发展和环境保护政策、规划提供重要支撑。这对坚决打好污染防治攻坚战，加快推进生态文明建设和环境保护工作具有重要的意义。

对此，各地各部门要充分认识做好污染源普查工作的重要性，按照党中央、国务院的统一部署，加强协调配合，扎扎实实把普查方案落实到位。

二、着力推进重点工作的落实

现在是 9 月底，距离本次普查标准时点 2017 年 12 月 31 日，前期准备阶段只剩下 3 个月，工作任

务很重，时间非常紧。这次培训结束后，各地要围绕贯彻落实国务院《关于开展第二次全国污染源普查的通知》（以下简称《通知》）和国务院办公厅《方案》，抓好以下重点工作的落实，推动普查工作全面向下延伸。

（一）贯彻落实国务院部署

按照国务院办公厅《方案》，第二次全国污染源普查于2016年10月启动，至2017年年底完成普查方案编制，落实经费渠道，制定相关技术规范和普查制度，确定污染物排放核算方法，完成信息系统开发，启动清查建库和普查试点，开展宣传培训；2018年上半年对污染源进行全面调查，做好数据填报、录入和审核、抽查工作，下半年完成普查数据的分析汇总，提供主要普查数据；2019年上半年进行普查验收。同时，开发利用普查成果，为经济社会发展提供科学、翔实、全面的环境信息。各地要按照国务院统一部署，结合已有工作基础，制定本地区《普查实施总体方案》，并与现有工作衔接，全盘考虑、早做安排。地方各级政府要真正重视起来，重点解决好普查的组织机构、人员、经费及制度保障，上下协调一致，使各项工作有条不紊地开展，执行到位不走样。

（二）做好实施准备工作

目前，各类污染源技术实施方案、各项普查技术方法及导则、普查报表制度、信息化建设方案、普查督办核查方案、普查员和普查指导员选聘办法、第三方机构参与普查制度、普查宣传培训方案等，都要加快出台。各地在落实工作机构、人员和经费的基础上，做好以下三项工作：一是做好清查建库准备。各地要配合普查办完成《污染源基本单位名录库》筛选建库，开展清查工作；对省、市、县三级环保系统专网进行一次全面测试，确保网络畅通，同时配合污染源信息数据系统建设的软硬件条件，打通专网“最后一公里”。二是预测工作量，组织人员队伍，做好全面入户调查数据采集准备。三是做好需要提前着手的调查工作，如确定市政入河（海）排污口，开展排污口水质监测和民用生活源采暖锅炉等基础工作调查。

（三）开展普查试点

这次污染源普查采取“先行试点，再全面普查”的方式。国家综合考虑城市规模、区域分布、污染源类型及地方的积极性等各种因素，确定一批试点地区，验证和完善普查各项技术实施方案、普查报表制度和信息化建设系统。各地根据自身条件申报试点，并确定本级试点，其中伴生放射性矿普查因工作独立性要求，单独选择四个省的有代表性的市（县）进行试点。试点是全国污染源普查的第一场战役，其成败直接关系到整个普查工作的质量，意义十分重大。试点地区一定要提早行动，与普查办加强沟通，制定试点方案，把普查试点工作搞扎实，真正起到典型引路的作用。

（四）搞好入户调查

一是各地要高度重视并认真做好普查员和普查指导员的选调、培训和管理工作，确保普查人员素质过硬。同时，用好环境监测、统计和现场执法队伍。二是充分借助现代化信息技术手段，比如利用手持移动终端（PDA）等方式采集并校验数据，提高普查质量。三是引入第三方机构开展工作，采取政府购买服务方式，各地要提前考虑这项工作。

（五）确保数据质量

数据质量是污染源普查的生命线，要真实、准确、可靠。获取真实准确的数据，要克服各种客观存在的困难，更要严格依法办事，排除一切人为干扰。要严格执行普查技术规范，防范数据失真。各级普查机构、普查人员和普查对象，都必须依照法律法规的规定和此次普查的具体要求，按时、如实填报普查数据，不得虚报、瞒报、拒报、迟报，不得伪造、篡改普查资料。各级普查机构一定要把质量控制贯穿于污染源普查工作的全过程，建立健全普查数据质量控制的岗位责任制，层层审核把关，严格检查验收，以确保普查数据全面、真实、可靠，经得起实践和历史检验。

今年以来，中共中央办公厅、国务院办公厅先后印发《关于深化统计管理体制改革 提高统计数据真实性的意见》《关于深化环境监测改革 提高监测数据质量的意见》，对打击数据造假提出明确要求，大家一定要引起高度重视。在这里，我要强调的是，发现有数据造假问题，一律严肃查处、严肃问责。

（六）加强业务培训

污染源普查技术性强，普查员素质如何，直接关系到普查数据质量和整个普查工作的成败。要采取一切有效措施，抓紧从机关、事业单位中抽调业务精、作风硬、组织协调能力强的干部参加普查工作。要广开渠道，从社会上选聘责任心强、文化水平较高、有能力与企业打交道的人员加入普查队伍。要认真组织业务培训，信息化建设方案和产排污系数出来后，在国家层面将开展多项培训，各地也要提前谋划，组织好市、县两级的培训，确保普查工作人员经过培训。

三、加强领导，营造氛围，确保污染源普查工作圆满完成

（一）落实普查机构和人员

《通知》印发以来，各地都开展了前期准备工作，但进度不均衡，有的地方比较滞后。7 月初，国务院第二次全国污染源普查领导小组办公室（以下简称领导小组办公室）印发《关于加快推进第二次全国污染源普查工作的通知》，要求各地在 7 月底前完成普查领导小组、领导小组办公室及普查工作办公室的组建。经调度，截至目前，全国 31 个省（区、市）和新疆生产建设兵团均成立了第二次全国污染源普查领导小组和领导小组办公室，除重庆市和新疆生产建设兵团外，30 个省（区、市）环境保护厅（局）成立了普查工作办公室。要强调的是，没有及时组建相关普查机构的地方要克服困难和障碍，及时请示报告，抓紧时间组建完成。组建普查机构是硬指标，是全面开展普查工作的组织保证。要高度重视普查工作办公室专职工作人员的选配，要既利于普查工作，又利于干部成长，在工作中锻炼培养干部队伍。同时，市、县两级都要成立普查领导小组和工作办公室，乡镇（街道）办事处和村级行政区域也要有专门人员做普查工作。下一步的工作重点是，督促市、县两级抓紧完成普查机构的组建工作。

这次培训结束后，各地要对本地普查准备工作进行一次全面检查，推进普查“机构、人员、任务和责任”四落实，每月向普查办报送情况。领导小组办公室将派出督办组，专门对各地落实情况进行核查，对落实不力的予以通报批评。

（二）保障普查工作经费

按照分级保障原则，普查工作经费由同级财政予以保障。据了解，有的省份年初已经落实了2017年

部分工作经费，但大部分地区还没有落实。《第二次全国污染源普查项目预算编制指南》已明确中央财政预算编制范围和地方财政预算编制范围，普查工作中，国家能够统一办的事情，尽量由国家解决，以减少地方负担。各地普查经费要按预算编制指南精心编制普查的总预算和分年度预算。省级财政要对本省份困难地区进行补助，特别是中西部地区。同时，各级普查机构要精打细算，厉行节约，把有限的经费管好用好。

（三）建立健全工作机制

全国污染源普查是各级政府共同的责任。普查的基本原则是“全国统一领导，部门分工协作，地方分级负责，各方共同参与”。各级环保部门要承担起牵头职责，建立起各级政府领导部门参与普查的工作制度，准确评估工作形势，主动经常向政府主管领导汇报情况，多与有关业务部门协调沟通，争取在人、财、物和相关工作等方面得到有力支持，调动各方面积极性，建立推动《方案》实施的高效机制。关于各部门的职责和任务，领导小组办公室正在发文予以明确。

（四）广泛开展宣传活动

污染源普查涉及面广，需要社会各方面的关注和支持。《方案》解读和新闻通稿已经发布，各地要高度重视，明确重点，充分利用各种媒体，采取多种形式，发挥报刊、电视、网络和新媒体作用，广泛开展第二次全国污染源普查宣传活动，并在经费预算中多考虑一些宣传工作经费，形成环保系统上下同步、精准发力、集中宣传的矩阵模式。要突出三个层面的宣传：一是向各级政府、普查相关部门和人员进行宣传动员；二是在普查对象中做好宣传；三是向社会公众做好宣传，动员群众支持和参与普查工作，为普查工作创造良好氛围。

（五）加强全过程督办

普查结果必须经得起检验。各地要对本地区的污染源普查结果负责，围绕“全面、真实、一致”的质量控制目标，建立统一的数据质量标准，强化数据审核、验收评估、全员和全过程控制。要采取有效措施，严把质量关，采取与统计部门联合执法等手段，加强评估核查，确保质控目标落实。尤其要加强对普查人员的关心、指导和督办，发挥第三方机构和公众监督作用，推动普查工作透明公正。坚持依法、科学、创新普查，积极推动地方各级政府把普查工作摆上重要议事日程，落实目标责任制，主要领导要了解进度，主管领导要协调推动。各级普查机构要建立健全督办制度，定期对普查工作进行督促推进，及时掌握工作进展情况，及时发现和解决问题，做到一级抓一级、层层抓落实。普查办从 8 月开始，每月调度一次各省份工作进展情况，各地也要加强对本省份普查工作进展和工作质量的督查督办。

（六）加强党风廉政建设

根据环境保护部党组和中央纪委驻环境保护部纪检组有关要求，在普查工作中要大力加强党风廉政建设和反腐败工作。普查办成立时就同步建立了党支部，在接受上级党组织管理的同时，接受上级纪检监察部门的监督，充分发挥党支部战斗堡垒作用。各地要把建立健全普查工作机构党组织作为落实全面从严治党的一项重大政治责任。各级普查办要坚决杜绝和克服临时思想，强化“四个意识”，落实“三会一课”制度，推进“两学一做”学习教育常态化、制度化；坚持公开公平公正，严明政治纪律和政治规矩，加强和规范党内政治生活，加强党内监督，制定权力运行监控机制，主动查找并防范廉政风险，推动党风廉政建设落到实处，锻造一支忠诚干净担当的普查工作队伍，为普查工作提质增效。

同志们，党的十九大将于 10 月 18 日在北京召开，学习宣传贯彻党的十九大精神将掀起一个高潮。大家要以此为契机，抓紧时间办好三件事情：一是主动向省（区、市）环境保护厅和省（区、市）政府汇报阶段工作进展，及时通报信息，协调会商重大问题，明确各级责任。二是贯彻落实《方案》要求，建立时间倒推、工作倒排、任务倒逼机制，梳理完善工作清单，定任务、定人员、定责任、定标准、定时限。三是按照既定工作思路和工作目标，坚持“严、真、细、实、快”的工作作风，化压力为动力，扎实推进各项工作，共同把党中央、国务院交给我们的任务完成好。

谢谢大家。

国务院第二次全国污染源普查领导小组办公室主任、生态环境部副部长翟青在第二次全国污染源普查现场暨视频会议上的讲话

2018 年 4 月 25 日

同志们：

经部党组和李干杰部长批准，今天我们在浙江温州召开第二次全国污染源普查现场暨视频会议。主要目的是深入贯彻落实党中央、国务院决策部署，立足实际、研判形势、推广示范、推动工作，按照普查时序进度和技术规范，高标准高质量做好清查和试点工作，为 2018 年 8 月全面实施入户调查、确保数据质量打下坚实的基础。

今天的会议，既是一次普查工作的推进会，也是一次清查和试点工作的经验交流会。刚才，浙江省、温州市、乐清市、重庆北碚区和温州鹿城区大南街道分别介绍了工作经验和一些好的做法，讲得都很好。会后，部普查办要认真梳理汇总，及时宣传推广，供大家学习借鉴。

在此，要感谢浙江省、温州市以及乐清市委、市政府的大力支持。从刚才的讲话和发言中，大家也能感受到，浙江省、市、县三级党委和政府对普查工作高度重视，精心组织、周密部署，加强督促指导，推动普查工作取得积极进展。他们的扎实工作，为这次会议的召开奠定了很好的基础。

下面，结合各地工作情况，我讲三点意见：

一、充分认识做好普查工作的重要性和紧迫性

开展全国污染源普查，是党中央、国务院部署的一项重要任务，也是推进生态文明建设和生态环境保护的重要基础性工作。党的十八大以来，以习近平同志为核心的党中央把生态文明建设和生态环境保护工作摆上更加突出的战略位置，提出了一系列新理念、新思想、新战略。习近平总书记在党的十九大报告中，从党和国家事业发展全局高度和长远角度，对生态文明建设和生态环境保护工作作出系统部署，将坚决打好污染防治攻坚战作为决胜全面建成小康社会的三大攻坚战之一，明确要求解决突出环境问题，建设美丽中国。党的十九大报告进一步阐明了未来一个时期党和国家工作的大政方针和战略部署，分两个阶段把我国建设成富强民主文明和谐美丽的社会主义现代化强国，并在每个阶段都明确了生态环境保护的重点任务和要求。

面对新时代、新任务、新要求，迫切需要对全国污染源进行一次普查，全面掌握各种污染源的情况，这不仅是贯彻落实中央决策部署的具体行动，也是做好新时代生态环境保护工作的重要基础和关键。为此，2016 年 10 月，国务院印发《关于开展第二次全国污染源普查的通知》（国发〔2016〕59 号），明确指出全国污染源普查是重大的国情调查，对于准确判断我国当前环境形势，制定实施有针对性的经济社会发展和环境保护政策、规划，不断改善环境质量，加快推进生态文明建设，补齐全面建成小康社会的

生态环境短板具有重要意义。

各级环境保护主管部门要充分认识普查工作的重要性和紧迫性。污染源普查涉及范围广、参与人员多、技术要求高、工作难度大。各地务必要增强做好普查工作的责任感、使命感和紧迫感，把思想和行动统一到党中央、国务院决策部署上来，按照国务院批准的普查方案要求，扎扎实实做好各项实施工作。

二、普查工作取得的进展、成效及存在的问题

根据国务院办公厅印发的《第二次全国污染源普查方案》（国办发〔2017〕82号，以下简称《方案》）及普查三年工作要点要求，今年6月底前要完成清查建库和试点工作，8月至11月组织全面入户调查。

当前，各项工作正在加快推进，取得一定进展。截至4月20日，31个省（区、市）和新疆生产建设兵团（以下简称兵团）均已成立普查领导机构及其办公室，并全部印发了普查实施方案。特别是内蒙古、江西、北京、安徽、甘肃、浙江、青海、山西、新疆、陕西等10省（区、市）人民政府召开了由省、市、县三级政府及相关部门参加的普查动员部署会，有力推动了工作开展。

同时，为积极探索好的经验和做法，18个市（县）作为国家试点，先行制定普查试点方案，先期开展普查相关工作示范，为后续工作推进奠定了基础。如浙江省委、省政府将污染源普查纳入政府目标考核体系，建立省、市、县、街道各级联动机制，保障普查工作顺利开展。温州市把普查任务纳入党建、环保目标责任考核。乐清市采用“八部六色”法优化技术路径，加强第三方机构管理。重庆市北碚区采用“两上两下”法，发动街镇和环保员力量开展清查。温州市鹿城区大南街道注重党建引领、充分利用媒体宣传作用，发动网格员参与普查，取得很好的效果。他们的工作各有特色，可学习、可复制，可供大家在工作中借鉴。

前一段时间，部普查办通过调度检查，也发现一些地方形成了很好的经验和做法。包括：

在落实政府责任方面，除浙江外，河北、山西、内蒙古、湖南、贵州、宁夏、西藏等省份也将普查工作纳入了政府绩效目标考核，西藏还将普查工作纳入党委、政府督查范围，环保部门参与量化打分。这些措施有效保障了工作开展。

在健全完善工作制度方面，吉林、陕西建立普查简报制度，定期通报情况，并将阶段性进展报请省政府主管领导同志批阅，推动各相关部门协调做好工作。山西、陕西建立月通报制度，采取倒排工期方式，推进任务落实。河南省环保厅制定普查工作内部职责分工细则，并加大督办力度，针对部分地市进度滞后问题，向当地政府发督办函，组织“回头看”。

在落实保障条件和专项经费方面，为发挥部门合力，西藏组织农业、水务等相关部门人员到本级普查办专职从事普查工作。四川、湖北、江西积极申请省级财政资金，加大对贫困区县的补助力度。山西晋城市在财政不充裕的情况下，专门安排市本级普查经费2 800多万元。

在开展清查和试点工作方面，陕西在国家名录库的基础上，根据日常管理资料，及时补充企业2万余家，形成9万余家企业名录下发到市县清查。重庆以“不重不漏”为原则，建立“4130”（国家、市、区县和乡镇四级底册筛查，普查员一级拉网式全面清查，普查指导员、区县和市三级质量核查，重漏率为0的合格标准）工作程序和标准，建立“对标对表、挂图作战”和“月计划、周安排、日记载”普查

工作方式，指导区县开展清查工作。内蒙古在入河排污口排查中探索使用无人机进行现场调查。北京、山西、浙江、安徽、福建、吉林、黑龙江、西藏、陕西、宁夏、广东、广西和海南完成了伴生放射性矿普查全面初测工作。

在组织开展业务培训方面，新疆环保部门立足实际，充分考虑区情差异较大的特点，实行自治区直接对地市州“分片”培训，使更多的基层普查人员掌握技术方法。云南采取“地方组织、省级授课”方式，建立了近 40 人的师资队伍，形成了统一课件、统一内容、统一讲解的培训模式。海南普查办组成 20 人“说清海南”工作组，分头指导市县普查工作。江西、山西、陕西、安徽、四川等地引入高校师生参与现场调查，建立“政府和学校”合作普查机制。湖南、湖北推进第三方机构选聘工作，专门印发文件，强化第三方机构管理。

在宣传动员方面，内蒙古、黑龙江、山东、云南、河北、辽宁、吉林、新疆等省（区）先后召开了省级普查工作新闻发布会。新疆乌鲁木齐市通过市委网信平台向500万手机用户发送污染源普查宣传短信。河南、广东深圳市等地制作了多种形式的普查宣传品，受到群众欢迎。

尽管当前各项工作取得一定进展，但部分省份进度仍相对滞后，有的地方问题还比较突出。主要有以下几个方面：

一是很多地区的重视程度不够。一些地方和单位没有充分认识到普查的重要性和紧迫性，工作任务没有落实到位、工作推进不够有力、工作进度明显滞后。2017年9月国务院办公厅印发《方案》，明确了工作部署和要求。7个月过去了，仍有11个省份和兵团没有召开省级层面的动员部署会，对市县级政府及各相关部门的责任也没有明确，直接影响了工作部署的落实。据反映，个别地方对普查的基本概念都不清楚，更谈不上工作质量。为推动普查工作开展，部普查办建立了工作调度制度，要求各省汇总上报普查机构、人员、经费和办公条件落实情况，清查工作进展情况，明确提出上报结果要经过普查办主要领导签字盖章，但仍有部分省份不重视这项工作。有个省报告今年普查经费落实了25万元，我部准备发文通报前，打电话核实实际落实普查经费2 400万元。出现这种情况表面上看是工作马虎，实质上反映的是对普查工作还是不够重视。

二是清查工作不扎实。清查工作是普查工作的重要组成部分，目的是发现并确认全面入户调查对象，为建立普查信息数据库和今后的环境管理工作奠定基础。为帮助大家做好清查工作，国家收集整理工商、税务、统计等部门数据，形成了初步的清查名录下发给各省级普查机构。各省级普查机构补充本级工商等部门 2017 年 4 月以后的数据，组织市级部门进一步增补完善，由县级普查机构组织现场清查，最终形成普查基本单位名录库，作为全面入户调查的依据。这项工作从 2017 年年底布置，国家名录库在 2018 年 1 月 29 日就下发给各省份，要求 2018 年 6 月底前完成清查结果上报。目前仍有部分省份没有完成省级名录库补充工作，更有甚者，一些省份直接当“二传手”，将国家名录库直接下发，市级普查机构再下发给县级普查机构，增加基层工作负担，也影响了清查工作的效率。另外，当前已经进入清查实施阶段，但各地选聘的普查员和普查指导员（以下简称“两员”）数量分别为 43 232 和 26 305 名。“两员”选聘要求原则上每 10 家工业企业配备一名普查员，每 10 名普查员配备一名普查指导员。根据工作量，全国预计至少需要 30 万的“两员”，目前已经选聘的数量远远不能满足清查工作需要。人员配备不足，工作开展缺乏有力保障，清查工作很难做扎实。

三是落实相关保障还不到位。国务院办公厅 2017 年 9 月印发了《方案》，部普查办还出台了普查项目预算编制指南。但目前全国各级普查机构的相关保障还没有完全到位。从人员配备来看，省级普查机构平均配备专职人员 10～15 人，市级普查机构平均配备专职人员 5～10 人，县级普查机构平均配备专职人员 4～5 人，从调度结果看，黑龙江、海南、兵团等省级普查机构配备的专职人员均不足 5 人；四川、安徽、福建县级普查机构配备的专职人员平均不足 3 人。部分市县级普查机构办公场所未完全落实。山东东营、威海、聊城和广东汕尾地市级普查机构未落实办公场所。这次普查要通过环保专网报送和管理普查数据，部分区县普查机构环保专网未联通，截至上次调度时间，宁夏和兵团只有 50%和 54%的区县普查办联通环保专网。没有网络保障，各级普查机构就没有办法利用环保专网对普查数据进行审核、汇总和加工，普查数据的质量就无法保证。另外，还有少数地区普查经费没有落实到位，河北、山东、青海、黑龙江等省份落实经费的地市所占比例不足 20%。

三、下一步重点工作

针对存在的问题，请各级普查机构对号入座，学习借鉴好的经验做法，采取有效措施，确保清查和试点工作圆满完成，顺利推进入户调查。要重点做好以下 7 个方面的工作：

一是进一步提高政治站位。各地一定要从讲政治、讲大局的高度，坚决扛起生态环境保护的政治责任，认真贯彻落实好党中央、国务院的部署要求，把普查作为打好打赢三年污染防治攻坚战、精准发力科学治污的重要基础性工作着力推进。这次会议之后，各省（区、市）环保厅（局）要向省（区、市）政府特别是主管领导汇报，提请省政府或主管省长听一次工作汇报、开一次动员部署会，核心是解决四个问题：一要解决思想认识问题。把普查工作的重要意义向地方各级政府负责同志汇报清楚，切实提高认识，把思想统一到党中央、国务院决策部署上来。二要解决部门联动问题。根据第二次全国污染源普查部门分工意见和各省（区、市）印发的普查实施方案及部门分工要求，提请党委和政府细化落实部门任务及工作要求，推进部门间协调配合，推动相关工作顺利实施。三要落实地方各级政府的普查责任。依据《方案》，县级及以上地方人民政府要组织成立污染源普查领导小组，并负责领导和协调本行政区域内的污染源普查工作。省级人民政府负责普查工作的部署实施、监督指导和督促检查。地市人民政府要组织做好本行政区域普查工作，并督导区县履行普查责任。区县人民政府要履行好普查实施的主体责任。四要解决经费等工作条件不足的问题。按照分级保障原则，进一步落实省、市、县特别是区县一级的普查经费等保障措施。5 月 10 日前，各省（区、市）环保厅（局）要将会议精神传达落实情况和工作部署情况，向生态环境部进行书面汇报。

二是高标准完成清查与试点工作。清查工作分两个阶段开展，第一个阶段是建立清查底册。国家将初步的名录库下发给省级普查机构，省级普查机构在 5 月 10 日前组织完成本级和地市级名录的补充，形成清查底册下发给县级普查机构。第二个阶段是现场摸排。县级普查机构根据收到的清查底册，组织开展现场摸排工作，核定清查底册上的名录信息，对新发现的污染源进行增补，形成普查清查基本单位名录并上报。第二个阶段的任务要在 6 月底前完成。各级普查机构要加强清查数据质量控制，其中省、市两级普查机构要做好县级普查机构清查结果的现场抽查、抽样复核和质量评估，区县级普查机构要做好数据自查自检，确保清查结果全面、真实。承担试点任务的18个市（县），要扎实做好入户调查前的“试用试行”工作，搞好实战演练，验证完善普查报表制度、技术规定和相关软件。6月底前完成试点工作。我部近期将印发《关于第二次全国污染源普查质量管理工作的指导意见》《关于做好第二次全国污染源普查质量核查工作的通知》两个文件，指导大家开展相关质量管理和质量核查工作。

三是扎实做好入户调查准备工作。全面入户调查是污染源普查核心工作，涉及范围广、技术环节多、工作要求高。各级普查机构一定要高度重视并提前做好相关准备。省级层面重点要全力保障做好四件事。一要依据国家数据处理方案要求，做好省级数据处理环境的建设、部署、测试与运行保障工作。二要做好“两员”的分级培训。省级要做好计划，根据各地工作量，督促地市按照条件必须选聘足够的“两员”，培训并考核合格的给予发证，保障工作所需。三是省级要采用“统谈统签”或“统谈分签”的方式，7月20日前组织完成全省手持移动终端的采购、配置和试用。手持移动终端是这次数据采集的重要工具，我部考虑到要统一推送普查小区地图和名录库，统一开发普查数据处理系统，统一采集和审核普查数据需要，为提高效率，降低软件开发难度，所以要求省一级负责组织这方面的工作。四要做好环保专网联通保障。环保专网是普查数据传输、审核、汇总和管理的主要载体，没有联通环保专网的区县一定要保证6月15日前，环保专网接通到区县普查办公室。

四是强化宣传与培训。按照我部与中央宣传部联合印发的《关于做好第二次全国污染源普查宣传工作的通知》，各级都要制定宣传方案，切实会同宣传部门落实好相关要求。围绕当前清查工作需要，采取群众能够接受的、通俗易懂的方式，让普查对象了解和支持普查工作，动员广大群众积极参与普查。要组织专家撰写普查宣传文章，开展好“我为普查献一策”活动，营造良好的普查氛围。

普查培训是影响普查工作的关键环节，各级普查机构要根据普查方案要求，制订覆盖所有技术内容和全部普查相关人员的培训计划。从培训分工上，国家负责省、市两级普查机构技术骨干以及各省级普查培训师资的培训。省市级普查机构要加强对县级普查机构的业务指导和技术支持，加强第三方机构管理。省、市、县联动，确保“两员”培训全覆盖。要选派懂业务、责任心强的人员负责培训工作，保持普查技术骨干队伍的稳定性，把普查工作要求和技术规范讲解清楚，力争让每名同志掌握开展普查工作的基本要求。

五是强化工作调度和督办机制。一要建立调度机制。清查和试点工作期间实行双周调度，5月10日（周四）开始，省级每双周四下班前将省、市、县三级工作进展情况报生态环境部。我部将相关情况汇总整理，形成工作简报，适时上报国务院办公厅。二要定期开展检查督导。清查和试点工作阶段，我部将安排两次大检查，分别于5月下旬和6月中下旬开展，重点是普查保障条件落实情况、清查和试点工作进展情况、入户调查准备情况、“两员”选聘情况等，具体方案随后印发。根据调度结果、现场调研和群众反映，对工作开展好的给予表扬，对保障条件不落实，工作滞后、没有按计划完成的公开提出批评意见，并将视轻重程度，采取发督办函、内部约谈、公开约谈、内部通报、公开通报、专项督察等方式来推动相关责任落实，适时向社会公开。情节严重的，追究相关人员责任。

六是加强党风廉政建设。深入贯彻落实全面从严治党要求，加强党的组织建设，严明政治纪律和政治规矩，加强和规范党内政治生活，强化监督检查，防范廉政风险。所有普查项目分配和招投标必须在阳光下运行，确保公开、公平、公正。同时，各环保厅（局）领导同志要主动关心普查工作人员的思想、工作与生活，通过普查工作建设一支队伍、培养一批干部、锻炼一批人才，为普查工作提质增效。

七是加强信息沟通。为方便推进工作，建立两个层面的微信工作群，一个是普查工作微信群，由部普查办牵头建立，邀请各省份环保部门负责同志、普查办主任及联络员入群。另一个为各省份普查办牵头建立本省份的工作微信群，邀请各市、县人民政府分管负责同志入群，用于加强普查工作督促指导，调度推动工作开展。生态环境部有关负责同志和司局负责同志也会加入，全面调度掌握各地工作情况。

同志们，普查最重要的阶段已经开始，各级政府和普查机构要进一步统一思想，提高认识，扛起肩上的责任，坚持“严、真、细、实、快”工作作风，按照既定的思路和目标，化压力为动力，扎实推进各项工作，共同把党中央、国务院交给我们的任务完成好。

谢谢大家。

团结协作、积极作为，确保圆满完成普查任务

——国务院第二次全国污染源普查领导小组办公室主任、生态环境部副部长赵英民在国务院第二次全国污染源普查领导小组办公室会议上的讲话

2019年1月22日

同志们：

刚才，亚雄同志代表生态环境部第二次全国污染源普查工作办公室（以下简称部普查办）对2018年的普查工作进行了全面的总结，也对2019年的工作思路和计划做出了详细的安排。普查领导小组办公室的各位同志也做了发言，大家都讲得很好，提出的意见和建议也是非常中肯的，会后我们会及时进行认真研究和落实。总的来说，2018年普查工作进展顺利，也取得了阶段性成果，这与各级普查机构的共同努力以及各普查领导小组成员单位的大力支持与配合是密不可分的，从国家层面来讲，各部门所做的工作也是值得肯定的。在此，我代表国务院第二次全国污染源普查领导小组办公室和生态环境部党组向各部门及在座各位的辛苦付出表示感谢。

大家都知道，第二次全国污染源普查是依据国务院印发的《全国污染源普查条例》依法开展的一项国情调查，按照《国务院关于开展第二次全国污染源普查的通知》和《第二次全国污染源普查方案》要求，2018年我们主要围绕前期准备、普查清查、普查试点和全面入户调查四个环节开展工作，工作过程中各部门严格按照《第二次全国污染源普查部门分工》要求，大力支持和配合普查工作，积极提出工作意见和建议，主动提供相关资料和数据信息。中央宣传部与我们联合印发了《第二次全国污染源普查宣传工作方案》，并配合做好相关新闻宣传工作；公安部指导地方公安交通管理部门提供机动车登记相关数据、城市道路交通流量数据，配合做好机动车污染源普查相关工作；财政部负责普查经费预算审核、安排和拨付，并监督经费使用情况；自然资源部提供了地理国情普查相关成果；住房和城乡建设部指导地方相关部门配合做好城镇污水处理设施、垃圾处理厂（场）普查，以及房屋建筑和市政工程工地工程机械等的抽样调查；交通运输部提供了营运船舶注册登记数据，船舶自动识别系统数据和国（省）道公路观测断面平均交通量，配合做好移动源普查；水利部提供了入河排污口相关信息和有关水利普查资料、重点流域相关水文资料成果，指导地方相关部门配合做好入河排污口及其对应污染源的调查；农业农村部印发了《关于做好第二次全国农业污染源普查有关工作的通知》和《全国农业污染源普查方案》，全面部署开展农业污染源普查工作，完成了农业源清查及数据库建设、农业源普查技术规定和报表制度编制、农业源入户调查培训及答疑等工作；国家税务总局提供了纳税单位登记基本信息；市场监管总局提供了企业、法人单位和个体工商户等相关基本信息；国家统计局提供了全国基本单位名录库和第三次全国农业普查规模畜禽养殖场名录及养殖量等相关数据，帮助建立、完善并印发了《第二次全国污染源普查制度》；中央军委后勤保障部研究部署全军和武警部队开

展污染源普查工作。总体而言，2018 年各部门都全力支持和配合，努力推动各项普查工作顺利开展，基本形成了部门联动、齐抓共管的良好局面。在各部门的大力支持和配合下，2018 年顺利完成了普查前期准备、清查建库、普查试点和全面入户调查，普查工作也取得了阶段性成果，建立了全国污染源基本单位名录库，初步形成了生产活动水平基础数据库。

虽然 2018 年的普查工作已经打下了比较好的基础，但是目前的进展情况与国务院要求的 2019 年完成普查工作仍然存在一定的差距，大家要清醒地认识到，我们还有很多工作要做，2019 年还需要进行数据审核与汇总、污染物产排量核算，并开展质量核查、总结验收和成果发布等重点工作。为了能够实现 2019 年完成普查这个工作目标，如下六项重点工作还需要各部门继续给予支持和配合：

一是开展质量核查。为了保证普查数据质量，质量控制应当贯穿普查工作的全过程。2019 年普查数据审核与汇总以及污染物产排量核算过程的质量核查工作尤为重要。各级普查机构都要按照质量核查技术要求，组织各成员单位和有关专家严格开展质量核查，重点核查普查对象覆盖是否全面，抽样样本的代表性、科学性，普查指标填报的完整性、真实性、准确性，并按要求编制质量核查与评估报告。国家层面开展的质量核查工作也需要各部门派员予以大力支持。

二是巩固产排量核算基础。目前入户调查所获得的产排量核算基础数据已经上报部普查办，但这些数据还需要进一步校核，同时部分污染物产排量核算的基础数据欠缺，需要有关部门配合提供。农业农村部需要配合做好农业污染源涉水污染物核算方法和系数率定以及农业源普查数据的审核工作，同时请相关业务司局协助提供全国规模化畜禽养殖场清单（畜牧业司）、全国农业机械拥有量（农机化司）和渔船拥有量（渔业局），具体指标曾在 2017 年发过函；国家统计局需要提供第三次全国农业普查农业机械和渔船与污染核算相关的数据，配合做好全国产排量核算基础数据校核，参与指导全国污染源普查数据质量的评估、分析；住房和城乡建设部需要配合对全国城镇污水处理厂、垃圾填埋厂（场）有关数据进行校核；交通运输部需要配合对移动源相关基础数据进行校核；水利部需要配合提供全国河流水系矢量图，对全国河流水系名称和代码有关数据进行校核；市场监管总局需要配合对生活源锅炉相关基础数据进行校核。只有各有关部门配合做好产排量核算基础数据校核后，才能更加科学准确地开展产排量核算工作。

三是开展污染物产排量核定。入户调查获取的产排量核算基础数据收集齐全并校核完成后，由各级普查机构根据产排污系数进行污染物产排量核算，核算结果需要联合本级普查领导小组各成员单位进行核定，采用宏观把握、中观比较、微观细核等手段，考察产排量数据的科学性、真实性、准确性、全面性，最终的产排量核定结果需要获得各成员单位认可后，才能上报部普查办，部普查办也要组织各部门和有关技术支持单位对全国的产排量数据进一步进行科学性、真实性、准确性、全面性核定，最终的普查成果在各部门内部共享。

四是开展普查工作验收。各级普查机构要按照普查工作验收方案，分级开展普查工作验收，验收工作要吸纳本级各成员单位的同志参加。国家层面也会选择代表性的地市开展验收工作，同样需要各部门派员予以支持和配合，因为部普查办本级司局级领导干部有限，届时可能需要各部门派出司局级干部作为验收组组长带队开展验收工作。

五是发布普查成果。各级普查机构根据普查成果汇总分析情况，认真编制本级污染源普查公报。普查公报需要同级普查领导小组进行审核，审核通过后，上报上级普查机构同意后才能发布。而国家层面需要发布《第二次全国污染源普查公报》（以下简称《公报》）。《公报》由部普查办编制完成后要先上报国务院第二次全国污染源普查领导小组办公室上会审议，提出修改完善意见；修改完善后再上报国务院第二次全国污染源普查领导小组审核，审核通过后才能予以发布。中宣部要配合做好普查成果发布阶段的新闻宣传工作，做好舆情应对方案。因为中央军委后勤保障部的普查成果可能涉密，所以不需要汇总到我们这边。

六是开展表彰活动。部普查办需要会同各有关部门制定普查表彰工作方案，对全国所有参与普查工作的先进集体和个人进行表彰。届时需要各部门针对表彰工作方案提出意见和建议，同时积极推荐本部门内部的先进集体和个人。

同志们，2019 年是普查工作的收官之年，我们还有很多工作要做，希望各成员单位都能提高政治站位，增强做好普查工作的责任心和主动性，从讲政治、讲大局的高度，统一思想、鼓足干劲、团结协作、积极作为，把 2019 年的普查工作做好，把党中央、国务院交给我们的普查任务完成好。谢谢大家！

强化审核责任，全面提升普查数据质量

——国务院第二次全国污染源普查领导小组办公室主任、生态环境部副部长赵英民在华北片区第二次全国污染源普查入户调查数据汇总评估及质量提升指导工作会上的讲话

2019 年 3 月 6 日

同志们：

今天我们在河北省石家庄市栾城区召开华北片区第二次全国污染源普查入户调查数据汇总评估及质量提升指导工作会议。根据刚才洪亚雄同志的介绍，国家普查办针对当前污染源普查工作存在的问题，分为七大片区开展普查数据质量提升工作，华北片区选择了河北省石家庄市栾城区作为现场，目的就是要针对当前普查数据审核工作现状，发现数据质量存在的问题及原因，研究提出解决方案，帮助指导华北片区乃至全国普查数据审核和质量提升工作。

刚才河北省厅和石家庄市栾城区的负责同志都介绍了本行政区域污染源普查工作的基本情况。总体看来，目前河北省普查工作进展顺利，普查数据审核工作有序推进。这么好的工作局面离不开河北省委、省政府的高度重视，离不开河北省生态环境厅的提前谋划和周密部署，离不开全省各级普查机构的严密组织，也离不开全省所有一线普查员同志们的辛勤劳动。所以，借此机会，我代表生态环境部和国务院第二次全国污染源普查领导小组办公室，向河北省各有关部门及在座各省的厅长们对普查工作的重视和支持，向全体普查战线同志们的辛勤劳动表示亲切的慰问和衷心的感谢。

大家都知道，普查工作的生命线就是数据质量。生态环境部党组高度重视普查数据质量。2018 年 12 月 15 日，李干杰部长在广西南宁召开的全国普查工作推进视频会上，专门提出来，各地区要围绕“全面、真实、准确”的目标要求，将质量控制贯穿普查工作全过程，建立统一的数据质量标准，微观细核、中观比较、宏观把握，强化数据质量控制。截至 2018 年 12 月 12 日，全国各地都完成了入户调查阶段的工作，普查工作陆续转入了数据审核、数据校验和数据准确性提升的工作阶段。这一阶段的工作过程中，各级普查机构都发现了一些共性问题，其中 G106-1 表的填报情况就是一个非常突出的问题，除此之外，普查基本数据方面也存在一些问题，甚至个别地名都出现了“张冠李戴”的现象。针对这些问题，国家普查办组织对 G106-1 表填报情况、调查对象重复情况、伴生放射性矿填报情况进行了重点审核，对问题比较突出的省份进行了通报。同时，为了发现全国普查数据审核过程中存在的问题，也是更好地支持和指导各地有效、有序地开展数据审核工作，国家普查办选择了江西省南昌市南昌县、浙江省嘉兴市嘉善县和广东省广州市黄埔区，采取了“解剖麻雀”的方式，归纳总结共性问题，分析原因并分类提出了解决方案，形成了解决问题的清单，一方面加快完善普查软件系统，确保“能填、能改、能算”；另一方面，围绕着产排污核算关键环节，加快推动普查技术支持机构编制完成产排污系数手册，为 G106-1

表的填报提供及时、有力的指导。目前，国家普查办根据全国各省反馈的问题，形成拟解决的问题清单，正在组织力量提出解决方案督促各地逐一核实整改。

为了指导各地做好数据审核工作，国家普查办组织编制了《第二次全国污染源普查入户调查数据汇总评估及质量提升指导工作方案》，将全国划分为七大片区，组织行业专家和技术骨干，组建质量提升工作组，开展典型地区的汇总评估和现场指导，以点带面，为提升全国普查数据质量提供支持。但是，这项工作仅依靠国家普查办是不够的，还需要各级普查机构的共同努力。希望大家能够通过本次现场会，加强相互交流和学习，借鉴各地好的做法和经验。比如，刚刚介绍的栾城区的软件审核工作就做得不错，G106-1 表的出错率由刚开始的两位数短时间内降到了 3%，表现出很高的工作效率。如果各地的出错率都达到了 3%以下，那普查的数据质量工作就会打个翻身仗。所以，希望大家充分利用这次现场会的机会，加强学习借鉴，产生“链式反应”，参加会议的各个省（区、市）回去以后，要在行政区域范围内按照相同的模式开展审核工作，只有这样层层往下做，才能产生“链式反应”，七个片区的现场会才能像七点“星星之火”把全国的普查数据审核工作“燎原”起来。

前两天，工作组来到石家庄市栾城区，现场指导普查数据审核和质量提升工作，刚才洪亚雄同志也将发现的问题和有关建议进行了反馈，希望栾城区进一步核实有关问题，并按要求及时进行整改。同时希望河北省内其他地区以及参会的北京、天津、山西、山东、河南、内蒙古等地方的同志回去以后，能够参照栾城区数据审核发现的问题、处理的方式，举一反三，按照国家普查办的有关要求、按照今天会议的要求，抓紧把普查数据审核工作做好，抓紧对现有存在问题进行整改。

下面，我围绕着如何做好下一步普查工作，全面提升普查数据质量提几点要求。

一是进一步提高政治站位，充分认识做好第二次全国污染源普查工作的重大意义。污染源普查是党中央、国务院部署的一项重大的国情调查，是党中央、国务院交办的一项重大政治任务，是改善环境质量、服务管理决策、打好污染防治攻坚战的一项重要的基础性工作。最近，李干杰部长在不同的场合都讲过当前“打好污染防治攻坚战”的工作思路，其中包含了坚定不移地推进环境治理体系、治理能力现代化，这是整个生态环境系统管理架构和组织架构的一个“根基”。虽然在党中央、国务院的领导下，在各级党委和政府的关心、支持和重视下，近些年的生态环境保护工作的确取得了非常大的成绩，总结起来也是历史性的突破、历史性的转变。但是跟党中央的要求，特别是建设美丽中国的要求还有较大差距。首先，目前的生态环境管理制度还有一些缺陷。作为企业管理者，我们不能完全清楚所有企业在哪儿，排什么污染物，排多少，怎么排，我们基本上能说清楚企业达不达标。但是这个“标”是浓度的标准，而影响环境质量的除了“浓度”还有“总量”。但是目前基本没有基于企业的总量控制制度，以前有“排污收费制度”，但我们不能根据排污收费计算出全国各种污染物的排放量。在此背景下，开展污染源普查工作，就面临着更大的压力。但是，如果通过污染源普查能搞清楚企业排放量，那么日常管理也能够搞清楚，虽然这还需要一段过程，但是经过了这些过程有关制度就会越来越完善，制度层面的环境监管就会更加有效。其次，目前的环境监管存在一定的漏洞，有的违法企业都不在监管范围内，更别说弄清楚它们到底排多少“总量”。任何企业，如果要从环境质量改善的角度管住它，第一要管住“浓度”，第二要管住“总量”，第三要管住怎么排。只有这个三维度都抓住了，这个企业的正常排放才会跟环境质量改善发生直接关系。所以，开展污染源普查工作归根结底就是要搞清楚污染源在哪里，排什么，排多少，怎么排。做好污染源普查工作，将有利于提升全国的环境监管能力和监控水平，进一步夯实企业的主体责任，企业主体责任落实了，企业知道自己的污染源在哪里，依法排什么，排多少，怎么排，这将极大地推动生态环境保护工作向好、向上发展。

目前的普查工作的确面临着基础薄弱、能力不强，以及认识不到位的情况。所以从事普查工作的同志，要认识到这项工作非常光荣，也非常艰巨，同时也要深刻认识到它的重要意义，它在改善环境质量、服务管理决策、打好污染防治攻坚战当中，发挥着重要的基础性作用。就打好污染防治攻坚战、打好蓝天保卫战、打好七个专项战役而言，污染源普查为我们提供了非常宝贵的机遇，抓住这个机遇，环境管理就可以向“严、真、细、实、快”的方向再进一步，环境管理就可以更加精细化，环境管理和环境质量改善的相关性就会进一步提高，从而进一步提高环境管理的有效性和针对性。如果能够把普查工作说明白、干好了的同志，从事环境管理绝对是“一把好手”。当前，普查工作已经进入质量审核和核查阶段，到了承上启下的关键期，各级普查机构，尤其是省市级普查机构一定要从讲政治、讲大局的高度，进一步提高政治站位，增强做好普查工作的责任心和主动性，在机构改革过程中，在按时保质完成各项改革任务的同时，要保持普查机构稳定，保障专项工作经费，确保在机构改革期间，思想不乱、队伍不散、工作不断、干劲不减，为圆满完成普查任务提供坚强的思想、组织和物质保障。

二是强化普查数据质量责任，扎实做好普查数据审核工作。普查数据质量是普查工作的生命，普查数据质量能不能保证，关键在于各级普查机构的数据质量责任有没有完全落实。前期我们对全国普查数据质量进行了抽审，发现 G106-1 表填报率不高，涉及产排污核算的关键指标缺失，普查数据汇总的区划代码、河流水系代码、行业代码等填报不规范，指标错填、漏填等现象较为普遍，造成这些问题的主要原因在于各级普查机构的数据质量责任没有落实到位。虽然普查工作确实难度大，而且繁杂、琐碎，但之所以出现这些问题，的确存在相关普查机构工作不规范、不认真、不重视的问题，需要引起我们的高度重视。有的省级和市级普查机构直接转发国家文件，当“二传手”，对普查工作不认真研究、不主动发现问题，对发现的问题不归纳分析，对上推诿，对下把责任全部压到县（区）普查机构，自己身上什么事都没有，当简单的“二传手”，这是不行的。有的县（区）普查机构将工作委托给第三方，当“甩手掌柜”，对普查数据质量不把关，造成普查数据质量问题层层积累，从而严重影响一个地区普查工作的整体质量。针对这些问题，国家普查办和各省普查办要认真分析本地区普查工作中存在的这些问题，有针对性地拿出解决办法，将普查数据质量责任落实到各个相关的环节，而且要把责任的落实作为下一步督查工作的重点。对涉及产排污核算的关键指标，要加强集中审核、抽样审核和工作督办，尤其是要强化市级普查机构的审核责任，发现问题直接点名通报，质量不合格的要立即重新普查。

三是要动员各方力量，做好普查数据的质量审核。省级和市级普查机构要充分利用技术支持机构和专家团队的力量，组建专业的审核队伍，通过分区和分行业的针对性指导，全面提升普查数据质量，形成相关的指导行业或者地区，针对不同问题的技术解决方案。严格普查数据质量审核技术把关，既要重视根据报表制度开展表格间、指标间的逻辑关系的审核，更要重视根据系数手册，对特定行业污染物、工序工段填报完整性的审核，确保核算需要的基本信息、污染物和工序工段不重、不漏。强化普查数据现场审核，编制指导小视频，对重点行业的审核工作进行指导。同时要加强培训，因为普查工作量大面广，不简单是国家、省、市、县这几级，实际上，所有的具体任务都要落到每一个普查员的身上。所以要充分利用大家经常看手机微信的特点，针对一些问题编制解决方法的小视频，通过“链式反应”，一传十、十传百，希望以这种方式，在比较短的时间内，大面积、大范围实现培训全覆盖的效果。

四是做好统筹，圆满完成2019年的普查任务。2019年要基本完成污染源普查工作，这项工作已经写入了中央政治局常委会的工作要点，这对我们既是鼓励，也是压力。什么叫基本完成？就是年内要正式报出第二次全国污染源普查公报，按照法定的程序，经国务院审核同意后再正式发布，按照上一次的惯例，估计是来年的1—2月。所以，我们认真研究了2019年及2020年上半年的工作，编制印发了《第二次全国污染源普查2019年及后续工作要点》，希望大家按照这个工作要点的要求、按照已经明确的时间节点，安排部署好各项普查工作，工作的核心仍然是保证好普查数据质量、建立好普查数据库，因为只有有了好的基础数据和好的数据库以后，后续采用信息化手段进行的产排污核算工作才会更加顺畅。目前的普查工作处于攻坚克难的关键时期，今后一段时间的工作任务及其时点要求如下：2019年3—4月，开展基本信息及生产活动水平汇总数据审核评估；2019年4—5月，各级普查机构开展污染物产排放量核算工作；2019年5月31日前，各级普查机构要完成普查数据初报工作；2019年6—8月，国家普查办对普查数据进行集中审核评估，将审核情况及时反馈地方；2019年8月31日前，要确定全国污染源普查数据库。所有的时间节点都是围绕着“今年年内要基本完成普查工作”这一目标安排的，这是中央政治局常委会工作要点的表述，所以时间节点是不允许往后推的。但是普查工作确实时间紧、任务重，个别地方即便是加班加点也无法完成，怎么办？那就要通过“加人、加钱、加力量”的办法来解决。国家普查办将会加强对各地普查工作进展情况的及时调度和及时预警。如果不能按时完成普查任务是要承担政治责任的，请大家回去后要向生态环境厅（局）的主要领导同志报告，也要向党委、政府主要领导同志报告。污染源普查工作是一项政治任务，衡量各地对这项政治任务的态度首先就是看对它是不是足够重视。所以希望各级普查机构严格按照上述时间节点，倒排工期，确保不拖国家后腿，按期完成普查各项任务。

同志们，普查数据质量至关重要，直接决定着普查成果的好坏。虽然前期我们已经开展了一些数据审核工作，也解决了部分问题，但目前的普查数据质量仍然无法满足产排污核算的工作要求，希望大家都能够清醒地意识到这个问题。下一步要进一步聚焦数据质量，全面分析存在的问题，抓紧时间研究和整改，按规定的时限要求，高标准完成数据审核，全面提升普查数据质量，为后期的产排污核算奠定扎实的基础，为普查公报的形成、发布、宣传等系列工作创造比较好的基础条件，确保圆满地完成党中央、国务院交办的政治任务。同时也希望各地区、各级党委、政府对普查工作要继续加强领导、加强支持、加强保障。

谢谢大家。

坚定信心、强化责任，全面提升污染源普查工作质量

——国务院第二次全国污染源普查领导小组办公室主任、生态环境部副部长赵英民在第二次全国污染源普查工作办公室主任培训班上的讲话

2019 年 4 月 26 日

同志们：

今天我们在北安河会议培训基地召开第二次全国污染源普查工作办公室主任培训会议，主要目的是深入贯彻落实党中央、国务院决策部署，按照普查时序进度和技术规范，高标准高质量推进各项工作落实，为今年年底向国务院上报普查公报打下坚实的基础。这次会议，既是一次技术培训会，也是一次工作推进会，内容丰富、十分重要，针对性、指导性和操作性很强，各省（区、市）主管厅局领导专程来参加会议，充分体现了对普查工作的高度重视。

生态环境部和国务院第二次全国污染源普查领导小组办公室高度重视工作推进的时效和质量，前期工作总体进展良好，取得很大的成绩。南宁会议以来，各级针对 2018 年 12 月 12 日完成入户调查采集任务后存在的数据处理软件运行不稳定、工业源 G106-1 表填报率偏低、污染物排放核算方法不完善等 3 个方面的突出问题，采取果断措施，努力工作，经过全国上下共同努力，工作形势发生了很大的变化，普查工作进入到污染物排放量核算阶段，表明整体工作又向前迈进了一大步。今天召开这次会议，标志着入户调查之后的工作取得了阶段性的成绩。前一阶段在部统一领导下，针对上述 3 个方面的突出问题，部普查办集中研究，强化部署，倒排工期，挂图作战，深入一线，解剖麻雀，根据各省份反馈的问题，形成问题清单，组织专家集中攻关，在全国分 5 个片区开展入户调查数据审核评估及质量提升现场指导工作；推进互联网数据提交环保专网合库和问题数据的处理工作；组织产排污系数承担单位、国家试点地区测试软件功能，下发产排污系数手册，开展重点行业产排污试算工作，加快完善软件“能填、能改、能算”功能，组织全国技术培训；开展重点工作周调度，确保普查工作由数据审核汇总与质量提升阶段向污染物排放量核算阶段有序转换。农业农村部专门派员到生态环境部普查办工作，针对农业源关键技术问题加强研究，共同推进。

各级普查机构科学研判形势，集中各方智慧，积极与部普查办对接交流工作，以点带面，点面结合，采取“过筛子”方法，强化入户调查数据审核评估和质量提升工作，相互学习借鉴好的经验做法，举一反三，有效解决 G106 表填报不全、专网中调查对象重复、伴生放射性矿填报等共性问题及个性问题，在工作中也涌现出一批先进个人和先进事迹，为工作顺利开展营造了良好的环境氛围。其中，江苏、湖北进行合库后专网填报和修改功能试用；江苏、湖北、云南、陕西、河南五省部署核算模块开展试点；陕西组织技术支持单位参与到数据审核工作中，对所属地市进行包干帮扶；河南主管厅长带领工作组下沉到区县，开展全面普查质量培训帮扶；青海、西藏克服地域条件限制，积极主动开展数据审核工作；

福建制定出台《普查档案检查验收标准》；浙江省根据实际情况主动编制了部分地方特色行业系数手册，浙江省温州市比对普查名录库与“四经普”数据库，补充调查工业源对象416家。各地在前一阶段针对自身情况，在部普查办统一部署下，积极作为，努力工作，取得了阶段性成果。这些成绩的取得，离不开各级党委、政府的高度重视，离不开各级普查机构的精心部署、严密组织，更离不开全国所有一线普查工作人员的艰苦努力、辛勤付出。在此，我代表生态环境部和国务院第二次全国污染源普查领导小组办公室，向在座各位厅局领导对普查工作的重视和支持、向全体普查战线同志们的辛勤劳动表示亲切慰问和衷心感谢。

今年基本完成第二次全国污染源普查是中央政治局常委会确定的刚性要求。污染源普查是一项非常重要的工作，从工作要求上来说，完成普查任务主要有两个方面：一是工作进度，普查是有时限的，2017年12月31日是调查的时期节点，2019年年底前是工作基本完成的时期节点；二是工作质量，围绕工作进度推动工作，在规定的进度中是不是完成规定的工作量？普查数据质量是不是准确？普查结果是不是与实际相符？这是维系普查生命线的两个重要指标。各级要在看到工作成绩的同时，保持清醒的认识，正视工作中的不足，目前普查工作依然面临着基础薄弱、能力不强，认识不到位、组织不得力的问题。虽然这些问题存在是在某些地方和局部，但是要引起我们的高度重视，现在距离年底时间已经很近了，整体工作进展面临的形势还比较严峻，不容乐观，各地务必要高度重视，一定要以忧患意识和底线思维来统筹考虑这项工作。存在的突出问题主要表现在以下四个方面：

一是对普查工作重视不够，组织领导不得力。个别地区政府对污染源普查工作不重视，政治站位不高，有的生态环境部门认为普查是一项业务工作，甚至没有纳入年度重点工作任务，在组织领导、部门协同、技术培训、宣传动员等方面推进力度不够，存在“上热下冷、内热外冷”的现象。当前在机构改革过程中，有些同志工作变动属于正常调整，但在前期工作调研中了解到，部分地区普查机构负责人调整变化之后，主管普查工作的同志对普查的目的意义、工作要求、重点内容、存在问题尚不清楚，反映出在新老交接工作过程中出现明显空档，有的地方普查办主任还是兼职，没有专人负责普查工作，这与工作要求不一致。同时，2019年普查经费预算金额比2018年减少67.11%，第三方机构技术支撑明显不足，部门间工作协同不够，农业源普查工作统筹推进与工作要求还有差距。

二是工作进展不均衡。个别地区工作主动性不强，“等、靠、要”思想严重，发现问题不主动解决，推诿扯皮，影响了普查工作质量。普查数据由互联网向专网提交过程中，规定统一时间截至4月1日晚24时，有的省份于4月2日才完成并库工作。

三是贯彻执行不到位。有的省份信息化建设基础环境部署不满足运行要求，有的省份基础环境运维不及时，未及时发现基础环境运行的隐患，导致软件系统故障。一些地方学习培训不到位，工作中没有很好地理解消化相关技术规定和要求，没有遵守工作规则和流程，影响工作正常推进。甚至有的地方因不遵守工作规则要求，导致出现比较严重的问题。

四是工作要求“宽、松、软”。有的省、市两级普查机构直接转发国家文件，当“二传手”，对工作不认真研究，对问题不及时解决，对发现的问题不归纳分析，对上推诿，对下把责任全部压到县级普查机构；有的县级普查机构将工作全权委托给第三方单位，当“甩手掌柜”，对普查数据质量不把关，造成局部的、小的问题层层积累成大问题，问题没有消灭在萌芽状态，严重影响本地区普查工作的整体质量。经前期对全国普查数据质量进行抽审，发现 G106-1 表填报率不高，涉及污染物排放量核算关键指标缺失，普查数据汇总区划代码、河流水系代码、行业代码等填报不规范，指标错填、漏填等现象较为普遍。一些地方层层审核把关都没有发现很多不应该出现的低级错误，比如：某个比较有名的省会城市串行到别的省份，有的将人口数量单位“万人”填为“人”，用水量单位“万立方米”填为“立方米”等，反映出相关普查机构工作不规范、不认真、审核走过场的问题。

第二次全国污染源普查是相对烦琐的一项工作，最需要的是认真、最需要的是耐心、最需要的是韧劲，各级要在普查工作中深入贯彻落实生态环境保护铁军“严、真、细、实、快”的要求，把工作扎扎实实做好。针对以上突出问题，各级领导和普查机构都要引起高度的重视，保持清醒头脑，强化工作责任，采取切实有效的措施，认真抓好整改，要进一步统一思想，提高认识，工作基础薄弱的地区要向先进地区看齐，迎头赶上，补齐差距和短板，跟上全国整体工作节奏，争取不掉队。

下面，结合普查工作由数据质量审核转入污染物排放量核算的阶段特点与要求，我讲四点意见：

一、进一步提高政治站位，坚定做好第二次全国污染源普查工作的信念和信心

做好第二次全国污染源普查使命光荣、意义重大，主要有以下四个方面的重要性：第一个重要性，这次普查是党中央、国务院交给我们的一项重大政治任务，是全国统一部署开展的一项重大国情调查，是全面建成小康社会进入决胜阶段、加快补齐生态文明建设短板实施的一项系统工程，是全面摸清建设“美丽中国”生态环境家底、打好污染防治攻坚战的一项重要基础工作，也是我们落实加快推进生态环境治理体系、治理能力现代化的一项非常重要的基础工作。第二个重要性，这次普查结果对“十四五”国民经济和社会发展规划编制提供直接的工作支持。2007—2010 年开展的第一次全国污染源普查，普查成果为实施污染物总量减排，编制“十二五”和“十三五”国民经济和社会发展以及环境保护规划发挥了有力的支撑作用。这次普查坚持目标导向，以改善生态环境质量为核心，以影响生态环境质量的主要污染物、敏感污染物为重点，普查结果为国家编制“十四五”规划提供有效支撑，首先是支撑国民经济和社会发展规划编制，其次是支撑生态环境保护规划编制。第三个重要性，这次普查是新时期进一步做好生态环境保护工作，特别是环境管理进入精细化管理阶段的一项重要工作。作为生态环境管理者，目前的环境管理方法还是粗放的，我们还不能完全清楚本地有多少污染源，排多少污染物，做总量控制和排污收费工作的同志，还说不清楚企业排放与环境质量改善的关系。因此底数要清：第一清楚污染源在哪里，第二清楚污染源排什么，第三清楚污染源排多少，第四清楚污染源怎么排，建立起企业排放与环境质量改善的直接关系。生态环境管理以环境质量改善为核心，非常重要的一条，就是要通过这次普查建立污染源清单，把环保“家底”摸清，整个环境管理才能够实施更加精细化的要求。生态环境保护工作就是一个“天不藏奸”的事情，不在这些方面较真碰硬，工作再忙再累，环境质量也不会得到实质性改善。党的十八大明确的生态文明改革任务对环境管理制度和工作有非常具体的要求，如总量控制是实行企事业单位总量控制，排污许可证是到 2020 年覆盖所有污染源的排污许可证，不把“在哪里”“是什么”“排多少”“怎么排”这四个维度搞清楚，对企事业单位的总量控制就是一句空话，没有企事业单位

的总量控制就不会有行政区划上的总量控制。这次普查就是按照环境质量改善为核心这个思路来开展的，哪个地方这次普查做好了，那么“十四五”期间就一定能够上一个新的台阶。因此，这次普查对全国的生态环境保护工作，特别是落实以环境质量改善为核心的环境管理具有战略性的意义。第四个重要性，这次普查是锻炼队伍、储备人才的非常重要的机会。通过开展普查工作，一批干部能够把污染源在哪里，污染物是什么，排多少，怎么排的事情干明白，建立一套基于现代化信息技术的管理平台和工具，那么这些从事过普查工作的同志或者掌握了普查工作真谛的同志，一定会在未来的环境管理工作当中发挥非常好的作用。因此，从这个意义上讲，普查是一个锻炼人才、锻炼干部、培养人才、储备人才的一个工作途径。刚才已经讲到，普查工作要求认真、要求耐心、要求韧劲，3 年工作完成下来，普查干部具备这 3 项本事就是好干部，从事环境管理绝对是“一把好手”。

当前，普查任务十分繁重，到了工作负重前行的关键期、数据质量提升的攻坚期，正是较真碰硬的时候，对各级组织领导能力都是非常现实的考验。各级普查机构，尤其是省级普查机构一定要从讲政治、讲大局的高度，进一步提高政治站位，增强做好普查工作的责任心和主动性，在机构改革过程中完成各项改革任务的同时，要保持普查机构稳定，保障专项工作经费，确保思想不乱、队伍不散、工作不断、干劲不减、标准不降，通过普查推荐一批干部、锻炼一批骨干、培养一批人才。

二、强化工作责任，扎实做好污染物排放量核算工作

普查整体工作进入污染物排放量核算的关键阶段，在这个阶段，数据质量是核心和关键。这期间，围绕普查数据“真实、准确、全面”的目标要求，需要将数据审核评估、污染物排放量核算、普查数据库核定、普查质量检查验收、成果分析总结等诸项具体工作做全、做实、做细，工作任务更重、标准要求更高。数据质量直接关系到污染物排放量核算是否能算，算出的数值是否准确，排放量数据又直接关系到整个普查数据质量的好坏。各级要牢固树立底线思维，部普查办和各省级普查办要认真分析全国及本区域普查工作面临的形势，有针对性地拿出解决办法，将工作责任落实到各个环节、各个末端，严格按照国家技术标准一把尺子、一个步伐，推进全国普查工作“齐步走”。

一是要强化责任落实。通过调研座谈发现，入户调查采集工作完成后，一些地方出现了“歇一歇”“松口气”的思想，这种思想千万要不得，入户调查仅仅才是工作的开始，大量的工作要在入户调查之后去完成。对此，我们要有清醒的认识，积极采取有效措施，在污染物排放量核算工作期间，各级要强化责任落实，坚决防止和克服自满松懈、畏难退缩、简单浮躁、与己无关这四种消极情绪和心态，调动各地区各部门各单位工作积极性主动性，有效防范不能如期完成普查任务的风险，确保顺利完成预期目标。省级普查机构要强化组织协调，加强业务指导，组织产排污核算培训，负责数据审核与汇总工作。市级普查机构要加强工作统筹调度，负责县级数据质量审核，对技术力量弱、进展缓慢的地方要有针对性地指导帮扶。县级普查机构要强化普查员培训，提升基础数据质量，负责具体产排污量核算。

二是要强化技术培训。污染物排放量核算工作技术难度高，各类污染源污染物产生量与排放量核算方法复杂且存在差异。这次培训，部普查办邀请各省市普查技术骨干来编课件，给大家讲课，没有让负责系数研究的专家授课，目的就是“接地气”，与大家的实际需求对接，减少因工作思维方式产生的偏

差，针对排放量核算的关键环节和大家在实际工作中遇到的问题，有针对性地开展培训。各省份回去后也要抓紧组织培训，根据本区域行业聚集特点和填报问题，通过举办培训班、现场指导、视频培训等多种方式方法，有针对性地开展培训，培训要对所有县（区）全覆盖，确保培训信息不衰减，工作要求不降低，培训内容要准确。省、市两级要培养一批能够指导核算的专业技术队伍，一方面开展案头的数据审核工作，发现突出和共性问题；另一方面组织队伍到县（区）开展现场指导，解决实际问题，不能再当“二传手”。今后部里的调度工作，要把省、市两级开展技术指导的要求落实情况作为重点，既要看到痕迹，更要看到效果。

三是要强化基础保障。入户调查数据由互联网进入环保专网，既是有利于工作，也是基于信息安全保密要求，确保普查数据不能丢、不能重、不能少。排放量核算涉及大量运算，对各省份数据处理环境的要求非常高，各省份一定要按照去年印发的《第二次全国污染源普查数据处理方案》要求，严格落实各项基础环境配置要求，做好基础环境日常运维，进行故障隐患排查，最大限度地杜绝各类事故问题的发生，保障环保专网畅通和基础环境稳定运行；加强数据库安全管理和数据备份，开展信息安全自查，做好软件用户管理和认证，保障普查数据安全；健全完善国家、省、市、县四级数据处理应急机制和专家答疑机制，做到解决问题不过夜，提高数据处理效率。

四是要强化宣传指导。各级普查机构要及时与新闻媒体交流，主动提供报道素材和典型案例，充分发挥报纸报刊、电台广播传统媒体和微博、微信等新媒体的宣传作用，加强普查工作宣传力度，及时推送普查工作中的好经验、好做法，广泛宣扬一线同志爱岗敬业、认真负责、耐得住寂寞的先进典型事迹，广泛宣传普查的重要性，争取政府、部门、社会和企业等各个方面的支持与配合。

三、强化质量控制，对普查工作实行全过程质量管理

普查是一项基础调查工作，调查范围要全口径，数据质量从普查工作开始就讲起，怎么强调都不为过。各级要把“对象全不全、数据准不准、结果准不准”放在首位，将数据质量贯穿污染物排放量核算工作的始终，严把质量关，强化全过程的质量控制。针对刚才讲的数据质量问题，在这里重申质量控制有关要求：

一是普查工作不结束，质量管理工作不停止。质量管理伴随普查工作全过程。去年 12 月 12 日全国基本完成普查基本信息的采集，到今天接近五个月的时间，看错、填错单位这种低级错误仍然发生，说明一些地方数据质量管理工作没有引起重视，工作制度有了，责任却没有落实，尤其是省、市两级普查机构的数据审核责任没有完全落实，目前看来，一些县级普查工作人员和技术力量不足，省、市两级要担负起审核责任。前几期的培训，部普查办的同志揭示了目前各类污染源普查数据填报中的问题，这些问题都是通过最基本的排序就能实现的，也是最容易发现的，但很多省份还是发生了这样的错误。所以，在座的各位厅局领导、各位普查办主任一定要高度重视。关于质量管理的有关管理和技术要求，部普查办从去年起就已经陆陆续续发文明确，大家回去要把这些工作扎扎实实抓起来，让市级普查机构动起来。这里我只强调一点，质量管理工作必须留痕，怎么查的、谁查的都要明确，要有一个评比，好的要表扬、差的要批评，不能干好干坏一个样。下一步，部普查办组织行业专家狠抓数据审核工作，国家的审核结

果就是工作评价，就是衡量各级普查机构质量审核责任是否落实到位的标准。这次会后，大家一定要进一步把审核工作重视起来。

二是各级普查机构在质量管理工作中都要有位有为。省级普查机构要强化组织协调，学习掌握国家对普查工作的技术要求，结合实际制定符合本地实际的技术标准，通过业务指导和全面培训，统一管理和技术要求，组织做好全省重点行业、企业数据质量审核工作，指导市县审核工作。市级普查机构要做好上级普查机构相关管理和技术要求的具体落实，强化对县级普查数据的现场核查与技术指导，加强本市重点行业、企业数据质量审核，指导县级普查机构做好审核工作。县级普查机构要做好各项要求的落实，组织普查员和普查指导员做好普查报表的修改完善和污染物排放量核算工作。省、市两级普查机构要主动做好县级普查机构遇到的各类问题的收集汇总工作，分类提出解决方案，及时进行指导，对于无法解决的，及时向上级请示解决，千万不要发现问题不报告，做到有了问题及时解决，再不能因为小问题没有及时解决积累成大问题，甚至影响普查整体工作进程。

三是要加强数据名录比对，做好污染源名录建库。污染源基本单位名录既是我们这次普查的一个重要成果，又是我们今后十年生态环保系统污染源管理的主要对象。根据京津冀及周边地区“2+26”城市大气污染综合治理强化督查、长江经济带和环渤海入河入海排污口排查整治工作进展，这些工作与普查工作平行推进，一方面普查过程中获得的数据直接支持了这些工作开展，另一方面发现了部分地区清查工作存在普查调查对象不全面的现象，有的地方占比还比较高。污染源基本单位名录理应是所有工作中最全面的，但通过部分地区强化督查比对，数据缺口还比较大，反映出对普查工作不严不实、敷衍应对的问题。各级务必要引以为戒，高度重视数据名录比对工作，一方面要防止普查对象遗漏，特别是产排污大户和典型行业，进一步补充完善、整改提升，实现对普查数据的微观管理；另一方面要做好工业污染源系数不能核算的情况梳理，由省级普查机构对此类行业提出系数核定意见，部普查办组织专家审核研究，按程序批准实施，解决部分行业数据无法核算和各种异常问题。这项工作绝不能应付了事，部将加强督查督办，对工作不负责任的地区要有说法，该通报就通报，该处理就处理。

四是要加强调度督办，确保责任落实。调度督办要长出牙齿，真抓实干、较真碰硬、一抓到底，减少和消除因机构改革、人员变化给工作带来的影响。在这里强调，所有工作都要可量化、可考核、可追责，每项工作都要有检查验收，坚决杜绝有工作数量没有工作质量的问题，强化规矩意识和刚性约束，建立“调度—通报—督办”工作链。近期，部普查办将以核算出污染物排放量为目标调度的两个重要指标：审核通过率和核算完成率，同时也可能兼顾完成的绝对数量，量化打分，通报督办，既通报排在前面的省份，也通报排在后面的省份。总之是各级普查机构要把调度督办的工具用好，及时调度督导，促进工作落实质量，推动工作高标准完成。

五是要加强质量核查，落实工作要求。按照国污普〔2018〕8 号、国污普〔2018〕19 号、国污普〔2019〕2 号文的要求，在污染物排放量核算完成后，部普查办将请国务院普查领导小组成员单位司局级领导带队开展质量核查和验收。近期，要抽调技术支持单位专家，组成质量核查工作组，根据普查专网数据库统计结果，选取审核通过率低、核算完成率低、存在问题多的市、县、区，结合管理需要采用飞行检查、交叉检查、专家核查等多种方式，针对数据采集、数据审核、数据核算等环节，开展质量核查工作。核查结果将作为评估各地普查质量和总结表彰的重要依据，表现突出的个人和集体，予以通报表扬，并在普查表彰中优先考虑；核查结果较差、未按要求完成整改的将视情况予以通报、督办。按照普查档案管理与普查工作同部署、同管理、同验收的要求，省级普查机构要会同本地档案管理部门制定《普查档案检查验收标准》，做好全国普查档案检查验收准备工作。

四、落实、落小、落细，做好2019年普查工作

2019年要“基本完成第二次全国污染源普查工作”，这项工作已经写入了中央政治局常委会2019年工作要点，这对我们既是鼓励，也是压力。各级一定要按照党中央的要求，把普查作为重要的政治任务，从“两个维护”的政治高度来做好这项工作。什么叫“基本完成”？就是年内要完成普查的核心工作，普查结果上报国务院，按照法定的程序，经国务院审核同意后再正式发布《第二次全国污染源普查公报》，按照上一次的惯例，估计是来年的1—2月。所以各级要根据前期编制印发的《第二次全国污染源普查2019年及后续工作要点》，按照这个工作要点的要求、按照已经明确的时间节点，安排部署好各项普查工作，省、市、县三级都要进行对标对表，没有跟上进度的要赶上，要确保工作质量，工作的核心仍然是保证好普查数据质量、建立好普查数据库。目前的普查工作正处于攻坚克难的关键时期，今后一段时间的工作任务及其时点强调如下：2019年3—4月，开展基本信息及生产活动水平汇总数据审核评估；5—6月，各级普查机构开展污染物产排放量核算工作，6月30日前，各级普查机构要完成排放量核算结果初报工作；6—8月，国家对省级普查数据进行集中审核评估，将审核情况及时反馈地方；8月31日前，要基本确定全国污染源普查数据库。围绕这样一个工作要求，一是各省（区、市）都要倒排工期，梳理出下一阶段普查主要工作任务，明确责任和完成时限，形成推进普查工作“施工图”。围绕这个“施工图”统筹调配各类资源，所有的时间节点都是围绕着“今年年内要基本完成普查工作”这一国家目标来安排的，这是中央政治局常委会工作要点的表述，如果不能按时完成普查任务就要承担政治责任，所以时间节点是绝不允许往后推的。但是普查工作确实时间紧、任务重，个别地方即便是加班加点也无法完成，完不成的怎么办？那就要通过“加人员、加资源、加经费”的办法来解决。二是要强化工作调度和督办力度，形成“按日调度”的推进工作落实的良好机制。工作落实就是落地，落地就是按期完成普查任务，要针对“施工图”要求，对每一个关键环节梳理形成关键的调度指标，围绕这些指标开展调度，定期通报进展，一环扣一环。要加强过程控制，前一项工作完成了，后一项工作才有可能完成，任何一个环节都不能掉链子。围绕调度要及时开展预警、督办和跟踪调度，确保各项任务落地。部普查办将加强对各地普查工作进展情况的及时调度和及时预警，“五一”假期过后，对全国普查数据质量审核进展、排放量核算进展每周进行排名公布，对进展缓慢的开展预警或督办，视情况发函给省级普查机构或省级人民政府。

今年基本完成普查任务责任重大，压力巨大，请大家回去后做好三件事：一是向生态环境厅（局）主要领导同志汇报一次，厅（局）务会研究一次，制定普查工作施工图，并向党委、政府主管领导同志报告一次，争取工作支持；二是提请政府主管领导召开一次普查工作推进会议，对普查工作进行再动员、再部署，特别是通过主管领导推进政府各部门的协同配合和各项工作的衔接，形成工作合力；三是请各

位分管普查工作的厅（局）领导每周召开一次普查工作调度，掌握工作进展，推进工作落实。

同志们，2019 年是普查冲刺之年、收官之年，对我们完成普查任务提出了新的更高的要求。普查工作要经得起历史的检验，各级一定强化政治意识、大局意识、责任意识和危机意识，进一步将全面从严治党要求贯穿普查工作始终，进一步聚焦数据质量、聚焦工作进度，全面分析存在的问题，抓紧时间研究和整改，按规定的时限要求，高标准完成污染物排放量核算，全面提升普查数据质量，为普查公报的编撰、形成、发布、宣传等系列工作创造一个好的基础条件，确保今年圆满地完成党中央、国务院交办的重要的、光荣的政治任务。

谢谢大家。

国务院第二次全国污染源普查领导小组办公室主任、生态环境部副部长赵英民在国务院第二次全国污染源普查领导小组办公室会议上的讲话

2019 年 12 月 6 日

同志们，上午好：

刚才，我们普查办向大家系统汇报了普查工作情况，各位同志也提出了很好的意见建议，我们已经安排专人进行记录，会后抓紧研究和落实。

第二次全国污染源普查是党中央、国务院部署的一项重大政治任务，是依据《中华人民共和国统计法》和《全国污染源普查条例》开展的重大国情调查，是生态环境保护工作的重要基础。党中央、国务院高度重视普查工作，国务院印发了《关于开展第二次全国污染源普查的通知》（国发〔2016〕59 号），成立了国务院第二次全国污染源普查领导小组（以下简称领导小组），领导小组办公室设在我部，办公室成员单位包括在座所有部门，由我部会同各部门共同组织开展普查工作。

三年来，各部门严格贯彻落实国务院办公厅印发的《第二次全国污染源普查方案》有关要求，认真研究、精心部署，密切配合我部组织开展有关工作，积极提出意见建议，主动提供相关资料和数据信息，形成了部门联动、齐抓共管的良好局面。

国家统计局作为副组长单位，提供全国基本单位名录，共享相关领域普查信息和成果，帮助建立和完善普查制度。中央宣传部联合印发了《第二次全国污染源普查宣传工作方案》，配合开展新闻宣传工作。发展改革委配合做好污染源普查及成果的分析、应用。工业和信息化部配合做好工业源普查成果的分析、应用。财政部做好普查经费预算审核、安排和拨付，并监督经费使用情况。自然资源部提供地理国情普查成果和采矿许可证企业名录，提供污染源分布情况分析展示服务。住房和城乡建设部指导地方做好集中式污染治理设施普查。公安部和交通运输部提供机动车、船舶、飞机、道路交通等基础数据，配合做好移动源普查。水利部提供水利普查成果及入河（海）排污口有关信息。农业农村部印发《关于做好第二次全国农业污染源普查有关工作的通知》和《全国农业污染源普查方案》，全面部署开展农业源普查。国家税务总局和市场监管总局分别提供有关调查单位名录。中央军委后勤保障部研究部署全军和武警部队开展污染源普查。

在各部门的全力支持和密切配合下，目前已经顺利完成了普查前期准备、清查建库、入户调查、产排污核算、数据审核、汇总分析等重点任务，取得了大量翔实的普查数据，获得了丰硕的普查成果。这些成果离不开在座各部门的大力支持与密切配合，在此，我谨代表普查领导小组办公室和生态环境部向在座各部门表示衷心感谢！

2019 年 10 月以来，我部组织对全国污染源普查数据进行系统分析，编制了《第二次全国污染源普

查公报》（以下简称《普查公报》）及相关说明材料。经过多次讨论和修改完善，11 月中旬形成征求意见稿发各部门征求意见；11 月 27 日，我部普查办组织召开了领导小组办公室联络员会议，听取各部门联络员的意见建议，认真研究并充分采纳了各部门反馈的意见建议。

今天，我们在此召开领导小组办公室会议，主要是想把普查工作情况向大家报告一下，同时提请审议《普查公报》及相关材料，再次听取大家意见。从刚才会议情况来看，达到了预期的效果。对此，我向同志们再次表示感谢！

接下来，我想借此机会向大家简要介绍下一步工作，这些工作还需要各部门继续予以支持和配合。

一是报批《普查公报》。2019 年中央政治局常委会工作要点明确要求，年底前基本完成全国污染源普查。按照这个要求，必须在 12 月底以前向国务院上报《普查公报》。根据目前工作计划，预计将于 12 月中下旬要提请召开领导小组会议，审议《普查公报》，审议通过后要会签国家统计局上报国务院，经批准后予以发布。军队的普查工作由中央军委后勤保障部组织开展，普查成果不需要汇入《普查公报》，请你们自行做好报送工作。

二是验收普查工作。根据《第二次全国污染源普查方案》，各级普查机构要制定普查工作验收方案，对本行政区普查工作进行验收，验收工作应吸纳本级普查领导小组成员单位同志参加。国家层面预计于 2020 年第一季度对全国普查工作进行验收，届时可能需要各部门派出司局级干部作为验收组组长带队，请大家予以支持。

普查工作验收时，档案管理将作为重要内容，各级普查机构都应按要求做好普查资料的整理归档和移交工作。根据档案管理有关规定，如果农业源普查工作由农业农村部门组织开展的，农业源普查档案应该移交生态环境部门统一归档，原则上应移交原件；若农业农村部门需要保留原件的，可移交复印件，但需加盖档案复制专用章，并附带普查档案移交清单。

三是开展表扬活动。为了对全国普查工作先进集体和个人进行表扬，评选优秀的技术报告和调研报告，我部已基本完成普查表扬工作方案，近期将发至各部门征求意见，届时还请大家予以关注和支持，同时积极推荐本部门先进集体和先进个人。

最后，我还想强调一下，《普查公报》需要通过领导小组会议审议，才能如期上报国务院。因此请大家回去后向主管领导汇报有关情况，有任何疑问我们先底下及时沟通，以便在领导小组会议上取得一致意见，确保《普查公报》顺利通过审议。

同志们，今年普查工作收官在即，时间非常紧，还有很多工作要做，请大家一如既往地支持我们完成各项收尾工作，向党中央、国务院交出一份满意的答卷。

谢谢大家！

第二次全国污染源普查总体情况

——国务院第二次全国污染源普查领导小组办公室主任、生态环境部副部长赵英民在国务院新闻办公室新闻发布会上的讲话[①]

2020 年 6 月 10 日

女士们、先生们、新闻界的朋友们：

大家上午好！

感谢大家长期以来对生态环境保护工作的关心和支持。根据《全国污染源普查条例》的规定和《国务院关于开展第二次全国污染源普查的通知》的要求，生态环境部、国家统计局、农业农村部等 15 个单位和部门联合于 2017—2019 年开展了第二次全国污染源普查工作。定期开展全国污染源普查，这是《全国污染源普查条例》的法定要求。第一次污染源普查是在 10 年前，这次污染源普查是在全面建成小康社会决胜阶段、坚决打赢打好污染防治攻坚战大背景下的一项系统工程，是对全面摸清建设美丽中国生态环境底数的一次重大国情调查，因此意义非常重大。

党中央、国务院高度重视这次普查工作，在国务院第二次全国污染源普查工作领导小组的统一领导和部署下，各地区、各部门、各级普查机构按照国家统一领导、部门分工协作、地方分级负责、各方共同参与的原则，精心组织，扎实推进污染源普查各项工作，数十万普查人员严谨负责，辛勤工作，广大普查对象全力配合，克服了时间紧、任务重、技术难度大等特点，历时三年，圆满完成了任务。

第二次全国污染源普查标准时点是 2017 年 12 月 31 日，时期资料是 2017 年度，经历了前期准备、全面普查和总结发布三个阶段，对全国有污染排放的 358 万多个单位和个体经营户进行了全面调查，获取了全国工业污染源、农业污染源、生活污染源、集中式污染治理设施和移动源相关基本信息和污染物排放信息。整个普查工作严格按照国务院办公厅核发的普查方案，建立了覆盖全过程、所有参与人员的质量控制体系，确保了普查结果真实准确全面，达到了既定工作目标。

第二次全国污染源普查的成果主要体现在五个方面：

第一，摸清了全国各类污染源的基本情况，各类污染源的数量、结构和分布状况。2017年年底，全国各类污染源数量是358.32万个（不含移动源）。其中工业源247.74万个，生活源63.95万个，畜禽规模养殖场37.88万个，集中式污染治理设施8.4万个。其中，广东、浙江、江苏、山东、河北五省各类污染源数量占到全国总数的52.94%，全国污染源的数量，特别是工业污染源的数量基本上呈现由东向西逐步减少的分布态势。从行业来说，金属制品业、非金属矿物制品业、通用设备制造业、橡胶和塑料制品业、纺织服装服饰业等五个行业占到全国工业污染源总数的44.14%。此外，截至2017年年底，全国机动车保有量2.67亿辆，工程机械保有量413.2万台，农业机械柴油总动力7.62亿千瓦，营运船舶数量27.8万艘。

---

① 本文原载于国务院新闻办网站。

2017年全年国家铁路内燃机车燃油消耗量246.18万吨，民航起降架次1 024.89万架次，这是各类污染源的基本分布情况。

第二，掌握了各类污染源的排放情况。从全国水污染物排放情况看，化学需氧量2 143.98万吨、总氮304.14万吨、氨氮96.34万吨。从排放量来说，长江、珠江、淮河流域因为流域面积大，涉及省份多，化学需氧量、总氮和氨氮等污染物的排放量较大。从排放强度来看，海河、辽河、淮河流域单位水资源的污染物排放强度大。全国大气污染物排放情况为氮氧化物1 785.22万吨、颗粒物1 684.05万吨、二氧化硫696.32万吨。这次我们还对部分行业和部分领域的挥发性有机物排放量进行了调查，全国1 017.45万吨。京津冀及周边地区、长三角地区和汾渭平原是我国大气污染源单位面积排放强度较大的地区，大家知道，这三个区域也是国家确定的大气污染防治重点区域。全国固体废物的情况为：2017年，一般工业固体废物产生量为38.68亿吨，综合利用量为20.62亿吨，处置量为9.43亿吨，当年存储量为9.31亿吨。全国秸秆产生量8.05亿吨，利用量5.85亿吨。山西、内蒙古、河北、山东、辽宁五省一般固体废物产生量占全国的42.4%，山东、河北、山西、安徽和江苏五省一般工业固废的综合利用量约占全国的40%。

第三，健全了重点污染源档案和污染源信息数据库。本次普查形成了第二次全国污染源普查统一数据库，共形成了1 800余张数据库表，1.5万余个数据字段，1.5亿多条数据记录，形成了第二次全国污染源普查“一张图”。根据污染源普查档案管理办法要求，所有档案都做到了有序管理和安全存放。

第四，培养锻炼了一批具有环保铁军精神的业务骨干。普查工作中，各级普查员和普查指导员发扬环保铁军精神，任劳任怨、努力工作，通过接受系统化的培训和现场调查，了解重点行业企业的生产工艺、污染治理技术和环保设施等相关情况，掌握了各类污染物排放核算方法。在普查成果总结过程中，通过分析归纳，把握了环境政策和当前的环境形势，得到了全面的学习和提高。通过普查，培养了一批有高度责任心和奉献精神、熟悉政策、精通业务的综合型人才。

第五，进一步提高了全民环境意识。普查时间长，历时三年，在整个普查期间，通过多媒体、多方式宣传，广大新闻界朋友给予大力支持，广泛动员社会各界力量，积极参与普查工作，提高了全社会环境意识，营造了普查良好氛围。这是这次普查工作取得的主要成果。

通过普查，我们也看到，当前，一方面取得了很大的进步，另一方面也反映了几个问题：一是化学需氧量、氮氧化物、颗粒物和挥发性有机物这四项污染物的排放量都超过了千万吨，而这四项污染物对我们当前无论是大气还是水的环境质量改善都至关重要，这是我们下一步工作的重点。二是农业源、生活源对水污染物排放贡献比较大，机动车对氮氧化物的排放贡献大，工业、生活和机动车对挥发性有机物的贡献大，这些污染源涉及的主体多，而且和过去传统的集中排放不同，这些领域很多是无组织排放，或者是面源排放，因此治理和监管的难度都比较大。三是农村和西部环保基础设施相对全国或者相对东部地区还是滞后，需要进一步加大投资力度。四是重点流域和重点区域的排放强度大，这些流域区域的产业结构和布局调整任务艰巨。五是通过普查，反映出我国生态环境治理体系和治理能力还需要进一步提高。通过普查，我们觉得这些问题为下一步抓好生态环境保护工作、改善生态环境质量摸清了家底，指明了方向，需要我们在今后的工作中继续努力，攻坚克难，最后实现生态环境质量的改善。

第一次全国污染源普查的标准时点是2007年12月31日，这次污染源普查的标准时点是2017年12月31日，整整相差了十年。大家回顾一下，过去十年，特别是党的十八大以来，是我们国家大力推进生态文明建设、生态环境质量快速改善的十年。从这次普查结果数据也能看得出来这十年的变化，主要有三方面变化：

一是主要污染物排放量大幅下降。与第一次全国污染源普查数据同口径相比，2017年二氧化硫、化学需氧量、氮氧化物等污染物排放量比2007年分别下降了72%、46%和34%，体现了我们国家近年来污染防治所取得的巨大成效。

二是产业结构调整成效显著。首先是重点行业产能集中度提高。和2007年相比，全国造纸、钢铁、水泥等行业的产品产量分别增加了61%、50%和71%，企业数量分别减少了24%、50%和37%，产量增加了，企业数量减少了，单个企业平均产量分别提高了113%、202%、170%。其次是重点行业主要污染物排放量大幅下降。和2007年相比，还是上述行业，造纸行业化学需氧量减少了84%，钢铁行业二氧化硫减少了54%，水泥行业氮氧化物减少了23%。由此可见，过去十年经济发展质量在提升，企业数量少了，但是产能集中度高了，在产品产量增加的同时，污染物排放量在大幅度下降，也就是单位产品的排污量在大幅下降。

三是污染治理能力明显提升。工业企业废水处理、脱硫、除尘等设施数量分别是2007年的2.4倍、3.3倍和5倍，都是数倍于十年前污染治理设施的数量。畜禽养殖粪污处理能力得到普遍提升，畜禽规模养殖场粪便和尿液资源化利用比例分别达到了85%和78%，生猪规模养殖场干清粪比例由2007的55%提高到了2017年的87%。城市基础设施建设成效显著，污染治理能力大幅提升，和十年前相比，城镇污水处理厂的数量增加了5.4倍，处理能力增加了1.7倍，实际污水处理量增加了2.1倍，城镇生活污水化学需氧量去除率由2007年的28%提高到了2017年的67%。生活垃圾处置厂的数量十年间增加了86%，其中垃圾焚烧厂的数量增加了303%，焚烧处理量增加了577%，焚烧处理量比例由十年前的8%提高到了27%。危险废物集中利用处置厂的数量增加了8.22倍，设计处置能力增加了4 279万吨/年，这个数字是上一次普查的10.4倍。集中处置利用量增加了1 467万吨，比十年前提高了12.5倍。通过和第一次全国污染源普查结果的比较，可以看出十年来我们国家在生态环境方面取得的成就。

谢谢。

坚持风险导向 加强安全监管
努力推进核与辐射安全监管体系和监管能力现代化
——环境保护部副部长、国家核安全局局长刘华在2017年全国辐射安全监管工作座谈会上的总结讲话

2017年8月31日

各位同事，大家上午好！

非常高兴参加今天的座谈会，这个座谈会每年召开一次，已经连续召开十二年。这次会议时间虽短，但是目的明确、重点突出、内容紧凑，开得很成功、很有成效。我代表环境保护部对大家的积极参与表示感谢，对会议的成功举办表示祝贺！

昨天，江光司长、赵永明副司长分别做了大会发言，5个省份的代表先后做了典型发言；刚才，4位组长介绍了昨天分组讨论情况。过去的一年里，各省（区、市）辐射安全监管工作取得了积极进步，成效显著。因为时间关系，没安排所有省份在大会上做交流发言，但各组结合这次会议的议题以及各省（区、市）的工作实践，进行了充分交流，互相学习、互相借鉴，都很有收获。

通过会议交流，可以看到，全国的辐射安全监管工作成绩很大，各省都在进步，但仍存在差别，有的省份工作做得很好，有些省份仍需继续努力。我希望这次座谈会后，工作做得好的省份要发扬成绩，大家针对交流发现的弱项，通过互相学习尽快补齐短板。

这次会议共征集到议题146条，涉及18个类别，比去年103条多出了近一半，这说明在当前深化改革发展的形势下，辐射安全监管工作遇到了一些新情况，发现了一些新问题。我们梳理后提出6条重点讨论的议题，会上大家围绕6条议题做了重点讨论，谈经验、谈问题、谈思路，充分交流，目的就是要把核与辐射安全监管这项重要任务抓好做实。

环境保护部三项重点工作分别是污染防治、生态保护和核与辐射安全监管。在国家顶层设计中，大气、土壤、水有各自的“十条”，放射性方面有国务院批准的《核安全与放射性污染防治“十三五”规划及2025年远景目标》（以下简称《核安全规划》）。国家把环保各方面工作都进行了统筹安排。核与辐射安全监管作为环境保护部三项重点工作之一，务必要抓好抓实。在过去的工作中，大家本着“严、慎、细、实”精神，把工作做得很扎实。

下面，我结合这次会议议题和生态环境保护改革发展的形势，着重讲三点意见。

一、认清核与辐射安全监管的新形势和新要求，明确努力方向

（一）着眼国家安全战略，把握核安全顶层设计

核与辐射安全是生态文明建设的重要组成部分，也是国家安全的组成部分。国家安全包含12个方

面，核安全是其中的一个重要方面，环境保护部作为第一牵头单位负责核安全工作。

党的十八大以来，党中央、国务院高度重视核与辐射安全，高瞻远瞩、把握大局，提出一系列新理念、新思想、新战略，将核安全纳入国家安全体系，上升为国家安全战略，建立了相关工作协调机制，从战略高度对国家核安全工作作出了全面部署。习近平总书记就核安全多次作出重要批示，强调核安全是值得高度重视的国家安全问题，务必千方百计消除隐患、补齐短板。

我们要按照习近平总书记的要求把环保工作做好，大气、水、土壤的治理是一项渐近的、长期的工作，要用改革和发展的思路，通过制定不同时间节点的目标，把蓝天白云和青山绿水还给人民。核安全工作则是保安全、保底线。当前，核与辐射安全引起社会广泛关注，如丢失一枚放射源也会成为新闻炒作对象，医院安装加速器公众也会很有意见。因此，在核安全方面我们一定要按照党中央、国务院的战略部署把好安全底线，做好核与辐射安全监管工作。

（二）聚焦核安全法实施，强化核安全法制基础

核安全是国家安全的重要组成部分，是环境保护的重要领域。8 月 28 日，十二届全国人大常委会对《中华人民共和国核安全法》进行三审，8 月 30 日，全国人大法律委员会对三审的审议稿做了修改，计划提请 9 月 1 日全国人大常委会表决。人大代表审议的焦点问题是如何从严加强核与辐射安全监管，普遍认为法律的罚则偏软、行政处罚的力度不够、与刑法没有衔接。所以，在三审稿中增加了限期整改、停工整顿、吊销许可等行政处罚，触犯刑法的，追究相关负责人的刑事责任。

这部法律将是继《中华人民共和国放射性污染防治法》实施后我国核领域的第二部专门性法律，是核安全工作的基本法律。《中华人民共和国核安全法》主要涉及三大方面：一是核设施的管理；二是核材料的管理；三是放射性废物的管理。《中华人民共和国放射性污染防治法》主要是核设施、核技术利用的放射性污染防治和放射性废物的管理。《中华人民共和国核安全法》实施后，《中华人民共和国放射性污染防治法》也需进行相应修改。《中华人民共和国核安全法》和《中华人民共和国放射性污染防治法》共同构成了国家核与辐射安全监督和管理的顶层法律，这是我国在核与辐射安全监管立法上的巨大进步，我们必须积极学习贯彻。

《中华人民共和国核安全法》规定，核安全工作要定期向全国人大常委会作出报告。各省（区、市）的核安全工作也要定期梳理、及时报告，可以和环境保护工作一并向省级人大常委会汇报。近期将发布《中国核与辐射安全白皮书》，向全社会和公众系统介绍我国核与辐射监管领域 30 多年的成功经验和核与辐射安全状况。

（三）服务生态文明建设，学习践行核安全规划

今年 2 月 28 日，习近平总书记审阅签批了《核安全规划》。党和国家领导同志审议发布核安全专项规划，彰显了核安全在党和国家战略决策中的重要地位，体现了以习近平同志为核心的党中央对核安全工作的高度重视。

《“十三五”生态环境保护规划》对核安全工作提出了目标要求，《核安全规划》对此进行了细化，形成对生态环境保护工作的有力支撑，有利于推进国家生态文明建设进程。《核安全规划》是指导我国核安全与放射性污染防治工作的重要文件，是“十三五”时期核安全工作的顶层设计，并为实现核安全

治理体系和治理能力现代化，制定了一整套紧密联系、互相协调、高度融合的核安全管理体系和制度，实现了生态环保与核安全工作的高度统一，体现了核安全是严守环境质量底线的内在要求。

（四）抓住体制改革机遇，理顺核安全监管体系。

今天人事司张玉军副司长重点介绍了省级以下环保机构监测监察执法垂直管理改革（以下简称垂改）的开展情况，这也是很多省份关心的问题，大家也进行了充分讨论。垂改的核心内容之一是将县级环保部门监测、执法职能上收。核与辐射安全监管已经形成了一套非常规范有效、具有可操作性的制度，把这套体系抓好做实就是对我们的基本要求。在全国环保系统实施垂改的大背景下，核与辐射监管体系不需要做出调整，关键是进一步加强省、市两级能力。核与辐射安全监管机构是环境保护队伍的重要力量，要抓住此次生态环保体制机制改革的机遇，加强省、市两级地方辐射环境机构设置，强化监管执法和辐射环境监测能力建设。

各省级环保部门要在综合研究实际情况的前提下，因地制宜，认真贯彻《关于省以下环保机构监测监察执法垂直管理制度改革试点工作的指导意见》有关精神，在制定垂改方案时，统筹考虑核与辐射安全的专业性，继续保持省级辐射监测与常规环境监测分开管理。在改革过程中，不要把辐射站专业技术队伍拆分到执法大队、监测机构、审评机构，这样势必会削弱技术力量。环境保护部（国家核安全局）的核与辐射安全监管力量历来是环境保护部的重要组成部分，按照部党组的要求做好各项工作，业务上相对独立。这主要体现在法规的起草和规章的制定过程，以及在审批、监督、监测、执法方面跟环监局等其他部门平行工作，不交叉。这既是环境保护部的管理体系，也应该成为各省（区、市）的模式，环境保护部从未把核与辐射安全监管分散到各个业务部门，中央本级怎样设置管理模式，省、市两级就应该是怎样设置，做到上行下效。

希望在座的同志准确把握党中央、国务院关于垂改的指导方针，认真理解这次垂改的各项要求，在向省（区、市）有关领导汇报时，既要秉持大环保的理念，又要坚持核与辐射安全相对独立管理的制度，其本质是专业的人做专业的事，这已被实践证明是行之有效的。自 2005 年，《放射性同位素与射线装置安全和防护条例》（国务院令　第 449 号）发布实施以来，环保部门管理放射源，每年放射源事件数持续降低，就说明我们现行的这套体制机制很有效，确保达到让党中央、国务院放心。我自 2001 年起就在核安全司负责这项工作，十多年来，看到各省份的核与辐射监管力量发生了翻天覆地的变化，我们也做到了履职尽责，达到了预期的效果。这种好的模式要继续保持，也希望大家按照这样的制度要求加强核与辐射安全监管，让党中央、国务院放心，让省（区、市）党委、政府放心，不能将之弱化。改革试点完成后，环境保护部将对试点省份垂改效果进行评估，其中核与辐射安全监管能力是否得到加强将是一项重要的评估内容。

二、落实“严、真、慎、细、实、快”的要求，做好辐射安全监管工作

我们一直坚持“严、慎、细、实”，现在李干杰部长又强调“真”和“快”。在核与辐射安全监管方面，过去没有着重提“真”字，是因为我们辐射自动监测站的数据，省里和国家都会看到，没办法作假。“快”是对执行力的要求，在应急情况下要体现“快”字。现在将“严、真、慎、细、实、快”六个字

一起提出，就是对我们的工作提出了更高要求。

（一）抓住关键，落实《核安全规划》

《核安全规划》任务多、周期长、要求高，抓好落实，关键是抓好八件大事。一是推进核设施安全改进，提高核设施安全水平。二是开展放射源安全行动计划，降低核技术利用风险；总结好放射源安全专项检查行动的经验，完成后续整改工作落实；完善废旧放射源辐射安全管理，确保废放射源100%安全收贮。三是加快老旧核设施退役和放射性废物治理，消除安全隐患。四是强化软硬件基础设施能力建设，提高核与辐射安全监管能力；全面加强国家辐射环境监测网建设；强化监督性监测，完善应急监测手段，加强边境及敏感地区事故应急监测和处置能力；加强地区核与辐射安全监督站能力建设和省级监管机构能力建设，2018年年底前湖北、湖南、山西、天津、吉林必须达到辐射环境监测能力要求，确保除西藏外全国所有省份通过辐射环境监测能力评估。五是加强应急能力建设，提高核与辐射应急管理水平；强化各级核应急指挥中心建设。六是推进涉核法律立法进程，完善核安全法律法规体系。七是强化核安全公众沟通，提振公众信心；形成有效的跨部门、跨地区涉核社会风险防范化解联防联控机制。国务院有关部门社会风险防范任务分工，环境保护部牵头负责PX、垃圾填埋场和涉核项目三项任务。这三项任务都有十几个部门共同参加，我部是组长单位，李干杰部长是组长。这说明国务院对我们是信任的，认为环保部门可以做好涉核项目的社会风险防范工作。八是推动核安全文化建设，强化全社会核安全意识，将核安全文化融入日常核安全监督检查。

《核安全规划》提出的这八件事，希望各省（区、市）抓紧研究、抓住重点，明确任务、细化分解、积极组织、认真贯彻，并落实到各省（区、市）的规划和年度目标任务中。

（二）积极准备，做好第二次污染源普查工作

去年 10 月，国务院印发《关于开展第二次全国污染源普查的通知》（国发〔2016〕59 号），普查标准时点为 2017 年 12 月 31 日。

第二次全国污染源普查（以下简称二污普）是重大的国情调查，是环境保护的基础性工作，也是我部今年重点工作之一。伴生放射性矿普查是二污普重要的组成部分，也是唯一涉及放射性领域的子项，请各省（区、市）和各地区监督站高度重视这次普查工作。第一次污染源普查包含了放射源和伴生矿两项普查，现在放射源已经很清楚了，伴生矿还相对薄弱，需要多做些工作。

各省级环保部门要充分发扬“严、真、慎、细、实、快”的作风，做好四方面工作。一是迅速组织专门队伍，充分发挥辐射站的力量，如果省级辐射站尚未具备能力，可以通过政府购买服务的方式由第三方机构参与二污普工作。所有参加人员必须经过统一培训，我部 9 月将举办两期培训班，每个省份名额为 8～9 人，各省（区、市）也要组织其他人员进行培训，没有经过培训的人员不得上岗。二是积极申请经费预算，不能漏项。要积极配合省普查办，多汇报，做好经费保障。三是尽快开展初测工作，这是整个伴生放射性矿普查工作量最大的一个环节，不能等，必须在今年 12 月 31 日前完成，特别是辽宁、吉林、黑龙江、内蒙古、新疆几个省份，由于气候原因，更需提前开展，至少先完成取样工作。四是严格做好质量保证工作，各省（区、市）要严格按照伴生放射性矿普查方案要求实施，数据要真，杜绝造假。购买第三方机构服务的，更要严格做好质量保证工作，对异常数据要及时复核、复测。我部上半年

组织开展了实验室比对工作，未参加的省份或者比对结果不满意的省份，需要重新组织比对。

各地区监督站的主要职责是做好督查工作，要将二污普纳入今年下半年和明年的督查方案，确保各项工作按时保质完成。

核与辐射安全中心要为核三司、各省级环保部门、各地区监督站做好全面技术支持工作，及时解决工作中遇到的技术问题；要做好数据抽查、复核等质量保证工作，抽调精兵强将组成专班队伍配合，确保各项工作顺利实施。

（三）认真分析，清理环境保护地方性法规文件

为落实中央领导同志有关中办、国办《关于甘肃祁连山国家级自然保护区生态环境问题督查处理情况及其教训的通报》的重要批示精神，由国务院法制办牵头，环境保护部等 15 个部门参与，组织开展全国不符合生态文明建设和环境保护要求的地方性法规、规章和规范性文件的清理工作。

本次清理工作总体要求是，凡涉及生态文明建设和环境保护的地方性法规、规章及规范性文件都要清理。对于部分内容与生态文明建设和环境保护方面的法律、行政法规规定不一致的，要予以修改；主要内容与上述法律、行政法规规定相抵触的，要坚决废止。

这项工作已经作出部署，请大家按照清理要求办。各省（区、市）都有安排，按省里统一要求执行。各单位要协助地方政府做好本次地方性法规、规章及文件清理工作，发现问题及时向地方立法机关、有关政府部门提出清理建议。同时，开展对下级对口部门的专业指导。对于清理过程中遇到的涉核疑难问题，及时向核一司、核三司咨询和反映，我部将做好指导和帮扶工作。

此外，各地在开展清理工作的同时，也要加快实施地方法规、管理制度和程序文件制修订工作。建立与简政放权、加强事中事后监管要求相适应的地方法规体系。

环境保护部正在清理核与辐射安全监管方面的法律体系和内部管理制度。对外的要求，以法规标准的形式发布；对内的要求，以内部规章制度的形式体现；对自己也要有一套质量文件体系。我们计划用两到三年的时间将所有规章制度进行清理，目前此项工作正在进行。如监督检查，应有相关的制度、大纲和方法具体指导。一个单位好的经验保留，传承必须依靠一套内部的管理制度、执行程序和完整的信息制度。

三、认真研究会议提出的各项要求和建议，统筹考虑，推进落实“放管服”改革

（一）继续强化机构队伍建设，提高监管能力和执法水平

经过多年的能力评估，推动省级形成了相对完善的机构队伍，但是地市级有独立机构的不多，有些地方甚至没有专职人员。权力下放了、任务也随之下放，要关注“接得住”的问题。一方面，各省级环保部门要帮助地市级环保部门争取地方政府和有关部门的支持，在垂改中强化机构队伍建设；另一方面，要加大对地市级业务的帮助指导和装备的支持，特别是加强监督执法和辐射监测的业务培训，配备辐射监测和应急仪器装备，提高基层人员能力和水平；此外，还要设法保持地方队伍人员的相对稳定，避免频繁轮岗，从而导致监管工作大面积滑坡。现阶段，我们在没有建立起经验和信息传承体系之前仍需保持人员的相对稳定。

在垂改过程中，我们会考虑针对如何加强核与辐射安全监管工作出台相应文件。在开展中央环保督察时，计划将辐射环境保护纳入其中；各地在开展环保督察时，也应将辐射环境保护统筹考虑进去。这一轮全国督察结束后，后续工作更多侧重于“回头看”，将会把核与辐射安全监管工作作为日常督察的一部分，促进各部门更加重视环境保护中的核与辐射安全监管工作。

（二）深入推进简政放权，做好“放管服”改革

我部目前正在重点推进法律法规的修订，今年国务院修订发布了《建设项目环境保护管理条例》，取消了竣工验收行政许可事项。此外，修订了《建设项目环境影响评价分类管理名录》，应该说环评验收制度发生了重大变化，能够看出党中央、国务院深化改革、服务企业的决心。同时，将《放射性同位素与射线装置安全和防护条例》列入修订计划，重点由两级审批向三级审批转变，增加强化事中事后监管的举措。

简化行政审批，不是放松监管，而是对监管工作提出更高要求。在简政上手要松，在监管上手要紧。简政的目的是利于企业发展，严格执法是为了及时发现隐患和违法行为，保证安全水平不降低。

大家在推进简政放权的过程中，要注意以下三点：一是要确保依法依规，法律没有修改的，仍然要按照原法律办理，不能随便突破法律，不要搞变相许可，备案不是许可，备案无须审批，有的省份放射源转移中存在变备案为许可情况；二是要勇于承担责任，法律规定谁负责就是谁的责任，不能认为委托下去了，就跟自己没关系了，做好做坏都是别人的事；三是要加强业务指导，地方刚接手下放和委托的事项有个适应过程，大家要交接好，把地方培训好、指导好，确保平稳过渡。

各省级环保部门在行政审批中要贯彻落实简化管理、提高效率、为民服务的理念，切实减轻企业负担。如在辐射工作人员培训方面，以往的培训过多地与收费挂钩，培训范围过大，培训效果不理想。务必要优化培训，提高效率，可以搞试题库，开展网上培训，只要确保从业人员了解辐射安全知识、考试合格就可以，类似驾照考试的模式，关键是掌握知识，这也是培训的目的。有的省份已经开展了这方面的工作，大家要相互借鉴。

（三）进一步完善法规体系，强化规范化监管

环境保护部这两年十分重视规范化监管，已出台或正在制定一系列核安全导则和标准。去年，发布了《核技术利用环保行政执法手册（试行）》，今年又在重点推进核技术利用单位监督检查程序的执行和修订工作，《射线装置分类办法》修订稿也已通过核与辐射安全法规标准专家委员会的审核，近期将提交部长专题会审议，并于年内发布。我部还拟与海关总署联合发布《放射性同位素与射线装置豁免备案申报文件的格式与内容》，统一规范豁免管理。对于短寿命放射药品运输管理也要简化，我部一直考虑与国家卫生计生委、交通运输部、公安部制定“短寿命放射性同位素药品的配送办法”，关键是将短寿命放射性同位素药品配送不再作为运输活动管理，主要关注配送容器的安全性。此外，正在制定多项导则，优化简化申请辐射安全许可证申请、延续需要提交的材料等。

各省级环保部门也要根据各自特点，加强程序规范的制定。一是要规范审批程序。将相关程序指南上网，更好地为企业申请各类审批事项服务，有条件的地方要开展网上政务审批或者不见面审批。二是要规范监督检查程序。在我部发布的监督检查程序的基础上，细化优化省、市两级监管程序，提高针对

性和实用性。

（四）统一监管平台，推进辐射安全监管信息化

国家核技术利用辐射安全管理系统是落实放射源与射线装置审批规范化的重要平台，今年6月升级改造的新系统已经上线，并对全国300多位系统管理员进行了培训，我们要好好利用这个平台。放射源的信息化管理不是一个省（区、市）的事情，而是全国动态的过程，各个省份的数据都要进入这个系统，涉及审批、备案时，要以国家管理系统为主，做好数据的对接，这样才能保证“全国一盘棋”，更有利于推进核与辐射安全监管的信息化。今年我部已经启动与商务部、海关总署有关放射性同位素进出口数据的交换，通过充分发挥这个系统的优势，将有关进口信息及时反馈给有关省份，提高监管信息化水平。

我部正在组织实施“高风险移动源实时监控试点”，力争2018年在国家系统上初步建立移动γ射线探伤在线监控平台，制定数据平台的接口标准，对各省（区、市）建立高风险移动放射源的实时监控系统予以指导。

除国家辐射安全管理系统外，各省（区、市）还有自己的监测系统、应急系统，这些系统是分期建设的成果，相对独立。要在满足基础工作的前提下，利用大数据平台把这些数据系统整合起来，更好地为核与辐射安全管理和监督执法服务，避免成为“信息孤岛”。

（五）着眼问题导向，推进精细化管理

今年审计署在环境保护部审计报告中，对放射性药品生产单位辐射安全许可证的审批提出了意见，认为我们降低了审批要求。下一步，放射性药品生产单位许可证颁发将考虑按照风险大小进行划分，放射性药品生产场所达到甲级非密封放射性物质工作场所的单位，由环境保护部审批颁发辐射安全许可证；其他放射性药品生产单位的许可证由省级环保部门审批颁发，以合理分配行政资源并促进行业发展。对放射性药品生产的许可，不应委托或下放到市级。环境保护部将尽快修订部门规章，明确相关要求。

这次放射源安全检查专项行动，各省（区、市）积极配合，成效显著，发现高校、科研院所及放射源生产单位历史遗留问题仍然突出，我们需要创新工作方法，利用今年4月1日起国家停止征收城市放射性废物送贮费的契机，采取措施，鼓励用源单位自查、上缴历史遗留放射源，尽快完成废旧和历史遗留放射源的收贮。对于没有认真自查进行整改的，再有发现历史遗留废旧放射源，将依法对其进行处罚。对Ⅲ、Ⅳ、Ⅴ类放射源，各省（区、市）必须无条件收贮。现在国家规定不收费，财政部明确要求各省级财政充分保障收贮费用。如果省级收贮经费不够，还可以申请中央财政通过转移支付的方式给予支持。大家要正确理解免费收贮，并以此作为加强管理的重要手段。

对于辐射安全许可证延续不及时的问题，各省（区、市）应严格按照《中华人民共和国行政许可法》《放射性同位素与射线装置安全许可管理办法》等法律法规执行，该补办的补办，该处罚的处罚。

为了进一步落实“放管服”，应考虑简化Ⅳ、Ⅴ类放射源管理。例如，对于仅使用Ⅳ、Ⅴ类放射源核子仪表的单位，原则上仅要求将该设备进行维修维护和监测的安全管理人员作为辐射工作人员，进行个人剂量监测，不能随意扩大。不接触放射性物质及射线装置的纯销售单位的工作人员，不要求其进行个人剂量监测。个人剂量监测管理是核与辐射安全监管的重要抓手，是反映辐射防护水平的最有说服力的依据。我国向国际原子能机构承诺将个人剂量监测管理纳入辐射安全信息化管理中，这项工作一定要

抓好。

今年 2 月，我部发布了核安全导则《城市放射性废物库安全防范系统要求》，明确了放射性废物库安防升级要求。各省（区、市）应积极筹措经费，尽快按照导则要求于 2020 年前完成升级改造，我部拟发文要求各省（区、市）加快实施。目前，我部申请了 2017 年至 2019 年共 600 万元（每年 200 万元）经费，协助完成欠发达省份的放废库安保升级，计划逐年组织实施，今年确定的是西藏、宁夏和吉林的放射性废物库。

（六）常备不懈，不断提升辐射事故应急能力

自 2014 年以来，我部已陆续组织 20 个省级环保部门开展了规模不同、针对性很强的辐射事故应急演习。通过演习，达到了检验预案、落实责任、锻炼队伍、验证装备、提高能力的目的。特别是今年新疆开展的辐射事故应急演习，密切结合新疆实际，演习中引入反恐情节，是贯彻落实党中央、国务院和国家反恐怖工作领导小组最新指示要求的重要举措；安徽省开展的辐射事故应急演习，首次采取无脚本、无台词演习方式，实现了"过程引导、自主响应"的演习目的，很有创新，也标志着全国辐射事故应急演习进入了新阶段。

但是应该看到，辐射事故应急准备与响应工作仍然存在不足，主要是应急组织体系不够完善，应急预案及程序操作性不强，部门联动机制不畅，应急能力建设有待进一步提高等。今后，我们要进一步加强组织领导，提高对辐射事故应急工作的认识，健全应急体系，完善应急预案及程序，加强辐射应急能力建设，提升应急装备，加强培训与演练，真正做到以演代训、以点带面、常抓不懈、常备不懈，务实高效地推动辐射事故应急准备与响应工作。

（七）高度重视，涉核社会风险防范与化解

要高度重视涉核项目社会风险防范与化解工作，提高政治站位，将这项工作视为攸关政治安全和社会稳定的大事，确保不发生区域性、系统性风险。项目一旦论证清楚了，不要怕，要担当。如果前期能避开风险的，在项目前期，工作做充分。要做好风险排查，加强舆情监测应对，提高敏感项目涉核舆情的监测和预判，发现苗头性信息及时通报。要落实地方党委、政府的主体责任和企业的安全责任，强化上下联动、部门联动、地区联动，形成共管共治、联防联控局面，营造良好的涉核舆论氛围。

各位同事，核能核技术利用事业蓬勃发展，核与辐射安全监管任重道远，我们要以深入推进"两学一做"学习教育常态化制度化为动力，以落实党中央、国务院决策部署为主线，以实施《核安全规划》为重点，紧紧围绕核与辐射安全监管体系和监管能力现代化目标，推进制度、文化和队伍建设，深化体制机制改革，强化机构队伍建设，统一思想、牢记使命、扎实工作、团结奋进、攻坚克难，全力推进核与辐射安全监管事业创新发展，以饱满的工作热情、扎实的工作业绩，迎接党的十九大胜利召开。

谢谢大家！

第二部分

综合性文件

全国污染源普查条例

（中华人民共和国国务院令　第 508 号）

现公布《全国污染源普查条例》，自公布之日起施行。

总理　温家宝

二〇〇七年十月九日

全国污染源普查条例

第一章　总　则

第一条　为了科学、有效地组织实施全国污染源普查，保障污染源普查数据的准确性和及时性，根据《中华人民共和国统计法》和《中华人民共和国环境保护法》，制定本条例。

第二条　污染源普查的任务是，掌握各类污染源的数量、行业和地区分布情况，了解主要污染物的产生、排放和处理情况，建立健全重点污染源档案、污染源信息数据库和环境统计平台，为制定经济社会发展和环境保护政策、规划提供依据。

第三条　本条例所称污染源，是指因生产、生活和其他活动向环境排放污染物或者对环境产生不良影响的场所、设施、装置以及其他污染发生源。

第四条　污染源普查按照全国统一领导、部门分工协作、地方分级负责、各方共同参与的原则组织实施。

第五条　污染源普查所需经费，由中央和地方各级人民政府共同负担，并列入相应年度的财政预算，按时拨付，确保足额到位。

污染源普查经费应当统一管理，专款专用，严格控制支出。

第六条　全国污染源普查每 10 年进行 1 次，标准时点为普查年份的 12 月 31 日。

第七条　报刊、广播、电视和互联网等新闻媒体，应当及时开展污染源普查工作的宣传报道。

第二章　污染源普查的对象、范围、内容和方法

第八条　污染源普查的对象是中华人民共和国境内有污染源的单位和个体经营户。

第九条　污染源普查对象有义务接受污染源普查领导小组办公室、普查人员依法进行的调查，并如实反映情况，提供有关资料，按照要求填报污染源普查表。

污染源普查对象不得迟报、虚报、瞒报和拒报普查数据；不得推诿、拒绝和阻挠调查；不得转移、隐匿、篡改、毁弃原材料消耗记录、生产记录、污染物治理设施运行记录、污染物排放监测记录以及其他与污染物产生和排放有关的原始资料。

第十条 污染源普查范围包括：工业污染源，农业污染源，生活污染源，集中式污染治理设施和其他产生、排放污染物的设施。

第十一条 工业污染源普查的主要内容包括：企业基本登记信息，原材料消耗情况，产品生产情况，产生污染的设施情况，各类污染物产生、治理、排放和综合利用情况，各类污染防治设施建设、运行情况等。

农业污染源普查的主要内容包括：农业生产规模，用水、排水情况，化肥、农药、饲料和饲料添加剂以及农用薄膜等农业投入品使用情况，秸秆等种植业剩余物处理情况以及养殖业污染物产生、治理情况等。

生活污染源普查的主要内容包括：从事第三产业的单位的基本情况和污染物的产生、排放、治理情况，机动车污染物排放情况，城镇生活能源结构和能源消费量，生活用水量、排水量以及污染物排放情况等。

集中式污染治理设施普查的主要内容包括：设施基本情况和运行状况，污染物的处理处置情况，渗滤液、污泥、焚烧残渣和废气的产生、处置以及利用情况等。

第十二条 每次污染源普查的具体范围和内容，由国务院批准的普查方案确定。

第十三条 污染源普查采用全面调查的方法，必要时可以采用抽样调查的方法。

污染源普查采用全国统一的标准和技术要求。

第三章 污染源普查的组织实施

第十四条 全国污染源普查领导小组负责领导和协调全国污染源普查工作。

全国污染源普查领导小组办公室设在国务院环境保护主管部门，负责全国污染源普查日常工作。

第十五条 县级以上地方人民政府污染源普查领导小组，按照全国污染源普查领导小组的统一规定和要求，领导和协调本行政区域的污染源普查工作。

县级以上地方人民政府污染源普查领导小组办公室设在同级环境保护主管部门，负责本行政区域的污染源普查日常工作。

乡（镇）人民政府、街道办事处和村（居）民委员会应当广泛动员和组织社会力量积极参与并认真做好污染源普查工作。

第十六条 县级以上人民政府环境保护主管部门和其他有关部门，按照职责分工和污染源普查领导小组的统一要求，做好污染源普查相关工作。

第十七条 全国污染源普查方案由全国污染源普查领导小组办公室拟订，经全国污染源普查领导小组审核同意，报国务院批准。

全国污染源普查方案应当包括：普查的具体范围和内容、普查的主要污染物、普查方法、普查的组织实施以及经费预算等。

拟订全国污染源普查方案，应当充分听取有关部门和专家的意见。

第十八条　全国污染源普查领导小组办公室根据全国污染源普查方案拟订污染源普查表，报国家统计局审定。

省、自治区、直辖市人民政府污染源普查领导小组办公室，可以根据需要增设本行政区域污染源普查附表，报全国污染源普查领导小组办公室批准后使用。

第十九条　在普查启动阶段，污染源普查领导小组办公室应当进行单位清查。

县级以上人民政府机构编制、民政、工商、质检以及其他具有设立审批、登记职能的部门，应当向同级污染源普查领导小组办公室提供其审批或者登记的单位资料，并协助做好单位清查工作。

污染源普查领导小组办公室应当以本行政区域现有的基本单位名录库为基础，按照全国污染源普查方案确定的污染源普查的具体范围，结合有关部门提供的单位资料，对污染源逐一核实清查，形成污染源普查单位名录。

第二十条　列入污染源普查范围的大、中型工业企业，应当明确相关机构负责本企业污染源普查表的填报工作，其他单位应当指定人员负责本单位污染源普查表的填报工作。

第二十一条　污染源普查领导小组办公室可以根据工作需要，聘用或者从有关单位借调人员从事污染源普查工作。

污染源普查领导小组办公室应当与聘用人员依法签订劳动合同，支付劳动报酬，并为其办理社会保险。借调人员的工资由原单位支付，其福利待遇保持不变。

第二十二条　普查人员应当坚持实事求是，恪守职业道德，具有执行普查任务所需要的专业知识。

污染源普查领导小组办公室应当对普查人员进行业务培训，对考核合格的颁发全国统一的普查员工作证。

第二十三条　普查人员依法独立行使调查、报告、监督和检查的职权，有权查阅普查对象的原材料消耗记录、生产记录、污染物治理设施运行记录、污染物排放监测记录以及其他与污染物产生和排放有关的原始资料，并有权要求普查对象改正其填报的污染源普查表中不真实、不完整的内容。

第二十四条　普查人员应当严格执行全国污染源普查方案，不得伪造、篡改普查资料，不得强令、授意普查对象提供虚假普查资料。

普查人员执行污染源调查任务，不得少于 2 人，并应当出示普查员工作证；未出示普查员工作证的，普查对象可以拒绝接受调查。

第二十五条　普查人员应当依法直接访问普查对象，指导普查对象填报污染源普查表。污染源普查表填写完成后，应当由普查对象签字或者盖章确认。普查对象应当对其签字或者盖章的普查资料的真实性负责。

污染源普查领导小组办公室对其登记、录入的普查资料与普查对象填报的普查资料的一致性负责，并对其加工、整理的普查资料的准确性负责。

污染源普查领导小组办公室在登记、录入、加工和整理普查资料过程中，对普查资料有疑义的，应当向普查对象核实，普查对象应当如实说明或者改正。

第二十六条 各地方、各部门、各单位的负责人不得擅自修改污染源普查领导小组办公室、普查人员依法取得的污染源普查资料；不得强令或者授意污染源普查领导小组办公室、普查人员伪造或者篡改普查资料；不得对拒绝、抵制伪造或者篡改普查资料的普查人员打击报复。

第四章 数据处理和质量控制

第二十七条 污染源普查领导小组办公室应当按照全国污染源普查方案和有关标准、技术要求进行数据处理，并按时上报普查数据。

第二十八条 污染源普查领导小组办公室应当做好污染源普查数据备份和数据入库工作，建立健全污染源信息数据库，并加强日常管理和维护更新。

第二十九条 污染源普查领导小组办公室应当按照全国污染源普查方案，建立污染源普查数据质量控制岗位责任制，并对普查中的每个环节进行质量控制和检查验收。

污染源普查数据不符合全国污染源普查方案或者有关标准、技术要求的，上一级污染源普查领导小组办公室可以要求下一级污染源普查领导小组办公室重新调查，确保普查数据的一致性、真实性和有效性。

第三十条 全国污染源普查领导小组办公室统一组织对污染源普查数据的质量核查。核查结果作为评估全国或者各省、自治区、直辖市污染源普查数据质量的重要依据。

污染源普查数据的质量达不到规定要求的，有关污染源普查领导小组办公室应当在全国污染源普查领导小组办公室规定的时间内重新进行污染源普查。

第五章 数据发布、资料管理和开发应用

第三十一条 全国污染源普查公报，根据全国污染源普查领导小组的决定发布。

地方污染源普查公报，经上一级污染源普查领导小组办公室核准发布。

第三十二条 普查对象提供的资料和污染源普查领导小组办公室加工、整理的资料属于国家秘密的，应当注明秘密的等级，并按照国家有关保密规定处理。

污染源普查领导小组办公室、普查人员对在污染源普查中知悉的普查对象的商业秘密，负有保密义务。

第三十三条 污染源普查领导小组办公室应当建立污染源普查资料档案管理制度。污染源普查资料档案的保管、调用和移交应当遵守国家有关档案管理规定。

第三十四条 国家建立污染源普查资料信息共享制度。

污染源普查领导小组办公室应当在污染源信息数据库的基础上，建立污染源普查资料信息共享平台，促进普查成果的开发和应用。

第三十五条 污染源普查取得的单个普查对象的资料严格限定用于污染源普查目的，不得作为考核普查对象是否完成污染物总量削减计划的依据，不得作为依照其他法律、行政法规对普查对象实施行政

处罚和征收排污费的依据。

第六章 表彰和处罚

第三十六条 对在污染源普查工作中做出突出贡献的集体和个人，应当给予表彰和奖励。

第三十七条 地方、部门、单位的负责人有下列行为之一的，依法给予处分，并由县级以上人民政府统计机构予以通报批评；构成犯罪的，依法追究刑事责任：

（一）擅自修改污染源普查资料的；

（二）强令、授意污染源普查领导小组办公室、普查人员伪造或者篡改普查资料的；

（三）对拒绝、抵制伪造或者篡改普查资料的普查人员打击报复的。

第三十八条 普查人员不执行普查方案，或者伪造、篡改普查资料，或者强令、授意普查对象提供虚假普查资料的，依法给予处分。

污染源普查领导小组办公室、普查人员泄露在普查中知悉的普查对象商业秘密的，对直接负责的主管人员和其他直接责任人员依法给予处分；对普查对象造成损害的，应当依法承担民事责任。

第三十九条 污染源普查对象有下列行为之一的，污染源普查领导小组办公室应当及时向同级人民政府统计机构通报有关情况，提出处理意见，由县级以上人民政府统计机构责令改正，予以通报批评；情节严重的，可以建议对直接负责的主管人员和其他直接责任人员依法给予处分：

（一）迟报、虚报、瞒报或者拒报污染源普查数据的；

（二）推诿、拒绝或者阻挠普查人员依法进行调查的；

（三）转移、隐匿、篡改、毁弃原材料消耗记录、生产记录、污染物治理设施运行记录、污染物排放监测记录以及其他与污染物产生和排放有关的原始资料的。

单位有本条第一款所列行为之一的，由县级以上人民政府统计机构予以警告，可以处5万元以下的罚款。

个体经营户有本条第一款所列行为之一的，由县级以上人民政府统计机构予以警告，可以处1万元以下的罚款。

第四十条 污染源普查领导小组办公室应当设立举报电话和信箱，接受社会各界对污染源普查工作的监督和对违法行为的检举，并对检举有功的人员依法给予奖励，对检举的违法行为，依法予以查处。

第七章 附 则

第四十一条 军队、武装警察部队的污染源普查工作，由中国人民解放军总后勤部按照国家统一规定和要求组织实施。

新疆生产建设兵团的污染源普查工作，由新疆生产建设兵团按照国家统一规定和要求组织实施。

第四十二条 本条例自公布之日起施行。

国务院关于开展第二次全国污染源普查的通知

国发〔2016〕59 号

各省、自治区、直辖市人民政府，国务院各部委、各直属机构：

根据《全国污染源普查条例》规定，国务院决定于 2017 年开展第二次全国污染源普查。现将有关事项通知如下：

一、普查目的和意义

全国污染源普查是重大的国情调查，是环境保护的基础性工作。开展第二次全国污染源普查，掌握各类污染源的数量、行业和地区分布情况，了解主要污染物产生、排放和处理情况，建立健全重点污染源档案、污染源信息数据库和环境统计平台，对于准确判断我国当前环境形势，制定实施有针对性的经济社会发展和环境保护政策、规划，不断改善环境质量，加快推进生态文明建设，补齐全面建成小康社会的生态环境短板具有重要意义。

二、普查对象和内容

普查对象是中华人民共和国境内有污染源的单位和个体经营户。范围包括：工业污染源，农业污染源，生活污染源，集中式污染治理设施，移动源及其他产生、排放污染物的设施。

普查内容包括普查对象的基本信息、污染物种类和来源、污染物产生和排放情况、污染治理设施建设和运行情况等。

本次普查的具体范围和内容，由国务院批准的普查方案确定。

三、普查时间安排

本次普查标准时点为 2017 年 12 月 31 日，时期资料为 2017 年度资料。2016 年第四季度至 2017 年年底为普查前期准备阶段，重点做好普查方案编制、普查工作试点以及宣传培训等工作。2018 年为全面普查阶段，各地组织开展普查，通过逐级审核汇总形成普查数据库，年底完成普查工作。2019 年为总结发布阶段，重点做好普查工作验收、数据汇总和结果发布等工作。

四、普查组织和实施

在全国范围内开展污染源普查，涉及范围广、参与部门多、普查任务重、技术要求高、工作难度大。各地区、各部门要按照“全国统一领导、部门分工协作、地方分级负责、各方共同参与”的原则组织实施普查。同时，按照信息共享和厉行节约的要求，充分利用有关部门现有统计、监测和各专项调查等相关资料，借鉴和采纳国家有关经济普查、农业普查等成果。

为加强组织领导，国务院决定成立第二次全国污染源普查领导小组，负责领导和协调全国污染源普查工作。领导小组办公室设在环境保护部，负责普查的日常工作。领导小组成员单位要按照各自职责协调落实相关工作。

县级以上地方人民政府成立相应的污染源普查领导小组及其办公室，按照全国污染源普查领导小组的统一规定和要求，做好本行政区域内的污染源普查工作。要充分利用报刊、广播、电视、网络等各种媒体，广泛深入地宣传全国污染源普查的重要意义和有关要求，为普查工作的顺利实施营造良好的社会氛围。对普查工作中遇到的各种困难和问题，要及时采取措施，切实予以解决。

军队、武装警察部队的污染源普查工作由中央军委后勤保障部按照国家统一规定和要求组织实施。

新疆生产建设兵团的污染源普查工作由新疆生产建设兵团按照国家统一规定和要求组织实施。

五、普查经费保障

第二次全国污染源普查工作经费，按照分级保障原则，由同级财政予以保障。中央财政负担部分，由相关部门按要求列入部门预算。地方财政负担部分，由同级地方财政根据工作需要统筹安排。

六、普查工作要求

污染源普查对象有义务接受污染源普查领导小组办公室、普查人员依法进行的调查，并如实反映情况，提供有关资料，按照要求填报污染源普查表。任何地方、部门、单位和个人都不得迟报、虚报、瞒报和拒报普查数据，不得伪造、篡改普查资料。

各级普查机构及其工作人员，对普查对象的技术和商业秘密，必须履行保密义务。

附件：国务院第二次全国污染源普查领导小组人员名单

国务院

2016 年 10 月 20 日

附件

国务院第二次全国污染源普查领导小组人员名单

组　长：张高丽　国务院副总理

副组长：陈吉宁　环境保护部部长

宁吉喆　国家统计局局长

丁向阳　国务院副秘书长

成　员：郭卫民　国务院新闻办副主任

张　勇　国家发展改革委副主任

辛国斌　工业和信息化部副部长

黄　明　公安部副部长

刘　昆　财政部副部长

汪　民　国土资源部副部长

翟　青　环境保护部副部长

倪　虹　住房和城乡建设部副部长

戴东昌　交通运输部副部长

陆桂华　水利部副部长

张桃林　农业部副部长

孙瑞标　国家税务总局副局长

刘玉亭　工商总局副局长

田世宏　质检总局党组成员、国家标准委主任

钱毅平　中央军委后勤保障部副部长

领导小组办公室主任由环境保护部副部长翟青兼任。

国务院办公厅关于印发第二次全国污染源普查方案的通知

国办发〔2017〕82号

各省、自治区、直辖市人民政府，国务院各部委、各直属机构：

《第二次全国污染源普查方案》已经国务院同意，现印发给你们，请认真组织实施。

国务院办公厅

2017年9月10日

第二次全国污染源普查方案

根据《全国污染源普查条例》和《国务院关于开展第二次全国污染源普查的通知》（国发〔2016〕59号）精神，为指导开展第二次全国污染源普查工作，制订本方案。

一、普查工作目标

摸清各类污染源基本情况，了解污染源数量、结构和分布状况，掌握国家、区域、流域、行业污染物产生、排放和处理情况，建立健全重点污染源档案、污染源信息数据库和环境统计平台，为加强污染源监管、改善环境质量、防控环境风险、服务环境与发展综合决策提供依据。

二、普查时点、对象、范围和内容

（一）普查时点。普查标准时点为2017年12月31日，时期资料为2017年度资料。

（二）普查对象与范围。普查对象为中华人民共和国境内有污染源的单位和个体经营户。范围包括：工业污染源，农业污染源，生活污染源，集中式污染治理设施，移动源及其他产生、排放污染物的设施。

1．工业污染源。普查对象为产生废水污染物、废气污染物及固体废物的所有工业行业产业活动单位。对可能伴生天然放射性核素的8类重点行业15个类别矿产采选、冶炼和加工产业活动单位进行放射性污染源调查。

对国家级、省级开发区中的工业园区（产业园区），包括经济技术开发区、高新技术产业开发区、保税区、出口加工区等进行登记调查。

2．农业污染源。普查范围包括种植业、畜禽养殖业和水产养殖业。

3．生活污染源。普查对象为除工业企业生产使用以外所有单位和居民生活使用的锅炉（以下统称生活源锅炉），城市市区、县城、镇区的市政入河（海）排污口，以及城乡居民能源使用情况，生活污水产生、排放情况。

4．集中式污染治理设施。普查对象为集中处理处置生活垃圾、危险废物和污水的单位。其中：

生活垃圾集中处理处置单位包括生活垃圾填埋场、生活垃圾焚烧厂以及以其他处理方式处理生活垃圾和餐厨垃圾的单位。

危险废物集中处理处置单位包括危险废物处置厂和医疗废物处理（处置）厂。危险废物处置厂包括危险废物综合处理（处置）厂、危险废物焚烧厂、危险废物安全填埋场和危险废物综合利用厂等；医疗废物处理（处置）厂包括医疗废物焚烧厂、医疗废物高温蒸煮厂、医疗废物化学消毒厂、医疗废物微波消毒厂等。

集中式污水处理单位包括城镇污水处理厂、工业污水集中处理厂和农村集中式污水处理设施。

5．移动源。普查对象为机动车和非道路移动污染源。其中，非道路移动污染源包括飞机、船舶、铁路内燃机车和工程机械、农业机械等非道路移动机械。

（三）普查内容。

1．工业污染源。企业基本情况，原辅材料消耗、产品生产情况，产生污染的设施情况，各类污染物产生、治理、排放和综合利用情况（包括排放口信息、排放方式、排放去向等），各类污染防治设施建设、运行情况等。

废水污染物：化学需氧量、氨氮、总氮、总磷、石油类、挥发酚、氰化物、汞、镉、铅、铬、砷。

废气污染物：二氧化硫、氮氧化物、颗粒物、挥发性有机物、氨、汞、镉、铅、铬、砷。

工业固体废物：一般工业固体废物和危险废物的产生、贮存、处置和综合利用情况。危险废物按照《国家危险废物名录》分类调查。工业企业建设和使用的一般工业固体废物及危险废物贮存、处置设施（场所）情况。

稀土等15类矿产采选、冶炼和加工过程中产生的放射性污染物情况。

2．农业污染源。种植业、畜禽养殖业、水产养殖业生产活动情况，秸秆产生、处置和资源化利用情况，化肥、农药和地膜使用情况，纳入登记调查的畜禽养殖企业和养殖户的基本情况、污染治理情况和粪污资源化利用情况。

废水污染物：氨氮、总氮、总磷、畜禽养殖业和水产养殖业增加化学需氧量。

废气污染物：畜禽养殖业氨、种植业氨和挥发性有机物。

3．生活污染源。生活源锅炉基本情况、能源消耗情况、污染治理情况，城乡居民能源使用情况，城市市区、县城、镇区的市政入河（海）排污口情况，城乡居民用水排水情况。

废水污染物：化学需氧量、氨氮、总氮、总磷、五日生化需氧量、动植物油。

废气污染物：二氧化硫、氮氧化物、颗粒物、挥发性有机物。

4．集中式污染治理设施。单位基本情况，设施处理能力、污水或废物处理情况，次生污染物的产生、治理与排放情况。

废水污染物：化学需氧量、氨氮、总氮、总磷、五日生化需氧量、动植物油、挥发酚、氰化物、汞、镉、铅、铬、砷。

废气污染物：二氧化硫、氮氧化物、颗粒物、汞、镉、铅、铬、砷。

污水处理设施产生的污泥、焚烧设施产生的焚烧残渣和飞灰等产生、贮存、处置情况。

5．移动源。各类移动源保有量及产排污相关信息，挥发性有机物（船舶除外）、氮氧化物、颗粒物排放情况，部分类型移动源二氧化硫排放情况。

6．各省份可根据需求适当增加普查附表，报国务院第二次全国污染源普查领导小组（以下简称全国污染源普查领导小组）办公室批准后实施。

三、普查技术路线

（一）工业污染源。全面入户登记调查单位基本信息、活动水平信息、污染治理设施和排放口信息；基于实测和综合分析，分行业分类制定污染物排放核算方法，核算污染物产生量和排放量。

根据伴生放射性矿初测基本单位名录和初测结果，确定伴生放射性矿普查对象，全面入户调查。

工业园区（产业园区）管理机构填报园区调查信息。工业园区（产业园区）内的工业企业填报工业污染源普查表。

（二）农业污染源。以已有统计数据为基础，确定抽样调查对象，开展抽样调查，获取普查年度农业生产活动基础数据，根据产排污系数核算污染物产生量和排放量。

（三）生活污染源。登记调查生活源锅炉基本情况和能源消耗情况、污染治理情况等，根据产排污系数核算污染物产生量和排放量。抽样调查城乡居民能源使用情况，结合产排污系数核算废气污染物产生量和排放量。通过典型区域调查和综合分析，获取与挥发性有机物排放相关活动水平信息，结合物料衡算或产排污系数估算生活污染源挥发性有机物产生量和排放量。

利用行政管理记录，结合实地排查，获取市政入河（海）排污口基本信息。对各类市政入河（海）排污口排水（雨季、旱季）水质开展监测，获取污染物排放信息。结合排放去向、市政入河（海）排污口调查与监测、城镇污水与雨水收集排放情况、城镇污水处理厂污水处理量及排放量，利用排水水质数据，核算城镇水污染物排放量。利用已有统计数据及抽样调查获取农村居民生活用水排水基本信息，根据产排污系数核算农村生活污水及污染物产生量和排放量。

（四）集中式污染治理设施。根据调查对象基本信息、废物处理处置情况、污染物排放监测数据和产排污系数，核算污染物产生量和排放量。

（五）移动源。利用相关部门提供的数据信息，结合典型地区抽样调查，获取移动源保有量、燃油消耗及活动水平信息，结合分区分类排污系数核算移动源污染物排放量。

机动车：通过机动车登记相关数据和交通流量数据，结合典型城市、典型路段抽样观测调查和燃油销售数据，更新完善机动车排污系数，核算机动车废气污染物排放量。

非道路移动源：通过相关部门间信息共享，获取保有量、燃油消耗及相关活动水平数据，根据排污系数核算污染物排放量。

四、普查组织及实施

（一）基本原则。全国统一领导，部门分工协作，地方分级负责，各方共同参与。

（二）普查组织。全国污染源普查领导小组负责领导和协调全国污染源普查工作。全国污染源普查领导小组办公室设在环境保护部，负责污染源普查日常工作。全国污染源普查领导小组成员单位的职责分工由全国污染源普查领导小组办公室商有关方面确定。

县级及以上地方人民政府污染源普查领导小组，按照全国污染源普查领导小组的统一规定和要求，领导和协调本行政区域内的污染源普查工作。对普查工作中遇到的各种困难和问题，要及时采取措施，切实予以解决。

县级及以上地方人民政府污染源普查领导小组办公室设在同级环境保护主管部门，负责本行政区域内的污染源普查日常工作。

乡（镇）人民政府、街道办事处和村（居）民委员会应当积极参与并认真做好本区域普查工作。

重点排污单位应按照环境保护法律法规、排放标准及排污许可证管理等相关要求开展监测，如实填报普查年度监测结果。各类污染源普查调查对象和填报单位应当指定专人负责本单位污染源普查表填报工作。

充分利用相关部门现有统计、监测和各专项调查成果，借助购买第三方服务和信息化手段，提高普查效率。发挥科研院所、高校、环保咨询机构等社会组织作用，鼓励社会组织和公众参与普查工作。

（三）普查实施。分阶段组织实施前期准备、清查建库、普查试点、全面普查、总结发布等方面工作：2017 年完成前期准备、启动清查建库和普查试点，2018 年完成全面普查，2019 年完成成果总结与发布。

1．前期准备：成立机构，制定普查方案，落实经费渠道，制定相关技术规范和普查制度，确定污染物排放核算方法，完成普查信息系统开发建设以及其他技术准备工作，开展普查宣传与培训工作。

2．清查建库：开展污染源普查调查单位名录库筛选，开展普查清查，建立普查基本单位名录库。对伴生放射性矿产资源开发利用企业进行放射性指标初测，确定伴生放射性污染源普查对象；排查市政入河（海）排污口名录，开展排污口水质监测。

3．普查试点：开展普查试点，完善普查制度、技术规范和信息系统。

4．全面普查：开展入户调查与数据采集、数据审核、数据汇总、质量核查与评估、建立数据库等工作。

5．总结发布：总结发布普查成果，开展成果分析、验收与表彰等工作。

（四）普查培训。全国污染源普查领导小组办公室负责对省、市两级污染源普查工作机构技术骨干以及各省级普查培训师资的培训。省级污染源普查领导小组办公室负责对本行政区域内其余普查工作人员的培训。

（五）宣传动员。各级污染源普查领导小组办公室要按照国发〔2016〕59 号文件要求，充分利用报刊、广播、电视、网络等各种媒体，广泛动员社会力量参与污染源普查，为普查实施创造良好氛围。

五、普查经费

本次普查工作经费由中央财政和地方财政分担。中央财政负担部分，由财政部按部门预算管理要求，列入相关部门的部门预算。地方财政负担部分，由同级地方财政根据工作需要统筹安排。

中央财政安排经费主要用于：研究制定全国污染源普查方案，编制污染源普查涉及的监测、调查、质量管理等相关规范；开展普查表格设计、软件及信息系统开发建设，宣传、培训与指导，普查试点，普查质量核查与评估，全国数据汇总、加工，建档、检查验收、总结等。

地方财政安排经费主要用于：各地污染源普查实施总体方案制定，组织动员、宣传、培训，入户调查与现场监测，普查人员经费补助，办公场所及运行经费保障，普查质量核查与评估，购置数据采集及其他设备，普查表印制、普查资料建档，数据录入、校核、加工，检查验收、总结、表彰等。对开展普查试点工作的地区和贫困县予以补助。

各级污染源普查领导小组办公室根据普查方案确定年度工作计划，领导小组成员单位据此编制年度经费预算，经同级财政部门审核后，分别列入各相关部门的部门预算，分年度按时拨付。

六、普查质量管理

全国污染源普查领导小组办公室统一领导普查质量管理工作，建立覆盖普查全过程、全员的质量管理制度并负责监督实施。各级普查机构要认真执行污染源普查质量管理制度，做好污染源普查质量保证和质量管理工作。

建立健全普查责任体系，明确主体责任、监督责任和相关责任。建立普查数据质量溯源和责任追究制度，依法开展普查数据核查和质量评估，严厉惩处普查违法行为。

按照依法普查原则，任何地方、部门、单位和个人均不得虚报、瞒报、拒报、迟报，不得伪造、篡改普查资料。各级普查机构及其工作人员，对普查对象的技术和商业秘密，必须履行保密义务。

环境保护部关于成立第二次全国污染源普查工作办公室的通知

环人事函〔2017〕35号

各省、自治区、直辖市环境保护厅（局），解放军环境保护局，新疆生产建设兵团环境保护局：

为落实《国务院关于开展第二次全国污染源普查的通知》（国发〔2016〕59号）精神，决定成立第二次全国污染源普查工作办公室（以下简称普查办）。现将有关事项通知如下：

一、机构性质

普查办是国务院第二次全国污染源普查领导小组及其办公室的工作机构，具体负责第二次全国污染源普查（以下简称污染源普查）工作。普查办为临时机构，污染源普查工作结束后自行撤销。

二、主要职责

（一）负责拟订污染源普查实施方案，并组织实施。

（二）组织制定污染源普查相关的技术方案，组织开展污染源普查物料衡算和产排污系数核算等研究工作。

（三）组织实施污染源调查工作，建立污染源档案，负责相关软件的开发和数据库的建设。

（四）负责污染源普查数据的质量控制、数据处理和审核汇总工作。

（五）负责污染源普查报告编写和提出污染源普查成果开发应用建议。

（六）负责污染源普查联络工作，组织污染源普查的宣传培训活动。

（七）承担污染源普查领导小组及其办公室交办的其他工作。

三、内设机构和人员配备

普查办设综合组、督办组、技术组、宣传组4个工作组。

（一）综合组负责制定工作方案和规章制度、对外协调、文档管理、党务及办公室事务性工作。

（二）督办组负责督促落实国务院污染源普查领导小组及其办公室作出的决议，负责检查各地各部门开展污染源普查工作情况，负责污染源普查数据的质量控制。

（三）技术组负责制定各类污染源普查技术方案，组织有关技术研究，组织实施污染源调查，负责污染源普查软件开发、数据库建设、污染源普查报告编制，提出污染源普查成果开发应用建议。

（四）宣传组负责污染源普查的宣传动员、舆情应对，组织污染源普查相关培训。

普查办工作人员暂定员20人，从部机关、部属单位选调，专职从事污染源普查工作。

经商污染源普查领导小组各成员单位后，各成员单位可选派人员参加普查办工作。

四、专家咨询机制

为充分发挥行业专家的作用，提高普查办工作的科学化水平，成立污染源普查专家咨询委员会（以下简称咨询委），负责对污染源普查技术方案、技术规范、成果应用、宣传教育等提供技术咨询，对污染源普查的组织实施、重大决策、相关科学研究提出意见建议。咨询委成员由科研院所、高校、行业协会中从事环境管理、污染防治、统计、信息技术、宣传教育等领域的专家组成。综合组负责与咨询委的对口联络工作。

环境保护部

2017年2月12日

环境保护部办公厅　中共中央宣传部办公厅 关于做好第二次全国污染源普查宣传工作的通知

环办普查〔2018〕15号

各省、自治区、直辖市党委宣传部，新疆生产建设兵团党委宣传部，各省、自治区、直辖市环境保护厅（局），新疆生产建设兵团环境保护局，中央各主要新闻单位：

全国污染源普查是重大的国情调查，是环境保护的基础性工作。依据《国务院关于开展第二次全国污染源普查的通知》（国发〔2016〕59号），国务院决定于2017年至2019年开展第二次全国污染源普查。为深入贯彻落实党的十九大精神，加快推进生态文明建设，深入开展普查宣传工作，营造良好的舆论氛围，保障普查工作顺利开展，现将《第二次全国污染源普查宣传工作方案》印发给你们，请各地各部门各单位加强组织领导，结合工作实际，抓好贯彻实施。

附件：第二次全国污染源普查宣传工作方案

环境保护部办公厅
中宣部办公厅
2018年2月17日

附件

第二次全国污染源普查宣传工作方案

为贯彻落实党中央、国务院关于推进生态文明建设、加强环境保护的一系列重大决策部署，根据《国务院关于开展第二次全国污染源普查的通知》（国发〔2016〕59号）、《国务院办公厅关于印发第二次全国污染源普查方案的通知》（国办发〔2017〕82号），各地各部门各单位要认真做好第二次全国污染源普查宣传工作，形成全社会关注、支持和参与污染源普查的良好氛围，推动普查工作顺利完成。

一、指导思想

全面贯彻党的十九大精神，以习近平新时代中国特色社会主义思想为指导，统筹推进“五位一体”总体布局和协调推进“四个全面”战略布局，不断增强政治意识、大局意识、核心意识、看齐意识，坚持正确舆论导向，大力宣传党中央决策部署，宣传“绿水青山就是金山银山”的理念，宣传第二次全国污染源普查的重要意义、政策措施和进展成效，引导全社会牢固树立社会主义生态文明观，增强关心、支持和参与普查工作的主动性和自觉性，推动形成人与自然和谐发展的现代化建设新格局。

二、宣传重点

本次普查共分为三个阶段进行，要结合各个阶段的任务和特点，有针对性地开展宣传工作。

（一）前期准备阶段

在前期准备阶段，重点宣传开展污染源普查的重要意义和有关要求，多措并举、创新方式、积极宣传普查工作，争取公众的理解和配合，为普查工作营造群众参与、社会关心的良好氛围。

（二）全面普查阶段（2018年）

在全面普查阶段，通过宣传引导普查人员和普查对象，严格按普查方案规定采集、审核、处理数据，确保基础数据真实可靠。大力宣传第二次全国污染源普查领导小组的工作部署，及时报道各地普查进展情况，宣传普查中的先进经验和典型人物，增进社会各界对普查工作和普查工作者的认识、理解、支持。

（三）总结发布阶段（2019年）

在总结发布阶段，重点围绕污染源普查成果发布和经验总结展开宣传，利用普查成果发布时机，通过多种渠道，采取不同方式，深入解读普查取得的各项成果，宣传普查成果在经济社会发展各个方面的基础作用和应用情况，增进全社会对污染源普查成果的了解，推动第二次全国污染源普查成果在全社会的广泛传播和运用。

三、主要工作

（一）加大信息公开力度，掌握舆论引导主动权。组织重点时段新闻发布会，围绕普查工作重点，及时准确、通俗易懂地向公众阐释工作进展情况，扩大共识；开设普查专栏，充分利用报纸、广播、电视、新闻网站和“两微一端”等新媒体平台，加大宣传力度，形成强大声势。各级普查机构要及时与新闻媒体交流，主动提供报道素材和典型案例；加强与关注环保的各界人士沟通，积极正面引导社会舆论。

（二）深入开展社会宣传，扩大宣传工作覆盖面。围绕第二次全国污染源普查的重要意义和有关要求，策划制作宣传挂图、视频短片、公益广告、动画和微电影等；在电台、电视台，公交、地铁、车站以及主流媒体数字屏媒等户外平台，展播公益广告及宣传产品等；邀请形象正面、影响力大的社会名人，作为“第二次全国污染源普查”的形象代言人，利用其号召力，呼吁公众理解普查、参与普查，为普查顺利实施营造良好的社会氛围。

（三）做好先进典型报道，曝光普查中突出问题。各地应积极组织媒体挖掘和宣传普查的好经验、好做法，推出一批可推广、可学习的基层典型；组织媒体跟随工作组实地采访报道；开展普查新闻作品评选、先进组织与个人表彰等活动。对工作组织不力，迟报、虚报、瞒报和拒报数据，伪造、篡改普查资料的地区、部门、单位和个人予以曝光。

（四）强化组织培训工作，壮大普查宣传力量。抓好普查机构、普查人员和普查对象的培训，阐释各级普查机构的作用、普查人员的责任，以及普查对象应履行的各项义务等；围绕社会各界关心的热点话题，通过线上线下传播途径，开展针对公众的科普宣讲培训；对记者开展专业知识培训，引导媒体准确客观报道普查话题。

（五）积极动员公众参与，形成推动绿色发展的良好风尚。积极动员各类污染源调查对象和单位依法参与普查工作；开展形式多样的公众开放日活动，实现与公众的零距离沟通；支持大学生环保志愿者参与普查社会实践，加强环保志愿者交流平台建设，在全社会形成关心、参与普查的良好风尚。

（六）加强舆情监测应对，切实做好舆论引导。各级普查机构要加强舆情分析研判，利用专业系统全天候监测舆情；建立第二次全国污染源普查重大舆情分级回应和处置工作机制，设置相应监测指标，对媒体和网络上出现的政策误读、曲解，以及对普查工作的不实报道、网络谣言，要第一时间发现并通过权威渠道及时澄清；各级普查机构要安排专人或委托专业第三方开展舆情监测工作。

四、工作要求

（一）密切配合，做好普查宣传。第二次全国污染源普查宣传工作由中央宣传部会同环境保护部牵头组织，指导协调中央主要新闻单位和环保行业新闻媒体做好宣传报道。国务院第二次全国污染源普查领导小组办公室负责宣传活动的整体策划和实施，组织有关部门和单位落实相应工作。各地区各部门各单位要按照“全国统一领导、部门分工协作、地方分级负责、各方共同参与”的原则，密切配合，认真组织做好普查宣传工作。

（二）明确职责，加强组织协调。各级宣传部门要高度重视第二次全国污染源普查宣传工作，加强对宣传工作的协调和指导，联合地方普查机构制订具体宣传计划。上级普查机构要定期检查下级单位对宣传方案和计划的落实情况。国务院第二次全国污染源普查领导小组办公室将适时通报各地区各部门各单位开展宣传工作情况，对做出突出贡献的单位和人员予以表彰。

（三）精心策划，创新宣传方式。各级普查机构要按方案要求，统筹谋划，定期研究宣传工作面临的形势和任务，加强与宣传部门的沟通协作，认真组织落实重点活动。针对普查各阶段的工作重点，加大报刊、广播、电视、网络等宣传力度，充分利用新媒体手段，借助城市大屏等户外平台，不断创新宣传形式，及时发布普查新闻、普及普查知识，多角度、多层次开展宣传活动。

生态环境部　国家档案局
关于印发《污染源普查档案管理办法》的通知

环普查〔2018〕30号

各省、自治区、直辖市第二次全国污染源普查领导小组办公室、环境保护厅（局）、档案局，新疆生产建设兵团第二次全国污染源普查领导小组办公室、环境保护局、档案局：

为规范污染源普查档案管理，确保档案完整、准确、系统、安全和有效利用，根据《中华人民共和国档案法》《全国污染源普查条例》和国家有关规定，生态环境部和国家档案局制定了《污染源普查档案管理办法》（见附件）。现印发给你们，请遵照执行。

附件：污染源普查档案管理办法

生态环境部

国家档案局

2018年4月28日

附件

污染源普查档案管理办法

第一条 为规范污染源普查档案管理，根据《中华人民共和国档案法》《全国污染源普查条例》和国家有关规定，制定本办法。

第二条 本办法所称污染源普查档案，是指各级污染源普查机构在污染源普查工作中形成的具有保存价值的文字、图表、声像、电子及实物等各种形式和载体的历史记录。

第三条 污染源普查档案工作由国务院全国污染源普查领导小组办公室统一领导，实行分级管理。

各级污染源普查机构负责本级污染源普查档案管理工作，接受同级档案行政管理部门和上级普查机构的监督和指导。

各级污染源普查机构委托第三方机构参与普查工作产生的文件材料，由被委托方负责收集、整理，并按规定移交委托方归档，委托方应当进行相关指导。

第四条 各级污染源普查机构应当将档案工作纳入污染源普查工作规划，建立健全污染源普查档案管理工作制度，与普查工作实行同部署、同管理、同验收。

第五条 各级污染源普查机构应当指定专人负责污染源普查档案工作，并进行必要的培训。

第六条 各级污染源普查档案工作所需经费应当列入本级污染源普查经费预算，统筹解决，保证污染源普查档案管理工作所需经费支出。

第七条 污染源普查档案应当按规定集中统一管理，参加污染源普查工作的各有关机构和个人有保护污染源普查档案的义务，任何单位和个人不得据为己有或者拒绝归档。

第八条 各级污染源普查机构应当按照国家保密工作规定，加强污染源普查档案的保密管理，严防国家秘密、商业秘密和个人隐私泄露。

第九条 各级污染源普查机构应当加强档案信息化建设，开发应用电子档案管理系统，推进文档一体化管理，实现资源数字化、利用网络化、管理智能化。

第十条 污染源普查档案的保管期限分为永久和定期两种，定期分为30年和10年。具体按照《污染源普查文件材料归档范围与保管期限表》（见附1）执行。

各级污染源普查机构可结合工作实际，进行相应调整。

第十一条 污染源普查文件材料归档时限

（一）文书材料应当在文件办理完毕后及时归档；

（二）重大会议和活动等文件材料，应当在会议和活动结束后1个月内归档；

（三）一般仪器设备的随机文件材料，应当在开箱验收或安装调试后7日内归档，重要仪器设备开箱验收应当由档案管理人员现场监督随机文件材料归档；

（四）其他污染源普查文件材料应当于次年3月底前完成归档。

第十二条 污染源普查文件材料归档要求

（一）归档的文件材料应当为原件；

（二）归档的纸质文件材料应当做到字迹工整、数据准确、图样清晰、标识完整、手续完备、书写和装订材料符合档案保护的要求；

（三）归档的电子文件（含电子数据）应当真实、完整，以开放格式存储并能长期有效读取，可采用在线或离线方式归档，并在不同存储载体和介质上储存备份两套；

（四）归档电子文件应当和纸质文件保持一致，并与相关联的纸质档案建立检索关系。具有重要价值的电子文件应当同时转换为纸质文件归档。

第十三条 污染源普查文件材料的整理归档方法

（一）纸质文件材料的整理归档，依照《归档文件整理规则》（DA/T 22）和《污染源普查纸质文件材料整理技术规范》（见附 2）的有关规定执行；

（二）电子文件（含电子数据）的整理归档，依照《电子公文归档管理暂行办法》（档发〔2003〕6 号）、《电子文件归档与电子档案管理规范》（GB/T 18894）、《CAD 电子文件光盘存储、归档与档案管理要求》（GB/T 17678.1）等文件的有关规定执行；

（三）财务类文件材料的整理归档，依照《会计档案管理办法》（财政部、国家档案局令 第 79 号）的有关规定执行；

（四）照片资料的整理归档，依照《照片档案管理规范》（GB/T 11821）、《数码照片归档与管理规范》（DA/T 50）、《电子文件归档与电子档案管理规范》（GB/T 18894）等文件的有关规定执行；

（五）录音、录像资料的整理归档，依照《磁性载体档案管理与保护规范》（DA/T 15）、《电子文件归档与电子档案管理规范》（GB/T 18894）等文件的有关规定执行；

（六）其他类材料的整理归档，参照上述文件类别的整理方法及相关规定执行。

第十四条 污染源普查档案库房应当符合国家有关标准，具备防火、防盗、防高温、防潮、防尘、防光、防磁、防有害生物、防有害气体等保管条件，确保档案安全。

第十五条 应当积极开发污染源普查档案信息资源，建立健全档案利用制度，依法依规向社会提供利用服务。

第十六条 对保管期满的污染源普查档案应当及时进行鉴定并形成鉴定报告。对保管期满，不再具有保存价值、确定销毁的档案，应当清点核对并编制档案销毁清册，经过必要的审批程序后，按照规定销毁。

销毁档案应当有 2 人以上监督进行，监督人员应当在清册上签名，并注明销毁的方式和时间。销毁清册永久保存。未经鉴定、未履行销毁审批手续的档案，严禁销毁。

第十七条 国家和省级污染源普查机构应当在污染源普查工作完成后 1 年内，地（市）级及以下污染源普查机构应当在污染源普查工作完成后 6 个月内，将污染源普查档案向同级环境保护主管部门移交。

各级环境保护主管部门应当按照有关规定，将污染源普查档案向同级国家综合档案馆移交。

档案移交时，双方应当对移交档案进行认真检查并办理移交手续。

第十八条 污染源普查档案检查验收工作应当吸收同级环境保护主管部门档案工作机构和档案行

政管理部门的相关人员参加，按照“以省为主、自下而上、逐级检查”的原则进行，包括地（市）级及以下污染源普查机构自查、省级污染源普查机构核查和国家级污染源普查机构验收，重点检查污染源普查档案的完整性、系统性、规范性和安全性。

第十九条　国家级污染源普查机构应当加强对省级污染源普查机构污染源普查档案检查验收工作的监督和指导。省级污染源普查机构负责制定本行政区域内污染源普查档案检查验收标准。

第二十条　应当依照国家有关规定对在污染源普查档案工作中做出显著成绩的单位和个人，给予表扬或奖励。

第二十一条　违反国家档案管理规定，造成污染源普查档案失真、损毁、泄密、丢失的，依法追究相关人员的责任；涉嫌犯罪的，移交司法机关依法追究刑事责任。

第二十二条　本办法由生态环境部、国家档案局负责解释。

第二十三条　本办法自发布之日起实施。2007 年 12 月 13 日由原国家环境保护总局、国家档案局印发的《污染源普查档案管理办法》（环发〔2007〕187 号）同时废止。

附 1

污染源普查文件材料归档范围与保管期限表

序号	归档文件材料	保管期限
1	管理类	
1.1	各级党政机关有关污染源普查工作的通知、意见及批复等	永久
1.2	各级党政领导有关污染源普查工作的重要讲话、批示、题词等	永久
1.3	各级污染源普查机构的请示、批复、报告、通知等	重要的永久 一般的 30 年
1.4	各级污染源普查机构规章制度、工作计划、工作总结、工作简报、调研报告、大事记等	30 年
1.5	污染源普查工作会议的报告、讲话、总结、决议、纪要等	永久
1.6	各级污染源普查机构召开的专业会议相关文件材料	30 年
1.7	各级污染源普查机构进行第三方委托而产生的相关文件材料	重要的 30 年 一般的 10 年
1.8	各级污染源普查机构进行质控、检查、验收、总结等工作而产生的相关文件材料	重要的 30 年 一般的 10 年
1.9	污染源普查有关管理办法、指导意见、实施方案、技术规定等	永久
1.10	污染源普查培训相关文件材料	10 年
1.11	污染源普查文件汇编	永久
1.12	污染源普查公报和成果图集	永久
1.13	污染源普查技术报告、系数手册、数据集等相关材料汇编	重要的 30 年 一般的 10 年
1.14	公开出版或内部编印的污染源普查材料	重要的 30 年 一般的 10 年
1.15	污染源普查宣传方案、宣传材料、宣传画和报纸杂志发表的有关社论、评论和报道等	10 年
1.16	各级污染源普查机构接待来宾的日程安排、来宾名单、谈话记录	重要的 30 年 一般的 10 年
1.17	各级污染源普查机构设置、人事任免、工作人员名单	永久
1.18	污染源普查表彰决定，先进集体、个人名单	永久
1.19	行政区划代码本、地址编码本及相应电子数据	30 年
1.20	污染源普查使用的计算机应用程序软件及说明等	30 年
1.21	污染源普查相关的图册、水文、气象等数据资料及相应电子文件	重要的 30 年 一般的 10 年
1.22	其他与管理相关的文件材料	重要的 30 年 一般的 10 年
2	污染源类	
2.1	污染源普查清查表、填表说明及相应电子文件	永久
2.2	污染源普查入户调查表、填表说明及相应电子文件	永久
2.3	各类污染源产排污系数手册	10 年
2.4	各类污染源名录库	30 年
2.5	各类污染源普查数据	10 年
2.6	各类污染源普查清查产生的相关文件材料	10 年
2.7	各类污染源普查试点产生的相关文件材料	10 年
2.8	其他与污染源相关的文件材料	重要的 30 年 一般的 10 年

序号	归档文件材料	保管期限
3	财务类	
3.1	各级污染源普查机构的会计凭证、会计账簿	30 年
3.2	各级污染源普查机构的月度、季度、半年度财务会计报告，银行对账单，纳税申报表	10 年
3.3	各级污染源普查机构的年度财务会计报告	永久
3.4	各级污染源普查机构的年度预算及预算执行情况报告	30 年
3.5	各级污染源普查机构的审计报告	永久
3.6	其他相关的财务类文件	重要的 30 年 一般的 10 年
4	声像实物类	
4.1	污染源普查工作（含会议）照片、录音、录像等	永久
4.2	污染源普查工作标志、奖牌、锦旗等	10 年
4.3	污染源普查机构印章	永久
4.4	其他相关的照片、音像、实物	重要的 30 年 一般的 10 年
5	其他类	重要的 30 年 一般的 10 年

注：1. 表中未列入的相关文件材料，依照《机关文件材料归档范围和文书档案保管期限规定》（国家档案局令　第 8 号）的有关规定执行。

2. 各级普查机构可结合自身工作需求，根据具体归档对象的保管利用价值等因素判定其重要性属于“重要的”或“一般的”。

附 2

污染源普查纸质文件材料整理技术规范

为了规范污染源普查纸质文件材料整理工作，便于污染源普查档案的安全保管和有效利用，参照《归档文件整理规则》（DA/T 22）等有关规定，制定本规范。

本规范适用于各级污染源普查机构在开展普查工作过程中形成的纸质文件材料的整理。

一、整理原则

污染源普查纸质文件材料的整理原则是：遵循普查文件材料的形成规律和特点，保持文件材料之间的有机联系，区分不同价值，便于保管和利用。

二、分类

污染源普查文件材料共分为管理类、污染源类、财务类、声像实物类和其他类五大类。其中，污染源类又分为工业污染源、农业污染源、生活污染源、集中式污染治理设施和移动污染源五类。

各类文件材料应当按照“全宗号-行政区域代号-文件类别代码-年度-保管期限代码-件号”的格式编制档号。档号的各级分类代字、代码详见下图。

其中，全宗号根据档案行政管理部门分配给环境保护主管部门的全宗号进行编写。

6 位行政区域代号按照国家统计局官网公布的《2016 年统计用区划代码和城乡划分代码》中区（县）

级的前 6 位数字进行编写。

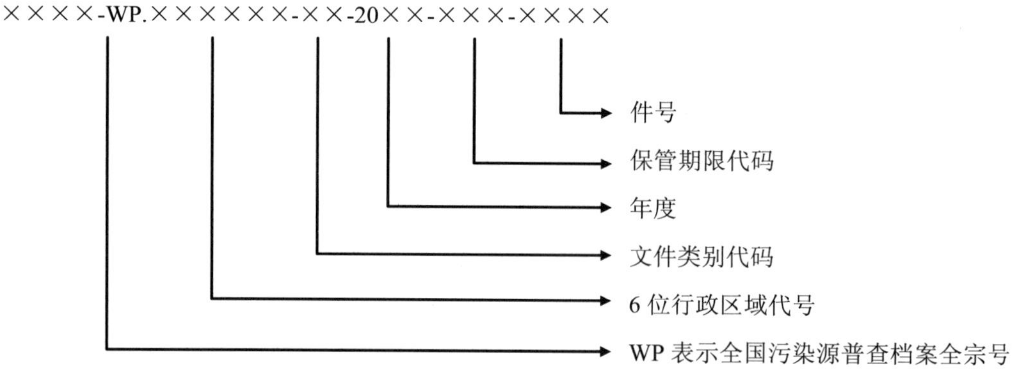

文件类别代码分别为：1.管理类；2.污染源类：2A.工业污染源，2B.农业污染源，2C.生活污染源，2D.集中式污染治理设施，2E.移动污染源；3.财务类；4.声像实物类；5.其他类。

年度根据文件材料的成文时间（或形成时间）进行编写。

保管期限分为：永久、定期 30 年、定期 10 年，分别以代码“Y”“D30”“D10”标识。

件号的编写详见本规范“六、编号”部分。

财务类、声像实物类、其他类文件材料的整理方法和要求，按照相关规定执行，本规范不予详述。

三、分件

管理类和污染源类纸质文件材料均以“件”为单位进行整理。

（一）管理类

管理类文件材料主要是指污染源普查工作过程中各级污染源普查机构用于管理和指导普查工作开展的相关文件材料。一般以每份文件为一件。正文、附件为一件；文件正本与定稿（包括法律法规等重要文件的历次修改稿）为一件；转发文与被转发文为一件；原件与复制件为一件；正本与翻译本为一件；中文本与外文本为一件；报表、名册、图册等一册（本）为一件（作为文件附件时除外）；简报、周报等材料一期为一件；会议纪要、会议记录一般一次会议为一件，会议记录一年一本的，一本为一件；来文与复文（如请示与批复、报告与批示、函与复函等）一般独立成件，也可为一件。有文件处理单或发文稿纸的，文件处理单或发文稿纸与相关文件为一件。

（二）污染源类

污染源类文件材料主要是指各种污染源类型的普查对象所提供的各类依据性文件材料，以及普查过程中产生的各类表格、数据汇集及相关文件材料（包括各类污染源汇总数据和区域汇总数据）。一般针对不同类型污染源进行采集（或登记）不同数据（或信息）的文件材料各为一件，以工业污染源为例，某化工企业的入户调查表、监测数据表、生产记录、治污设施运行记录、锅炉资料、环评报告等各为一件（内容单薄的相关依据性文件材料也可组合为一件）；各类污染源的汇总性文件材料各为一件，例如：工业污染源产排污系数手册、工业污染源普查数据汇总表等各为一件；某行政区域针对各类污染源的汇总性文件材料各为一件，例如：某县污染源普查入户调查表及填表说明、某县污染源普查数据汇总表等各为一件。

四、排列

（一）每“件”中不同稿本的排列

正文在前，附件在后；正本在前，定稿在后；转发文在前，被转发文在后；原件在前，复制件在后；不同文字的文本，无特殊规定的，汉文文本在前，少数民族文字文本在后；中文本在前，外文本在后；来文与复文作为一件时，复文在前，来文在后。有文件处理单或发文稿纸的，文件处理单在前，收文在后；正本在前，发文稿纸、定稿在后。

（二）“件”与“件”之间的排列

依据分类方案，按照事由、结合时间和重要程度进行排列。会议、活动文件材料，普查数据表册等成套性的文件材料应集中排列；同一事由的一组文件材料，一般按照成文时间（或形成时间）的先后顺序进行排列；信息、简报、情况反映等，按照从编序号排列。

五、装订

装订以“件”为单位进行，以固定每件文件材料的页次，防止文件材料张页丢失，便于文件材料归档后的保管和利用。

装订前，应对破损的纸张进行修裱，修裱应采用糊精或专用胶水，不得用胶带粘贴；应对字迹模糊的、易扩散的、易磨损的、易褪色的文件材料进行复制；应去除纸张上易锈蚀的金属物，如铁质订书钉、曲别针、大头针、推钉、鱼尾夹等；应对过大的纸张进行折叠，对过小纸张进行托附，对装订线内有字迹的纸张贴补纸条等。

装订时，采用的装订材料应符合档案保护要求，不得包含或产生可能损害文件材料的物质。装订方法应能较好地维护文件材料的原始面貌，符合同级国家综合档案馆的统一标准要求，原装订方式符合要求的，应维持不变。一般来说，采用左上角装订的，应将左、上侧对齐；采用左侧装订的，应将左、下侧对齐。

装订后，文件材料应牢固、安全、平整，做到不损页、不倒页、不掉页、不压字、不影响阅读，有利于保护和管理。

六、编号

（一）编页号

将每件文件材料稿本排列、装订后，应编写每一件文件材料的页码，以固定每一页在文件材料中的位置。文件材料中凡是有图文的页面都必须编写页号。当文件材料有连续页码时，则无须重编页号；无页码或无连续页码时，每件需从“1”开始，使用阿拉伯数字编流水页号。空白页不编号。编写位置：正页面右上角、反页面左上角的空白处。页码使用黑色铅笔编写。

（二）编件号

按照件与件的排列顺序，将每件排列好后，应逐件编写件号，以固定每一件在年度中的位置。件号从“1”开始，使用阿拉伯数字编流水件号。编写位置：归档章的“件号”栏内（详见本规范“七、盖章”部分）。

七、盖章

（一）制作归档章

归档章项目包括：全宗号、年度、件号、机构或问题、保管期限、页数等。其中，全宗号、年度、件号、保管期限等项目为必备项目，其他项目为选择项。归档章的规格一般为长 45 mm，宽 16 mm，分为均匀的 6 格，详见下图。

（二）盖章

归档章一般应加盖在文件材料首页上端居中的空白位置。如果领导批示或收文章占用了上述位置，可将归档章加盖在首页上端的其他空白位置。文件材料首页确无盖章位置时，或属于重要文件材料须保持原貌的，也可在文件首页前另附纸页加盖归档章。

盖章时，归档章不得压住文件材料的图文字迹，也不宜与收文章等交叉。

（三）填写归档章项目

填写归档章项目应使用钢笔或蓝黑墨水笔。全宗号、年度、件号和保管期限应与本规范“二、分类”部分的对应项目保持一致；机构或问题可根据文件材料分类方案，填写为“WP. ××××××-××”；页数应填写本件文件材料的实有页数。

八、编目

污染源普查档案应依据分类方案和件号的顺序，编制归档文件目录。编目应准确、详细，逐件编目，便于检索。

归档文件目录一般设置：序号、档号、文号、责任者、题名、日期、页数、备注等项目（详见下图）。

归档文件目录

（式样）

序号	档　　号	文号	责任者	题名	日期	页数	备注

序号：填写归档文件顺序号。

档号：按照“二、分类”中档号编写要求填写。

文号：填写文件的发文字号。没有发文字号的，不用标识。

责任者：填写制发文件材料的组织或个人，即文件材料的发文机关或署名者。

题名：填写文件标题。规范性的文件标题应体现三要素：文件责任者、文件内容、文种。文件标题应据实抄录；如果没有标题、标题不规范，或者标题不能反映文件材料主要内容、不方便检索的，应全部或部分自拟标题，自拟的内容外加方括号“[　]”。

日期：填写文件材料的形成时间，以国际标准日期表示法标注年月日，如 20180408。日期不全的应考证；考证不出来的，用“0”充填。

页数：填写每件文件材料的实有总页数。

备注：填写需要说明的事项。一般为空。

归档文件目录用纸采用国际标准的 A4 幅面纸张，电子表格编制、横版打印。目录打印一式二份，盒内一份，装订成册一份。盒内的目录应排在盒内文件材料之前。

装订成册的目录应按照“行政机构-文件类别-年度”进行排序（供档案室参考）。排列好的文件目录应制作《污染源普查档案归档文件目录》封面，于左侧装订。

目录封面格式，如：××环境保护局普查办 2018 年污染源普查永久档案的归档文件目录（详见下图）。

污染源普查档案

归档文件目录

全 宗 号　××××

全宗名称　××环境保护局

年　　度　2018

保管期限　永 久

机　　构　普查办

九、填写备考表

备考表用以说明盒内文件材料的状况，置于盒内所有文件材料之后。备考表一般设置：盒内文件情况说明、整理人、检查人和日期等项目，填写要求如下。

盒内文件情况说明：主要填写盒内材料的缺损、修改、补充、移出，以及与本盒文件材料内容相关的情况等。

整理人：填写负责整理该盒文件材料的人员姓名，应由整理人签名或加盖个人名章，以示对文件材料整理情况负责。

检查人：填写负责检查该盒文件材料整理质量的人员姓名，应由检查人签名或加盖个人名章，以示对整理质量检查情况负责。

日期：分别填写整理和检查完毕的日期。

备考表的外形尺寸、页边和文字区尺寸，以及表中各项目的具体位置、尺寸详见下图。

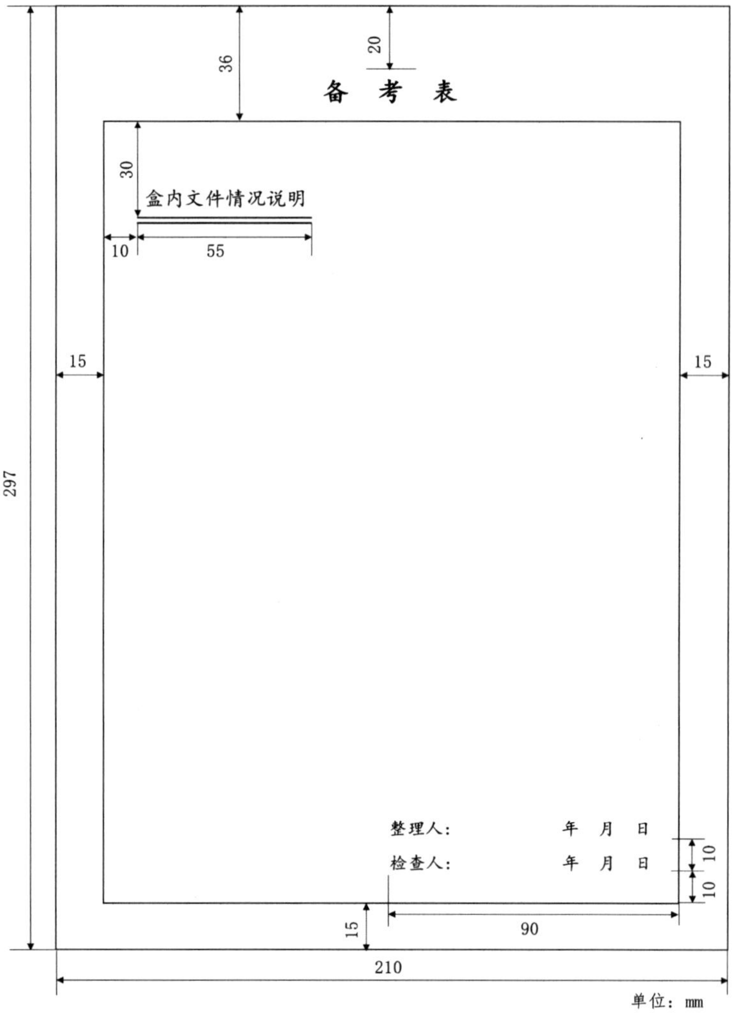

十、装盒

将归档文件材料按件号装入厚度适中的档案盒中，并填写档案盒的封面和盒脊有关项目，以便于保管和利用档案。

不同年度、机构（问题）、保管期限的归档文件材料不得装入同一个档案盒。归档文件材料装盒时，不得过多或过少，以能空出一根手指厚度为宜。

国务院第二次全国污染源普查领导小组办公室议事规则

为切实做好第二次全国污染源普查工作，充分发挥各部门的职能作用，加强部门间的协调配合，提高国务院第二次全国污染源普查领导小组办公室（以下简称领导小组办公室）工作效率，制定本议事规则。

一、领导小组办公室主要职能

全面掌握第二次全国污染源普查工作进展情况，协调、审议需提交国务院第二次全国污染源普查领导小组决策的文件、材料；研究、协调有关污染源普查工作的重大事项，审议污染源普查工作方案；指导和监督检查地方污染源普查工作，协调解决涉及相关部门、地方开展污染源普查工作中的有关问题。

二、领导小组办公室组成

领导小组办公室设在环境保护部，由中央宣传部、发展改革委、工业和信息化部、公安部、财政部、国土资源部、住房和城乡建设部、交通运输部、水利部、农业部、税务总局、工商总局、质检总局、统计局、中央军委后勤保障部、环境保护部共 16 个部门确定的司（局）级成员组成，环境保护部为牵头单位。领导小组办公室成员因工作变动需要调整的，由所在单位提出，书面通知领导小组办公室。为方便联络工作，领导小组办公室成员单位及测绘地信局、民航局、中国铁路总公司各指定一名联络员负责日常联络工作。

三、领导小组办公室工作制度

（一）会议制度

实行领导小组办公室会议和领导小组办公室联络员会议制度。

领导小组办公室会议原则上每半年召开一次，会议由领导小组办公室主任主持，视工作需要可不定期召开部分成员会议。会议通报第二次全国污染源普查工作总体进展，成员单位介绍工作情况，协商解决重大问题，研究提出下一阶段工作目标、重点与任务，审议提交领导小组会议审议的文件。会后印发领导小组办公室会议纪要。

领导小组办公室联络员会议视工作需要不定期召开。会议报告第二次全国污染源普查工作进展和下一阶段工作安排，研究普查中的重要事项，审议提交领导小组办公室会议审议的文件。

（二）简报制度

根据阶段性工作安排和重点工作任务，环境保护部第二次全国污染源普查工作办公室（以下简称普查办）负责整理、编发工作简报。领导小组办公室各成员单位不定期将有关工作进展情况和相关意见建议报送普查办；各省（区、市）、新疆生产建设兵团每月将重点工作进展、普查工作执行过程中的主要问题及建议、下阶段工作安排等情况报送普查办。

（三）协调制度

各成员所在单位应按照各自职责分工，主动研究解决第二次全国污染源普查工作的有关问题，认真落实领导小组及其办公室会议议定的任务。要互通信息、相互配合、形成合力，推进跨部门工作顺利进行。必要时，可组织相关部门对重大政策、重点问题进行会商。

关于印发《第二次全国污染源普查项目预算编制指南》的通知

国污普〔2017〕3号

各省、自治区、直辖市第二次全国污染源普查领导小组办公室，新疆生产建设兵团第二次全国污染源普查领导小组办公室：

为加快推进第二次全国污染源普查，指导各级污染源普查机构做好普查经费申请工作，我们制订了《第二次全国污染源普查项目预算编制指南》，现印送给你们。请结合实际，合理编制项目预算，切实保障普查工作开展。

附件：第二次全国污染源普查项目预算编制指南

国务院第二次全国污染源普查领导小组办公室

2017年8月31日

附件

第二次全国污染源普查项目预算编制指南

为指导各级污染源普查机构做好普查项目预算编制工作，按照《国务院关于开展第二次全国污染源普查的通知》(国发〔2016〕59 号）关于“第二次全国污染源普查工作经费，按照分级保障原则，由同级财政予以保障。中央财政负担部分，由相关部门按要求列入部门预算。地方财政负担部分，由同级地方财政根据工作需要统筹安排”的要求和精神，制订本指南。

一、中央财政预算编制范围

中央财政经费编制范围包括：研究制定全国污染源普查方案，编制各类污染源普查涉及的监测、调查、质量管理等相关规范性文件，开展普查表格设计、软件及信息系统开发建设，宣传、培训与指导，污染源普查试点，普查质量核查与评估，全国数据汇总、加工、建档、检查验收、总结等。

按照以上范围，本着厉行节约的原则，中央财政预算编制主要内容为：

（一）工业源普查技术规范制订及组织实施

制订工业源（含工业园区）普查总体方案和技术规定、41 个工业行业产排污核算方案（含分行业抽样方案、产排污核算调查表格及组织实施等)、普查报表制度和技术规定。分行业产排污抽样观测及制订抽样检测质量管理规定。编制分行业产排污核算技术规定、产排污系数使用手册和查询工具。组织开展产排污核算方法（含产排污系数）抽样核证、补充调查与动态更新、工业源普查现场核查、抽样评估与技术指导等。

（二）农业源普查技术规范制订及组织实施

制订农业源普查总体方案、技术规定和报表制度。制订种植业产排污系数率定、产排污系数测算数据库建设与核算方案；制订种植业氨与挥发性有机物普查技术规定、报表制度和排放量核算方案；制订地膜及秸秆普查实施方案与相关技术规范。制订畜禽养殖业产排污系数率定与核算方案、氨排放系数确定及技术规范。水产养殖业产排污系数实测、率定与制订核算方案。制订污染物入目标水体量估算技术规范与方案。开展污染源普查现场核查、抽样评估与技术指导等。

（三）生活源普查技术规范制订及组织实施

制订生活源普查总体方案、技术规定和报表制度。制订市政入河排污口调查（排查）方案和抽样监测方案。制订城镇和农村居民生活污染（用排水情况）抽样调查方案和技术规定，开展城镇居民生活污水排污系数测算。制订城镇和农村居民能源使用与排放情况调查方案和普查技术规定，组织开展城镇和农村居民能源使用与排放情况抽样调查，针对不同能源使用情况开展排污系数测算。生活源锅炉大气污染物产排污系数测算、生活源挥发性有机物产排污系数测算（典型区域抽样调查），组织开展生活源相关活动水平抽样调查、生活源普查现场核查、抽样评估与技术指导等。

（四）集中式污染治理设施普查技术规范制订及组织实施

制订集中式污染治理设施普查方案、技术规定和报表制度。制订污水集中处理处置设施和固体废物集中处理处置设施污染物产排污核算方案，组织开展产排污系数观测、抽样核证与动态更新、集中式污染治理设施普查现场核查、抽样评估与技术指导等。

（五）移动源普查技术规范制订及组织实施

制订移动源普查总体方案、技术规定和报表制度。开展机动车产排污系数方案设计、排放因子测试，编制排放清单。编制非道路移动机械调查方案、系数方案、排放因子测试清单等。编制船舶调查方案、系数调查方案，开展排放因子测试和清单编制等工作；编制油品储运环节调查方案、系数调查方案，开展排放因子测试和清单编制等工作；编制其他非道路移动源普查调查方案、系数调查方案，开展排放因子测试和清单编制等工作。

（六）伴生放射性矿普查技术规范制订及组织实施

制订伴生放射性矿普查方案、监测技术规范、普查数据质量控制技术规范。组织开展伴生放射性矿实验室比对工作、伴生放射性矿普查现场核查、抽样评估与技术指导等。

（七）污染源普查数据采集信息化平台建设

制订污染源普查数据处理总体方案、基本单位名录库建设方案。污染源基本单位名录库数据预处理、建库及管理系统建设。基础地理信息地图服务、地理编码数据处理及空间定位服务开发，普查数据采集系统开发及采集工具购置。污染源普查数据库及管理系统建设，污染物核算系统开发，普查数据汇总审核及校验分析工具开发，搭建污染源普查信息系统运行支撑环境。编制污染源基本单位名录筛选、全国污染源普查数据处理流程以及运行环境要求等技术规定，信息系统部署、实施、集成、测评及运行保障等。

（八）普查数据质量控制

制订污染源普查质量管理总体方案、分领域（工业、农业、生活、集中式和移动源）普查质量控制技术方案和质量管理制度、普查数据质量抽样核查方案、第三方参与普查管理办法、普查数据质量评估细则。制订普查数据审核技术细则、普查数据现场核查方案、普查汇总数据一致性评估方案、普查后评估与普查验收方案。组织开展全国污染源普查数据质量审核、现场核证、抽样评估、督办检查等相关工作。借助购买第三方服务和信息化手段，提高普查质量及效率。

（九）普查宣传培训

制订全国污染源普查宣传培训方案。设计、制作普查宣传海报、视频短片等，在重点城市人流密集区域张贴、播出。开展普查实名微博、微信公众号等新媒体建设及运营，开设并维护普查网站运行。开展普查形象代言人征集、宣传品制作、科普手册编写、大型宣传活动等。召开新闻发布会、专家解读会、媒体吹风会宣传活动。开展全国污染源普查工业源、农业源、生活源、集中式污染治理设施和移动源等分源技术方案、技术规范、质量控制、预算编制、普查信息系统、普查员培训等。组织全国污染源普查宣传培训教材开发和印刷。

（十）普查工作试点

普查试点方案制订。分别在东中西部地区选择不同层级行政单元开展试点，包括试点方案设计、工作布置、动员宣传、信息化建设、清查建库、入户调查、现场核查、数据审核、数据汇总、验收总结、工作评估等工作。

（十一）普查工作总结表彰及数据分析应用

编制普查成果总结和分析应用总体方案。组织开展普查数据加工、分类汇总、在线展示、可视化发布、普查公报编制、普查档案管理、普查成果汇总出版、普查专题报告撰写。组织开展基于普查结果的污染源和风险源分级与制图、编制分区域污染物排放清单、开展多污染物协同控制等相关工作。制订评比表彰办法。开展第二次全国污染源普查工作评估验收、普查工作总结与表彰等工作。

（十二）第二次全国污染源普查工作办公室运行保障

第二次全国污染源普查工作办公室办公地点及会议室租赁费用；物业、水电费、取暖费、维修费、印刷费、设备购置费、图书资料费、车辆租用费等费用；办公用品日常购置，会议费、差旅费、咨询费、劳务费等费用；预算编制评估、项目进展督办、项目绩效评估等方面的支出。

各有关单位应严格按照财政部支出经济分类科目（见附表）和相应科目的参照标准进行预算编制：

1．差旅费：《中央和国家机关差旅费管理办法》（财行〔2013〕531 号）、《中央和国家机关工作人员赴地方差旅住宿费标准明细表》（财行〔2016〕71 号）。

2．会议费：《中央和国家机关会议费管理办法》（财行〔2016〕214 号）、《在华举办国际会议经费管理办法》（财行〔2015〕371 号）、《党政机关会议定点管理办法》（财行〔2015〕1 号）、《关于执行中央党政机关会议定点场所名单的通知》（国管办发〔2017〕6 号）。

3．培训费：《中央和国家机关培训费管理办法》（财行〔2016〕540 号）。

4．办公设备购置：《中央行政单位通用办公设备家具配置标准》（财资〔2016〕27 号）。

5．其他科目：参考行业标准或市场价格。

二、地方财政预算编制范围

地方财政经费编制范围包括：各地普查实施总体方案制定，组织动员、宣传、培训，入户调查与现场监测，普查人员经费补助，办公场所及运行经费保障，普查质量核查与评估，购置数据采集及其他设备，普查表的印制、普查资料的建档，数据录入、校核、加工，普查工作检查验收，开展总结与表彰工作等。对开展普查试点工作的地区和贫困县予以补助。

按照以上范围，地方财政预算编制的主要内容为：

（一）污染源普查前期准备工作

1．组建普查工作办公室，落实办公条件；开展污染源普查前期调研，收集相关资料；制订普查方案、技术方案、质量控制方案、宣传培训方案等；印刷普查表、宣传材料，开展宣传培训等前期工作。

2．购置普查数据传输设备及搭建信息平台。主要包括用于信息平台建设需要的服务器、磁盘阵列、交换机、数据库软件、操作系统、网络设备等；用于普查数据采集和分析应用的手持终端和电脑设备等。

3．组织开展普查清查与试点，包括数据清查、核查与质量管理。根据统一部署，有试点任务的地区要组织开展试点准备、入户调查、质量控制、数据汇总、试点总结等工作。

（二）全面普查工作

开展普查动员宣传，召开普查启动工作会议；举办普查工作培训班，培训内容包括普查工作方案和技术规范、软件使用，以及普查数据的分析汇总。组织实施普查工作，入户调查、审核、验收、数据汇总分析，召开普查中期总结会；开展伴生放射性矿普查；组织开展各环节普查质量控制；借助购买第三方服务和信息化手段，提高普查效率。

（三）成果总结与表彰

建立污染源地图、污染物排放清单和其他专题地图；形成各级普查数据库，编制相关技术报告和工作报告；归纳总结普查成果，开展污染源普查评估验收、总结与表彰等工作。

三、经费申请程序

各级污染源普查领导小组办公室根据普查工作方案确定年度工作任务计划，编制普查项目预算申报书，经同级财政部门审核后，列入相关部门的年度预算，按部门预算管理程序拨付资金。

附表

支出经济分类科目

科目名称	说明
办公费	反映单位购买按财务会计制度规定不符合固定资产确认标准的日常办公用品、书报杂志等支出
印刷费	反映单位的印刷费支出
咨询费	反映单位咨询方面的支出
手续费	反映单位支付的各类手续费支出
水费	反映单位支付的水费、污水处理费等支出
电费	反映单位的电费支出
邮电费	反映单位开支的信函、包裹、货物等物品的邮寄费及电话费、电报费、传真费、网络通讯费等
取暖费	反映单位取暖用燃料费、热力费、炉具购置费、锅炉临时工的工资、节煤奖以及由单位支付的在职职工和离退休人员宿舍取暖费等
物业管理费	反映单位开支的办公用房、职工及离退休人员宿舍等的物业管理费，包括综合治理、绿化、卫生等方面的支出
差旅费	反映单位工作人员出差发生的城市间交通费、住宿费、伙食补助费和市内交通费
维修（护）费	反映单位日常开支的固定资产（不包括车船等交通工具）修理和维护费用，网络信息系统运行与维护费用，以及按规定提取的修购基金
租赁费	反映单位租赁办公用房、宿舍、专用通讯网以及其他设备等方面的费用
会议费	反映单位在会议期间按规定开支的住宿费、伙食费、会议室租金、交通费、文件印刷费、医药费等支出
培训费	反映单位除因公出国（境）培训费以外的各类培训支出
专用材料费	反映单位购买日常专用材料的支出。具体包括药品及医疗耗材，农用材料，兽医用品，实验室用品，专用服装，消耗性体育用品，专用工具和仪器，艺术部门专用材料和用品，广播电视台发射台发射机的电力、材料等方面的支出
被装购置费	反映法院、检察院、政府各部门以及军队（含武警）的被装购置支出
专用燃料费	反映用作业务工作设备的车、船设施等的油料支出

科目名称	说明
劳务费	反映支付给单位和个人的劳务费用，如临时聘用人员、钟点工工资，稿费，翻译费，评审费等
委托业务费	反映因委托外单位办理业务而支付的委托业务费
其他交通费用	反映单位除公务用车运行维护费以外的其他交通费用。如飞机、船舶等的燃料费、维修费、过桥过路费、保险费、出租车费用等
其他商品和服务支出	反映上述科目未包括的日常公用支出。如行政赔偿费和诉讼费、国内组织的会员费、来访费、广告宣传、其他劳务费及离休人员特需费、公用经费等
办公设备购置	反映用于购置并按财务会计制度规定纳入固定资产核算范围的办公家具和办公设备的支出，以及按规定提取的修购基金
专用设备购置	反映用于购置具有专门用途，并按财务会计制度规定纳入固定资产核算范围的各类专用设备的支出。如通信设备、发电设备、交通监控设备、卫星转发器、气象设备、进出口监管设备等，以及按规定提取的修购基金
基础设施建设	反映用于农田设施、道路、铁路、桥梁、水坝和机场、车站、码头等公共基础设施建设方面的支出
大型修缮	反映按财务会计制度规定允许资本化的各类设备、建筑物、公共基础设施等大型修缮的支出
信息网络及软件购置更新	反映政府用于信息网络方面的支出。如计算机硬件、软件购置、开发、应用支出等，如果购建的计算机硬件、软件等不符合财务会计制度规定的固定资产确认标准的，不在此科目反映
其他资本性支出	反映著作权、商标权、专利权等无形资产购置支出，以及其他上述科目中未包括的资本性支出。如娱乐、文化和艺术原作的使用权、购买国内外影片播映权、购置图书等

关于印发《第二次全国污染源普查部门分工》的通知

国污普〔2017〕4号

中央宣传部、发展改革委、工业和信息化部、公安部、财政部、国土资源部、住房和城乡建设部、交通运输部、水利部、农业部、税务总局、工商总局、质检总局、统计局、中央军委后勤保障部、测绘地信局、中国铁路总公司办公厅（室），民航局综合司：

根据《全国污染源普查条例》《国务院关于开展第二次全国污染源普查的通知》（国发〔2016〕59号）和《国务院办公厅关于印发第二次全国污染源普查方案的通知》（国办发〔2017〕82号），经商第二次全国污染源普查相关单位同意，制订了《第二次全国污染源普查部门分工》，现印送给你们，请抓好落实工作。

附件：第二次全国污染源普查部门分工

国务院第二次全国污染源普查领导小组办公室

2017年9月26日

附件

第二次全国污染源普查部门分工

中央宣传部：负责组织污染源普查的新闻宣传工作，指导地方做好污染源普查宣传工作，组织办好新闻发布会及有关宣传活动。

发展改革委：配合做好污染源普查及成果的分析、应用。

工业和信息化部：配合做好工业污染源普查成果的分析、应用。

公安部：负责指导地方公安交通管理部门向普查机构提供机动车登记相关数据、城市道路交通流量数据，配合做好机动车污染源普查相关工作。

财政部：负责普查经费预算审核、安排和拨付，并监督经费使用情况。

国土资源部：配合做好污染源普查及成果的分析、应用。

环境保护部：牵头会同有关部门组织开展全国污染源普查工作，负责拟订全国污染源普查方案和不同阶段的工作方案，编制普查制度及有关技术规范，组织普查工作试点和培训，对普查数据进行汇总、分析和结果发布，组织普查工作的验收。

住房和城乡建设部：指导地方相关部门配合做好城镇污水处理设施、垃圾处理厂（场）普查，以及房屋建筑和市政工程工地工程机械等抽样调查。

交通运输部：提供营运船舶注册登记数据、船舶自动识别系统数据和国（省）道公路观测断面平均交通量，配合做好移动源普查及相关成果分析、应用。

水利部：负责提供有关入河排污口相关信息和有关水利普查资料、重点流域相关水文资料成果，指导地方相关部门配合做好入河排污口及其对应污染源的调查。

农业部：负责组织开展种植业、畜禽养殖业、水产养殖业生产活动水平情况调查；配合做好污染源普查相关成果的分析、应用；提供农业机械和渔船与污染核算相关的数据。

税务总局：负责提供纳税单位登记基本信息，配合做好污染源普查相关成果的分析、应用。

工商总局：负责提供企业和个体工商户等单位注册登记信息。

质检总局：负责提供法人单位及其他组织机构、个体工商户统一社会信用代码（或组织机构代码）信息，以及承压锅炉使用登记信息。

统计局：负责提供全国基本单位名录库相关行业名录信息和相关统计数据，审核批准普查报表，参与普查总体方案设计；指导污染源普查的质量管理和监督；参与指导污染源普查数据质量评估、分析。

中央军委后勤保障部：负责组织实施军队、武装警察部队的污染源普查工作。

测绘地信局：负责利用地理国情普查成果为污染源空间定位提供地理空间公共基地数据，配合做好普查名录库建库和相关普查成果分析、应用。

民航局：提供民用运输机场飞机起降架次和航油消耗信息，配合做好移动源普查及相关成果分析、应用。

中国铁路总公司：提供铁路内燃机车在用量、行驶里程等相关信息，配合做好污染源普查及相关成果分析、应用。

各地普查领导小组及相关单位按照国务院第二次全国污染源普查领导小组及相关部门的要求，认真履行部门分工职责，积极做好污染源普查工作。

关于申请审批《第二次全国污染源普查报表制度》的函

环普查函〔2018〕92号

统计局：

为摸清各类污染源基本情况，建立健全重点污染源档案、污染源信息数据库和环境统计平台，为加强污染源监管、改善环境质量、防控环境风险、服务环境与发展综合决策提供依据，按照《国务院关于开展第二次全国污染源普查的通知》（国发〔2016〕59号）要求，根据《中华人民共和国统计法》和《部门统计调查项目管理暂行办法》的有关规定，我部牵头制定了《第二次全国污染源普查报表制度》（见附件），现报送你局，请审批。

附件：第二次全国污染源普查报表制度（报批稿）

（注：附件具体内容见本书第六部分，污染源普查表式）

生态环境部

2018年8月9日

国家统计局关于批准执行第二次全国污染源普查制度的函

国统制〔2018〕103号

生态环境部：

你部《关于申请审批〈第二次全国污染源普查报表制度〉的函》（环普查函〔2018〕92号）收悉。经审核，批准你部执行《第二次全国污染源普查报表制度》，有效期至2019年12月31日。有效期届满需要继续执行或在有效期内需要进行修订的，须重新办理审批手续。

请将正式文件及统计调查制度送我局统计设计管理司2份，并将调查所取得的有关数据资料及时送我局能源统计司。

相关数据发布应遵照国务院有关规定和统计调查制度执行。

国家统计局

2018年8月22日

国务院办公厅关于调整国务院第二次全国污染源普查领导小组组成人员的通知

国办函〔2018〕74号

各省、自治区、直辖市人民政府，国务院各部委、各直属机构：

根据机构设置、人员变动情况和工作需要，国务院决定对国务院第二次全国污染源普查领导小组（以下简称领导小组）组成人员进行相应调整。现将调整后的名单通知如下：

组　长：韩　正　国务院副总理

副组长：丁学东　国务院副秘书长

李干杰　生态环境部部长

宁吉喆　统计局局长

成　员：郭卫民　中央宣传部部务会议成员、新闻办副主任

张　勇　发展改革委副主任

辛国斌　工业和信息化部副部长

杜航伟　公安部副部长

刘　伟　财政部副部长

王春峰　自然资源部党组成员

赵英民　生态环境部副部长

倪　虹　住房和城乡建设部副部长

戴东昌　交通运输部副部长

魏山忠　水利部副部长

张桃林　农业农村部副部长

孙瑞标　国家税务总局副局长

马正其　市场监管总局副局长

钱毅平　中央军委后勤保障部副部长

领导小组办公室设在生态环境部，办公室主任由生态环境部副部长赵英民兼任。领导小组成员因工作变动等需要调整的，由所在单位向领导小组办公室提出，报领导小组组长审批。

国务院办公厅

2018年11月5日

关于第二次全国污染源普查工作进展情况的报告

部长函〔2019〕4号

尊敬的韩正副总理：

2016年10月，国务院印发《关于开展第二次全国污染源普查的通知》（国发〔2016〕59号，以下简称《通知》），决定开展第二次全国污染源普查，其中2016年第四季度至2017年度为普查前期准备阶段，2018年为全面普查阶段，2019年为总结发布阶段。我部作为牵头部门，会同各地区各部门各单位认真贯彻落实国务院决策部署，积极推动污染源普查的组织实施，取得阶段性进展。现将有关情况报告如下。

一、基本组织情况

第二次全国污染源普查是依据《全国污染源普查条例》开展的一次重大国情调查，是在全面建成小康社会进入决胜阶段、坚决打好污染防治攻坚战的大背景下实施的一项系统工程，是为全面摸清建设“美丽中国”生态环境家底采取的一项重大举措。

为加强组织领导，《通知》明确国务院成立第二次全国污染源普查领导小组（以下简称领导小组），时任副总理张高丽担任组长，成员单位为15个相关部门，领导小组办公室设在原环境保护部。机构改革后，2018年11月，国务院办公厅印发《关于调整国务院第二次全国污染源普查领导小组组成人员的通知》（国办函〔2018〕74号），由您担任领导小组组长，成员单位为14个相关部门，领导小组办公室设在生态环境部。

我部会同领导小组成员单位积极推进普查工作，建立领导小组办公室工作制度，明确工作责任，完善共商机制，审议普查方案和普查制度，提出意见与建议。各部门高度重视，主动提供相关资料和数据信息。其中，统计局提供全国基本单位名录库，共享相关领域普查信息和成果，帮助建立和完善调查制度；农业农村部全面部署开展农业污染源普查；税务总局和市场监管总局分别提供调查单位名录；水利部提供水利普查成果及入河排污口有关信息；自然资源部提供地理国情普查相关成果；中央军委后勤保障部研究部署全军和武警部队开展污染源普查工作，形成了部门联动、齐抓共管的良好局面。

二、工作进展及存在问题

在各地区各部门各单位和广大普查人员的大力支持和密切配合下，第二次全国污染源普查前期准备阶段、全面普查（包括清查建库、普查试点、入户调查）阶段的工作任务已顺利完成。

在前期准备阶段，坚持目标导向，围绕生态环境质量改善和环境风险防范工作需要，编制《第二次全国污染源普查方案》并以国办名义印发。组建普查工作办公室，印发技术文件，构建技术体系，明确各地区各部门各单位工作任务。申报落实中央本级普查经费，召开动员部署会议，明确工作要求，推动各地普查工作全面开展。

在清查建库和普查试点阶段，在各部门提供基本单位名录的基础上，组织省、市两级普查机构进行比对和增补，形成清查底册，下发至县级普查机构进行现场清查。经县级自查、省市质量核查、国家抽样核查、汇总数据集中审核，形成涵盖 333.25 万家的污染源基本单位名录，作为入户调查基本依据。其间，国家和省级普查机构组织普查试点，补充完善普查相关制度和数据处理软件，优化技术路线和实施机制，为入户调查顺利开展打下坚实基础。

在入户调查阶段，建立《第二次全国污染源普查制度》（国统制〔2018〕103 号），组织召开普查推进视频会议，讲评前期工作情况，动员部署入户调查工作。工作中，应用现代信息技术手段，加强调度督办和宣传培训，提升入户调查效率。2018 年 12 月，各地区完成入户调查基础数据上报工作。

目前，普查已进入总结发布阶段，正在进行数据审核评估工作。组织召开普查推进视频会议，要求各级普查机构强化质量控制，确保普查数据“真实、准确、全面”。围绕数据汇总评估及质量提升工作，选取典型区县“解剖麻雀”、总结经验，分片区、分行业进行现场培训指导。同时，各级普查机构坚持“边普查边应用”原则，及时总结阶段性工作成果，开展推广应用。其中，清查建库形成的污染源基本单位名录，为京津冀及周边地区大气污染综合治理强化监督以及长江经济带、环渤海入河入海排污口排查整治等工作提供了有力支持。

在取得进展的同时，普查工作也面临两方面突出问题。一是机构改革中，部分地区普查工作负责人和技术骨干发生了变化，部分普查人员存在进退走留的担忧，不利于普查工作的有序推进，需要及时关注并加强思想引导。二是受非洲猪瘟疫情影响和农作物生产季节性限制，农业污染源产排污系数制定工作相对滞后，需要加快推进。

三、下一步工作计划

按照中央政治局常委会 2019 年工作要点和《通知》要求，2019 年要基本完成第二次全国污染源普查。我们将全力做好数据审核评估、汇总分析、质量验收等工作，全面总结普查成果，为“十四五”生态环境保护战略规划和宏观管理决策提供支撑服务。

为确保普查任务圆满完成，在普查成果总结发布阶段，需要进一步强化各地区各部门各单位工作责任，建议在今年下半年，普查公报上报国务院之前，由您主持召开一次领导小组工作会议。

特此报告。

生态环境部部长　李干杰

2019 年 4 月 2 日

第二次全国污染源普查工作总结报告

2020 年 3 月 11 日

党的十九大以来，我国经济发展进入新时代，党中央、国务院明确提出以高质量发展绘就新时代的美好蓝图。但我国经济总量和增量仍在持续上升，污染物产生量和排放量依然处于高位，由此带来的环境压力仍然十分巨大，生态环境保护工作正处于补齐短板的关键期。定期开展全国污染源普查，是《全国污染源普查条例》的法定要求。为全面贯彻落实习近平生态文明思想，打好污染防治攻坚战，党中央、国务院决定于 2017 年开展第二次全国污染源普查。

第二次全国污染源普查是在全面建成小康社会决胜阶段、坚决打好污染防治攻坚战的大背景下实施的一项系统工程，是为全面摸清建设"美丽中国"生态环境底数采取的一项重大国情调查。全面做好第二次全国污染源普查，掌握各类污染源的数量、行业和地区分布情况，了解主要污染物产生、排放和处理情况，建立健全重点污染源档案、污染源信息数据库和环境统计平台，对于准确判断我国当前环境形势，制定实施有针对性的经济社会发展和生态环境保护政策、规划，不断改善生态环境质量，加快推进生态文明建设，补齐全面建成小康社会的生态环境短板具有重要意义。

1 普查工作总体情况

2016 年 10 月，国务院印发《关于开展第二次全国污染源普查的通知》（以下简称《通知》），成立了第二次全国污染源普查领导小组（以下简称普查领导小组），由国务院副总理任组长，国务院副秘书长、生态环境部部长、统计局局长任副组长，成员单位包括中央宣传部、发展改革委、工业和信息化部、公安部、财政部、自然资源部、生态环境部、住房和城乡建设部、交通运输部、水利部、农业农村部、税务总局、市场监管总局、统计局、中央军委后勤保障部（机构改革后）。普查领导小组办公室设在生态环境部，牵头会同各有关部门组织开展全国污染源普查工作，普查的标准时点为 2017 年 12 月 31 日，时期资料为 2017 年度资料。全国 31 个省、自治区、直辖市和新疆生产建设兵团（以下简称兵团）按照国务院《通知》要求，成立了由相关部门组成的普查领导小组及其办公室，全国各地市和区县均抽调精兵强将组建了普查工作办公室，部分地区还将普查机构下沉到了乡镇一级。

三年来，在普查领导小组的统一领导和部署下，在生态环境部领导的重视和关心下，在各有关部门领导的大力支持下，各地区、各有关部门和各级普查机构认真贯彻国务院办公厅印发的《第二次全国污染源普查方案》（以下简称《普查方案》）有关要求，按照"全国统一领导、部门分工协作、地方分级负责、各方共同参与"的原则，精心组织、严控质量，扎实推进污染源普查各项工作。广大普查人员辛勤工作，克服时间紧、任务重、难度大、要求高等困难，先后开展了普查前期准备、清查建库、普查试点、普查表入户填报、数据质量核查、数据审核汇总、普查成果总结等各项工作，顺利完成了《普查方案》

规定的任务，取得了丰硕成果。

各地区人民政府共成立普查机构 9 317 个，配备专兼职人员 52 210 人，落实普查专项经费 90.36 亿元，选聘和培训了 38 万余名普查员和普查指导员，完成了 247.74 万个工业源、37.88 万个畜禽规模养殖场、63.95 万个生活源和 8.40 万个集中式污染治理设施的入户调查和排放量核算工作，获得了大量的污染源信息和翔实的普查数据。

此次普查，严格按照《普查方案》规定的对象、范围和内容，采用科学的普查调查方法和技术路线，执行严格的质量控制程序，保证了普查数据真实、准确、全面。一是详细掌握了各类污染源的数量、行业和地区分布情况，了解了主要污染物产生、排放和处理情况，这些信息和数据将为污染源的科学监管奠定基础，为污染治理和产业结构调整提供依据，为国家经济社会发展和生态环境保护政策、规划的制定提供支撑；二是建立健全了重点污染源档案、污染源信息数据库，为重点污染源管理、污染源信息数据的开发利用创造了便利条件，为“十四五”环境统计平台建设奠定了基础；三是培养了大批生态环境保护铁军，提高了广大民众生态环境保护意识。普查工作圆满达到了《普查方案》预期的工作目标。

2 主要工作

2.1 普查组织

根据国务院印发的《通知》要求，各地区、各部门按照“全国统一领导、部门分工协作、地方分级负责、各方共同参与”的原则组织实施污染源普查。

国务院成立了普查领导小组及其办公室，负责领导和协调全国污染源普查工作。普查领导小组办公室设在原环境保护部（现生态环境部），负责普查日常工作，并会同有关成员单位按照职责分工协调落实各项具体任务。

各地县级以上人民政府成立了相应的普查领导小组及其办公室，按照普查领导小组统一规定和要求，组织本行政区域有关部门协同开展污染源普查工作，对普查工作中遇到的各种困难和问题，及时采取措施，切实予以解决。

各地乡（镇）人民政府、街道办事处和社区、村（居）民委员会等基层单位也积极参与到普查工作中，并认真做好本行政区域普查工作。

重点排污单位按照环境保护法律法规有关规定和污染控制标准要求开展监测，如实填报普查年度的监测结果。各类污染源普查调查对象和填报单位基本都指定了专人负责本单位污染源普查表填报工作。

在普查过程中，充分发挥了科研院所、高校、环保咨询机构等的作用，并广泛动员社会公众积极参与普查，为普查工作提供了大量的人力和技术支持。

2.2 普查实施

普查实施包括前期准备、清查建库、普查试点、全面普查、总结发布五个阶段。

2016 年第四季度至 2017 年年底为普查前期准备阶段，重点是编制印发《普查方案》，组织开展普查经费申报，编制普查制度、技术规定和工作细则，开展信息化建设，启动普查清查建库和普查试点，做好普查前期宣传和有关培训。

2018 年为全面普查阶段，重点是做好清查建库、普查试点、入户调查、质量核查等工作，明确调查对象和技术方案，制定产排污系数，确定核算方法，进一步加强普查宣传和技术培训。

2019—2020 年上半年为总结发布阶段，重点是做好排放量核算、质量核查、普查数据审核汇总、普查成果总结分析，完成档案整理和验收表扬等工作。

2.2.1 前期准备

前期准备阶段主要任务包括：成立机构，落实经费渠道；编制印发《普查方案》，制定普查制度、技术规定和工作细则，建立污染物排放核算方法，完成普查信息系统开发与建设以及其他技术准备工作；开展普查宣传与培训工作。

2.2.1.1 机构成立情况

2016 年 10 月，国务院成立了普查领导小组，时任副总理张高丽担任组长，成员单位为 16 个相关部门（含副组长单位），普查领导小组办公室设在原环境保护部。机构改革后，2018 年 11 月，国务院办公厅印发《关于调整国务院第二次全国污染源普查领导小组组成人员的通知》（国办函〔2018〕74 号），由韩正副总理担任普查领导小组组长，成员单位为 15 个相关部门（含副组长单位），普查领导小组办公室设在生态环境部，具体负责全国污染源普查工作的组织实施。

2017 年 2 月，原环境保护部选调业务骨干 28 名成立了第二次全国污染源普查工作办公室（以下简称部普查办），作为普查领导小组及其办公室的工作机构，负责指导全国各地、各有关单位按照普查领导小组统一部署组织开展普查工作。各省（区、市）和兵团均成立了普查领导小组及其办公室，贯彻落实《普查方案》有关要求，负责本行政区域污染源普查工作的组织实施。据统计，全国共成立了省、市、县三级普查机构 9 317 个，包含普查领导小组成员单位 65 292 个；组织召开了普查领导小组会议 10 415 次，普查领导小组办公室会议 25 701 次，选调了普查专兼职人员 52 210 人，均落实了办公场所。

农业农村部高度重视农业污染源普查工作，专门成立了以张桃林副部长为组长的第二次全国农业污染源普查推进工作组（以下简称推进组），组织全国农业污染源普查工作。推进组办公室设在科技教育司，从农业生态与资源保护总站、中国农业科学院、中国水产科学研究院抽调专职人员，负责农业污染源普查的组织培训、数据汇总、报告编制等工作；同时做好与部普查办的沟通协调，参与《普查方案》审批、督导检查、质量核查等工作。各级地方农业农村部门成立了相应的农业污染源普查机构及其办公室，按照农业污染源普查方案的统一规定和要求，组织和协调本行政区组织开展农业污染源普查工作。中国石油天然气集团有限公司也专门组建了普查工作办公室，并落实专职人员和办公场所，按照部普查办有关要求，组织开展本公司的污染源普查工作。

2.2.1.2 经费落实情况

本次普查工作经费，由中央财政和地方财政分别负担。中央财政负担的部分，由财政部按部门预算管理要求，列入相关部门的预算，主要用于全国普查工作综合管理（含文件制定、宣传培训、质量核查等），以及普查信息化系统开发建设、产排污系数研究制定等。地方财政负担部分，由同级地方财政根据工作需要统筹安排，主要用于地方普查工作的组织实施，包括“两员”聘用、清查建库、普查试点、入户调查、现场监测、数据录入校核等具体工作。

中央财政方面：财政部共落实普查专项经费 83 027.44 万元，其中，生态环境部 57 329.41 万元，包括 2018 年 34 645.44 万元（含拨付地方的试点经费 2 450 万元），2019 年 22 683.97 万元；农业农村部 25 698.03 万元，包括 2018 年 15 000 万元，2019 年 10 698.03 万元。

地方财政方面：省级财政共落实经费 125 001.65 万元，其中生态环境部门 109 359.76 万元，农业农村部门 15 641.89 万元；市级财政共落实经费 192 610.22 万元，其中生态环境部门 180 760.43 万元，农业农村部门 11 849.79 万元；县级财政共落实经费 502 939.62 万元，其中生态环境部门 474 175.19 万元，农业农村部门 28 764.43 万元。

综上，全国普查工作经费总投入为 903 578.93 万元，其中中央财政投入 83 027.44 万元，占比 9.19%；省、市、县三级财政投入 820 551.49 万元，占比 90.81%。

2.2.1.3　普查制度制定情况

（1）普查方案

根据《中华人民共和国统计法》《中华人民共和国统计法实施条例》《全国污染源普查条例》《通知》等有关文件，部普查办组织编制了《普查方案》，经广泛征求意见、专家论证和修改完善后，2017 年 9 月 21 日由国务院办公厅正式印发（国办发〔2017〕82 号）。2018 年 5 月，农业农村部正式印发《全国农业污染源普查方案》（农办科〔2018〕14 号）。2018 年 1 月，中国石油天然气集团有限公司印发了《中国石油天然气集团有限公司第二次污染源普查工作方案》，指导本公司开展污染源普查工作。

依据国务院办公厅印发的《普查方案》，各地区人民政府结合实际，认真研究制定适合当地情况的普查实施方案。据统计，全国 31 个省份和兵团一共印发了 225 个省级普查实施（工作）方案，1 317 个市级普查实施（工作）方案，5 722 个县级普查实施（工作）方案。各方的普查实施（工作）方案都对普查的目标任务、技术路线、工作方法、部门分工、时间节点等重要内容提出了具体要求。

除《普查方案》规定内容以外，部分省份还结合本区域特点和管理需求，新增了地方特色的普查内容，并研究提出了相应的普查技术路线和调查方法。例如：上海增加了对液散码头废气、工地与堆场扬尘等的登记调查；海南增加了对在用港口（码头）的登记调查、对水产养殖企业和养殖户相关情况抽查等。

（2）普查文件

按照国务院《通知》和《普查方案》有关要求，部普查办根据各阶段工作需求，牵头负责普查技术路线细化和有关技术规范制定工作，在有关部门和技术支持单位的大力支持下，编制出台了一系列综合管理文件和技术文件，全面指导和督促地方各级普查机构严格按照阶段目标和工作要求有序推进各项普查任务。

据统计，2017—2019 年，普查领导小组一共编制印发了 42 份普查相关文件，其中综合管理类文件 21 份，技术性文件 19 份，问题通报 2 份。这些文件的印发对指导和督促各级普查机构有序推进前期准备、清查建库、普查试点、入户调查、排放量核算、普查数据审核汇总、普查成果分析总结等重点工作发挥了重要作用。

国务院印发的《通知》和《普查方案》，为各级人民政府制定普查实施方案、组建普查机构、落实普查经费，各级普查机构制定和细化普查技术方案等工作提供了依据；《第二次全国污染源普查试点工作方案》的印发，明确了试点目标、范围和工作内容，标志着普查试点工作正式启动；《第二次全国污染源普查清查技术规定》明确了普查清查的原则要求和组织实施方式，为清查建库工作的顺利开展提供了技术指导；《第二次全国污染源普查制度》《第二次全国污染源普查技术规定》的印发，指导全国各地按照统一要求全面开展普查入户调查工作；《第二次全国污染源普查工作总结报告提纲》《第二次全国污染源普查数据分析报告提纲》的印发，为各级普查机构进行普查工作总结和数据分析提供了指导意见。

同时，农业农村部根据《普查方案》要求，细化完善农业源普查有关技术规范，包括抽样调查技术规范、普查表设计与指标解释、监测采样技术规范、数据审核要点等内容；同时，印发了《全国农业污染源普查质量控制技术文件汇编》，进一步加强农业源普查质量控制工作。

在国家印发各项技术规范和综合管理文件的基础上，各地结合当地实际，制定了更加细致的技术要求和实施细则，使国家要求与实际工作紧密结合，达到更好的实施效果。例如，山东省编制了“普查考核评估细则”，对前期准备、清查建库、入户准备、数据采集、数据审核、质量核查与数据汇总分析等工作，明确了详细的质量控制要求，为全面入户调查顺利进行提供了技术保障；上海市扩展了国家规定的普查范围，增加了本地特色的普查内容，制定了《关于印发上海市第二次全国污染源普查新增项目报表制度和技术规定的通知》（沪污普〔2018〕18 号），具体指导有关任务的开展和实施。

2.2.1.4　产排污系数制定情况

（1）工业源产排污系数制定

2018 年 6 月明确了系数制定的工作方案，7 月正式启动系数制定工作。依据任务范围，将《国民经济行业分类（2017）》中 41 个工业大类行业划分为 49 个课题，按照编制完成的《第二次全国污染源普查工业污染源产污系数制定（不含挥发性有机物）技术指南》《第二次全国污染源普查工业污染源产排污量核算技术指南》《工业污染源产污系数及污染治理设施录入系统信息编码技术指南》《第二次全国污染源普查工业污染源产排污核算行业实施方案编制大纲》等技术文件，开展了实施方案编制、系数组合确定、系数编码等工作。采用分层抽样和随机抽样相结合的方式筛选样本企业，通过实地监测调研、文献调研、实验模拟等方式获取原始数据，按照技术指南核算和验证得到各行业系数。2018 年 12 月，经专家论证完成《工业污染源产排污核算系数手册》初稿。2019 年 1—5 月，对系数使用和试核算过程中存在问题较多的行业进行了补充更新和修订，同时对和工业生产具有类似特征的农产品初加工行业（两个小类行业）的系数进行了增补。2019 年 8 月，全面完成了工业污染源排放量核算系数的制定。据统计，工业源系数目前包含了 41 个大类行业的 508 个工段、1 300 种产品、1 589 种原料、1 528 个工艺的 31 327 个废水和废气污染物的产污系数以及 101 587 种末端治理技术去除效率。

（2）农业源产排污系数制定

农业源划分为畜禽养殖业水污染物、种植业水污染物、水产养殖业污染物、秸秆产生与利用量、地膜残留量、畜禽养殖业氨、种植业氨、种植业挥发性有机物 8 个专题开展产排污系数体系制定工作，8 个专题共计产出各类产排污系数（流失系数）2 085 475 个。

畜禽养殖业水污染物产排污系数是在第一次全国污染源普查的基础上进行评估更新，分省给出五类畜禽产排污系数 320 组，共 2 668 个系数，新增养殖户的产排污系数 1 240 个，合计 3 908 个系数。

种植业水污染物专题分省给出地表径流模式下氨氮、总氮、总磷流失系数共计 186 个。水产养殖业分省给出 9 种典型养殖模式下 186 个养殖类型的产排污系数 2 407 组，共计 19 256 个系数。地膜专题分省分地市给出 18 种作物类型共计 3 534 个系数。

本次普查新增秸秆产生与利用量调查，分省分地市给出 13 种主要作物秸秆收集与残留系数，共计 5 368 个；新增畜禽养殖业氨气排放量调查，分省分区县给出畜禽规模养殖场、养殖户各类治污设施下氨排放系数共计 1 907 275 个；新增种植业氨排放量调查，分省分区县给出 11 种主要作物的氨排放系数 36 487 个；新增种植业挥发性有机物排放量调查，分省分区县给出 33 种典型种植类型的挥发性有机物排放系数 109 461 个。

（3）生活源产排污系数制定

2018 年 4 月，明确了系数制定的工作方案；6 月正式启动系数制定工作。城镇生活源和农村生活源水污染物系数全国划分了 6 个区域（片区），并按每项系数的产排污特征细分为不同行政区类型。全国各地共计布设了 1 984 个监测（观测）点，获得系数制定样本 62 457 个（含统计数据），采用抽样调查、现场监测、统计数据分析等相结合的方法制定生活源产排污系数。

2019 年 3 月，制定了生活源产排污系数初稿，经补充监测、专家论证、试核算、修改核实、对比分析等工作；8 月全面完成了生活源产排污系数的制定。据统计，生活源共制定了 54 335 个产排污系数（含各污染物指标），其中城镇生活源水污染物 528 个，农村生活源水污染物 390 个，城乡居民能源消费 64 个，油品储运销污染物 53 340 个，其他挥发性有机物 13 个。

油品储运销污染源挥发性有机物系数中，未采取油气控制措施时的汽油挥发性有机物排放系数参考美国 EPA AP-42 中的计算方法得到。油气回收效率则通过城市调研和现场检测的方式获得。原油挥发性有机物排放系数采取了原环境保护部发布的《大气挥发性有机物源排放清单编制技术指南》（试行）中的排放系数；柴油挥发性有机物排放系数主要参考清华大学编制的《城市大气污染物排放清单编制技术手册》。

（4）集中式污染治理设施产排污系数制定

集中式污染治理设施产排污系数按照设施类型，分为如下五类，分别进行产排污系数制定。

生活与工业污/废水处理设施产排污浓度参考值：于 2018 年 8 月明确了浓度参考值制定的工作方案，9 月正式启动浓度参考值制定工作。生活污水与其他类型的治污设施，在全国按市级行政区划代码，一共划分了 364 个城市（片区），工业废水集中式污水处理设施按省级行政区划代码一共划分了 31 个省（区、市）和新疆生产建设兵团，收集了 2017 年全国 7 536 家集中式污水处理设施的环境统计数据（含 88.9 万余条基础信息），开展缺失数据校核方案研究，辅以现场调查，制定生活与工业污/废水处理设施产排污浓度参考值。2019 年 1 月，制定了生活与工业污/废水处理设施产排污浓度参考值初稿，经补充监测、专家论证、试核算、修改核实、软件核算等工作，2019 年 3 月，全面完成了生活与工业污/废水处理设施产排污浓度参考值的制定。据统计，生活与工业污/废水处理设施制定了 5 544 个产污浓度参考值，其中城镇污水处理厂水污染物产污浓度参考值 5 096 个，工业集中式污水处理设施水污染物产污浓度参考值 896 个；制定了 5 544 个排污浓度参考值，其中城镇污水处理厂水污染物排污浓度参考值 5 096 个，工业集中式污水处理设施水污染物排污浓度参考值 896 个。

农村污水处理设施水污染物削减系数：2018 年 8 月明确了系数制定的工作方案，9 月正式启动系数制定工作。在全国共划分了 6 个区域（片区），按照厌氧、生态、好氧、厌氧+生态、好氧+生态、厌氧+好氧、厌氧+好氧+生态共 7 种模式，采用文献调研、抽样调查、现场监测等相结合的方法制定农村集中式污水处理设施削减系数。2019 年 1 月，制定了农村集中式污水处理设施削减系数初稿，经补充监测、专家论证、试核算、修改核实等工作，2019 年 3 月，全面完成了农村集中式污水处理设施削减系数的制定。据统计，农村集中式污水处理设施共制定了 252 个削减系数，其中每个片区对应 7 种工艺，每种工艺对应化学需氧量、生化需氧量、总氮、氨氮、总磷、动植物油 6 个削减系数。

生活垃圾填埋场水污染核算系数：2018 年 8 月明确了系数制定的工作方案，9 月正式启动系数制定工作。生活垃圾填埋场在全国一共划分了 4 个区域（干旱半干旱区、半湿润区、湿润Ⅰ区和湿润Ⅱ区），收集了 133 个监测（观测）点数据，按照卫生场和简易场 2 种模式，采用统计分析、实例验证等相结合的方法制定生活垃圾填埋场产排污系数。据统计，生活垃圾填埋场制定了 1 181 个产污系数，其中渗滤液产生量渗出系数 1 089 个，卫生场产污浓度系数 44 个，简易场产污浓度系数 48 个；制定了 81 个排污浓度系数，其中卫生场排污浓度系数 33 个，简易场排污浓度系数 48 个。

生活垃圾焚烧处理设施产排污系数：于 2018 年 8 月明确了浓度参考值制定的工作方案，9 月正式启动浓度参考值制定工作。生活垃圾焚烧处理设施在全国按照不同气候条件分为 4 个区域，采用数据收集、现场调查相结合的方式，收集了全国生活垃圾集中式处理设施各类产排污数据 668 个，开展数据校核，研究制定生活垃圾焚烧处理设施产排污系数值。2019 年 1 月，制定了生活垃圾焚烧处理设施产排污系数值初稿，经专家论证、试核算、修改核实、软件核算等工作；3 月，全面完成了生活垃圾焚烧处理设施产排污系数值的制定。据统计，生活垃圾焚烧处理设施产排污系数值共制定了 237 个产排污系数，其中生活垃圾焚烧处理设施烟气流量参考值 5 个，生活垃圾焚烧处理设施烟气污染物排污系数 32 个，生活垃圾焚烧处理设施渗滤液产排污系数 200 个。

生活垃圾堆肥与餐厨垃圾处理厂产排污系数：于 2018 年 8 月明确了浓度参考值制定的工作方案，9 月正式启动浓度参考值制定工作。生活垃圾堆肥处理厂与餐厨垃圾处理设施产排污浓度，收集了 66 个监测（观测）点数据，进行了 5 个监测点位的实测，验证数据 26 个，采用统计分析、实例验证等相结合的方法，制定生活垃圾处理厂与餐厨垃圾处理设施的产排污系数。2019 年 1 月制定了系数值初稿，经专家论证、试核算、修改核实、软件核算等工作，2019 年 3 月全面完成了系数值的制定。据统计，生活垃圾处理厂共制定了 46 个产污系数，其中渗滤液产生量和排放量系数 2 个；11 个系数指标共设置 11 个产污浓度系数；对 3 种不同污水处理工艺、11 个系数指标共设置 33 个排污浓度系数。餐厨垃圾处理厂产排污系数 22 个，其中渗滤液产生量和排放量系数 2 个；5 个系数指标共设置 5 个产污浓度系数；对 3 种不同污水处理工艺、5 个系数指标共设置 15 个排污浓度系数。

（5）移动源污染物排放系数制定

2018 年 1 月明确了系数制定的工作方案，并正式启动制定工作。移动源排放系数包括机动车、非道路移动源，采用排放系数法测算移动源污染物排放量。

利用相关部门提供的数据信息，结合典型地区抽样调查，获取移动源保有量、燃油消耗及活动水平信息，结合分区分类排放系数核算移动源污染物排放量；利用普查报表制度获取生产活动水平数据，结合分区分类排放系数核算污染物排放量。

机动车排放系数为综合排放因子和年均行驶里程的乘积。其中，综合排放因子以约500辆机动车实际道路排放测试数据为基础，结合温度、湿度、海拔、空调、负载、燃油等本地化参数修正获取；年均行驶里程数据约1.5亿条数据，主要来自各地环保检测数据、售后维修保养数据、卫星定位数据、小样本调查数据等。

非道路移动机械包括工程机械、农业机械等，其排放系数为保有量、额定功率、负载因子、使用时间和综合排放因子的乘积。其中，综合排放因子主要通过台架测试数据结合实际工况下的测试结果获得。工程机械中挖掘机和装载机的活动水平数据主要通过国内龙头企业的在线监控数据统计得到。农业机械中拖拉机和收割机的活动水平数据来自国内各个省份的实际调研结果。其他类型非道路机械的活动水平数据来自《非道路移动污染源排放清单编制技术指南（试行）》中的参考值。

铁路内燃机车排放系数中，排放因子主要基于内外相关测试数据的文献资料结果。飞机的排放系数主要参考国际民用航空组织（ICAO）和国内外有关机场大气污染气体排放清单编制方法的文献获得。船舶的排放系数以国内外通用的排放因子为基础，并使用我国船舶排放实测数据和船舶发动机台架数据进行本地化修正后获得。

2019年1月底制定了移动源污染物排放系数初稿，经专家论证、试核算等工作，并于2019年3月对移动源系数进行了验证校核，完成系数更新工作，3月底完成了移动源污染源排放系数的制定。据统计，移动源共制定了284 991个排放系数，其中机动车275 082个，非道路移动源9 909个。

（6）地方产排污系数制定情况

为使污染物排放量核算更贴近实际情况，部分地区积极配合国家开展产排污系数研究制定以及试核算工作。例如：浙江省普查办积极组织开展省级产排污系数本地化研究，部分市县根据本地产业特点，选取了制笔、树脂纽扣制造、眼镜制造等20个地方特色行业开展产排污系数研究工作。海南省自主编制了槟榔加工业、橡胶初加工业和机动车维修企业的产排污系数。

2.2.1.5 信息系统构建情况

按照普查工作总体要求，部普查办协同生态环境部信息中心（以下简称信息中心），充分利用已有的信息化基础条件，运用先进的信息技术手段，组织开展污染源普查信息化建设工作，为第二次全国污染源普查提供全过程信息化支撑和服务。

（1）构建污染源普查基础数据处理环境

普查数据处理环境是普查软件运行的重要支撑，部普查办按照精简节约、充分利用已有资源、避免重复建设的原则，组织编制了普查数据处理方案并印发各省普查机构，组织和指导开展省级普查数据处理基础环境的建设和运维工作，全国29个省份（除新疆、兵团、西藏依托国家云平台）通过依托省级政务云、采购专用设备等多种方式进行数据处理环境建设和运维，共投入各类服务器816台，为普查软件部署奠定了基础。

信息中心依托生态环境部环保云平台建设国家级普查数据处理环境，提供了 13 台服务器、131 台虚拟服务器和基础数据库，支持部本级普查软件部署和运行，同时在云平台上部署了新疆、兵团、西藏三个省级数据处理环境，支持三个省级普查软件的稳定运行。

信息中心协同地方生态环境信息部门，开展了国家、省、地市、区县四级环保专网的运行维护工作，及时排除网络故障，保障了普查数据的网络传输和实时交换，并在普查数据会审阶段通过拓展网络带宽，支持普查数据实时审核。这些为全国各省、市、县级普查机构用户开展普查数据采集、审核、核算和汇总工作提供基础网络支撑和保障。

（2）开展污染源普查数据采集与管理系统建设

污染源普查数据采集与管理系统软件是服务入户调查数据采集与处理的重要支撑工具。

2018 年 5 月，通过公开招标，确定普查数据采集与管理系统开发项目承建单位，经过两个多月的开发、测试和试用，污染源普查数据采集与管理系统于 2018 年 9 月完成国家级、32 个省级软件部署，实现了“国家—省—市—县—两员”五级应用服务。通过提供用户管理、元数据管理、报表管理、WEB 端数据采集、移动端数据采集、数据采集桌面填报、污染物产排量核算、数据管理、数据复核和数据交换平台、智能填报平台、数据可视化分析平台等功能应用，为各级普查机构开展普查报表数据的采集、管理、汇总、审核和核算、集中会审等工作提供了软件支撑和数据服务，并在此基础上开展软件功能更新和软件运维工作。

普查数据采集与管理软件在设计中采取“互联网工作区+环保专网区”联合部署、“WEB 端采集+移动端采集”相结合的方式，通过先进的数据同步技术，实现了“互联网采集、专网审核”的技术设计要求。既为普查数据采集和空间定位提供了互联网应用的便利性，又为数据汇总和审核工作提供了稳定、安全的技术保障。

在软件部署和运维过程中，针对全国 64 个网络节点（专网和互联网）异构网络结构复杂、安全防护要求高等特点，部普查办协同项目承建商、地方普查机构支持部门，克服了网络交换、数据同步等各类技术难点和风险隐患，支持海量数据的有效传输和软件运行的安全管理，保证了普查数据采集工作顺利进行。

（3）开展污染源普查空间数据管理系统建设

污染源普查空间数据管理系统软件是支持普查空间信息采集与管理的重要工具，是污染源普查“一张图”的数据基础。

为了保证污染源普查入户调查使用的基础地理信息真实、准确，在自然资源部的支持下，由国家基础地理信息中心为污染源普查提供了基础地图技术服务工作，在部云平台上部署“天地图”基础地理信息前置系统，为普查入户调查工作提供基础地理信息服务。截至 2019 年 6 月，全国普查机构用户通过软件累计调用基础地理信息服务共 3 438 万次，日均服务调用次数达到 11.5 万次。

2018 年 5 月，经项目公开招标，确定污染源普查空间数据管理系统项目承建单位，经过两个多月的开发和测试，于 2018 年 9 月正式投入使用。该项目实现了国家级、32 个省级软件部署，满足了污染源普查底图数据规范和空间信息采集规范的技术要求，通过空间服务子系统、数据采集任务管理子系统、空间信息采集与成果管理子系统功能，为各级普查机构开展污染源空间信息采集、审核和汇总提供了软件支撑。

在污染源普查空间数据管理系统设计中，充分利用国家基础地理信息和地理国情普查数据的优势，保证普查入户调查的基础底图真实、准确。通过普查小区划分工具实现了普查小区有效管理，为地方普查员和普查指导员在数据采集过程中精确定位普查对象提供了技术支持；通过手持移动终端 App 软件支持在入户调查现场采集污染源点位空间信息、边界空间信息、排放口空间信息以及相关照片信息，通过现场空间信息采集为污染源“画像”提供精确的空间信息支持。

（4）其他实用工具

为了支持地方普查机构开展数据采集工作，部普查办组织开发了一系列实用的辅助软件，包括清查软件、填报助手、Access 数据审核软件等，有效降低了普查清查和入户调查的工作量，改善了清查对象名录汇总、行业代码选择、普查数据审核等相关工作的便利程度，大大提高了普查工作效率。同时，农业农村部普查工作推进组为全面做好农业源生产活动水平数据采集和数据管理工作，依托移动终端，采用无线数据传输技术、GPS、GIS 技术，搭建了农业源普查数据采集系统、数据质量控制系统、工作进度汇交系统、综合数据库管理及数据深度挖掘系统，实现精确、快捷、高效地采集和分析处理数据，并进行全流程质量控制、进度监控和过程管理，有效保证了农业源普查的工作进度和工作质量。

为了保障普查数据采集和数据处理工作顺利进行，全国各地都按要求购置或租用了系统配置所需的软硬件设备。据统计，地方各级普查机构共配置了服务器 816 台，存储设备 1 967 台，计算机设备 23 721 台，数据采集手持终端 110 418 台，有效保障了普查工作快速、高效、准确地开展和实施。

2.2.1.6 “两员”选聘与管理

2017 年 12 月，部普查办制定印发了《关于第二次全国污染源普查普查员和普查指导员选聘及管理指导意见》（国污普〔2017〕10 号）等文件，指导地方做好普查员和普查指导员选聘及管理工作。

据统计，全国共选聘普查员 307 953 名，普查指导员 73 260 名。普查员和普查指导员以生态环境系统下属的环境监察、监测人员以及街道、乡镇、村委工作人员和环保员为主，以在校大学生和企业环保人员为辅。还有部分地方的普查员和普查指导员来源于统计、工商、卫健等部门中具有多年实践经验的干部。

普查员和普查指导员在普查工作中起到了关键作用，是全面开展普查清查和入户调查的主要力量，一方面获取了大量普查数据，另一方面对宣传普查工作、提高群众环保意识，发挥了巨大作用。

除普查员和普查指导员以外，还引入了其他社会力量 79 465 人参与普查，如街道、乡镇网格员和村干部等，充分发挥其熟悉属地工作情况的优势，为清查和入户调查提供指引和帮助。

2.2.1.7 第三方机构使用与管理

考虑生态环境系统工作任务多、业务范围广、工作压力大的现状，尤其是基层力量严重不足的情况，《普查方案》提出购买第三方服务和借助信息化手段，提高普查工作效率。

为规范第三方机构参与普查工作，根据《国务院办公厅关于政府向社会力量购买服务的指导意见》

《普查方案》等有关要求，2017 年 12 月部普查办制定印发了《关于做好第三方机构参与第二次全国污染源普查工作的通知》（国污普〔2017〕11 号），从选择第三方机构的基本原则、过程管理，第三方的基本条件、参与内容、资金绩效管理、监督管理等方面提出了明确要求。农业农村部为做好农业源普查原位监测点布设和检测机构遴选工作，编制印发了《关于报送农业污染源普查原位监测点位和检测机构名单的通知》，对备案检测机构开展盲样考核和飞行检查，加强对第三方机构的质量控制。

各级普查机构根据国家文件要求，积极引入第三方机构参与普查，将相关技术工作委托给第三方机构。部分省份还针对普查第三方管理专门出台了文件。据统计，地方各级普查机构共引入 4 692 个第三方机构参与普查工作，第三方机构参与人员达 100 634 人；出台第三方管理文件 796 份。第三方机构主要承担的工作内容包括信息系统开发及相关技术支持服务，伴生放射性矿普查初测或详查相关工作，普查数据审核、档案管理、宣传培训等相关工作。第三方机构充分发挥自身专长，为普查工作贡献了大量的人力和技术支持。

全国各地坚持公平、公开、公正和注重能力实绩的原则，选择专业能力强、执业规范的第三方机构。通过公开第三方机构选择过程、签订服务合同、明确服务内容、规范工作流程和标准，强化资金及技术监管，不断优化和加强第三方服务质量和效率，取得了良好的工作效果。不仅解决了普查力量不足的问题，也充分利用社会力量，有效推动了普查工作的顺利开展。

2.2.1.8　前期准备工作检查

为加快推进普查前期准备工作，部普查办组织了 16 个检查组于 2018 年 5 月对 31 个省份和兵团、83 个地级市、132 个县（市、区）开展了前期准备工作检查。检查内容包括各地普查机构组建情况、办公场所及办公设备落实情况、人员配备情况、经费落实情况、实施方案编制情况、普查名录底册确定情况、“两员”选聘情况、工作调度与督办情况、宣传与培训和信息化建设情况。

各检查组严格遵守中央八项规定精神，共形成《普查前期工作检查情况日报》7 期，发现各类问题 300 余个。其中，清查工作问题占 42%、前期准备问题占 21%、“两员”选聘及培训问题占 17%、与其他部门（如农业、水利等）衔接问题占 11%，专网联通、档案管理等其他方面问题占 9%。

各地积极配合检查工作开展，及时针对检查组发现的问题进行整改。总体来看，普查前期工作检查达到了发现问题、纠正偏向，强化责任、推进工作的目的。

2.2.2　清查建库

2.2.2.1　单位名录库筛选

为了给地方清查工作提供有效支撑，减少各地协调名录库可能出现的问题，部普查办分别联系统计局、原工商总局、原质检总局、国家电网和南方电网等部门，协调获取基本单位名录库、第三次全国农业普查名录库、电网用户名录库、纳税单位名录库等，筛选出了疑似排污单位工业源 740 万个、畜禽规模养殖场 80 万个，并经过各地补充完善，2018 年 3 月形成疑似排污单位共计 1 001 万个的清查底册。

地方各级普查机构在部普查办印发的清查底册基础上，逐级开展名录的筛查比对工作，从本级统计、工商、质检等部门获取同级名录库，并结合上级底册开展筛查比对，再逐级下发。

通过名录筛查比对工作，基本上掌握了清查对象和清查工作量，确保清查工作基础扎实，为现场拉网排查提供了坚实的基础。

2.2.2.2　普查小区划分

普查小区是组织开展普查工作的基本地域单元，凡包含有第二次全国污染源普查对象的地域范围，都须划分普查小区。普查小区的划分原则上按村（居）民委员会管辖的地域范围确定。如确属普查工作需要，且有独立、完整的地理区域，可单独划分普查小区，但需报上级普查机构批准、备案，统一编码。

地方各级普查机构以目前统计上使用的行政区划地址代码库为基础，按照村（居）民委员会管辖的地域范围逐一划分普查小区、确定代码，每个普查小区对应 12 位代码。对于个别区域较大、单位较多的普查小区，可根据工作需要进一步拆分，并明确边界，在原 12 位代码后增加 1 位顺序识别码。

地方各级普查机构认真贯彻落实普查小区划分有关要求，对本行政区域内的地域范围合理划分了普查小区，囊括了行政区域内所有普查对象。据统计，全国 31 个省份和兵团一共划定了 66 万个普查小区。普查小区的划定对于全国各地有序开展普查清查和入户调查、保证普查对象“不重不漏”发挥了重要作用。

2.2.2.3　入户清查

地方各级普查机构根据普查分区和清查基本单位名录，组织清查，明确普查员和普查指导员负责的区域范围及清查对象，落实责任。按小区实地访问、逐户摸底排查，参照清查基本单位名录册（库），排重补漏，核实完善清查对象信息，分别填写各类污染源普查清查表，逐一现场采集普查对象的地理信息坐标。按照汇总表式进行汇总，并逐级上报。

地方各级普查机构对本行政区域清查结果进行审核并组织复核，以被复核行政区域内所有普查小区为总体，按比例随机抽取部分普查小区进行复核。地市级普查机构复核抽样覆盖所有区县和所选取普查小区样本范围内所有清查对象；省级普查机构复核抽样覆盖所有地市和所选取普查小区样本范围内所有清查对象；部普查办按照有关技术规定对全国普查清查结果开展抽样复核。

各级普查机构根据入户清查结果确定本级普查基本单位名录，经上级普查机构审核认定，确定为第二次全国污染源普查入户调查对象名录。各省级辐射监测机构将初测放射性水平达到筛选标准的伴生放射性矿企业，整理汇总形成伴生放射性矿普查单位名录，汇总后报省级普查机构。省级普查机构将本地区普查单位名录审定后报部普查办。

2.2.2.4　名录比对核实

为确保污染源普查对象“应查尽查、不重不漏”，部普查办组织技术支持单位对普查清查的汇总数据开展审核评估工作，召开省级普查办主任培训班，向各省传达污染源普查清查汇总数据审核评估结果，反馈存在的问题和整改要求，指导和督促地方各级普查机构在入户调查工作中及时增补新发现的普查对象，保证各地普查对象能够客观全面真实地反映污染源分布状况。

为保证污染源普查对象的全面性，避免出现污染源明显漏查漏报，部普查办选择了河北省邯郸市武安市、河南省郑州市荥阳市、浙江省衢州市江山市、广东省广州市等典型地区，组织有关单位专家会同当地普查办，将当地污染源基本单位名录与第四次全国经济普查清查名录、2017 年全年用电量工业企业清单、大气强化监督名录、入河（海）排污口清单等数据库进行比对分析，先后赴现场进行调研核实，总结完善工作方法和工作经验后，编制印发了《关于开展污染源基本单位名录库比对核实工作的通知》（国污普〔2019〕4 号）。地方各级普查机构严格按照通知要求，认真组织开展了污染源基本单位名录库比对核实工作，按时向部普查办上报比对核实结果。

2.2.2.5 清查数据审核

入户清查结果经过县级自查、市级质量核查、省级抽样复核等，各地清查建库结果按照 2018 年 6 月 30 日时间节点有序报送部普查办。为进一步提高清查数据质量，2018 年 8—9 月，部普查办组织开展了清查数据审核工作，结合有关要求，制定了清查数据审核细则，通过抽样审核与全面审核、人工审核与软件审核相结合，对清查数据进行了 3 轮审核，及时向地方反馈存在的问题，明确整改要求，同时将有关清查数据审核工具软件下发各省，要求地市和区县级普查机构认真对清查数据进行自查自审，由省级普查机构进行集中审核和抽样复核，进一步提高了清查数据质量。云南、河北等省份也结合本地实际，不等不靠，及时对本省清查数据进行全面审核，有效提高了本省清查数据质量。各级普查机构密切配合，严格执行清查技术规定和有关质量管理要求，经过 3 轮次的多级审核与整改核实，基本保证了清查对象“应查尽查、不重不漏”，顺利完成了清查定库工作，具备了全面入户调查的条件。

2.2.2.6 清查质量核查与评估

2018 年 7 月，根据《第二次全国污染源普查清查工作抽查检查方案》（国污普〔2018〕11 号），部普查办抽调农业农村部有关司局、部内司局、部属单位、地方普查机构的骨干力量 270 余人次，由司局级领导带队，对 31 个省份清查工作开展检查。重点检查地方各级普查机构清查质量核查与评估报告、清查质量核查情况和清查结果汇总情况；每个省级行政区域随机抽取 6 个普查小区开展现场检查工作，分别计算清查对象漏查率和清查表填报错误率。据统计，检查工作随机抽取了 186 个普查小区开展现场检查工作，核实确定 6 387 个普查对象，发现地方漏查普查对象 115 个，清查表填报错误 318 张，各地根据检查结果积极整改。

经过 3 轮清查数据审核及质量核查与整改，2018 年 8 月形成了污染源普查基本单位名录库，确定全国纳入全面调查对象数量 358.32 万个。其中入户调查对象数量 357.97 万个，包括：工业源 247.74 万个，畜禽规模养殖场 37.88 万个，生活源 63.95 万个，集中式污染治理设施 8.40 万个；以行政区为单位的普查对象数量 3 497 个。

根据第三方评估结果，全国普查对象漏查率为 1.8‰。

2.2.3 普查试点

按照地方自愿的原则，综合考虑污染源和行业分布特征、地区代表性等因素，各省普查机构紧密结合当地实际和工作需求，安排和部署普查试点工作，积累普查清查、入户调查和排放量核算工作经验，提前验证并完善清查、普查制度和技术规定以及普查数据采集与管理系统。

2.2.3.1 国家试点情况

根据各省推荐情况，部普查办确定了 26 个国家试点地区。其中，全面试点地区包括：河北省武安市、山西省晋城市、内蒙古自治区呼和浩特市土默特左旗、辽宁省沈阳市浑南新区、黑龙江省齐齐哈尔市、江西省赣州市崇义县、山东省菏泽市巨野县、河南省荥阳市、湖南省衡阳市、重庆市北碚区、云南省昆明市、陕西省铜川市、甘肃省金昌市永昌县、新疆维吾尔自治区乌鲁木齐市、浙江省温州市；部分试点地区包括：山西省长治市襄垣县（工业源、农业源、生活源试点）、江苏省宜兴市（工业源、生活源、集中式试点）、四川省乐山市五通桥区（工业源试点）。

伴生放射性矿普查因工作独立性要求，选取山西省大同市、忻州市，湖南省郴州市、邵阳市，四川省凉山彝族自治州、乐山市，贵州省遵义市、黔东南苗族侗族自治州重点进行试点，完成了 1 539 家伴生放射性矿企业初测和 229 家企业详查。

2018 年 4 月，各试点地区完成普查清查，基本确定了污染源普查基本单位名录；6 月，试点地区基本完成了入户调查、数据审核汇总工作。试点地区普查机构按要求对试点清查和全面入户调查工作进行了技术指导和质量核查；部普查办对试点工作开展情况和试点数据质量开展抽样核查与评估。试点过程中，各试点地区针对《第二次全国污染源普查制度（征求意见稿）》提出了 605 条具体问题和建议，有力推进了普查制度的修订完善。

通过开展普查试点，验证了普查分区管理、污染源空间定位的可行性，确认了普查技术路线、普查方案、各项技术规定和工作细则的科学性；检验了数据处理流程、清查和普查数据采集软件的可操作性；明确了普查组织动员、质量管理的工作机制和程序；探索了第三方机构参与普查的管理方式；发现了准备工作中存在的问题或不足。通过进一步研究解决有关问题，采取措施弥补有关缺陷，普查制度及相关技术文件进一步完善，普查软件系统功能更全面、使用更便捷，普查质量控制手段更丰富，普查组织动员更高效，普查第三方管理更人性化，为全国范围开展全面普查积累了宝贵的实战经验。

2.2.3.2 地方试点情况

地方试点包括省级试点和地市级试点。全国 21 个省（区、市）结合自身工作实际，选择部署了 157 个省级试点，231 个地市级试点。各地根据区域特征采取了不同的试点方案，同样取得了良好的试点效果。河北、浙江、上海、湖北、云南、新疆等地为摸索污染源普查工作经验，本着“完善方案、探讨方法、发现问题、总结经验，锻炼队伍、指导工作”的目的，投入经费，组织业务骨干，自行开展本省试点工作，为做好全面普查工作提供了良好借鉴。例如：河北省每个市设立了一个省级试点，先行先试普查制度和技术规定，及时发现清查、入户调查工作中的问题，为全面普查摸清道路，试点工作对于各地区普查清查和入户调查等关键工作推进起到很好的引领示范作用；上海市各区根据区域产业特征选择了 1～2 个行业开展普查试点工作，共选取 80 余家污染源（工业源、集中式、生活源），开展了现场核实和报表试填报工作，为全市全面做好入户调查工作夯实了基础。

2.2.4 全面普查

全面普查阶段主要任务包括：入户调查与数据采集、排放量核算、数据审核与汇总、质量核查与评估等工作。

2.2.4.1 入户调查与数据采集

（1）全面做好数据采集工作

2018 年 8 月，李干杰部长在第二次全国污染源普查工作推进视频会议上，要求全面细致做好入户调查，高质量完成第二次全国污染源普查任务，标志着入户调查和数据采集工作正式开始。全国各地普遍采取集中统一填报和上门入户指导填报、纸质报表采集与移动终端（App）采集相结合的方式，采集普查对象生产活动水平及其地理空间信息（经纬度、边界等）。部分地区将普查表发放到每个普查对象先进行试填，对每一个指标和代码确认无误后再正式填报；部分地区采取电子表格采集填报数据的方式采集普查对象信息。普查数据采集工作的主要力量为前期选聘的普查员和普查指导员。但部分地区充分考虑到普查工作的难度和复杂性，结合实际，从环境监察、环境监测、核与辐射环境、环境科研等相关直属单位抽调人员参加普查工作，同时搞好部门间和部门内协调，全力以赴协助普查员和普查指导员指导普查对象做好数据采集工作。2018 年 12 月，全国各地的普查数据采集工作基本完成。

（2）加强调研指导和工作调度

在普查表填报关键时期，各级普查机构强化责任意识，加强组织领导，除了利用网络建立在线咨询平台对基层普查工作进行指导外，还经常深入一线，分组督导。由领导带队进行指导调研，对工作进展缓慢、工作质量落后的地区开展重点督查，对问题严重的予以协助、督办。同时，建立了逐级电话调度和每月一次的信息报告制度，及时了解地方各级普查机构普查表填报的最新进展；对于工作进度落后的地区，采取措施予以督促帮助。部普查办先后组织技术骨干 180 余人次赴全国各省进行调研指导，深入基层，及时发现各地入户调查过程中存在的实际问题，及时通报和反馈；并组织编制下发答疑手册，释疑解惑入户调查过程中存在的难点。

2.2.4.2 排放量核算

各类污染源产排污系数手册（试用版）于 2019 年 2 月印发，各地开展产排污试算工作，根据专家和地方试用意见对产排污系数进行更新完善后，地方各级普查机构认真组织开展污染物排放量核算工作。

核算过程中，部普查办及时建立完善系数选用答疑机制，组织专家团队赴河北、河南、上海、黑龙江、广西、福建等地进行调研指导，了解普查数据审核汇总存在的问题并现场予以解决。调研工作主要包括：深入现场了解数据审核工作情况，听取工作汇报并开展现场答疑；对普查技术人员开展数据集中审核培训指导；以“解剖麻雀”的方式选取典型区县开展示范性的集中会审；对技术人员深入解读普查数据集中审核细则并开展现场答疑；为宣传推广典型经验，邀请人民日报、经济日报、光明日报、中国改革报、中国环境报等媒体记者进行实地采访。

2019 年 4 月，组织软件公司实现核算模块上线后，部普查办及时组织测试验证和方法培训，有效提升了产排污核算工作效率。针对发现的问题，软件公司逐步完善优化相关功能，随时做好运维保障，发现问题及时解决，保证排放量核算工作顺利进行。

2019 年 5 月，陕西、湖北、云南、新疆等省份各类源强制性审核通过率、提示性审核通过率和核算完成率接近 100%，在全国领先完成排放量核算阶段性任务。

截至 5 月 31 日，全国各地基本完成了对工业源、生活源、集中式污染治理设施和移动源的产排污核算；截至 6 月 27 日，全国各地基本完成对农业源的排放量核算。

2.2.4.3 数据审核

（1）明确数据审核责任

为保证普查数据真实、准确、全面，各级普查机构严格按照普查质量管理和数据审核有关要求，把质量控制贯穿于普查清查、填报、录入、审核每个过程，对普查对象及有关数据进行内部审核、普查员审核、普查指导员审核、普查机构会审和抽查审核等五级审核制度，对每一份普查表进行严格把关。普查对象内部审核，即填表人自审、部门负责人审核和法人代表或单位负责人审核；普查员审核包括：指标项目填报是否齐全，能源、水、主要原辅材料、主要产品产量、生产（运营）工况、污染处理设施及运行状况等基本情况是否与有关台账、票据和实物相符等；普查指导员审核的内容主要是普查数据的合理性和逻辑性；普查机构会审则是对重点污染源普查数据进行会审，并与日常环境监察、环境监测和排污申报登记等相关数据进行核对，分析原因，确定数据填报的可信度；抽查审核即由上一级普查机构对下一级普查数据按一定比例随机抽样审核。

（2）分片区现场审核指导

G106-1 表是工业源排放量核算的基本依据，该表填报质量直接决定普查污染物排放量核算质量。为全面提升入户调查数据质量，部普查办围绕真实、准确、全面的目标要求，针对前期 G106-1 表填报过程中存在的问题，开发填报查询程序、印发系数手册为地方填报 G106-1 表提供依据，同时组织开展全国普查数据质量提升工作，制定《普查基本信息和生产活动水平数据汇总审核评估办法》，分华南、华北、华东、东北、西部 5 个片区抽调专家和普查技术骨干以“解剖麻雀”的方式，开展数据汇总评估和面对面帮扶指导，累计抽调专家 110 人次，审核普查对象 4 840 个，召开现场反馈会 75 次，形成反馈单 86 份，培训普查骨干 1 330 人次，实现 32 个省级普查机构全覆盖，有力推动了各地普查数据质量提升和 G106-1 表补充填报工作。期间，赵英民副部长出席华北片区工作会，听取有关省市县工作汇报，开展实地调研，慰问基层普查工作人员，对如何做好软件支持、全面提升数据质量进行部署安排，有力推动了全国各地迅速提升入户调查数据质量。

此外，农业农村部对农业源普查组织开展了全覆盖的技术指导。2018 年 10 月底到 11 月初，对进度缓慢的 10 个省份进行农业源普查现场技术指导，12 月上旬对 10 个省份进行农业源普查原位监测质量控制现场技术指导，2019 年 1 月上旬，又对 10 个省份进行抽样调查数据质量控制技术指导，完成了除西藏之外的全覆盖技术指导。通过材料查阅和现场考察，指导专家组及时提出整改意见和措施，并进行跟踪确认，保障了调查和原位监测工作的顺利推进。同时，为加强地方数据审核工作，编制印发《关于做好农业污染源普查数据填报和审核工作的通知》，要求地方对普查数据开展逐级审核，各专题技术支持单位也积极会同片区单位对全国农业源普查数据进行质量控制，有效提高了农业源普查数据的准确性。

（3）开展多轮次集中审核

部普查办组织各行业专家、产排污系数制定专家（含农业农村部专家）以及部属单位技术骨干，结合行业情况制定各类源普查数据审核细则，并根据审核细则对各类源进行了 3 轮集中审核。

第一轮审核以发现面上问题为主，完成了对污染源基本单位名录，移动源、生活源和集中式污染治理设施，工业源钢铁、水泥、造纸、石化等 12 个重点行业 200 多个小类行业的数据审核，共 137 人参加集中审核工作，累计发放 20 批次问题清单。据统计，共形成问题清单 34 份，每一份至少涉及 20 个省，向各省反馈的问题清单总计 680 份。

第二轮审核重点围绕各省排放量汇总结果在区域和行业之间的结构分布情况以及第一轮集中审核发现问题的整改情况开展集中审核，共计组织行业协会、高校、农业农村部和生态环境部直属单位的专家、地方普查机构技术骨干 60 余人参加，共向全国 32 个省级机构反馈问题清单 5 批次，涉及问题 23 万余个。

第三轮审核重点围绕全国普查汇总结果与环境统计结果的比对、全国挥发性有机物汇总结果分析两个方面开展，并组织发现问题比较多的 21 个省份在北京开展面对面反馈。

地方各级普查机构也参照国家集中审核模式，组织各有关部门、生态环境部门有关处室开展部门联审与集中会审（部分普查机构委托第三方机构开展集中审核），结合环境统计、经济统计等其他宏观数据，进行宏观比对审核。

（4）逐源进行数据校核

地方各级普查机构负责抓好普查数据的整改和校核，对每次质量核查及国家审核反馈的问题或疑似问题逐源列表，溯源到普查对象现场查找原因，逐一进行核实整改。为督促指导各地及时修正反馈的问题数据，确保不带问题数据上报，部分地区实施了分片包干责任制，每个片区派专人负责，强调先修改原始普查表，再调整数据库，同时做好说明，并保证表库一致、各级数据库一致。

通过各级普查机构密切协作，采用多种形式、多轮次的审核，修正不同部门统计数据带来的偏差，发现普查数据填报异常、逻辑异常等方面存在的问题，并提出有效的整改措施，保障普查数据质量得到有效提升。

2.2.4.4　质量核查与评估

（1）细化核查工作方案。根据《关于做好第二次全国污染源普查质量核查工作的通知》（国污普〔2018〕8 号）等文件要求，结合普查工作进展情况，制定质量核查工作方案；召开专家咨询会，邀请统计局、中国人民大学等单位专家和部分省市普查办负责同志、技术骨干参加，完成方案论证；根据专家意见，完成各省核查区域、核查对象的抽取工作。

（2）开展核查工作试点。部普查办抽调技术支持单位专家及部分地方普查骨干组成核查工作试点组，赴陕西省开展质量核查试点工作。在西安市、安康市随机抽取 53 家工业源、20 家农业源、34 家生活源、11 家集中式、14 家移动源普查表进行全面质量核查，并选取部分污染源开展现场复核。陕西核查试点工作形成的工作程序、技术要求、组织方式，为全国大范围开展质量核查工作提供了借鉴。

（3）全面开展质量核查。全国共抽调普查专家和地方技术骨干 300 余人次，组建 30 个核查组，历时 12 天，以随机抽样的形式，对全国 31 个省（区、市）和新疆生产建设兵团开展普查质量核查（对青海和西藏先帮扶指导再质量核查）。全国共核查了工业源 2 731 家、农业源 601 家（畜禽规模养殖场）、生活源 1 002 家（行政村、入河/海排污口和非工业企业单位锅炉）、集中式 312 家（污水处理厂、垃圾处理厂和危废处理厂）、移动源 379 家。重点关注 579 个关键指标。

（4）核查结果。全国共核查关键指标 616 154 个，差错指标 9 354 个，指标差错率 1.52%。其中：

工业源共核查关键指标566 605个，差错指标8 434个，指标差错率为1.49%；农业源共核查关键指标8 104个，差错指标261个，指标差错率为3.22%；生活源共核查关键指标12 130个，差错指标362个，指标差错率2.98%；集中式共核查关键指标5 133个，差错指标98个，指标差错率为1.91%；移动源共核查关键指标24 182个，差错指标199个，指标差错率为0.82%。

2.2.5　总结发布

总结发布阶段的主要任务包括：总结发布普查成果、开展成果分析、普查资料整理归档、普查工作验收与表扬等。

2.2.5.1　数据汇总分析

2019年9月，部普查办编制印发《关于做好普查数据汇总审核比对工作的通知》，要求地方各级普查机构进一步做好普查数据汇总审核及其比对分析工作，重点比对分析同口径下普查汇总数据与农业、统计、住建部门以及生态环境系统内部有关数据的一致性，对发现的问题认真进行督办整改，并根据整改后的最新数据编制完成数据汇总分析比对报告。

2019年10月，部普查办组织技术支持单位集中开展数据汇总、比对分析和校核工作，重点与社会经济指标、环境统计结果进行对比，分析普查汇总数据的真实性、准确性、全面性，发现问题及时向地市和区县级普查机构反馈，要求整改核实。同时，组织各省普查办主任集中在北京进行现场整改，通过边分析、边发现、边反馈、边整改的方式对数据再次审核把关。通过多轮次反复的比对分析、问题反馈及整改核实，确保各地污染物产生和排放情况与当地经济发展水平、生态环保工作情况和环境质量状况等基本相符。2019年11月底，第二次全国污染源普查数据库核定工作全面完成。

2.2.5.2　普查公报及支撑材料编制

《第二次全国污染源普查公报》是普查工作成果的重要体现，发布普查公报是普查工作的法定要求。部普查办于2019年8月启动普查公报编制工作，由生态环境部环境规划院提供技术支持，制定公报编制工作方案，明确工作内容、任务分工、时间节点等有关要求；9月形成公报大纲，并组织各类源有关技术支持单位分工编写主体内容；10月向赵英民副部长汇报2次，并根据指导意见修改完善；11月形成征求意见稿，广泛征求普查领导小组成员单位、部内各司局及有关专家的意见，同时组织普查领导小组办公室会议论证，根据有关意见修改完善后形成审议稿；12月经部长专题会、普查领导小组办公室会议和部常务会审议，根据审议情况修改完善后形成终稿报送国务院。各省（区、市）也组织编制本行政区域的普查公报，经普查领导小组办公室同意后，报当地人民政府审核发布。

为做好普查成果总结发布工作，部普查办编制印发《关于印发〈第二次全国污染源普查工作总结报告提纲〉〈第二次全国污染源普查数据分析报告提纲〉的通知》，要求各地在认真总结普查全过程工作和汇总分析普查数据的基础上组织编写。各级普查机构均需编写《第二次全国污染源普查工作总结报告》；省、市级普查机构需编写《第二次全国污染源普查数据分析报告》，鼓励县级普查机构编写《第二次全国污染源普查数据分析报告》。2019年10月，国家和地方各级普查机构陆续完成了工作总结报告，地市级以上普查机构完成了数据分析报告。

2.2.5.3 普查档案管理

为规范污染源普查档案管理，确保档案完整、准确、系统、安全和有效利用，根据《中华人民共和国档案法》《全国污染源普查条例》和国家有关规定，2018 年 5 月，生态环境部与档案局联合印发《污染源普查档案管理办法》（环普查〔2018〕30 号），对普查资料的归档范围、保管期限、整理归档、保管移交等提出明确的要求。

污染源普查档案工作由普查领导小组办公室统一领导，实行分级管理。各级普查机构负责本级污染源普查档案管理工作，接受同级档案行政管理部门和上级普查机构的监督和指导。各级普查机构委托第三方机构参与普查工作产生的文件材料，由被委托方负责收集、整理，并按规定移交委托方归档，委托方应当进行相关指导。为指导地方各级普查机构规范普查档案的整理归档和检查验收，部普查办 2018 年 5 月于重庆、2019 年 7 月于青海西宁和辽宁兴城组织举办了 3 期全国污染源普查档案管理培训班，共 600 余人参加培训，有效提升了参训人员档案管理的业务水平。

各级普查机构按照《污染源普查档案管理办法》要求，建立相关工作制度和实施细则，将档案工作纳入日常管理，对普查档案管理人员进行系统培训，按照“一源一档”原则，分类收集纸质、电子文档及声像等普查资料，认真审核后，进行排列、装订、编号、盖章、编目、归档，做到了及时整理、真实完整、分类有序、安全存放。

普查成果总结发布阶段是普查档案形成的关键阶段，全国各地按照有关要求正在有序进行普查资料的整理归档工作。现阶段初步统计，地方各级普查机构共印发档案管理文件 4 492 个，建立档案管理系统 3 016 套，整理普查档案 136.45 万盒，其中：管理类档案 8.26 万盒，污染源类档案 119.44 万盒，财务类档案 1.19 万盒，声像实物类档案 2 万盒，其他类档案 5.56 万盒。

2.2.5.4 “一张图”平台开发

部普查办协同自然资源部地理信息管理司，组织中国测绘科学研究院开展第二次全国污染源普查成果空间综合展示与分析服务项目建设工作，整合国家基础地理信息数据、地理国情普查数据相关专题地理信息数据、人口和经济政务专题数据、污染源普查空间数据以及污染源普查成果统计数据，开展污染源普查“一张图”专题展示系统开发工作，形成污染源空间综合可视化专题成果数据库和多维统计数据库，构建污染源普查成果应用服务系统。

污染源普查“一张图”专题服务系统，采用微服务架构体系，开发污染源普查成果综合可视化和空间分析工具包，提供空间信息服务、基础地图组件、专题地图可视化组件、空间分析组件等，支持各种类型信息资源可视化和空间信息服务，在此基础上提供二次开发 API，为支持污染源普查成果可视化和分析应用提供空间技术支持。

2.3 普查培训

在普查工作的各个阶段，根据工作需求，结合现场调研、工作调度和工作进展等情况，组织编写普查培训资料，在全国范围内举办内容丰富、形式多样的普查培训班。据统计，部普查办先后组织了 28 期、30 批次业务培训，内容涉及普查内容和技术路线说明、普查清查和入户调查有关文件解读、伴生放射性矿普查、各类源排放量核算、普查档案整理和保密管理、普查成果报告编制等，共培训省、市两级普查机构技术骨干、师资力量，以及试点地区业务骨干 6 000 余人次，培训中同步录制 60 部培训视频，其中有 37 部已经制作成课件上传“全国环保网络学院”平台。同时，在入户调查和排放量核算等关键阶段，搭建网络培训和答疑平台，在线培训 10 余万人次；针对基础薄弱、条件艰苦的西藏和新疆，还专门组织了 3 期专题培训班，帮助和支持当地普查机构顺利推进工作。此外，农业农村部普查工作推进组组织举办了 4 期综合培训班、25 期专题培训班，现场培训省、市两级普查机构技术骨干、师资力量约 4 000 人次，各级农业源普查机构培训调查监测人员 3.5 万人次。

地方各级普查机构参照部普查办的培训模式和工作内容，组织举办普查培训班，新疆、西藏、青海、云南等省份克服地域条件，采取片区集中、在线培训、下沉基层等方式组织开展培训工作。据统计，全国各地共组织培训 32 096 个班次，培训约 201.1 万人次，培训合格 196.5 万人次，培训合格率达到 97.7%，培训效果良好。

2.4　宣传动员

做好普查宣传动员、营造良好舆论氛围是顺利推进普查工作的重要保障。自普查开展以来，部普查办开展了大量宣传动员工作。

一是利用主流媒体开展宣传活动。在人民日报、新华社、中央电视台、中央人民广播电台等主流媒体及部分有影响力的都市媒体，突出报道普查工作进展。制作了 2 部宣传片和 8 张主题海报，在央视《焦点访谈》播出专题节目，在“中国之声”滚动播出普查公益报时。

二是构建多渠道宣传模式。召开例行新闻发布会；在部网站和中国环境报开通普查专栏，普查新闻入驻中国环境报客户端，制作“一图读懂二污普”；运行普查官方“两微”，微博发布文章 760 条，阅读量达 122.9 万人次；微信推送 739 篇，图文阅读量达 165.4 万人次。同时，充分发挥“环保大 V”的作用，扩大普查影响力。

三是开展系列征文活动。包括“我为普查献一策”“入户调查经验谈”“很幸运，十年一次的普查被我遇见”等主题征文，调动各级参与普查的积极性，收到各地来稿 500 多篇，在中国环境报、普查“两微”连续刊登，共刊发相关稿件近百篇。

四是制作形式多样的宣传材料。与中宣部联合印发《第二次全国污染源普查宣传工作方案》，编写培训教材、科普知识手册等，编印多期《工作简报》；制作 9 个数据审核相关宣传视频，通过“两微”、QQ 群、网盘等上传供各地学习参考，仅在“两微”上的观看量就超两万人次，不断提高各地普查数据审核质量。

五是指导各地开展各类宣传活动。指导各地充分发挥报刊、电视、网络和新媒体作用，开展面向普查对象和公众的宣传活动，推进普查宣传进基层、进乡镇、进社区、进企业。

地方各级普查机构也紧密结合本地普查工作需求，组织开展了形式多样的宣传活动，为普查工作营造了良好的舆论氛围。例如：山东省借助“六五环境日”开展普查宣传活动，在活动现场布置展板、发放宣传帽、致普查对象的一封信等宣传材料，播放普查微视频等多种方式，向公众宣传普查工作。辽宁省在沈阳举办辽宁省暨沈阳市及周边城市“美丽中国　我是行动者”主会场活动，深入宣传普查工作开展情况。此外，山东省、湖北省黄石市、陕西省咸阳市等地区还开展了“最美普查人”评选活动，弘扬生态环境保护铁军的奉献精神及宣传广大普查工作者干事创业的精神。河北省、云南省制作了普查主题动漫小视频，在相关媒体平台上播放。陕西省铜川市印制了污染源普查主题年画，向广大社会公众发放。

据统计，地方各级普查机构利用报纸、杂志刊登普查有关报道 14 358 条，设置普查专栏 9 051 个，编写工作简报 33 046 期，开通普查专题网站（网页）16 834 个，发布普查会议专题报道 18 775 次，印制普查宣传标语 448 726 幅、宣传海报 1 195 522 幅、宣传画 2 841 622 幅，发放普查公开信 7 503 860 份，制作发布户外普查广告 212 910 个，公开发布普查宣传小视频 6 510 个。

2.5 普查质量管理与评估

普查数据质量是普查工作的生命线，普查领导小组自普查启动之初就十分重视普查数据质量管理，制定了一系列普查质量管理、质量控制、质量核查等相关文件，形成了完整的质量控制体系，指导全国各地扎实抓好普查数据质量管理工作。各级普查机构建立普查责任体系，制定普查质量管理岗位责任制、普查数据质量溯源制等制度。通过明确质量核查技术要点与评估标准，规范数据采集、数据汇总审核、数据质量评估方法和要求，组织多轮次区域核查和质量抽查等手段，确保普查结果真实、准确、全面。

农业农村部普查工作推进组牵头组织农业源普查质量管理工作。建立了覆盖农业源普查全过程的“国家—地方—实施机构—实施人员”四级联动质控机制，组建了质控专家组，确保普查工作质量全程痕迹化管理，数据质量全程可追溯。在数据采集、上报、入库等各个阶段，全方位进行“全流程、全要素、可追溯”的数据质量控制工作，确保农业源普查数据满足质量要求。

2.5.1 质量管理

普查过程中在清查、入户调查、汇总审核各个阶段都开展了全方位的质量管理工作。

（1）清查阶段

按照《第二次全国污染源普查清查技术规定》要求，各地在清查阶段，按照“应查尽查、不重不漏”的原则，对本行政区域范围内的全部工业企业和产业活动单位、规模化畜禽养殖场、集中式污染治理设施、非工业企业单位锅炉和入河（海）排污口逐一开展清查。

按照《关于做好第二次全国污染源普查清查工作的通知》要求，省、市两级普查机构要做好对县级普查机构清查结果的现场抽查、抽样复核和质量评估，区县级普查机构做好数据自查自检。清查结果不满足质量管理要求的，视情况要求开展补充清查或重新清查。

（2）入户调查阶段

入户调查阶段的质量管理重点从普查机构、普查员及普查指导员、普查对象三个方面，明确提出质量管理有关要求。

普查机构方面：逐级确定普查质量管理责任人，提前告知普查对象普查数据填报的内容、注意事项以及普查对象的权利和义务等相关事项，对填报难度较大的企业可采取集中宣讲培训方式。协调软件技术服务部门做好数据采集期的技术支持和咨询服务。

普查员及普查指导员方面：配备普查证件、移动采集终端设备、入户调查数据质量控制清单等，做好入户调查准备。准确理解调查内容，制订数据采集计划，在约定时间开展数据采集工作。普查指导员指导并监督普查员做好入户调查及质量控制工作。对普查名单中无法填报的普查对象需备注说明原因，并提供佐证材料，报告普查指导员，经普查指导员核实后上报区县级普查机构汇总。发现清查名录中遗漏的普查对象及时报告当地普查机构，并补充纳入普查。

普查对象方面：指定专人收集普查对象基本信息、物料消耗记录、原辅材料凭证、生产记录、污染治理设施运行和污染物排放监测记录以及其他与污染物产生、排放和处理处置相关的原始资料，负责普查表的接收、填报，做好普查相关文件及清单的交接记录，同时做好普查数据的建档备查。

（3）汇总审核阶段

《第二次全国污染源普查质量控制技术指南》（国污普〔2018〕18 号）规定了数据汇总审核的技术方法：一是各级普查机构按照管辖权限对普查数据进行审核，指定专人负责、专人检查，数据审核通过后逐级上报。二是各级普查机构采取集中审核、多部门联合会审和专家审核等方式，审核汇总数据，同时抽取一定比例的普查对象原始数据进行细化审核。对于不满足数据质量要求的退回整改。三是区域汇总数据审核，对数据完整性、逻辑性、一致性、合理性逐一进行审核。其中合理性包括区域、行业总量数据的合理性，汇总表表内或表间相关指标的协调性，同一地区各类源、各行业产能、产量及主要污染物排放占比的合理性，不同地区同一行业相关指标总量数据的合理性等。四是各级普查机构抽样选取一定数量的普查对象开展数据现场复核或报表审核。普查指导员开展普查小区数据审核。有条件的地区，乡镇对全部报表开展初审，对照入户调查对象名录审核普查对象完整性。市级和县级普查机构重点审核数据的完整性、逻辑性、一致性和规范性，组织开展分源数据随机抽样复核。加强对重点区域、重点行业、重点污染源的数据审核。五是各级普查机构加强对重点区域、重点行业、重点污染源的数据审核。对于区域总量和行业分布明显不合理的，追本溯源，核实原始报表数据。

为全面做好普查质量管理工作，部分地区在认真贯彻落实部普查质量管理有关要求的同时，还充分发挥主观能动性，开拓创新，开展了很多特色性的质量管理工作，例如：云南省开发了普查阶段强制审核系统，设立 1 800 余个强制审核规则开展强制审核、统计和调度。针对 G106-1 报表填报滞后及填报质量问题，开发了 G106-1 专项审核系统，按流程、分县市、分企业对存在问题开展专题审核调度，并在调度流程上找准四个关键节点，按节点导出存在问题企业清单，便于问题整改，进一步提高数据质量。入户调查阶段，全省后台扫描 129 608 万项指标，形成质控结果总数 4 168 万条，发现错误指标总数 919 566 个。陕西省采取了及时答疑措施，在各普查阶段，安排专人在各类平台随时解答问题，对较为复杂的问题，建立台账，集体研讨，统一答复。先后答疑 2 万余条，集中发放答疑文档 10 次，共计 1 100 余条，赴各地市现场答疑 21 场次。河北省结合本省实际，将系统审核与人工审核相结合，梳理、确定审核细则，嵌入河北省污染源环境管理数据平台的审核模块，实现海量数据自动审核，有效提高了全省普查数据审核效率；并在人工审核方面建立了整改确认单制度，实现了发现问题数据、添加审核意见、生成《整改通知单》、开展整改、填写上报《整改确认单》的闭环留痕管理模式，确保审核发现的质量问题整改落实到位。

2.5.2 质量评估

各级普查机构严格按照《普查方案》规定的对象、范围和内容认真开展工作，技术路线和调查方法符合全国统一的技术规定和工作要求，各个阶段都严格执行科学的质量保证措施。

在前期准备、普查清查和入户调查后期，国家和省市级普查机构均按要求组织开展质量核查与评估工作。根据部普查办组织的质量核查结果，清查阶段清查对象漏查率为 1.8%，小于 2%，评估等级为优；入户调查阶段的普查指标差错率为 1.52%，小于 2%，评估等级为优。

为客观准确地反映普查工作质量，在质量核查工作完成后，部普查办委托环境规划院组织开展了第三方评估。按照有关程序要求，委托中国科学院地理科学与资源研究所等 15 家单位负责第三方评估工作的具体实施。评估内容依据经过专家论证的《第二次全国污染源普查第三方评估工作方案》进行，主要从普查工作完成情况和普查数据质量两方面对国家和省级层面开展第三方评估，独立客观评估普查工作完成情况。

2019 年 9—10 月，第三方机构分三轮开展了现场评估，覆盖全国 32 个省级行政区域，同步开展国家层面的评估，从评估初步结果看，国家和各省级评估机构总体上按照《普查方案》规定内容完成了各项普查任务。通过软件审核、现场复核相结合的方式，对随机抽取的 55 243 个工业源、7 508 个农业源（畜禽规模养殖场）、4 640 个生活源（入河/海排污口和非工业企业单位锅炉）、1 556 个集中式污染治理设施和 1 707 个加油站、储油库、油品运输企业进行评估。结果显示，此次普查工作漏查率 1.8‰，指标填报综合差错率 5.3‰，数据质量符合预期要求。

综合质量核查结果、第三方评估结果和汇总数据分析结果可以得出如下判断：第二次全国污染源普查工作扎实，所获取的普查基础数据质量可靠，据此核算的各类污染物产生量和排放量科学合理，没有明显逻辑错误，能够客观反映我国 2017 年各类污染源分布及主要污染物排放情况，达到了《普查方案》目标要求。

3 普查主要成果

3.1 掌握了各类污染源的数量和分布情况

（1）总体情况

全国普查对象数量 358.32 万个（不含移动源）。其中入户调查对象数量 357.97 万个，包括工业源 247.74 万个，畜禽规模养殖场 37.88 万个，生活源 63.95 万个，集中式污染治理设施 8.40 万个；以行政区为单位的普查对象数量 3 497 个。另外，机动车保有量 2.67 亿辆，工程机械保有量 413.20 万台，农业机械柴油总动力 7.62 亿千瓦，营运船舶数量 27.82 万艘，国家铁路内燃机车燃油消耗量 246.18 万吨，民航飞机起降架次 1 024.89 万次。

（2）地区分布情况

全国入户调查对象总数最多的地区是广东 60.80 万个，其次是浙江 49.77 万个，江苏 30.11 万个，山东 26.56 万个，河北 22.27 万个，累计占本次普查全国入户调查污染源数量的 52.94%。

工业企业普查对象在东部地区分布较集中，从东部向西部逐渐减少。广东、浙江、江苏、山东、河北的工业企业普查对象数量合计占全国工业企业普查对象的 62.61%。

畜禽规模养殖场的分布，从西部向东部逐渐增加。河南、山东、辽宁、广东、河北的畜禽规模养殖场数量合计占全国畜禽规模养殖场数量的 43.96%。

非工业企业单位锅炉集中分布在北方地区。北京、陕西、河北、山西和黑龙江数量居前列，占全国数量的 42.09%。

加油站、储油库在京津冀及周边地区分布较为集中。山东、河北、河南、广东和江苏数量居前列，占全国数量的 36.62%。

集中式污染治理设施集中分布在东南地区。浙江、江苏、广东、四川、福建的集中式污染治理设施合计占全国集中式污染治理设施的 64.68%。其中：

集中式污水处理厂普查对象共 7.80 万个，浙江、江苏、广东、四川、福建数量居前列，占全国数量的 67.46%。

生活垃圾集中处理厂普查对象共 4 449 个，四川、湖南、陕西、广西、新疆数量居前列，占全国数量的 39.83%。

危险废物集中处理厂普查对象共 1 467 个，江苏、广东、浙江、山东、吉林数量居前列，占全国数量的 49.01%。

（3）工业行业分布情况

工业源普查范围包括 41 个大类行业，普查对象数量居前 5 位的依次是金属制品业 31.19 万个，非金属矿物制品业 23.08 万个，通用设备制造业 22.68 万个，橡胶和塑料制品业 18.96 万个，纺织服装、服饰业 13.44 万个，累计占全国工业源普查对象总数的 44.14%。

①金属制品业：普查对象总数为 31.19 万个，广东、浙江、江苏、河北、山东居前 5 位，合计占全国金属制品业总数的 74.51%。

②非金属矿物制品业：普查对象总数为 23.08 万个，广东、山东、河南、河北、江苏居前 5 位，合计占全国非金属矿物制品业总数的 38.76%。

③通用设备制造业：普查对象总数为 22.68 万个，浙江、江苏、广东、山东、河北居前 5 位，合计占通用设备制造业总数的 74.31%。

④橡胶和塑料制品业：普查对象总数为 18.96 万个，广东、浙江、江苏、山东、河北居前 5 位，合计占全国橡胶和塑料制品业总数的 76.54%。

⑤纺织服装、服饰业：普查对象总数为 13.44 万个，广东、浙江、江苏、安徽、福建居前 5 位，合计占纺织服装、服饰业总数的 77.86%。

3.2 了解了主要污染物的产生和排放情况

3.2.1 水污染物

（1）总体情况

产生量：化学需氧量 13 899.43 万吨，氨氮 444.59 万吨，总氮 994.21 万吨，总磷 143.99 万吨，动植物油 45.55 万吨，石油类 8.28 万吨，挥发酚 5.86 万吨，氰化物 0.41 万吨，重金属总计 1.45 万吨，其中铅 0.26 万吨、汞 71.56 吨、镉 404.88 吨、铬 1.03 万吨、类金属砷 0.11 万吨。

排放量：化学需氧量 2 143.98 万吨，氨氮 96.34 万吨，总氮 304.14 万吨，总磷 31.54 万吨，动植物油 30.97 万吨，石油类 0.77 万吨，挥发酚 244.10 吨，氰化物 54.73 吨，重金属总计 182.54 吨，其中铅

52.32 吨、汞 2.06 吨、镉 8.43 吨、铬 76.42 吨、类金属砷 43.31 吨。

（2）流域分布情况

七大流域（长江、黄河、珠江、松花江、淮河、海河、辽河，下同）水污染物排放量：化学需氧量 1 957.48 万吨、氨氮 85.64 万吨、总氮 272.27 万吨、总磷 28.49 万吨、动植物油 28.00 万吨、石油类 0.69 万吨、挥发酚 203.55 吨、氰化物 46.84 吨、重金属 154.94 吨。

排放量方面，由于流域面积大、涉及省份多，化学需氧量、氨氮、总氮和总磷等污染物在长江、珠江和淮河流域排放量较大。

单位水资源量排放强度方面，化学需氧量、氨氮、总氮和总磷等污染物在海河、辽河和淮河流域较大。

（3）地区分布情况

化学需氧量、氨氮、总氮、总磷等污染物，华北地区、华中地区和华南地区的部分省份排放量较大。

化学需氧量：广东、河南、江苏、山东、湖北排放量居前列，合计占全国的 33.65%。

氨氮：广东、湖南、江苏、广西、四川排放量居前列，合计占全国的 37.35%。

总氮：广东、江苏、广西、湖南、湖北排放量居前列，合计占全国的 35.57%。

总磷：广东、湖南、广西、湖北、江苏排放量居前列，合计占全国的 37.44%。

挥发酚：山东、湖南、江苏、河北、山西排放量居前列，合计占全国的 61.04%。

氰化物：河北、江苏、湖北、辽宁、安徽排放量居前列，合计占全国的 41.59%。

重金属：江西、河北、四川、江苏、广东排放量居前列，合计占全国的 47.80%。

（4）工业行业分布情况

化学需氧量排放量居前 3 位的行业为农副食品加工业 17.90 万吨，化学原料和化学制品制造业 11.92 万吨，纺织业 10.98 万吨，合计占工业化学需氧量排放量的 44.85%。

氨氮排放量居前 3 位的行业为化学原料和化学制品制造业 1.09 万吨、农副食品加工业 0.63 万吨、纺织业 0.34 万吨，合计占工业氨氮排放量的 46.29%。

总氮排放量居前 3 位的行业为化学原料和化学制品制造业 3.84 万吨、农副食品加工业 2.03 万吨、纺织业 1.84 万吨、合计占工业总氮排放量的 49.52%。

总磷排放量居前 3 位的行业为农副食品加工业 2 637.74 吨、化学原料和化学制品制造业 948.79 吨、食品制造业 806.89 吨、合计占工业总磷排放量的 55.61%。

石油类排放量居前 3 位的行业为汽车制造业 1 295.99 吨、金属制品业 1 117.91 吨、石油、煤炭及其他燃料加工业 731.69 吨、合计占工业石油类排放量的 40.85%。

挥发酚排放量居前 3 位的行业为石油、煤炭及其他燃料加工业 160.39 吨、化学原料和化学制品制造业 46.44 吨、黑色金属冶炼和压延加工业 17.74 吨、合计占工业挥发酚排放量的 92.00%。

氰化物排放量居前 3 位的行业为石油、煤炭及其他燃料加工业 19.78 吨、化学原料和化学制品制造业 15.02 吨、黑色金属冶炼和压延加工业 7.28 吨、合计占工业氰化物排放量的 76.89%。

重金属排放量居前 3 位的行业为有色金属矿采选业 32.17 吨、金属制品业 26.06 吨、有色金属冶炼和压延加工业 24.26 吨、合计占工业重金属排放量的 46.76%。

3.2.2 大气污染物

（1）总体情况

产生量：二氧化硫 4 682.91 万吨，氮氧化物 2 623.30 万吨，颗粒物 88 987.13 万吨，挥发性有机物 1 156.81 万吨，重金属总计 5.68 万吨，其中铅 3.05 万吨、汞 0.13 万吨、镉 0.20 万吨、铬 1.83 万吨、类金属砷 0.48 万吨。

排放量：二氧化硫 696.32 万吨，氮氧化物 1 785.22 万吨，颗粒物 1 684.05 万吨，挥发性有机物 1 017.45 万吨，氨 551.37 万吨，重金属总计 2 630.84 吨，其中铅 1 423.65 吨、汞 318.59 吨、镉 104.71 吨、铬 501.16 吨、类金属砷 282.72 吨。

（2）重点区域分布情况

重点区域（京津冀及周边地区、长三角地区、汾渭平原地区，下同）大气污染物排放量：二氧化硫 179.08 万吨，氮氧化物 602.47 万吨，颗粒物 363.48 万吨，挥发性有机物 417.87 万吨，氨 190.37 万吨，重金属总计 535.35 吨，其中铅 286.05 吨、汞 87.96 吨、镉 16.35 吨、铬 104.02 吨、类金属砷 40.97 吨。

（3）地区分布情况

二氧化硫：山东、山西、贵州、河北、内蒙古排放量居前列，合计占全国的 32.07%。

氮氧化物：河北、山东、江苏、河南、广东排放量居前列，合计占全国的 34.85%。

颗粒物：内蒙古、辽宁、山西、黑龙江、江西排放量居前列，合计占全国的 31.78%。

挥发性有机物：江苏、山东、广东、浙江、河北排放量居前列，合计占全国的 43.60%。

氨：山东、河南、河北、湖南、江苏排放量居前列，合计占全国的 38.41%。

重金属：内蒙古、云南、辽宁、江西、湖南排放量居前列，合计占全国的 40.87%。

（4）工业行业分布情况

二氧化硫排放量居前 3 位的行业为电力、热力生产和供应业 146.26 万吨，非金属矿物制品业 124.59 万吨，黑色金属冶炼和压延加工业 82.31 万吨，合计占工业二氧化硫排放量的 66.75%。

氮氧化物排放量居前 3 位的行业为非金属矿物制品业 173.97 万吨，电力、热力生产和供应业 169.24 万吨，黑色金属冶炼和压延加工业 143.42 万吨，合计占工业氮氧化物排放量的 75.34%。

颗粒物排放量居前 3 位的行业为非金属矿物制品业 371.62 万吨、煤炭开采和洗选业 193.13 万吨、黑色金属冶炼和压延加工业 131.12 万吨，合计占工业颗粒物排放量的 54.77%。

挥发性有机物排放量居前 3 位的行业为化学原料和化学制品制造业 107.57 万吨，石油、煤炭及其他燃料加工业 67.75 万吨，橡胶和塑料制品业 40.36 万吨，合计占工业挥发性有机物排放量的 44.78%。

氨排放量居前 3 位的行业为化学原料和化学制品制造业 6.70 万吨、金属制品业 1.04 万吨、汽车制造业 0.47 万吨，合计占工业氨排放量的 90.02%。

大气重金属排放量居前 3 位的行业为有色金属矿采选业 648.57 吨，有色金属冶炼和压延加工业 592.89 吨，电力、热力生产和供应业 332.29 吨，合计占工业大气重金属排放量的 60.16%。

3.2.3　固体废物

（1）总体情况

一般工业固体废物产生量 38.68 亿吨，综合利用量 20.62 亿吨（其中综合利用往年贮存量 3 497.84 万吨），处置量 9.43 亿吨（其中处置往年贮存量 3 525.71 万吨），本年贮存量 9.31 亿吨，倾倒丢弃量 158.98 万吨。

秸秆产生量为 8.05 亿吨，秸秆可收集资源量 6.74 亿吨，秸秆利用量 5.85 亿吨。

种植业地膜使用量 141.93 万吨，多年累积残留量 118.48 万吨。

（2）地区分布情况

一般工业固体废物产生量居前 5 位的为山西 4.35 亿吨、内蒙古 3.48 亿吨、河北 3.40 亿吨、山东 2.85 亿吨、辽宁 2.33 亿吨，合计占一般工业固体废物产生量的 42.43%。

一般工业固体废物综合利用量居前 5 位的为山东 2.32 亿吨、河北 1.77 亿吨、山西 1.63 亿吨、安徽 1.26 亿吨、江苏 1.23 亿吨，合计占一般工业固体废物综合利用量的 39.82%。

（3）行业分布情况

一般工业固体废物产生量居前 3 位的为电力、热力生产和供应业 6.85 亿吨，有色金属矿采选业 5.63 亿吨，黑色金属矿采选业 5.47 亿吨，合计占一般工业固体废物产生量的 46.43%。

一般工业固体废物综合利用量居前 3 位的为电力、热力生产和供应业 5.12 亿吨，黑色金属冶炼和压延加工业 4.31 亿吨，煤炭开采和洗选业 2.20 亿吨，合计占一般工业固体废物综合利用量的 56.40%。

（4）种类分布情况

一般工业固体废物产生量居前 3 位的为尾矿 9.69 亿吨、粉煤灰 4.93 亿吨、煤矸石 4.33 亿吨，合计占 49.0%。

3.2.4　危险废物

（1）总体情况

2016 年危险废物历史贮存量 8 272.49 万吨，2017 年危险废物产生量 6 581.45 万吨，综合利用和处置量 5 972.78 万吨、年末累积贮存量 8 881.16 万吨。

（2）地区分布情况

危险废物产生量居前 5 位的为山东 854.01 万吨、湖南 630.52 万吨、江苏 531.03 万吨、浙江 391.33 万吨、广东 343.09 万吨，合计占危险废物产生量的 41.78%。

危险废物综合利用和处置量居前 5 位的为山东 725.97 万吨、湖南 632.89 万吨、江苏 501.43 万吨、浙江 372.08 万吨、内蒙古 332.76 万吨，合计占危险废物综合利用和处置量的 42.95%。

危险废物 2017 年年末累积贮存量居前 5 位的为青海 6 065.03 万吨（主要是石棉废物），云南 681.38 万吨、吉林 643.86 万吨、山东 350.22 万吨、辽宁 202.63 万吨，合计占年末累积贮存量的 89.44%。

（3）行业分布情况

危险废物产生量居前 3 位的为化学原料和化学制品制造业 1 323.3 万吨，有色金属冶炼和压延加工业 1 127.25 万吨，石油、煤炭及其他燃料加工业 843.64 万吨，合计占危险废物产生量的 50.05%。

3.2.5 伴生放射性矿

（1）企业分布情况

伴生放射性矿指原矿、中间产品、尾矿（渣）或者其他残留物中铀（钍）系单个核素含量超过 1 贝可/克的非铀（钍）矿。普查对象主要为可能伴生天然放射性核素的 15 个类别［稀土、铌/钽、锆石和氧化锆、锡、铅/锌、铜、钢铁、磷酸盐、煤（包括煤矸石）、铝、钒、钼、金、锗/钛、镍］矿产采选、冶炼和加工产业活动单位。

通过对 8 类重点行业 2.97 万家企业的检测筛查，确定伴生放射性矿开发利用企业（以下简称伴生放射性矿企业）共 464 家，其中，采选企业为 259 家，冶炼加工企业为 205 家。锆石和氧化锆、稀土矿产采选冶炼加工企业数量居多，分别为 92 家和 89 家，占 19.83%和 19.18%。

湖南、广东、广西三地伴生放射性矿企业数量居前列，分别为 56 家、51 家和 50 家，占 12.07%、10.99%和 10.78%。

（2）伴生放射性固体废物分布情况

全国伴生放射性固体废物累积贮存量为 20.30 亿吨。内蒙古的伴生放射性固体废物累积贮存量最大，为 20.20 亿吨［其中内蒙古包钢钢联股份有限公司巴润矿业分公司、内蒙古包钢钢联股份有限公司选矿厂和包钢（集团）公司白云鄂博铁矿 3 家企业伴生放射性固体废物累积贮存量为 20.12 亿吨］，占 99.50%；其次为广西，为 439.83 万吨，占 0.22%；江西、湖南、四川、云南和陕西，均超过 50.00 万吨。伴生放射性固体废物累积贮存量最多的矿产为铁，为 20.23 亿吨，占 99.62%；其次为铝、稀土等矿产，分别为 424.06 万吨和 118.02 万吨。

放射性活度浓度超过 10 贝可/克的伴生放射性固体废物累积贮存量为 224.36 万吨，主要为稀土、铌/钽、锆石和氧化锆、铅/锌、锗/钛、铁等矿产采选加工固体废物。云南的累积贮存量为 202.20 万吨，占 90.91%。

放射性活度浓度超过 100 贝可/克的伴生放射性固体废物累积贮存量为 2.16 万吨，主要为稀土矿产采选加工固体废物。湖南和广东的累积贮存量较大，分别为 1.61 万吨、0.53 万吨，占 74.81%、24.69%。

3.3 建立了污染源信息数据库

基于各类污染源普查基本信息、活动水平、污染物产生、治理和排放信息采集，普查地理空间信息采集，以及普查产排污核算方法，建立了污染源名录，采集了污染源基本地理空间信息，建立了重点污染源档案及污染源信息数据库，形成了“一套数”“一张图”“一套核算方法”，能够为加强污染源监管、改善环境质量、防控环境风险、服务环境与发展综合决策提供依据。

经统计，普查业务数据库共 1 800 余张数据库表，1.5 万余个数据字段，国家业务数据采集结果库包含约 1.5 亿条数据记录，数据容量共 200 GB；各省业务数据采集过程数据库数据容量合计约 2 TB。普查空间信息采集数据库包含 100 余张数据库表，1 400 余个数据字段，国家普查空间信息数据库包含约 2.84 亿条数据记录，数据库容量 26 GB；各省普查空间信息采集过程数据库容量合计约 48 GB。国家基础地理底图数据约 42 TB，采集的普查对象排口和设施附件图片约 900 万张，数据容量约 20 TB。

4　普查工作特点

4.1　领导重视是确保普查工作顺利开展的根本保证

党中央、国务院高度重视普查工作，印发了《关于开展第二次全国污染源普查的通知》，成立了普查领导小组及其办公室，张高丽副总理、韩正副总理先后担任普查领导小组组长，相关部委的负责同志任成员；2019 年将普查工作纳入中央政治局常委会工作要点。《普查方案》是本届政府以来，所有普查中首次由国务院办公厅印发的普查方案。

普查领导小组办公室设在生态环境部，负责统一领导全国污染源普查工作的组织实施。李干杰部长亲自部署，两次出席推进普查工作的视频会议并讲话，强调千方百计提高入户调查质量，做好全过程控制；赵英民副部长狠抓落实，带队赴湖北调研普查工作，在普查指导工作会上要求强化数据审核责任；翟青副部长赴浙江温州调研，出席视频会议并讲话，强调要确保普查工作取得扎实成效；刘华副部长、庄国泰副部长及其他部领导主持相关工作座谈会，对普查工作给予大力支持。

地方各级党政领导也高度重视普查工作，国务院印发通知后，各地立即研究部署，成立普查领导小组及其办公室，把普查工作列入政府重要议事日程，强化政府责任。各级政府分管领导在普查关键时期，多次听取普查工作汇报，召开会议，帮助解决重点难点问题。比如：安徽省将普查工作纳入 2018 年、2019 年省委、省政府重点工作任务，副省长何树山出席全省普查工作动员电视电话会和工作推进电视电话会并做了重要讲话。北京市普查工作多次得到陈吉宁市长、张工、杨斌等主管领导的指示批示，并将污染源普查列入北京市蓝天保卫战 2018 年行动计划、2018 年北京市环境保护督察工作要点、市委生态文明委 2019 年工作要点、市政府环保督查 2019 年工作要点。新疆、陕西、江苏、浙江、云南等省份生态环境厅（主管）领导亲自调度普查工作，在普查各个阶段主持召开工作会议，部署推进工作，定期听取普查工作进展情况汇报，督促工作落实。

地方各级生态环境和农业农村部门负责同志亲自安排和部署普查工作，结合本地实际，制定本级普查实施方案，定期组织普查专题会议，全面了解普查工作情况和有关问题，调度和督办工作进展，帮助解决普查有关困难和问题，指导下一步工作方向；部分负责同志深入普查一线，现场调研指导，及时解决实际问题。

各级各部门领导高度重视，确保了普查工作在机构成立、人员抽调、方案落实、部门协调、资金保障、宣传动员等各方面得到有力支持，保证了普查工作的进度和质量。

4.2　部门联动是推动普查任务全面完成的重要保障

全国污染源普查是一项复杂的系统工程，涉及面广，需要各部门密切配合，才能圆满完成任务，需要地方共同参与，才能顺利推进。各地区、各部门均按照“全国统一领导、部门分工协作、地方分级负责、各方共同参与”的原则，群策群力、通力协作，积极主动做好普查组织实施工作。

国家层面：生态环境部会同普查领导小组成员单位积极推进普查工作，建立普查领导小组办公室工作制度，明确工作责任，完善共商机制，审议普查方案和普查制度，提出意见与建议。各部门积极配合、大力支持，主动提供相关资料和数据信息。其中，统计局提供全国基本单位名录库，共享相关领域普查信息和成果，帮助建立和完善调查制度；农业农村部全面部署开展农业污染源普查；税务总局和市场监管总局分别提供调查单位名录；水利部提供水利普查成果及入河排污口有关信息；自然资源部提供地理国情普查相关成果；中央军委后勤保障部研究部署全军和武警部队开展污染源普查工作，形成了部门联动、齐抓共管的良好局面。

地方层面：地方各级人民政府和有关部门参照国家层面的分工合作模式，在印发的实施方案中，明确规定了有关部门的任务分工。由生态环境部门担任普查工作主力军，牵头负责普查日常工作的组织实施和综合协调，农业、畜牧、住建、水利、交通等有关部门严格按照本地实施方案的分工，支持配合开展有关工作。大多数省份由农业和畜牧部门负责提供第三次全国农业普查有关数据，具体组织开展农业源普查有关工作；住建部门负责集中式污染治理设施普查有关工作；水利部门负责入河（海）排污口普查和监测有关工作；交通部门负责移动源普查有关工作。

从国家到地方，各级人民政府和有关部门分工明确、协调联动、同心协作，普查工作涉及的有关方面都得到了充分理解和大力支持，有效提高了普查工作效率，为按时按质完成普查任务提供了重要保障。

4.3 普查对象全面覆盖是保证普查结果真实性的坚实基础

本次污染源普查对象覆盖范围更全面、信息更精准。一是工业源覆盖了国民经济行业里全部 41 个工业大类行业，调查范围更全；生活源由城镇扩展到农村；集中式新增农村污水处理设施和简易垃圾处理厂；移动源新增非道路污染源。二是充分利用已有数据，组织开展基本单位名录比对，确保普查数据真实、准确、全面。三是采集空间信息，实现对普查对象的精准定位。通过对普查对象范围明确界定、对空间信息精准定位，为普查结果的真实性奠定了坚实基础。

4.4 信息化手段全程应用是提高普查工作效率的重要支撑

普查工作过程中，各级普查机构广泛应用信息化手段提高普查效率。通过采用移动采集终端来提高采集效率，实时采集点位坐标信息和相关照片信息；通过普查数据采集和管理系统两级部署五级应用，减轻基层信息化建设经费负担，提高数据采集和处理效率。清查阶段，运用“天眼查”网站、行业代码查询工具、空间信息采集工具等完成普查对象基本信息录入、校对和修改；入户调查阶段，使用手持终端小助手工具和信息采集工具，选择普查对象产品、原辅料、工艺及主要污染物等指标，提高入户调查数据采集的准确性。汇总审核阶段，编辑开发了基于 Access 软件的审核工具，完成行业间、区域间、同行业同区域企业间的数据比对，快速排查异常值。在普查业务培训和指导过程中，通过录制培训课件及操作视频、在线答疑交流等形式强化培训和指导效果。

4.5 强化质量管理是普查工作协同推进的有力手段

各级普查机构高度重视普查质量管理工作，专门成立督办组，从组织层面上为普查工作质量提供了组织保障。整个工作过程中，坚持把调度和督办作为提高执行力、抓工作落实的重要手段，坚持全过程持续调度、关键环节重点督办。随着工作节奏的加快和工作的加密，调度周期也逐渐缩短。同时，各级普查机构加大调研督导工作力度，及时发现问题，传递压力，有效推进有关问题迅速解决。

各级普查机构开展了多层次多维度的调度督办工作。一是通过“入户调查完成率”“入专网率”“审核通过率”“核算完成率”“自审整改完成率”等调度结果，推进各阶段各级普查工作进度，发现存在问题并采取有效措施。二是针对普查过程中存在的阶段性问题，及时向有关省份开展督办和通报。前期工作准备阶段，部普查办向工作进展缓慢的5个省份印发了督办函；清查建库阶段，向清查工作质量较差的2个省份印发了督办函；数据审核阶段，对数据质量较差的部分省份开展了现场督办工作；数据汇总阶段，对整改工作不力的6个地市印发了督办函。三是针对普查工作中普遍存在的共性关键问题进行预警、通报和督办，如：在入户调查进展和数据提交入网进展缓慢问题上，向11个省份印发了预警通知，向5个省份印发了督办通知；对全国31个省份和兵团G106表填报率普遍偏低问题进行全口径通报。通过实时调度和多层次的督办，对工作进展较慢、质量较差的省份传导压力，确保了普查工作进度和质量。

4.6　加强党建工作、发挥基层党组织的战斗堡垒作用是顺利完成普查任务的组织保障

各级普查机构坚持将党的政治建设摆在普查工作首要位置，牢记初心使命，以习近平新时代中国特色社会主义思想为指导，深入学习习近平总书记关于生态环境保护工作的重要讲话和重要指示精神，落实党中央、国务院决策部署，高起点、高标准、高质量做好普查工作。生态环境部党组高度重视在普查工作中加强党的建设，部领导多次做出重要指示和批示；地方生态环境部门健全普查机构中的党组织，推动普查工作与党建工作深度融合。各级普查机构以习近平生态文明思想为引领，自觉提高政治站位，树牢“四个意识”，坚定“四个自信”，做到“两个维护”，从服务国家战略决策、打好污染防治攻坚战、推进生态文明建设、建设美丽中国的高度，认识开展第二次全国污染源普查的重大意义，把落实全面从严治党要求、严格执行中央八项规定精神贯穿普查工作全过程，发挥党支部战斗堡垒作用和党员先锋模范作用，做到普查工作开展到哪里，党组织建设就跟进到哪里，进一步锤炼思想和作风，不断强化做好普查工作的使命感、荣誉感、责任感，提高素质本领，打造一支生态环境保护铁军，为圆满完成普查任务提供了坚强组织保证。

在清查建库、入户调查、数据上报、数据分析比对、排放量核算、数据汇总审核等普查关键阶段，国家、省、市、县四级普查机构严格工作责任制，改进工作作风，力戒形式主义、官僚主义。各级普查工作人员秉承家国情怀、民族情怀、为民情怀和事业情怀，实施“白加黑”“五加二”工作机制，以实际行动践行生态环境保护铁军“政治强、本领高、作风硬、敢担当，特别能吃苦、特别能战斗、特别能奉献”精神，涌现出一大批普查工作先进人物和先进事迹。其中，湖南省衡阳市生态环境局祁东分局污染源普查办主任、环境监察大队副大队长周青苔因公牺牲在工作岗位上。周青苔同志的感人事迹激励全国普查工作人员夜以继日、夙夜在公，迎难而上、克难攻坚，全面提升数据质量，强化成果分析凝结。一些省、区、市，克服恶劣自然条件、人手不足、经费短缺等困难，保持了普查机构和普查技术人员的稳定，圆满完成普查任务。

5　支撑决策

严格按照《普查方案》规定的对象、范围和内容，第二次全国污染源普查采用科学的调查方法和技术路线，对全国350多万个污染源进行调查和排放量核算，获得了大量翔实的普查数据，取得了丰硕成果。这些成果来之不易，凝聚着50多万参与人员的智慧和心血，是全社会共同的宝贵财富，要切实把普查成果开发好、转化好、应用好，才能发挥普查成果的重要价值。

（1）系统分析普查数据，综合判断当前环境形势

“治污要治本、治本先清源”，要全面做好污染防治工作，必须先摸清污染源底数。这次污染源普查，对全国污染源的数量、行业和地区分布情况进行了系统调查，对主要污染物的产生、排放和处理情况全面摸底，有利于准确把握我国面临的环境形势。应该最大限度发挥普查数据价值，对普查数据进行认真梳理、全面分析、认真研究。从经济社会全面协调可持续发展的战略高度，从如何支撑打好打赢污染防治攻坚战的角度，从如何衔接健全环境统计平台角度，深入挖掘普查数据反映的问题和规律，系统分析各类产业（行业）对环境状况的影响，综合评估环境承载力与环境质量响应关系，全面掌握当前环境污染状况、污染物排放特征及其治理现状，为污染源的科学监管奠定基础，为污染物治理和产业结构调整提供科学依据，为打好打赢污染防治攻坚战做好数据支撑。

（2）紧密围绕普查成果反映的突出问题，集中力量加以解决

全国范围的污染源普查能够更加清晰地凸显当前我国生态环境保护工作存在的突出问题。应该制定一批针对性的规章制度，采取一系列行之有效的方法措施，着力解决突出环境问题，促进经济社会可持续发展，不断提高人民生活水平和质量。同时，深入研究普查成果，系统梳理环境风险信息，开展风险防控研究，为防范环境风险提供决策依据，努力推动生态环境质量逐年改善，不断满足人民日益增长的优美生态环境需要。

（3）准确应用普查成果反映的客观规律，科学谋划“十四五”生态环境保护工作

2020 年是谋划“十四五”生态环境保护工作思路的关键之年，本次污染源普查获取的是 2017 年的普查数据，不能直接反映最新的环境形势。应该根据最新情况对普查成果进行更新完善，系统分析最新普查成果反映的客观规律，准确把握我国环境状况的新变化和新趋势，进一步提出针对性的政策建议，科学谋划好“十四五”生态环境保护规划。紧密围绕美丽中国建设，坚持以改善生态环境质量为核心，统筹处理好经济社会发展与生态环境保护的关系，探寻新思路，谋划新举措，开创生态环境保护工作新局面，推动生态文明建设取得新进展。

6 下一步工作计划

为指导有关单位和人员有效进行普查成果开发利用，保持普查成果生命力，更好地为生态环境管理和决策服务，现提出如下工作计划。

（1）定期更新排放量核算体系及配套系数

深入开展产排污系数研究工作，要有依托单位长期开展此项工作。按照国民经济分类，建立健全各污染源、各行业产排污系数，细化产排污系数制定方法，并随着技术进步不断进行更新，确保污染物排放量测算全面、科学、准确、可行。

（2）努力实现普查数据动态管理

在当前经济形势发展迅速且复杂多变的情况下，污染源信息，特别是中小型工业源和生活源信息变动频繁，为确保普查数据可持续利用，数据管理应是一个不断更新的动态过程。应该在《全国污染源普查条例》中规定的普查周期里，结合环境统计制度改革，不定期开展针对重点行业或区域的专项调查及

经常性抽样调查，实时掌握最新的污染源信息。

（3）抓紧开展普查数据开发利用

深入研究运用普查成果，结合三大攻坚战，围绕七大标志性战役开展深入研究，为完成三大攻坚战提供决策支撑。系统梳理环境风险信息，开展风险防控研究，为防范环境风险提供决策依据。深入研究运用普查成果反映出的客观规律，谋划好“十四五”生态环境保护工作。进一步完善、强化生态环境保护政策和措施。在总结普查经验、面向生态环境需求的基础上，深化环境统计制度改革，使用新的产排污系数，建立“十四五”环境统计平台。

关于表扬第二次全国污染源普查表现突出的集体和个人的决定

国污普〔2020〕5号

在党中央、国务院的统一领导下，在地方各级政府和各有关部门的积极组织和大力支持下，全国各级普查机构和普查人员充分发扬习近平总书记要求的“政治强、本领高、作风硬、敢担当，特别能吃苦、特别能战斗、特别能奉献”的生态环保铁军精神，不忘初心、牢记使命、共同拼搏、攻坚克难，历时三年圆满完成了第二次全国污染源普查工作，为加强污染源监管、改善环境质量、防控环境风险、服务环境与发展综合决策提供了重要依据。

根据《全国污染源普查条例》的有关规定，国务院第二次全国污染源普查领导小组办公室决定对在第二次全国污染源普查工作中表现突出的集体、个人予以表扬，同时评选出优秀专题报告（详见附件）。

希望受到表扬的集体和个人珍惜荣誉、谦虚谨慎、再接再厉，为我国的生态环境保护事业作出更大贡献。各有关部门、有关单位，以及广大生态环境保护工作者，要以受到表扬的集体和个人为榜样，紧密团结在以习近平同志为核心的党中央周围，勇于创新、开拓进取，为打赢污染防治攻坚战，建设美丽中国，实现中华民族伟大复兴的中国梦作出新的更大贡献。

附件：1．第二次全国污染源普查表现突出的集体名单（略）

2．第二次全国污染源普查表现突出的个人名单（略）

3．第二次全国污染源普查优秀专题报告名单（略）

国务院第二次全国污染源普查
领导小组办公室
2020年9月27日

第三部分

普查制度与技术规定

关于第二次全国污染源普查普查员和普查指导员选聘及管理工作的指导意见

国污普〔2017〕10号

各省、自治区、直辖市第二次全国污染源普查领导小组办公室，新疆生产建设兵团第二次全国污染源普查领导小组办公室：

为指导地方做好第二次全国污染源普查（以下简称普查）的普查员和普查指导员选聘及管理工作，保障普查工作顺利进行，根据《中华人民共和国统计法》《中华人民共和国统计法实施条例》《全国污染源普查条例》《国务院关于开展第二次全国污染源普查的通知》《国务院办公厅关于印发第二次全国污染源普查方案的通知》，制定本指导意见。

一、普查员和普查指导员的职责与权利

（一）普查员的职责

1．负责向普查对象宣传污染源普查的目的和意义、内容，提高其对污染源普查工作的认识；解答普查对象在普查过程中的疑问，无法解答的，及时向普查指导员报告。

2．负责入户调查，了解普查对象基本情况，按照普查技术规范指导普查对象填写普查报表，对有关数据来源以及报表信息的合理性和完整性进行现场审核，并按要求上报。

3．配合开展普查工作检查、质量核查、档案整理等工作。

4．积极参加业务培训。

5．完成当地普查机构和普查指导员交办的其他工作。

（二）普查指导员的职责

1．按照当地普查机构工作部署，对其负责区域内的普查员进行指导，及时传达普查工作要求。

2．协调负责区域内的普查工作，了解并掌握工作进度和质量，及时解决普查中遇到的实际问题，对于不能解决的问题要及时向当地普查机构报告。

3．负责对普查员提交的报表进行审核。对存在问题的，要求普查员进一步核实并指导普查对象进行整改。

4．负责对入户调查信息进行现场复核，复核比例不低于5%。对于复核中发现的问题，要求相关人员按照有关技术规范进行整改。

5．完成当地普查机构交办的其他工作。

（三）普查员和普查指导员的权利

1．有权查阅与普查有关的普查对象基本信息、物料消耗记录、原辅料凭证、生产记录、治理设施

运行和污染物排放监测记录以及其他与污染物产生、排放和处理处置相关的原始资料。

2．有权现场查看污染物排放和治理等有关设施。

3．有权要求普查对象改正不真实、不完整的普查信息。

4．有权向当地污染源普查机构报告普查相关事宜。

二、普查员和普查指导员的选聘

（一）基本条件

1．普查员应具备以下基本条件：

（1）高中（或中专）以上文化程度，了解环保知识；

（2）责任心强，工作认真细致；

（3）熟悉当地基本情况；

（4）具有较强的沟通能力；

（5）具备较强法治意识、保密意识和安全意识；

（6）身体健康。

2．普查指导员除应具备普查员的条件外，还应具备以下基本条件：

（1）大专以上文化程度，熟悉环保知识；

（2）具有环境保护相关工作经历；

（3）具有一定的社会工作经验和较强的组织协调能力。

（二）配备数量

各地可根据工作需要，根据行政区域内普查对象的类型、数量及分布情况，以及交通条件等因素，结合入河（海）排污口、伴生放射性矿调查，参照下列比例合理确定普查员和普查指导员数量。

1．普查员配备数量比例

（1）每 10 个工业污染源或集中式污染治理设施配备 1 名普查员；

（2）每 20 个规模化畜禽养殖场或 5 个行政村配备 1 名普查员；

（3）每 30 个生活污染源配备 1 名普查员。

2．普查指导员配备数量比例

原则上每 10 名普查员配备 1 名普查指导员。

（三）工作程序

普查员和普查指导员的选聘工作应在入户调查开始前完成，选聘工作程序如下：

1．地方污染源普查机构采取公开招聘、推荐、自荐等方式，根据工作需要确定普查员和普查指导员的初步人选。普查员和普查指导员初步人选应依据普查对象优先考虑环保、农业机构人员，以及环保科研院所专业技术人员。

2．对普查员和普查指导员初步人选进行培训。考试合格的，由省级污染源普查机构颁发普查员证或普查指导员证，并由当地污染源普查机构办理聘任手续。

3．由第三方机构聘用的普查员应参加地方普查机构组织的培训，考试合格的，由省级污染源普查机构颁发普查员证。

三、普查员和普查指导员的管理

（一）制定规章制度

各级普查机构可根据工作需要制定本行政区普查员和普查指导员管理规章和考核奖励制度。

（二）加强工作纪律

1．执行入户调查等普查任务时不得少于两人，并应当出示普查员证或普查指导员证。

2．妥善保管普查有关资料和文件。

3．遵守国家有关保密规定，保守工作秘密，对在普查工作中知悉的国家秘密、商业秘密和个人信息予以保密。

4．遵守廉政规定，严禁在普查工作中违反规定牟取利益。

（三）维护合法权益

1．地方普查机构要提供必要的工作条件，保障普查员和普查指导员正常开展工作。

2．地方普查机构要落实普查员和普查指导员的劳动报酬和交通、通讯、误餐补助等补贴，有条件的，还应为有关人员购买人身意外保险，相关费用纳入普查经费预算，由同级地方财政列支。

（四）提高安全意识

各级普查机构要将安全教育作为普查员和普查指导员培训的重要内容，并通过各种方式提醒普查员和普查指导员增强对自身生命、财产的保护意识。

（五）证件的管理

1．普查员和普查指导员证件样式由全国污染源普查领导小组办公室统一制定（见附件1、2），证件编号为十位，前六位为省、市、县的行政区划代码，参照国家标准《中华人民共和国行政区划代码》（GB/T 2260—2007）及2016年12月23日发布的《中华人民共和国行政区划代码》（GB/T 2260—2007）国家标准第1号修改单，后四位为普查员或普查指导员的顺序号。

2．普查员和普查指导员证件由省级污染源普查机构加盖公章、登记造册，名单报第二次全国污染源普查领导小组办公室。

3．证件只限于普查工作使用，不得用于其他用途，对非法使用的将依法追究相关责任。

附件：1.第二次全国污染源普查普查员证件样式（100 mm×70 mm）

2.第二次全国污染源普查普查指导员证件样式（100 mm×70 mm）

国务院第二次全国污染源普查

领导小组办公室

2017年12月28日

附件 1

第二次全国污染源普查普查员证件样式

（100 mm×70 mm）

正面：

第二次全国污染源普查

普 查 员 证

1寸免冠

姓名：

编号：

国务院第二次全国污染源普查
领导小组办公室监制

反面：

第二次全国污染源普查

（发证单位名称）
（印章）

发证日期　年　月　日
有效期至　年　月　日

国务院第二次全国污染源普查
领导小组办公室监制

附件 2

第二次全国污染源普查普查指导员证件样式

（100 mm×70 mm）

正面：

第二次全国污染源普查

普查指导员证

1寸免冠

姓名：

编号：

国务院第二次全国污染源普查
领导小组办公室监制

反面：

第二次全国污染源普查

（发证单位名称）
（印章）

发证日期　年　月　日
有效期至　年　月　日

国务院第二次全国污染源普查
领导小组办公室监制

关于印发《第二次全国污染源普查伴生放射性矿普查监测技术规定》的通知

国污普〔2018〕1号

各省、自治区、直辖市第二次全国污染源普查领导小组办公室，环境保护部核与辐射安全中心，环境保护部各地区核与辐射安全监督站：

为贯彻落实《国务院关于开展第二次全国污染源普查的通知》（国发〔2016〕59号）和《国务院办公厅关于印发第二次全国污染源普查方案的通知》（国办发〔2017〕82号）精神，做好第二次全国污染源普查伴生放射性矿普查工作，现将《第二次全国污染源普查伴生放射性矿普查监测技术规定》印发给你们，请根据技术规定要求，认真组织开展相关工作。

附件：第二次全国污染源普查伴生放射性矿普查监测技术规定

国务院第二次全国污染源普查
领导小组办公室
2018年1月31日

附件

第二次全国污染源普查伴生放射性矿普查监测技术规定

为规范第二次全国污染源普查伴生放射性矿普查监测工作，根据《国务院关于开展第二次全国污染源普查的通知》（国发〔2016〕59 号）和《国务院办公厅关于印发第二次全国污染源普查方案的通知》（国办发〔2017〕82 号），制订本规定。

一、编制目的

（一）明确伴生放射性矿普查的对象、范围和内容；

（二）规范和统一伴生放射性矿普查监测方法与要求；

（三）确保全国伴生放射性矿普查监测工作顺利开展。

二、监测对象和普查对象筛查

（一）监测对象

伴生放射性矿普查监测对象是全国伴生放射性矿产资源开发利用过程中产生的含放射性的原料和废物，即伴生放射性矿采选、冶炼过程产生的原矿、精矿、固体废物（尾矿、废渣）和废水中的放射性核素。根据《国民经济行业分类》（GB/T 4754—2017），涉及的行业如表 1。

表 1 放射性污染物调查的行业

行业代码	行业名称
06	煤炭开采和洗选业
08	黑色金属矿采选业
09	有色金属矿采选业
10	非金属矿采选业
11	开采辅助活动
26	化学原料和化学制品制造业
31	黑色金属冶炼和压延加工业
32	有色金属冶炼和压延加工业

在上述 8 个行业中，根据第一次全国污染源普查结果和目前掌握的伴生放射性矿产资源开发利用过程中的放射性水平，确定本次普查监测的伴生放射性矿产种类如表 2。

表 2 伴生放射性矿污染物调查矿产种类

序号	矿产种类	相关企业类别	普查监测对象
1	稀土	稀土矿（包括独居石、氟碳铈矿、磷钇矿、离子型稀土矿）开采、选矿、冶炼（包括酸法和碱法冶炼）和分离；稀土氧化物和碳酸稀土的生产	开采：原矿和废石； 选矿：原矿、尾渣、精矿和废水； 冶炼：废渣和废水； 分离：废渣和废水

序号	矿产种类	相关企业类别	普查监测对象
2	铌/钽	铌/钽矿开采、选矿； 利用烧绿石通过高温化学处理生产铌和铁铌； 用铌铁矿、钽铁矿提取铌和钽； 利用铌/钽精矿生产氧化铌、氧化钽或其他产品	开采：原矿和废石； 选矿：原矿、尾渣、精矿和废水； 冶炼：废渣和废水
3	锆石和氧化锆	锆石砂开采和选矿； 利用锆石生产氧化锆和金属锆	开采和分离：原矿和废渣； 化学法生产氧化锆：废渣和废水
4	锡	锡矿开采、选矿和冶炼	开采：原矿、废石和废水； 选矿：原矿、尾渣、精矿和废水； 冶炼：炉渣和废水
5	铅/锌	铅/锌矿开采、选矿和冶炼（包括湿法冶炼和火法冶炼）	开采：原矿、废石； 选矿：精矿、尾渣和废水； 冶炼：炉渣和废水
6	铜	铜矿（包括铜氧化物、硫化物和碳酸盐）开采、选矿、冶炼和精炼	开采：原矿和废石； 浮选、生物浸出（堆浸）：精矿、尾矿、残渣和废水； 冶炼：炉渣、废渣和废水
7	钢铁	铁矿开采、选矿和冶炼	开采：原矿和废石； 选矿：原矿、尾矿、精矿和废水； 冶炼：铁矿渣、高炉矿渣和钢渣，熔炼炉的底灰，废水
8	钒	钒矿开采、选矿和冶炼	开采：原矿和废石； 选矿：原矿、尾矿、精矿和废水； 冶炼：钒矿渣、冶炼渣，熔炼炉的底灰，废水
9	磷酸盐	磷酸盐矿开采； 用酸处理磷酸盐生产磷酸或直接生产磷肥； 用磷酸盐高温焚烧形成磷，再用来生产高纯度磷酸	开采：原矿和废石； 磷酸湿法生产：磷石膏和废水； 磷酸盐热处理：矿渣和废水
10	煤	煤、石煤和煤矸石的开发利用	煤和煤矸石煤矿开采过程中产生的固体物料（原矿、废渣）和废水； 石煤开采和开发利用过程中产生的固体物料（原矿、精矿、废渣等）和废水
11	铝	铝矿开采和冶炼	开采：原矿和废石； 冶炼：赤泥和废水
12	钼	钼矿开采、选矿和冶炼	开采：原矿和废石； 选矿：原矿、尾矿、精矿和废水； 冶炼：废渣和废水
13	镍	镍矿开采、选矿和冶炼	开采：原矿和废石； 选矿：原矿、尾矿、精矿和废水； 冶炼：废渣和废水
14	锗/钛	锗/钛矿开采、选矿和冶炼	开采：原矿和废石； 选矿：原矿、尾矿、精矿和废水； 冶炼：废渣和废水
15	金	金矿开采、选矿和冶炼	开采：原矿和废石； 选矿：原矿、尾矿、精矿和废水； 冶炼：废渣和废水

（二）普查对象筛查

1．建立伴生放射性矿普查初测初步名录

从国土资源、工商和统计等部门，获取可能伴生天然放射性核素的 8 类重点行业 15 个类别矿产采选、冶炼活动单位名录，整合建立伴生放射性矿普查初测初步名录。

2．建立伴生放射性矿普查详查名录

对纳入初测初步名录的企业按要求进行γ辐射剂量率现场监测或采样检测，γ辐射剂量率现场监测筛选标准是固体表面 1 m 处的γ辐射剂量率超过“当地本底水平”+150 nGy/h，采样检测筛选标准是固体样中 U、Th 系任一核素活度浓度大于 0.3 Bq/g。无论采用哪种技术路线进行初测，只要达到筛选标准，就必须对该企业进行详查。初测按照附 1 至附 3 要求执行，企业相关信息、现场监测数据及分析检测数据按照附 5 至附 7 填写。

在按照初测初步名录组织开展初测的同时，对各普查地区进行排查，补充遗漏企业、排除重复企业，对发现的遗漏企业同时开展初测。根据初测结果，筛查确定详查企业名单。

三、普查详查

按照详查企业名单进行企业相关数据调查、现场监测和采样分析检测。

（一）详查企业基本情况

纳入详查的伴生放射性矿产资源开发利用企业情况：企业详细名称、统一社会信用代码（组织机构代码或工商注册登记代码）、涉及矿种、单位类型和生产情况等。

（二）现场监测和采样分析检测项目

1．γ辐射空气吸收剂量率；

2．废水：总 U、总 Th、^{226}Ra、总α、总β放射性比活度；

3．原料：^{238}U、^{226}Ra、^{232}Th 放射性活度浓度；

4．固体废物（尾矿、废渣）：^{238}U、^{226}Ra、^{232}Th 放射性活度浓度（对于钍系子体放射性平衡破坏的应进行总 Th 的分析）。

详查按照附 1 至附 3 要求执行，现场监测数据及分析检测数据按照附 5 至附 7 填写。

四、数据填报和审核

（一）伴生放射性矿普查表的填报

伴生放射性矿监测由各省（区、市）省级辐射监测机构组织实施，原始记录数据按照附 5 至附 7 留存备案，便于质量保证检查。经审核后录入至《伴生放射性矿普查表》中，各级普查机构对相应的报送数据进行审核，审核后数据进行汇总并报国家普查机构，国家普查机构对各省份数据进行汇总审核，形成普查数据库。

（二）普查质量保证

1．各省（区、市）省级辐射监测机构制定本监测区域质量保证方案，负责本监测区域质量保证工作，包括对实验室进行资质认定和质量把关，并接受部级质量保证监督检查。

2．承担第二次全国污染源普查伴生放射性矿监测单位的实验室须通过 CMA 资质认定或 CNAS 认可。资质认定的检测能力范围必须涵盖本次普查检测项目。

3．所有参与此次普查工作的监测和分析仪器必须经过计量检定，且仪器使用时间在检定有效期内。

伴生放射性矿普查监测质量保证工作的具体要求在附 4 中进行详细说明。

附：1．现场γ辐射剂量率监测技术方法

2．分析测量技术方法

3．采样技术方法

4．质量保证

5．现场监测γ辐射剂量率监测原始记录表

6．采样检测原始记录表

7．伴生放射性矿普查实验室样品分析原始记录表

附 1

现场γ辐射剂量率监测技术方法

1 方法依据

《环境地表γ辐射剂量率测量规范》（GB/T 14583—93）

2 仪器设备

2.1 应采用高气压电离室型、闪烁探测器（点）型和具有能量补偿的计数管型γ辐射剂量率仪等仪表。

2.2 测量γ辐射剂量率的仪表应具备以下主要性能和条件：

2.2.1 量程范围：

低量程：1×10^{-8}～1×10^{-5} Gy/h。

高量程：1×10^{-5}～1×10^{-2} Gy/h。

2.2.2 相对固有误差：＜±15%。

2.2.3 能量响应：50 keV～3 MeV 相对响应之差＜±30%（相对 ^{137}Cs 参考γ辐射源）。

2.2.4 角响应：0°～180°；$\bar{R}/R\geqslant0.8$（^{137}Cs 参考γ辐射源）。其中，$\bar{R}$：角响应平均值；R：刻度方向上的响应值。

2.2.5 温度：−10～40℃（即时测量仪表），−25～50℃（连续测量仪表）。

2.2.6 相对湿度：95%（35℃）。

3 监测方法

3.1 点位选择

3.1.1 一般情况下，对于污染源先采用巡测的方式，根据巡测结果，选取监测点进行监测，并确定对污染源是否进行详查，即表面 1 米处的γ辐射剂量率有超过“当地本底水平”150 nGy/h 的点位，应该纳入详查；对于临近详查界限的监测点位（监测结果在详查界限附近），可采取现场采样带回实验室分析的方式确定是否列入详查。

3.1.2 当地本底水平（对照点）选择。在没有当地本底水平数据的企业进行监测时，当地本底水平应采取现场监测的方法确定，监测点尽量选择在未受污染附近区域内。如果该厂址所在区域为高本底地区，还应补充该地区［更大范围如“中国环境天然放射性水平（2015）”有关该地区］的天然辐射水平。

3.1.3 在室内或工作场所测量时，测量点位应根据监测项目选择，应具有代表性，并根据实际需要确定测量点位。

3.2 测量时间

测量时间的选择应该具有代表性，野外测量时，雨、雪天，雨后 6 小时内一般不进行测量，其他情况则根据实际需要确定。

3.3 测量方法与步骤

仪器的操作方法参考《环境地表γ辐射剂量率测量规范》(GB/T 14583—93)。

3.4 仪器的宇宙射线响应

3.4.1 每年仪器经国家计量部门检定以后，都应在选定的水面上测量一次仪器的宇宙射线响应及其自身本底。

3.4.2 测量仪器的宇宙射线响应及其自身本底，应在距岸大于1 000米、水深超过3米的湖面上的木制小船上进行，测量时应考虑大气中氡及水中放射性核素对测量数据的影响。

3.4.3 测量仪器的宇宙射线响应及其自身本底时应至少读50个读数，或使读数平均值的误差小于1%。宇宙射线响应还应考虑海拔高度以及地磁纬度的影响。

4 数据处理

4.1 每次读数都应该记录在规定的记录表内。测量之后及时处理所测数据，发现数据异常时，应及时查找原因，确保测量值的准确性和代表性。

4.2 数据的有效位数和计数相对偏差或不确定度的表达方式应符合有关误差理论的规定。保留的有效数字位数一般应比监测依据中技术参数的有效位数多1位。

5 质量控制

5.1 对于监测点位，均在现场设有标志或对确定该点位的特征物拍照备案，保证点位的可重现性。

5.2 带有检验源的仪表应该在使用前用仪器所带的检验源检验仪器的工作效率，对效率变化大于15%的仪器停止使用，重新检修、检定。

5.3 使用的仪器定期在稳定辐射场内检查仪器的可靠性或通过与新检定的设备进行比对来检查仪器的可靠性。

5.4 投入使用的仪器在调查期间均进行过检定且有效，完成一次宇宙射线的测定。

5.5 送交计量部门检定前，应对仪器的工作状况做一次全面的检查，确保仪器工作状况正常后送交检定。

5.6 每个测量点位读数稳定后记录5个测量数据。

附 2

分析测量技术方法

一、水样总α分析测量技术方法

1 方法依据

《水中总α放射性浓度的测定　厚源法》（EJ/T 1075—1998）

2 原理

总α放射性是指水样中除氡以外的所有天然和人工放射性核素的α辐射体。水中总α放射性浓度一般较低，用蒸发法使水中放射性核素浓集到少量固体物质上，再把固体物质制成样品源测定α放射性。

在固体介质中，α粒子射程极短，当测量源厚度达到“有效厚度”时，由测量源发射的α粒子数不再随固体介质的厚度增加而变化。若已知水样体积、浓缩后固体物质重量和测量仪器计数效率，直接测量水样浓缩制成大于“有效厚度”的样品源的α净计数率，便可计算水中总α放射性。

本方法的探测下限约为 2×10^{-2} Bq/L。

3 仪器、设备

3.1　红外灯。

3.2　干燥器。

3.3　天平（感量 0.1 mg）。

3.4　马福炉。

3.5　不锈钢测量盘。

3.6　^{239}Pu 标准参考源：活性区面积与待测样品源相同，强度为 10^3 表面粒子/（2π·min）。

3.7　低本底α测量仪。

4 试剂、消耗材料

所用试剂除特别注明外，均使用符合国家标准的分析纯试剂和蒸馏水或同等纯度的水。试剂中的放射性必须保证空白样品测得的计数率低于探测仪器本底的统计误差。

4.1　2 000 mL 烧杯。

4.2　50 mL 瓷坩埚。

4.3　硝酸溶液：1 体积硝酸和 9 体积水混合（1+9）。

4.4　无水乙醇。

5　分析步骤

5.1　样品处理

5.1.1　取 1 L 过滤后的水样倒入 2 000 mL 烧杯中，缓慢加热至沸，蒸发浓缩后水样转移至较小体积烧杯，继续蒸发浓缩后转入坩埚。若水样中残渣量不够制样品源时，在蒸发过程中可以添加水样，但要控制加水样后体积不得超过烧杯容积的一半。

5.1.2　将烧杯中少量浓缩液连同沉淀一并转入已灼烧称量的瓷坩埚中，用少量硝酸（4.3）洗涤烧杯 2～3 次，洗涤液一并转入瓷坩埚中，应同时加入 1 mL 硫酸，在红外灯下蒸干，将瓷坩埚移到电热板上，缓慢加热炭化。

5.1.3　将瓷坩埚置于马福炉中，在 350℃下灼烧灰化 1 小时，取出放入干燥器中冷却至室温，准确称量灰样（残渣）总重量。

5.1.4　用玻璃棒或角匙在瓷坩埚中研细残渣，混匀。

5.2　测量

5.2.1　准确称取适量残渣（5.1.4），均匀铺在测过α放射性本底值的不锈钢测量盘内，加入数滴无水乙醇制成厚度大于有效厚度的样品源。

5.2.2　用低本底α/β测量仪分别测量标准源和样品源的α计数率及本底计数率。

6　标准源的制备

6.1　^{241}Am 标准粉末源

直接从有标准物质生产资质的单位购买，其比活度在证书中给出。

6.2　^{239}Pu 标准参考源

活性区面积与待测样品源相同，强度为 10^3 表面粒子/（2π·min）。

7　效率的标定

7.1　准确称取适量标准粉末源（6.1），均匀铺在测过α放射性本底值的不锈钢测量盘内，加入数滴无水乙醇制成厚度大于有效厚度的标准源。因为源的重量严重影响α粒子的计数效率，因此刻度α测量仪用的标准源必须与样品源有相同的重量。

7.2　用低本底α测量仪测量标准源的α计数率，同时测量本底计数率，计算出计数效率。

7.3　计算

α计数效率计算公式如下：

$$E = \frac{n_s - n_0}{a_s} \times 100\% \qquad (1)$$

式中：E——计数效率，%；

n_s——标准源计数率，计数/min；

n_0——本底计数率，计数/min；

a_s——标准粉末源的比活度，dpm。

8 结果计算

水样总α放射性活度计算公式如下：

$$C_\alpha = \frac{(n-n_0)\times W}{60\times wEV} \tag{2}$$

式中：C_α——水样总α放射性，Bq/L；

n——样品源计数率，计数/min；

n_0——本底计数率，计数/min；

W——灰样（残渣）总重量，g；

w——测量灰样（固体）残渣重量，g；

E——计数效率，%；

V——水样体积，L。

9 报告

9.1 报告格式

报告样品分析结果时，应报告样品中活度超过探测下限的总α活度浓度及相应的标准偏差。

9.2 标准偏差

计数涨落引起的水样放射性活度的标准偏差（S_ε）由下式计算：

$$S_\varepsilon = \sqrt{\frac{R_x}{t_x}+\frac{R_0}{t_0}}\times\frac{a_s\times m\times 1.02}{(R_s-R_0)\times 1\,000\times V} \tag{3}$$

式中：t_x——样品源的测量时间，s；

t_0——本底的测量时间，s；

R_x——样品源的总计数率，计数/s；

R_s——标准源的总计数率，计数/s；

R_0——样品源的本底计数率，计数/s；

a_s——标准固态物的比活度，计数/s；

m——水样（体积为 V）灼烧后的残渣质量，mg。

标准源的计数标准偏差比起样品源的标准偏差可以忽略，因此，报出的结果的标准偏差应注明“只计及计数误差”。

10　质量控制

10.1　测量仪器在检定的有效周期内使用。

10.2　10%的样品做平行样。

10.3　用于辐射测量的仪器、仪表、刻度源及放化分析所用的标准溶液均按规定定期到具有资质的单位进行检定/校准，制订检定/校准计划并按计划执行。对于使用频率高或漂移较大的仪器设备，在两次检定/校准周期之间进行期间核查，以保持仪器设备良好的检定或校准状态的可信度。

10.4　对总放射性测量装置，定期进行本底（效率）的测定，并画在质量控制图上。当测量数据落在控制限内但超出警戒线时，可能存在“失控的倾向”，应进行初步检查，以及采取稳定质量的相应措施。用于检验仪器的数据不应参与质量控制图的绘制，应采用以往测量的累积数据，且不少于 20 个。

10.5　每个样品从采样、预处理、分析测量到结果计算的全过程，都需有清楚、详细、准确的记录，不得随意涂改，记录使用规程规定的格式和内容，监测结果应长期保存。

二、水样总β分析测量技术方法

1　方法依据

《水中总β放射性测定　蒸发法 》（EJ/T 900—1994）

2　原理

水中总β放射性浓度一般较低，可用蒸发方式使水中放射性核素浓集到少量固体残渣上，再把固体残渣制成源，测量其总β放射性。

若已知氯化钾标准源重量、浓缩后的水样残渣铺样重量及水样体积，在相同的几何条件下直接测量标准源和样品源的β计数，便可计算出样品总β放射性活度浓度。

本方法的探测下限约为 5×10^{-2} Bq/L。

3　仪器、设备

3.1　电热恒温干燥箱。

3.2　天平（感量 0.1 mg）。

3.3　干燥器。

3.4　2 000 mL 烧杯。

3.5　50 mL 瓷坩埚。

3.6　马福炉。

3.7　玛瑙研钵。

3.8　50 mL 瓷蒸发皿。

3.9　低本底β测量仪。

3.10　不锈钢测量盘。

4　试剂、消耗材料

所用试剂除特别注明外，均使用符合国家标准的分析纯试剂和蒸馏水或同等纯度的水。试剂中的放射性必须保证空白样品测得的计数率低于探测仪器本底的统计误差。

4.1　硝酸溶液：5%（*V*/*V*）。

4.2　氯化钾标准粉末源。

5　分析步骤

5.1　样品处理

5.1.1　取 1 L 过滤后的水样倒入 2 000 mL 烧杯中，缓慢加热至沸，蒸发浓缩后水样转移至较小体积烧杯，继续蒸发浓缩后转入坩埚。若水样残渣不够制源时，可以添加水样，但要控制每次加入水样后体积不要超过烧杯容积的 2/3。

5.1.2　将烧杯中少量浓缩液连同沉淀一并转入已灼烧称量的瓷坩埚中，用少量硝酸溶液（4.1）洗涤烧杯 2～3 次，洗涤液转入坩埚中，在红外灯下蒸干。将瓷坩埚移到电热板上，缓慢加热炭化。

5.1.3　将坩埚置于马福炉中，在 350℃下灼烧灰化 1 小时，放入干燥器中冷却至室温，准确称量灰样（残渣）总重量。

5.1.4　研细残渣，混匀。

5.2　测量

准确称取适量残渣（5.1.4），铺在测过β放射性本底值的不锈钢测量盘内，加数滴无水乙醇制成均匀的样品源，烘干后供测量。

6　标准源的制备

6.1　氯化钾标准粉末源

直接从有标准物质生产资质的单位购买，其比活度在证书中给出。

6.2　^{90}Sr-^{90}Y 标准参考源：活性区面积与待测样品源相同，强度为 10^3 表面粒子/（2π·min）。

7　效率的标定

7.1　取一定量氯化钾标准粉末源（6.1）放入玛瑙研钵内研细，转移至瓷蒸发皿中，并置于电热恒温干燥箱内 120℃烘 30 分钟。取出放入干燥器中冷却至室温。

7.2　称取适量的氯化钾标准粉末源（7.1），均匀铺在测过β放射性本底值的不锈钢测量盘内，加入数滴无水乙醇制成与样品源厚度相等的标准源。在与样品源相同的几何条件下，用低本底β测量仪测量标准源的β计数率。算出β计数效率。

7.3　计算

β计数效率计算公式如下：

$$E = \frac{n_s - n_0}{a_s} \times 100\% \tag{1}$$

式中：E——计数效率，%；

n_s——标准源计数率，计数/min；

n_0——本底计数率，计数/min；

a_s——氯化钾标准粉末源的比活度，dpm。

8　结果计算

水样总β放射性活度计算公式如下：

$$C_\beta = \frac{(n - n_0) \times W}{60 \times wEV} \tag{2}$$

式中：C_β——水样总β放射性，Bq/L；

n——样品源计数率，计数/min；

n_0——本底计数率，计数/min；

W——灰样（残渣）总重量，g；

w——测量灰样（残渣）重量，g；

E——计数效率，%；

V——水样体积，L。

9　测量结果的报告

按下列形式报告测量结果：

（××.××±0.0×）Bq/L（用氯化钾为参考源），结果的误差只包含计数的统计涨落，按 2σ 给出。

10　质量控制

10.1　测量仪器在检定的有效周期内使用。

10.2　10%的样品做平行样。

10.3　用于辐射测量的仪器、仪表、刻度源及放化分析所用的标准溶液均按规定定期到具有资质的单位进行检定/校准，制订检定/校准计划并按计划执行。对于使用频率高或漂移较大的仪器设备，在两次检定/校准周期之间进行期间核查，以保持仪器设备良好的检定或校准状态的可信度。

10.4　对总放射性测量装置，定期进行本底（效率）的测定，并画在质量控制图上。当测量数据落在控制限内但超出警戒线时，可能存在“失控的倾向”，应进行初步检查，以及采取稳定质量的相应措施。用于检验仪器的数据不应参与质量控制图的绘制，应采用以往测量的累积数据，且不少于 20 个。

每年对仪器做 1 次期间检验，包括长期（质量控制图）和短期稳定性（泊松分布检验）检验。

10.5　每个样品从采样、预处理、分析测量到结果计算的全过程，都需有清楚、详细、准确的记录，不得随意涂改，记录使用规程规定的格式和内容，监测结果应长期保存。

三、水中 ^{226}Ra 分析方法——硫酸钡共沉淀射气闪烁法

1　方法依据

《水中镭-226 的分析测定》（GB/T 11214—89）

2　原理

硫酸钡共沉淀射气闪烁法以硫酸钡作载体，共沉淀水中镭。沉淀物溶解于碱性 EDTA 溶液，封闭于扩散器积累氡，转入闪烁室，测量、计算镭含量。

测定的 ^{226}Ra 浓度范围为 2 mBq/L～3 kBq/L。

3　仪器设备和试剂

3.1　仪器设备

3.1.1　室内氡钍分析仪。

3.1.2　闪烁室：500 mL。

3.1.3　定标器。

3.1.4　扩散器（100 mL）。

3.1.5　真空泵（30 L/min）。

3.1.6　干燥管（30～40 mL）。

3.2　试剂

3.2.1　液体镭标准源：0.5～50 Bq。

3.2.2　硫酸溶液：1∶1，量取 1 840 g/L 的硫酸 500 mL，缓慢倒入水中，并用水稀释至 1 L。

3.2.3　氯化钡溶液：100 g/L，称取氯化钡 100 g，用水溶解后稀释至 1 L。

3.2.4　碱性 EDTA 溶液：称取 150 g 乙二胺四乙酸二钠和 45 g 氢氧化钠，溶解于 800 mL 水中，用水稀释至 1 L。

4　闪烁室 *K* 值的刻度

4.1　准备仪器

检查定标器是否符合仪器说明书所给定的指标，达不到要求者不得使用；保证探测器与闪烁室连接部位不漏光，闪烁室及其进气系统不漏气。

4.2　探测器阈电压和工作电压的确定

将扩散器中液体镭标准源所积累的氡，送入已抽成真空的闪烁室。放置 3h 后，用氡钍分析仪测定不同甄别阈值下的高压－计数率关系曲线和相应甄别阈值下的高压—本底计数关系曲线，从中选取本底计数率较低、“坪”长大于 60 V、“坪”斜小于 10%的曲线的阈电压和相应的高压，作为探测器的阈电压和工作电压。

4.3　封源

将装有镭标准源的扩散器，用真空泵或双链球排 10～15 min，驱尽扩散器中的氡。旋紧扩散器两口的螺丝夹，积累氡。记录镭源活度和封闭时间。

氡在扩散器中的积累时间，视镭源活度而定。镭源活度在 30 Bq 左右封闭 1～2 天；镭源活度在 0.5～1.0 Bq 封闭 3～5 天。

4.4　进气

如图 1 所示：用真空泵将闪烁室 A 和干燥管 B 抽成真空，旋紧螺丝夹 1、2、3，按图 1 所示与已封闭好的装镭标准源的扩散器 C、活性炭管 D、氯化钡饱和溶液 E 等连接好，向闪烁室送气。

首先打开螺丝夹 1 和 3，使扩散器中所积累的氡及其子体进入闪烁室。然后打开 5，调节 4，使进气速度为每分钟 100～120 个气泡(或每分钟进气 40～50 mL)。进气 5～10 min 后，加快进气速度，在 15 min 内全部进气完毕。旋紧螺丝夹 1 和 3，记录进气时间和闪烁室编号。

扩散器中氡的积累时间为封闭时起至进气结束时止的时间间隔。

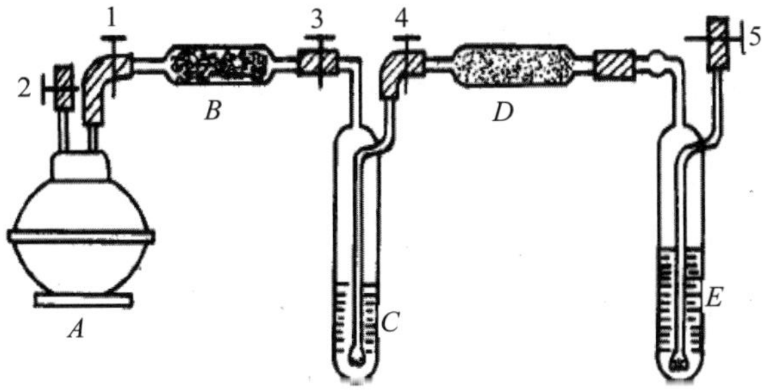

A—闪烁室；B—氯化钙干燥管；C—镭标准源；D—活性炭管；E—氯化钡饱和溶液；1～5—螺旋夹。

图 1　进气系统联接图

4.5　测量

进气完毕后，放置 3 小时进行测量。测量时取三次读数。每次测量时间视镭的活度而定，一般为 5～10 min。当读数 I 不符合 $\bar{I} \pm \sqrt{\bar{I}}$ 时，则应取第 4 次读数，弃去超差的读数后，取其平均值。

如下列公式所示计算闪烁室 K 值：

$$K = \frac{a(1 - e^{-\lambda t})}{\bar{I} - I_0} \tag{1}$$

式中：K——闪烁室的 K 值，Bq/cpm；

a——镭标准源的活度，Bq；

$\overline{I}$——测得的平均计数率，cpm；

I_0——闪烁室的本底计数率，cpm；

$1\text{-}e^{-\lambda t}$——氡的积累系数；

λ——0.693/T，氡的衰变常数；

T——氡的半衰期，91.8 h；

t——氡的积累时间，h；

e——自然对数的底。

5 水样分析步骤

5.1 样品的化学处理（硫酸钡共沉淀射气闪烁法）

（1）取 1～5 L 澄清水样（视镭含量而定）于烧杯中，加热近沸。

（2）加入 1.0～1.5 mL 氯化钡溶液，然后在搅拌中滴加 5 mL 硫酸溶液（此时溶液 pH 必须近似为 2）。

（3）加热微沸 1～2 min，取下放置 4 h 以上，虹吸去上层清液。

（4）沿烧杯壁加入 30 mL 碱性 EDTA 溶液，加热溶解沉淀物，使之成为透明液体。

（5）蒸发至 30 mL 左右，移入扩散器，用少量水洗涤烧杯，并入同一扩散器，控制溶液体积为扩散器的 1/3。

（6）封存。用氮气将扩散器中空气驱尽，进气 10 min 左右，旋紧扩散器螺丝夹，积累氡。记录封闭时间和扩散器编号。

视水中镭活度而定，封闭时间 3～20 天，积累氡。记录封闭时间和扩散器编号。

5.2 本底测量

5.2.1 仪器准备

按仪器操作规程打开定标器，预热半小时。

5.2.2 闪烁室本底测量

用真空泵将闪烁室抽成真空，用氮气冲洗闪烁室 5～10 min，放置 2 h 后，用氡钍分析仪测量。

对于环境样品测量，闪烁室本底≤1.0/min；对于镭含量较高的水样，闪烁室本底值可略高于一般水平。

5.3 进气：（同 4.4）

5.4 测量：（同 4.5）

5.5 空白试验

取与待测样品同体积的纯净水，按 5.1～5.4 的分析步骤进行分析。

5.6 结果计算：

$$C=\left[\frac{K\left(\overline{I}-I_0\right)}{R\left(1-e^{-\lambda t}\right)}-C_b\right]/V \qquad (2)$$

式中：C——样品中 ^{226}Ra 的浓度，Bq/L；

K——闪烁室的 K 值，Bq/cpm；

C_b——试剂空白的 ^{226}Ra 值，Bq；

R——方法的回收率，%；

V——用样体积，L；

其他符号同式（1）。

6 回收率和精密度

回收率：93%～98%。

变异系数：同一实验室小于 15%。

7 报告格式

报告样品分析结果时，应报告样品中活度超过探测下限的 ^{226}Ra 活度浓度及相应的标准偏差。

8 质量控制

8.1 在任何情况下，氡钍分析仪探测器的测量位置上必须装好闪烁室，绝对不能使探测器暴露在光线下，以避免偶然接通高压把探测器的光电倍加管烧坏。

8.2 测量时，在滑盘上装闪烁室的次序及滑盘转动的方向一定记清楚，以免样品时间次序出错。

8.3 由于仪器灵敏度较高，必须注意外界干扰。如大功率的电机启动停止，同一电源开关及真空泵在测量时进行启动停止，都可能影响。因此在测样品时，应尽力减少在测量时扳动开关。

8.4 外电源引入，必须有稳压器，保持电压稳定。

8.5 对于含镭较低的水样，可以适当加长测量时间，水样测量完毕后，应立即用真空泵排除闪烁室内的氡，再用无氡气体或氮气冲洗。当闪烁室本底值明显增高时，应设法使其降至所要求值以下，方可使用。

8.6 10%的样品做平行样。

四、水中 ^{226}Ra 分析测定方法—α放射性核素测定法

1 方法依据

《水中镭的α放射性核素的测定》（GB 11218—89）

2 原理

用氢氧化铁—碳酸钙作载体，共沉淀浓集水中的镭，沉淀物用硝酸溶解。在有柠檬酸存在下的溶液中，再以硫酸铅钡为混合载体共沉淀镭，与其他α放射性核素分离。硫酸铅钡沉淀用硝酸溶液洗涤净化，并溶于氢氧化铵碱性乙二胺四乙酸二钠（EDTA）溶液中。加冰乙酸重沉淀硫酸钡（镭）以分离铅。将

硫酸钡（镭）铺样，干燥，用低本底α探测装置测量，得出结果。

测定的 ^{226}Ra 浓度下限为 8 mBq/L，精密度高于 15%。

3 仪器、设备与试剂

3.1 仪器设备

3.1.1 低本底α探测装置。

3.1.2 离心机。

3.1.3 离心试管：10 mL。

3.1.4 玻璃抽水泵。

3.1.5 过滤式铺样装置（见图 A2）或不锈钢样品盘。

3.2 试剂

除非另有说明，分析时均使用符合国家标准或专业标准的分析试剂和蒸馏水或同等纯度的水。

3.2.1 盐酸：1 190 g/L。

3.2.2 硝酸：1 410 g/L。

3.2.3 冰乙酸：99%。

3.2.4 铁钙混合载体溶液：溶解 144.6 g 九水硝酸铁和 208 g 无水氯化钙于 400 mL 水中，加 320 mL 硝酸（3.2.2），用水稀至 1 L。

3.2.5 碳酸钠溶液：170 g/L，溶解 170 g 无水碳酸钠于水中并稀释至 1 L。

3.2.6 硝酸溶液：（2+1），2 体积硝酸和 1 体积水混合。

3.2.7 硝酸溶液：（1+100），1 体积硝酸和 100 体积水混合。

3.2.8 柠檬酸溶液：350 g/L，溶解 350 g 柠檬酸于水中，并稀至 1 L。

3.2.9 硝酸铅载体溶液：166 g/L，溶解 166 g 硝酸铅[$Pb(NO_3)_2$]于水中，并稀至 1 L。

3.2.10 硝酸钡载体溶液：9.517 g/L，溶解 9.517 g 硝酸钡[$Ba(NO_3)_2$]于水中，并稀至 1 L。

3.2.11 氢氧化铵溶液：（1+1），1 体积氢氧化铵和 1 体积水混合。

3.2.12 硫酸溶液：（1+1），在不断搅拌下小心地将 1 体积硫酸加入 1 体积水中，混匀。

3.2.13 EDTA 溶液：93 g/L，溶解 93 g 乙二胺四乙酸二钠于水中，并稀至 1 L。

3.2.14 碱性 EDTA 溶液：5 体积 EDTA 二钠盐溶液（3.2.13）和 2 体积氢氧化铵溶液（3.2.11）混合。

3.2.15 甲基橙指示剂溶液：1 g/L，溶解 0.18 g 甲基橙于 100 mL 水中。

4 方法测定效率的标定

4.1 由于使用的α探测装置以及铺样测量等有关条件的差异，必须对方法的测定效率进行标定，以求得仪器的计数率与衰变率之间的比例关系。

4.2 选取数个衰变率已知的镭标准参考水样或加标准镭（^{226}Ra），按第 5 章操作步骤进行测定。

4.3 方法测定效率按式（1）计算：

$$E=\frac{C_t-C_b}{C_0F} \tag{1}$$

式中：E——方法测定效率，cpm/dpm；

C_t——水样加本底计数率，cpm；

C_b——仪器和试剂本底计数率，cpm；

C_0——镭标准的已知衰变率，dpm；

F——重沉淀硫酸钡至测量完毕之间的子体增长系数。

5 操作步骤

5.1 镭含量较低水样的操作

5.1.1 取 5.0～10.0 L 水样于适宜的容器中，加入 20 mL 铁钙混合载体溶液（3.2.4），搅拌均匀。在不断搅拌下徐徐加入 150 mL 碳酸钠溶液（3.2.5），继续搅拌 3～5 min。静置沉淀后，倾去上层清液。将沉淀转入 500 mL 烧杯中，待沉淀物下沉，吸去上层清液。

5.1.2 缓慢加入 8～10 mL 硝酸溶液（3.2.6）溶解沉淀，过滤于 250 mL 烧杯中。用硝酸溶液（3.2.7）洗涤原烧杯和滤纸至滤纸上无黄色止，并控制溶液体积在 200 mL 左右。

5.1.3 向溶液中加入 5 mL 柠檬酸溶液（3.2.8）、2 mL 硝酸铅载体溶液（3.2.9）、2 mL 硝酸钡载体溶液（3.2.10），搅匀。用氢氧化铵溶液（3.2.11）调至溶液呈黄棕色，使 pH 约为 8。加热至沸，在搅拌下滴加 1 mL 硫酸溶液（3.2.12），取下冷却。

5.1.4 待沉淀完全后，用抽水泵（3.1.4）吸去上层清液。将沉淀转入离心试管（3.1.3），离心分离，吸去上层清液。烧杯和沉淀用 10 mL 硝酸溶液（3.2.6）洗涤两次，10 mL 水洗涤一次。均离心分离，弃去洗涤液。

5.1.5 用 10 mL 碱性 EDTA 溶液（3.2.14）将离心试管中的沉淀全部转入原 250 mL 烧杯中，5 mL 水洗涤离心管，洗涤液并入同一烧杯中，再用 5 mL 水淋洗烧杯壁。轻轻摇动烧杯，使沉淀完全溶解。必要时可加热以加速溶解。

5.1.6 在不断摇动下逐滴加入冰乙酸（3.2.3）至硫酸钡沉淀重新生成后再过量 3 滴，记下时间。用原离心管离心分离，弃上层清液。然后用 10 mL 水将烧杯中剩余沉淀全部洗入离心管，充分混匀、离心分离、弃去上层清液。

5.1.7 小心摇动离心试管，使硫酸钡沉淀松散。用约 10 mL 水将硫酸钡沉淀全部洗入已装有两层滤纸小圆片的铺样装置（3.1.5）的盛样筒内。待水滤尽后（若抽滤，速度不宜太快，以免硫酸钡穿滤损失），将其烘干。冷却至室温，置α探测装置（3.1.1）上测量计数，记下计数结束时间。

5.2 镭含量较高水样（＞5Bq/L）的操作

5.2.1 视水样镭含量的不同取 1 L 或较小体积的水样，按每升水样加 10 mL 硝酸的比例加入一定体积的硝酸（3.2.2）。

5.2.2 向水样中加入 5 mL 柠檬酸溶液（3.2.8），用氢氧化铵溶液（3.2.11）调至碱性。然后加入 2 mL 硝酸铅载体溶液（3.2.9）和 2 mL 硝酸钡载体溶液（3.2.10）。

5.2.3 将溶液加热至沸，加 10 滴甲基橙指示剂溶液（3.2.15）在搅拌下滴加硫酸溶液（3.2.12）至溶液呈粉红色，并过量 5 滴，取下冷却。以下按 3.1.4～3.1.7 叙述的步骤进行操作。

6 结果计算

镭的α放射性核素的浓度按式（2）计算：

$$D = \frac{C_t - C_b}{60EVF} \tag{2}$$

式中：D——水中镭的α放射性核素的浓度，Bq/L；

V——水样体积，L；

60——为换算成 Bq/min 的转换因子；

其他符号同式（1）。

7 报告格式

报告样品分析结果时，应报告样品中活度超过探测下限的 ^{226}Ra 活度浓度及相应的标准偏差。

8 质量控制

8.1 测量仪器在检定的有效周期内使用，并处于受控状态。

8.2 10%的样品做平行样。

8.3 每年做 1～2 次加标分析，检验测量结果的精确性。

8.4 本方法测定的为 ^{226}Ra、^{223}Ra 和 ^{224}Ra 的混合浓度，其结果以 ^{226}Ra 当量表示。

附录 A 使用本方法的注意事项

（参考文件）

A1 水样的采集、处理与保存按《核设施水质监测分析采样规定》执行。

A2 本方法所用的化学试剂，尤其是氯化钙、硝酸铅、硝酸钡，要求镭的本底低。在更换使用不同厂家出品的试剂时，应测定所用试剂的空白值。

A3 在沉淀硫酸铅、钡时，硫酸溶液不能过量太多，以免硫酸钙析出。必要时可减少铁钙混合载体溶液中的钙量。

A4 如果仅取部分硫酸钡进行铺样测量，那么测量后要将硫酸钡在 750～800℃的高温炉中灼烧后称重，得出硫酸钡的化学产率（R），$R = m/m_o \times 100\%$（m 为用于铺样测量的硫酸钡质量，m_o 为应生成的硫酸钡的理论质量）。在计算中予以修正。方法测定效率计算式为：E=（$C_t - C_b$）/C_oFR；结果计算式为：

$D=(C_t-C_0)/60EVFR$，并且尽量使标定和水样测定时所用镭样测量的硫酸钡的量，即 R 基本一致。

A5　本方法所测定的镭的α放射性同位素的结果可按 ^{226}Ra 的当量来表示，因此在 ^{226}Ra、^{223}Ra 和 ^{224}Ra 三者比例关系不明的情况下，可取 ^{226}Ra 的子体增长系数，见附录 A（参考文件）表 A1 和图 A1 进行修正。当测量水样时的计数相当低，计数的统计误差远超过子体增长系数值时，可考虑不做修正。

A6　如需了解镭的单个α放射性同位素的相对浓度，可在用本方法测定它们的混合浓度的同时，用射气闪烁法测定其中 ^{226}Ra 浓度。并根据 ^{223}Ra 与 ^{226}Ra 在自然界中的比例关系求得 ^{223}Ra 的浓度。将它们的混合浓度减去 ^{226}Ra 和 ^{223}Ra 的浓度即为 ^{224}Ra 的浓度。当然，用计算求得的 ^{223}Ra 和 ^{224}Ra 的结果没有用单独测定的方法得出的结果准确。

表 A1　镭-226 中α活性随时间的增长

时间/h	修正系数/F
0	1.000 0
1	1.016 0
2	1.036 3
3	1.058 0
4	1.079 8
5	1.102 1
6	1.123 8
24	1.189 2
48	1.905 4
72	2.252 5

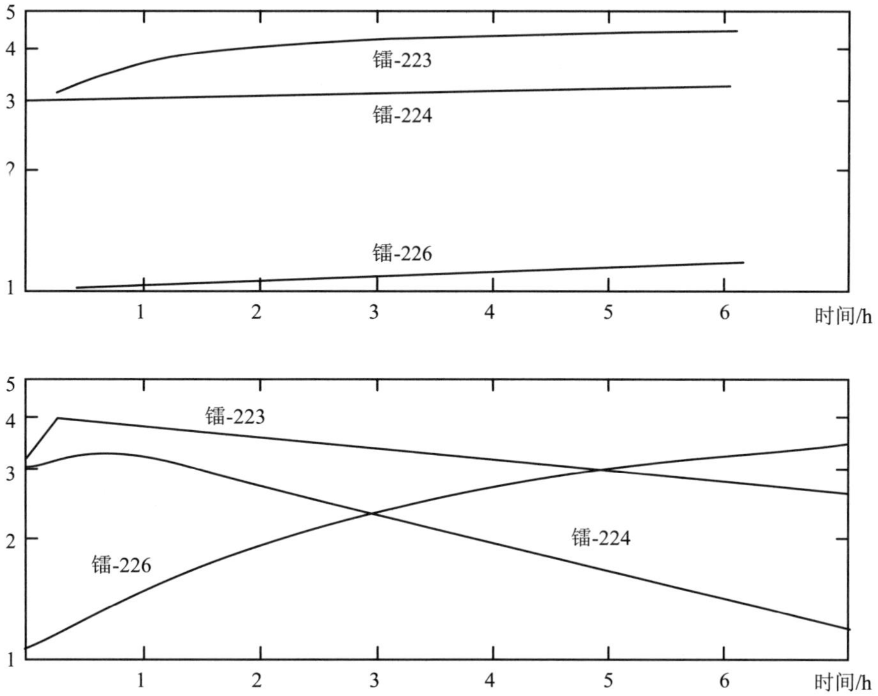

图 A1　镭同位素中α活性增长图

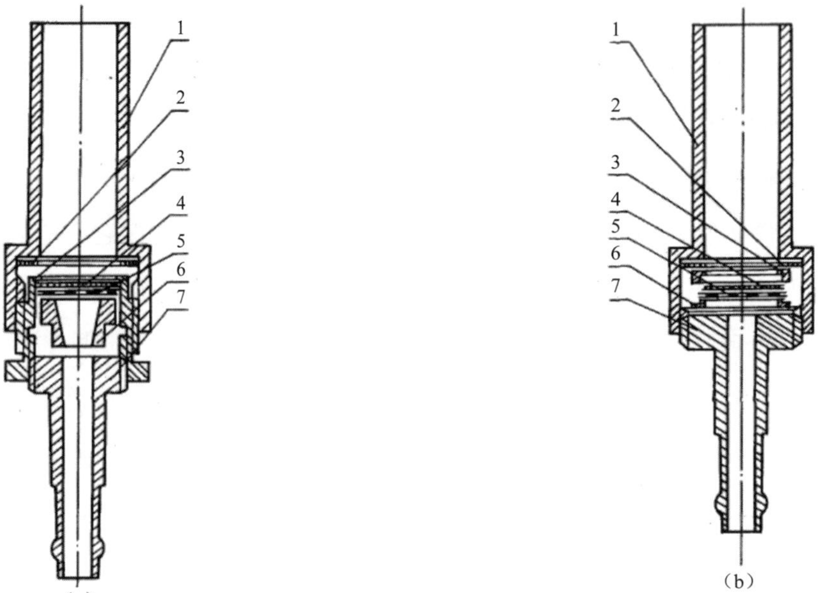

（a）　　（b）

1—盛样筒；2—橡皮垫圈；3—铺样头；4—过滤纸；5—铜筛网；6—托垫；7—紧固螺栓。

1—盛样筒；2—橡皮垫圈；3—滤纸压环上；4—过滤纸；5—铜筛网；6—滤纸压环下；7—紧固螺栓。

图 A2　过滤式铺样装置

五、水中钍分析测量技术方法——三正辛胺萃取法

1　方法依据

《食品安全国家标准　食品中放射性物质天然钍和铀的测定》（GB 14883.7—2016）

2　原理

在盐析剂硝酸铝存在下，含 8～10 个碳原子的长链胺 N235 能从硝酸溶液中萃取钍的络合物。

$$2R_3N \cdot HNO_3+[Th(NO_3)_6]^{2-} \rightleftharpoons (R_3NH)_2\,Th(NO_3)_6+2NO_3^-$$

然后利用钍在盐酸介质中不能形成稳定阴离子络合物的特点，用 8 mol/L 盐酸选择性反萃钍。在掩蔽剂存在的情况下，以偶氮胂III为显色剂，分光光度法测定钍。

该方法的水中钍测出限为 0.014 μg/L。

3　仪器、设备

3.1　分光光度计。

3.2　10 mL、100 mL 离心机。

3.3　分析天平：感量 0.1 mg。

3.4　100 mL 离心管。

3.5　60 mL、1 000 mL 梨形分液漏斗。

3.6　3 cm 比色皿。

3.7 10 mL 容量瓶。

4 试剂、消耗材料

所用试剂，除特别注明者外，均使用符合国家标准的分析纯试剂和蒸馏水或同等纯度的水。

4.1 10%N235（工业纯）+10%丙酮+10%乙酸乙酯-二甲苯混合萃取液。用 2 mol/L 硝酸平衡后使用。

4.2 饱和硝酸铝溶液：500 g A・R 级的硝酸铝加入少量水和浓氨水 33 mL，加热、溶解后，用水稀释至 500 mL。

4.3 0.05%偶氮胂III溶液：称取 0.500 0 g 偶氮胂III，加 pH 为 2 的酸化水溶解并稀释至 1 000 mL。

4.4 铁载体（20 mg Fe^{3+}/mL）：10 g 六水氯化铁溶于 100 mL 0.1 mol/L 硝酸中。

5 分析步骤

5.1 取 5 L 过滤后水样，调 pH 约为 1，置电炉上加热至沸约 5 min。加入 60 mg 铁载体，在不断搅拌下滴加浓氨水，至 pH 为 8～9 时取下烧杯，待沉淀凝聚后，抽去上清液，沉淀转入 100 mL 离心管，离心弃去上清液。在水浴上用热浓硝酸溶解沉淀，过滤，用 2 mol/L 硝酸洗涤滤纸 2～3 次，收集滤液及洗涤液。调节其酸度约为 2 mol/L，体积约为 10 mL。

5.2 将溶液转入 60 mL 分液漏斗，加 15 mL 饱和硝酸铝，按体积比（有机相：水相＝1：2）加 N235-二甲苯混合萃取剂，震荡 5 min，静置分相后，弃去水相。

5.3 以 5 mL 饱和硝酸铵洗涤有机相。

5.4 分别以 5 mL、3 mL 的 8 mol/L 盐酸反萃钍，每次震荡 5 min，反萃液收集于含有 0.1 g 抗坏血酸、0.5 mL40%尿素及 0.5 mL 10%草酸的 10 mL 容量瓶中，摇匀。加入显色剂 0.5 mL，用 8 mol/L 盐酸稀释至刻度。

5.5 溶液转入 3 cm 比色皿，以试剂空白为参比，于 660 nm 测定其吸光度，在工作曲线上查得其钍含量。

6 标准钍溶液

直接从有标准物质生产资质的部门购买，其浓度在证书中给出。

7 工作曲线

取 8 只 60 mL 的分液漏斗，加 10 mL 2 mol/L 的硝酸，分别准确加入 0.00 μg、0.30 μg、0.50 μg、0.70 μg、1.00 μg、2.00 μg、3.00 μg、4.00 μg 钍，以下按分析程序 5.2 至 5.5 绘制工作曲线。

8 结果计算

$$C=\frac{N}{W\cdot V}$$

式中：N——由工作曲线上查得的钍含量，μg；

V——水样体积，L；

W——方法回收率，%；

C——钍的浓度，μg/L。

9　报告格式

报告样品分析结果时，应报告样品中活度超过探测下限的钍的活度浓度及相应的标准偏差。

10　质量控制

10.1　测量仪器在检定的有效周期内使用。

10.2　10%的样品做平行样。

10.3　每年做 1～2 次加标分析。

六、水中钍分析测量技术方法——TRPO 萃取法

1　方法依据

《水中钍的分析方法》(GB 11224—89)

2　原理

水样中加入镁载体和氢氧化钠后，钍和镁以氢氧化物形式共沉淀。用浓硝酸溶解沉淀，溶解液通过三烷基氧膦萃淋树脂萃取色层柱选择性吸附钍；草酸-盐酸溶液解吸钍；在草酸-盐酸介质中，钍与偶氮胂III生成红色络合物，于分光光度计 660 nm 处测量其吸光度。

该方法的水中钍测定范围 0.01～0.5 μg/L。

3　干扰

水样锆、铀总量分别超过 10 μg、100 μg 时，会使结果偏高。

4　试剂

4.1　氯化镁：$MgCl_2 \cdot 6H_2O$。

4.2　盐酸溶液：10%（*V*/*V*）。

4.3　硝酸：浓度 65.0%～68.0%。

4.4　硝酸溶液：3 mol/L。

4.5　硝酸溶液：1 mol/L。

4.6　0.025 mol/L 草酸-0.1 mol/L 盐酸溶液。

4.7　0.1 mol/L 草酸-6 mol/L 盐酸溶液。

4.8　偶氮胂III溶液：1 g/L。

4.9　氢氧化钠溶液：10 mol/L，称取 200 g 氢氧化钠，用水溶解，稀释至 500 mL。贮存于聚乙烯瓶中。

4.10　钍标准溶液：10 mg 钍-10%盐酸溶液，最大相对误差不大于 0.2%。用盐酸溶液（4.2）将上述 10 mg 钍标准溶液稀释至 1 000 mL，此溶液每毫升含 10 μg 钍。

4.11　三烷基氧膦（TRPO）萃淋树脂：50%（*m*/*m*），60～75 目。

5　仪器、设备

5.1　玻璃色层交换柱：内径 7 mm。

5.2　分光光度计。

5.3　离心沉淀机。

6　分析步骤

6.1　萃取色层柱的准备

6.1.1　树脂的处理

用去离子水将三烷基氧膦（4.11）浸泡 24 小时后弃去上层清液。用硝酸溶液（4.4）搅拌下浸泡 2 小时，而后用去离子水洗至中性，自然晾干，保存于棕色玻璃瓶中。

6.1.2　萃取色层柱的制备

用湿法将树脂装入玻璃色层交换柱（5.1）中，床高 70 mm。床的上、下两端取少量聚四氟乙烯丝填塞，用 25 mL 硝酸溶液（4.5）以 1 mL/min 流速通过玻璃色层交换柱（5.1）后备用。

6.1.3　萃取色层柱的再生

依次用 20 mL 草酸—盐酸溶液（4.6）、25 mL 水、25 mL 硝酸溶液（4.5）以 1 mL/min 流速通过萃取色层柱后备用。

6.2　样品分析

6.2.1　取水样 10 L，加氢氧化钠溶液（4.9）调节至 pH=7，加 5.1 g 氯化镁（4.1）。在转速为 500 r/min 搅拌下，缓慢滴加 10 mL 氢氧化钠溶液（4.9）。加完后继续搅拌半小时，放置 15 小时以上。

6.2.2　弃去上层清液，沉淀转入离心管中，在转速为 2 000 r/min 下离心 10 min。弃去上层清液。用约 6 mL 硝酸（4.3）溶解沉淀。溶解液在上述转速下离心 10 min，上层清液以 1 mL/min 流速通过萃取色层柱。

6.2.3　用 200 mL 硝酸溶液（4.5）以 1 mL/min 流速洗涤萃取色层柱，然后用 25 mL 水洗涤，洗涤速度为 0.5 mL/min。

6.2.4　用 30 mL 草酸—盐酸溶液（4.6）以 0.3 mL/min 流速解吸钍。收集解吸液于烧杯中，在电砂浴上缓慢蒸干。

6.2.5　将上述烧杯中的残渣用草酸—盐酸溶液（4.7）溶解并转入 10 mL 容量瓶中，加入 0.50 mL

偶氮胂III（4.8）。用草酸—盐酸溶液（4.7）稀释至刻度。10 min 后，将此溶液转入 3 cm 比色皿中。以偶氮胂III溶液作参比液，于分光光度计（5.2）660 nm 处测量其吸光度，从工作曲线上查出相应的钍量。

6.3 工作曲线绘制

准确移取 0 mL、0.05 mL、0.10 mL、0.30 mL、0.50 mL 钍标准溶液（4.10.1）置于一组盛有 10 L 自来水的塑料桶中，按 6.2.1～6.2.5 进行。以偶氮胂III溶液作参比液，于分光光度计（5.2）660 nm 处测量其吸光度。数据经线性回归处理后，以钍量为横坐标，吸光度为纵坐标绘制工作曲线。

7 结果计算

试样中钍的浓度按下式计算：

$$C = \frac{W}{V}$$

式中：C——试样中钍的浓度，μg/L；

W——从工作曲线上查得的钍量，μg；

V——试样体积，L。

8 报告格式

报告样品分析结果时，应报告样品中活度超过探测下限的钍的浓度及相应的标准偏差。

9 质量控制

9.1 显色剂偶氮胂III溶液的使用期不得超过 1 个月，否则会影响钍的测定。

9.2 在分析中，若需要更换试剂或分光光度计需要调整、更换零件时，必须重作工作曲线。

9.3 若水样中碳酸根含量较高，碳酸根与钍形成五碳酸根络钍阴离子[$Th(CO_3)_5^{5-}$]，从而影响钍的定量沉淀。此时，可在水样中加入过氧化氢，使钍形成溶度积小得多的水合过氧化钍（$Th_2O_7 \cdot 11H_2O$）沉淀。

9.4 用硝酸溶解沉淀时，要缓慢加入，硝酸用量以恰好溶解沉淀为宜。此溶解液在上柱前，一定要离心，防止硅酸盐胶体及其残渣堵塞柱子。

9.5 解吸液在蒸至近干时，应防止通风。

9.6 测量仪器在检定的有效周期内使用。

9.7 10%的样品做平行样。

9.8 每年做 1～2 次加标分析。

七、水中铀分析方法

1 方法依据

依据《环境样品中微量铀的分析方法》（HJ 840—2017）中激光荧光法、固体荧光法（磷酸三丁酯萃取或三正辛基氧膦萃取）、分光光度法（磷酸三丁酯萃取）。

2　激光荧光法

本方法适用于环境水样（包括地表水、地下水、污染源排放废水）中微量铀的测定。激光荧光法对环境水样品中铀的测量范围为 2.0×10^{-8}～2.0×10^{-5} g/L。

2.1　原理

向液态样品中加入的荧光增强剂与样品中铀酰离子生成一种简单的络合物，在紫外脉冲光源的照射下被激发产生荧光，并且铀含量在一定范围内时，荧光强度与铀含量成正比，通过测量荧光强度，计算获得铀含量。

2.2　试剂

除非另有说明，分析时均使用符合国家标准或专业标准的分析纯试剂，实验用水为新制备的去离子水和蒸馏水。所用酸在没有注明浓度时均指分析纯浓酸。硝酸酸化水均为 pH=2 的硝酸溶液。在需标明试剂含量时，按下述表示方法：

当溶液的浓度表示为物质的量浓度时，单位为摩尔每升（mol/L），量的符号为 c [例如 $c(HNO_3)$=1 mol/L]；当溶液的浓度表示为质量浓度时，单位为克每升（g/L）、微克每毫升（μg/mL）等，量的符号为 ρ[例如 ρ（U）=1 mg/mL]；如果溶液浓度以质量分数给出，量的符号为 ω [例如 ω（NaCl）=10%，表示 100 g 该溶液中含有 10 g 氯化钠，即 10 g 氯化钠溶于 90 g 水中]，单位无量纲；如果溶液浓度以体积分数给出，量的符号为 ψ[例如 ψ（HCl）=5%，表示 100 mL 该溶液中含有浓盐酸 5 mL]，单位无量纲。

对于微量铀分析方法中使用的试剂应进行铀含量测定，铀含量高于环境水平的试剂不能用于实验过程。

2.2.1　硝酸：质量浓度 65.0%～68.0%。

2.2.2　硝酸溶液：c（HNO_3）=1 mol/L。

2.2.3　铀荧光增强剂：荧光增强倍数不小于 100 倍。

2.2.4　八氧化三铀（基准或光谱纯，八氧化二铀含量大于 99.97%）。

2.2.5　铀标准贮备溶液：ρ（U）=1 mg/mL。

2.2.5.1　外购铀标准贮备溶液

购买有标准物质证书的铀标准溶液作为铀标准贮备溶液。

2.2.5.2　配制铀标准贮备溶液

将八氧化三铀放至马福炉中 850℃灼烧 0.5 小时，取出置于干燥器中冷却至室温。称取 0.117 9 g 于 50 mL 烧杯内，用 2～3 滴水润湿后加入 5 mL 硝酸，于电热板上加热溶解并蒸发至近干（控制温度防止溅出），然后用硝酸酸化水溶解，定量转入 100 mL 容量瓶中，用硝酸酸化水稀释至标线。

2.2.6　铀标准中间溶液：ρ（U）= 10.0 μg/mL

取 1 mL 1 mg/mL 铀标准贮备溶液，用 pH=2 的硝酸酸化水稀释至 100 mL。

2.2.7　铀标准工作溶液：ρ（U）=0.5 μg/mL

取 5 mL 10 μg/mL 的铀标准中间溶液，用 pH=2 的硝酸酸化水稀释至 100 mL。

2.2.8 铀标准工作溶液：ρ（U）=0.1 μg/mL

取 1 mL 10 μg/mL 的铀标准中间溶液，用 pH=2 的硝酸酸化水稀释至 100 mL。

2.3 仪器设备

2.3.1 铀分析仪：量程范围：1×10^{-11}～2×10^{-8} g/mL；

检出下限：≤2×10^{-11} g/mL；

线性：r≥0.995。

2.3.2 微量注射器：50 μL、100 μL。

2.3.3 分析天平：可读性 0.1 mg。

2.3.4 石英比色皿：（1×2×4）cm。

2.3.5 马福炉：控温精度±3℃。

2.3.6 酸度计。

2.4 样品采集、运输、保存与预处理

2.4.1 样品采集、运输与保存

按照 GB 12997、GB 12998、GB 12999、GB 12379 和 HJ/T 61 等标准中的相关规定进行水样的采集和保存。

2.4.2 样品预处理

将水样静置后取上清液为待测样品。如水样有悬浮物，需用孔径 0.45 μm 的过滤器除去，以滤液为待测样品。

2.5 分析步骤

2.5.1 线性范围确定

以空白样品，按样品分析步骤操作，测量前按照仪器使用要求，将仪器的光电管负高压调节到合适范围，分数次加入铀标准溶液并分别测定记录荧光强度。以荧光强度为纵坐标，铀含量为横坐标，绘制荧光强度—铀含量标准曲线，确定荧光强度—铀含量线性范围，要求在线性范围内，r>0.995。计算荧光强度与铀含量标准比值 B。

实际样品采用标准加入法进行测量，应当在线性范围内进行。

不要求每次测定时都重新确定线性范围，但如果仪器光电管负高压调整等指标变化或者铀荧光增强剂等试剂更换，以及荧光强度测定值在原确定的线性范围边界时，应当重新确定线性范围。

2.5.2 样品测定

按照仪器操作规程开机并至仪器稳定，检查确认仪器的光电管负高压等指标与确定线性范围时的状态相同。

取 5 mL 待测样品溶液于石英比色皿内，置于微量铀分析仪测量室内，测定并记录读数 N_0。

向样品内加入 0.5 mL 铀荧光增强剂，充分混匀，注意观察，如产生沉淀，则该样品报废（注意：应将被测样品稀释或进行其他方法处理，直至无沉淀产生，方可进入测量步骤）。

测定荧光强度为 N_1。

再向样品内加 50 μL 0.1 μg/mL 铀标准工作溶液（铀含量较高时，加入 50 μL 0.5 μg/mL 铀标准溶液），充分混匀，测定荧光强度为 N_2。

检查 N_2 应处于标准曲线线性范围内，如超出线性范围，应将样品稀释后重新测定。

检查 N_2—N_1 与加入的铀标准量的比值，应与标准曲线 B 值相符合。

2.6　结果的表示

2.6.1　铀含量的计算

铀含量按式（1）计算：

$$c=\frac{\left(N_1-N_0\right)c_1V_1K}{\left(N_2-N_1\right)V_0}\times 100\% \tag{1}$$

式中：c——水样中铀的浓度，μg/L；

N_0——样品为铀加荧光增强剂前测得的荧光强度；

N_1——加铀荧光增强剂后样品测得的荧光强度；

N_2——样品加铀标准工作溶液后测得的荧光强度；

c_1——荧光强度 N_2 时加入铀标准工作溶液的浓度，μg/mL；

V_1——荧光强度 N_2 时加入铀标准工作溶液的体积，mL；

V_0——分析用水样的体积，mL；

K——水样稀释倍数。

2.6.2　报告格式

报告样品分析结果时，应报告样品中活度超过探测下限的铀的浓度及相应的标准偏差。

3　固体荧光法

本方法适用于环境水样（包括地表水、地下水、污染源排放废水）中微量铀的测定。测定范围为 0.05～100 μg/L；回收率大于 90%；相对标准偏差优于±20%。

3.1　原理

在硝酸介质中，铀酰离子与硫氰酸根生成的络合物被磷酸三丁酯定量萃取后，经铀试剂III反萃取后，以固体荧光法测定铀或在硝酸介质中，铀酰离子被三正辛基氧膦定量萃取分离后，以固体荧光法测定铀。

3.2　试剂

试剂要求及含量表示方法同 2.2。

3.2.1　铀标准贮备溶液：ρ（U）=1.00 mg/mL

同 2.2.5.2。

3.2.2　铀标准系列工作溶液（临用时配制）

用硝酸酸化水将 ρ（U）=1.00 mg/mL 铀标准贮备溶液逐级稀释成不同浓度的铀标准溶液。

Ⅰ（1.00，2.00，4.00，6.00，8.00）$\times 10^{-6}$ g/mL；

Ⅱ（1.00，2.00，4.00，6.00，8.00）$\times 10^{-7}$ g/mL；

Ⅲ（1.00，2.00，4.00，6.00，8.00）$\times10^{-8}$ g/mL；

Ⅳ（1.00，2.00，4.00，6.00，8.00）$\times10^{-9}$ g/mL。

3.2.3 碳酸钠溶液：ρ（Na_2CO_3）=50 mg/mL

称取 50 g 无水碳酸钠，用水溶解，稀释至 1 000 mL。

3.2.4 硫氰酸钾溶液：c（KSCN）=6 mol/L

称取 291 g 硫氰酸钾（KSCN），用水溶解，稀释至 500 mL。

3.2.5 酒石酸溶液：c（$C_4H_6O_6$）=2 mol/L

称取 150 g 酒石酸，用水溶解，稀释至 500 mL。

3.2.6 氨水（$NH_3 \cdot H_2O$）：质量浓度 25%～28%。

3.2.7 乙二胺四乙酸二钠溶液：ρ（$C_{10}H_{14}N_2Na_2O_8$）= 75 mg/mL

称取 7.5 g 乙二胺四乙酸二钠（$C_{10}H_{14}N_2Na_2O_8 \cdot 2H_2O$，简称 EDTA 二钠），加少量水，滴加氨水使之完全溶解后，用水稀释至 100 mL。

3.2.8 硝酸铵溶液：ρ（NH_4NO_3）= 400 mg/mL

称取 400 g 硝酸铵，用水溶解，稀释至 1 000 mL。

3.2.9 偶氮胂III溶液：ρ（$C_{22}H_{18}O_{14}N_4S_2As_2$）= 0.02 g/L

称取 0.100 0 g 偶氮胂III，用 pH 为 2 的硝酸酸化水溶解后，转入 100 mL 容量瓶中，稀释至刻度，此溶液浓度为 0.1%。取 10.0 mL 该溶液于 500 mL 容量瓶中，用 pH 为 2 的硝酸酸化水稀释至刻度。

3.2.10 二甲苯。

3.2.11 环己烷。

3.2.12 磷酸三丁酯。

3.2.13 三正辛基氧膦。

3.2.14 1,2-环己二胺四乙酸。

3.2.15 氟化钠，优级纯。

3.2.16 氟化锂。

3.2.17 氢氧化钠。

3.2.18 氢氧化钠溶液：ψ（NaOH）=20%。

3.2.19 硝酸：质量浓度 65.0%～68.0%。

3.2.20 硝酸溶液：c（HNO_3）=1 mol/L。

3.2.21 磷酸三丁酯-二甲苯溶液：$\psi[(C_4H_9O)_3PO/C_6H_4(CH_3)_2]$=20%

取一定体积的磷酸三丁酯[$(C_4H_9O)_3PO$]，用等体积的 50 mg/mL 的碳酸钠溶液洗涤 2～3 次，再用水洗至中性。取洗涤过的磷酸三丁酯与二甲苯[$C_6H_4(CH_3)_2$]按体积比 1∶4 混匀。

3.2.22 混合溶剂，将 98 份氟化钠粉末与 2 份氟化锂粉末均匀混合。

3.2.23 三正辛基氧膦-环己烷溶液

称取 19.33 g 三正辛基氧膦，溶于环己烷中，并稀释至 500 mL。

3.2.24　混合掩蔽剂溶液

（1）1,2-环己二胺四乙酸（CyDTA）溶液：ρ（CyDTA）= 60 mg/mL，称取 30 g CyDTA，放入 500 mL 烧杯中，加水 100 mL，滴加 20%氢氧化钠溶液至其完全溶解。然后，用 1 mol/L 硝酸或氢氧化钠溶液调至中性，再用水稀释至 500 mL。

（2）氟化钠溶液：ρ（NaF）= 30 mg/mL

称取 15 g 氟化钠，用水溶解，稀释至 500 mL。

（3）取等体积的 1,2-环己二胺四乙酸溶液（1）和氟化钠溶液（2）混匀，即成混合掩蔽剂溶液。

3.3　仪器设备

3.3.1　光电荧光光度计：具有激发波长范围 320～370 nm；测定范围 5×10^{-9}～1×10^{-5} g 铀/珠。

3.3.2　酒精喷灯或液化石油气灯：温度可达到 1 100℃。

3.3.3　铂丝环：将直径为 0.5 mm 的铂丝一端熔入玻璃棒，另一端绕成内径为 3 mm 的圆环。

3.3.4　铂皿：内径 10 mm，深 2 mm。

3.3.5　氟化钠压片器。

3.3.6　马福炉：控温精度±3℃。

3.4　样品采集、运输、保存与预处理

3.4.1　样品采集、运输与保存

同 2.4.1。

3.4.2　样品预处理

同 2.4.2。

3.5　步骤

3.5.1　标准曲线绘制

将氟化钠或混合熔剂分别和 3.2.2 中所配制的铀标准溶液烧制熔珠或熔片，其操作方法见附录 A。烧制熔珠的条件为：火焰（氧化焰）温度 980～1 050℃，全熔后持续 20～30 s，退火 5～10 s，冷却 15 min 后，在光电荧光光度计上测定其荧光强度。用荧光强度与对应的铀浓度作图，绘制成四条不同量级的标准曲线。

3.5.2　样品分析

3.5.2.1　磷酸三丁酯萃取-铀试剂III反萃取

取 100 mL（视铀含量而定）水样放入 150 mL 分液漏斗中，依次加入 2 mL 硫氰酸钾溶液、2 mL 酒石酸溶液、6 mL 乙二胺四乙酸二钠溶液（含氟较高的水样，可再加 1 mL 饱和硝酸铝溶液，以消除氟的干扰），每加入一种试剂均应摇匀。用 1∶1 硝酸或 1∶1 氢氧化铵溶液调节 pH 为 2～3（精密 pH 试纸指示），加入 5 mL 磷酸三丁酯-二甲苯溶液，充分振荡 5 min，静置分层后，弃去水相。用 5 mL 硝酸铵溶液洗涤有机相 2 次，每次振荡 2 min，弃去水相。加 1 mL 偶氮胂III溶液，振荡 3 min，静置分层后，将下层水相全部或定量分取部分与氟化钠或混合熔剂烧制熔珠或熔片。以下操作同 3.5.1。

3.5.2.2　三正辛基氧膦萃取

取 100 mL（视铀含量而定）水样放入 150 mL 分液漏斗内，加入 7 mL 硝酸和 0.5 mL 混合掩蔽剂溶液，摇匀，加入 1 mL 三正辛基氧膦-环己烷溶液。充分振荡 5 min，静置分层后，弃去水相，定量分取有机相部分与氟化钠或混合熔剂烧制熔珠或熔片，以下操作同 3.5.1。

3.6 结果的表示

3.6.1 铀含量的计算

铀含量按式（2）计算：

$$c=\frac{(A-A_0)\ V_1}{V_0 \cdot V_2 \cdot R} \tag{2}$$

式中：c——水样中铀的浓度，μg/L；

A——从标准曲线上查得样品熔珠或熔片的铀量，μg；

A_0——方法空白铀量，μg；

V_1——反萃取（或萃取）液总体积，mL；

V_2——用于测定的反萃取（或萃取）液体积，mL；

V_0——分析用水样体积，L；

R——全程回收率，%。

3.6.2 报告格式

报告样品分析结果时，应报告样品中活度超过探测下限的铀的浓度及相应的标准偏差。

4 分光光度法

本方法适用于污染源排放废水中微量铀的测定。测定范围为 2～100 μg/L；相对标准偏差优于±10%；全程回收率大于 90%。

4.1 原理

在硝酸介质中，铀酰离子与硫氰酸根生成的络合物被磷酸三丁酯定量萃取后，经铀试剂III反萃取，以分光光度法测定铀。

4.2 试剂

试剂要求及含量表示方法同 2.2。

4.2.1 铀标准贮备溶液：ρ（U）=1 mg/mL

同 2.2.5。

4.2.2 铀标准中间溶液：ρ（U）=10 μg/mL

同 2.2.6。

4.2.3 磷酸三丁酯-煤油溶液：$\psi[(C_4H_9O)_3PO]=20\%$

取 20 mL 磷酸三丁酯（已纯化过的）与 80 mL 氢化煤油混匀。

4.2.4 硫氰酸钾溶液：c（KSCN）=6 mol/L

同 3.2.4。

4.2.5 酒石酸溶液：c（$C_4H_6O_6$）=2 mol/L

同 3.2.5。

4.2.6 乙二胺四乙酸二钠溶液：ρ（$C_{10}H_{14}N_2Na_2O_8$）= 75 mg/mL

同 3.2.7。

4.2.7 硝酸铵溶液：ρ（NH_4NO_3）= 400 mg/mL

同 3.2.8。

4.2.8 碳酸钠溶液：ρ（Na_2CO_3）=50 mg/mL

同 3.2.3。

4.2.9 偶氮胂III溶液：ρ（$C_{22}H_{18}O_{14}N_4S_2As_2$）= 0.02 g/L

同 3.2.9。

4.3 仪器设备

4.3.1 分光光度计。

4.3.2 电动离心机。

4.3.3 酸度计。

4.4 样品采集、运输、保存与预处理

4.4.1 样品采集、运输与保存

同 2.4.1。

4.4.2 样品预处理

同 2.4.2。

4.5 步骤

4.5.1 工作曲线绘制

在 7 个 150 mL 分液漏斗内，分别加入 0 μg、1 μg、2 μg、4 μg、6 μg、8 μg、10 μg 铀标准溶液用水加至 100 mL，摇匀。依次加入 2 mL 硫氰酸钾溶液、2 mL 酒石酸溶液、6 mL 乙二胺四乙酸二钠溶液，每加入一种试剂均应摇匀。用 1∶1 硝酸或 1∶1 氢氧化铵溶液调节 pH 为 2～3（精密 pH 试纸指示）。加入 10 mL 磷酸三丁酯-煤油溶液，充分摇荡 5 min，静置分层后弃去水相。用 5 mL 硝酸铵溶液洗涤有机相 2 次，每次振荡 2 min，弃尽洗涤液，加入 10 mL 偶氮胂III溶液，振荡 2 min，静置分层后，将水相转入 10 mL 离心试管内，离心 3 min，移入 3 cm 比色皿内，于 655 nm 波长处，用试剂空白作参比，测定吸光度，并绘制工作曲线。

4.5.2 样品分析

取 100 mL 水样（视铀含量而定）于 150 mL 分液漏斗内，以下操作按 4.5.1 进行。

如果水样中含有机物较多，应将水样蒸干，反复用硝酸和过氧化氢处理，蒸干，直至残渣变白为止。最后，用 100 mL pH=2 的硝酸酸化水溶解残渣，并转入 150 mL 分液漏斗中，以下操作同 4.5.1。

4.6 结果的表示

4.6.1 铀含量的计算

铀含量按式（3）计算：

$$c = \frac{A}{V} \tag{3}$$

式中：c——水样中铀的浓度，μg/L；

A——由工作曲线上查得铀量，μg；

V——分析用水样体积，L。

4.6.2 报告格式

报告样品分析结果时，应报告样品中活度超过探测下限的铀的浓度及相应的标准偏差。

附录 A 使用本方法的注意事项

（参考文件）

A1 固体荧光法中，烧制熔珠的方式可酌情选择下列方式中任意一种：

a）将 80±5 mg 氟化钠用压片器压制成片，取 0.050 mL 含铀溶液滴在片上烧制熔珠；

b）用 80±5 mg 氟化钠与含铀溶液蒸至近干，拌成滚球样的团，再烧制熔珠；

c）取 0.1 mL 含铀溶液滴入加有 100 mg 98%NaF-2%LiF 混合熔剂的铂坩埚内，于烘箱内 105℃温度下烘干，转入马福炉内，在 900℃温度下熔融 5 min，制取熔片，取出冷至室温后，测量其荧光强度。

不管采用何种方式，每种样品均需烧制 3 个熔珠或熔片，而且分析样品烧制熔珠或熔片的方式必须与标准曲线烧制熔珠或熔片的方式一致。

标准曲线必须进行直线回归处理，并定期（最多不得超过三个月）进行校正。在分析中，更换制作标准曲线时所用的任何试剂或光电荧光光度计进行调整、更换零件等，都必须重做标准曲线。测定样品时，必须同时做空白试验和回收试验。

烧制熔珠的熔剂也可采用 98%NaF 和 2%LiF 的混合熔剂。

A2 固体荧光法中，当样品铀含量大于 0.1 μg/L 时，可用 1.00 mL ψ（TBP）=20%的磷酸三丁酯-二甲苯溶液萃取后，直接取 0.050 mL ψ（TBP）=20%的磷酸三丁酯-二甲苯溶液滴在氟化钠片上烧制熔珠。

A3 固体荧光法中，磷酸三丁酯的稀释剂可用煤油、甲苯、二甲苯中任意一种。

A4 固体荧光法和分光光度法中，用ρ（NH_4NO_3）= 400 mg/mL 的硝酸铵溶液洗涤有机相时，如含铁量太高，不易洗至无色，可采用ρ（NH_4NO_3）= 400 mg/mL 硝酸铵加 5%抗坏血酸的混合溶液洗涤。

八、固体样品中 ^{238}U、^{226}Ra 和 ^{232}Th 的 γ 能谱分析

1 方法依据

《土壤中放射性核素的γ 能谱分析方法》（GB/T 11743—2013）

《高纯锗γ 能谱通用方法》（GB/T 11713—2015）

2 原理

γ 射线与 HPGe 晶体中原子相互作用产生的电子-空穴对，在高电压下被收集，经前置放大器放大，输出一个脉冲信号，再经主放大器使脉冲成形（信噪比最佳），形成幅度与吸收能量成正比的脉冲；再经脉冲幅度分析器 MCA 及模数转换器 ADC，最后送入计算机由相关软件处理，形成γ 能谱。应用计算机解谱程序给出天然放射性核素的放射性活度。

本方法的探测下限约为：5×10^{-1} Bq/kg（干）（^{137}Cs）。

3 仪器装置

3.1 γ 谱仪

3.1.1 探测器

应根据γ 射线能量范围采用不同材料和不同类型的半导体探测器。测量固体样品可优先采用单开端同轴高纯锗探测器，其对 ^{60}Co 1 332.5 keV γ 射线的能量分辨率（FWHM）应优于 2.5 keV。

3.1.2 屏蔽

探测器装置应置于等效铅当量不小于 10 cm 的金属屏蔽室中，屏蔽室内壁距晶体表面的距离大于 13 cm，在铅室的内表面应有原子序数逐渐递减的多层内屏蔽材料，内屏蔽从外向里依次衬有厚度≥1.6 mm 的镉或锡、≥0.4 mm 的铜、1.6 mm 的镉及 2～3 mm 厚的有机玻璃等组成。屏蔽室应有便于取、放样品的门或窗。

3.1.3 高压电源

应有保证探测器稳定工作的高压电源，其相对纹波电压不大于±0.01%，对半导体探测器高压应在 0～±5 kV、1～100 μA 范围内连续可调，不能有间断点。

3.1.4 谱放大器

应有与前置放大器及脉冲高度分析器匹配的具有波形调节的放大器。

3.1.5 脉冲高度分析器

高纯锗γ 能谱仪道数应不少于 8 192 道。

3.1.6 计算机系统

要求与整套谱仪系统硬件相匹配，并已安装适合整套谱仪系统的获谱、解谱软件，以及配套输出终端，如打印机等。

3.2 测量容器

根据样品的多少及探测器的形状、大小选用不同尺寸及形状的样品盒，如：容器底部直径等于或小于探测器直径的圆柱型样品盒或与探测器尺寸相匹配的环形样品盒。容器应选用天然放射性核素含量低、无人工放射性污染的材料制成，如 ABS（丙烯腈-苯乙烯-丁二烯共聚物）树脂或聚乙烯。

4 γ 谱仪的刻度

4.1 能量刻度

4.1.1 用已知核素的刻度源刻度γ 能谱系统

能量刻度范围应从 40～2 000 keV。适于能量刻度的单能或多能核素参见附录 A。能量刻度至少包括四个能量均匀分布在所需刻度能区的刻度点。记录刻度源的特征γ 射线能量和相应全能峰峰位道址，可在直角坐标纸上作图或对数据作最小二乘直线或抛物线拟合。高纯锗γ 能谱仪的能量非线性绝对值不应超过 0.5%。

4.1.2 能量和道址关系的变化

若能量刻度曲线的斜率和截距的变化绝对值不超过 0.5%，可利用已有的刻度数据，否则应重新刻度。γ 能谱仪的稳定性越好，能量刻度变化的可能性就越小。

4.2 效率刻度

4.2.1 效率刻度体标准源

对于一般固体样品测量用铀、镭、钍的体标准源进行效率刻度。用作效率刻度的标准源其几何形状要与被测样品相同，基质密度和有效原子序数要尽量与被测样品相近。

4.2.2 效率刻度曲线

当级联和跨越效应可忽略，γ 射线全吸收峰探测效率是γ 射线能量的函数。求出若干个不同能量单能γ 射线的全能峰探测效率后可在坐标纸上作出探测效率与γ 射线能量的关系曲线（效率曲线）或用计算机对实验点作加权最小二乘法曲线拟合求效率曲线。在 40～2 000 keV 范围内用 *n* 次对数多项式拟合可达到满意的效果。表达式如式（1）：

$$\ln\varepsilon = \sum_{i=0}^{n-1} a_i \left(\ln E_\gamma\right)^i \tag{1}$$

式中：ε ——实验γ 射线全吸收峰效率值；

a_i——拟合常数；

E_γ ——相应的γ 射线能量，keV。

效率刻度的相对标准不确定度应小于±5%。

5 体标准源制备

5.1 体标准源要求

γ 能谱效率刻度用的体标准源应满足均匀性好、核素含量准确、稳定、密封等要求，既可以是用模拟基质加特定核素的标准溶液或标准矿粉均匀混合后制成，也可以用国家一级标准物质如纯铀粉末源、铀镭平衡粉末源、钍粉末源、^{40}K 粉末源或其他含铀钍镭钾的标准物质制成。由于伴生放射性矿种类繁多，成分差异大，若没有相应的伴生矿标准物质，可采用已知活度的普通土壤或岩石标准物质制备的体标准源，前提是必须保持标准源的几何形状与被测样品一致。

5.2　模拟基质

选用放射性本底低，容易均匀混合，与待测样品密度相近的物质作为模拟基质。对于填充密度在 0.8～1.6 g/cm^3 的固体样品的体标准源以一定比例的氧化铝和二氧化硅作为模拟基质。

5.3　体标准源活度

体标准源的活度要适中，一般为被测样品的 10～30 倍，具体倍数根据样品量的多少及强弱而定。

5.4　体标准源密封

制备好的铀、镭体标准源应放入样品盒中密封 3～4 周，使铀、镭及其短寿命子体达到平衡后再使用。

5.5　体标准源的不确定度

体标准源的总不确定度应在 5%以内。

6　样品的制备

剔除杂草、碎石等异物的固体样品经 105℃烘干至恒重，压碎过筛（40～60 目）称重后装入与刻度 γ 能谱仪的体标准源相一致的样品盒中，密封，放置 3～4 周后测量。

7　测量

7.1　测量的前期准备

7.1.1　测量前仪器需预热 8 小时以上。

7.1.2　仪器使用不间断电源供电，保证电压在 220V±10%以内。

7.1.3　检查待测样品密封性并表面去污 2～3 次。

7.2　本底测量

应测量模拟基质本底谱和空样品盒本底谱，在求体标准源全能峰净面积时，应将体标准源全能峰计数减去相应模拟基质本底计数，固体样品的全能峰计数应扣除相应空样品盒本底计数。

7.3　体标准源测量

测量体标准源时，其相对探测器的位置应与测量固体样品时相同。

7.4　测量时间及测量计数不确定度

测量时间根据被测标准源或样品的强弱而定。体标准源的测量计数统计误差应小于 5%，固体样品中放射性核素活度的扩展不确定度（包含因子为 1）应满足：铀小于 20%，镭、钍小于 10%。

8　γ 能谱分析方法

8.1　相对比较法

8.1.1　方法描述

相对比较法适用于有待测核素体标准源可利用情况下样品中放射性核素活度浓度的分析。

利用多种计算机解谱方法，如总峰面积法、函数拟合法、逐道最小二乘拟合法等，计算出体标准源和样品谱中各特征峰的全能峰净面积，标准源中的 j 种核素的第 i 个特征峰的刻度系数 C_{ji} 见式（2）：

$$C_{ji}=\frac{A_j}{\mathrm{Net}_{ji}} \tag{2}$$

式中：C_{ji} ——第 j 种核素在第 i 个特征峰处的刻度系数，Bq/（计数/s）；

A_j ——体标准源中第 j 种核素的活度，Bq；

Net_{ji}——体标准源中第 j 种核素的第 i 个特征峰的全能峰净面积计数率，计数/s。

被测样品的第 j 种核素的比活度见式（3）：

$$Q_j=\frac{C_{ji}\left(A_{ji}-A_{jib}\right)}{W\cdot D_j} \tag{3}$$

式中：Q_j——被测样品第 j 种核素的活度浓度，Bq/kg；

A_{ji}——被测样品第 j 种核素的第 i 个特征峰的全能峰净面积计数率，计数/s；

A_{jib}——与 A_{ji} 相对应的特征峰本底净面积计数率，计数/s；

W——被测样品的净重，kg；

D_j——第 j 种核素校正到采样时的衰变校正系数。

8.1.2　全能峰面积确定

确定样品谱、刻度源谱中各特征峰的面积采用全能峰面积法。求刻度源全能峰净面积时，应将刻度源全能峰计数减去相应模拟基质本底计数；求样品谱中全能峰净面积时，应扣除相应空样品盒本底计数。

8.2　效率曲线法

效率曲线法适用于已有效率刻度曲线，可利用求被测样品中放射性核素的活度浓度。

根据效率刻度后的效率曲线或效率曲线的拟合函数求出某特定能量γ射线所对应的效率值η_i，被测样品中第 j 种核素的活度浓度 Q_j 见式（4）：

$$Q_j=\frac{A_{ji}-A_{jib}}{P_{ji}\times\eta_i\times D_j\times W} \tag{4}$$

式中：η_i——第 i 个γ射线全吸收峰所对应的效率值；

P_{ji}——第 j 种核素发射第 i 个γ射线的发射概率。常用的γ射线发射概率大于 1%的天然放射性核素参见附录 B。

A_{ji}、A_{jib}、W 和 D_j 的意义同 8.1 所述。

8.3　γ 能谱分析的逆矩阵法

8.3.1　适用条件

逆矩阵法主要用于样品中核素成分已知而能谱又部分重叠的情况。

8.3.2　特征道区选择原则

逆矩阵法应先确定响应矩阵。确定响应矩阵的体标准源应包括待测样品中的全部待求核素，且与待测样品有相同的几何和相近的机体组成，不同核素所选特征道区不得重合。特征道区选择原则为：

（1）对于发射多种能量γ射线的核素，特征峰道区应选择发射概率最大的γ射线全能峰道区；

（2）若几种能量的γ射线的发射概率接近，应选择其他核素γ射线的康普顿贡献少、能量高的γ射线特征峰道区；

（3）如果两种核素发射概率最大的γ射线特征峰道区重叠，那么其中一种核素就只能取其次要的γ射线作为特征峰；

（4）特征道区宽度的选取是使多道分析器的漂移效应以及相邻峰的重叠保持最小。

8.3.3　适用的特征峰道区

用逆矩阵求解固体样品中放射性核素的活度浓度，各核素选用的特征峰道区可为 63.3 keV（"N"形探头）、92.6 keV（^{238}U）、352 keV 或 609.4 keV（^{226}Ra）、238.6 keV 或 583.1 keV 或 911.1 keV（^{232}Th）、1 460.8 keV（^{40}K）和 661.6 keV（^{137}Cs）。

8.3.4　计算方法

当求得多种核素混合样品的γ谱中某一特征道区的净计数率后，样品中的 j 种核素的活度浓度 Q_j 见式（5）：

$$Q_j = \frac{1}{W \cdot D_j} \cdot X_j = \frac{1}{W \cdot D_j} \sum_{i=1}^{m} a_{ij}^{-1} \cdot C_i \qquad j=1,2,\cdots,m \tag{5}$$

式中：a_{ij}——第 j 种核素对第 i 个特征道区的响应系数；

C_i——混合样品γ谱在第 i 个特征道区上的计数率，计数/s；

X_j——样品中第 j 种核素的活度，Bq；

W、D_j 的意义同 8.1 所述。

详细的计算方法参见附录 C。

8.4　干扰和影响因素

8.4.1　γ射线能谱相近的干扰

当两种或两种以上核素发射的γ射线能量相近，全能峰重叠或不能完全分开时，彼此形成干扰；在核素的活度相差很大或能量高的核素在活度上占优势时，对活度较小、能量较低的核素的分析也带来干扰。数据处理时应尽量避免利用重峰进行计算以减少由此产生的附加分析不确定度。如：铀系的主要γ射线是 ^{234}Th 的 92.6 keV，钍系有一个 93.4 keV 的 X 射线，当被测样品钍核素含量高时，93.4 keV 的 X 射线峰将对铀系的 92.6 keV 的峰产生严重干扰。

8.4.2　曲线基底和斜坡基底干扰

复杂γ能谱中，曲线基底和斜坡基底对位于其上的全能峰分析构成干扰。只要有其他替代全能峰，就不应利用这类全能峰。

8.4.3　级联加和干扰

级联γ射线在探测器中产生级联加和现象，增加样品（或刻度源）到探测器的距离可减少级联加和的影响。

8.4.4　全谱计数率限制

应将全谱计数率限制到小于 2 000 计数/s，使随机加和损失降到 1%以下。

8.4.5 密度差异

应使效率刻度源的密度与被分析样品的密度相同或尽量接近，以避免或减少密度差异的影响。

若待测样品组分密度大，且没有与其组分相近的标准物质作效率刻度标准源，由于低能端自吸收的影响将导致测量结果偏低，应避免选用低能部分（＜200 keV）的特征峰参与计算，^{238}U 的测定选择与其平衡的呈放射性平衡的第二代子体-^{234m}Pa 发射的特征γ 射线，如 1 001 keV；^{232}Th 的测定可以选择与其呈放射性平衡的子体-^{208}Tl 和 ^{228}Ac 发射的特征γ 射线，如 583.1 keV 和 911.1 keV 等；^{226}Ra 的测定可以选择与其呈放射性平衡的子体-^{214}Pb 和 ^{214}Bi 发射的特征γ 射线，如 295.2 keV、352.0 keV、609.4 keV、1 120.4 keV、1 764.7 keV 等。

8.5 核素识别

根据γ 能谱中谱线的能量、各谱线的相对关系、核素的特征能量和其他参数以及参考样品的性质等识别核素。

9 报告

9.1 报告格式

报告固体样品分析结果时，应报告样品中活度超过探测下限的 ^{238}U、^{226}Ra 和 ^{232}Th 等所有核素的活度浓度及相应的不确定度。

9.2 计数不确定度

由统计计数引起的不确定度μ 见式（6）：

$$\mu=\sqrt{\frac{N_s}{t_s^2}+\frac{N_b}{t_b^2}} \tag{6}$$

式中：N_s——全能峰净面积计数；

N_b——相应全能峰的本底净面积计数；

t_s——样品测量时间，s；

t_b——本底测量时间，s。

9.3 扩展不确定度

测量结果的扩展不确定度包括：A 类不确定度（μ_A），由μ贡献；B 类不确定度（μ_B），主要由刻度源的不确定度贡献。扩展不确定度 U 由式（7）计算：

$$U=k\sqrt{\mu_A^2+\mu_B^2} \tag{7}$$

式中：k——包含因子，一般取 1。

9.4 低于仪器测量探测下限的报告

在报告低活度固体样品分析结果时，常遇到低于仪器探测下限的情况，在这种情况下，只需要把结果表示为“小于探测下限”。探测下限的计算方法参见附录 D。

10　质量控制

10.1　应尽量使被测样品源与刻度仪器所用体标准源的基体组成、密度、形状、质量等保持一致。

10.2　测量前应了解被测样品的来源，了解样品的组成成分，若被测样品为高密度伴生放射性矿，则选择能量为 200 keV 之后的特征峰进行数据处理；若有相应的标准物质，也可采用标准物质进行相对比较法计算。

10.3　试样的每个分析批次，均应插入标准物质、重复试样，并定期进行本底测量。

10.4　取 10%的样品做平行样。

10.5　^{238}U 的测定是以测定其子体 ^{234}Th 的活度来测定的，^{234}Th 的半衰期为 24.1 天。现场采取的样品应为堆置了半年、至少 3 月（约为 ^{234}Th 的 4 个半衰期）的老样品。如果所采样品为新加工或处理的样品，按上文所述将样品放置 3～4 周后的测量将会因母子尚未平衡而使 ^{238}U 测量结果偏低，因此，应选择一定数量的样品密封放置 3 个月后再次测量，然后用其测量结果修正放置 3～4 周的样品测量结果。也可根据 ^{238}U 和 ^{235}U 的同位素丰度比，借助封样 3～4 周后的 ^{235}U 测定结果推算 ^{238}U 的活度。

10.6　^{232}Th 的γ 谱测定是已知与其子体 ^{228}Ra 平衡条件下的测定，如果 ^{232}Th 与 ^{228}Ra 不处于平衡，则应采用化学分析法测定天然钍。

10.7　选用能溯源到国家计量基准的标准放射性物质和 IAEA 建议使用的核参数，建立本实验室标准源和核参数。

10.8　仪器效率每三年至少刻度一次。但每次调试或修理后重新刻度。

10.9　每个样品测量时进行能量刻度检查。

10.10　每次开机检查能量分辨率一次。

10.11　参加权威单位组织的比对。

10.12　参加实验室间的互检和比对。

10.13　测量过程中发现异常情况要及时采取关机等紧急措施并报告。

附录 A（资料性附录）

表 A.1　能量刻度用单能和多能核素

核素	半衰期	γ 射线能量/keV	γ 射线发射概率/%
^{210}Pb	22.3a	46.50	4.250
^{241}Am	432.6a	59.54	35.780
^{109}Cd	461.4d	88.03	3.626
^{57}Co	271.80d	122.10	85.510
^{141}Ce	32.508d	145.40	48.290
^{51}Cr	27.703d	320.10	9.870
^{137}Cs	30.018a	661.70	84.990
^{54}Mn	312.13d	834.84	99.975
^{22}Na	2.6027a	1 274.54	99.940

核素	半衰期	γ 射线能量/keV	γ 射线发射概率/%
^{88}Y	106.626d	898.00	93.900
		1 836.10	99.32
^{60}Co	5.271a	1 173.20	99.850
		1 332.50	99.983
^{152}Eu	13.522a	121.80	28.410
		344.30	26.590
		964.10	14.500
		1 112.10	13.410
		1 408.00	20.850

附录 B（资料性附录）

表 B.1　常用的γ 射线发射概率大于 1%的天然放射性核素表

核素	能量/keV	发射概率/%	半衰期	产生方式
^{234}Th	63.3	4.8（7）	L	^{238}U 衰变
^{235}U	143.8	10.96（14）	703.8（5）E6a	天然衰变
^{235}U	185.7	57.20（8）	703.8（5）E6a	天然衰变
^{226}Ra	186.2	3.53（21）	1 600（7）a	天然衰变
^{212}Pb	238.6	43.60（3）	L	^{232}Th 衰变
^{224}Ra	241.0	4.12（4）	L	^{232}Th 衰变
^{208}Tl	277.4	6.60（3）	L	^{232}Th 衰变
^{214}Pb	295.2	19.30（2）	L	^{238}U 衰变
^{212}Pb	300.1	3.18（13）	L	^{232}Th 衰变
^{228}Ac	338.3	11.30（3）	L	^{232}Th 衰变
^{214}Pb	351.9	37.60（4）	L	^{238}U 衰变
^{208}Tl	583.2	85.00（3）	L	^{232}Th 衰变
^{214}Bi	609.3	46.10（15）	L	^{238}U 衰变
^{212}Bi	727.3	6.74（12）	L	^{232}Th 衰变
^{208}Tl	860.6	12.50（1）	L	^{232}Th 衰变
^{228}Ac	911.2	26.60（7）	L	^{232}Th 衰变
^{228}Ac	969.0	16.20（4）	L	^{232}Th 衰变
^{214}Bi	1 120.3	15.10（2）	L	^{238}U 衰变
^{40}K	1 460.8	10.66（13）	1.265（13）E9a	天然衰变
^{212}Bi	1 620.7	1.51（3）	L	^{232}Th 衰变
^{214}Bi	1 764.5	15.40（2）	L	^{238}U 衰变

注：圆括号中数值为前面相应数据的不确定度，其不确定度值参照圆括号前数值按照最后一位小数点对齐原则给出，如：4.8（7）表示 4.8（7）数；L 表示该核素的半衰期取其母体核素的半衰期；当由能量为 583.2 keV 的 ^{208}Tl 来计算母体 ^{232}Th 活度时，应将其发射概率乘以 0.36。

附录 C（资料性附录）

γ 能谱分析中的逆矩阵法

在多种核素混合样品的γ 能谱中，某一能峰特征道区的计数率除了该峰所对应的核素的贡献外，还叠加了发射更高能量γ 射线核素的γ 辐射的康普顿贡献，以及能量接近的其他同位素γ 射线的光电峰贡献，因此混合γ 辐射体的γ 能谱扣除空样品盒本底后，某一能峰道区的计数率应是各核素在该道区贡献的总和，见式（C.1）。

$$C_i = \sum_{j=1}^{m} a_{ij} X_j \tag{C.1}$$

式中：j——混合样品中核素的序号；

i——特征道区序号；

m——混合样品所包含的全部核素种数；

C_i——混合样品γ 能谱在第 i 个特征峰道区上的计数率，计数/s；

X_j——样品中第 j 种核素的未知活度；

a_{ij}——第 i 个特征峰道区对第 j 种核素的响应系数，见式（C.2）。

$$a_{ij} = \frac{\mathrm{Net}_{ji}}{A_j} \tag{C.2}$$

式中：Net_{ji}——第 j 种核素标准谱在第 i 特征道区上的计数率，计数/s；

A_j——第 j 种同位素标准源的放射性活度，Bq。

由式（C.1），样品中第 j 种核素的活度 X_j 可用式（C.3）计算：

$$X_j = \sum_{i=1}^{m} a_{ij}^{-1} C_j \tag{C.3}$$

由实验可测定响应矩阵 a_{ij}，从而求得逆矩阵 a_{ij}^{-1}，因此只需测得样品各个相应的特征道区的计数率就可计算出各种核素的活度。当固体样品中含有且仅含有天然放射性核素和 ^{137}Cs 时，通过 5 个特征峰道区的逆矩阵程序可同时求出固体样品中 ^{238}U、^{232}Th、^{226}Ra、^{40}K 和 ^{137}Cs 的活度。

附录 D（资料性附录）

γ 能谱测量的探测下限

探测下限（LLD）可近似表示为式（D.1）：

$$\mathrm{LLD} \cong \left(K_\alpha + K_\beta\right)\sigma \tag{D.1}$$

式中：K_α——与预选的错误判断放射性存在的风险概率（α）相应的标准正态变量的上限百分位数值；

K_β——与探测放射性存在的预选置信度（$1-\beta$）相应的值；

σ ——净样品放射性的标准偏差。

如果α和β值在同一水平上，则$K_\alpha = K_\beta = K$，见式（D.2）：

$$\text{LLD} \cong 2K\sigma \tag{D.2}$$

若总样品放射性与本底接近，则可进一步简化，见式（D.3）：

$$\text{LLD} \cong \frac{2.83K}{t_\text{b}}\sqrt{N_\text{b}} \tag{D.3}$$

式中：t_b——本底谱测量时间，s；

N_b——本底谱中相应于某一全能峰的本底计数。

式（D.3）中探测限是以计数率为单位的。考虑到核素特性、探测效率、用样量，即可把计数率转换成活度表示的探测下限。

对于不同的α值，K值见表D.1。

表D.1 α、K值表

α	1−β	K	$2\sqrt{2}K$
0.01	0.99	2.326	6.58
0.02	0.98	2.082	5.89
0.05	0.95	1.645	4.65
0.10	0.90	1.282	3.63
0.20	0.80	0.877	2.48
0.50	0.50	0	0

九、固体样品中天然钍和天然铀分析测量技术方法——三正辛胺萃取-分光光度法

1 适用范围

本技术规定适用于待测原矿、废石、精矿、尾矿（渣）、废渣、滤渣、土壤等固体样品中天然铀和天然钍的联合或单独分析测量。

天然钍的测定

2 方法依据

《食品安全国家标准　食品中放射性物质天然钍和铀的测定》（GB 14883.7—2016）

3 原理

固体样品用硝酸和高氯酸浸取，溶液经磷酸盐沉淀浓集铀和钍，在盐析剂硝酸铝的存在下以三正辛胺（N235）从硝酸溶液中同时萃取钍和铀，首先用8 mol/L盐酸溶液反萃取钍，再用水反萃取铀，分别以铀试剂III显色，进行分光光度测定。

4 试剂和材料

除非另有说明，本方法所用试剂均为分析纯，水为《国家实验室用水标准》（GB/T 6682）规定的一级水。

4.1 试剂

4.1.1 三正辛胺{[$CH_3(CH_2)_7$]3N}：工业纯。

4.1.2 乙酸乙酯（$C_4H_8O_2$）。

4.1.3 丙酮（CH_3COCH_3）。

4.1.4 环己烷（C_6H_{12}）。

4.1.5 硝酸（HNO_3）。

4.1.6 硝酸铝[$Al(NO_3)_3$]。

4.1.7 氨水（$NH_3 \cdot H_2O$）。

4.1.8 硝酸铵（NH_4NO_3）。

4.1.9 铀试剂III（$C_{22}H_{18}As_2N_4O_{14}S_2$）。

4.1.10 草酸（$H_2C_2O_4$）。

4.1.11 盐酸（HCl）：优级纯。

4.1.12 尿素[$CO(NH_2)_2$]。

4.1.13 正辛醇（$C_8H_{18}O$）。

4.2 试剂配制

4.2.1 10%三正辛胺萃取剂：将 50 mL 三正辛胺、50 mL 乙酸乙酯、50 mL 丙酮、2.5 mL 正辛醇混合后，以环己烷稀释到 500 mL，再用 2 mol/L 硝酸溶液萃洗平衡后待用。

4.2.2 硝酸铝溶液：称取 500 g 硝酸铝，加少量水和 33 mL 氨水，加热溶解后用水稀释至 500 mL，过滤后使用。

4.2.3 饱和硝酸铵溶液：用 2 mol/L 硝酸溶液配制。

4.2.4 0.03%铀试剂III-草酸饱和溶液：称取 0.3 g 铀试剂III，溶解于水中（若溶解不完全，可加少量氢氧化钠），稀释至 1 000 mL。使用前倒此溶液于小试剂瓶中，加入草酸至饱和。

4.2.5 8 mol/L 盐酸溶液：量取 333 mL 盐酸，用水稀释至 500 mL，加入约 1 g 尿素。

4.3 标准溶液配制

钍标准溶液：取 0.600 g 硝酸钍[$Th(NO_3) \cdot 4H_2O$]溶于 50 mL 5 mol/L 硝酸溶液中，转入 500 mL 容量瓶，用 0.5 mol/L 硝酸稀释至刻度。此贮备液用重量法标定。按标定结果用 1 mol/L 硝酸将一定量贮备液准确稀释成 1.00 μg Th/mL 的钍标准溶液。

标定：准确吸取 30.0 mL 贮备液于烧杯中，加 70 mL 水，加热至 80℃左右，以酚酞作指示剂，用氨水沉淀钍。沉淀用无灰滤纸过滤，0.1%氨水洗涤几次后，放入已恒量的坩埚中烘干，炭化，900℃灼烧成二氧化钍，恒量，计算出准确钍含量。

5 仪器和设备

分光光度计：72 型或其他型号，3 cm 比色杯。

6 分析步骤

6.1 钍工作曲线的绘制

在 8 个分液漏斗中各加入 10 mL1 mol/L 硝酸溶液，分别吸入相当于 0 μg、0.3 μg、0.5 μg、0.7 μg、1.0 μg、2.0 μg、3.0 μg、4.0 μg 钍的钍标准溶液，按 6.2.4～6.2.5 测定钍的吸光度作为纵坐标，实际加入的钍量为横坐标作图。

6.2 样品制备和测定

6.2.1 称取 2.00 g（精确至 0.001 g）固体样品（粒径不大于 100 目）于 60 mL 瓷蒸发皿中，加入 10 mL 浓硝酸，在沙浴上缓慢蒸发至干（蒸发皿蒸发时需加盖表面皿，防液体溅出）。将蒸发皿转入马福炉，500℃灼烧 10 min（固体样品灼烧后若呈黑色或灰色时，可重复酸浸取，再灼烧处理 1 次），取出冷却后加入 10 mL 8 mol/L 硝酸，加热溶解后趁热过滤。

用 8 mol/L 硝酸洗涤蒸发皿 2～3 次，再用热的稀硝酸洗涤蒸发皿和残渣 2～3 次。滤液和洗涤液合并于离心管中。

6.2.2 搅拌下滴加氨水于 6.2.1 浸取液中，调节溶液 pH=9 使其生成白色沉淀，加热凝聚。冷却后离心，弃去上清液。沉淀用水洗涤 1 次，离心，弃去上清液。

6.2.3 滴加浓硝酸入离心管，使沉淀刚好溶解。将溶液移入 60 mL 分液漏斗中，用 15 mL 硝酸铝溶液分 2 次洗涤离心管，洗涤液合并入分液漏斗。

6.2.4 加 15 mL 10%三正辛胺萃取剂入分液漏斗，萃取 5 min，静止分相后弃去水相。用 5 mL 饱和硝酸铵溶液萃洗一次。

6.2.5 萃洗后的有机相依次用 5.0 mL 和 3.5 mL 8 mol/L 盐酸反萃取，每次反萃取 5 min。二次反萃取液合并于 10 mL 比色管，加入 0.3 g 尿素，振荡完全溶解后，加入 1.00 mL 0.03%铀试剂III-草酸饱和溶液，用 8 mol/L 盐酸稀释到刻度。摇匀后在分光光度计（波长 665 nm，3 cm 比色杯）以 8.5 mL 8 mol/L 盐酸代替样品液加显色剂作为零值，进行比色，测定钍的吸光度。从工作曲线上查出钍含量。

有机相可用于测定铀（测定铀的步骤可按 12.2.6）。

6.3 化学回收率的测定

准确称取与样品分析的用灰量相等的样品灰于 60 mL 瓷蒸发皿，加入 2.0 mL 钍标准溶液和 10 mL 硝酸，按 6.2.1～6.2.5 与未加钍标准溶液的样品平行操作。根据测得的钍含量，按式（1）计算钍的化学回收率。

$$R = \frac{A' - N}{A_0} \tag{1}$$

式中：R——钍的化学回收率，%；

A'——加入钍标准溶液的样品所测得的钍含量，mg；

N——样品测定时从钍工作曲线上查得的钍含量，mg；

A_0——加入钍的量，mg。

6.4　空白试验

不加固体样品按 6.2.1～6.2.5 测定程序，以 8.5 mL 8 mol/L 盐酸在比色管中加入显色剂后作为零值，在同样条件下测出吸光度作为试剂空白，应在计算结果中进行校正。

7　分析结果的表述

7.1　固体样品中天然钍的计算

固体样品中天然钍的含量按式（2）计算：

$$A=\frac{N}{WR} \tag{2}$$

式中：A ——固体样中天然钍含量，mg/kg；

N ——样品测定时从钍工作曲线上查得的钍含量，mg；

W ——分析的固体样品质量，g；

R ——钍的化学回收率，%。

7.2　报告格式

报告样品分析结果时，应报告样品中活度超过探测下限的天然钍的活度浓度及相应的标准偏差。

7.3　计数的标准偏差

8　方法的检出限

典型条件下，该方法的检出限为 1×10^{-8} g/g 固体。

天然铀的测定

9　原理

同第 2 章。经反萃取钍后的有机相用 0.2 mol/L 硝酸溶液反萃取铀。用锌粒还原铀为正 4 价后，以铀试剂III显色进行分光光度法测定铀。

10　试剂和材料

10.1　试剂

10.1.1　无砷锌粒：直径为 2 mm 以下的圆形锌粒为宜。

10.1.2　高氯酸（$HClO_4$）。

10.1.3　其余试剂同 4.1。

10.2　试剂配制

同 4.2。

10.3 标准溶液

铀标准溶液：准确称取 1.179 g 经 850℃灼烧过的八氧化三铀（优级纯），用 10 mL 盐酸和 3 mL 过氧化氢加热溶解，蒸至近干。再加入 20 mL 水，使完全溶解后转入 1 000 mL 容量瓶中，加 0.1 mol/L 盐酸溶液至刻度，摇匀成 1.00 mg 铀/mL 的贮备液。按需要的浓度再用 0.1 mol/L 盐酸溶液进一步稀释，准确配制一系列不同浓度的铀标准溶液。

11 仪器和设备

同第 5 章。

12 分析步骤

12.1 铀工作曲线的绘制

在 8 个分液漏斗中各加入 10 mL 1 mol/L 硝酸溶液，分别吸入相当于 0 μg、0.3 μg、0.5 μg、0.7 μg、1.0 μg、2.0 μg、3.0 μg、4.0 μg 铀的标准溶液，按 6.2.4、6.2.5 反萃取钍后的有机相按 12.2.6 与样品铀测定同方法测出铀的吸光度作为纵坐标，实际加入的铀量为横坐标，绘制工作曲线。

12.2 样品制备和测定

12.2.1 同 6.2.1。

12.2.2 同 6.2.2。

12.2.3 同 6.2.3。

12.2.4 同 6.2.4。

12.2.5 萃洗后的有机相依次用 5.0 mL 和 3.5 mL8 mol/L 盐酸反萃取，每次反萃取 5 min（二次反萃取液合并可供钍测定用，测定钍的步骤可接 6.2.5）。保留反萃取钍后的有机相供铀测定用。

12.2.6 在 12.2.5 有机相中加入 25 mL 0.2 mol/L 硝酸，反萃取 5 min，静止分层后将水相放入 100 mL 烧杯。在沙浴上蒸干水相，加入硝酸和高氯酸各 2 mL（沿烧杯壁加入）。蒸干后再加 2 mL 硝酸，蒸干后冷却。分别用 4 mL、2 mL 和 2 mL 8 mol/L 盐酸依次溶解残渣并转入 10 mL 比色管。加入约 0.2 g 抗坏血酸和 0.5 g 锌粒和 0.3 g 尿素，不时摇动，反应完全停止后加 1.00 mL 铀试剂III-草酸溶液，以 8 mol/L 盐酸稀释至刻度，摇匀。在测定钍相同的条件下测定铀的吸光度。从铀的工作曲线上查出相应的铀含量。

12.3 化学回收率测定

准确称取与样品分析的固体用量相等的固体样品于 60 mL 瓷蒸发皿，加入 2.0 mL 铀标准溶液和 10 mL 硝酸，按 12.2.1～12.2.6 与未加铀标准溶液的样品平行操作。根据测得的铀含量，按式（3）计算铀的化学回收率。

$$R=\frac{A'-N}{A_0} \tag{3}$$

式中：R ——铀的化学回收率，%；

A'——加入铀标准溶液的样品所测得的铀含量，mg；

N ——样品测定时从铀工作曲线上查得的铀含量，mg；

A_0——加入铀的量，mg。

12.4　空白试验

不加固体样品按 12.2.1～12.2.6 测定程序，以 8.5 mL 8 mol/L 盐酸在比色管中加入显色剂后作为零值，在同样条件下测出吸光度作为试剂空白，应在计算结果中进行校正。

13　分析结果的表述

13.1　固体样品中天然铀的浓度

固体样品中天然铀的浓度按式（4）计算：

$$A = \frac{N}{WR} \tag{4}$$

式中：A ——固体用品中天然铀的浓度，mg/kg；

W ——分析样品灰质量，g。

13.2　报告格式

报告样品分析结果时，应报告样品中活度超过探测下限的天然铀的浓度及相应的标准偏差。

14　方法的检出限

典型条件下，该方法的检出限为 1×10^{-8} g/g 固体。

15　质量控制

15.1　测量仪器在检定的有效周期内使用。

15.2　取 10%的样品做平行样。

15.3　每年做 1～2 次加标分析。

附 3

采样技术方法

一、废水样品采集技术方法

1　方法依据

《污水综合排放标准》（GB 8978—1996）

《水质　采样方案设计技术规范》（GB 12997—1991）

《水质　采样样品的保存和管理技术规定》（HJ 493—2009）

《水质　采样技术指导》（HJ 494—2009）

《水和废水监测技术分析方法》（第四版，国家环境保护总局编，2002）

《核设施水质监测采样规定》（HJ/T 21—1998）

2　目的与要求

采样的目的是要获得能真正代表水体属性的样品，能反映污染源排放的实际水平。采样方法确定后，关键是选定采样位置、确定采样频率、分析前样品的预处理、保存与运输方式。采样方法必须具备以下原则：

（1）采集的样品必须有代表性；

（2）样品必须保证具备复查的量；

（3）采样（包括采集、包装、运输、转移）必须确保采样器和样品容器的清洁并防止交叉污染。

3　采样工具和容器

3.1　采样工具应该保证能够取得具有代表性样品，首次使用前先用洗涤剂除去油污，用自来水冲洗干净，再用 10%硝酸或盐酸洗刷后用自来水冲洗干净后备用。

3.2　样品容器为聚乙烯塑料小口桶（25 L），容器按照 HJ 493—2009 中 2.2.2.4 节的方法进行清洗：

（1）用自来水和清洗剂的混合稀释溶液清洗容器和容器帽；

（2）用自来水彻底清洗；

（3）用 10%硝酸溶液清洗；

（4）控干后，注满 10%硝酸溶液；

（5）密封，贮存至少 24 小时；

（6）用实验室用水清洗，并立即盖好容器帽。

4　采集方法与步骤

4.1　采样前准备工作

4.1.1　根据被调查单位的生产情况，制定采样计划，采样尽量在被调查单位的正常生产期间。

4.1.2　根据污染源普查工作计划，准备好现场采样表格及标签，样品标签设计可参照 HJ 493—2009 中第 3 章的规定，一般包括采样目的，项目唯一性编号，监测点数目、位置，采样时间，日期，采样人员，保存剂的加入量等。

4.1.3　根据被采废水的排放方式，根据采样点位（废水贮存池或排放口）准备相应合适的采样器和样品容器。可参照 HJ 494—2009 中第 5 章的要求选择，自动采样器的性能应符合 HJ 294—2009 中附录 A 的规定。

4.2　现场采样

4.2.1　采样点位

被调查企业有专门处理放射性废水车间的，在处理车间的排放池和总排放池（总排放口）分别采样；被调查企业没有专门放射性废水处理车间的，在总排放池（排放口）采样。

4.2.2　采样准备

采样器具为聚乙烯塑料桶，使用前先用待采水样清洗 3 次以上。排放池有搅拌装置的采样前要将池水搅拌，确保水样混合均匀。

4.2.3　采样

4.2.3.1　在搅拌均匀的排放池采样，用采样器取废水样品于样品桶中，废水量不少于 20 L。

4.2.3.2　在不具备搅拌条件的废水池采样，应分别取废水池水面、废水池中部和废水池底部（距离池底 20 cm）的水样各 7～8 L，放入样品桶。

4.2.3.3　在排放水渠或总排放口采样，用采样器取水样不少于 20 L 于样品桶中，采样时尽量不要触动底部的泥沙。

5　样品的保存

水样采集后，用分析纯硝酸酸化到 pH=1～2，水样保存期一般不得超过 1 个月。

6　样品的标记和运输

6.1　样品的标记

在采样容器上要贴有标签纸（至少 2 处以上），采样原始记录表上必须记录以下内容：

测定项目种类（如 U、^{226}Ra 等）、采样企业、采样日期、样品编号、样品地点名称、采样点位、加入硝酸的量、采样人等。

6.2　样品的运输

采样容器要盖实密封好，防止运输时洒漏。

7　样品的交接

常规样品由采样负责人将采集的样品、采样原始记录表及样品交接单同时交给相关岗位人员验收，签字后方可交接，其他样品交样品管理员。

二、固体样品采样技术方法

1　方法依据

《辐射环境监测技术规范》（HJ/T 61—2001）

2 目的与要求

从采样点的布设到样品前处理的全过程都必须在严格的质控措施下进行。在预定监测区域选取有代表性的样品，送实验室分析其中的放射性核素含量。具有代表性的点位和样品应满足以下条件：

（1）样品须代表采样物料的实际情况；

（2）采集的样品必须有足够的量，使监测结果具有充分的可靠性和代表性；

（3）样品在采集、包装、运输以及分析前的任何一种处理过程中，必须确保监测项目的关键组分不发生变化。

3 采样工具和采样容器

不锈钢铲和铁榔头，每次采样前都要保证采样器具无污物，必要时要进行清洗。有条件的可采用分层采样工具。

采样容器为聚乙烯塑料袋，外用小布袋装好，扎紧并贴上标签。

4 样品的采集

4.1 点位的选择

选择有代表性的采样点，采取多点分层分散采样。

4.2 采样方法

4.2.1 散装样品

当采样对象为散装堆放样品时，可采用对角线形、梅花形、蛇形或棋盘形采样法进行，将各点采得的样品混合在一起成一个完整样。

对由多种不同来源或不同时期产生性质不完全相同的样品源（如来自不同矿山的矿石原料），且有较明显的分布特征，按其所占的比重进行采样，混合后装袋封存。

对于活度不均匀的固体样品不能混合采样；按γ辐射剂量率的高低分别进行采样。

4.2.2 袋装样品

样品源为袋装或较分散时，从不同批次的包装或不同点分别采样后混合，装袋封存。

4.2.3 采样量

采样量（混合样品）为 1.0 kg。应采集不少于主样的 10%的平行样。

5 样品标识和运输

在样品袋上贴上标签并认真填写采样表，同时有多个样品时防止各样品交叉污染，采样表记录包括以下内容：单位名称、样品编号、样品名称、采样地点、样品形态与包装、样品重量、采样方式、分析项目、采样日期、采样人等。必要时对样品进行含水率的测定，样品采集完成后尽快运回实验室进行前处理，同时做好样品移交记录。

6　样品的移交

常规样品由采样负责人将采集的样品、采集记录表及样品交接单交给相关岗位人员验收，签字后方可交接，其他样品交样品管理员。

三、底灰采样技术方法

1　范围

适用于第二次全国污染源普查辐射监测中金属冶炼、煅（焙）烧工艺中底灰样品的采集。

2　方法依据

《辐射环境监测技术规范》（HJ/T 61—2001）
《飞灰和炉渣样品的采集》（DL/T 567.3—95）

3　术语和定义

底灰：整个鼓风系统停机 2～4 小时后，在除灰系统底部出料口处采集的样品。

4　采样工具和采样容器

不锈钢铲，每次采样前都要保证采样器具无污物，必要时要进行清洗。
采样容器为聚乙烯塑料袋，外用小布袋装好，扎紧并贴上唯一性标签。

5　样品的采集

5.1　在除灰系统出灰口的位置进行采样。
5.2　采样深度为底灰厚度的 1/2 处。如需采集底灰混合样时，将等量各点采集的底灰样品充分混拌后，采用四分法得到底灰混合样。
5.3　将采集的样品装入采样袋中并贴好标签，采集的样品不少于 1 kg。

6　样品的交接

由采样负责人将采集的样品、底灰采样记录表及样品交接单同时交给相关岗位人员验收，签字后方可交接。

7　质量控制

在样品的采集、保存、运输、交接等过程中应建立完整的管理程序。为避免采样设备及外部环境条件等因素对样品产生影响，应注重现场采样过程中的质量保证和质量控制。

7.1 应防止采样过程中的交叉污染。

7.2 在采样过程中，应采集不少于主样的10%的平行样。

附4

质量保证

一、质量保证工作要求

1 参考文件

《第二次全国污染源普查方案》（国办发〔2017〕82号）

《辐射环境监测技术规范》（HJ/T 61—2001）

《核设施流出物和环境放射性监测质量保证计划的一般要求》（GB 11216—1989）

《2017年全国辐射环境监测质量保证方案》（环境保护部，2016年11月）

2 目的

为保证按时完成本次普查的全部内容，并达到既定质量要求，明确了伴生放射性矿普查质量保证工作要求。

伴生放射性矿普查小组制定质量保证的各项要求，开展对全国相关普查工作的质量监查和质量指导，确定比对和抽查监查方案，对争议质量问题进行处理，对监查中发现的问题，分析原因并采取纠正和预防措施。

3 承担监测单位质量保证要求

3.1 资质

承担监测单位实验室须通过CMA资质认定或CNAS认可，有较完善的监测质量保证体系。

3.2 人员

各单位从事普查监测的人员应具备与其承担工作相适应的能力，获得辐射环境监测上岗证，持证上岗。未取得上岗证者只能在持证人员的指导下开展工作，监测质量由相应持证人员负责。

3.3 监测方法

应按照本次普查制定的监测技术规定或通过实验室计量认证的方法进行现场监测、采样和分析测量。

3.4 仪器设备

监测仪器应严格按照国家计量法的要求完成检定和检验；γ辐射剂量率监测仪、γ谱仪、低本底α/β

测量仪等大型精密仪器应按照《辐射环境监测技术规范》（HJ/T 61—2001）的要求进行泊松分布和长期可靠性检验，绘制质量控制图。

标准物质应在证书规定的有效期内使用。

3.5 记录和留样

妥善保存监测、采样、分析的原始记录，确保能复原再现采样监测过程。完成分析的样品，样品留样需保存到普查活动结束。

3.6 数据处理

实验室内、实验室间的质量控制和数据进行代表性、完整性、准确性、精密性、可比性的审核，按本次普查相关技术规定上报。

3.7 内部质量控制

监测机构应严格内部质量控制措施，此外还应执行监测方法规定的其他质量保证与质量控制措施。其中：

3.7.1 放化分析

3.7.1.1 空白样测定

空白样一般为实验室空白，频次为不少于 1 次/年，更换试剂时，应进行空白样测定。一般情况下，不应从样品测定结果中扣除空白样品的测量结果。

3.7.1.2 平行样测定

平行样质控样品数按各监测项 10%的样品（向上取整）控制，平行样主要为实验室平行双样，平行样相对偏差控制指标 30%以内。若平行双样的相对偏差在允许范围内，取双样的平均值报告测定结果；若平行双样的相对偏差超允许范围，在样品允许的保存期内，再加测一次，取符合相对偏差质控指标的双样平均值报告测定结果。否则，该批次监测数据失控，应予以重测。

3.7.1.3 加标回收率测定

加标回收率测定一般在样品处理前加标，质控样品数按各监测项10%的样品（向上取整）控制，加标样品与样品在相同的处理和测定条件下分析，加标量一般为样品活度的0.5～3倍，加标后总活度不得超出分析方法的测定上限，加标回收率控制指标为80%～120%。若加标回收率符合质控指标，表示该批次监测数据受控；若加标回收率不符合质控指标，再加测一次，加测的加标回收率若还超允许范围，则该批次监测数据失控，应予以重测。

3.7.1.4 留样复测

对稳定的、测定过的样品保存一段时间后，进行重新测定，测量结果的评价参照“平行样测定”。

3.7.1.5 “盲样”测定

根据《能力验证结果的统计处理和能力评价指南》（CNAS—GL02，2014）的要求，使用 E_n 值来评价“盲样”测定结果。

3.7.2 γ 能谱分析

3.7.2.1 定期测量本底，绘制50 keV～3 MeV 本底计数率质控图，对于相对效率40%的50 keV～

3 MeV 平均积分本底应小于 2计数/s，频次为1次/月。

3.7.2.2 对 ^{60}Co 的 1 332.5 keV γ 射线的全吸收峰置于 5 000 道附近时，24 小时内峰位漂移应不超过 2 道。

3.7.2.3 定期测量校验源，绘制效率质量控制图。

3.7.2.4 按照放化分析中的要求开展平行样测定和留样复测。

4 质量保证监查

4.1 普查准备阶段质量监查

4.1.1 听取被监查单位关于普查准备工作情况的介绍。

4.1.2 查阅文件、记录等材料。

4.1.3 现场监查普查试点工作的程序和质量控制是否按要求执行，对试点普查过程进行监查。

4.1.4 现场检查普查宣传、培训效果。

4.1.5 监查各地区普查质量控制方案，包括普查能力、人员配备、监测设备、承担单位资质等方面的要求和落实情况。

4.2 全面普查阶段质量监查

4.2.1 听取被监查单位关于全面普查工作执行情况的介绍。

4.2.2 查阅普查文件、记录等材料。

4.2.3 现场监查普查地区全面普查工作的程序和质量控制是否按要求执行。

4.2.4 现场检查普查采样、分析、监测内容和方法是否合理，质量控制要求是否落实，数据填报是否及时准确。

4.2.5 监查各地区是否按实施方案筛选普查企业。

4.3 监查结果处理

4.3.1 监查人员应依据监查情况，做好监查记录。监查记录应清晰、真实、详尽、可追溯。

4.3.2 监查人员应在现场监查活动完成后，统一监查意见并给出综合评价结果，提出发现的问题。

4.3.3 对于监查中发现的共性问题，及时研究解决方案，并告知未监查地区和单位。

4.3.4 被监查单位负责实施纠正措施，尽量挽回因质量控制造成的影响。

4.3.5 质量保证小组对采取纠正措施后的完成情况进行跟踪验证。

二、实验室比对

1 目的和要求

主要用于检查实验室间的系统误差，核实实验室对普查监测项目的监测能力，提高实验室的监测分析水平和质量管理水平，及早发现监测中存在的问题，对不合格的实验室提出改进要求或取消其参与普查的资格，以确保监测数据的可靠性。

2　实验室间比对实施

实验室间比对由第三方监测能力较强的单位协助完成。要求承担比对组织实施的单位，具备从事能力验证计划的设计、组织和实施的能力，其管理体系、技术、设施、经验等方面满足实验室比对的要求。

2.1　实验室间比对准备

根据《第二次全国污染源普查方案》完成比对准备工作，主要包括编制比对方案、制备比对样品、确定采用的监测方法、提供对监测结果及不确定度的记录和报告等。

2.2　水和固体比对样品的制备

（1）按比对样品的相关要求制备比对样品；

（2）比对样品应以恰当的方式获得、收集、制备、处置和储存；

（3）比对样品的基体、被测项目和浓度等尽可能与项目检测样品的类型相似；

（4）参加实验室比对的整批比对样品必须充分混匀，对样品要进行均匀性和稳定性检验，并给出样品均匀性和稳定性检验结果；

（5）比对样品的包装、标识方法必须恰当，并保证检测样品的稳定性，以确保符合安全和运输要求；

（6）比对样品的包装上贴有标识，并保证在整个比对期间保持清晰和完整。

2.3　实验室间比对

2.3.1　γ 辐射空气吸收剂量率比对

γ 辐射剂量率监测比对采取各参与单位携带拟用于普查监测的仪器到选定辐射场集中进行现场测量的比对方式。

比对测点的选择，要求其辐射场能全面反映比对仪器的性能，尽可能地接近本次普查的监测水平，同时还能满足进行宇宙射线响应值测量的要求。

拟选择高、低剂量率两个辐射场进行现场比对，高剂量率辐射场拟选择辐射水平较高的矿山现场，低剂量率辐射场拟选择辐射水平为正常辐射环境水平的原野。

宇宙射线响应值在比对现场附近湖面测定。

组织单位在比对前寻找确定合适的地点，以便进行高、低剂量率测量和宇宙射线响应值测量，并在比对前对比对场所进行测量，给出这些场所环境监测值的范围和平均值。

2.3.2　水和固体样室内分析比对

将实验室间比对的不同浓度的水和固体样品随机分发给各省份参加比对的实验室，参加比对的实验室在规定期限内进行检测，并将检测结果返回规定单位。

2.3.3　比对结果处理

实验室间比对完成后，对所有实验室检测结果进行评价。

在规定的时间内向参加比对的实验室通报比对结果。

比对过程中发现问题的实验室，应及时采取必要的整改措施，对整改后不合格的实验室取消其参与普查的资格。

实验室间比对项目如表 1 所示。

表 1 实验室比对项目表

序号	比对项目
1	γ 辐射空气吸收剂量率
2	水中总 U、总 Th、^{226}Ra、总α、总β放射性比活度
3	固体样中 ^{238}U、^{226}Ra、^{232}Th 放射性活度浓度

三、质量保证抽查检查

1 质量保证抽检总体原则

本规定是涵盖样品的采集、贮存、运输、实验室分析测量及现场测量等全过程的控制要求。

样品的抽检原则：基于国家有关标准规范、本次普查的要求，并根据伴生放射性矿普查实施方案确定质量保证抽检的时间和内容，一般要求包括所有普查行业、普查监测和分析项目。抽检时间应分布在整个普查周期内。对于一次质量保证抽样应该尽可能涵盖各项普查内容，侧重于对分析介质的抽样。

为保证数据的真实性和可靠性，抽样应确保一定的数量和代表性，采取对一定比例的单位进行样品采样分析和对一定监测单位的样品进行复测的抽样方式。同时，在普查中组织质量核查人员对部分行业或地区的监测工作进行现场核查，核查小组随机抽取监测点对原测量结果进行实测核查，偏差达到规定要求后，才能进行验收。

质量保证单位对抽检的每个样品的每一种核素分析测量结果进行单独统计，当每个样品的每一种核素测量结果的相对偏差控制在 30%以内视为合格，对外部质量保证样品合格率要求达到≥80%。其中：

$$\text{测量结果的相对偏差}=\frac{\text{质保单位测量结果}-\text{被质保单位测量结果}}{\text{质保单位测量结果}}\times 100\%$$

对于未达到合格率要求的承担单位，及时采取纠正措施。

2 抽检分析项目及介质

根据《第二次全国污染源普查—伴生放射性矿普查实施方案》主要监测分析项目包括：γ 辐射空气吸收剂量率；废水中总 U、总 Th、^{226}Ra、总α、总β放射性比活度；固体样中 ^{238}U、^{226}Ra、^{232}Th 放射性活度浓度等。质量保证单位应合理选择分析介质和项目。

3 现场监测的抽检实施

3.1 仪器设备的抽检

质量保证人员应首先抽检伴生放射性矿监测实施单位使用的测量仪器，抽检至少包括以下项目：

（1）仪器是否已按照相关法规标准的要求进行检定并在有效期内；

（2）仪器的信息与检定证书是否一致；

（3）设备使用是否正常；

（4）是否有设备稳定性记录；

（5）仪器表面是否清洁、外形是否有损坏或变形等影响测量结果的异常情况；

（6）现场使用前是否进行检验确认工作状态良好，并做好相关记录。

3.2　现场测量抽检

质量保证人员应对γ辐射剂量率水平现场抽取一定比例的测量点位，与承担监测单位在同一地点同时进行测量，测量结果相对偏差小于30%视为合格。

对质量保证现场测量项目，合格率要求达到≥80%。对于未达到合格率要求的承担单位，应采取纠正措施并保证措施的有效性。

4　采样分析测量的抽检实施

采样分析测量的质量保证抽检，一般应包括抽检样品的现场采样、实验室分析测量等过程。

4.1　现场采样抽检

质量保证人员应与承担监测单位在相同地点同时采集抽检样品，并对承担监测单位的现场采样进行完整的过程监督检查，并做好相应的监督检查记录，监督检查项目至少包括：

（1）采样设备是否符合规范；

（2）采样设备和样品容器是否清洁；

（3）是否严格遵守采样操作规范采集足够的样品量；

（4）是否详细填写采样记录；

（5）采样后是否按规定方法进行暂存；

（6）样品的标识、运输是否符合相关的规定；

（7）质量保证人员抽取承担监测单位每类样品分析测量的一定数量作为质量保证抽检样进行分析测量。

4.2　实验室分析测量过程监督检查

质量保证人员应对被抽查的实验室分析测量过程进行全过程监督，并做好相应的监督检查记录，监督检查项目至少包括：

（1）样品的接收是否按照实验室相关管理执行；

（2）样品的前处理是否按照相关的前处理操作规范完成；

（3）实验室分析测量仪器是否按照国家检定规程定期检定，并在有效期内使用，工作状态正常；

（4）测量仪器是否绘制质控图；

（5）样品的实验室分析是否采用伴生放射性矿普查实施方案规定的国标、行标或技术规定；

（6）实验室记录是否清晰，数据是否进行复审，记录是否按要求保存；

（7）测量分析人员是否有从事相关分析测量的资质；

（8）承担单位的质量保证措施实施情况；

（9）对实验室留样按一定比例进行抽检。

4.3　抽检过程的合格评价规则

质量保证人员在现场采样监督检查和实验室分析测量过程监督检查过程中发现任何违反规章制度、操作规程等行为，应及时与承担单位沟通，并督促承担单位严格按照实施方案和要求进行实施。质量保证人员应将检查中发现的其他问题，及时告知承担单位。

质量保证抽检样品的分析测量结果相对偏差控制在规定要求以内视为合格，合格率要求达到≥80%。对于未达到合格率要求的承担单位，应制定并实施纠正措施，质量保证单位负责验证纠正措施的有效性，并记录。

附 5

现场监测γ辐射剂量率监测原始记录表

编号：

单位名称					
统一社会信用代码					
地址	省（区、市）　地（区、市、州、盟）　县（区、市、旗）　乡（镇） 街（村）、门牌号				
法人		联系电话			
涉及矿种	□稀土、□铌/钽、□锆石和氧化锆、□锡、□铅/锌、□铜、□镍、□钢铁、 □钒、□磷酸盐、□煤、□铝、□钼、□金、□锗/钛、□其他________				
单位类型	□开采、□选矿、□冶炼、□分离、□其他________				
生产情况	□正常、□停产、□其他________				
仪器型号		仪器编号		仪器校准系数	
天气条件	□晴天、□阴天、□雨、□雪、□其他________				
备注					

γ剂量率监测原始记录

序号	监测对象	监测区描述经纬度	环境地表γ辐射剂量率（nGy/h）					
			测量值					统计值
			1	2	3	4	5	
1	对照点							
2								
3								
4								

序号	监测对象	监测区描述经纬度	环境地表γ辐射剂量率（nGy/h）					
			测量值					统计值
			1	2	3	4	5	
5								
6								
7								

监测人员：________　　　　被监测单位负责人：________

监测日期：________

附 6

采样检测原始记录表（保留联）

编号：

单 位名 称	
统一社会信用代码	
地址	省（区、市）　地（区、市、州、盟）　县（区、市、旗）　乡（镇）　街（村）、门牌号
单 位类 型	□采矿、□选矿、□冶炼、□分离、□其他________
备 注	

初测（详查）采样情况

序号	样品种类	采样区	样品份数	经纬度	样品编号
1					
2					
3					
4					
5					

采样人员：________　　　　被采样单位负责人：________

采样日期：________

采样检测原始记录表（装袋联）

编号：

单位名称	
统一社会信用代码	
地址	省（区、市）　地（区、市、州、盟）　县（区、市、旗）　乡（镇）　街（村）、门牌号
单位类型	□采矿、□选矿、□冶炼、□分离、□其他________
备注	

初测（详查）采样情况

序号	样品种类	采样区	样品份数	经纬度	样品编号
1					
2					
3					
4					
5					

采样人员：________　　　　被采样单位负责人：________

采样日期：________

附 7

伴生放射性矿普查实验室样品分析原始记录表

检测批号：

采样单位名称	
统一社会信用代码	
地址	省（区、市）　地（区、市、州、盟）　县（区、市、旗）　乡（镇） 街（村）、门牌号

固体样分析

序号	统一编号	采样地点	样品原编号	分析结果（Bq/kg）			μg/g	日期
				^{238}U	^{232}Th	^{226}Ra	Th	
1								
2								
3								
4								
5								
6								
7								
8								
9								
分析方法								

水样分析

序号	统一编号	采样地点	样品原编号	分析结果（mg/L）		分析结果（Bq/L）			日期
				U	Th	^{226}Ra	总α	总β	
1									
2									
3									
4									
5									
分析方法									

分析人员：________　　　　审核人员：________

关于印发《第二次全国污染源普查清查技术规定》的通知

国污普〔2018〕3号

各省、自治区、直辖市第二次全国污染源普查领导小组办公室，新疆生产建设兵团第二次全国污染源普查领导小组办公室：

为贯彻落实《国务院关于开展第二次全国污染源普查的通知》（国发〔2016〕59号）和《国务院办公厅关于印发第二次全国污染源普查方案的通知》（国办发〔2017〕82号）精神，做好第二次全国污染源普查清查工作，现将《第二次全国污染源普查清查技术规定》（见附件）印发给你们，请根据技术规定要求，认真组织开展相关工作。

附件：第二次全国污染源普查清查技术规定

国务院第二次全国污染源普查
领导小组办公室
2018年3月20日

附件

第二次全国污染源普查清查技术规定

为指导第二次全国污染源普查清查工作，根据《国务院关于开展第二次全国污染源普查的通知》（国发〔2016〕59 号）和《国务院办公厅关于印发第二次全国污染源普查方案的通知》（国办发〔2017〕82 号）要求，制定本规定。

一、目的

摸清工业企业和产业活动单位、规模化畜禽养殖场、集中式污染治理设施、生活源锅炉和入河（海）排污口等调查对象的基本信息，建立第二次全国污染源普查基本单位名录，为全面实施普查做好准备。

二、原则和要求

按照“应查尽查、不重不漏”的原则，对各级行政区域范围内的全部工业企业和产业活动单位、规模化畜禽养殖场、集中式污染治理设施、生活源锅炉和入河（海）排污口逐一开展清查。

登记地址和生产地址不在同一区域的，按照生产地址进行清查登记。

有多个生产地址的工业企业或产业活动单位，按照不同生产地址的清查顺序依次编号并分别进行清查登记。

涉及不同行政区域的，按照地域管辖权限分别进行清查登记。

同一单位生产经营活动同时涉及工业生产、规模化畜禽养殖或集中式污染治理的，分别归入相应类别进行清查登记。

地方各级普查机构可根据需要扩大清查范围或增加清查内容。

三、对象、范围和内容

（一）工业企业和产业活动单位

《国民经济行业分类》（GB/T 4754—2017）中采矿业、制造业以及电力、热力、燃气及水生产和供应业的全部工业企业，包括经有关部门批准的各类工业企业，以及未经有关部门批准但实际从事工业生产经营活动、产生或可能产生污染的所有产业活动单位。

2017 年 12 月 31 日以前新建的企业或单位，已验收的和尚未验收但已造成事实排污的均须纳入清查范围。

清查内容包括工业企业或产业活动单位名称、运行状态、统一社会信用代码（或组织机构代码）、生产地址、联系人及联系方式、行业类别。

对于可能伴生天然放射性核素的 8 类重点行业 15 个类别矿产采选、冶炼和加工产业活动单位需对原料、产品和固体废物的放射性水平开展初测，具体矿产类别、行业范围、筛查标准和监测规定详见《第二次全国污染源普查伴生放射性矿普查监测技术规定》（国污普〔2018〕1 号）。

对于国家级、省级开发区中的工业园区（产业园区），包括经济技术开发区、高新技术产业开发区、保税区、出口加工区、边境/跨境经济合作区，以及其他类型开发区等进行资料登记。登记内容包括工业园区名称、管理机构联系人及联系电话。

（二）规模化畜禽养殖场

养殖规模为生猪年出栏量≥500 头、奶牛年末存栏量≥100 头、肉牛年出栏量≥50 头、蛋鸡年末存栏量≥2 000 羽、肉鸡年出栏量≥10 000 羽的全部规模化畜禽养殖场（养殖小区）。

清查内容包括养殖场名称、运行状态、统一社会信用代码（或组织机构代码）、养殖场地址、联系人及联系方式、养殖种类及规模。

（三）集中式污染治理设施

包括集中处理处置生活垃圾、危险废物和污水的单位。

生活垃圾集中处理处置单位包括生活垃圾填埋场、生活垃圾焚烧厂以及以其他处理方式处理生活垃圾和餐厨垃圾的单位。

危险废物集中处理处置单位包括危险废物处置厂和医疗废物处理（处置）厂。危险废物处置厂包括危险废物综合处理（处置）厂、危险废物焚烧厂、危险废物安全填埋场和危险废物综合利用厂等；医疗废物处理（处置）厂包括医疗废物焚烧厂、医疗废物高温蒸煮厂、医疗废物化学消毒厂、医疗废物微波消毒厂等。

集中式污水处理单位包括城镇污水处理厂、工业污水集中处理厂和农村集中式污水处理设施。其中，农村集中式污水处理设施指通过管道、沟渠将乡或村污水进行集中收集后统一处理的、设计处理能力≥10 吨/日（或服务人口≥100 人，或服务家庭数≥20 户）的污水处理设施或污水处理厂。

清查内容包括设施名称、运行状态、统一社会信用代码（或组织机构代码）、设施地址、联系人及联系方式、设施类别。

（四）生活源锅炉

详见《关于开展第二次全国污染源普查生活源锅炉清查工作的通知》（环普查〔2017〕188 号）。

规模以下畜禽养殖场、采用设施农业或工厂化生产方式的农业生产经营单位的锅炉纳入生活源锅炉清查范围。

（五）入河（海）排污口

所有市区、县城和镇区范围内，经行政主管部门许可（备案）设置的，或未经行政主管部门许可（备案）的，通过沟、渠、管道等设施向环境水体排放污水的入河（海）排污口。其中，环境水体包括国家或各级地方政府已划定水功能区、近岸海域环境功能区，各级地方政府已确定水质改善目标的江河（含运河、渠道、水库等）、湖泊和近岸海域等。

清查内容包括入河（海）排污口名称、编码、类别、地理坐标、设置单位、规模、类型、污水入河（海）方式、受纳水体名称。

直接向环境水体排放废（污）水的排污口均须纳入入河（海）排污口清查范围。

四、组织实施

（一）清查准备

国家普查机构根据国家工商、税务、质检、统计、农业等名录数据筛查整合得到清查基本单位名录后分解下发。各级普查机构负责收集辖区内现有工商、税务、质检、统计、农业等名录，并与上级分解名录进行对比，补充完善本级清查基本单位名录。

按照《关于第二次全国污染源普查普查员和普查指导员选聘及管理工作的指导意见》（国污普〔2017〕10 号）完成普查员和普查指导员选聘。

（二）普查分区

普查小区是组织开展普查工作的基本地域单元，凡包含有第二次全国污染源普查对象的地域范围，都须划分普查小区。

普查小区划分原则上按村（居）民委员会管辖的地域范围确定。对于坐落在一个行政区域范围内或跨几个行政区域独立设置的各类开发区、旅游度假区、工矿区、院校区、商品交易市场等大型经济体，原则上不单独划分为行政区划以外的普查小区，按照临近原则归入相近的行政区域。如确属普查工作需要，且有独立、完整的地理区域，可单独划分普查小区，但需报上级普查机构批准、备案，统一编码。

各级普查机构以目前统计上使用的行政区划地址代码库为基础，按村（居）民委员会管辖的地域范围划分普查小区、确定代码，普查小区对应 12 位代码。对于个别区域较大、单位较多的普查小区，可根据工作需要进一步拆分，并明确边界，在原 12 位代码后增加 1 位顺序识别码。发生较大区划变更或尚未得到区划代码的，需要按程序向国家普查机构申请以获得该普查小区代码。

所有普查小区都应有完整、封闭的边界，小区的交界地要具体明确，可选用道路、河流、建筑物等明显的地址点标示边界。普查小区边界线不能交叉，相邻普查小区之间，不得重叠、遗漏。普查小区边界仅用于污染源普查工作，不作为各级政府行政区域划分和行政管理的依据。

对非当地行政管辖，地理范围跨越行政管辖区域的“飞地”单位，其普查小区的划分由当地具备管辖权的上级普查机构统一协调划分。

（三）摸底清查

地方各级普查机构根据普查分区和清查基本单位名录，组织清查，明确普查员和普查指导员负责的区域范围及清查对象，落实责任。按小区实地访问、逐户摸底排查，参照清查基本单位名录册（库），排重补漏，核实完善清查对象信息，分别填写《第二次全国污染源普查工业企业清查表》《第二次全国污染源普查规模化畜禽养殖场清查表》《第二次全国污染源普查集中式污染治理设施清查表》《第二次全国污染源普查生活源锅炉清查表》《第二次全国污染源普查入河（海）排污口清查表》（附 1～附 5）。按照汇总表式（附 6～附 10）进行汇总，并逐级上报。

地方各级普查机构对本行政区域清查结果进行审核并组织复核。以复核对象辖区内所有普查小区为总体，按比例随机抽取部分普查小区进行复核。地市级普查机构复核抽样要覆盖所有的区县和所选取的普查小区样本范围内所有清查对象；省级普查机构复核抽样要覆盖所有的地市和所选取的普查小区样本范围内所有清查对象。抽样比例和方法另行规定。国家普查机构按照有关技术规定对全国普查清查结果开展抽样复核。

（四）清查建库

各级普查机构根据清查结果确定本级普查基本单位名录，经上级普查机构审核认定，确定为第二次全国污染源普查入户调查对象名录。各省（自治区、直辖市）省级辐射监测机构将初测放射性水平达到筛选标准的伴生放射性矿企业，整理汇总形成伴生放射性矿普查单位名录，按照附 11 格式汇总后报省级普查机构。省级普查机构将本地区普查单位名录审定后报国家普查机构。

2017 年度停产的企业或单位，纳入普查范围；2017 年 12 月 31 日以前已关闭的企业或单位，不纳入普查范围。汇总文件统一以“行政区域名称—清查汇总表名称”命名，以 xlsx、xls、csv 格式逐级上报。

附 1

第二次全国污染源普查工业企业和产业活动单位清查表

普查小区代码：□□□□□□□□□□□□（□）

统一社会信用代码：□□□□□□□□□□□□□□□□□□（□□）

组织机构代码：□□□□□□□□□（□□）

排污许可证编号：□□□□□□□□□□□□□□□□□□□□□□

1.单位名称	
2.曾用名	
3.运行状态	□运行 □停产 □关闭
4.生产地址	______省（自治区、直辖市）______地（区、市、州、盟）______县（区、市、旗） __________乡（镇）______________________街（村）、门牌号
5.联系方式	固定电话：□□□□□□□□□□□□□□□联系人：__________ 移动电话：□□□□□□□□□□□
6.行业类别	行业名称（GB/T 4754—2017）： 行业代码：□□□□ 是否涉及下列矿产资源的开采、选矿、冶炼（分离）、加工：□是 □否 稀土、铌/钽、锆石/氧化锆、锡、铅/锌、铜、钢铁、磷酸盐、煤（包括煤矸石）、铝、钒、钼、金、锗/钛、镍
7.有无其他厂址	□无 □有：□□个 其他厂址地址： ______省（自治区、直辖市）______地（区、市、州、盟）______县（区、市、旗）__________ 乡（镇）______________________街（村）、门牌号
8.备注	

普查员及编号　　　　填表时间　　　　2018 年　月　日

审核人及编号　　　　审核时间　　　　2018 年　月　日

第二次全国污染源普查
工业企业和产业活动单位清查表填报说明

一、填表说明

本表信息由普查员填报。填报范围为清查范围内截至 2017 年 12 月 31 日所有的工业企业或产业活动单位（包括已建成、试生产、暂时停产、已关闭的全部工业企业或产业活动单位）。

二、指标解释

【普查小区代码】指长度为 12 位的用于识别工业企业或产业活动单位生产地址所属区划的普查小区代码。普查小区代码沿用国家统计局编制的 12 位统计用行政区划代码；普查对象较多或地域范围较大的普查小区进一步拆分时，在原代码基础上于末位新增 1 位识别码进行区分；发生较大区划变更尚未得到统计用行政区划代码的，需要按程序向国家普查机构申请以获得该普查小区代码。

【统一社会信用代码/组织机构代码】统一社会信用代码是一组长度为 18 位的用于法人和其他组织身份识别的代码。若填报企业或单位尚未申请统一社会信用代码则使用原组织机构代码代替。若既未申请统一社会信用代码又无组织机构代码，则按照普查对象识别码编码规则顺次编码后填入该行。

普查对象识别码按照如下规则编码：

普查对象识别码共计 18 位，代码结构为

□	□	□	□	□	□	□	□	□	□	□	□	□	□	□	□	□	□
01	02	03	04	05	06	07	08	09	10	11	12	13	14	15	16	17	18

第 01 位，为调查对象类别识别码，用大写英文字母标识，G-工业企业和产业活动单位，X-规模化畜禽养殖场，J-集中式污染治理设施，S-生活源锅炉，R-入河（海）排污口。

第 02 位，为调查对象机构类别识别码，用大写英文字母标识，见表 1。

表 1　调查对象机构类别识别码标识

机构类别	代码标识
机关	A
事业单位	B
社会团体	C
民办非企业单位	D
企业	E
个体工商户	F
农民专业合作社	G
居委会、居民小区	H
村委会	K
其他	L

第 03～14 位，使用国家统计局编制的 12 位统计用行政区划代码。

第 15～18 位，为调查对象识别码，由地方普查机构按照顺序进行编码。

【排污许可证编号】指已经正式核发的排污许可证 22 位编号。已经正式核发排污许可证的企业或产业活动单位必须填写，其他企业或产业活动单位不需要填写。

【单位名称】指经有关部门批准正式使用的企业或单位全称。企业、个体工商户的详细名称按工商部门登记的名称填写；行政、事业单位的详细名称按编制部门登记、批准的名称填写；社会团体、民办非企业单位、基金会和基层群众自治组织的详细名称按民政部门登记、批准的名称填写。填写时要求使用规范化汉字填写，并与单位公章所使用的名称完全一致。凡经登记主管机关核准或批准，具有两个或两个以上名称的单位，要求填写一个名称，同时用括号注明其余的名称。对于没有登记、无正式名称的单位填写实际使用名称。

【曾用名】用于标识企业或单位是否有曾用名。有曾用名的按照曾用名的全称填写，无曾用名的此项不填。

【运行状态】用于标识企业或单位运行、停产或关闭状态。在运行的标记为“运行”；暂时停产、间歇性停产、阶段性停产的标记为“停产”；生产设施已移除或厂区已废弃的标记为“关闭”。

【生产地址】指企业或单位所在地详细到村镇、街道、门牌号的地址。按实际生产地址填报，注册登记地址和生产地址不在同一区域的按照生产地址进行登记。

【联系方式】指企业或单位联系人、固定电话和移动电话。

【行业类别】根据其从事的社会经济活动性质对各类企业或单位进行分类，按照《国民经济行业分类》（GB/T 4754—2017）填写行业小类代码。对于业务涉及多个行业分类的企业或单位，选择主营业务的行业类别进行区分。如果涉及下列矿产资源的开采、选矿、冶炼（分离）、加工的：稀土、铌/钽、锆石/氧化锆、锡、铅/锌、铜、钢铁、磷酸盐、煤（包括煤矸石）、铝、钒、钼、金、锗/钛、镍，在对应的矿产资源名称上画“ √ ”。

【有无其他厂址】用于标识企业或单位是否有多个生产地址，有多个生产地址的选择“有”，且按照不同生产地址的清查顺序依次进行编号、分别进行登记；无多个生产地址的选择“无”。有多个生产厂址的填写其他厂址的数量，并记录其他厂址的具体地址。

【备注】上述各项指标中存在特殊情况的，可在此予以注明。例如正在办理停产、关闭手续，设施预计在普查阶段拆除，或者长期停产且无法找到企业人员等各种情况。

【普查员及编号】指采集本表信息的普查员及其编号。

【审核人及编号】指审核本表信息的普查员或普查指导员及其编号。

附 2

第二次全国污染源普查规模化畜禽养殖场清查表

普查小区代码：□□□□□□□□□□□□□□（□）

统一社会信用代码：□□□□□□□□□□□□□□□□□□□□□□□（□□）

组织机构代码：□□□□□□□□□□（□□）

1. 养殖场名称	
2. 运行状态	□运行　　□停产　　□关闭
3. 养殖场地址	______省（自治区、直辖市）______地（区、市、州、盟）______县（区、市、旗） __________乡（镇）______________街（村）、门牌号
4. 联系方式	固定电话：□□□□□□□□□□□□□□□□□联系人：__________ 移动电话：□□□□□□□□□□□□□
5. 养殖种类和规模	□猪：________头（年出栏） □奶牛：________头（年存栏）□肉牛：________头（年出栏） □蛋鸡：________羽（年存栏）□肉鸡：________羽（年出栏）

普查员及编号　　　　　　　　填表时间　　　　2018 年　月　日

审核人及编号　　　　　　　　审核时间　　　　2018 年　月　日

第二次全国污染源普查
规模化畜禽养殖场清查表填报说明

一、填表说明

本表信息由普查员填报。填报范围为清查范围内截至 2017 年 12 月 31 日所有的规模化畜禽养殖场（包括已建成、暂时停产、已关闭的全部规模化畜禽养殖场）。

二、指标解释

【普查小区代码】指长度为 12 位的用于识别养殖场所属区划的普查小区代码。普查小区代码沿用国家统计局编制的 12 位统计用行政区划代码；普查对象较多或地域范围较大的普查小区进一步拆分时，在原代码基础上于末位新增 1 位识别码进行区分；发生较大区划变更尚未得到统计用行政区划代码的，需要按程序向国家普查机构申请以获得该普查小区代码。

【统一社会信用代码/组织机构代码】统一社会信用代码是一组长度为 18 位的用于法人和其他组织身份识别的代码。若填报企业或单位尚未申请统一社会信用代码则使用原组织机构代码代替。若既未申请统一社会信用代码又无组织机构代码，则按照普查对象识别码编码规则顺次编码后填入该行。

普查对象识别码按照如下规则编码：

普查对象识别码共计 18 位，代码结构为

□	□	□	□	□	□	□	□	□	□	□	□	□	□	□	□	□	□
01	02	03	04	05	06	07	08	09	10	11	12	13	14	15	16	17	18

第 01 位，为调查对象类别识别码，用大写英文字母标识，G-工业企业和产业活动单位，X-规模化畜禽养殖场，J-集中式污染治理设施，S-生活源锅炉，R-入河（海）排污口。

第 02 位，为调查对象机构类别识别码，用大写英文字母标识，见表 1。

表 1　调查对象机构类别识别码标识

机构类别	代码标识
机关	A
事业单位	B
社会团体	C
民办非企业单位	D
企业	E
个体工商户	F
农民专业合作社	G
居委会、居民小区	H
村委会	K
其他	L

第 03～14 位，使用国家统计局编制的 12 位统计用行政区划代码。

第 15～18 位，为调查对象识别码，由地方普查机构按照顺序进行编码。

【养殖场名称】指经有关部门批准正式使用的养殖场全称。企业、个体工商户的详细名称按工商部门登记的名称填写。填写时要求使用规范化汉字填写，并与单位公章所使用的名称完全一致。凡经登记主管机关核准或批准，具有两个或两个以上名称的单位，要求填写一个单位名称，同时用括号注明其余的单位名称。对于没有进行工商登记的规模化养殖场，养殖场名称直接填写养殖场场主姓名。

【运行状态】用于标识养殖场运行、停产或关闭状态。在运行的标记为“运行”；暂时停产、间歇性停产、阶段性停产的标记为“停产”；养殖设施已移除或者场区已废弃的标记为“关闭”。

【养殖场地址】指畜禽养殖场所在地详细到村镇、街道、门牌号的地址。按实际生产地址填报，注册登记地址和生产地址不在同一区域的按照生产地址进行登记。

【联系方式】指畜禽养殖场联系人、固定电话和移动电话。

【养殖种类和规模】指具体养殖畜禽种类和养殖规模，按照 2017 年全年实际养殖量填报。

【普查员及编号】指采集本表信息的普查员及其编号。

【审核人及编号】指审核本表信息的普查员或普查指导员及其编号。

附 3

第二次全国污染源普查集中式污染治理设施清查表

普查小区代码：□□□□□□□□□□□□□□（□）

统一社会信用代码：□□□□□□□□□□□□□□□□□□□□□□□□□□（□□）

组织机构代码：□□□□□□□□□□□（□□）

1. 单位名称	
2. 运营单位	
3. 运行状态	□运行　　　　□停产　　　　□关闭
4. 设施地址	______省（自治区、直辖市）______地（区、市、州、盟）______县（区、市、旗） ______乡（镇）______街（村）、门牌号
5. 联系方式	固定电话：□□□□□□□□□□□□□□□□□□□□联系人：______ 移动电话：□□□□□□□□□□□□□□
6. 设施类别	□生活垃圾集中处理处置　□危险废物集中处理处置　□污水集中处理处置
7. 农村集中式污水处理设施	□否　□是　设计处理能力____吨/日，或服务人口____人，或服务家庭数____户

普查员及编号　　　　填表时间　　　　2018 年　月　日

审核人及编号　　　　审核时间　　　　2018 年　月　日

第二次全国污染源普查
集中式污染治理设施清查表填报说明

一、填表说明

本表信息由普查员填报。填报范围为清查范围内截至 2017 年 12 月 31 日所有的集中式污染治理设施（包括已建成、试生产、暂时停产、已关闭的全部集中式污染治理设施）。

二、指标解释

【普查小区代码】指长度为12位的用于识别集中式污染治理设施所属区划的普查小区代码。普查小区代码沿用国家统计局编制的12位统计用行政区划代码；普查对象较多或地域范围较大的普查小区进一步拆分时，在原代码基础上于末位新增1位识别码进行区分；发生较大区划变更尚未得到统计用行政区划代码的，需要按程序向国家普查机构申请以获得该普查小区代码。

【统一社会信用代码/组织机构代码】 统一社会信用代码是一组长度为 18 位的用于法人和其他组织身份识别的代码。若填报企业或单位尚未申请统一社会信用代码则使用原组织机构代码代替。若既未申请统一社会信用代码又无组织机构代码，则按照普查对象识别码编码规则顺次编码后填入该行。

普查对象识别码按照如下规则编码：

普查对象识别码共计 18 位，代码结构为

□ □ □ □ □ □ □ □ □ □ □ □ □ □ □ □ □ □

01 02 03 04 05 06 07 08 09 10 11 12 13 14 15 16 17 18

第 01 位，为调查对象类别识别码，用大写英文字母标识，G-工业企业和产业活动单位，X-规模化畜禽养殖场，J-集中式污染治理设施，S-生活源锅炉，R-入河（海）排污口。

第 02 位，为调查对象机构类别识别码，用大写英文字母标识，见表 1。

表 1 调查对象机构类别识别码标识

机构类别	代码标识
机关	A
事业单位	B
社会团体	C
民办非企业单位	D
企业	E
个体工商户	F
农民专业合作社	G
居委会、居民小区	H
村委会	K
其他	L

第 03～14 位，使用国家统计局编制的 12 位统计用行政区划代码。

第 15～18 位，为调查对象识别码，由地方普查机构按照顺序进行编码。

【单位名称】指经有关部门批准正式使用的单位全称。按工商部门登记或法人登记的名称填写；填写时要求使用规范化汉字全称，与单位公章所使用的名称完全一致。凡经登记主管机关核准或批准，具有两个或两个以上名称的单位，要求填写一个法人单位名称，同时用括号注明其余的单位名称。所有单位均填写本项。企业、个体工商户的详细名称按工商部门登记的名称填写；事业单位的详细名称按编制部门登记、批准的名称填写；社会团体、民办非企业单位、基金会和基层群众自治组织的详细名称按民政部门登记、批准的名称填写。填写时要求使用规范化汉字填写，并与单位公章所使用的名称完全一致。凡经登记主管机关核准或批准，具有两个或两个以上名称的单位，要求填写一个单位名称，同时用括号注明其余的单位名称。对于没有登记、无正式名称的设施按照“所在地（详细到村、镇）+实际使用名称”原则填写，例如“××地区（市、州、盟）××县（区、市、旗）××乡（镇）××街（村）农村污水处理站”或“××地区（市、州、盟）××县（区、市、旗）垃圾填埋场”。

【运营单位】指对该污染治理设施进行日常运维的企业、单位、机构、集体等的名称，运营单位和设施产权单位不一致的填写本项。使用有关部门批准正式使用的全称。企业、个体工商户的详细名称按工商部门登记的名称填写；事业单位的详细名称按编制部门登记、批准的名称填写；社会团体、民办非企业单位、基金会和基层群众自治组织的详细名称按民政部门登记、批准的名称填写。填写时要求使用规范化汉字填写，并与单位公章所使用的名称完全一致。凡经登记主管机关核准或批准，具有两个或两个以上名称的单位，要求填写一个单位名称，同时用括号注明其余的单位名称。

【运行状态】用于标识集中式污染治理设施运行、停产或关闭状态。在运行的标记为“运行”；暂时停产、间歇性停产、阶段性停产的标记为“停产”；设施已移除或厂区已废弃的标记为“关闭”。

【设施地址】指集中式污染治理设施所在地详细到村镇、街道、门牌号的地址。按实际所在地址填报，注册登记地址和设施实际所在地地址不在同一区域的按照设施实际所在地地址进行登记。

【联系方式】指单位联系人、固定电话和移动电话。

【设施类别】用于识别集中式污染治理设施所属类别，包括：生活垃圾集中处理处置单位、危险废物集中处理处置单位和污水集中处理处置单位。

生活垃圾集中处理处置单位包括生活垃圾填埋场、生活垃圾焚烧厂以及以其他处理方式处理生活垃圾和餐厨垃圾的单位。

危险废物集中处理处置单位包括危险废物处置厂和医疗废物处理（处置）厂。危险废物处置厂包括危险废物综合处理（处置）厂、危险废物焚烧厂、危险废物安全填埋场和危险废物综合利用厂等；医疗废物处理（处置）厂包括医疗废物焚烧厂、医疗废物高温蒸煮厂、医疗废物化学消毒厂、医疗废物微波消毒厂等。

集中式污水处理单位包括城镇污水处理厂、工业污水集中处理厂和农村集中式污水处理设施。其中，农村集中式污水处理设施指通过管道、沟渠将乡或村污水进行集中收集后统一处理的、设计处理能力≥10 吨/日（或服务人口≥100 人，或服务家庭数≥20 户）的污水处理设施或污水处理厂。

【农村集中式污水处理设施】若在“6.设施类别”中选择“污水集中处理处置”，同时对“7.农村集中式污水处理设施”进行选择。农村集中式污水处理设施指通过管道、沟渠将乡或村污水进行集中收集后统一处理的、设计处理能力≥10 吨/日（或服务人口≥100 人，或服务家庭数≥20 户）的污水处理设施或污水处理厂。如果选择“是”，请填写农村集中式污水处理设施设计处理能力或服务人口数量或服务家庭户数。

【普查员及编号】指采集本表信息的普查员及其编号。

【审核人及编号】指审核本表信息的普查员或普查指导员及其编号。

附4

第二次全国污染源普查生活源锅炉清查表

普查小区代码：□□□□□□□□□□□□（□）

统一社会信用代码：□□□□□□□□□□□□□□□□□□（□□）

组织机构代码：□□□□□□□□□（□□）

单位名称： ［锅炉产权单位］（选填）：

锅炉产权单位或使用单位情况					
1. 详细地址	______省（自治区、直辖市）______地（区、市、州、盟）______县（区、市、旗） ______乡（镇）______街（村）、门牌号				
2. 联系方式	固定电话：□□□□□□□□□□□□□□□□联系人：______ 移动电话：□□□□□□□□□□□				
3. 机构类型	□□				
4. 行业类别	行业代码：□□ 行业名称：				
5. 拥有锅炉数量	□□				
指标名称	计量单位	代码	锅炉1	锅炉2	锅炉3
甲	乙	丙	1	2	3
一、锅炉基本信息	—	—	—	—	—
锅炉用途	—	1			
锅炉投运年份	—	2			
锅炉编号	—	3			
锅炉型号	—	4			
锅炉类型	—	5			
额定出力	t/h	6			
锅炉燃烧方式	—	7			
年运行时间	—	8			
二、锅炉运行情况	—	—	—	—	—
燃料煤类型	—	9			
燃料煤消耗量	t	10			
燃料煤平均含硫量	%	11			
燃料煤平均灰分	%	12			
燃料煤平均干燥无灰基挥发分	%	13			
燃油类型	—	14			
燃油消耗量	t	15			
燃油平均含硫量	%	16			
燃气类型	—	17			
燃料气消耗量		18			
生物质燃料类型	—	19			
生物质燃料消耗量	t	20			
三、锅炉治理设施	—	—	—	—	—
除尘设施编号	—	21			
除尘工艺名称	—	22			
脱硫设施编号	—	23			
脱硫工艺名称	—	24			

指标名称	计量单位	代码	锅炉 1	锅炉 2	锅炉 3
甲	乙	丙	1	2	3
脱硝设施编号	—	25			
脱硝工艺名称	—	26			
在线监测设施安装情况	—	27			
排气筒编号	—	28			
排气筒高度	m	29			
粉煤灰、炉渣等固废去向	—	30			

普查员及编号　　　　填表时间　　2018 年　月　日

审核人及编号　　　　审核时间　　2018 年　月　日

第二次全国污染源普查生活源锅炉清查表填报说明

一、填表说明

本表信息由调查对象或普查员填报。填报范围为《关于开展第二次全国污染源普查生活源锅炉清查工作的通知》（环普查〔2017〕188 号）中规定的对象与内容。

二、指标解释

【普查小区代码】指长度为 12 位的用于识别生活源锅炉所属区划的普查小区代码。普查小区代码沿用国家统计局编制的 12 位统计用行政区划代码；普查对象较多或地域范围较大的普查小区进一步拆分时，在原代码基础上于末位新增 1 位识别码进行区分；发生较大区划变更尚未得到统计用行政区划代码的，需要按程序向国家普查机构申请以获得该普查小区代码。

【统一社会信用代码/组织机构代码】统一社会信用代码是一组长度为 18 位的用于法人和其他组织身份识别的代码。若填报企业或单位尚未申请统一社会信用代码则使用原组织机构代码代替。若既未申请统一社会信用代码又无组织机构代码，则按照普查对象识别码编码规则顺次编码后填入该行。

普查对象识别码按照如下规则编码：

普查对象识别码共计 18 位，代码结构为

□ □ □ □ □ □ □ □ □ □ □ □ □ □ □ □ □ □

01 02 03 04 05 06 07 08 09 10 11 12 13 14 15 16 17 18

第 01 位，为调查对象类别识别码，用大写英文字母标识，G-工业企业和产业活动单位，X-规模化畜禽养殖场，J-集中式污染治理设施，S-生活源锅炉，R-入河（海）排污口。

第 02 位，为调查对象机构类别识别码，用大写英文字母标识，见表 1。

表 1 调查对象机构类别识别码标识

机构类别	代码标识
机关	A
事业单位	B
社会团体	C
民办非企业单位	D
企业	E
个体工商户	F
农民专业合作社	G
居委会、居民小区	H
村委会	K
其他	L

第 03～14 位，使用国家统计局编制的 12 位统计用行政区划代码。

第 15～18 位，为调查对象识别码，由地方普查机构按照顺序进行编码。

【单位名称】指经有关部门批准正式使用的单位全称。所有单位均填写本项。企业、个体工商户的详细名称按工商部门登记的名称填写；行政、事业单位的详细名称按编制部门登记、批准的名称填写；社会团体、民办非企业单位、基金会和基层群众自治组织的详细名称按民政部门登记、批准的名称填写。填写时要求使用规范化汉字填写，并与单位公章所使用的名称完全一致。凡经登记主管机关核准或批准，具有两个或两个以上名称的单位，要求填写一个单位名称，同时用括号注明其余的单位名称。若锅炉产权单位或使用单位没有正式单位名称，可根据锅炉产权单位或使用单位通用描述代替。若锅炉产权单位和使用单位非一家单位的，由 2017 年度锅炉实际使用单位进行填报，以［锅炉产权单位］注明锅炉产权单位。

【详细地址】详细地址是民政部门认可的生活源锅炉所在地地址。应包括省（自治区、直辖市）、地区（市、州、盟）、县（市、旗、区）、乡（镇）以及具体街（村）和门牌号码。

【联系方式】指生活源锅炉产权单位或使用单位（填报单位）的联系人、固定电话和移动电话。

【机构类型】机构类型分为以下几种，10 企业、20 事业单位、30 机关、40 社会团体、51 民办非企业单位、52 基金会、53 居委会、54 村委会、90 其他组织机构。

10 企业：包括①领取《企业法人营业执照》（或新版《营业执照》）的各类企业；②个人独资企业、合伙企业；③经各级工商行政管理部门核准登记，领取《营业执照》的各类企业产业活动单位或经营单位；④未经有关部门批准但实际从事生产经营活动，且符合产业活动单位条件的企业法人的本部及分支机构。

20 事业单位：包括①经机构编制部门批准成立和登记或备案，领取《事业单位法人证书》，取得法人资格的单位；②事业法人单位的本部及分支机构或派出机构。

30 机关：包括国家权力机关、国家行政机关、国家司法机关、政党机关、政协组织、人民解放军、武警部队和其他机关；还包括机关法人单位的本部，以及国家权力机关分支机构、国家行政机关分支或派出机构、人民法院分支机构、人民检察院分支机构等。

①国家权力机关：指全国人民代表大会及其常务委员会、地方各级人民代表大会及其常务委员会和办事机构。

②国家行政机关：指国务院和地方各级人民政府及其工作部门，以及地区行政行署。

③国家司法机关：指国家审判机关和检察机关。

④政党机关：指中国共产党各级机关和所属办事机构、各民主党派各级机关和办事机构。

⑤政协组织：指中国人民政治协商会议全国委员会和地方各级别委员会及其办事机构。

40 社会团体：指中国公民自愿组成，为实现会员共同意愿，按照其章程开展活动的非营利性社会组织。包括①经各级民政部门核准登记，领取《社会团体法人证书》的各类社会团体；②由各级机构编制管理部门直接管理其机关机构编制的群众团体；③经国务院批准可以免于登记的社会团体；④社团法人单位的本部，以及经各级民政部门核准登记，领取《社会团体分支机构登记证书》或《社会团体代表机构登记证书》的社会团体分支机构或代表机构。

51 民办非企业单位：指企业单位、事业单位、社会团体和其他社会力量以及公民个人利用非国有资产举办的，从事非营利性社会服务的社会组织。民办非企业法人指经各级民政部门核准登记，领取《民办非企业单位（法人）登记证书》的民办非企业单位。

52 基金会：包括①民政部和省级民政部门核准登记的，颁发《基金会法人登记证书》的基金会；②基金会的本部及分支机构和境外基金会代表机构。

53 居民委员会：由不设区的市、市辖区的人民政府决定设立的社区（居委会）。

54 村民委员会：由乡、民族乡、镇的人民政府提出，经村民会议讨论同意后，报县级人民政府批准，设立的村民委员会。

90 其他组织机构：指除企业、事业单位、机关、社会团体、民办非企业单位、基金会、居民委员会和村民委员会以外的其他符合法人和产业活动单位条件的机构。包括：律师事务所和各类寺庙等。

【行业类别】指根据其从事的社会经济活动性质对各类单位进行分类。按照《国民经济行业分类》（GB/T 4754—2017）将行业大类代码（两位）填写在方格内。

【锅炉用途】填报锅炉使用主要用途，根据实际情况填写：M1-供水，M2-供暖，M3-洗浴，M4-烘干，M5-餐饮，M6-高温消毒，M7-农业，M8-制冷，M9-其他。有上述多种用途的情况，可以多选，以“/”分开。

【锅炉投运年份】填写锅炉正式投入使用年份，例如 1999。改造后锅炉按照改造后投入使用年份。

【锅炉编号】用字母 GL（代表锅炉）及其内部编号组成锅炉编号，如 GL1、GL2、GL3……；注意：仅对普查范围内在用及备用锅炉编号。

【锅炉型号】按照锅炉铭牌上的型号填报，锅炉型号不明或铭牌不清填“0”。

【锅炉类型】锅炉类型按表 2 中代码填报。

表 2 锅炉类型代码表

代码	按燃料类型分
R1	燃煤锅炉
R2	燃油锅炉
R3	燃气锅炉
R4	燃生物质锅炉

【额定出力】统一按蒸吨单位（t）填报。换算关系：60 万大卡/小时≈1 蒸吨/小时（t/h）≈0.7 兆瓦（MW）。指标允许保留一位小数。

【燃烧方式名称及代码】根据不同燃料类型的锅炉燃烧方式，按表 3 中代码填报。

表 3 锅炉燃烧方式及代码表

代码	燃煤锅炉	代码	燃油锅炉	代码	生物质锅炉
RM01	抛煤机炉	RY01	室燃炉	RS01	层燃炉
RM02	链条炉	RY02	其他	RS02	其他

代码	燃煤锅炉	代码	燃油锅炉	代码	生物质锅炉
RM03	其他层燃炉	代码	燃气锅炉	—	—
RM04	循环流化床锅炉	RQ01	室燃炉	—	—
RM05	煤粉炉	RQ02	其他	—	—
RM06	其他	—	—	—	—

【年运行时间】填写调查年度锅炉全年的实际运行月份。指标保留整数。

【燃料消耗量】指调查年度该锅炉实际消耗的能源量。根据锅炉使用的燃料种类及对应计量单位，按表 4 中代码填报。指标允许保留一位小数。

燃料消耗量难以在多台锅炉间划分的情况，根据燃料消耗总量按照多台锅炉间实际运行情况估算。

表 4　能源种类代码表

代码	燃料类型	计量单位
101	原煤	t
102	洗精煤	t
103	其他洗煤	t
104	型煤	t
105	煤矸石	t
106	焦炭	t
107	石油焦	t
201	焦炉煤气	万 m^3
202	高炉煤气	万 m^3
203	转炉煤气	万 m^3
204	其他煤气	万 m^3
205	天然气	万 m^3
206	液化天然气	t
207	液化石油气	t
208	炼厂干气	t
209	其他气体燃料	t/m^3
301	原油	t
302	汽油	t
303	煤油	t
304	柴油	t
305	燃料油	t
306	醇基燃料	t
307	其他液体燃料	t
401	生物质成型燃料	t
501	其他石油制品	t
502	其他焦化产品	t
503	其他燃料	t/m^3

【燃料煤平均含硫量】指调查年度多次监测的燃料煤收到基含硫量加权平均值；若无煤质分析数据，取所在地区平均含硫量。指标允许保留一位小数。

【燃料煤平均灰分】指调查年度多次监测的燃料煤收到基灰分加权平均值；若无煤质分析数据，取所在地区平均灰分。指标允许保留一位小数。

【燃料煤平均干燥无灰基挥发分】调查年度燃料煤加权平均干燥无灰基挥发分；若无煤质分析数据，取所在地区平均干燥无灰基挥发分。指标允许保留一位小数。

【燃油平均含硫量】指调查年度多次监测的燃油含硫量加权平均值；若无燃油分析数据，取所在地区平均含硫量；若燃油种类为醇基燃料可不填。指标允许保留一位小数。

【除尘/脱硫/脱硝设施编号】用字母 QC/QS/QN（分别代表除尘/脱硫/脱硝设施）及其内部编号组成，如 QC1、QC2……、QS1，QS2……、QN1，QN2……；两台或多台锅炉使用同一套设施的，填报的设施编号必须一致。

【除尘/脱硫/脱硝工艺名称】指相应的脱硫、脱硝、除尘设施所采用的工艺方法，按表 5 中代码填报。无任何设施的现场填写直排，数据汇总时设施编号与工艺名称均为空。两种及以上处理工艺组合使用的，每种工艺均需填报，按照处理设施的先后次序填报。

表 5 除尘/脱硫/脱硝工艺

代码	除尘方法	代码	脱硫方法	代码	脱硝方法
—	过滤式除尘	—	炉内脱硫	—	炉内低氮技术
P1	袋式除尘	S1	炉内喷钙	N1	低氮燃烧法
P2	颗粒床除尘	S2	型煤固硫	N2	循环流化床锅炉
P3	管式过滤	—	烟气脱硫	N3	烟气循环燃烧
—	静电除尘	S3	石灰石-石膏法	—	烟气脱硝
P4	低低温	S4	石灰-石膏法	N4	选择性非催化还原法（SNCR）
P5	板式	S5	氧化镁法	N5	选择性催化还原法（SCR）
P6	管式	S6	海水脱硫法	N6	活性炭（焦）法
P7	湿式除雾	S7	氨法	N7	氧化-吸收法
—	湿法除尘	S8	双碱法	N8	其他
P8	文丘里	S9	烟气循环流化床法		
P9	离心水膜	S10	旋转喷雾干燥法		
P10	喷淋塔/冲击水浴	S11	活性炭（焦）法		
—	旋风除尘	S12	其他		
P11	单筒（多筒并联）旋风				
P12	多管旋风				
—	组合式除尘				
P13	电袋组合				
P14	旋风+布袋				
P15	其他				

脱硫设施指专门设计、建设的去除烟气二氧化硫的设施。水膜除尘、除尘脱硫一体化，仅添加硫转移剂等无法连续稳定去除二氧化硫的，均不视为脱硫设施。

【在线监测设施安装情况】指锅炉废气污染治理设施末端是否安装污染物在线监测设施，是否与环境管理部门联网，根据实际情况，按照如下选项填报代码：

ZX1-未安装，ZX2-安装未联网，ZX3-安装并联网。

【排气筒编号】用字母 YC 代表锅炉排气筒与烟囱编号，如 YC1、YC2、YC3……；两台或多台锅炉使用同一排气筒的，填报的排气筒编号必须一致。

【排气筒高度】指排气筒、烟囱（或锅炉房）所在的地平面至废气出口的高度。指标允许保留一位小数。

【粉煤灰、炉渣等固废去向】按照粉煤灰、炉渣、脱硫石膏等固体废物收集方式填写代码：SJ1-集中收集处置，SJ2-直接排放环境，SJ3-其他。

【普查员及编号】指填写本表信息的调查对象。

【审核人及编号】指审核本表信息的普查员或普查指导员及其编号。

附 5

第二次全国污染源普查入河（海）排污口清查表

普查小区代码：□□□□□□□□□□□□□□（□）

排污口编码：□□□□□□□□□□

1.排污口名称	
2.排污口类别	□入河排污口　　□入海排污口
3.地理坐标	E_____°_____′_____″/N_____°_____′_____″
4.设置单位	
5.排污口规模	□规模以上　□规模以下
6.排污口类型	□工业废水排污口　□生活污水排污口　□混合污废水排污口
7.入河（海）方式	□明渠　□暗管　□泵站　□涵闸　□其他______
8.受纳水体名称	

普查员及编号　　填表时间　　2018 年　月　日

审核人及编号　　审核时间　　2018 年　月　日

第二次全国污染源普查
入河（海）排污口清查表填报说明

一、填表说明

本表信息由普查员填报。填报范围为清查范围内截至 2017 年 12 月 31 日所有实际存在的入河（海）排污口。

二、指标解释

【普查小区代码】指长度为 12 位的用于识别入河（海）排污口所属区划的普查小区代码。普查小区代码沿用国家统计局编制的 12 位统计用行政区划代码；普查对象较多或地域范围较大的普查小区进一步拆分时，在原代码基础上于末位新增 1 位识别码进行区分；发生较大区划变更尚未得到统计用行政区划代码的，需要按程序向国家普查机构申请以获得该普查小区代码。

【排污口编码】按《入河排污口管理技术导则》（SL 532—2011）填写，由全国的行政区代码加序号组成，共 9 个字节，1～2 个字节表示的是：省（自治区、直辖市）名称；3～4 个字节表示的是：地（市、州、盟）名称；5～6 个字节表示的是：县（市、区、旗）名称；7～9 个字节的 A01 表示的是：第 A01 号入河（海）排污口。

示例：入河（海）排污口编码：340301A01 代表的意思是××省××市辖区第 A01 号入河（海）排污口。其中 1～2 个字节的 34 表示的是：××省；3～4 个字节的 03 表示的是：××市；5～6 个字节的 01 表示的是：市辖区；7～9 个字节的 A01 表示的是：第 A01 号入河排污口。

【排污口名称】按《入河排污口管理技术导则》（SL 532—2011）填写，具体命名规则如下：

（1）工业废水入河排污口为接纳企业生产废水的入河（海）排污口。工业园区设置的接纳园区内多家企业生产废水的入河（海）排污口也视为工业废水入河排污口。对于企业（工厂）排污口，在排污单位名称前加该排污口所在地的行政区名称，并冠以企业（工厂）排污口的名称，例如：××县××啤酒厂企业（工厂）排污口。

（2）生活污水入河排污口为接纳生活污水的入河（海）排污口。对于市政生活污水排污口，在排污口所在地地名（或者是街道名）、具有显著特征的建筑物名称前加该排污口所在地的行政区名称，并冠以市政生活污水排污口的名称，例如：××县望城门市政生活污水排污口。

（3）混合废污水入河排污口为接纳市政排水系统废污水或污水处理厂尾水的入河（海）排污口。对于混合废污水排污口，在排污口所在地地名（或者是街道名）具有显著特征的建筑物名称前加入该排污口所在地的行政区名称，并冠以综合排污口的名称，例如：××市一号码头混合废污水排污口。污水处理厂可参照企业排污口名称的确定方法。

（4）对于同一地区或者同一排污单位出现相同的排污口，在各种名称前加序号区分。例如：××县

××酒厂 1 号工业入河（海）排污口；××县××酒厂 2 号工业入河（海）排污口。

【地理坐标】填写排污口所在地地理位置的经、纬度。

【设置单位】有明确设置单位的排污口填写设置单位全称。经行政许可设置或备案的排污口，按许可批复或备案文件确定的设置单位填写；多个固定源共用一个排污口时，填写为主设置单位或排污量最大的单位。未经行政许可设置或备案，且确实无明确设置单位的排污口填写“无”。

【排污口规模】分为“规模以上”和“规模以下”。其中，“规模以上”指日排废污水 300 立方米或年排废污水 10 万立方米以上；“规模以下”指日排废污水量小于 300 立方米或年排废污水量小于 10 万立方米。

【排污口类型】根据排放废污水的性质，排污口类型分为工业废水入河（海）排污口，入河（海）排污口和混合废污水入河（海）排污口 3 种。工业废水入河（海）排污口指接纳企业生产废水的入河（海）排污口。生活污水入河（海）排污口指接纳生活污水的入河（海）排污口。混合废污水入河（海）排污口指接纳市政排水系统废污水或污水处理厂尾水的入河（海）排污口。对于接纳远离城镇、不能纳入污水收集系统的居民区、风景旅游区、度假村、疗养院、机场、铁路车站等，以及其他企事业单位或人群聚集地排放的污水，如氧化塘、渗水井、化粪池、改良化粪池、无动力地埋式污水处理装置和土地处理系统处理工艺等集中处理方式的入河（海）排污口，视为混合废污水入河（海）排污口。

【污水入河（海）方式】按实际情况填写明渠、暗管、泵站、涵闸和其他。明渠指采用地表可见的渠道排放污水的方式，可分为天然明渠和人工明渠两种。暗管，指利用地下管道或渠道排放污水的形式。泵站，指利用泵站控制排放污水的形式。涵闸，指利用闸门控制流量和调节水位来排放污水入河湖的形式。其他，指不符合上述条件的入河（海）方式，并在后面横线说明情况。

【受纳水体名称】指直接接纳排放污（废）水或经处理的污（废）水的河流、湖泊、海洋或其他环境水体。

【普查员及编号】指采集本表信息的普查员及其编号。

【审核人及编号】指审核本表信息的普查员或普查指导员及其编号。

附 6

第二次全国污染源普查工业企业和产业活动单位清查汇总表

序号	普查小区代码	统一社会信用代码	组织机构代码	排污许可证编号	单位名称	曾用名	运行状态	省（自治区、直辖市）	地区（市、州、盟）	县（区、市、旗）	乡（镇）	详细地址（街、村、门牌号）	联系人	固定电话	移动电话	行业类别	是否涉及稀土等 15 类矿产资源开采、选矿、冶炼（分离）、加工	其他厂址个数	其他厂址地址	备注	是否纳入普查范围
例	440305××××××	××××××××××××××××××			×××通讯股份有限公司		运行	广东省	深圳市	南山区	××乡	××××路×××号××大厦	×××	×××××××××××	×××××××××××	3921 通信系统设备制造	否	0			是

注：15 类矿产资源指稀土、铌/钽、锆石/氧化锆、锡、铅/锌、铜、钢铁、磷酸盐、煤（煤矸石）、铝、钒、钼、金、锗/钛、镍。

附 7

第二次全国污染源普查规模化畜禽养殖场清查汇总表

序号	普查小区代码	统一社会信用代码	组织机构代码	养殖场名称	运行状态	省（自治区、直辖市）	地区（市、州、盟）	县（区、市、旗）	乡（镇）	详细地址（街、村、门牌号）	联系人	固定电话	移动电话	猪（头）	奶牛（头）	肉牛（头）	蛋鸡（羽）	肉鸡（羽）	是否纳入普查范围
例	110×××××××××	×××××××××××××××××××		×××××公司	运行	北京市	×××市	×××县	×××乡	××××路×××号	×××	×××××××	×××××××	×××	×××	×××	×××	×××	是

附 8

第二次全国污染源普查集中式污染治理设施清查汇总表

序号	普查小区代码	统一社会信用代码	组织机构代码	单位名称	运营单位	运行状态	省（自治区、直辖市）	地区（市、州、盟）	县（区、市、旗）	乡（镇）	详细地址（街、村、门牌号）	联系人	固定电话	移动电话	设施类别	农村集中式污水处理设施	设计处理能力（吨/日）	服务人口（人）	服务家庭（户）	是否纳入普查范围
例	450503×××××××	×××××××××××××××××××		×××生活垃圾处理厂		运行	广西壮族自治区	北海市	银海区	×××镇	××××村××路××号	×××	×××××××××××	×××××××××××	生活垃圾集中处理处置单位	否				是
例	320509×××××××	×××××××××××××××××××		×××村污水处理厂	×××公司	运行	江苏省	苏州市	吴江区	×××镇	××××村××路××号	×××	×××××××××××	×××××××××××	污水集中处理处置单位	是	20			是

附 9

第二次全国污染源普查生活源锅炉清查汇总表

序号	普查小区代码	统一社会信用代码	组织机构代码	单位名称	锅炉产权单位（选填）	省（自治区、直辖市）	地区（市、州、盟）	县（区、市、旗）	乡（镇）	详细地址（街、村、门牌号）	联系人	固定电话	移动电话	机构类型	行业类别	拥有锅炉数量（台）
例	1401051×××××××	××××××××××××××××××		××××医院		山西省	太原市	小店区	北革镇	××××村××路01号	×××	×××××××××××	×××××××××××	20 事业单位	××	2
例	1401051×××××××	××××××××××××××××××		××××医院		山西省	太原市	小店区	北革镇	××××村××路01号	×××	×××××××××××	×××××××××××	20 事业单位	××	2
例	1401051×××××××	××××××××××××××××××		××××学校		山西省	太原市	小店区	北革镇	××××村××路××号	×××	×××××××××××	×××××××××××	20 事业单位	××	1

第二次全国污染源普查生活源锅炉清查汇总表（续表 1）

锅炉用途	锅炉投运年份	锅炉编号	锅炉型号	锅炉类型	锅炉燃烧方式	额定出力（蒸吨/小时）	年运行时间	燃料煤类型	燃料煤消耗量（吨）	燃料煤平均含硫量（%）	燃料煤平均灰分（%）	燃料煤平均干燥无灰基挥发分（%）	燃油类型	燃油消耗量（吨）	燃油平均含硫量(吨)	燃气类型	燃料气消耗量（万米^3）	生物质燃料类型	生物质燃料消耗量（吨）
M2 供暖	1999	GL1	×××× ×	R1 燃煤锅炉	RM05 煤粉炉	××	6	101 原煤	××	××	××	××							
M6 高温消毒	1999	GL2	×××× ×	R1 燃煤锅炉	RM05 煤粉炉	××	12	101 原煤	××	××	××	××							
M5 餐饮	2001	GL1	×××× ×	R1 燃煤锅炉	RM05 煤粉炉	××	12	101 原煤	××	××	××	××							

第二次全国污染源普查生活源锅炉清查汇总表（续表 2）

除尘设施编号	除尘工艺名称	脱硫设施编号	脱硫工艺名称	脱硝设施编号	脱硝工艺名称	在线监测设施安装情况	排气筒编号	排气筒高度（米）	粉煤灰、炉渣等固废去向
QC1	P1 袋式除尘	QS1	S1 炉内喷钙			ZX1 未安装	YC1	20	SJ1 集中收集处置
QC1	P1 袋式除尘	QS1	S1 炉内喷钙			ZX1 未安装	YC1	20	SJ1 集中收集处置
QC1	P1 袋式除尘					ZX1 未安装	YC1	15	SJ1 集中收集处置

附 10

第二次全国污染源普查入河（海）排污口清查汇总表

序号	普查小区代码	排污口编码	排污口名称	排污口类别	地理坐标经度（度）	地理坐标经度（分）	地理坐标经度（秒）	地理坐标纬度（度）	地理坐标纬度（分）	地理坐标纬度（秒）	设置单位	排污口规模	排污口类型	污水入河（海）方式	“其他”入河（海）方式说明	受纳水体名称	是否纳入普查范围
例	××××××××××××		××××	××入河排污口	×××	××	××	××	××	××		规模以上	生活污水排污口	明渠	××××××××××	××××	是

附 11

第二次全国污染源普查伴生放射性矿企业初测筛查汇总表

序号	统一社会信用代码	组织机构代码	单位名称	曾用名	运行状态	省（自治区、直辖市）	地区（市、州、盟）	县（区、市、旗）	乡（镇）	详细地址（街、村、门牌号）	联系人	固定电话	移动电话	行业类别	放射性水平达到初测筛选标准固体物料				是否纳入伴生放射性矿普查范围
															物料 1 名称及初测结果	物料 2 名称及初测结果	物料 3 名称及初测结果	物料 4 名称及初测结果	
例	××××××××××××××××××		×××稀土有限公司		运行	内蒙古自治区	包头市	九原区	××乡	×××路×××号	×××	×××××××××××	×××××××××××	0932 稀土金属矿采选	稀土原矿，××× nGy/h 或××× Bq/g	废渣，××× nGy/h 或××× Bq/g			是

关于印发《第二次全国污染源普查数据处理方案》的通知

国污普〔2018〕5 号

各省、自治区、直辖市第二次全国污染源普查领导小组办公室，新疆生产建设兵团第二次全国污染源普查领导小组办公室：

根据《国务院办公厅关于印发第二次全国污染源普查方案的通知》（国办发〔2017〕82 号）要求，为加快推进第二次全国污染源普查信息化建设工作，我部组织编制了《第二次全国污染源普查数据处理方案》，现印发给你们，请结合实际，认真落实。

各省份普查机构应结合已有信息化基础条件，于 2018 年 7 月 20 日前完成普查现场数据采集、数据处理环境相关设备采购、实施工作，配合国家普查机构开展软件部署工作，保障本级互联网、环保专网畅通，确保系统稳定运行。

附件：第二次全国污染源普查数据处理方案

国务院第二次全国污染源普查

领导小组办公室

2018 年 4 月 16 日

附件

第二次全国污染源普查数据处理方案

为指导全国污染源普查信息化建设工作，规范普查数据处理流程，统一相关建设标准，依据《国务院关于开展第二次全国污染源普查的通知》（国发〔2016〕59 号）和《国务院办公厅关于印发第二次全国污染源普查方案》（国办发〔2017〕82 号）要求，制订本方案。

一、基本原则

以满足业务需要为出发点，进行存储、带宽、并发量、运算能力的建设。按照国家信息安全等级保护规范保障信息安全，进行数据冗余备份，技术自主可控。根据国家与行业主流 IT 服务管理体系标准进行系统运维。在满足普查基本业务需求的前提下，充分整合、利用现有设备和资源，不满足部分按照“先进、实用、高效、节约、安全，立足国产化”的原则适度建设。

二、工作对象

根据数据产生方式和产生主体，将普查数据处理对象分为五类：

（1）由工业企业、规模化畜禽养殖场、集中式污染治理设施、生活源锅炉等填报对象提供，通过发放表格收集到的普查数据；

（2）由地方各级政府部门填报或提供的部门统计数据或行政记录，以报表或文件形式录入或导入的数据；

（3）通过现场取样和监测获取的监测数据；

（4）为满足污染物排放量核算、数据审核和普查成果汇总需要，通过软件系统形成的各类汇总数据；

（5）普查过程中产生的照片、地图、监测报告等电子或纸制文件。

三、工作流程

（一）总体工作流程

第二次全国污染源普查数据处理工作分为三个阶段：

1．普查准备阶段。完成普查数据处理信息化环境建设；进行基础数据预处理工作；完成普查软件开发，并进行国家和省两级部署；开展清查，完成普查基本单位清查。

2．全面普查阶段。开展普查培训；进行普查任务分配；采取入户调查、统一填报、数据导入三种方式进行普查数据采集和填报；进行普查数据逐级审核；进行普查数据汇总校核；进行普查结果逐级核定上报，汇总形成普查结果数据库。

3．总结发布阶段。进行普查数据分析、普查数据汇总、普查成果验收和成果发布。

总体流程图参见附 1。

（二）基础数据预处理

国家普查机构根据统计、工商、税务、质检等部门共享数据，筛选、比对后形成第二次全国污染源普查基本单位名录并发给地方各级普查机构。地方各级普查机构对该名录进行增补完善，形成普查清查底册。

国家普查机构统一组织开发普查用底图、普查清查小区划分工具，并发给地方各级普查机构用于组织开展普查分区和数据采集工作。

地方各级普查机构完成普查分区和清查数据采集后，按相关要求上报分区和清查结果。

（三）污染源普查基本单位清查

污染源普查基本单位清查工作分为准备阶段、摸底清查阶段与汇总建库阶段。

1．准备阶段。地方各级普查机构对清查底册进行核对，去重补漏、划分普查小区，选聘普查员与指导员。

2．摸底清查阶段。普查员按普查小区进行摸底清查，对普查底册进行现场核实，采集调查对象地理位置信息、填写清查表；地方各级普查机构逐级审核、上报清查信息；上级普查机构对下级普查机构的清查结果进行抽样复核与质量评估。

3．汇总建库阶段。通过审核后，地方各级普查机构根据清查结果确定污染源普查基本单位名录并上报；数据汇总到国家普查机构，形成第二次全国污染源普查基本单位名录库。

（四）全面入户调查

全面入户调查工作分为准备阶段、采集阶段和汇总阶段。

1．准备阶段。国家普查机构发放入户调查报表制度和普查数据采集软件，各级普查机构组织开展培训。各省级普查机构负责组织完成移动采集终端设备的采购、租用与配发，开展普查数据采集软件使用培训。

2．采集阶段。地方各级普查机构组织开展入户调查，按照核定后的第二次全国污染源普查基本单位名录，调查单位登录填报系统填报相关信息，完成后由普查员持移动采集终端设备现场核定，补充采集相关信息后上报；上级普查机构对下级普查机构填报数据进行抽样复核和质量评估。

3．汇总阶段。通过普查软件系统对填报数据进行分级汇总；地方各级普查机构按管辖权限对本级和下级汇总数据进行审核。国家普查机构对全国普查数据填报汇总情况组织开展抽样核查与质量评估；全部审核、抽样、核查与评估工作完成后，形成第二次全国污染源普查数据库。

（五）数据分析与成果生成

各级普查机构根据普查成果发布要求，整理加工普查成果。普查成果以公报、数据集、专题图册和分析报告等形式呈现。

四、数据处理环境要求

（一）现场数据采集要求

现场数据采集应支持纸质表格、电子表格、在线填报等多种数据采集方式，现场采集设备应支持现场数据核实和空间信息采集工作。

（二）区县级数据处理环境要求

应具备专用的数据处理办公环境：移动采集终端设备、台式电脑、笔记本电脑、激光打印机、客户端杀毒软件及 UPS 供电环境等。具备 100 Mbps 及以上局域网、2 Mbps 及以上环保专网环境。

台式电脑配置参数建议参见附 2，笔记本电脑配置参数建议参见附 3。

（三）地市级数据处理环境要求

具备 100 Mbps 及以上局域网、10 Mbps 及以上环保专网环境，台式电脑，激光打印机，客户端杀毒软件以及 UPS 供电环境等。

其中，台式电脑配置建议不低于县区级标准。

（四）省级数据处理环境要求

应具备专用的数据处理办公环境：台式电脑、笔记本电脑、移动存储设备、激光打印机、客户端杀毒软件及 UPS 供电环境等。

国家级、省级之间的环保专网应具备 20 Mbps 及以上网络接入，省级应具备不少于两个通信运营商各 100 Mbps 以上互联网接入的网络环境。其中，互联网接入应为 1∶1 上下行对等独享带宽，年联网率不低于 99%。

各省根据本省普查业务需求参见附 4，在充分利旧的基础上选择所需设备进行整机、配件采购或租用，并设置专用互联网区域与环保专网区域部署软硬件环境，采用物理服务器部署数据库系统，具体建议配置参见附 5，以满足普查软件的部署需要。所有新采购软硬件设备在普查工作结束后，应统一管理复用。

省级数据处理环境使用的数据库管理系统应能满足国家发放、部署的普查软件和国家与省两级数据同步的需要。

省级普查机构统一组织移动采集终端设备采购工作，具体建议配置参见附 6。移动采集终端设备须提供满足附 7 规定项目的测试证明，确保达到配置要求。

五、安全保密

第二次全国污染源普查数据处理工作主要通过互联网进行数据采集，通过环保专网进行数据汇总和审核，信息安全管理工作尤为重要。各级普查机构必须按照国家信息安全等级保护的管理要求和技术标准进行信息安全管理，在数据处理等工作中采取相应的信息安全管理制度和技术措施。

各级普查机构在开展基础运行环境建设及软件部署过程中，应按照《信息系统安全等级保护基本要求》（GB/T 22239—2008）和《信息系统安全等级保护实施指南》（GB/T 25058—2010）的要求组织实施，并依据《信息系统安全等级保护测评要求》（GB/T 28448—2012）和《信息系统安全等级保护测评过程指南》（GB/T 28449—2012）通过第三方专业机构的安全测评。

各级普查机构数据处理所用计算机设备须保证专机专用，安装客户端杀毒软件，确保数据处理安全。各级数据处理人员须遵守相关保密规定，对处理的普查资料严格保密。

六、设备配备经费

按照《全国污染源普查条例》和《第二次全国污染源普查项目预算编制指南》的相关要求，普查数据处理设备、移动采集终端设备所需的验证短信费和流量费等通讯费用由同级地方财政统筹安排。请地方各级普查机构提早做好相关经费的申请和落实工作。

七、数据处理环境建设进度安排

2018 年 5 月 31 日前，完成地方各级普查机构数据处理运行环境建设。2018 年 7 月 20 日前，完成地方各级普查机构移动采集终端设备的部署。

附 1

第二次全国污染源普查数据处理总体流程图

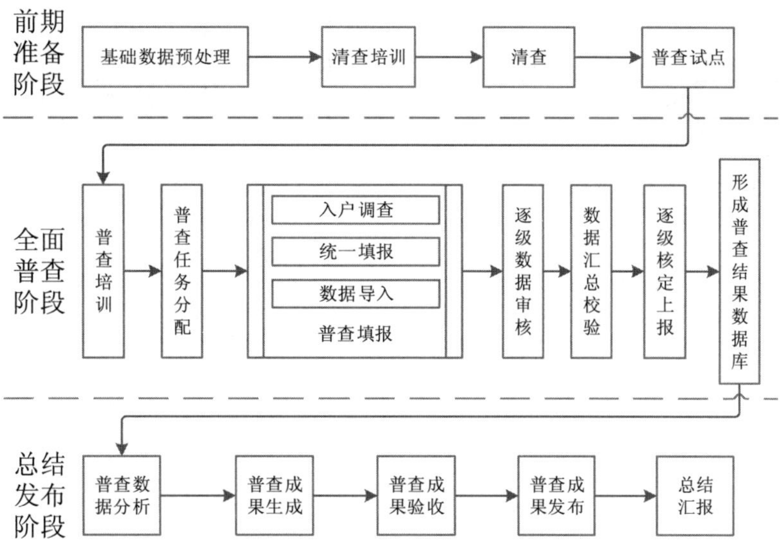

附 2

台式电脑配置参数建议表

项　目	配置参数
CPU	7 代英特尔酷睿 i5 及以上
内存	不低于 8 GB
硬盘	不低于 2 TB
网卡	支持 100/1 000 Mbps 自适应
接口	USB 3.0 及以上
软件	Windows7 和相关办公与杀毒软件
其他	支持三包服务，为主机全部配件和显示器提供不少于 2 年质保

附 3

笔记本电脑配置参数建议表

项　目	配置参数
CPU	5 代英特尔酷睿 i5 及以上
内存	不低于 8 GB
硬盘	不低于 256 GB SSD 硬盘
光驱	支持 DVD 刻录
显示器	12 寸及以上 LED 显示器，分辨率不低于 1 920×1 080
有线网	100/1 000 Mbps 自适应
无线网	支持 WIFI 802.11 b/g/n
接口	USB 3.0 及以上
软件	安装 Windows 7 和相关办公与杀毒软件
质保	支持全国联保、三包服务，提供不少于 2 年全保

附 4

第二次全国污染源普查数据量预估表

单位：GB

地区	普查小区数（个）	固定污染源数量（个）	清查信息数据量	清查照片数据量	普查信息数据量	普查照片数据量	普查底图数据量	数据量小计
北京	6 470	72 039	49.15	756.41	103.11	2 017.09	110.51	3 036.27
天津	5 094	111 494	76.07	1 170.69	159.58	3 121.83	80.27	4 608.44
河北	52 207	526 082	358.94	5 523.86	752.97	14 730.30	1 279.46	22 645.53
山西	29 872	139 505	95.18	1 464.80	199.67	3 906.14	1 055.22	6 721.01
内蒙古	13 531	94 822	64.70	995.63	135.72	2 655.02	7 966.3	11 817.36
辽宁	15 540	253 054	172.66	2 657.07	362.19	7 085.51	996.63	11 274.06
吉林	11 272	126 680	86.43	1 330.14	181.31	3 547.04	1 261.95	6 406.88
黑龙江	12 198	156 146	106.54	1 639.53	223.49	4 372.09	3 158.24	9 499.88
上海	5 421	176 514	120.43	1 853.40	252.64	4 942.39	42.7	7 211.56
江苏	21 518	803 205	548.02	8 433.65	1 149.61	22 489.74	691.3	33 312.32
浙江	33 019	1037 629	707.96	10 895.10	1 485.14	29 053.61	701.28	42 843.1
安徽	18 754	299 252	204.18	3 142.15	428.31	8 379.06	938.9	13 092.59
福建	16 616	350 102	238.87	3 676.07	501.09	9 802.86	835.01	15 053.91
江西	19 663	219 603	149.83	2 305.83	314.31	6 148.88	1 123.9	10 042.76
山东	82 490	764 852	521.85	8 030.95	1 094.72	21 415.86	1 058.08	32 121.45
河南	51 106	365 423	249.32	3 836.94	523.02	10 231.84	1 124.58	15 965.71
湖北	29 748	233 861	159.56	2 455.54	334.72	6 548.11	1 251.85	10 749.78
湖南	46 823	233 025	158.99	2 446.76	333.52	6 524.70	1 426.45	10 890.43
广东	25 579	991 260	676.33	10 408.23	1 418.77	27 755.28	1 210.77	41 469.38
广西	16 057	155 537	106.12	1 633.14	222.62	4 355.04	1 593.93	7 910.85
海南	3 020	25 739	17.56	270.26	36.84	720.69	238.07	1 283.43
重庆	10 942	160 207	109.31	1 682.17	229.30	4 485.80	554.88	7 061.46
四川	53 554	204 006	139.19	2 142.06	291.99	5 712.17	3 286.18	11 571.6
贵州	18 793	81 953	55.92	860.51	117.30	2 294.68	1 185.18	4 513.58
云南	14 033	172 821	117.91	1 814.62	247.36	4 838.99	2 653.19	9 672.07
西藏	5 451	13 340	9.10	140.07	19.09	373.52	8 215.46	8 757.24
陕西	29 005	67 382	45.97	707.51	96.44	1 886.70	1 385.85	4 122.48
甘肃	17 282	89 531	61.09	940.08	128.14	2 506.87	3 060.12	6 696.3
青海	4 443	31 113	21.23	326.69	44.53	871.16	4 855.2	6 118.81
宁夏	2 750	37 375	25.50	392.44	53.49	1 046.50	447.14	1 965.07
新疆（含兵团）	11 000	110 940	75.69	1 164.87	158.79	3 106.32	11 211.39	15 717.06
全国	683 251	8104 492	5 529.61	85 097.17	11 599.81	226 925.78	65 000	394 152.4

附 5

省级普查数据处理环境配置参数建议表

分类	设备	用途	配置参数
服务器	数据库服务器	部署数据库管理系统	机架式设备；4 路服务器；CPU 等同于或优于 Intel gold 系列处理器；每颗 CPU 不少于 8 核心；CPU 主频≥2.1 GHz；内存≥256 GB；2 块万兆网卡；2 块 HBA 卡；不少于 2 块 900 GB 及以上 SSD 硬盘；RAID 控制器支持 RAID 0/1/5/10；配备冗余电源
	业务应用服务器	基于物理或虚拟化环境部署业务应用软件	机架式设备；4 路服务器；CPU 等同于或优于 Intel gold 系列处理器；每颗 CPU 不少于 18 核 36 线程；CPU 主频≥2.3 GHz；不低于 512 GB DDR4 内存；2 块万兆网卡；2 块 HBA 卡；不少于 2 块 900 GB 及以上 SSD 硬盘；RAID 控制器支持 RAID 0/1/5/10；配备冗余电源
	备份服务器	部署数据容灾与备份系统	机架式设备；4 路服务器；每颗 CPU 不少于 16 核心；CPU 主频≥2.1 GHz；内存≥64 GB；2 块万兆网卡；2 块 HBA 卡；RAID 控制器支持 RAID 0/1/5/10；配备冗余电源
	数据交换服务器	数据交换前置机	机架式设备；4 路服务器；每颗 CPU 不少于 8 核心；CPU 主频 ≥2.1 GHz；内存≥32 GB；2 块万兆网卡；2 块 HBA 卡；不少于 2 块 900 GB 及以上 SSD 硬盘；RAID 控制器支持 RAID 0/1/5/10；配备冗余电源
存储	磁盘阵列	存储采集的报表与照片数据	具有国产自主知识产权，非进口或 OEM 产品；制造厂商拥有自主知识产权登记证书等证明文件；配置两个对称式双活控制器；支持 FC-SAN、IB-SAN、NAS 和 IP-SAN 等多种访问方式（不需额外配置或外接 NAS 文件引擎网关等的方式实现 NAS 功能）；缓存不低于 600 GB 的高速缓存（不接受 SSD 或 Flash 盘方式）；单个系统集群支持扩展≥16 个节点；磁盘为企业级 10 000 rpm SAS 磁盘或企业级 7 200 rpm NL-SAS 磁盘；存储须配置 8 个以上 16 GB FC 主机通道及 4 个以上 10 GE 主机接口通道；配置存储自动分层功能（且 SSD 盘支持对元数据及热点数据进行加速处理）；支持双活访问功能，双活功能要求集成到存储软件系统中，不得添加额外的硬件设备；配置数据镜像容灾及快照功能，提供同步或异步数据复制；支持数据加密功能，可支持商密算法在存储上直接对数据进行加解密操作；支持异构存储虚拟化技术功能（存储控制器自身支持存储虚拟化功能不得外加网关）
存储	虚拟带库	存储备份数据	机架式设备；配置≥4 个 1 Gbps 以太网端口；配置≥4 个 8 Gbps 光纤端口；具备数据消重和数据压缩功能；支持本地和远程容灾复制
	光纤存储交换机	用于连接存储设备	机架式设备；配备≥48 个 8 Gbps 光纤端口并全部激活；全部配置 8 Gbps 及以上光模块
网络设备	链路负载均衡	实现链路负载，进行不同类型数据的分级管理	机架式设备；≥4 个 1 Gbps 以太网端口；≥2 个 1 Gbps 光纤端口；网络吞吐能力≥1 Gbps；并发会话数≥400 000；配置冗余电源
	带宽管理	进行网络内的 QoS 策略控制	机架式设备；≥1 Gbps 网络吞吐能力；≥6 个 1 Gbps 以太网端口；≥2 个 1 Gbps 光纤端口；支持 2～7 层网络流量分类和管控
	VPN	支持普查填报 VPN 连接访问	机架式设备；≥600 Mbps 网络吞吐能力；支持 SSL VPN；≥4 个 1 Gbps 以太网端口；≥2 个 1 Gbps 光纤端口；≥1 000 并发用户数；配备冗余电源
	汇聚交换机	汇聚来自互联网的数据交换	机架式设备；48 个 1 Gbps 以太网端口；≥4 个 1 Gbps 光纤端口；支持基础二层协议；支持静态路由、RIP、OSPF、BGP 协议；配备冗余电源
	应用负载均衡	在多个可用区中的多个目标间分配应用程序的传入流量	机架式设备；≥8 个 1 Gbps 以太网端口；≥4 个 1 Gbps 光纤端口；≥6 Gbps 网络吞吐能力；≥300 000 并发会话数；可实现一虚多和多虚一功能；配备冗余电源
	数据中心交换机	负责普查业务网络区域的网络交换	机架式设备；交换容量≥2.5 Tbps；包转发率≥1 050 Mpps；配置≥48 个 10 Gbps 光纤端口（支持自适应为千兆光口使用）、≥6 个 40 GE 光纤端口，全部配置光模块；具备防雷设计；支持交、直流供电；支持基础二层协议；支持静态路由、RIP、OSPF、BGP 协议；支持 SDN；支持端口镜像；支持 VXLAN；支持 QOS；配备冗余电源

分类	设备	用途	配置参数
安全设备	抗 DDOS 攻击网关	抵御分布式拒绝服务攻击	机架式设备；可防御 SYN、ACK、UDP、ICMP、IP 碎片、DNS、SSL 等常见攻击；≥3 Gbps 网络吞吐能力；≥2 个 1 Gbps 端口扩展槽位；配备冗余电源
	防病毒网关	抵御病毒监测与防御	机架式设备；≥2 Gbps 网络吞吐；≥10 万病毒特征库数量；扫描协议支持 POP3、SMTP、HTTP、IMAP、FTP；支持防间谍、防广告、防键盘记录、防垃圾邮件、URL 过滤、异常数据包防护等常规防病毒功能；≥2 个接口扩展槽；提供 CVE 兼容性证书
	上网行为管理	控制和管理对互联网的使用	机架式设备；≥4 个 1 Gbps 以太网端口；≥2 个 1 Gbps 光纤端口；可有效控制 QQ、MSN、P2P 下载、在线视频、股票软件等上网行为；实配应用库和 URL 库；实配外置日志中心和配套软件
安全设备	入侵防御	监测、防御来自互联网的入侵	机架式设备；≥4 个 1 Gbps 以太网端口；≥4 个 1 GbpsSFP 端口；≥2 Gbps 网络吞吐能力；≥100 万并发 TCP 会话数；支持自动风险告警和策略下发；智能联动防火墙实现防护策略自动添加、删除和修改；支持在线或本地更新特征库
	网页防篡改	防止对文件目录中的网页、电子文档、图片、数据库等任何类型的文件进行非法篡改和破坏	机架式设备；≥6 个 1 Gbps 以太网端口；≥2 个 1 Gbps 光纤端口；支持静态、动态页面保护和文件自动同步功能
	WAF	网站应用级入侵防御	机架式设备；≥10 个 1 Gbps 光纤端口；≥10 个 1 Gbps 以太网端口；≥2 个 1 Gbps 端口扩展槽位；≥2 Gbps 网络吞吐能力；支持特征库自动升级；配备冗余电源
	防火墙	监测、防御网络区域之间的入侵和攻击，管理网络可访问性	机架式设备；配备双主控插槽；配备≥2 个完整槽位；可灵活扩展接口、功能、性能；网络吞吐能力≥6 Gbps；≥8 个 1 Gbps 光电复用接口；可对入侵检测系统告警智能自动添加、删除、修改策略；可对网络溯源分析系统开放接口，实现策略优化；配备冗余电源
	漏洞扫描	对数据中心计算机系统的安全脆弱性进行检测	机架式设备；网络吞吐能力≥1 Gbps；配备 1 Gbps 管理口和 1 Gbps 扫描口；≥6 个 1 Gbps 以太网端口；≥6 个 1 Gbps 光纤端口；授权扫描≥500 个 IP 地址；具体 IP 地址不限智能端口识别，对网络影响低
	网络安全审计	针对业务环境下的网络操作行为进行细粒度审计与合规性管理	机架式设备；≥4 个 1 Gbps 以太网端口；≥4 个 1 Gbps SFP 插槽；支持 4 路同时捕包处理；≥1.5 Gbps 网络吞吐能力；实际配置不少于 2 000 个在线用户同时审计授权，如上网审计、危险行为管理、用户应用管理、用户接入检查等
	网络回溯分析	当故障发生时，帮助管理者快速有效定位问题点、分清责任并分析原因，从而减少故障时间	机架式设备；支持日志存储、数据查看；支持对防火墙策略进行联动分析；可输出策略命中情况，优化防火墙配置
	数据库审计	实时记录网络上的数据库活动，对数据库操作进行细粒度审计的合规性管理，对数据库遭受到的风险行为进行告警，对攻击行为进行阻断	机架式设备；配置≥6 个 1 Gbps 以太网电口；支持≥4 路审计监听功能；配置不少于 2 TB 硬盘；≥30 000 条/s SQL 处理能力；实配不少于 50 个数据库服务器或实例审计

分类	设备	用途	配置参数
安全设备	堡垒主机	作为进入内部网络的一个检查点，达到把整个网络的安全问题集中在某个主机上解决，从而省时省力，不用考虑其他主机的安全的目的	机架式设备；配置≥400 个设备管理授权；支持控制网络非法外联行为，阻断终端通过多网卡、Wi-Fi、移动网卡、手机等多种方式网络非法外联访问，杜绝网络非法外联行为发生
	短信认证平台网关	用于移动采集终端设备相关系统登录的短信认证	短信发送通道至少保证 90%到达率；支撑峰值每分钟至少发送 300 条短信，一天至少能发送 50 000 条短信；短信 3 秒可达，支持移动、电信、联通三网合一专属通道，变量灵活，支持带入变量，内容灵活，支持 api 或 Web service 调用；支持多种内容的短信发放、异步通知、回调通知；可查看请求量、发送成功量、失败量及发送详情
	日志分析	进行日志的集中分析	机架式设备；内置存储空间不少于 500 GB
基础软件	杀毒软件	阻止病毒入侵、攻击	按虚拟化服务器及物理 CPU 数量配置授权数量；采用企业版，配置不少于 30 个服务器端许可；支持 Windows 和 Linux 操作系统，提供 3 年免费升级服务
	操作系统	管理计算机硬件与软件资源	Linux 企业版

附 6

移动采集终端设备技术参数建议表

项　目	子项	配置参数
操作系统	平台	不低于 6.0 版本的安卓系统
处理器	架构	ARM
	内核数	8 核
	主频	最高主频不低于 1.4 GHz
存储	系统内存	不低于 3 GB
	存储	不低于 32 GB
	最大可扩展	不低于 128 GB
显示屏	尺寸	不低于 8 英寸
	分辨率	不低于 1 920×1 200，16∶10
	触屏方式	支持电容、十点触摸
网络通讯	无线网	双频 Wi-Fi，WPA/WPA2/WEP 加密
		支持 IEEE802.11 a/b/g/n/ac
	网络模式	支持联通、移动、电信的 2 G/3 G/4 G 全网通
多媒体	扬声器	单声道扬声器
	麦克风	内置
	前置摄像头	不低于 200 万像素
	后置摄像头	不低于 800 万像素
接口/按键	数据接口	不低于 USB 2.0 接口、支持 OTG
	音频接口	3.5 mm 耳机接口
	其他接口	Micro-USB、Micro-SD 卡槽
	功能按键	开关按键、音量按键
电源参数	电池类型	锂电池

项　目	子项	配置参数
	电池容量	不低于 4 200 mAh，续航时间不小于 8 小时
	电源适配器	220V 电源适配器
导航	定位导航	支持 GPS、A-GPS、Glonass 和北斗卫星导航系统
全网通支持频段	4 G 网络	TD-LTE：B34、B38、B39、B40、B41（2 545～2 655 MHz）
		FDD-LTE：B1、B3、B5、B7、B8
	3 G 网络	TD-SCDMA：B34、B39
		WCDMA：B1、B2、B5、B8
		CDMA 2000/EVDO：BC0
全网通支持频段	2 G 网络	GSM：B2、B3、B5、B8
		CDMA 1X：BC0
产品资质	产品型号认证	1.国家 3C 认证证书（中国质量认证中心颁发） 2．通信设备进网许可证（中华人民共和国工业和信息化部颁发） 3．无线电发射设备型号核准证书（中华人民共和国工业和信息化部无线电管理局核发）及检验报告 4．谷歌 CTS 兼容性测试认证证书 5．产品须被列入财政部发布的最新《节能产品政府采购清单》或《中国节能产品认证证书》
其他	质保策略	全国联保，支持三包服务
	质保时间	电池不低于 6 个月，主机与充电器不低于 1 年
	感应器	重力加速度、环境光、指南针、霍尔感应及马达
	日光增强	支持
	流量包	供应商附带提供通信运营商的流量包（各省根据数据量预估和移动采集终端设备的采购数量与复用情况酌情配备）
厂商服务能力	地市级城市的服务能力	原厂售后服务网点覆盖超过 90%；须提供产品原厂售后服务网点（专门服务于移动采集终端设备的服务网点）覆盖投包所含省级、地市级、县级的具体数量和详细的服务站点分布信息清单，清单包括服务站名称、通讯地址、电话（要求固定电话）等材料
	县区级城市的服务能力	原厂售后服务网点覆盖超过 80%；须提供产品原厂售后服务网点（专门服务于移动采集终设备的服务网点）覆盖投包所含省级、地市级、县级的具体数量和详细的服务站点分布信息清单，清单包括服务站名称、通讯地址、电话（要求固定电话）等材料

注：依据无线电发射设备型号核准证书及其检验报告，核定设备 4 G 全网通频模参数符合（完全覆盖）4 G 全网通标准。

附 7

移动采集终端设备测试项目表

测试项目序号	测试项目名称
1	CPU 处理器内核数确认测试
2	CPU 处理器主频确认测试
3	设备存储容量确认测试
4	设备存储扩展能力确认测试
5	操作系统版本确认测试
6	屏幕尺寸确认测试
7	屏幕比例确认测试
8	屏幕分辨率确认测试
9	电池容量及续航时间测试

测试项目序号	测试项目名称
10	摄像头指标确认测试
11	接口测试
12	WLAN（Wi-Fi）测试
13	4 G 网络类型测试
14	4 G 网络模式确认测试
15	GPS 定位能力测试
16	麦克确认测试
17	扬声器确认测试
18	国家认证标识确认
19	产品综合性能测试

测试参考标准：

1．通信行业标准 YD/T 1607—2007

2．通信行业标准 YD/T 2307—2011

3．通信行业标准 YD/T 2 576.1—2013

4．通信行业标准 YD/T 2 578.1—2013

5．通信行业标准 YD/T 1896—2009

6．国际标准 IEEE 802.11—2012

7．通信行业标准 YDC 079—2009

关于印发《第二次全国污染源普查清查工作抽查检查方案》的通知

国污普〔2018〕11号

各省、自治区、直辖市第二次全国污染源普查领导小组办公室，新疆生产建设兵团第二次全国污染源普查领导小组办公室：

为贯彻落实第二次全国污染源普查现场暨视频会议精神，加强普查清查工作质量管理，我办制定了《第二次全国污染源普查清查工作抽查检查方案》（见附件），现印发给你们，请认真贯彻执行。

附件：第二次全国污染源普查清查工作抽查检查方案

国务院第二次全国污染源普查
领导小组办公室
2018年6月29日

附件

第二次全国污染源普查清查工作抽查检查方案

为贯彻落实第二次全国污染源普查现场暨视频会议精神，加强普查清查工作质量管理，我办定于2018年7月开展抽查检查工作，制定方案如下：

一、检查目的

检查普查清查成果，为全面入户调查奠定基础。

二、检查区域

随机抽取普查小区作为检查区域开展抽查检查工作。

省级行政区域全覆盖。每个省（区）随机抽取2个地级市，每个地级市随机抽取3个区（县），每个区（县）随机抽取1个普查小区，共计6个普查小区作为检查区域；每个直辖市随机抽取3个区（县），每个区（县）随机抽取2个普查小区，共计6个普查小区作为检查区域；新疆生产建设兵团随机抽取3个师（市），每个师（市）随机抽取2个普查小区，共计6个普查小区作为检查区域，开展检查工作。

每个省级行政区域随机抽取2～3个河段（总长度不低于10 km）作为入河（海）排污口检查区域，开展检查工作。

三、检查内容

（一）各级普查机构清查质量管理工作

省级层面重点检查清查质量核查与评估报告、对行政区域内地市开展清查质量核查情况、省级清查结果汇总情况；市级层面重点检查清查质量核查与评估报告、对行政区域内区（县）开展清查质量核查情况、市级清查结果汇总情况；县级层面重点检查清查工作记录、清查质量管理、县级清查结果汇总情况。

（二）清查对象现场排查

按照清查技术规定对抽取的普查小区进行现场排查复核，全面复核区域内所有清查对象，包括工业企业和产业活动单位、规模化畜禽养殖场、集中式污染治理设施、生活源锅炉和入河（海）排污口。

现场排查复核时，要对抽取的普查小区清查基本单位名录底册中的对象及信息逐一核实，重点核实经清查确认关闭、查无和不建议纳入全面入户调查对象的支撑材料，甄别其真实性。如发现新的属于“建议纳入入户调查的普查对象”且不在本区域上报的普查对象名录中的，计为漏查记录，用于计算清查对象漏查率（见附表）。

（三）清查表填报

重点检查清查表中普查对象名称、地理坐标、行业类别等信息填报情况，生活源锅炉清查表还需要重点检查锅炉运行情况、锅炉治理设施情况等信息填报情况。全部内容都应完整、规范、准确，如有填错或漏填的，计为错误记录，用于计算清查表错误率（见附表）。

四、评估指标与标准

（一）评估指标

1．清查对象漏查率

清查对象漏查率=（漏查的普查对象数量/检查确定的普查对象数量）×100%

漏查的普查对象数量：检查组现场排查复核过程中发现漏查的应纳入入户调查的普查对象数量。

检查确定的普查对象数量：检查组现场排查复核后确认纳入入户调查的普查对象数量。

2．清查表错误率

清查表错误率=（关键指标填错或漏填的清查表数量/检查确定的普查对象数量）×100%

关键指标填错或漏填的清查表数量：关键指标有任一项填错或漏填的清查表数量，关键指标界定如下：

工业企业和产业活动单位清查表关键指标：统一社会信用代码/组织机构代码/普查对象识别码、单位名称、地理坐标、行业代码；

规模化畜禽养殖场清查表关键指标：统一社会信用代码/组织机构代码/普查对象识别码、养殖场名称、地理坐标、养殖种类和规模；

集中式污染治理设施清查表关键指标：统一社会信用代码/组织机构代码/普查对象识别码、单位名称、地理坐标、设施类别、农村集中式污染治理设施；

生活源锅炉清查表关键指标：统一社会信用代码/组织机构代码/普查对象识别码、单位名称、详细地址、地理坐标、锅炉类型、额定出力、燃料消耗量、燃料煤平均含硫量、燃料煤平均灰分、燃料煤平均干燥无灰基挥发分、燃油平均含硫量、除尘/脱硫/脱硝工艺名称；

入河（海）排污口清查表关键指标：排污口编码、排污口名称、地理坐标、受纳水体名称。

（二）评估标准

清查对象漏查率和清查表错误率均低于或等于1%为优秀，开展入户调查工作；均低于或等于5%且有一指标高于1%的为合格，需根据检查组意见完善清查工作后，开展入户调查工作；均低于或等于10%且有一指标高于5%的，需根据检查组意见进一步补充清查后，开展入户调查工作；有任一指标高于10%的，责令重新清查并限期完成。

五、组织实施

（一）本次检查分两批进行，时间分别在2018年7月中上旬和7月中下旬，检查组每组8～10人。各地要高度重视，充分认识普查清查工作的重要性，认真组织、积极配合，提前做好检查准备。

（二）我办于6月底前完成人员抽调与分组、行前检查培训，统一工作要求，严肃廉洁纪律。检查组完成检查工作后，向当地省级普查机构反馈意见，并向我办提交检查报告。

（三）我办将根据检查情况，对检查结果为“优秀”的地区予以通报表扬；对检查结果较差的地区，要重新清查并限期完成，逾期未完成的，将视情况进行约谈、通报或专项督察。

（四）检查组成员要严格执行中央八项规定精神及党风廉政建设的相关要求，严格遵守检查工作纪律，严禁通过检查牟取利益。检查期间，发现检查人员存在违法、违纪、违规情况的，将立即移交有关部门严肃处理。

附表

第二次全国污染源普查清查工作抽查检查评估指标统计表

检查区域：

类　别	A 漏查的普查对象数量（个）	B 关键指标填错或漏填的清查表数量（个）	C 检查确定的普查对象数量（个）	清查对象漏查率（%）（A÷C）	清查表错误率（%）（B÷C）
工业企业和产业活动单位					
规模化畜禽养殖场					
集中式污染治理设施					
生活源锅炉					
入河（海）排污口					
总　计					

关于印发《第二次全国污染源普查技术规定》的通知

国污普〔2018〕16号

各省、自治区、直辖市第二次全国污染源普查领导小组办公室，新疆生产建设兵团第二次全国污染源普查领导小组办公室：

为贯彻落实《国务院关于开展第二次全国污染源普查的通知》（国发〔2016〕59号）和《国务院办公厅关于印发第二次全国污染源普查方案的通知》（国办发〔2017〕82号）精神，做好第二次全国污染源普查工作，现将《第二次全国污染源普查技术规定》（见附件）印发给你们，请认真贯彻执行。

附件：第二次全国污染源普查技术规定

国务院第二次全国污染源普查
领导小组办公室
2018年8月31日

附件

工业污染源普查技术规定

为指导全国工业污染源（以下简称工业源）普查工作，根据《国务院关于开展第二次全国污染源普查的通知》（国发〔2016〕59号）和《国务院办公厅关于印发第二次全国污染源普查方案的通知》（国办发〔2017〕82号）要求，制定本规定。

一、目的

明确工业源普查对象、范围、内容、污染物产生量和排放量核算方法，指导工业源普查报表填报。

二、对象与范围

工业源普查范围为《国民经济行业分类》（GB/T 4754—2017）中采矿业，制造业，电力、热力、燃气及水生产和供应业，普查对象为3个门类中41个行业的全部工业企业，即行业大类代码为06-46，包括经各级工商行政管理部门核准登记、领取营业执照的各类工业企业，以及未经有关部门批准但实际从事工业生产经营活动、有或可能有废水污染物、废气污染物或工业固体废物（包括危险废物）产生的所有产业活动单位。其中，污水处理及其再生利用（行业代码为4620）企业纳入集中式污染治理设施普查，不再纳入工业源普查。

按照在地原则确定普查对象，以县级行政区划为划分在地的基本区域单元。

（1）大型联合企业所属下级单位，一律纳入该下级单位所在地普查。

（2）同一企业分布在不同区域的厂区，纳入各厂区所在区域普查。

（3）大型公共供暖企业按照企业各生产场所或生产设施（锅炉）所在区域，纳入所在区域普查。

根据清查后确定的普查对象开展普查。普查员在发放普查表或入户调查过程中，若发现遗漏的普查对象，应纳入普查范围，并及时报告县（区、市、旗）普查机构；发现普查对象不存在，或2018年1月1日后关闭且无法联系填报主体等情况，应及时报告县（区、市、旗）普查机构。县（区、市、旗）普查机构应将此类情况汇总后逐级上报至国家普查机构。

伴生放射性矿普查按《第二次全国污染源普查伴生放射性矿普查监测技术规定》（国污普〔2018〕1号）执行。

三、普查内容

企业基本情况，原辅材料消耗、产品生产情况，产生污染的设施情况，各类污染物产生、治理、排放和综合利用情况（包括排放口信息、排放方式、排放去向等），各类污染防治设施情况等。

废水污染物：化学需氧量、氨氮、总氮、总磷、石油类、挥发酚、氰化物、砷、铅、镉、铬、汞。

废气污染物：二氧化硫、氮氧化物、颗粒物、挥发性有机物、氨、砷、铅、镉、铬、汞。

工业固体废物：一般工业固体废物和危险废物的产生、贮存、处置和综合利用情况。危险废物按照《国家危险废物名录》分类调查。工业企业建设和使用的一般工业固体废物及危险废物贮存、处置设施（场所）情况。

四、普查表的填报和审核

（一）普查表的填报

1. 普查表填报的责任主体是普查对象，由普查员或普查指导员现场指导普查对象填报。

2. 普查对象根据实际生产涉及的生产工序和污染治理或排放情况，选择填报相应的普查表（见图1），不涉及的普查内容不需要填报。

3. 普查员或普查指导员需利用移动数据采集终端现场核实普查对象地理坐标，补充采集排放口等地理坐标。符合下列条件之一的，需由普查员或普查指导员利用数据采集终端标绘厂区边界信息：

（1）填报《工业企业突发环境事件风险信息》（G105表）的普查对象；

（2）属于09-有色金属矿采选业，25-石油、煤炭及其他燃料加工业，26-化学原料和化学制品制造业，27-医药制造业，28-化学纤维制造业，29-橡胶和塑料制品业，32-有色金属冶炼和压延加工业的工业企业；

（3）有尾矿库（标绘尾矿库边界）。

4．普查对象应提供与普查相关的基础资料，以备核实普查表填报内容，包括：

厂区平面布置图、主要工艺流程图、水平衡图、环境影响评价文件及批复、清洁生产审核报告；2017年度主要物料（或排放污染物的前体物）使用量数据，生产报表，煤（油、燃气）、电、水等收费票据，产污、治污设施运行记录及各种监测报告（自动监测数据报表）、排污许可证年度执行报告（2017年度）；普查对象认为其他能够证明其填报数据真实性、可靠性的资料。

5．普查对象应按规定和要求如实填报普查表，对所填报数据的真实性负责。普查对象对普查表中所填数据资料确认签章。

6．纳入详查的伴生放射性矿企业监测数据由省级辐射监测机构填报。

（二）普查质量控制与数据审核

1．普查员需要现场对普查表的内容、指标填报是否齐全，以及是否符合普查制度的规定和要求等进行审核。

普查员应根据普查对象提供的证明材料，对普查对象普查表填报的完整性、合理性和逻辑性进行审核。普查员在现场发现填报错误、逻辑错误或填报信息不全、不合理的情况，应及时予以纠正。

2．普查指导员在普查员现场审核的基础上，对普查表中数据的完整性、合理性和逻辑性进行全面审核，必要时应开展现场检查与核实。

3．各级普查机构应对辖区内普查对象填报数据进行集中或抽样审核，对排放量占比较大的普查对象进行重点审核。由普查机构统一录入的普查数据，应由专人或第三方机构进行全面复核。上级普查机构应该对下级普查机构的填报录入数据开展抽样复核。

4．审核过程中发现的问题，各级普查机构应指导普查对象核实确认并纠正错误。未经普查对象核实确认，各级普查机构不得随意更改普查对象上报数据。

五、污染物产生量和排放量核算

采用监测数据法和产排污系数法（物料衡算法）核算污染物产生量和排放量。

（一）核算方法选取顺序

1．经管理部门审核通过的2017年度排污许可证执行报告中的年度排放量。

2．排污许可证申请与核发技术规范中有污染物排放量许可限值要求的，污染物排放量核算方法与排污许可证申请与核发技术规范中相应污染物实际排放量的核算方法保持一致。

3．监测数据符合规范性和使用要求的，采用监测数据法核算污染物产生量和排放量。

4．采用产排污系数法（物料衡算法）核算污染物产生量和排放量。

（二）监测数据使用规范性要求

监测数据核算污染物产生、排放量的使用顺序为：自动监测数据、企业自测数据、监督性监测数据。

1．监测数据的规范性要求

（1）自动监测数据

2017年度全年按照相应技术规范开展校准、校验和运行维护，季度有效捕集率不低于75%的，且保留全年历史数据的自动监测数据，可用于污染物产生量和排放量核算。

（2）企业自测数据

2017 年度内由企业自行监测或委托有资质机构按照有关监测技术规范、标准方法要求监测获得的数据。

（3）监督性监测数据

2017 年度内由县（区、市、旗）及以上环保部门按照监测技术规范要求进行监督性监测得到的数据。

2．监测数据使用要求

（1）废气

废气自动监测数据应根据工程设计参数进行校核，监测数据明显存在问题的，不得采用监测数据核算废气排放量。

对于有烟气旁路且自动监测设备装置在净烟道的，核算污染物排放量要考虑烟气旁路漏风、旁路开启等情况。

手工监测数据不用于核算废气污染物排放量。

（2）废水

未安装流量自动监测设备的，废水排放量原则上不采用监测数据进行计算，而应根据企业取水量或系数法进行核算。

废水污染物监测频次低于每季度 1 次的，季节性生产企业生产期内监测次数少于 4 次或不足每月 1 次，不得采用监测数据法核算排放量。

有累计流量计的，可按废水流量加权平均浓度和年累计废水流量计算得出；没有累计流量计的，按监测的瞬时排放量（均值）和年生产时间进行核算，没有废水流量监测而有废水污染物监测的，可按水平衡测算出的废水排放量和平均浓度进行核算。

（三）产排污系数法使用要求

根据国务院第二次全国污染源普查领导小组办公室组织制定的《第二次全国污染源普查工业源产排污系数手册》，核算污染物排放量。未经国务院第二次全国污染源普查领导小组办公室确认同意，原则上不得采用其他产排污系数或经验系数。

地方普查机构组织制定的产排污系数，报国务院第二次全国污染源普查领导小组办公室同意后使用。

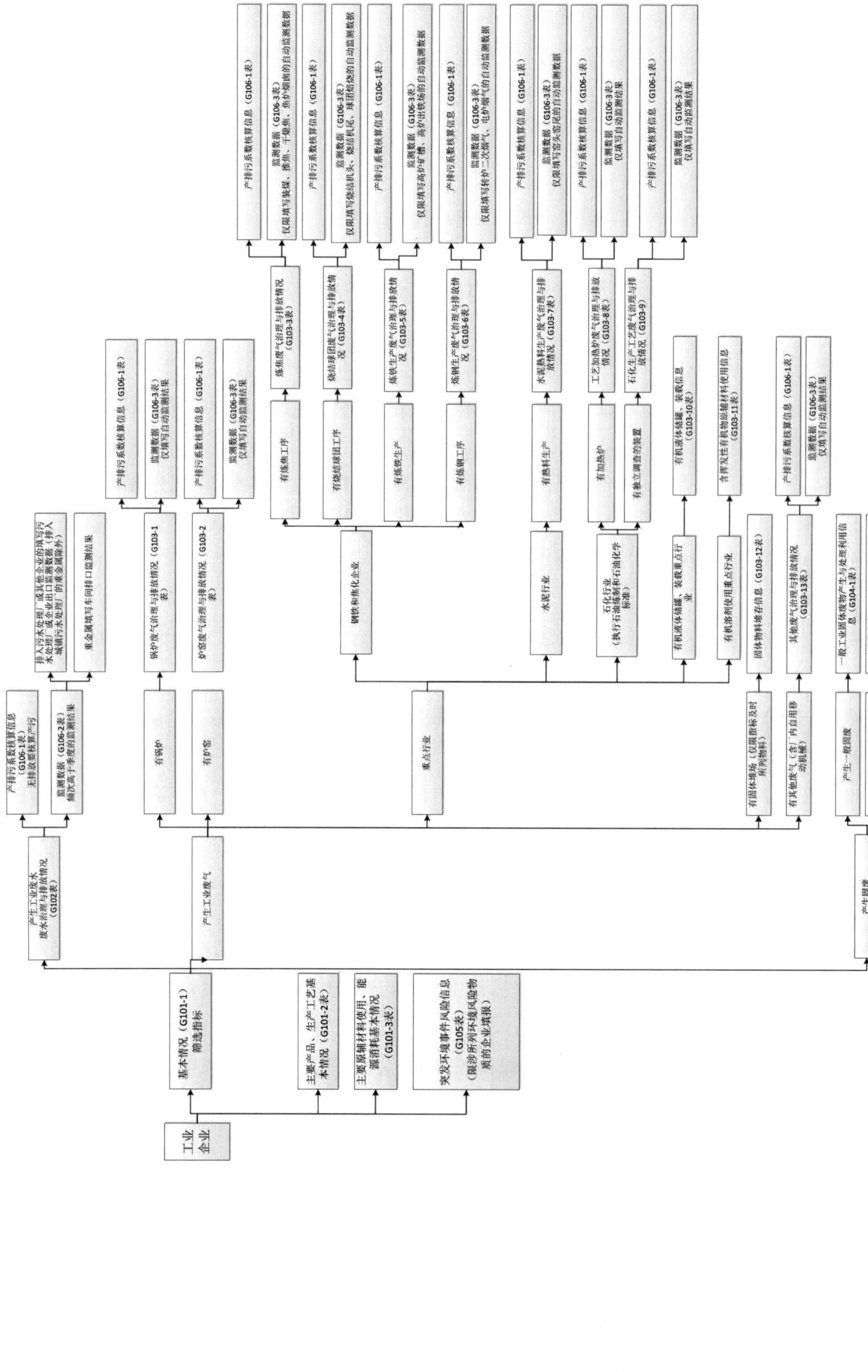

图 1 工业源报表填报索引示意图

园区普查技术规定

为指导全国园区普查工作，根据《国务院关于开展第二次全国污染源普查的通知》（国发〔2016〕59号）和《国务院办公厅关于印发第二次全国污染源普查方案的通知》（国办发〔2017〕82号）要求，制定本规定。

一、目的

明确园区普查的具体对象、范围、内容，指导园区普查报表填报。

二、对象与范围

普查对象为国家级、省级批准设立的各类开发区，包括国家批准设立的经济技术开发区、高新技术产业开发区、海关特殊监管区域、边境/跨境经济合作区和其他类型开发区；省级批准的各类开发区，包括经济技术开发区、高新技术产业开发区、工业园区、产业园区、示范区、高新区等。

若发现清查遗漏的普查对象，应纳入普查，并及时报告县（区、市、旗）普查机构；各级普查机构应将此类情况汇总后逐级上报至国家普查机构。

三、普查内容

（一）园区基本信息

1．园区概况：园区名称、批准部门、区位（行政区划）、四至范围、联系人及联系方式、批准时间、园区级别（国家级或者省级）、园区类型、面积（批准面积）。

2．产业聚集情况

园区内注册工业企业总数、园区内生产的工业企业数、主导行业及占比（前3个主要产业行业名称及代码、占比）等。

（二）园区基础设施建设情况

调查园区清污分流及排放去向、集中供热（为工业企业集中供热）及企业用热情况，集中式污染治理设施建设情况，包括集中式污水处理厂、危险废物处理处置厂建设以及企业污水纳管情况等。

（三）园区环境管理情况

1．环境质量监测情况：空气质量和地表水环境质量监测设备安装情况、监测项目及频次，与生态环境部门联网情况。

2．园区风险防范体系建设情况：企业档案建立情况、园区应急预案制定等。

3．污染源信息公开平台情况。

（四）园区注册登记工业企业清单

清单内容包括企业名称、统一社会信用代码或组织机构代码、生产地点是否位于园区内等信息。

表 1 园区注册登记工业企业清单（示例）

序号	工业企业名称	统一社会信用代码 或组织机构代码	生产地点
1			1 园区内 □ 2 园区外 □
2			1 园区内 □ 2 园区外 □
……			1 园区内 □ 2 园区外 □

四、普查表的填报和审核

（一）普查表的填报

《园区环境管理情况》（G108表）由省级污染源普查机构根据清查上报的园区清单组织各园区管理机构填报。

普查员和普查指导员应按职责权限分别对园区普查机构填报数据进行审核。普查员现场审核完成后，应在园区管理机构相关人员帮助下，利用移动数据采集终端标绘园区边界。普查表填报的拐点坐标应与标绘的园区边界保持一致。若有几个分离的片区，则分别填报、标绘各片区的拐点坐标和边界。

（二）普查质量控制与数据审核

园区管理机构应按规定如实填报普查表，对所填报数据的真实性负责。

园区管理机构要主动提供与普查相关的基础资料，配合普查员核实普查表填报内容。

普查员要据实核对填报对象填报数据的真实性，发现填报信息不全或填报错误的，应现场要求普查对象予以更正。

农业污染源普查技术规定

为指导全国农业污染源（以下简称农业源）的普查工作，根据《国务院关于开展第二次全国污染源普查的通知》（国发〔2016〕59号）和《国务院办公厅关于印发第二次全国污染源普查方案的通知》（国办发〔2017〕82号），制定本规定。

一、目的

明确农业源普查的对象、范围、内容、污染物产生量和排放量核算方法，指导农业源普查报表填报。

二、对象与范围

农业源普查对象为纳入农业统计的农业生产活动。普查范围包括种植业、畜禽养殖业和水产养殖业。

按照在地原则确定普查对象，以县级行政区划为划分在地的基本区域单元。同一养殖企业分布在不同区域的场区，纳入各场区所在区域普查。

根据清查后确定的普查对象开展普查工作。若发现遗漏的普查对象，应纳入普查范围，并及时报告县（区、市、旗）普查机构；发现普查对象不存在，或2018年1月1日后关闭且无法联系填报主体等情况，应及时报告县（区、市、旗）普查机构。县（区、市、旗）普查机构应将此类情况汇总后逐级上报至国家普查机构。

三、普查内容

（一）种植业

1．县级种植业基本情况，包括县（区、市、旗）名称、农户数量、农村劳动力人口数量、耕地和园地总面积等。

2．主要作物播种面积情况和农药、化肥、地膜等生产资料投入情况。

3．主要作物收获方式、秸秆利用方式与利用量。

（二）畜禽养殖业

1．规模养殖场基本情况：包括养殖场名称、畜禽种类、存/出栏数量、养殖设施类型、饲养周期、饲料投入情况等。

养殖规模与粪污处理情况：养殖量、废水处理方式、利用去向及利用量，粪便处理方式、利用去向及利用量，配套利用农田面积等。

2．规模以下养殖户：县（区、市、旗）不同畜禽种类养殖户数量、存/出栏数量，不同清粪方式、不同粪便与污水处理方式下的养殖量占该类畜禽养殖总量的比例、配套利用农田面积等。

（三）水产养殖业

包括县（区、市、旗）名称、养殖水体类型、养殖模式、投苗量与产量、养殖面积等。

（四）污染物

废水污染物：氨氮、总氮、总磷，畜禽养殖业和水产养殖业增加化学需氧量。

废气污染物：畜禽养殖业氨、种植业氨和挥发性有机物。

四、普查表的填报和审核

（一）普查表填报

普查对象根据实际生产涉及的生产现状和污染治理或排放情况，选择填报相应的普查表，不涉及的普查内容无须填报。

规模畜禽养殖场填报《规模畜禽养殖场基本情况》（N101-1 表）、《规模畜禽养殖场养殖规模与粪污处理情况》（N101-2 表）。普查表填报的责任主体是普查对象，普查对象应如实填报普查表，对所填报数据的真实性负责。普查员现场指导普查对象填报，并利用移动数据采集终端现场核实普查对象地理坐标。

县（区、市、旗）农业部门填报《县（区、市、旗）种植业基本情况》（N201-1 表）、《县（区、市、旗）种植业播种、覆膜与机械收获面积情况》（N201-2 表）、《县（区、市、旗）农作物秸秆利用情况》（N201-3 表）；县（区、市、旗）畜牧部门填报《县（区、市、旗）规模以下养殖户养殖量及粪污处理情况》（N202 表）；县（区、市、旗）渔业部门填报《县（区、市、旗）水产养殖基本情况》（N203 表）。

（二）普查质量控制与数据审核

1．普查员对普查表的内容、指标填报是否齐全，以及是否符合普查制度的规定和要求等进行现场审核。

在普查对象填报普查表过程中，普查员应根据企业提供的生产经营记录、物料（含水、电及其他能源）消耗记录、原辅材料凭证、污染处理设施建设与运行记录等资料，对普查表填报的准确性、真实性进行核查。普查员现场发现填报错误、逻辑错误或填报信息不全、不合理的情况，应及时予以纠正。

2．普查对象对普查表中所填数据资料确认签章。

3．普查指导员在普查员现场审核的基础上，对普查表中数据的合理性和逻辑性进行全面审核。

4．县（区、市、旗）普查机构应组织相关部门专家对辖区内填报的普查数据进行会审，地市级普查机构参与指导审核。普查机构应组织相关部门专家对普查对象随机进行现场质量控制，以验证普查表填报和普查员核查的准确性。普查质量负责人根据现场填报和数据审核中发现的问题，组织拟定解决方案。

五、污染物产生量和排放量核算

农业源采用系数法核算污染物产生量和排放量。产生和排放系数统一由国务院第二次全国污染源普查领导小组办公室提供，原则上不得采用其他系数。

种植业氮磷流失量采用流失系数法，以该县（区、市、旗）各种种植模式的种植面积分别与该种植模式流失系数相乘，得到的乘积进行加和，测算全县（区、市、旗）种植业氮磷的流失量。

种植业氨气排放量采用排放系数法，以该县（区、市、旗）氮肥的用量乘以该地区氮肥施用氨排放系数，测算全县（区、市、旗）种植业氨气的排放量。

种植业挥发性有机物排放潜力采用散发潜力系数法，以该县（区、市、旗）某种作物的种植面积，与该作物某农药单位面积使用量及该农药挥发性有机物散发潜力系数相乘，得到的乘积进行加和，测算全县（区、市、旗）种植业挥发性有机物的排放潜力。

通过理论分析和实地监测相结合的方法，对我国不同作物种类、不同区域的秸秆草谷比、可收集系数和“五料化”利用比例进行测定，结合普查和统计数据，测算农作物秸秆产量、秸秆可收集资源量、各种利用途径的秸秆利用量。

地膜通过农田地膜的使用量与残留率、回收率等系数测算地膜残留情况。

畜禽养殖业水污染物产生量通过产生系数法测算，某种动物的存/出栏量与对应的水污染物产生系数相乘，得到某种动物的水污染物产生量，将该县（区、市、旗）所有种类动物的水污染物产生量加和，测算全县（区、市、旗）畜禽养殖的水污染物产生量；畜禽养殖水污染物排放量通过排放系数法测算，该县（区、市、旗）某种粪污处理工艺条件下的养殖量与某种粪污处理工艺下的排放系数相乘，测算全县（区、市、旗）畜禽养殖的水污染物排放量。

畜禽养殖氨气排放量通过排放系数法测算，以该县（区、市、旗）某种畜禽的养殖量与相应的氨气排放系数相乘，各种畜禽氨气排放量加和，测算全县（区、市、旗）畜禽养殖的氨气排放量。

水产养殖水污染物排放量通过排放系数法测算，以该县（区、市、旗）某种水产品的产量与相应的排放系数相乘，各种水产品的排放量加和，测算全县（区、市、旗）水产养殖水污染物的排放量。

生活污染源普查技术规定

为指导全国生活污染源（以下简称生活源）的普查工作，根据《国务院关于开展第二次全国污染源普查的通知》（国发〔2016〕59 号）和《国务院办公厅关于印发第二次全国污染源普查方案的通知》（国办发〔2017〕82 号），制定本规定。

一、目的

确定生活源普查的对象、范围与内容，明确污染物产生量和排放量核算方法，指导生活源普查报表填报。

二、对象与范围

普查对象为除工业企业生产使用以外所有单位和居民生活使用的锅炉（以下简称生活源锅炉），城市市区、县城、镇区的入河（海）排污口；以城市市区、县城、镇区、行政村为单位统计城乡居民能源使用情况，生活污水产生、排放情况。

若发现清查遗漏的普查对象，应纳入普查范围，并及时报告县（区、市、旗）普查机构；发现普查对象不存在，或 2018 年 1 月 1 日后关闭且无法联系填报主体等情况，应及时报告县（区、市、旗）普查机构。县（区、市、旗）普查机构应将此类情况汇总后逐级上报至国家普查机构。

三、普查内容

生活源锅炉的基本信息、锅炉运行情况、污染治理设施等。市区、县城、镇区入河（海）排污口的基本信息和生活污水排污口水质监测情况等。

生活源锅炉与入河（海）排污口普查技术要求，详见《第二次全国污染源普查生活源锅炉普查技术规定》（环普查〔2017〕188 号）和《第二次全国污染源普查入河（海）排污口普查与监测技术规定》（国污普〔2018〕4 号）。

城市：全市常住人口，房屋竣工面积，人均住房（住宅）建筑面积，新建沥青公路长度，改建变更沥青公路长度，城市道路长度等。

市区及县城：城镇常住人口，公共服务用水量，居民家庭用水量，生活用水量（免费供水），用水人口，人均日生活用水量，集中供热面积，人工煤气、天然气、液化石油气年销售量，重点区域燃煤使用情况等。

农村：农村常住人口和户数，人均日生活用水量，住房厕所类型，人粪尿处理情况，生活污水排放去向，燃煤使用情况，生物质燃料、管道煤气、罐装液化石油气年使用量，冬季家庭取暖能源使用情况等。

废水污染物：化学需氧量、氨氮、总氮、总磷、五日生化需氧量、动植物油。

废气污染物：二氧化硫、氮氧化物、颗粒物、挥发性有机物。

四、普查表填报与审核

（一）普查表的填报

1.《重点区域生活源社区（行政村）燃煤使用情况》（S101 表）由重点区域所有社区居民委员会和行政村村民委员会填报。重点区域指京津冀及周边地区，包括北京市，天津市，河北省石家庄、唐山、邯郸、邢台、保定、沧州、廊坊、衡水市以及雄安新区，山西省太原、阳泉、长治、晋城市，山东省济南、淄博、济宁、德州、聊城、滨州、菏泽市，河南省郑州、开封、安阳、鹤壁、新乡、焦作、濮阳市；汾渭平原，包含山西省晋中、运城、临汾、吕梁市，河南省洛阳、三门峡市，陕西省西安、铜川、宝鸡、咸阳、渭南市以及杨凌示范区。

2.《行政村生活污染基本信息》（S102 表）由行政村村民委员会填报。

3.《生活源农村居民能源使用情况抽样调查》（S106 表）由抽样调查单位确定抽样调查的农户并组织填报。

4.《城市生活污染基本信息》（S201 表）、《县域城镇生活污染基本信息》（S202 表）由直辖市和地（区、市、州、盟）第二次全国污染源普查领导小组组织填报。人口情况、用水情况、能源使用情况等数据由本级城乡建设统计主管部门根据“城市（县城）和村镇建设统计调查”数据填报，公路长度由本级交通运输主管部门根据“交通运输综合统计”数据填报，房屋竣工面积等其他指标由本级统计或城乡建设统计主管部门填报。

5. 入户调查时发现漏报的生活源锅炉、入河（海）排污口应补充填报《非工业企业单位锅炉污染及防治情况》（S103 表）和《入河（海）排污口情况》（S104 表）。

（二）普查质量控制与数据审核

1. 优先利用已有统计数据和部门行政管理记录获取相关信息。

2. 各级污染源普查机构按照领导小组职责分工协调同级相关部门密切配合生活源普查工作，提供相关数据和资料。

3. 普查表填报人员应确保填报信息的完整性，并妥善保存信息获取过程中的相关记录或依据。普查表审核人员负责审查填报信息的规范性和合理性，确保满足技术规定和普查表填报要求。

4. 各级污染源普查机构应加强普查表填报人员和审核人员的培训，对本辖区生活源普查数据质量全面负责。

五、污染物产生量和排放量核算

1. 根据城镇居民生活用水数据、折污系数、入河（海）排污口水质监测结果以及集中式污染治理设施普查获得的城镇污水处理厂进水水质数据，经产污系数校核后，利用城镇常住人口、城镇人均日生活用水量、折污系数和城镇生活污水平均浓度相乘，核算城镇生活污水与污染物产生量；根据集中式污染治理设施普查结果，估算城镇污水处理厂、工业污水集中处理厂和其他污水处理设施对城镇生活源水污染物的去除量，获取城镇生活污水与污染物的排放量。

2．根据农村常住人口、农村人均日生活用水量以及厕所类型、粪尿处理情况和生活污水排放去向等信息，利用农村常住人口与产排污系数相乘，核算农村生活污水与污染物产生量；根据农村集中式生活污水处理设施普查结果，结合农村集中式生活污水处理设施的排污系数，获取农村生活污水与污染物的排放量。

3．通过重点调查，获取重点区域城镇居民能源使用情况；通过抽样调查，获取农村居民能源使用情况；结合生活源锅炉普查结果，利用排污系数核算重点区域城乡居民能源使用的大气污染物排放量。

4．针对建筑涂料与胶黏剂使用、沥青道路铺装、餐饮油烟、干洗、日用品使用等五类其他城乡居民生活和第三产业污染源，根据常住人口数量、房屋竣工面积、人均住房（住宅）建筑面积以及沥青公路和城市道路长度等统计数据，利用排污系数核算挥发性有机物排放量。

5．产排污系数统一由国务院第二次全国污染源普查领导小组办公室提供，核算生活源污染物排放量，不得采用其他各类产排污系数或经验系数。

集中式污染治理设施普查技术规定

为指导全国集中式污染治理设施的普查工作，根据《国务院关于开展第二次全国污染源普查的通知》（国发〔2016〕59 号）和《国务院办公厅关于印发第二次全国污染源普查方案的通知》（国办发〔2017〕82 号）要求，制定本规定。

一、目的

明确集中式污染治理设施普查的对象、范围、内容、污染物产生量和排放量核算方法，指导集中式污染治理设施普查报表填报。

二、对象与范围

普查对象为集中处理处置生活垃圾、危险废物和污水的单位，包括集中式污水处理单位、生活垃圾集中处理处置单位和危险废物集中处理处置单位。

（一）集中式污水处理单位

包括城镇污水处理厂、工业污水集中处理厂、农村集中式生活污水处理设施和其他污水处理设施。不包括渗水井、化粪池（含改良化粪池）。

城镇污水处理厂：指对进入城镇污水收集系统的污水进行净化处理的污水处理厂。城镇污水指城镇居民生活污水，机关、学校、医院、商业服务机构及各种公共设施排水，以及允许排入城镇污水收集系统的工业废水和初期雨水等。

工业污水集中处理厂：指提供社会化有偿服务、专门从事为工业园区、连片工业企业或周边企业处理工业废水（包括一并处理周边地区生活污水）的集中设施或独立运营的单位。不包括企业内部的污水处理设施。原来按工业污水处理厂设计建设的，由于企业搬迁或其他原因导致的实际处理污水主要为生活污水的处理厂，按城镇生活污水处理厂纳入普查。

农村集中式污水处理设施：指乡、村通过管道、沟渠将乡或村污水进行集中收集后统一处理的污水处理设施或处理厂。设计处理能力≥10 吨/日（或服务人口≥100 人，或服务家庭数≥20 户）的污水处理设施或污水处理厂纳入普查。

其他污水处理设施：指不能纳入城市污水收集系统的居民区、风景旅游区、度假村、疗养院、机场、铁路车站以及其他人群聚集地排放的污水进行就地集中处理的设施。

（二）生活垃圾集中处理处置单位

包括生活垃圾处理场（厂）和餐厨垃圾处理厂。

生活垃圾处理场（厂）包括生活垃圾填埋场、生活垃圾焚烧厂、生活垃圾堆肥厂以及采用其他处理方式处理生活垃圾的处理厂。县级及以上垃圾处理场（厂）全部纳入普查。有条件的地区可开展县级以下垃圾处理厂普查。

生活垃圾焚烧厂包括生活垃圾焚烧厂、生活垃圾焚烧发电厂。

餐厨垃圾处理厂只调查采用厌氧处理、微生物处理或堆肥处理餐厨垃圾的专业化处理厂，单位或居民区设置的小型厨余垃圾处理设备不纳入普查。

（三）危险废物集中处理处置单位

危险废物集中处理处置单位指提供社会化有偿服务，将工业企业、事业单位、第三产业或居民生活产生的危险废物集中起来进行焚烧、填埋等处置或综合利用的场所或单位。包括危险废物集中处置厂、其他企业协同处置厂和医疗废物处置厂。不包括企业内部自建自用且不提供社会化有偿服务的危险废物处理（置）装置。

医疗废物处理（置）厂包括医疗废物焚烧厂、医疗废物高温蒸煮厂、医疗废物化学消毒厂、医疗废物微波消毒厂等。不包括医院自建自用的医疗废物处置设施。如医院自建医疗废物处置设施具有地市环保部门发放的危险废物经营许可证，纳入普查。

综合利用危险废物并持有管理部门发放的危险废物综合经营许可证的企业，如已纳入工业源普查，不再纳入危险废物集中处理处置单位普查。

只具有收集和转运危险废物的企业，不纳入危险废物集中处理处置单位普查。

若发现清查遗漏的普查对象，应纳入普查范围，并及时报告县（区、市、旗）普查机构；发现普查对象不存在，或 2018 年 1 月 1 日后关闭且无法联系填报主体等情况，应及时报告县（区、市、旗）普查机构。县（区、市、旗）普查机构应将此类情况汇总后逐级上报至国家普查机构。

三、普查内容

1．集中式污水处理单位

普查对象基本信息：包括单位名称、统一社会信用代码、位置信息等。

能源消耗情况：燃料、电力等消耗情况。

污水处理设施基本情况和运行状况：包括处理方法、处理工艺、处理能力、实际处理量、排放口的基本信息（包括污水排放去向及排放口位置，以及锅炉废气排放口位置、高度和直径等）、在线监测设施的安装、运行情况等。

二次污染的产生、治理和排放情况：包括污泥、废气等的处理、处置和综合利用情况。

污水监测结果及主要污染物排放量：废水排放量、化学需氧量、氨氮、总氮、总磷、五日生化需氧量、动植物油、挥发酚、氰化物、砷、铅、镉、总铬、六价铬、汞。

废气监测结果及主要污染物排放量：颗粒物、二氧化硫、氮氧化物。

固体废物：污水处理设施产生的污泥、锅炉产生的炉渣。

2．生活垃圾集中处理处置单位

普查对象基本信息：包括单位名称、统一社会信用代码、位置信息等。

能源消耗情况：燃料、电力等消费情况。

垃圾处理处置设施基本情况和运行状况：包括处理方法、处理工艺、处理能力、实际处理量、排放口的基本信息（包括废气排放口位置、高度和直径等，以及废水/渗滤液排放去向及排放口位置）、在线监测设施的安装、运行情况等。

二次污染的产生、治理和排放情况：包括渗滤液/污水、废气、污泥、炉渣、飞灰等的处理、处置和综合利用情况。

废水（包括渗滤液）监测结果及主要污染物排放量：化学需氧量、氨氮、总氮、总磷、五日生化需氧量、砷、铅、镉、总铬、六价铬、汞。

焚烧废气监测结果及主要污染物排放量：颗粒物、二氧化硫、氮氧化物、砷、铅、镉、铬、汞。

固体废物：焚烧设施产生的炉渣和飞灰等。

3．危险废物集中处理处置单位

普查对象基本信息：包括单位名称、统一社会信用代码、位置信息等。

能源消耗情况：燃料、电力等消费情况。

危险废物处理处置设施基本情况和运行状况：包括处理方法、处理工艺、处理能力、实际处理量、排放口的基本信息（包括废气排放口位置、高度和直径等，以及废水/渗滤液排放去向及排放口位置）、在线监测设施的安装、运行情况等。

二次污染的产生、治理和排放情况：包括渗滤液/废水、废气、污泥、炉渣、飞灰等的处理、处置和综合利用情况。

废水监测结果及主要污染物排放量：废水排放量、化学需氧量、氨氮、总氮、总磷、动植物油、五日生化需氧量、挥发酚、氰化物、砷、铅、镉、总铬、六价铬、汞。

焚烧废气监测结果及主要污染物排放量：颗粒物、二氧化硫、氮氧化物、砷、铅、镉、铬、汞。

固体废物：焚烧设施产生的炉渣和飞灰等。

四、普查表的填报与审核

1．普查表的填报

普查表由普查对象填写。普查对象应按规定和要求如实填报，对所填报的信息和数据的真实性负责。

普查对象应提供与普查相关的基础资料，以备核实普查表填报内容的真实性和准确性。主要包括：厂区平面布置图，排水管网图，主要工艺流程图，2017 年度主要物料（或排放污染物的前体物）使用量数据，水平衡图，生产报表，煤（油、燃气）、电、水等收费票据，产污、治污设施运行记录，环评、清洁生产报告及各种监测报告单；普查对象认为其他能够证明其填报数据真实性、可靠性的资料。

普查对象厂区内如有锅炉，须填报《非工业企业单位锅炉污染及防治情况》（S103 表）。

生活垃圾焚烧发电厂和协同处置危险废物的企业须填报集中式污染治理设施普查表，污染物排放量可填写到工业污染源普查表中。

普查员或普查指导员需利用移动数据采集终端现场核实普查对象地理坐标，补充采集排放口等地理坐标。

2．普查表的审核

普查员指导普查对象填报普查表，并对普查表的内容、指标填报是否齐全，以及是否符合普查制度的规定和要求等进行审核。

普查指导员在普查员审核的基础上，对普查表中数据的合理性和逻辑性进行全面审核。

3．各级普查机构应对辖区内普查对象填报数据进行集中或抽样审核。由普查机构统一录入的普查数据，应由专人或第三方机构进行全面复核。上级普查机构应该对下级普查机构的填报录入数据开展抽样复核。

4．审核过程中发现的问题，各级普查机构应指导普查对象核实确认并纠正错误。未经普查对象核实确认，各级普查机构不得随意更改普查对象上报数据。

五、污染物产生量和排放量核算

集中式污染治理设施废水、废气污染物产生量和排放量，主要采用监测数据法和产排污系数法核算，二次污染产生的固体废物和危险废物产生量根据实际运行台账记录获取。

污染物产生量和排放量核算方法使用顺序依次为：监测数据法、产排污系数法。

监测数据法核算污染物产生量和排放量的优先顺序为：自动监测数据、自行监测数据（手工）、监督性监测数据。

（一）监测数据法

监测数据法是依据对普查对象产生和外排废水、废气（流）量及其污染物的实际监测浓度，计算出废气、废水排放量及各种污染物产生量和排放量。

1．核算方法

污染物排放量=污染物年加权平均浓度×废水或废气年排放量

废水排放量：有累计流量计的，以年累计废水流量为废水排放量；没有累计流量计的，通过监测的瞬时排放量（均值）和年生产时间进行核算；没有监测废水流量而有废水污染物浓度监测的，可按水平衡测算出废水排放量。

废气排放量：通过监测的瞬时排放量（均值）和年排放时间进行核算。

2．监测数据使用规范性要求

（1）自动监测数据

自动监测设备的建设、安装符合有关技术规范、规定的要求，2017年度全年按照相应技术规范规定的要求进行质量保证/控制，定期校准、校验和运行维护，季度有效捕集率不低于75%的，且保留全年历史数据的自动监测数据的，可用于污染物产生量和排放量核算。

与各地生态环境部门联网的自动监测设备，生态环境部门最终确认的自动监测数据可作为核算排放量的有效数据使用。

（2）监督性监测数据

2017 年度内由县（区、市、旗）及以上生态环境部门按照监测技术规范要求进行监督性监测获得的数据。每个季度至少监测 1 次；季节性生产企业生产期间至少每月监测 1 次，每年监测总次数不少于 4 次。

实际监测时企业的生产工况符合相关监测技术规定要求。若废水流量无法监测，可使用企业安装的流量计数据，或通过水平衡核算废水排放量。

（3）企业自测数据

2017 年度内由企业自行监测或委托有资质机构按照《排污单位自行监测指南 总则》（HJ 819）等有关监测技术规范和监测分析标准方法监测获得的数据。每个季度至少监测 1 次；非连续性生产企业生产期间至少每月监测 1 次，全年监测总次数不少于 4 次。

（4）监测数据符合上述要求，方可用于核算污染物产生量与排放量；并须提供符合监测数据有效性要求的全部监测数据台账，与普查表同时报送普查机构，以备数据审核使用。若进口或出口监测数据不符合有效性认定要求，不得采用监测数据核算污染物产生量或排放量。

（5）采用监测数据法得到污染物产生量和排放量，要用产排污系数法进行核算校核。

（二）产排污系数法

产排污系数统一由国务院第二次全国污染源普查领导小组办公室提供，不得采用其他各类产排污系数或经验系数。

同一家企业不同污染物可采用不同的核算方法。

如两种方法核算的污染物产生量和排放量相对误差大于 20%，应核实企业的生产工况及生产工艺，确定污染物排放量的计算方法是否正确，同时核查产排污系数选取是否正确。

如监测数据、系数核算排放量均符合相关技术规定要求，同时产排污系数的应用正确，则取监测数据法和产排污系数法核算结果中污染物排放量大的数据作为认定数据上报。

（三）运行管理台账记录

固体废物产生量、处理量、综合利用量等，根据普查对象日常运行台账记录，统计汇总相关数据。

污水处理厂污泥、危险废物炉渣、焚烧飞灰等固体废物和危险废物等可按运行管理的统计报表填报。如果普查对象未对污泥、炉渣、飞灰进行计量（称重），所填结果需与产污系数核算结果进行校核。

移动源普查技术规定

为指导第二次全国污染源普查移动源普查工作，根据《国务院关于开展第二次全国污染源普查的通知》（国发〔2016〕59 号）和《国务院办公厅关于印发第二次全国污染源普查方案的通知》（国办发〔2017〕82 号）要求，制定本规定。

一、目的

明确移动源普查对象、范围、内容、污染物排放量核算方法，指导移动源普查报表填报。

二、对象与范围

普查对象包括机动车、非道路移动源和油品储运销环节污染源。

机动车包括汽车、低速汽车和摩托车。

非道路移动源包括飞机、船舶、铁路内燃机车和工程机械、农业机械（含机动渔船）等非道路移动机械。

油品储运销环节污染源包括储油库、加油站和油罐车。

厂内自用、未在交管部门登记注册的机动车，小型通用机械、移动式柴油发电机组、机场地勤设备、港作机械、通用飞机、港作船舶等不纳入本次移动源普查范围。

油码头储油、装油和卸油过程，非对外营业的储油库和加油站不纳入本次移动源普查范围。

三、普查内容

1．机动车

按车辆类型、燃料种类、初次登记日期划分的各类机动车保有量，氮氧化物、颗粒物、挥发性有机物排放情况。

2．非道路移动源

飞机：包括按机型划分的起飞着陆循环次数，航空燃油消耗量等基本信息，氮氧化物、颗粒物、挥发性有机物排放情况。

船舶：二氧化硫、氮氧化物、颗粒物排放情况。

铁路：包括铁路内燃机车燃油消耗量、客货周转量等产排污相关信息，氮氧化物、颗粒物、挥发性有机物排放情况。

工程机械：包括按机械类型、燃料种类、销售日期划分的保有量，氮氧化物、颗粒物、挥发性有机物排放情况。

农业机械（含机动渔船）：包括按机械类型、燃料种类、销售日期划分的拥有量，氮氧化物、颗粒物、挥发性有机物排放情况。

3．油品储运销环节污染源

储油库：包括储油库单位基本信息以及总库容、周转量、顶罐结构、油气处理装置、装油方式、在线监测系统等油气回收信息，挥发性有机物排放情况。

加油站：包括加油站单位基本信息和总罐容、销售量、油气回收阶段、在线监测系统等油气回收以及防渗漏措施信息，挥发性有机物排放情况。

油罐车：包括油品运输企业单位基本信息和油罐车数量、汽油运输量、柴油运输量、具有油气回收系统的油罐车数量以及定期进行油气回收系统检测的油罐车数量，挥发性有机物排放情况。

四、普查表的填报和审核

（一）普查表填报

《机动车保有量》（Y201-1 表）由直辖市、地（区、市、州、盟）公安交管部门填报。《农业机械拥有量》（Y202-1 表）由直辖市、地（区、市、州、盟）农机管理部门，参照“全国农业机械化管理统计报表制度”中的农业机械拥有量［农市（机年）3 表］填报；《农业生产燃油消耗情况》（Y202-2 表）由直辖市、地（区、市、州、盟）农机管理部门，参照“全国农业机械化管理统计报表制度”中的农业生产燃油消耗情况［农市（机年）6 表］填报；《机动渔船拥有量》（Y202-3 表）由直辖市、地（区、市、州、盟）渔业管理部门，参照“渔业统计报表制度”中的渔业船舶拥有量（水产年报 12 表）填报。

《储油库油气回收情况》（Y101 表）由油品储存企业填报，《加油站油气回收情况》（Y102 表）由油品销售企业填报，《油品运输企业油气回收情况》（Y103 表）由油品运输企业填报。

工程机械保有量，营运船舶注册登记数据、船舶自动识别系统（AIS）数据、船舶进出港数据，飞机起降架次和燃油消耗量，铁路内燃机车燃油消耗量和客货周转量等，由国家普查机构通过部门或行业数据共享获取。

移动源污染物排放情况表包括《机动车污染物排放情况》（Y201-2 表）、《农业机械污染物排放情况》（Y202-4 表）以及《油品储运销污染物排放情况》（Y203 表），由直辖市、地（区、市、州、盟）普查机构填报。

普查员或普查指导员需利用移动数据采集终端现场采集加油站地理坐标。

（二）普查数据的审核

各级污染源普查机构应加强普查表填报人员和审核人员的培训，建立并实施分级审核制度。对储油库、加油站、油罐车油气回收情况基层表进行三级审核，即普查对象自审、普查员初审、普查指导员审核；其他移动源普查综合表由相关部门填报并核对确认。普查数据审核时，审核人员应对数据的完整性、合理性、逻辑性进行审核。

五、污染物排放量核算

移动源污染物排放量采用排放系数法测算。原则上，排放系数统一由国务院第二次全国污染源普查领导小组办公室提供，不得采用其他各类排放系数或经验系数。

工程机械、船舶、飞机、铁路内燃机车排放量由国家普查机构统一核算。工程机械污染物排放量测算采用单位功率排放系数法；船舶污染物排放量测算采用单位功率排放系数法，核算的水域范围为我国领海基线外 12 海里向陆地一侧的水域；飞机污染物排放量测算采用单位起降架次排放系数法；铁路内燃机车污染物排放量测算采用单位燃油消耗量排放系数法。

关于印发《第二次全国污染源普查质量控制技术指南》的通知

国污普〔2018〕18号

各省、自治区、直辖市第二次全国污染源普查领导小组办公室，新疆生产建设兵团第二次全国污染源普查领导小组办公室：

为落实《国务院关于开展第二次全国污染源普查的通知》（国发〔2016〕59号）和《国务院办公厅关于印发第二次全国污染源普查方案的通知》（国办发〔2017〕82号）精神，按照《关于第二次全国污染源普查质量管理工作的指导意见》（国污普〔2018〕7号）和《关于做好普查入户调查和数据审核工作的通知》（国污普〔2018〕17号）的相关要求和工作进度安排，为做好污染源普查入户调查工作，现将《第二次全国污染源普查质量控制技术指南》印发给你们，请遵照执行。

附件：第二次全国污染源普查质量控制技术指南

国务院第二次全国污染源普查
领导小组办公室
2018年11月23日

附件

第二次全国污染源普查质量控制技术指南

为保证第二次全国污染源普查数据质量，依据《国务院关于开展第二次全国污染源普查的通知》（国发〔2016〕59号）和《国务院办公厅关于印发第二次全国污染源普查方案的通知》（国办发〔2017〕82号）等工作要求，制定本指南。

一、适用范围

本指南适用于第二次全国污染源普查质量控制工作，包括各级普查机构、普查员和普查指导员，以及第三方机构实施开展的数据采集、汇总审核、质量评估工作。

各级普查机构是本行政区域普查质量控制管理的责任主体。

二、数据采集

（一）准备阶段

1．普查机构。提前告知普查对象普查数据填报的内容、注意事项以及普查对象的权利和义务等相关事项，对填报难度较大的企业可采取集中宣讲培训方式。协调软件技术服务部门做好数据采集期的技术支持和咨询服务。

2．普查员及普查指导员。配备普查证件、移动采集终端设备、入户调查数据质量控制清单（见附1）等，做好入户调查准备。准确理解调查内容，制订数据采集计划，在约定时间开展数据采集工作。普查指导员指导并监督普查员做好入户调查及质量控制准备工作。

对普查名单中无法填报的普查对象需备注说明原因，并提供佐证材料，报告普查指导员，经普查指导员核实后上报区县级普查机构汇总。发现清查名录中遗漏的普查对象应及时报告当地普查机构，纳入普查。

3．普查对象。应指定专人，收集准备普查对象基本信息、物料消耗记录、原辅材料凭证、生产记录、污染治理设施运行和污染物排放监测记录以及其他与污染物产生、排放和处理处置相关的原始资料，负责普查表的接收、填报，做好普查相关文件及清单的交接记录，同时做好普查数据的建档备查。

（二）数据采集阶段

1．数据采集时，普查机构要排除人为干扰，普查对象要坚持独立报送普查数据。普查表原始数据填报、缺漏指标补报、差错修改等均须由普查对象完成，或由普查员协助指导完成，并经普查对象确认。

2．普查员负责向普查对象解释普查内容以及填报指标，解答普查对象在普查过程中的疑问，无法解答的，及时向普查指导员报告；要保证在规定时间内，按时准确采集数据。

3．普查对象登录普查软件系统或使用电子表格和纸质报表，独立或在普查员指导下，严格按照《第二次全国污染源普查制度》和《第二次全国污染源普查技术规定》填报数据。

（1）数据填报完整规范。根据所属行业确定应填报表，做到报表不重、不漏。据实、全面填报统计指标，应填尽填；正确理解填报要求，规范填报。

（2）数据来源真实可靠。单位名称、统一社会信用代码、行业代码、行政区划代码等普查对象基本信息正确填报，单位名称、社会信用代码要与工商登记备案一致。主要产品、原辅材料用量、污染治理设施运行状况等活动水平数据与实际情况相符，并有完整规范的台账资料等供核查核证（重点核证指标见附 2）。

4．农业源、生活源、移动源普查的综合报表数据应由地方人民政府或国家普查机构协调相关管理部门提供，确保数据完整准确。

5．伴生放射性矿普查数据质量控制在执行本指南前提下同时参照执行《第二次全国污染源普查伴生放射性矿普查质量保证工作方案》。

6．纸质普查表用钢笔（碳素墨水）或黑色水性笔填写，需要用文字表述的字迹工整、清晰；需要填写数字的一律用阿拉伯数字表示，所有指标的计量单位、保留位数按规定填写。

（三）污染物产生量与排放量核算阶段

1．掌握普查对象主要生产工艺（设备）和产排污节点，明确对应排污环节的污染物种类，做到产排污环节全面覆盖、污染物指标应填尽填。

2．按照普查技术规定等相关要求，采用适当的核算方法核算污染物产生量和排放量。

3．采用监测数据法核算时，应重点做到：

（1）监测数据规范性。监测机构资质、监测设备运行维护、监测采样分析等数据产生全过程应符合监测技术要求，监测数据报告加盖监测机构公章或数据报告章。

（2）监测数据代表性。各产排污环节污染物产排量核算应选用对应点位的监测数据，且监测频次应满足规定要求。对于监测工况不能代表全年平均生产负荷的手工监测数据，参照《国控污染源排放口污染物排放量计算方法》（环办〔2011〕8 号）进行修正。

（3）监测数据处理合规性。根据《固定污染源烟气（SO_2、NO_x、颗粒物）排放连续监测技术规范》（HJ 75—2017）和《水污染源在线监测系统数据有效性判别技术规范（试行）》（HJ/T 356—2007），对自动监测数据的缺失时段进行规范性补充替代。对多次废水手工监测数据，污染物浓度取废水流量加权平均值。不随意截取某时段或某时期数据作为核算依据，确保监测数据的完整性。

4．采用产排污系数法核算时，系数选用合理，符合普查对象实际情况，核算过程规范正确，按照实际运行情况如实填报治污设施去除效率及运行参数。注意数据单位转换或参数转化，并确保数据转化计算准确。

（四）数据审核及录入阶段

1．普查员进行现场人工审核，发现错误信息提醒普查对象及时修改或备注说明。普查指导员对普查员采集的相关数据进行审核。

（1）完整性审核。包括调查报表完整性审核和指标完整性审核。重点审核普查对象是否按照污染源属性或行业类别填报报表，做到报表不重、不漏。普查对象基本信息、活动水平数据是否完整正确，对于空值数据应认真核实，做到应报指标不缺、不漏。

（2）规范性审核。数据填报是否符合指标界定。普查对象排放量核算口径、方法是否规范正确，产排污环节是否完整覆盖，核算采用的数据是否准确可靠。零值、空值填报是否符合填报要求。

（3）一致性审核。填报信息与统计资料、原始凭证等台账资料是否一致，台账资料与单位内部有关职能部门之间相关业务、财务资料是否一致，录入数据与报表数据是否一致。

（4）合理性审核。指标单值、单位产品能耗水耗等衍生指标是否在合理值范围内，产品产量和产能，取、排水量，固体废物产生处置量等指标间定量关系是否匹配。

（5）准确性审核。燃煤硫分、污染治理设施去除效率等重要核算参数的计算过程是否符合技术要求，计算结果是否准确。

2．普查对象法人代表或负责人对普查数据负责，填报后签字确认。普查表、相关佐证资料、台账报表、核算台账以及核实、修改等记录等由普查机构储存归档。普查员现场填写入户调查数据质量控制清单并签字。

3．纸质报表完成并经普查对象签字确认后录入系统。

（1）区县普查机构组织纸质报表录入。报表录入完毕后，录入员应检查数据录入的全面性和完整性，尽快将报表归还普查表管理员。普查表管理员在回收资料时，应检查报表是否完整，避免遗失。

（2）区县普查机构须组织复录，核查数据录入质量，设立录入人员和复录人员岗位。采用交叉复录方式，同一数据的录入和复录不能为同一人。按照普查小区抽样复录，同时应覆盖各类普查对象，复录比例不低于 30%，复录比对结果报告留档备查。

三、数据汇总审核

（一）各级普查机构按照管辖权限对行政区域数据进行审核，应指定专人负责、专人检查，数据审核通过后逐级上报。

（二）各级普查机构采取集中审核、多部门联合会审和专家审核等方式，审核汇总数据，同时抽取一定比例的普查对象原始数据进行细化审核。对于不满足数据质量要求的退回整改。

（三）区域汇总数据审核

1．完整性审核。普查区域覆盖是否全面，普查对象是否全面无遗漏，报表数据是否齐全。

2．逻辑性审核。汇总表数据是否满足表内、表间逻辑关系以及指标间平衡关系。

3．一致性审核。区域、行业等汇总数据应与统计、城建、行业协会等管理部门掌握的社会经济宏观数据保持合理的逻辑一致性。

4．合理性审核。考察区域、行业总量数据的合理性。采用比较分析、排序等方法，对比汇总表表内或表间相关指标，分析指标间关系的协调性；对比社会经济及部门统计数据，考察同一地区各类源、各工业行业产能、产量及主要污染物排放占比的合理性；对比不同区域或不同区域同一行业排污浓度、单位能源废气排放强度、人均生活废水产生强度、污染物平均去除效率等衍生指标，分析总量数据的合理性；对比不同或相似经济、行业、社会发展水平的地区数据，分析区域、分源、行业总量数据区域分布的合理性。

（四）各级普查机构抽样选取一定数量的普查对象开展数据现场复核或报表审核（参照数据采集阶段审核方法）。

1．普查指导员开展普查小区数据审核。负责对普查员提交的全部报表进行审核，其中现场复核比例建议不低于 5%，参照入户调查数据质量控制清单填写复核结果。

2．有条件的地区，乡镇对全部报表开展初审，对照入户调查对象名录审核普查对象完整性。按照完整性、逻辑性、规范性要求重点审核行政区域普查对象基础数据。

3．县级普查机构重点审核数据的完整性、逻辑性、一致性和规范性，组织开展分源数据随机抽样复核。抽样复核比例建议不低于 10%，或抽样复核数不低于 200 家。

4．市级普查机构重点审核数据的完整性、逻辑性、一致性、规范性和合理性，组织开展分源数据随机抽样复核。以行政区域各区县为单位，抽样复核比例建议不低于 1%，且确保重点排污单位 100% 复核。

（五）各级普查机构加强对重点区域、重点行业、重点污染源的数据审核。对于区域总量和行业分布明显不合理的，要追本溯源，核实原始报表数据。

四、数据质量评估

（一）各级普查机构组织污染源普查数据质量核查。按照《关于做好第二次全国污染源普查质量核查的通知》（国污普〔2018〕8 号），采取抽样的方法开展分阶段质量核查，编制数据质量评估报告。

（二）运用历史数据比较、横向数据比较、相关性分析和专家经验判断等方法对普查数据进行数据合理性评估。结合地区经济和社会发展情况，对普查数据的准确性、可比性和衔接性进行评估，分析数据异常波动的情况、相关指标之间的逻辑关系。

五、组织实施

各级普查机构要建立健全普查责任体系，明确主体责任、监督责任和相关责任。地方各级普查机构应设立专门的质量管理岗位并明确质量负责人，对普查的每个环节实施质量控制和检查。各级普查机构应将普查人员、经费、设备等保障性资源配置到位，确保普查的顺利进行。

地方普查机构如委托第三方机构开展普查工作的，应合理选择第三方机构，对其选定的第三方机构负监督责任，并对第三方机构承担的普查工作质量负主体责任。第三方机构对其承担的普查工作及数据质量负责，履行合同约定责任。

各级普查机构要及时将统计单位原始数据和综合数据存储、备份，强化普查数据库日常管理和维护更新，并按照相关保密要求执行。

各级普查机构应客观、公正地开展普查质量工作检查，如实记录检查情况。对不符合要求的，及时纠正，数据造假的，报送国家普查机构。

附 1

入户调查数据质量控制清单

<table>
<tr><td>单位名称</td><td colspan="2"></td><td>统一社会
信用代码</td><td colspan="2"></td></tr>
<tr><td>地　　址</td><td colspan="2"></td><td>负 责 人
联系电话</td><td colspan="2"></td></tr>
<tr><td>编号</td><td colspan="3">质量控制检查内容</td><td>是</td><td>否</td></tr>
<tr><td>1</td><td colspan="3">完整性</td><td>—</td><td>—</td></tr>
<tr><td>1.1</td><td colspan="3">是否按照污染源属性和行业类别填报报表</td><td></td><td></td></tr>
<tr><td>1.2</td><td colspan="3">是否完整填报基本信息、生产活动水平数据</td><td></td><td></td></tr>
<tr><td>2</td><td colspan="3">规范性</td><td>—</td><td>—</td></tr>
<tr><td>2.1</td><td colspan="3">数据填报是否符合指标界定</td><td></td><td></td></tr>
<tr><td>2.2</td><td colspan="3">排放量核算口径、方法是否规范正确</td><td></td><td></td></tr>
<tr><td>2.3</td><td colspan="3">产排污环节是否完整覆盖</td><td></td><td></td></tr>
<tr><td>2.4</td><td colspan="3">核算采用的数据是否准确可靠</td><td></td><td></td></tr>
<tr><td>2.5</td><td colspan="3">零值、空值填报是否符合填报要求</td><td></td><td></td></tr>
<tr><td>3</td><td colspan="3">一致性</td><td>—</td><td>—</td></tr>
<tr><td>3.1</td><td colspan="3">填报信息与台账资料是否一致</td><td></td><td></td></tr>
<tr><td>3.2</td><td colspan="3">录入数据与报表数据是否一致</td><td></td><td></td></tr>
<tr><td>4</td><td colspan="3">合理性</td><td>—</td><td>—</td></tr>
<tr><td>4.1</td><td colspan="3">是否填报了合理的活动水平信息</td><td></td><td></td></tr>
<tr><td>4.2</td><td colspan="3">是否通过数据管理软件审核，不通过的是否进行了备注</td><td></td><td></td></tr>
<tr><td>5</td><td colspan="3">准确性</td><td>—</td><td>—</td></tr>
<tr><td>5.1</td><td colspan="3">是否选用了正确的核算参数</td><td></td><td></td></tr>
<tr><td>5.2</td><td colspan="3">污染物产排量计算是否正确</td><td></td><td></td></tr>
<tr><td colspan="2">以上信息普查对象负责人现场核验，确认无误。
负责人：
单位签章：
年　月　日</td><td colspan="4">以上信息核验无误。

普查员/普查指导员：
年　月　日</td></tr>
</table>

附 2

入户调查重点核证指标

各类普查对象报表重点核证指标包括但不限于以下内容：

一、工业源

基本信息、主要产品和生产工艺基本情况、主要原辅材料使用和能源消耗基本情况、取水量、燃料含硫量、灰分和挥发分、污染治理设施工艺、运行时间和去除效率等。

二、工业园区

基本信息、清污分流情况、污水集中处理情况、危险废物集中处置情况、集中供热情况。

三、规模畜禽养殖场

基本信息、畜禽种类、存/出栏数量、废水处理方式、利用去向及利用量、粪便处理方式、利用去向及利用量等。

四、生活源

社区（行政村）燃煤和生物质使用量，农村常住人口和户数、住房厕所类型、人粪尿处理情况、生活污水排放去向，全市/市区/县城/建制镇建成区人口和用水量，人均日生活用水量，房屋竣工面积、人均住房建筑面积、公路/道路长度。

五、非工业企业单位锅炉

基本信息、锅炉额定出力、年运行时间、燃料类型、燃料消费量、燃料硫分与灰分、废气治理设施工艺名称。

六、入河（海）排污口

排污口规模、排污口类型、受纳水体、监测数据。

七、集中式污染治理设施

（一）污水处理厂：基本信息，设计污水处理能力、污水实际处理量、污水监测数据、污泥产生量及处置量等。

（二）生活垃圾集中处置场：基本信息，不同处置方式垃圾处理情况、能源消耗、焚烧残渣和飞灰处置和综合利用情况、废水（含渗滤液）处理情况等。

（三）危险废物集中处置厂：基本信息，不同处置方式（危险、医疗）废物处理情况、能源消耗、焚烧残渣和飞灰处置和综合利用情况、废水（含渗滤液）处理情况等。

八、油品储运销企业

（一）储油库：分油品储罐罐容、年周转量、油气回收处理装置建设及运行情况。

（二）加油站：总罐容、年销售量、油气回收处理装置建设（一阶段、二阶段、后处理装置、自动监测系统等）及运行情况。

（三）油罐车：运输总量、保有量、油气回收改造油罐车数量。

关于印发《第二次全国污染源普查工作总结报告提纲》《第二次全国污染源普查数据分析报告提纲》的通知

国污普〔2019〕7号

各省、自治区、直辖市第二次全国污染源普查领导小组办公室，新疆生产建设兵团第二次全国污染源普查领导小组办公室：

为做好第二次全国污染源普查总结发布工作，现将《第二次全国污染源普查工作总结报告提纲》《第二次全国污染源普查数据分析报告提纲》印发给你们，请在认真总结普查全过程工作和汇总分析普查数据的基础上，根据实际情况编写。其中，各级普查机构均需编写《第二次全国污染源普查工作总结报告》；省、市级普查机构需编写《第二次全国污染源普查数据分析报告》，鼓励县级普查机构编写《第二次全国污染源普查数据分析报告》。

请各省（区、市）及新疆生产建设兵团将《第二次全国污染源普查工作总结报告》（2019年10月20日前）、《第二次全国污染源普查数据分析报告》（2019年10月31日前）报送至生态环境部第二次全国污染源普查工作办公室，一式三份（含电子版一份，发送至联系人邮箱）。

国务院第二次全国污染源普查
领导小组办公室
2019年8月23日

第二次全国污染源普查工作总结报告提纲

一、普查工作总体情况

二、主要工作及成效

2.1 普查组织

2.2 普查实施

2.2.1 前期准备

2.2.1.1 机构成立情况

2.2.1.2 经费落实情况

2.2.1.3 普查方案制定情况

2.2.1.4 技术规范和普查制度制定情况

2.2.1.5 信息系统构建情况

2.2.1.6 “两员”选聘与管理

2.2.1.7 第三方机构使用与管理

2.2.2 清查建库

2.2.2.1 单位名录库筛选

2.2.2.2 清查

2.2.2.3 清查数据审核

2.2.2.4 清查质量核查与评估

2.2.3 普查试点

2.2.3.1 普查试点布置

2.2.3.2 试点开展

2.2.3.3 试点总结

2.2.4 全面普查阶段

2.2.4.1 入户调查与数据核算

2.2.4.2 数据审核

2.2.4.3 名录核实比对

2.2.4.4 质量核查与评估

2.2.4.5 核定数据库

2.2.5 总结发布阶段

2.2.5.1 数据汇总分析

2.2.5.2 公报编制与发布

2.2.5.3 总结报告与数据分析报告编制

2.2.5.4 档案管理

2.2.5.5 一张图平台开发

2.2.5.6 成果深度开发

2.3 普查培训

2.4 宣传动员

2.5 普查质量管理

三、普查主要成果

3.1 普查任务完成情况

3.2 各类污染源基本情况

3.3 汇总数据主要结果

3.4 支撑管理决策情况

四、普查工作特点

4.1 组织实施

4.2 宣传动员

4.3 调度督办

4.4 信息化手段应用

4.5 其他

五、支撑决策

注：编写报告时，在保证整体框架结构不变的前提下，可根据实际情况对三级、四级标题进行增加或删减。

第二次全国污染源普查数据分析报告提纲

一、概述

1.1 普查对象和内容

1.1.1 普查时点

1.1.2 普查对象与范围

1.1.2.1 工业污染源

1.1.2.2 农业污染源

1.1.2.3 生活污染源

1.1.2.4 集中式污染治理设施

1.1.2.5 移动源

1.1.3 普查内容

1.1.3.1 工业污染源

1.1.3.2 农业污染源

1.1.3.3 生活污染源

1.1.3.4 集中式污染治理设施

1.1.3.5 移动源

1.1.4 普查的组织实施

1.1.4.1 基本原则

1.1.4.2 普查组织

1.1.4.3 普查实施

1.1.4.4 普查培训

1.1.4.5 宣传动员

1.2 普查的技术路线和方法

1.2.1 普查的技术路线

1.2.2 普查的技术准备

1.2.3 清查及普查对象的确定

1.2.3.1 清查单位及清查对象数量

1.2.3.2 普查单位及普查对象数量

1.2.4 污染物产生、排放量的核算方法

1.3 普查数据质量管理

1.3.1 清查过程的质量管理

1.3.2 入户调查阶段的质量管理

1.3.3 数据汇总审核

1.3.4 质量核查

1.3.4.1 前期准备

1.3.4.2 清查

1.3.4.3 入户调查

1.3.5 普查数据质量评估

1.3.6 对普查范围完整性、普查数据质量的可靠性整体评价

二、第二次全国污染源普查总体结果分析

2.1 全国污染源普查对象概况

2.1.1 全国污染源普查对象数量

2.1.2 各地区污染源普查对象数量

2.2 全国主要污染物排放情况

2.2.1 全国主要污染物排放总量

2.2.2 全国主要污染物排放数据宏观结构分析

2.2.3 全国主要污染物排放数据空间分布分析

2.3 各类源主要污染物产排情况

2.3.1 工业污染源主要污染物产排情况

2.3.2 农业污染源主要污染物产排情况

2.3.3 生活污染源主要污染物产排情况

2.3.4 集中式污染治理设施主要污染物产排情况

2.3.5 移动源主要污染物产排情况

2.4 重点区域、流域主要污染物产排情况

2.4.1 重点区域主要大气污染物产排情况

2.4.2 重点流域主要水污染物产排情况

2.5 重点行业主要污染物产排情况

三、工业污染源普查结果分析

3.1 工业污染源普查对象概况

3.2 工业废水普查结果及分析

3.2.1 工业废水及其主要污染物产排情况

3.2.2 主要污染物排放量占比 80%以上的行业及排放量

3.2.3 重点流域工业废水主要污染物排放量

3.3 工业废气普查结果及分析

3.3.1 工业废气及其主要污染物产排情况

3.3.2 主要污染物排放量占比 80%以上的行业及排放量

3.3.3 重点区域工业废气主要污染物排放量

3.4 固体废物普查结果及分析

3.4.1 一般工业固体废物情况

3.4.2 危险废物情况

3.5 伴生放射性矿普查结果及分析

3.6 工业园区环境管理普查结果及分析

3.7 工业污染源小结

四、农业污染源普查结果分析

4.1 农业污染源普查对象概况

4.2 种植业普查结果及分析

4.2.1 种植业主要水污染物产排情况

4.2.2 种植业氨气产排情况

4.2.3 种植业农药施用 VOCs 产排情况

4.2.4 秸秆产生与利用量普查结果及分析

4.2.5 地膜使用与回收、化肥和农药施用普查结果及分析

4.3 畜禽养殖业普查结果及分析

4.3.1 畜禽养殖业主要水污染物产排情况

4.3.2 畜禽养殖业氨气产排情况

4.4 水产养殖业普查结果及分析

4.4.1 水产养殖业主要污染物产排情况

4.4.2 主要水产养殖品种污染物产生与排放量特征

4.5 农业污染源小结

五、生活污染源普查结果分析

5.1 生活污染源普查对象概况

5.2 生活源主要水污染物产排情况

5.2.1 城镇生活源主要水污染物产排情况

5.2.2 农村生活源主要水污染物产排情况

5.2.3 入河（海）排污口情况

5.3 生活源主要大气污染物排放情况

5.3.1 城乡居民能源消费主要大气污染物排放情况
5.3.2 非工业企业单位锅炉主要污染物排放情况
5.3.3 其他生活源挥发性有机物排放情况
5.4 生活污染源小结

六、集中式污染治理设施普查结果分析

6.1 集中式污染治理设施普查对象概况
6.2 集中式污水处理厂
6.2.1 数量与分布总体情况
6.2.2 主要污染物削减量
6.3 生活垃圾集中处置场（厂）
6.3.1 数量与分布总体情况
6.3.2 主要污染物排放量
6.4 危险废物集中处置厂
6.4.1 数量与分布总体情况
6.4.2 危险废物处理处置情况
6.4.3 主要污染物排放量
6.5 集中式污染处理设施小结

七、移动源普查结果分析

7.1 移动源普查对象概况
7.2 机动车数量及污染物排放情况
7.2.1 机动车保有量总体情况
7.2.2 机动车污染物排放情况
7.3 非道路移动源数量及污染物排放情况
7.3.1 工程机械保有量及污染物排放情况
7.3.2 农业机械总功率及污染物排放情况
7.3.3 营运船舶活动水平及污染物排放情况
7.3.4 铁路内燃机车活动水平及污染物排放情况
7.3.5 民航飞机活动水平及污染物排放情况
7.4 油品储运销环节污染源数量及污染物排放情况
7.4.1 加油站数量及污染物排放情况
7.4.2 储油库数量及污染物排放情况
7.4.3 油罐车数量及污染物排放情况

7.5　移动源小结

八、普查反映的生态环境保护问题与对策建议

8.1　普查反映的生态环境问题分析

8.2　对策建议

8.2.1　产业结构改善对策

8.2.2　产业布局调整对策

8.2.3　废水污染治理对策

8.2.4　废气污染治理对策

8.2.5　固体废险/危险废物污染治理对策

注：编写报告时，在保证整体框架结构不变的前提下，可根据实际情况对三级、四级标题进行增加或删减。

关于印发《第二次全国污染源普查经费支持项目验收管理办法》的通知

各技术支持单位：

为推动第二次全国污染源普查工作取得实效，规范项目管理，现将《第二次全国污染源普查经费支持项目验收管理办法》（见附件）印发给你们，请结合实际开展工作。

附件：第二次全国污染源普查经费支持项目验收管理办法

生态环境部

第二次全国污染源普查工作办公室

2019 年 9 月 9 日

附件

第二次全国污染源普查经费支持项目验收管理办法

第一章　总　则

第一条　为进一步加强第二次全国污染源普查中央财政经费（以下简称普查经费）预算管理，根据《生态环境部贯彻落实〈中共中央　国务院关于全面实施预算绩效管理的意见〉实施方案》（环党组〔2019〕37号）、《关于印发〈环境保护部部门预算项目成果管理暂行规定〉和〈环境保护部部门预算项目验收管理细则（试行）〉的通知》（环办〔2013〕25号）以及有关规章制度，制定本办法。

第二条　本办法适用于生态环境部直属单位承担的普查经费支持项目的验收管理。

第三条　验收工作遵循实事求是、客观公正、注重质量、讲求实效的原则，充分体现公平、公正、公开，确保验收工作的严肃性和科学性。

第二章　验收组织管理

第四条　项目验收职责分工如下：

（一）生态环境部第二次全国污染源普查工作办公室（以下简称普查办）是项目验收的牵头单位。主要职责是结合实际情况制定项目验收计划，组织开展项目验收工作，按照相关要求做好成果管理。

（二）项目承担单位是指承担普查经费支持项目的直属单位。主要职责是按照普查办制定的项目验收计划受托组织完成或配合完成所承担项目的验收工作，督促由本单位对外委托业务的承担单位做好验收准备，对验收材料的真实性负责。

（三）委托业务承担单位是指承担直属单位委托业务的系统外单位。主要职责是按照业务委托方的要求，做好项目验收各项准备工作，配合完成验收。

第五条　针对项目的不同情况，采取不同的组织管理模式进行验收。

非打捆项目以项目为单位开展验收。打捆项目中各明细项目相对独立，且项目性质或时间进度要求不一致的，要按明细项目分别组织验收。

项目经费支持内容为单一的办公场所租赁、普查宣传、仪器设备运营维护等不涉及具体研究成果的，由普查办委托项目承担单位组织验收，验收材料报普查办备案。除前述项目外，其余项目原则上均由普查办组织开展验收工作。

对外委托业务相对独立的，可单独开展验收。对外委托业务与项目承担单位的业务联系密切的，各项目承担单位应先督促委托业务承担单位完成验收准备工作，有关验收材料并入项目承担单位一并参加验收。

第三章　验收程序

第六条　制定项目验收计划。普查办根据项目任务书或委托业务协议书规定的项目完成时限要求，结合项目实施情况，制定验收总体计划，明确各项目验收时间、组织单位、相关要求等。

拟纳入验收计划的项目原则上按任务书或委托协议书中规定的完成时限执行完毕的项目。

第七条 由普查办组织开展验收的项目，各项目承担单位和委托业务承担单位要在项目验收计划规定的时间内，完成验收准备工作，向普查办提出验收申请。

由普查办委托项目承担单位组织验收的项目，各项目承担单位要在项目验收计划规定的时间内，完成验收工作，验收材料报普查办备案。

项目因故不能按期完成的，应及时向普查办报告，另行协调确定验收时间。

第八条 项目验收的基本程序：

（一）由普查办组织验收的项目，项目承担单位以及委托业务承担单位向普查办提出项目验收申请，提交项目验收材料，具体包括：验收申请表、验收总结报告、项目经费决算表、项目固定资产验收清单（以上资料具体格式参见附件1～附件4），财务审计报告、项目成果资料等（指按照项目任务书/合同/委托业务协议书规定的应提交的项目成果资料，具体格式不限）等，一式两份。

普查办收到验收申请后，在 30 个工作日内对验收材料进行形式审查。形式审查是对提交申请的验收材料的真实性和完整性、考核指标完成与目标实现程度以及财务数据的完整性等进行初步评判。对于通过形式审查的验收申请，布置具体验收工作。

由项目承担单位组织验收的项目，验收前需准备除验收申请表以外的其他资料（相关要求同上）。

（二）普查办和项目承担单位按照验收计划明确地组织分工，按计划召开项目验收会议，必要时进行现场核查，形成验收意见和结论。

（三）通过验收的项目，项目承担单位和委托业务承担单位根据验收专家组意见修改完善并提交验收材料，报普查办。

（四）普查办审核上述验收材料，符合相关要求后，书面下达验收结论。

（五）项目通过验收后，项目承担单位和委托业务承担单位需在一个月内及时办理财务结账手续。项目经费如有结余，应按照财政拨款结余资金管理有关规定处理。

（六）普查办应组织项目承担单位和委托业务承担单位按照相关要求做好成果管理。

第四章 验收具体要求

第九条 项目验收以财政批复的预算文件、项目任务书、委托业务协议书等为主要依据，对项目任务完成情况、经费管理和使用情况进行评价。

第十条 财务审计是项目验收的重要前提和依据。普查办委托直属单位公开招标具有资质的会计师事务所进行财务审计，出具审计报告。

第十一条 项目验收为综合验收。验收专家组应由技术专家和财务专家共同组成，原则上不少于 5 人，确定 1 名组长。被验收项目承担单位及委托业务承担单位的人员不能作为专家参加验收工作。

第十二条 验收专家组从任务完成情况、指标实现情况、环境管理支撑及成果应用情况、项目组织管理情况、预算管理的规范性、专项经费拨付及使用情况、配套经费落实及使用情况、预算科目执行情况、结余经费金额及形成原因、固定资产管理等方面进行评判。专家组讨论形成项目验收意见和结论，填写综合验收评议表（见附件 5）并签名。

第十三条　验收结论分为“通过验收”和“不通过验收”两种。

（一）通过验收：基本完成所有研究任务和内容，各项指标能够满足任务书的考核要求，经费使用合理合规，综合验收评议表总分不低于 85 分。

（二）当存在下列行为之一的，不得通过验收：

1．项目成果和执行结果与目标有重大偏离的项目；

2．所提供的验收文件、资料、数据不真实，存在弄虚作假；

3．未经申请或批准，项目承担单位、项目负责人、项目目标、研究内容、技术路线等发生重大变更；

4．研究过程及结果等存在知识产权等纠纷问题尚未解决等情况；

5．未对专项经费进行单独核算；

6．截留、挤占、挪用专项经费；

7．违反规定转拨、转移专项经费；

8．原始票据不合规范、提供虚假财务会计资料；

9．综合评议表总分低于 85 分；

10.其他专家组认为不能通过验收的情形。

第十四条　未通过验收的项目，项目承担单位或委托业务承担单位在接到项目验收结论后的半年内完成整改，再次向普查办提出验收申请，普查办按照验收程序进行二次验收。

第十五条　项目承担单位有义务将项目实施过程中形成的成果资料进行整理汇总后提交普查办，督促委托业务承担单位按时完成并提交委托业务成果。委托业务形成的成果作为项目成果内容，统一纳入成果管理范围。项目成果由普查办统一对外发布。涉密成果按照保密分级有关规定执行。

第十六条　项目验收所需费用从项目经费中列支。

第五章　验收相关责任

第十七条　在项目验收过程中，专家组成员出现索贿受贿、滥用职权、玩忽职守、徇私舞弊等违法违纪行为的，一经查实，将终止或取消其参与普查经费项目验收工作的资格；同时按照信用管理相关规定进行记录和评价，并按照有关规定追究相应责任。涉嫌犯罪的，移送司法机关处理。

第十八条　相关机构及其工作人员、相关管理人员在验收过程中，出现不按照有关要求审核资料、偏袒特定承担单位、协助承担单位或对外委托合作单位弄虚作假、重大稽核失误、违规参与评审、干扰验收过程和结果、索贿受贿等违法违纪行为的，一经查实，将终止或取消其参与普查经费项目验收的资格，并按照有关规定追究相应责任。涉嫌犯罪的，移送司法机关处理。

第十九条　参加项目验收的有关人员未经允许擅自披露、使用或者向他人提供被验收项目成果的，一经查实，将终止或取消其参与普查经费项目验收工作的资格；给国家、有关单位和个人造成损失的，将依照有关规定和法律追究责任。涉及国家秘密的，按有关法律法规处理。

第六章 附 则

第二十条 本办法由生态环境部第二次全国污染源普查工作办公室负责解释。

第二十一条 本办法自发布之日起施行。

附件 1 普查经费项目验收申请表

附件 2 普查经费项目验收报告

附件 3 普查经费项目决算表

附件 4 普查经费项目固定资产验收清单

附件 5 普查经费项目综合验收评议表

附件 1

普查经费项目验收申请表

项目名称			
涵盖的子项目数量及名称（单一项目无须填写）			
承担单位			
项目起止时间	年 月至 年 月		
申请验收时间	年 月		
申请验收方式	实地考察、会议审查、查阅资料		
项目负责人		联系电话	
E-mail		传 真	
提供验收的成果形式			
提交的验收文件清单			
项目单位意见	法定代表人（签字）: ______ 单位（盖章） 年 月 日		
普查办形式审查意见	（公章） 年 月 日		

附件 2

普查经费项目验收报告

项目名称：________________________

所属专项：________________________

本项目任务共分____阶段完成，本报告为第___阶段验收报告。

项目总体目标：

本阶段应完成的工作、应达到的主要指标和水平、应提供的主要成果等完成情况：

经审查，本阶段项目任务已经达到合同约定内容及要求。

项目管理部门经办人：　　　　　　　　　项目管理部门负责人：

（公章）

年　月　日

附件 3

普查经费项目决算表

科目	批复预算数（万元）	实际发生数（万元）	执行率（%）
合计			
1. 办公费			
2. 办公设备购置			
3. 租赁费			
4. 邮电费			
5. 印刷费			
6. 维修（护）费			
7. 咨询费			
8. 劳务费			
9. 差旅费			
10. 其他交通费用			
11. 会议费			
二、经费结余			

财务部门负责人（签章）　　　　　　　　项目负责人（签章）

年　月　日　　　　　　　　　　　　　　年　月　日

附件 4

普查经费项目固定资产验收清单

名称及型号	购置时间	计划数		实际发生数		备注
		台（套）	金额（万元）	台（套）	金额（万元）	

财务部门负责人（签章）　　　　　　　　项目负责人（签章）

年　月　日　　　　　　　　　　　　　　年　月　日

附件 5

普查经费项目综合验收评议表

项目名称			
项目承担单位		项目负责人	
项目起止时间	年 月至 年 月		

一、评分表

评议内容	评议等级	打分
1. 项目任务完成情况（10 分）	A．全部或超额完成规定的任务（9～10 分）	
	B．基本完成合同规定的任务（6～8 分）	
	C．主要任务没完成（5 分及以下）	
2. 绩效目标（10 分）	A．全部或超额完成规定的绩效目标（9～10 分）	
	B．基本完成绩效目标（6～8 分）	
	C．主要绩效目标没有完成（5 分及以下）	
3. 环境管理支撑及成果应用情况（10 分）	A．支撑作用很好，成果已被相关部门所采纳、应用（9～10 分）	
	B．支撑作用较好，成果有被相关部所采纳、应用的前景（6～8 分）	
	C．支撑作用一般，成果应用前景不明确（5 分及以下）	
4. 论文、著作、奖励知识产权情况（10 分）	A．发表本领域顶级论文和著作，获国家级奖励、国际专利、国家发明专利或软件著作权（9～10 分）	
	B．发表本领域重要论文和著作，获省部级奖励、实用新型专利，或申请发明专利和软件著作权等（6～8 分）	
	C．一般核心论文，无奖励、专利或著作权（5 分及以下）	
5. 项目执行进度（10 分）	A．项目成果按时或提前完成计划（9～10 分）	
	B．项目成果基本按时完成计划（6～8 分）	
	C．计划延期（5 分及以下）	
6. 预算执行进度（10 分）	A．各预算科目支出按批准的预算按时或提前执行（9～10 分）	
	B．各预算科目支出基本按批准的预算执行（6～8 分）	
	C．各预算科目支出执行延期（5 分及以下）	
7. 经费拨付及使用情况（10 分）	A．各项支出 100%符合预算经费管理规定，没有截留、挤占、挪用专项经费的情况，及时、足额按预算支出经费（9～10 分）	
	B．95%以上的支出符合预算经费管理规定（6～8 分）	
	C．85%以上的支出符合预算经费管理规定（5 分及以下）	
8. 结余经费情况（10 分）	A．无结余经费（10 分）	
	B．结余经费占拨付经费的比例 20%（含）以下（7～9 分）	
	C．结余经费占拨付经费的比例 20%以上（6 分及以下）	
9. 固定资产管理（10 分）	A．项目固定资产管理、使用符合经费管理办法的规定（10 分）	
	B．项目固定资产管理、使用基本符合经费管理办法的规定（7～9 分）	
	C．项目固定资产管理、使用一般符合经费管理办法的规定（6 分及以下）	
10. 组织管理（10 分）	A．组织管理严谨，资料齐全，内容完整（9～10 分）	
	B．组织管理较好，资料基本齐全，内容较完整（7～8 分）	
	C．组织管理一般，资料不全，内容不完整（6 分及以下）	
总 分		

二、专家主要意见及建议

三、建议验收结论

☐通过验收　　　☐不通过验收

专家组长签名：

专家签名：

年 月 日

关于印发《第二次全国污染源普查公报审核技术规定》的通知

国污普〔2020〕2号

各省、自治区、直辖市、新疆生产建设兵团第二次全国污染源普查领导小组办公室：

为做好省级第二次全国污染源普查公报核准工作，现将《第二次全国污染源普查公报审核技术规定》印发给你们，请在通过验收后，按照要求完成公报自审工作，拟发布的普查公报，应于2020年5月31日前报送至国务院第二次全国污染源普查领导小组办公室，经核准后方可对外发布。

国务院第二次全国污染源普查
领导小组办公室
2020年4月19日

第二次全国污染源普查公报审核技术规定

一、总体情况审核

（一）结构完整性审核。公报需涵盖第二次全国污染源普查的最关键成果，包括行政区内各类普查对象的数量和结构分布，主要污染物排放情况；工业污染源、农业污染源、生活污染源、集中式污染治理设施和移动源的普查对象数量和主要污染物排放情况，其中，工业污染源包括水和大气污染物及其主要行业排放情况、工业固体废物和伴生放射性矿普查情况。各类源的污染物排放指标齐全。需包含必要的注释。

（二）内容准确性审核。行政区内各类污染源和污染排放的数据必须真实准确、全面可靠，需与国家公报和数据库保持一致；各指标数据的单位正确；包含国家公报发布范围以外的内容与数据，合理准确，不能影响我国的履约工作；专业术语和文字表述正确，逻辑顺畅。

（三）格式规范性审核。按照《党政机关公文处理工作条例》《党政机关公文格式》要求，编写公报；公报格式规范、简洁，小数点保留位数不宜过多，一般不超过两位；统计单位选取要准确反映地区情况，避免数字过小或过大。

二、具体内容审核

行政区内普查对象数量以及污染物排放量，均需与国家和数据库一致，指标之间的逻辑关系正确，单位准确。（注：表格内单位供参考，不同地区可以根据实际情况选择单位，但是需保证改变单位后的数据准确；符号“#”表示“隶属于”的关系，如“#入户调查对象数量-工业源”表示工业源入户调查对象数量属于普查对象数量的一部分；下同。）

（一）总体情况

总体情况具体逻辑关系和单位见表 1。

表 1　总体情况审核指标

指　　标			单位
普查对象数量	普查对象数量		万个
	普查对象数量=工业源+畜禽规模养殖场+生活源+集中式污染治理设施+行政区为单位的普查对象数量		万个
	#入户调查对象数量-工业源		万个
	#入户调查对象数量-畜禽规模养殖场		万个
	#入户调查对象数量-生活源		万个
	#入户调查对象数量-集中式污染治理设施		个
	#以行政区为单位的普查对象数量		个
污染物排放量	水污染物	化学需氧量=工业源+农业源+生活源+集中式	万吨
		氨氮=工业源+农业源+生活源+集中式	万吨

指　　标			单位
污染物排放量	水污染物	总氮=工业源+农业源+生活源+集中式	万吨
		总磷=工业源+农业源+生活源+集中式	万吨
		动植物油=生活源	万吨
		石油类=工业源	吨
		挥发酚=工业源	吨
		氰化物=工业源	吨
		重金属（铅、汞、镉、铬和类金属砷）=工业源+集中式	吨
污染物排放量	大气污染物	二氧化硫=工业源+生活源+集中式+移动源	万吨
		氮氧化物=工业源+生活源+集中式+移动源	万吨
		颗粒物=工业源+生活源+集中式+移动源	万吨
		挥发性有机物=工业源+生活源+移动源	万吨

如果涉及流域和重点区域，需审核所覆盖的范围是否正确，流域水污染物和重点区域的大气污染物排放量需与数据库一致，需反映区域污染特征。具体见表 2。

表 2　流域、重点区域审核指标

指　　标			单位
污染物排放量	流域水污染物	化学需氧量	万吨
		氨氮	万吨
		总氮	万吨
		总磷	万吨
		动植物油	万吨
		石油类	吨
		挥发酚	吨
		氰化物	吨
		重金属（铅、汞、镉、铬和类金属砷）	吨
	重点区域大气污染物	二氧化硫	万吨
		氮氧化物	万吨
		颗粒物	万吨
		挥发性有机物	万吨

（二）工业污染源

工业污染源从基本情况、水污染物、大气污染物、工业固体废物、伴生放射性矿五方面进行审核。数量需与数据库一致，逻辑关系正确，单位准确。具体逻辑关系和单位见表 3。

表 3　工业污染源审核指标

指　　标		单位
基本情况	工业企业或产权活动单位数量	万个
	居前×位的地区工业源普查对象数量	万个
	工业源普查对象数量居前×位的地区合计占工业源普查对象总数的比例=前×位的地区工业源普查对象合计/工业源普查对象总量	%
	居前×位的行业普查对象数量	万个
	居前×位的行业占工业源普查对象总数的比例=前×位的工业行业普查对象数量合计/工业源普查对象总量	%

指　　标			单位
水污染物	工业企业的废水处理设施		万套
	工业企业的废水处理设施设计处理能力		万立方米/日
	废水年处理量		亿立方米
	工业水污染物排放量	化学需氧量	万吨
		氨氮	万吨
		总氮	万吨
		总磷	万吨
		石油类	吨
		挥发酚	吨
		氰化物	吨
		重金属	吨
	居前×位的行业的化学需氧量/氨氮/总氮/总磷/石油类/挥发酚/氰化物/重金属排放量		万吨
	居前×位的行业合计占工业排放量的比例=前×位的工业行业排放量合计/工业源排放总量		%
大气污染物	工业企业脱硫设施		套
	工业企业脱硝设施		套
	工业企业除尘设施		套
	工业大气污染物排放量	二氧化硫	万吨
		氮氧化物	万吨
		颗粒物	万吨
		挥发性有机物	万吨
	居前×位的行业的二氧化硫/氮氧化物/颗粒物/挥发性有机物排放量		万吨
	居前×位的行业合计占工业排放量的比例=前×位的工业行业排放量合计/工业源排放总量		%
工业固体废物	一般工业固体废物	一般工业固体废物产生量=（综合利用量−综合利用往年贮存量）+（处置量−处置往年贮存量）+本年贮存量+倾倒丢弃量	万吨
		综合利用量	万吨
		处置量	万吨
		本年贮存量	万吨
		倾倒丢弃量	万吨
	危险废物	危险废物产生量	万吨
		综合利用和处置量	万吨
		年末累计贮存量	万吨
伴生放射性矿	普查对象数量		家
	伴生放射性固体废物累积贮存量		吨
	放射性活度浓度超过 10 贝可/克的固体废物		吨

（三）农业污染源

农业污染源从基本情况、种植业、畜禽养殖业、水产养殖业四方面进行审核。数量需与数据库一致，逻辑关系正确，单位准确。具体逻辑关系和单位见表 4。

表 4　农业源审核指标

指　　标			单位
基本情况	涉及农业种植业的区县		个
	涉及水产养殖的区县		个
	涉及畜禽养殖的区县		个
	涉及入户调查畜禽规模养殖场		万个
	水污染物	化学需氧量=畜禽养殖业+水产养殖业	万吨
		氨氮=种植业+畜禽养殖业+水产养殖业	万吨
		总氮=种植业+畜禽养殖业+水产养殖业	万吨
		总磷=种植业+畜禽养殖业+水产养殖业	万吨
种植业	水污染物排放量	氨氮	万吨
		总氮	万吨
		总磷	万吨
	秸秆产生量		万吨
	秸秆可收集资源量		万吨
	秸秆利用量		万吨
	地膜使用量		万吨
	地膜累计残留量		万吨
畜禽养殖业	畜禽养殖业水污染物排放量	化学需氧量	万吨
		氨氮	万吨
		总氮	万吨
		总磷	万吨
	#畜禽规模养殖场水污染物排放量	#化学需氧量	万吨
		#氨氮	万吨
		#总氮	万吨
		#总磷	万吨
水产养殖业	水产养殖业水污染物排放量	化学需氧量	万吨
		氨氮	万吨
		总氮	万吨
		总磷	万吨

（四）生活污染源

生活污染源从基本情况、水污染物、大气污染物三方面进行审核。数量需与数据库一致，逻辑关系正确，单位准确。具体逻辑关系和单位见表 5。

表 5　生活源涉及审核指标

指　　标		单位
基本情况	普查对象=行政村+非工业企业单位锅炉+储油库+加油站	万个
	#行政村	万个
	#非工业企业单位锅炉	个
	#储油库	个
	#加油站	个

指标			单位
水污染物	生活源水污染物排放量	化学需氧量=城镇+农村	万吨
		氨氮=城镇+农村	万吨
		总氮=城镇+农村	万吨
		总磷=城镇+农村	万吨
		动植物油=城镇+农村	万吨
	#城镇生活源水污染物排放量	#化学需氧量	万吨
		#氨氮	万吨
		#总氮	万吨
		#总磷	万吨
		#动植物油	万吨
	#农村生活源水污染物排放量	#化学需氧量	万吨
		#氨氮	万吨
		#总氮	万吨
		#总磷	万吨
		#动植物油	万吨
大气污染物	生活源大气污染物排放量	二氧化硫	万吨
		氮氧化物	万吨
		颗粒物	万吨
		挥发性有机物	万吨

（五）集中式污染治理设施

集中式污染治理设施从基本情况，生活垃圾、集中式污水和危险废物集中利用处置（处理）情况方面进行审核。数量需与数据库一致，逻辑关系正确，单位准确。具体逻辑关系和单位见表 6。

表 6　集中式污染治理设施审核指标

指标			单位
基本情况	集中式污染治理设施数量=集中式污水处理单位+生活垃圾集中处理处置单位+危险废物集中利用处置（处理）单位		个
	#集中式污水处理单位		个
	#生活垃圾集中处理处置单位		个
	#危险废物集中利用处置（处理）单位		个
	垃圾处理和危险废物（医疗废物）处置废水（渗滤液）污染物排放量	化学需氧量	吨
		氨氮	吨
		总氮	吨
		总磷	吨
		重金属	吨
	垃圾焚烧和危险废物（医疗废物）焚烧废气污染物排放量	二氧化硫	吨
		氮氧化物	吨
		颗粒物	吨
集中式污水处理情况	集中式污水处理单位=城镇污水处理厂+工业污水集中处理厂+农村集中式污水处理设施+其他污水处理设施		个
	#城镇污水处理厂		个
	#工业污水集中处理厂		个
	#农村集中式污水处理设施		个
	#其他污水处理设施		个

指　　标			单位
集中式污水处理情况	污水年实际处理量=城镇污水处理厂年实际处理量+工业污水集中处理厂年实际处理量+农村集中式污水处理设施年实际处理量+其他污水处理设施年实际处理量		亿立方米
	#城镇污水处理厂年实际处理量		亿立方米
	#工业污水集中处理厂年实际处理量		亿立方米
	#农村集中式污水处理设施年实际处理量		亿立方米
	#其他污水处理设施年实际处理量		亿立方米
	水污染物削减量	化学需氧量	万吨
		氨氮	万吨
		总氮	万吨
		总磷	万吨
		动植物油	万吨
	干污泥产生量≥干污泥处置量		万吨
	干污泥处置量		万吨
生活垃圾集中处理处置情况	生活垃圾集中处理处置单位数量		个
	垃圾处理量=垃圾填埋量+垃圾焚烧量+其他方式处理量		万吨
	#垃圾填埋量		万吨
	#垃圾焚烧量		万吨
	#其他方式处理量		万吨
危险废物集中利用处置（处理）情况	危险废物集中利用处置（处理）单位数量=危险废物处置厂+医疗废物处理（处置）厂		个
危险废物集中利用处置（处理）情况	#危险废物处置厂		个
	#医疗废物处理（处置）厂		个
	设计处置利用能力		万吨/年
	实际处置利用危险废物=处置工业危险废物+处置医疗危险废物+处置其他危险废物+综合利用危险废物		万吨
	#处置工业危险废物		万吨
	#处置医疗危险废物		万吨
	#处置其他危险废物		万吨
	#综合利用危险废物		万吨

（六）移动源

移动源从基本情况、机动车污染源、非道路移动污染源方面进行审核。数量需与数据库一致，逻辑关系正确，单位准确。具体逻辑关系和单位见表 7。

表 7　移动源涉及审核指标

指　　标			单位
基本情况	机动车保有量		万辆
	工程机械保有量		万台
	农业机械柴油总动力		万千瓦
	核算水域内营运船舶数量		万艘
	铁路内燃机车燃油消耗量		万吨
	民航飞机起降架次		万次
	移动源大气污染物排放量	二氧化硫=非道路移动源	万吨
		氮氧化物=机动车+非道路移动源	万吨
		颗粒物=机动车+非道路移动源	万吨
		挥发性有机物=机动车+非道路移动源	万吨

指　　标			单位
机动车污染源	机动车大气污染物排放量	氮氧化物	万吨
		颗粒物	万吨
		挥发性有机物	万吨
非道路移动污染源	非道路移动源大气污染物排放量	二氧化硫=营运船舶	万吨
		氮氧化物=工程机械+农业机械+营运船舶+铁路内燃机车+民航飞机	万吨
		颗粒物=工程机械+农业机械+营运船舶+铁路内燃机车+民航飞机	万吨
		挥发性有机物=工程机械+农业机械+铁路内燃机车+民航飞机	万吨
	#工程机械	#氮氧化物	万吨
		#颗粒物	万吨
		#挥发性有机物	万吨
	#农业机械	#氮氧化物	万吨
		#颗粒物	万吨
		#挥发性有机物	万吨
	#营运船舶	#二氧化硫	万吨
		#氮氧化物	万吨
		#颗粒物	万吨
	#铁路内燃机车	#氮氧化物	万吨
		#颗粒物	万吨
		#挥发性有机物	万吨
	#民航机车	#氮氧化物	万吨
		#颗粒物	万吨
		#挥发性有机物	万吨

（七）注释

必要的术语定义、普查口径及相关范围的解释说明。如涉及重点区域、流域，需注明范围。

第四部分

工作安排与要求

关于报送产排污核算工作开展情况的函

环办普查函〔2017〕855号

各省、自治区、直辖市环境保护厅（局），新疆生产建设兵团环境保护局：

为贯彻落实《全国污染源普查条例》和《国务院关于开展第二次全国污染源普查的通知》（国发〔2016〕59号）有关要求，做好第二次全国污染源普查工作，充分利用已有研究成果和发挥地方积极性，进一步夯实此次普查产排污核算工作基础，请将你省（区、市）近年来各类产排污核算相关工作开展情况、相关研究成果及成果应用情况按附件要求进行汇总，并于2017年6月12日前报送我部。

附件：产排污核算相关工作开展情况汇总表

环境保护部办公厅

2017年6月5日

产排污核算相关工作开展情况汇总表

名称	成果概述				成果应用情况	完成单位	联系人	联系电话
	行业类别	污染物	成果形式	完成时间				

备注：1. 行业类别按《国民经济行业分类》（GB/T 4754—2011），填写至小类行业。

2. 已有成册的成果、研究报告，请将成果、研究报告电子版发送至联系人邮箱，或邮寄我部。

邮寄地址：北京市朝阳区安外大羊坊8号院第二次全国污染源普查工作办公室，邮编：100012。

关于加快推进第二次全国污染源普查工作的通知

国污普〔2017〕1号

各省、自治区、直辖市第二次全国污染源普查领导小组办公室，新疆生产建设兵团第二次全国污染源普查领导小组办公室：

《国务院关于开展第二次全国污染源普查的通知》（国发〔2016〕59号，以下简称《通知》）下发以来，各地对普查工作高度重视，认真贯彻落实《通知》精神，部分地方已成立第二次全国污染源普查领导小组（以下简称普查领导小组）及其工作办公室，落实工作任务，各项准备工作正在有序开展。但目前总体工作仍存在进展不平衡的问题，为加快落实国务院《通知》要求，做好第二次全国污染源普查各项工作，现将有关事项通知如下：

一、加快组建普查机构

截至2017年6月底，辽宁、福建、宁夏、安徽、青海、广东、浙江、甘肃、江西、河南、西藏、河北、海南、上海、新疆、四川和山西等地已正式成立普查领导小组，福建、吉林、宁夏、青海、甘肃、湖南、江西、陕西、辽宁、广西和山西等地已正式成立专设的第二次全国污染源普查工作办公室。为保证普查工作顺利开展，尚未组建普查机构的地区，应在2017年7月底前完成普查领导小组及其工作办公室的组建。同时，省级普查机构要加快推进市（县）级普查工作落实，并将普查机构组建等相关文件及时报送国务院第二次全国污染源普查领导小组办公室。

二、抓紧落实普查经费

按照普查经费分级保障的原则，各地要科学合理编制普查经费预算，列入相应年度财政预算，切实保障普查各阶段经费需求。各省（区、市）普查领导小组要对本行政区域内财政困难市（县）的普查工作给予必要支持。

三、健全完善督查制度

国务院第二次全国污染源普查领导小组办公室对普查工作实行月调度（调度表见附件）、季通报的督办制度，各级普查领导小组要适时组织对普查工作进行督导检查，对发现的问题要加强督办、及时整改；对工作积极、成效明显的单位和个人予以表扬激励；对落实不力、违法违规的单位和个人要严肃问责，切实保障普查各阶段的工作进度和质量。

四、全面落实各项工作

第二次全国污染源普查工作已经全面展开，各地区、各部门要按照国务院《通知》要求，各司其职、协作配合，切实保证普查各项工作顺利实施。各省（区、市）普查领导小组要加强对普查工作的组织领导，健全工作机制、制订工作计划、细化工作任务、明确职责分工，做好宣传动员和业务培训。各级普查机构要加强各部门之间的沟通衔接，定期召开工作协调会，及时发现和解决普查工作中遇到的困难和问题。

附件：第二次全国污染源普查工作进展月调度表

国务院第二次全国污染源普查
领导小组办公室
2017 年 7 月 7 日

附件

第二次全国污染源普查工作进展月调度表

省份：__________ 填报人：__________ 联系电话：__________ 日期：__________

序号	本月工作进展	下月工作计划
1		
2		
3		
4		
5		
6		

备注：本调度制度从 2017 年 8 月起执行，请于每月 3 日之前将填写好的调度表发送至邮箱 pcb@mep.gov.cn。

关于组织申报第二次全国污染源普查试点工作的通知

国污普〔2017〕6号

各省、自治区、直辖市第二次全国污染源普查领导小组办公室，新疆生产建设兵团第二次全国污染源普查领导小组办公室：

为贯彻落实《国务院关于开展第二次全国污染源普查的通知》（国发〔2016〕59号）精神，做好第二次全国污染源普查试点工作，按照《第二次全国污染源普查方案》（国办发〔2017〕82号）开展普查试点的要求，现就试点工作有关申报事项通知如下：

一、申报试点

各省（区、市）第二次全国污染源普查领导小组办公室参照《第二次全国污染源普查试点地区申报指南》，组织行政区域内地市、县区提出试点申请。择优推荐至多一个地市或两个县区作为试点地区进行申报。

二、申报条件

（一）申请试点地区人民政府已成立第二次全国污染源普查领导小组及其办公室和工作机构，具有经费保障并已启动普查相关工作。

（二）能够积极组织污染源普查试点工作，配合完善相关制度与规范。

（三）能够保证普查信息系统的软硬件及网络环境准备工作。

三、申报材料

各省（区、市）第二次全国污染源普查领导小组办公室按照通知要求，将申报材料于2017年11月30日前报送我部，同时将电子版发送至联系人邮箱。申报材料要求简明扼要、重点突出，6 000字以内为宜。具体内容包括：

（一）试点地区介绍；

（二）申请试点内容，以及相应污染源分布情况；

（三）试点工作开展的优势、典型性和代表性；

（四）试点工作基础；

（五）试点组织实施计划；

（六）其他。

四、选择确定

按照试点地区选择原则，对申报试点的地区进行评估。根据各地区典型性、代表性、工作基础及申报意愿综合考虑，确定试点地区和试点工作任务。

附件：第二次全国污染源普查试点地区申报指南

国务院第二次全国污染源普查
领导小组办公室
2017 年 11 月 13 日

附件

第二次全国污染源普查试点地区申报指南

为贯彻落实《国务院关于开展第二次全国污染源普查的通知》（国发〔2016〕59 号）精神，指导全国污染源普查试点地区申报工作，按照《第二次全国污染源普查方案》（国办发〔2017〕82 号）开展普查试点的要求，制订本指南。

一、试点目的

开展普查试点工作是科学、有效、有序做好污染源普查工作的重要基础。污染源普查试点工作旨在验证普查方案、技术路线、普查技术规定、污染物核算方法、报表制度以及与之相配套的信息系统（含软硬件环境）、普查数据质量保障制度等的可行性、完整性和有效性，为普查工作的全面实施提供基本保障。

二、试点地区选择

（一）试点地区选择原则

1. 重点区域，典型地区，欠发达区县

第二次全国污染源普查试点地区重点考虑当前环境矛盾突出、问题集中的重点区域，如京津冀地区、长江经济带等，保证污染源普查数据成果的关键应用；按照不同污染源类型，有针对性地选择具有一定代表性的典型地区，进一步完善各项技术规定；选择欠发达区县参与试点工作，验证普查人员保证、组织实施和数据处理平台运行的可行性。

2．工作基础，配套经费，自愿申报

试点工作时间紧张，任务量大，选择的试点地区原则上需有工作基础和配套经费。地方自愿申请试点，由环境保护部第二次全国污染源普查工作办公室（以下简称普查办）综合考虑，统筹选择。

3．统一组织，分散整合，有序推进

试点工作内容繁多，工作面广。试点工作采取先分散后整合的方式，各项试点内容先科学分散至各个试点地区，再对分散的试点经验进行整合反馈。试点工作由普查办统一组织实施。

（二）试点范围

充分考虑区域差异、污染源分布、各地工作基础，选取东部、西部各一个省（区、市）的一个地市开展全部内容试点，选取不同地域分布的五个省（区、市）的十个县区开展部分内容试点。

伴生放射性矿普查因工作独立，已单独选择四个省有代表性的市（区）开展试点，不再组织试点申报。

其他各省（区、市）可根据工作需要自行安排试点，试点范围、对象和时间等情况及时报送普查办。

（三）选择方式

普查办统一组织各地申报试点，并根据试点任务安排给予资金支持。各地自愿申报并提交试点申报方案。方案应包括试点地区介绍、申请试点内容、污染源分布情况、本地区试点工作基础与优势、试点组织实施方式、预算支持等内容。

普查办根据各地申报方案，按照试点地区选择原则，评估各申报地区情况，根据各地区典型性、代表性、工作基础及申报意愿，综合考虑确定最终试点地区和任务。

三、试点内容

（一）普查组织实施

普查人员选聘与培训；普查清查，普查小区的划分；入户登记访问，使用手持终端、电子表格或纸质介质等数据采集方式填报试点表；测算和评估基层普查的组织、培训、实施等工作，对普查经费、普查工作的强度与难度、普查所需时间进行评估与分析。

（二）普查技术方案

通过普查试点工作，验证普查清查技术规定、各类污染源普查技术规定和报表制度、质量控制技术规定、普查质量核查工作细则和技术规范的可行性。

（三）数据审核汇总

使用手持终端、电子报表的试点地区，利用统一的数据处理软件录入、审核和传输数据；使用纸质介质报表的试点地区，普查登记工作完成之后，普查工作人员对普查登记数据进行人工审核，在统一的数据处理平台上录入普查试点表格。

（四）数据处理平台应用

所有普查试点对象均使用第二次全国污染源普查数据处理平台（平台软件及硬件应具备较高的稳定性、兼容性和可行性），偏远地区、经济欠发达地区选择开展数据处理平台适用性试点。第二次全国污染源普查数据处理平台的试点使用包括数据填报、数据审核上报、数据汇总与分析等。

（五）重点研究的问题

1．污染源普查清查技术规定是否可行？普查小区划分工作细则是否可行？能否在数据处理平台的电子地图上划分污染源普查小区？

2．通过电子地图选择、地理定位、地址编码等，验证调查对象空间定位的有效性和可行性。

3．使用手持终端结合电子地图辅助普查数据采集并进行处理业务流程的科学性和可行性。

4．研究手持终端、电子表格和纸质表格的效率差异？研究如何提高录入效率，减少数据质量问题？

5．各类污染源普查技术规定和报表制度是否可行？验证调查对象调查内容、调查方式和数据填报的科学性和可行性。

6．验证入户登记工作程序的可行性，检验普查员培训工作的有效性，为高效开展全国普查员培训工作提供建议。

7．污染源普查质量控制技术规定是否可行？能否保证达到数据质量目标？

8．研究和检验国家集中部署数据处理平台的科学性和可行性，以及不同处理流程和管理模式。

9．检验并完善相关的软件功能设计，检验各业务及其数据处理流程的相互衔接及其信息化实现手段是否科学合理？

10. 如何向普查对象宣传污染源普查并使他们更好地配合普查？

11. 研究培训工作如何组织才能使普查员更好地掌握普查工作？研究新的普查业务及其数据处理流程对普查员的素质要求及分类培训方式。

12. 普查员的组织形式探索，及其所在地区补贴标准。

13. 验证污染源普查核查工作细则和技术规范的可行性。

四、试点工作安排

第二次全国污染源普查试点工作包括：全面完成污染源普查试点方案制定、区域选择、人员落实、业务培训、数据处理平台建设、试点地区准备、现场登记、数据审核、质量复查、数据处理、汇总评估、工作总结和成果上报等各项工作。

试点地区选定后，需要根据普查办试点工作要求，配合做好各项试点内容前期准备工作；试点工作全面开展初步安排在 2018 年 3 月，试点地区需要在试点全面开展前进行试点工作人员选聘与培训、数据处理平台部署等工作；计划试点工作于 2018 年 6 月底前完成。

（一）前期准备工作

普查办组织制定第二次全国污染源普查试点工作方案，组织制定试点工作技术规定及报表制度，确定试点工作时间安排，选取试点地区及试点范围。

（二）试点工作人员选聘与培训

试点地区落实试点工作人员，选聘普查员。根据试点地区普查对象的数量、工作的难易程度等情况，试点地区可从当地抽调政府机关人员、已经承担相关环保工作的网格员与环保员、村文书、大学生村官等基层组织人员，或从当地招聘符合普查要求、热心公益的教师、社工等担任普查试点工作人员。

对试点省（区、市）统一进行业务培训。培训内容重点包括普查方案及相关技术规定、普查报表制度和质量控制、数据处理平台应用、普查工作纪律等。

（三）普查数据处理平台部署

普查办对试点地区配备第二次全国污染源普查数据处理平台，包括污染源普查清查系统和数据采集系统。建立数据处理平台问题反馈沟通机制，成立普查数据处理平台联络站，及时解决各项技术问题，更新升级数据处理平台。

（四）普查清查与入户调查试点

普查清查。各试点地区按照国家初步划分的普查小区，分区清查。

登记准备。普查机构事先告知调查对象有关事项，指导和督促调查对象做好基础数据准备。

入户登记。普查员进行入户登记，核实普查对象基本信息，进行数据采集。

留档备查。基层普查试点机构根据本地实际情况，采取必要措施，对普查原始数据、资料留档备查。

问题反馈：各地普查试点过程中发现的问题要及时向普查办反馈。

（五）数据审核、检查验收与汇总

数据审核。普查试点机构在数据采集处理平台上审核普查数据，发现问题逐级退回至企业或普查员重新调查报送。

数据检查和验收。普查试点机构有重点地选择部分普查区，抽选一定比例的普查表进行核查。对所有普查试点数据质量进行检查并验收。

综合数据汇总。普查试点机构在试点平台上进行综合表汇总。

在数据采集、上报、审核、检查验收、汇总过程中，将相关问题及时反馈至普查办。

（六）试点工作评估与总结

试点省（区、市）将试点工作总结报送普查办。试点工作总结内容应包括试点结果的评估、组织实施的经验和存在的问题等。

五、组织实施

普查办统一组织第二次全国污染源普查试点工作。

试点的各地区、各部门按照试点工作要求，认真做好普查的宣传动员和组织实施工作，对于试点工作中遇到的困难和问题，要及时采取措施并反馈，确保试点各项工作顺利开展。

各级污染源普查机构和普查工作人员要严格按照《中华人民共和国统计法》《全国污染源普查条例》《第二次全国污染源普查试点工作方案》及相关规定组织开展试点工作。

试点省（区、市）各级污染源普查机构应对污染源普查试点实施全过程质量管理，统一管理、指导和评估试点各阶段的质量控制工作，建立岗位责任制，加强质量控制和检查验收。

普查办成立试点工作联络站。试点期间，会同地方试点机构研究和处理试点中的各种问题，建立工作信息反馈快速反应机制，及时完善普查制度、技术规定和报表制度，更新完善数据处理平台。

关于开展第二次全国污染源普查伴生放射性矿普查试点工作的通知

国污普〔2017〕7号

山西省、湖南省、四川省、贵州省第二次全国污染源普查领导小组办公室，环境保护部核与辐射安全中心，环境保护部华北、华南、西南核与辐射安全监督站：

为贯彻落实《国务院关于开展第二次全国污染源普查的通知》（国发〔2016〕59号）和《国务院办公厅关于印发第二次全国污染源普查方案的通知》（国办发〔2017〕82号）精神，做好第二次全国污染源普查伴生放射性矿普查工作，我办决定开展伴生放射性矿普查试点工作（不与常规污染物普查试点同步进行）。现将有关事项通知如下：

一、试点地区

山西省：大同市和忻州市；

湖南省：郴州市和邵阳市；

四川省：凉山彝族自治州和乐山市；

贵州省：遵义市和黔东南苗族侗族自治州。

二、试点要求

（一）试点地区省级污染源普查机构负责组织和实施伴生放射性矿普查试点工作，市、州污染源普查机构协助配合；

（二）试点地区应严格按照《第二次全国污染源普查伴生放射性矿普查试点工作方案》（见附件1）的要求，在试点地区全辖区范围内开展伴生放射性矿普查试点工作；

（三）试点地区省级污染源普查机构应于2017年11月30日前向环境保护部第二次全国污染源普查工作办公室和辐射源安全监管司报送伴生放射性矿普查试点工作总结报告（提纲见附件2）。

（四）环境保护部核与辐射安全中心负责伴生放射性矿普查试点工作的质量保证工作，并制定考核与验收办法。

附件：1. 第二次全国污染源普查伴生放射性矿普查试点工作方案

2. 第二次全国污染源普查伴生放射性矿普查试点总结报告提纲

国务院第二次全国污染源普查

领导小组办公室

2017年11月14日

附件 1

第二次全国污染源普查伴生放射性矿普查试点工作方案

为贯彻落实《第二次全国污染源普查方案》(国办发〔2017〕82 号)，指导全国伴生放射性矿普查试点工作，为伴生放射性矿普查工作组织实施探索经验，制订本方案。

一、试点目的

伴生放射性矿普查试点工作的目的是验证伴生放射性矿普查监测技术规定、普查报表制度、普查组织实施方式，以及工作程序的可行性、有效性，及时发现普查中可能存在的问题，修改完善伴生放射性矿普查的有关制度、技术规定，为全国伴生放射性矿普查积累经验，提高普查效率。

二、试点地区选择

按以下原则选择试点地区：

1．试点地区产业结构具有一定的代表性；

2．试点地区的矿产种类尽量多覆盖本次普查伴生放射性矿的种类；

3．通过资料调研，选择辐射水平相对较高的矿产资源（或废石废渣）地区，以验证伴生放射性矿初测、详查全过程。

第二次全国污染源普查伴生放射性矿普查试点地区选择山西省大同市、忻州市，湖南省郴州市、邵阳市，四川省凉山彝族自治州、乐山市，贵州省遵义市、黔东南苗族侗族自治州。试点地区有关情况见表 1。

表 1　试点地区伴生放射性矿产资源情况

省份	山西省	湖南省	四川省	贵州省
矿产种类及企业	山西矿产资源丰富，从品种到储量在全国都占重要地位。现在全省发现的矿产已达百种。查明资源储量的有 62 种矿产，保有查明资源储量居全国前十位的有 29 种	湖南是享誉全球的“有色金属之乡”“非金属矿产之乡”，探明矿物 140 余种。保有储量居全国首位的矿产有 11 个矿种，居全国前五位的矿产有 41 种，居全国前十位的矿产有 66 种	四川矿产资源丰富且种类齐全。现已发现矿产 123 种，其中有 45 种矿产的保有资源储量位居全国前 5 位，是西部乃至全国的矿物原材料生产和加工大省。四川矿藏中矿床的共生、伴生组分比较多	贵州是我国矿产资源大省之一。以矿产为依托发展起来的矿业是贵州的支柱产业，已发现矿产 110 种以上。其中 76 种矿产不同程度探明了储量。有 42 种矿产储量排名全国前 10 位，共伴生矿产较多
试点地区	大同市 忻州市	郴州市 邵阳市	凉山彝族自治州 乐山市	遵义市 黔东南苗族自治州

三、试点内容

伴生放射性矿普查试点，要按照普查有关技术规定和制度、普查全过程组织开展试点，包括：

建立伴生放射性矿普查初测初步名录。从国土资源、工商、统计等部门，获取可能伴生天然放射性核素的 8 类重点行业 15 个类别矿产采选、冶炼和加工产业活动单位名录，整合建立伴生放射性矿普查初测初步名录。

排查与初测。在按照初测初步名录组织开展初测的同时，对各普查地区进行排查，补充遗漏企业，排除重复企业，对发现的遗漏企业，同时开展初测。根据初测结果，筛查确定详查企业名单。

普查初测筛选采用γ辐射剂量率现场监测、对矿产采样分析放射性核素两种技术路线，为保证两种技术路线均得到验证，各试点地区对每个矿种同时采用两种技术路线进行初测筛选的比例不低于 20%（单个矿产种类企业超过 50 家的可选 10 家）。

采用γ辐射剂量率现场监测进行初测筛选时，重点对“当地本底水平”的获取方法和不同物料的布点方式进行检验。在初测过程中，发现达到筛选水平的监测对象，应同时完成详查要求的γ辐射剂量率监测，如具备取样条件，可同时完成采样工作。

采用采样检测进行初测筛选和详查检测时，应了解和记录废渣中需进行总钍化学分析的样品特性，为确定可能造成铀钍系的放射性平衡破坏的工艺提供依据。

现场监测和采样分析检测工作，要注意分析不同类型矿区的γ剂量率对照点（本底）、监测点布点方式、布点数量、采样和分析测量中是否存在问题，并提出改进意见。

开展详查。按照详查企业名单进行现场监测和采样分析检测；调查统计企业相关信息和监测数据。

数据审核汇总。试点地区汇总伴生放射性矿监测（初测、详查）数据及普查数据，报省级普查机构和环境保护部核与辐射安全中心进行数据审核。

质量保证检查与核查复查。验证质量保证措施的可行性，对抽查方法、抽查比例、抽查时间等进行优化。试点省份普查机构和伴生放射性矿监测工作承担单位，制订质量保证计划并认真执行对现场监测、采样分析、实验室内部质控、数据处理等各环节进行质量控制检查，及时采取措施保证监测数据质量。试点省份辐射监测站负责本省试点地区的质量保证工作；环境保护部核与辐射安全中心组织对试点的质量保证进行核查复查。

试点总结。对试点普查的各环节进行全过程全面总结，梳理分析发现的问题，提出修改、完善建议。

四、试点工作安排

1．环境保护部第二次全国污染源普查工作办公室会同辐射源安全监管司统一协调组织第二次全国污染源普查伴生放射性普查试点工作；环境保护部核与辐射安全中心具体负责试点工作的组织实施。

试点省份污染源普查机构和辐射监测站编制本地区伴生放射性矿普查试点工作实施方案，认真做好组织实施工作，对于试点工作中遇到的困难和问题，及时采取措施并反馈，确保试点各项工作顺利开展。

2．对试点省份和试点市、州统一进行业务培训。培训内容重点包括伴生放射性矿普查监测技术规定、普查报表制度、质量保证以及普查工作程序和工作纪律等。

3．选聘普查员和伴生放射性矿监测机构。

4．试点地区按照《第二次全国污染源普查伴生放射性矿监测技术规定》开展初测和详查，在此基础上，可根据试点情况对监测程序和方法进行补充和细化，并将有关意见和建议纳入试点总结。

5．试点数据检查和验收。省级普查机构和环境保护部核与辐射安全中心按照一定比例抽查重点区域和企业的伴生放射性矿普查表，对其普查试点数据质量进行检查并验收。

试点地区在数据采集、汇总、审核中，发现问题应及时报告环境保护部核与辐射安全中心。

6．各试点省份核与辐射安全管理部门、辐射监测站会同省级污染源普查机构负责组织本省份伴生放射性矿普查试点工作，全面梳理发现的问题，研究提出对伴生放射性普查制度、技术规定的意见建议，编写试点工作总结，并报送环境保护部核与辐射安全中心。环境保护部核与辐射安全中心负责全面汇总试点省份的意见建议，编写全国伴生放射性矿普查试点工作总结报告，报送环境保护部辐射源安全监管司和第二次全国污染源普查工作办公室，对伴生放射性矿普查有关制度和技术规定进行修改完善。

附件 2

第二次全国污染源普查伴生放射性矿普查试点总结报告提纲

一、本省份试点总体情况

二、试点普查组织过程

1．试点起止时间；

2．组织形式；

3．初测及详查企业数量，初测前名录获取过程及最终完成初测企业的情况；

4．人员投入及工作量汇总分析；

5．普查组织过程中存在的问题及建议。

三、监测过程

1．初测采用的技术路线及监测方案；

2．详查采用的技术路线及监测方案；

3．初测和详查企业放射性监测结果汇总分析；

4．监测过程中存在的问题及建议。

四、数据填报

1．数据填报方式；

2．数据填报格式及内容（普查表）；

3．填报投入的人员及工作量汇总分析；

4．填报中存在的问题及建议。

五、质量保证

1．质量保证抽查、核查情况汇总分析；

2．质量保证中存在的问题及建议。

六、试点结论及建议

1．总体结论；

2．对全国普查工作的建议；

3．对监测技术规定及普查报表制度的建议。

关于报送《第二次全国污染源普查工作大事记》材料的函

国污普函〔2017〕1号

中央宣传部、发展改革委、工业和信息化部、公安部、财政部、国土资源部、住房和城乡建设部、交通运输部、水利部、农业部、税务总局、工商总局、质检总局、统计局、中央军委后勤保障部、测绘地信局、中国铁路总公司办公厅（室），民航局综合司，各省、自治区、直辖市环境保护厅（局），新疆生产建设兵团环境保护局：

第二次全国污染源普查工作已全面启动。为及时、准确记录普查工作的系列重要事件及重大活动，第二次全国污染源普查工作办公室计划编写《第二次全国污染源普查工作大事记》。请你单位报送开展普查工作以来的相关材料，包括：

一、国务院第二次全国污染源普查领导小组各成员单位负责同志出席的有关活动、作出的重要批示。

各省、自治区、直辖市和新疆生产建设兵团领导及第二次全国污染源普查领导小组负责同志出席的有关活动、作出的重要批示。

二、各单位印发的与第二次全国污染源普查有关的重要文件（原件+彩色扫描件PDF格式）。

三、各单位组织召开的第二次全国污染源普查重要会议活动的情况简述（约300字）。

四、其他涉及第二次全国污染源普查的重要工作进展简述。

材料要求图文并茂，图片以原图报送（分辨率每英寸300像素以上，文件不小于500 k）。

相关材料在普查期间每半年汇总报送一次，分别于每年的1月10日前和7月10日前报送，纸质件请寄至环境保护部第二次全国污染源普查工作办公室，电子件请发送至邮箱（pcb@mep.gov.cn），并在标题中注明“大事记材料”。

国务院第二次全国污染源普查

领导小组办公室

2017年12月25日

关于印发《第二次全国污染源普查工作要点》的通知

国污普〔2017〕9号

中央宣传部、发展改革委、工业和信息化部、公安部、财政部、国土资源部、住房和城乡建设部、交通运输部、水利部、农业部、税务总局、工商总局、质检总局、统计局、中央军委后勤保障部、测绘地信局、中国铁路总公司办公厅（室），民航局综合司，各省、自治区、直辖市第二次全国污染源普查领导小组办公室，新疆生产建设兵团第二次全国污染源普查领导小组办公室：

为指导各级污染源普查机构做好第二次全国污染源普查工作，现将《第二次全国污染源普查工作要点》印送给你们，请结合实际做好污染源普查各项工作。

附件：第二次全国污染源普查工作要点

国务院第二次全国污染源普查
领导小组办公室
2017年12月27日

附件

第二次全国污染源普查工作要点

全国污染源普查是重大的国情调查，是环境保护的基础性工作。为全面贯彻落实《国务院关于开展第二次全国污染源普查的通知》（国发〔2016〕59号）和《国务院办公厅关于印发第二次全国污染源普查方案的通知》（国办发〔2017〕82号），按照全国统一领导、部门分工协作、地方分级负责、各方共同参与的原则，做好第二次全国污染源普查（以下称普查）工作，确保普查成果真实有用，制定工作要点如下。

一、前期准备阶段

（一）成立普查机构。成立国务院第二次全国污染源普查领导小组及其办公室，负责领导和协调全国污染源普查工作及日常工作。领导小组办公室设在环境保护部，负责普查的日常工作。2017年年底前，县级及以上地方人民政府设立污染源普查领导小组及其办公室，落实人员和办公条件。各乡（镇）人民政府、街道办事处和村（居）民委员会应当落实一名联络员，协调做好本区域普查工作。

（二）建立健全普查协作工作机制。建立各级政府及有关部门主管领导负责、分工明确的普查工作运行机制及相应的工作制度。各级环保部门要切实承担起牵头作用，建立运转有效的执行、监督和反馈机制，确保各项工作顺利进行。建立各有关部门协作配合的工作体系，发挥好环保系统内各部门和技术支持单位的作用，借助购买第三方服务和信息化手段，提高普查效率。有条件的地方，可将普查工作纳入同级人民政府目标考核。

（三）制定普查实施方案。根据第二次全国污染源普查方案，地方各级普查机构编制本行政区域内的污染源普查实施方案，明确目标任务、技术路线、部门分工、时间节点等，报经本级普查领导小组或人民政府批准后印发，省级普查实施方案 2017 年年底前完成，市、县级普查实施方案 2018 年 3 月底前完成。2017 年、2018 年年底前，各级普查领导小组办公室根据本地普查实施方案分别制定下一年度工作计划。

（四）落实普查经费。编制并印发第二次全国污染源普查项目预算编制指南，2017 年 9 月底前完成。组织编制中央本级和地方各级污染源普查项目预算，报同级财政部门审核，分别列入各相关部门的部门预算，2018 年 3 月底前完成。

（五）制定普查制度规范。制定市政入河（海）排污口清查与监测技术规定、生活源锅炉普查方案与报表制度、普查清查技术规定、普查试点方案，由国务院第二次全国污染源普查领导小组办公室或有关部门联合印发，2017 年年底前完成。制定工业污染源（含工业园区）、农业污染源、生活污染源、集中式污染治理设施、移动源等普查技术规定、污染物产生和排放量核算方法；制定伴生放射性矿普查监测与筛查技术规定；制定城乡居民生活能源消费情况、农村居民生活水污染（用排水情况）抽样调查方案；制定市政入河（海）排污口污染核算方法；制定普查质量控制工作方案、核查技术规范与工作细则、普查员和普查指导员选聘及管理指导意见、第三方参与污染源普查办法，以及全国污染源普查工作保密管理办法、污染源普查档案管理办法，2018 年 5 月底前完成。组织制定各类污染源抽样调查和入户调查所需调查表，以及相关说明和指标解释，报国家统计局审批，2018 年 6 月底前完成。

（六）开展信息系统建设和清查建库。2017 年年底前编制完成普查信息化建设方案，2018 年 5 月底前完成系统建设。开展污染源普查调查单位名录库筛选，划分普查小区，按照全面覆盖、不重不漏的原则，开展普查清查，建立普查基本单位名录库；排查市政入河（海）排污口名录，开展排污口水质监测；由省级普查机构负责组织对伴生放射性矿产资源开发利用企业进行放射性指标初测与筛查，确定普查对象；按照核查技术规范与工作细则要求，逐级开展清查质量核查，2018 年 6 月底前完成。

（七）组织普查试点。按照地方自愿原则，综合考虑污染源分布特征、地区代表性等因素，确定试点地区，2017 年年底前完成。各试点地区制定试点工作方案，开展普查试点，验证并完善普查技术规定、报表制度、污染物产生和排放量核算方法、信息系统，2018 年 6 月底前完成。各省（区、市）可根据工作需要自行开展本行政区域内的普查试点。

（八）开展宣传培训。开设普查实名微博、微信公众号，在环境保护部官网开设“第二次全国污染源普查”专栏，2017 年 7 月底前完成。制作普查宣传视频短片，协调有关媒体播出，营造全民关心、关注、支持污染源普查的社会氛围；公开征集第二次全国污染源普查宣传海报方案，评选出优秀方案并印刷发布；在中国环境报上开设“第二次全国污染源普查”专栏，组织有关专家撰写科普文章，交流地方普查工作经验和做法；组织开展第二次全国污染源普查专题宣传周活动，2017 年年底前完成。编制普查培训方案，明确培训内容、培训对象、培训方式、师资力量和时间安排；组织编制普查培训教材；分期对省、市两级污染源普查工作机构技术骨干以及各省级普查培训师资进行培训，2018 年 6 月底前完成。省级普查领导小组办公室组织对本行政区域内各级普查机构工作人员以及普查指导员和普查员进行培训，2018 年 7 月底前完成。及时答复地方在普查工作中提出的问题，宣传普查工作中涌现的先进事迹。

二、全面普查阶段

（九）开展入户调查。开展普查入户调查报表制度、核算方法、软件系统培训，组织开展清查，核定普查基本单位名录库，2018 年 8 月底前完成。各地按照第二次全国污染源普查方案、有关技术规定和时间要求，开展入户调查，登记调查单位基本信息、活动水平信息、污染治理设施和排放口信息，抽样调查城乡居民能源使用情况、农村居民生活水污染（用排水）情况，采集相关数据，2018 年 11 月底前完成。

（十）开展数据审核与数据汇总。按照“先审核、后汇总”的原则对普查数据逐级进行审核与汇总。依据普查质量控制技术规定，对入户调查、抽样调查采集的数据，以及通过核算方法获得的污染物产生量、排放量等数据，由县级普查机构组织开展数据审核与汇总，上报市级普查机构；市级普查机构对各县级普查数据开展数据审核与汇总，上报省级普查机构；省级普查机构组织对本行政区域内的普查数据进行审核、汇总和上报，2019 年 1 月底前完成。生态环境部第二次全国污染源普查工作办公室组织对各省（区、市）普查数据进行审核与汇总，核定全国污染源普查数据库，2019 年 6 月底前完成。

（十一）开展质量核查。将质量控制贯穿于普查工作全过程。按照质量核查技术要求，国家和地方普查机构分级开展质量核查，重点核查普查对象覆盖是否全面，抽样样本的代表性、科学性，普查指标填报的完整性、真实性、准确性，编制质量核查与评估报告，2019 年 3 月底前完成。

（十二）加强跟踪督办和工作指导。定期调度各地普查机构成立、经费落实及工作进展情况并印发工作简报。加强工作指导，交流工作经验，建立技术支持平台。对工作进展缓慢、数据质量不符合要求以及工作保障不力的，予以通报。按照国家有关规定，依法严厉惩处虚报、瞒报、拒报、迟报，以及伪造、篡改普查资料等普查违法行为。

三、总结发布阶段

（十三）规范管理污染源普查档案。按照新修订的《污染源普查档案管理办法》要求，县级及以上地方普查机构应当建立工业、规模化畜禽养殖、集中式污染治理设施等各类污染源的普查档案，包括纸质、照片、音像、电子等各种载体形式档案。普查工作结束后，各地普查机构应当及时将污染源普查档案移交至同级环境保护主管部门进行保管，2019 年 6 月底前完成。

（十四）开展总结验收工作。分级编制普查工作报告、技术报告、质量核查与评估报告，2019 年 6

月底前完成。制定普查工作验收方案，分级开展普查工作验收，2019 年 8 月底前完成。编制普查成果开发和应用工作指南，2019 年年底前完成。

（十五）发布普查成果。分级开展普查成果汇总分析，2019 年 5 月底前完成；编制普查公报，经同级普查领导小组审核并报上级普查机构同意后发布，2019 年 10 月底前完成。做好普查成果发布的舆情应对工作。完善污染源信息数据库和环境统计平台，为加强污染源监管、改善环境质量、防控环境风险提供依据。制定普查成果使用管理办法，2019 年年底前完成，普查成果在普查领导小组各成员单位内部实现共享。

（十六）开展表彰活动。会同有关部门制定表彰普查工作先进集体和个人的工作方案，经国务院批准后组织实施，2019 年年底前完成。地方也可按要求报批后组织相应表彰活动。

关于做好第三方机构参与第二次全国污染源普查工作的通知

国污普〔2017〕11号

各省、自治区、直辖市第二次全国污染源普查领导小组办公室，新疆生产建设兵团第二次全国污染源普查领导小组办公室：

为规范第三方机构参与第二次全国污染源普查工作（以下简称普查），提高普查效率，根据《国务院办公厅关于政府向社会力量购买服务的指导意见》《第二次全国污染源普查方案》等有关要求，现就有关事项通知如下：

一、总体要求

（一）坚持公开原则

按照公开、公平、公正原则，通过竞争择优的方式选择承接普查任务的第三方机构，确保具备条件的社会力量平等参与竞争。

（二）注重能力实绩

根据任务需求和具体工作内容，优先考虑具有与承担任务相关工作基础，且信誉良好、专业能力强、执业规范、管理水平高、工作实绩好的第三方机构。

（三）加强过程管理

合同执行过程中，对第三方机构进行全过程监管，确保其按合同约定高质量完成任务。

二、规范第三方机构参与普查工作

（一）合理选择第三方机构

第三方机构是指与委托方没有直接行政隶属关系的机构。参与普查的第三方机构应具有独立承担民事责任的能力、健全的内部管理和财务管理制度；具备承担相关任务的能力，有良好的工作业绩和履约记录；承担普查现场监测任务的，还须符合相关能力要求。地方普查机构可以采用公开招标、邀请招标、竞争性谈判、竞争性磋商、单一来源、询价等方式确定承担任务的第三方机构。不鼓励第三方机构以联合体形式参与投标。

（二）明确第三方机构参与内容

实施方案、技术报告、评估报告编制，普查清查，入户调查，与普查相关的现场监测，普查质量评估，普查信息系统建设、运行和维护等信息化工作，宣传、培训，以及地方普查机构认为可以委托的其他工作，均可以委托第三方机构承担。普查质量核查、验收、成果发布等应当由政府直接承担的工作，不得委托给第三方机构。同一区域内的入户调查、现场监测和质量评估不应委托给同一家第三方机构承担。

（三）规范第三方机构委托方合同主要内容

地方普查机构应当与确定的第三方机构签订合同，并按照合同约定向第三方机构支付费用。合同应明确所委托任务的范围、标的、数量、质量和技术要求，完成时限、费用支付方式、权利义务和违约责任，以及普查过程中获得的数据、信息、报告、资料等成果管理要求。委托任务涉及敏感或秘密内容的，合同中还须明确第三方机构的保密义务。

（四）加强资金与绩效管理

委托第三方机构所需资金应纳入普查预算，由同级地方财政列支。地方普查机构根据合同约定的内容和要求，对第三方机构的服务质量和资金使用绩效进行考核评价。

三、加强对第三方机构的监督

地方普查机构是委托第三方机构参与普查工作的主体，对普查质量负责，应当做好对委托任务执行情况的跟踪，及时了解掌握实施进度，督促第三方机构严格履行合同，按时完成任务，并对成果进行检查验收，确保质量和效果。第三方机构在履行合同中弄虚作假或有其他违法违纪行为的，地方普查机构应提请有关机关依法追究其法律责任，并将有关情况按程序上报省级污染源普查机构和国务院第二次全国污染源普查领导小组办公室。国务院第二次全国污染源普查领导小组办公室将视情况予以通报。

国务院第二次全国污染源普查
领导小组办公室
2017 年 12 月 28 日

环境保护部　质检总局关于开展第二次全国污染源普查生活源锅炉清查工作的通知

环普查〔2017〕188号

各省、自治区、直辖市第二次全国污染源普查领导小组办公室、环境保护厅（局）、质量技术监督局（市场监督管理部门），新疆生产建设兵团第二次全国污染源普查领导小组办公室、环境保护局、质量技术监督局：

根据《第二次全国污染源普查方案》（国办发〔2017〕82号）要求，同时充分考虑生活源锅炉调查季节性特点，定于2018年1月至5月组织开展生活源锅炉清查工作。总体安排如下：

一、2018年1月底前启动清查工作，完成工作部署和清查准备。2018年2月至4月开展生活源锅炉清查。2018年5月底前完成生活源锅炉清查结果汇总。

二、根据《第二次全国污染源普查部门分工》（国污普〔2017〕4号）要求，各地负责办理锅炉使用登记的质量技术监督部门应于2018年1月底前向同级普查机构提供行政区域内所有特种设备目录范围内的承压锅炉使用登记信息，包括设备类别、设备品种、产品名称、设备代码、设备型号、使用登记证编号，以及使用单位名称、使用单位地址、统一社会信用代码或组织机构代码、设备使用地点等信息。

三、各级普查机构要严格按照《生活源锅炉普查技术规定》（见附件，以下简称《规定》）要求，认真组织开展清查工作。摸清所在区域生活源锅炉分布情况和每台锅炉使用信息，建立生活源锅炉名录，查清生活源锅炉基本信息、锅炉运行和污染治理情况。

四、各级普查机构要高度重视清查工作质量，建立质量管理制度，按照《规定》中质量控制要求做好数据审核和清查结果汇总。完成清查工作后，各级普查机构按照相关要求及时上报，并将生活源锅炉名录反馈同级质量技术监督部门。

附件：第二次全国污染源普查生活源锅炉普查技术规定

环境保护部

质检总局

2017年12月29日

附件

第二次全国污染源普查生活源锅炉普查技术规定

为指导全国生活源锅炉普查工作，依据《国务院关于开展第二次全国污染源普查的通知》（国发〔2016〕59 号）和《第二次全国污染源普查方案》（国办发〔2017〕82 号），制订本规定。

一、目的

明确生活源锅炉普查对象、范围、内容、技术路线，指导生活源锅炉普查表填报和普查工作实施。

二、对象与范围

本技术规定所指的生活源锅炉是除工业企业生产使用以外所有单位和居民使用的，额定出力大于等于 1 蒸吨/时（0.7 MW）的燃煤、燃油、燃气和生物质锅炉。

政府机关、事业单位、社会团体；工业企业非生产性独立办公区；农、林、牧、渔业，建筑业产业活动单位；交通运输、仓储与邮政业，住宿业和餐饮业，居民服务和其他服务业等第三产业单位；相对集中居民区的锅炉产权单位；等拥有或使用的符合上述生活源锅炉界定要求的常压和承压锅炉均要纳入生活源锅炉普查范围。

其中，若实际达到 1 蒸吨/时（0.7 MW）要求，但没有标定额定出力的土锅炉、型煤锅炉或者铭牌不清的锅炉，全部纳入生活源锅炉普查范围。使用单位或产权单位 2017 年锅炉存续，改造后存续，但停用、备用的也应纳入生活源锅炉普查范围。

2017 年内已淘汰的生活源锅炉不纳入普查范围，已完成“煤改气”锅炉按照改造后的情况如实填报。

电锅炉不纳入普查范围。2017 年内已完成“煤改电”锅炉不纳入普查范围。

按照不重复入户普查原则，纳入工业污染源、规模以上畜禽养殖场、集中式污染治理设施普查范围的生产经营场所中供生产和生活使用的锅炉不单独纳入生活源锅炉普查范围。工业企业非生产性独立办公区使用的锅炉纳入生活源锅炉普查范围。

属于热力生产和供应行业的，且对外提供供暖服务的不纳入生活源锅炉普查范围，纳入工业污染源普查范围；若不对外提供供暖服务，锅炉仅在非生产性独立办公区或周边居民区使用的，纳入生活源锅炉普查范围。

三、普查内容

（一）锅炉基本情况

锅炉产权单位或使用单位情况：单位详细名称、统一社会信用代码（组织机构代码或工商注册登记代码）、机构类型、详细地址、主要经营范围、拥有锅炉数量、单位所在地经纬度、行政区划代码。

锅炉基本情况：锅炉用途、锅炉投运时间、锅炉型号、锅炉类型、额定出力、锅炉燃烧方式、年运行时间。

（二）锅炉运行情况

燃料煤类型与消耗量，燃料煤平均含硫量、燃料煤平均灰分、燃料煤平均干燥无灰基挥发分；燃油类型与消耗量，燃油平均含硫量；燃气类型与消耗量；生物质燃料类型与消耗量。

（三）污染治理情况

除尘设施情况、脱硫设施情况、脱硝设施情况，在线监测设施安装情况，排气筒高度，粉煤灰、炉渣等固体废物去向。

（四）废气污染物

二氧化硫、氮氧化物、颗粒物、挥发性有机物。

四、技术路线

以环境保护、质量技术监督等部门掌握的锅炉初步名录为基础，城乡全面排查，建立生活源锅炉名录。清查工作可参照《京津冀及周边地区 2017—2018 年秋冬季大气污染综合治理攻坚行动方案》（环大气〔2017〕110 号）要求开展，京津冀及周边地区可充分采用大气污染综合治理攻坚行动所形成的名录。

清查实施前，结合集中供暖的区域范围，辅助确定生活源供暖锅炉清查重点区域；质量技术监督部门协助提供行政区域内煤质、燃油检测等情况给同级普查机构，为锅炉运行情况清查提供参考依据。

清查阶段，结合初步名录清查锅炉基本情况、锅炉运行情况和污染治理情况。

普查阶段，根据生活源锅炉名录与清查结果，填报普查表，通过产排污系数核算污染物产生量与排放量。

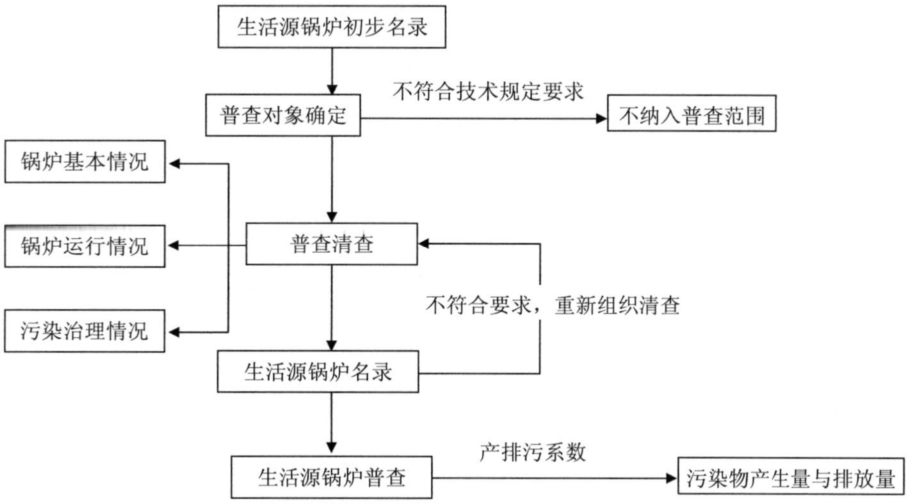

图 1 生活源锅炉普查技术路线

五、普查表的填报和审核

（一）普查表的填报

1．通过清查建立和完善生活源锅炉名录。

2．普查对象的使用单位或产权单位按照指标解释填报普查表。多个单位共同使用同一锅炉的由锅炉产权单位或锅炉实际使用单位进行填报，同一单位拥有多台锅炉的填写锅炉数量并对每台锅炉分别填报。

产权单位和使用单位非一家单位的，由2017年度锅炉实际使用单位进行填报，注明锅炉产权单位；若2017年度实际使用单位变更，由最终实际使用单位进行填报，由锅炉产权单位负责联系变更前使用单位获取运行周期、燃料消耗情况等数据。

3．普查对象的使用单位或产权单位在填报普查表时需主动出示生活源锅炉相关证照，指示锅炉铭牌，明确锅炉运行周期，能源消耗台账或相关佐证资料，指示污染治理设施并出示污染治理设施建设、扩建、改建相关文件、合同或其他相关佐证资料。

没有标定额定出力的土锅炉、型煤锅炉或者铭牌不清的锅炉，若无法提供佐证材料，可根据实际运行情况和指标解释要求填报。

4．对于2017年内锅炉完成改造加装污染治理设施并投入使用的情况，按照普查时间节点污染治理设施状态填报。

（二）普查质量控制与数据审核

普查工作需严格遵守质量控制要求，若在上级普查机构组织的普查质量核查中不达标的，需要重新组织普查直至符合标准为止。

1．现场普查人员要核实普查对象的使用单位或产权单位填报数据的真实性，确保数据质量。重点核证铭牌信息、锅炉年运行时间、锅炉运行情况、污染治理设施情况。

现场普查人员发现填报错误、逻辑错误或填报信息不全、不合理的情况，应及时予以纠正。填报结束后可通过拍照、复印、扫描等形式备案佐证资料关键信息。

2．普查对象产权单位或使用单位对普查表中所填数据资料确认签章。

3．对生活源锅炉普查进行三级审核，现场普查人员审核普查表的内容、指标填报是否齐全，以及是否符合生活源锅炉普查表指标解释要求；普查数据审核人员在现场普查人员审核的基础上，对数据合理性和逻辑性进行全面审核；普查质量负责人随时根据现场填报和数据审核中发现的问题，组织拟订解决方案。

六、污染物产生量和排放量核算

普查对象的使用单位或产权单位现场填报生活源锅炉基本情况、锅炉运行情况和污染治理情况。污染物产生量与排放量根据产排污系数核算。安装污染源自动在线监测系统且在线数据经过有效性审核认定的，污染物排放量可优先采用自动监测数据进行核算。

产排污系数统一由国务院第二次全国污染源普查领导小组办公室提供，不得采用其他各类产排污系数或经验系数。

关于印发《第二次全国污染源普查试点工作方案》的通知

国污普〔2018〕2号

各省、自治区、直辖市第二次全国污染源普查领导小组办公室，新疆生产建设兵团第二次全国污染源普查领导小组办公室：

为贯彻落实《国务院关于开展第二次全国污染源普查的通知》（国发〔2016〕59号）精神，做好第二次全国污染源普查试点工作，按照《第二次全国污染源普查方案》（国办发〔2017〕82号）开展普查试点的要求，现将《第二次全国污染源普查试点工作方案》印送给你们，请有关单位与各试点地区积极配合做好污染源普查试点各项工作。

附件：第二次全国污染源普查试点工作方案

国务院第二次全国污染源普查
领导小组办公室
2018年2月1日

附件

第二次全国污染源普查试点工作方案

为贯彻落实《国务院关于开展第二次全国污染源普查的通知》（国发〔2016〕59号）精神，指导第二次全国污染源普查试点工作，按照《国务院办公厅关于印发第二次全国污染源普查方案的通知》（国办发〔2017〕82号）关于开展普查试点的要求，制订本方案。

一、试点目标

验证并完善第二次全国污染源普查各类技术规定、报表制度与数据处理系统（含软硬件环境）等，为普查工作的全面实施提供基本保障。

二、试点范围

按照地方自愿原则，综合考虑污染源分布特征、地区代表性等因素，确定试点地区如下：

（一）选取河北省武安市、山西省晋城市、内蒙古自治区呼和浩特市土默特左旗、辽宁省沈阳市浑南新区、黑龙江省齐齐哈尔市、江西省赣州市崇义县、山东省菏泽市巨野县、河南省荥阳市、湖南省衡阳市、重庆市北碚区、云南省昆明市、陕西省铜川市、甘肃省金昌市永昌县和新疆维吾尔自治区乌鲁木齐市全面开展试点工作。

（二）选取山西省长治市襄垣县重点进行工业污染源、农业污染源、生活污染源普查试点；江苏省宜兴市重点进行工业污染源、生活污染源、集中式污染治理设施普查试点；四川省乐山市五通桥区重点进行工业污染源普查试点。

三、主要内容

（一）普查组织实施

验证普查员和普查指导员选聘、宣传与培训、入户登记调查组织和第三方选聘等重点工作组织实施流程的可操作性。

（二）普查技术方案

验证并修改完善各类普查技术规定、报表制度、质量控制相关技术文件。

（三）数据处理系统

测试联网直报对网络带宽、软硬件支持工具的需求，测试软硬件的稳定性并提出优化建议。

（四）重点研究的问题

普查分区管理、地理空间公共基底数据用于污染源空间定位的可行性。

各类普查技术规定与报表制度的可行性。

数据处理流程、清查和普查数据采集软件工作可行性，验证软件系统完整性和功能便捷性。

验证普查员入户调查操作规程，探索第三方机构参与普查管理机制。

验证污染源普查质量控制、质量核查相关工作技术文件可行性。

四、工作安排

试点工作分为试点准备阶段、全面试点阶段和总结验收阶段。各阶段任务和安排如下：

（一）试点工作准备

各试点地区尽快根据本方案组织制订本地区第二次全国污染源普查试点工作实施方案，落实人员、经费、设备等试点工作保障条件。2018 年 3 月底前完成普查员、普查指导员选聘等工作。

（二）全面试点阶段

2018 年 4 月底前，各试点地区完成普查清查、核定污染源普查基本单位名录。

2018 年 6 月底前，完成试点地区入户调查、数据审核汇总工作。

各试点地区省级普查机构要组织开展对试点清查和全面入户调查工作的技术指导和质量核查，国家普查机构对试点工作开展情况和数据质量开展抽样核查与评估。

（三）总结验收阶段

2018 年 7 月底前，各试点地区完成试点工作总结，国家普查机构完成试点工作验收。

五、组织实施

国家普查机构统一组织第二次全国污染源普查试点工作。各省（区、市）污染源普查机构应加强对污染源普查试点工作的指导和监督。建立试点工作月报制度。各试点地区在每月底前将试点工作进展情况报国家普查机构。

各试点地区应按照试点工作要求，认真做好普查的宣传动员和组织实施工作，对于试点工作中遇到的困难和问题，及时采取措施并反馈国家普查机构，确保试点各项工作顺利开展。

各级污染源普查机构和普查工作人员要高度重视，认真组织，高质量完成试点工作。

关于开展第二次全国污染源普查入河（海）排污口普查与监测工作的通知

国污普〔2018〕4号

各省、自治区、直辖市第二次全国污染源普查领导小组办公室，新疆生产建设兵团第二次全国污染源普查领导小组办公室：

根据《国务院关于开展第二次全国污染源普查的通知》（国发〔2016〕59号）和《国务院办公厅关于印发第二次全国污染源普查方案的通知》（国办发〔2017〕82号）要求，充分考虑入河（海）排污口排放的季节性特点，拟于2018年3月启动入河（海）排污口清查工作。2018年5月底前，完成所有入目标环境水体的入河（海）排污口清查，以及规模以上市政入河（海）排污口枯水期的补充监测。2018年9月底前，完成规模以上市政入河（海）排污口丰水期的补充监测，建立覆盖全面的入河（海）排污口名录库。

各地要认真做好入河（海）排污口普查工作，按照各级人民政府确定的入目标水体水环境治理目标要求和附件规定要求，沿河排查辖区内入河（海）排污口相关信息，建立入河（海）排污口名录库。各地要加强入河（海）排污口调查信息和成果共享。

地方各级普查机构要根据普查任务分工和相关法律要求，组织做好入河（海）排污口普查数据审核与质量控制工作，加强对普查工作的指导和监督，制定工作方案，建立任务清单和监督督办工作机制，并牵头组织对普查结果全面审核，确保覆盖全面，不重不漏，保证普查工作质量。

附件：第二次全国污染源普查入河（海）排污口普查与监测技术规定

国务院第二次全国污染源普查
领导小组办公室
2018年3月20日

附件

第二次全国污染源普查入河（海）排污口普查与监测技术规定

为指导全国入河（海）排污口普查与监测工作，根据《国务院关于开展第二次全国污染源普查的通知》（国发〔2016〕59 号）和《国务院办公厅关于印发第二次全国污染源普查方案的通知》（国办发〔2017〕82 号），制订本规定。

一、编制目的

确定全国入河（海）排污口普查对象、范围与内容，规范入河（海）排污口普查、监测技术方法与要求，指导普查与监测工作开展。

二、普查对象

本规定所称入河（海）排污口，指通过沟、渠、管道等设施向江河、湖泊（含运河、渠道、水库等水域，下同）和近岸海域等环境水体排放污水的排污口。具体普查对象包括：

（一）经行政主管部门许可或备案设置的入河（海）排污口。

（二）未经行政主管部门许可或备案、向环境水体排放污水的入河（海）排污口。其中环境水体是指国家或各级地方政府已划定水功能区、近岸海域环境功能区以及各级地方政府已确定水质改善目标的江河、湖泊和近岸海域等水体。

（三）以规模以上入河（海）排污口（日排废污水 300 吨或年排 10 万吨以上）为重点，规模以下入河（海）排污口同步调查。

直接向环境水体排放废（污）水的排污口均须纳入入河（海）排污口普查范围。

三、普查范围

普查范围为所有市区、县城和镇区内符合本规定要求的入河（海）排污口。

（一）市区：指设区城市中市政府和区政府驻地的实际建设连接到的居民委员会和其他区域；

（二）县城：指县级行政区政府驻地的实际建设连接到的居民委员会和其他区域；

（三）镇区：是指在市区和县城以外其他镇，镇政府驻地的实际建设连接到的居民委员会和其他区域。与政府驻地的实际建设不连接，且常住人口在 3 000 人以上的独立的工矿区和开发区的办公区与生活区、科研单位、大专院校等特殊区域及机场、农场、林场的场部驻地视为镇区。

四、普查内容

普查内容包括：入河（海）排污口名称、编码、设置单位、类型、规模、地理坐标、污水入河（海）方式和受纳水体名称。

对于代表性的规模以上市政入河（海）排污口增加水量和水质指标。

五、普查技术路线

对于市区、县城、镇区内所有入河（海）排污口进行排查，建立入河（海）排污口名录库，登记位置、受纳水体名称，其余调查内容的获取以部门数据共享为主，视情况开展补充调查。

六、排污口监测

（一）监测范围

在开展生活源普查时，对规模以上市政入河（海）排污口，选取具备测流条件、能够代表所在区域生活污水排放水平的，开展水量和水质监测。具备有效流量数据但无同步水质监测数据的，补充开展水质监测。

选定开展监测的规模以上市政入河（海）排污口数量不得低于该类型排污口总量的 10%。

（二）监测指标与频次

监测指标包括污水量、COD_{Cr}、BOD_5、氨氮、总氮、总磷和动植物油。监测频次应满足如下要求：

1．分别在枯水期和丰水期开展两期监测。各地可根据水文、气象条件自行安排监测时期，但枯水期监测须在 2018 年 5 月底前完成，丰水期监测须在 2018 年 9 月底前完成。

2．每期监测不少于 1 天，采样频次不少于 3 次，间隔时间不少于 6 小时。

3．应选择前 1 日无降水的时期进行监测。

（三）监测布点

1．监测点位可根据管/渠道形式、测流条件和污水收集特征等因素具体确定，原则上应布设在排污管道、渠道或天然沟渠的末端位置。

2．对于通过涵闸、泵站等设施排污的排污口，监测点位宜布设在涵闸上游或泵站进水口位置。

3．对排污口为淹没式或不便监测的地下排污管道，监测点位可布设在排污口前最后一个检查井或阀门井内。

（四）水质监测

1．在分时间单元采集水质样品时，如无法采集每日的流量比例混合样品，则必须采集瞬时样品单独分析。

2．水质样品的采集须符合《地表水和污水监测技术规范》（HJ/T 91—2002）和《水质　采样技术指导》（HJ 494—2009）的相关要求。

3．样品的保存和运输按《水质　采样样品的保存和管理技术规定》（HJ 493—2009）执行。

4．分析方法应采用表 1 的标准方法。

表 1 污水水质分析方法

序号	名称	依据标准
1	COD_{Cr}	《水质 化学需氧量的测定 重铬酸盐法》（HJ 828—2017）
2	BOD_5	《水质 五日生化需氧量（BOD_5）的测定 稀释与接种法》（HJ 505—2009）
3	氨氮	《水质 氨氮的测定 纳氏试剂分光光度法》（HJ 535—2009）
4	总氮	《水质 总氮的测定 碱性过硫酸钾消解紫外分光光度法》（HJ 636—2012）
5	总磷	《水质 总磷的测定 钼酸铵分光光度法》（GB 11893—1989）
6	动植物油	《水质 石油类和动植物油类的测定 红外分光光度法》（HJ 637—2012）

七、质量保证

（一）各级污染源普查机构要加强对行政区内入河（海）排污口普查与监测的技术指导与监督，会同同级政府部门对普查结果的全面性和真实性进行审核把关。

（二）各级普查机构要加强对普查人员的培训、技术指导和监督管理，严格按照技术规定和报表填报要求，确保普查排污口不重、不漏，普查表格填报完整、真实、准确。

（三）妥善保存好监测报告、监测采样、分析的原始记录，及时汇总完成资料归档。

（四）所有水质监测数据必须由具备监测资质的单位出具监测报告。

附

流量测量常用方法及其适用条件

常用的流量测量方法包括流速仪法、超声波流量计、电磁流量计、容积法、薄壁堰法、浮标法和走航式多普勒测流系统等方法，本部分着重介绍各种方法的原理、适用条件以及施测要点，旨在为排污口测流条件判别提供参考。具体的流量测量规范详见《河流流量测验规范》（GB 50179—2015）、《水环境监测规范》（SL 219—2013）、《水工建筑物与堰槽测流规范》（SL 537—2011）等文件。

1．流速仪法

流速仪法以流体一元流动的连续方程为理论依据，即当流通截面确定时，流体的体积流量与截面上的平均流速成正比，通过测量流体流速和过水断面面积得到相应的流量。常用设备为转子式流速仪，包括旋杯式和旋浆式，由感应水流的旋转器（旋杯或旋浆）、记录信号的计数器和保持仪器正对水流的尾翼等 3 部分组成，根据旋杯或旋浆每秒转数和流速的关系，便可计算出测点流速。

流速仪法适用于排污渠道、排污管道和天然沟渠的测量，测验精度较高，操作简便，为推荐采用的方法。流速仪法不适用于流速过高或过低、水深小于设备必要水深、水位涨落差较大等情况。

使用流速仪法时，对排污渠道、排污管道采用一点法，对天然沟渠应根据水深和宽度采用多点法。测量时应选用符合精度要求的流速仪，选择顺直河段，垂直流向设置断面，多点法应沿断面在若干测深垂线上测量各垂线的起点距和水深，取得断面资料，在测深垂线上用流速仪测量流速。一般要求排污口处有 3～5 m 的平直过流水段，水位高度不小于 0.1 m。

2．超声波流量计

超声波流量计的工作原理是超声波脉冲在流体中向上游流和向下游的传播速度不同（叠加了流体流速），故可根据超声波向上、下游传播速度之差测得流体的流速。多普勒式超声波流量计是超声波流量计的一种，利用了超声波散射特点，适用于监测含悬浮物的污废水。超声波流量计多为非接触式的，从管道外部进行测量，在管道内无任何测量部件，没有压力损失，且测量结果不受被测流体的黏度、电导率的影响，但其缺点是无法施测小流速（一般最小为 0.5 m/s）。

超声波流量计法适用于排污渠道和排污管道的测量。由于排污渠道和排污管道多为非满流状态，推荐采用便携式非满管多普勒超声波流量计。

非满管多普勒超声波流量计适用于横截面规则的渠道和管道，测量范围较广，使用简便，使用时应妥善安装传感器，准确度量输入渠道和管道宽度。

3．电磁流量计

电磁流量计是利用法拉第电磁感应定律制成的一种测量导电液体体积流量的仪表。电磁流量计的结构主要由磁路系统、测量导管、电极、外壳、衬里和转换器等部分组成。电磁流量计一般用于管道流量测量，其主要优势在于测量精度不受流体密度、黏度、温度、压力和电导率变化的影响；压损极小，可测流量范围大，最大流量与最小流量的比值一般在 20∶1 以上；可应用于腐蚀性流体流量测定，流量计安装对前置直管段要求较低。但其应用也有一定的限制，电磁流量计不能测量电导率很低的液体，主要应用于污水满管排放的情况。

电磁流量计适用于排污管道的测量，为可选方法。对于渠道或非满管管道流量测定，可使用潜水式电磁流量计，使用方法是在渠道或管道中置一挡板截流，挡板近底部开孔并装潜水电磁流量传感器，水流从流量传感器流过从而测出其流量。

4．容积法

容积法是指将污水纳入已知容量的容器中，测定其充满容器所需要的时间，从而计算污水量的方法。本方法简单易行，测量精度较高，适用于计量污水量较小的连续或间歇排放的污水，但溢流口与受纳水体应有适当落差或能用导水管形成落差。量水槽是容积法的一种形式，在明渠或涵管内安装量水槽，测量其上游水位可以计量污水量，常用的有巴氏槽。

容积法适用于排污渠道和排污管道的测量，多用于污水量小于 1 m^3/min 的排污口。测量时用秒表测定污废水充满容器所需的时间。容器容积的选择应使水充满容器的时间不少于 10 s，重复测定数次，取平均值。对于小口径满管排放的污水，可使用容积型流量计测流。

5．薄壁堰法

薄壁堰通常是在金属薄板上设置缺口制成，水流由缺口经过时具有锐缘堰流的性质，按缺口形状，常采用的有矩形、梯形和三角形三种。测量方法为在距堰体上游一定距离处观测水位，即可按堰流公式或事先绘制好的水位流量关系图表得到流量。

薄壁堰法适用于排污渠道和天然沟渠的测量。具有制造简单、装设容易、造价较低的特点，适用于具备安装条件且有足够落差且流量较小的渠道，在安装液位计后可实行连续自动测量。其中，三角形薄壁堰法适用于水头（H）在 0.030～0.035 m，流量 $Q \leqslant 0.1\ m^3/s$，堰高（P）大于 $2H$ 时的污水流量测定；矩形薄壁堰法适用于较大污水流量的测定。堰板的安装会造成一定的水头损失，不宜用于水体杂物较多的渠道中。

6．浮标法

浮标法测流通过在上游沿渠宽均匀投放浮标，用停表测定各浮标流经上、下游断面间的运行历时，用经纬仪或软尺测定上下游断面间距，即可得到渠道断面各点的流速；用普通测量的方法测算出各部分断面的面积，乘以对应点浮标的流速，得到对应断面的虚流量，虚流量乘以浮标系数即可得到对应断面流量，再对各断面流量进行加和得到渠道断面总流量。浮标法包括水面浮标法、深水浮标法、浮杆法和小浮标法，分别适用于流速仪测速困难或超出流速仪测速范围的高流速、低流速、小水深等情况。浮标系数与浮标类型、风力、风向等因素有关，应通过与流速仪法比测确定，其值一般在 0.85～0.95。

浮标法适用于排污渠道和天然沟渠的测量，排污管渠应底壁平滑，长度不少于 10 m，无弯曲，有一定液面高度。该法较经济，但精度较低，常在测速仪难以实施的条件下使用。

7．走航式多普勒测流系统

走航式多普勒测流系统利用多普勒效应原理进行流速测量，利用声波换能器作传感器发射声脉冲波，声脉冲波通过水体中不均匀分布的泥沙颗粒、浮游生物等反散射体反散射，由换能器接收信号，经测定多普勒频移而测算出流速。走航式多普勒测流系统具有能直接测出断面的流速剖面、具有不扰动流场、测验历时短、测速范围大等特点，可避免河道宽度和水深测量中的误差。近年来已广泛用于海洋及河口的流场结构调查、流速和流量测验等。

走航式多普勒测流系统适用于天然沟渠的测量，为主要推荐的方法。

测量时，根据现场条件利用桥梁或小船牵引，控制传感器在河道中来回移动进行断面流速测量，通常断面测量可以在 5～20 min 内完成，精度高于 1%。

关于加强第二次全国污染源普查保密管理工作的通知

国污普〔2018〕6号

中央宣传部、发展改革委、工业和信息化部、公安部、财政部、自然资源部、住房和城乡建设部、交通运输部、水利部、农业农村部、税务总局、市场监管总局、统计局、中央军委后勤保障部、中国铁路总公司办公厅（室），民航局综合司，各省、自治区、直辖市第二次全国污染源普查领导小组办公室，新疆生产建设兵团第二次全国污染源普查领导小组办公室：

为加强第二次全国污染源普查（以下简称普查）保密管理工作，确保普查工作涉及的国家秘密、敏感信息和其他应保密信息的安全，根据《中华人民共和国保守国家秘密法》及其实施条例、《中华人民共和国统计法》及其实施条例、《全国污染源普查条例》及《环境保护工作国家秘密范围的规定》（环发〔2013〕118号）等法律法规及有关规定，结合普查工作实际，现将有关事项通知如下：

一、明确保密对象，界定知悉范围

普查工作过程中需要加以保密的对象包括国家秘密、敏感信息和其他应保密信息。

（一）普查工作国家秘密

普查工作中涉及的已纳入国家保密范围的信息数据和文件资料，其知悉范围必须严格按照国家秘密有关规定执行。

（二）普查工作敏感信息

普查工作相关部门（单位或个人）提供（或填报）的以及在普查工作过程中产生（或获取）的数据信息和文件材料，公开前仅限于参与普查工作的单位及人员知悉；各级普查数据经审定入库后形成的数据集合，公开前仅限于参与普查数据审定和数据库管理的人员知悉。

（三）其他应保密信息

普查工作过程中获取的商业秘密、个人信息和其他能够识别或者推断单个普查对象身份的资料，任何单位和个人不得对外提供、泄露，不得用于普查统计以外的目的。

二、健全保密制度，完善管理措施

各级普查机构和有关部门（或单位）要在原有保密规章制度的基础上，建立健全普查工作保密制度，强化管理措施，明确责任领导、责任部门和责任人。按照“谁主管、谁负责”的原则，实行“一岗双责”，坚持业务工作和保密工作两手抓、两促进，形成主要领导亲自抓、分管领导靠前抓、专职人员全力抓的良好氛围。将保密管理有关要求贯穿普查工作全过程，确保各项保密制度措施落到实处，严防失泄密事件发生，切实做好污染源普查保密管理工作。

（一）加强对普查工作国家秘密的管理

1．存储、处理涉及普查工作国家秘密的信息数据必须使用涉密计算机，其打印设备等不得与任何公共信息系统连接。涉密计算机应当根据所处理信息的最高密级，按照相应级别保密措施进行管理；

2．存储涉及普查工作国家秘密的信息数据的移动介质（移动硬盘、U 盘等）要标注密级标识，并按照相应密级的保密管理规定严格管理；

3．涉及普查工作国家秘密的数据（或文件）资料的收发、分送、传阅、寄送、清退和销毁等环节，必须履行登记手续，传递涉密数据（或文件）资料必须通过机要渠道或安排专人递送；

4．涉及普查工作国家秘密的数据（或文件）资料必须妥善保管，建立台账，指定专人负责管理，原则上不得对外复制（或复印），如确需复制（或复印）的，要严格按照审批程序，复制（或复印）件按照原件管理；

5．严禁携带涉及普查工作国家秘密的数据（或文件）资料、计算机、移动介质出国（境）；

6．召开涉及普查工作国家秘密事项的会议，应采取保密防范技术措施；

7．其他未尽事宜按照国家有关法律法规及相关规章制度执行。

（二）加强对普查工作敏感信息和其他应保密信息的管理

1．普查工作敏感信息和其他应保密信息的存储、处理必须使用专用计算机，必须依托“国家电子政务专网”进行报送（或传输），专用计算机和专网的部署环境应满足国家信息安全等级保护制度第三级要求；

2．存储、处理普查工作敏感信息和其他应保密信息的移动介质（移动硬盘、U 盘等）必须安排专人负责保管和使用；

3．包含普查工作敏感信息和其他应保密信息的数据（或文件）资料的收发、分送、传阅、寄送、清退和销毁等环节，必须履行登记手续，不得擅自扩大发送范围；

4．包含普查工作敏感信息和其他应保密信息的数据（或文件）资料必须妥善保管，建立台账，指定专人负责管理，原则上不得对外复制（或复印），如确需复制（或复印）的，要严格按照审批程序，复制（或复印）件按照原件管理；

5．未经国家主管部门审批，严禁携带包含普查工作敏感信息和其他应保密信息的数据（或文件）资料、计算机、移动介质出国（境）；

6．对涉及普查工作敏感信息有关事项进行新闻报道、信息公开应从严把关，注意把握新闻报道和信息公开的内容和时机，避免引发舆论炒作。

（三）加强对普查工作参与部门（或单位）及人员的管理

1．普查工作任务下达部门（或单位）与承担单位之间应当签订保密协议书（样本见附件 1），承担单位与所有工作人员之间应当签订保密承诺书（样本见附件 2）；

2．涉及普查工作国家秘密、敏感信息和其他应保密信息的数据（或文件）资料提供部门（或单位）与使用部门（或单位）之间应当签订数据（或文件）资料使用协议书（样本见附件 3）；

3．涉及普查工作国家秘密和敏感信息的人员原则上不得聘用境外人员，如确需聘用的，应加强保密教育；

4．普查工作人员离岗离职时，应做好涉及普查工作国家秘密、敏感信息和其他应保密信息的数据（或文件）资料、计算机及移动介质的移交和清退工作，其中涉密人员应接受脱密期管理，有关部门（或单位）应组织脱密期保密教育；

5．普查工作人员发表论文、著作、演讲和讲座等不得涉及普查工作国家秘密和其他应保密信息；发表论文、著作、演讲和讲座等涉及普查工作敏感信息的，应当报经上级主管部门（或单位）批准。对是否涉及普查工作国家秘密、敏感信息和其他应保密信息界定不清的，应当事先经本部门（或单位）或上级主管部门（或单位）进行审定。向境外投寄稿件，应当按照国家保密有关规定办理；

6．对于参与普查工作的科技、管理等有关人员，有关部门（或单位）不得因其成果不宜公开发表、交流、推广而影响其评奖、表彰和职称评定等。对确因保密原因不能在刊物上公开发表的论文、不能出版的著作等，有关部门（或单位）应当对论文、著作等工作成果的实际水平给予客观、公正评价。

三、加强保密培训，强化保密意识

各级普查机构和有关部门（或单位）要组织普查工作保密培训，开展全员保密意识和保密常识教育，提高保密技能，切实筑牢保密安全的思想防线。普查工作保密培训要与普查工作的其他培训同步筹划、同步组织、同步实施。原则上，全国污染源普查领导小组办公室负责对省、市两级污染源普查工作机构技术骨干以及各省级普查培训师资的保密培训；省级污染源普查领导小组办公室负责对本行政区域内其余普查工作人员的保密培训。

各级普查工作人员应积极参与保密培训，认真学习国家保密法律法规和有关规章制度，掌握保密知识和技能；牢固树立保密意识，强化“保密工作无小事”的理念，克服保密工作与己无关和无密可保的思想，切实增强做好普查保密工作的责任感，严格遵守保密纪律，自觉履行保密义务。

四、定期监督检查，严格责任追究

国务院第二次全国污染源普查领导小组办公室负责中央本级普查工作参与部门（或单位）及人员的保密管理和监督检查；各省（区、市）第二次全国污染源普查领导小组办公室负责本行政区域内普查工作参与部门（或单位）及人员的保密管理和监督检查。各级第二次全国污染源普查工作办公室是普查保密工作的责任主体，应切实做好本级普查保密工作。全国污染源普查工作结束后，承接相关工作的部门（或单位）应当依照国家保密法律法规及有关规定严格履行保密管理和监督检查职责。

各级保密管理和监督检查部门要定期组织普查工作参与部门（或单位）开展自查自纠工作，认真查找风险点，消除安全隐患，堵塞失泄密漏洞。加大对重点部门（或单位）及其工作人员的监管力度，不定期组织随机抽查，每年至少开展一次全面检查，从严从实开展责任追究，坚决维护保密法纪严肃性。对普查工作有关部门、单位及人员违反保密法律法规和规章制度导致失泄密的，将依法依规追究有关部门、单位及人员的责任。坚持失泄密案件通报制度，凡被通报过的有关单位及人员不得参与污染源普查评比表彰。

附件：1. 保密协议书（样本）

2．保密承诺书（样本）

3．数据（或文件）资料使用协议书（样本）

国务院第二次全国污染源普查

领导小组办公室

2018 年 4 月 27 日

附件 1

保 密 协 议 书

（样 本）

甲方：______________________________（任务下达部门或单位）

乙方：___________________________（承担单位）

乙方自愿加入甲方的_______________________________工作组（以下简称工作组），并依工作组要求完成___________________相关工作（以下简称相关工作）。

经双方协商一致，为确保相关工作过程中涉及第二次全国污染源普查工作国家秘密、敏感信息和其他应保密信息（以下简称普查工作保密对象）的技术信息和文件资料不被泄露和滥用，甲乙双方达成如下协议：

一、甲乙双方作为相关工作的牵头和承担部门（或单位），其工作任务依据相关工作任务书确定，本协议仅涉及该项工作过程中及以后的保密责任。凡以直接、间接、口头或书面等形式提供涉及普查工作保密对象的行为均属泄密。

二、本协议所指涉及普查工作保密对象的技术信息和文件资料具体包括但不限于：

1．____；

2．____；

3．____；

4．____。

三、甲方责任：

1．甲方应根据相关工作任务书的规定，向乙方提供必要的技术信息和文件资料。

2．甲方在以书面形式（包括：磁盘、光盘等）向乙方提供技术信息和文件资料时，应当进行登记或备案。

3．甲方向乙方提供的注明保密的技术信息和文件资料负有保密责任，未经乙方同意不得提供给与相关工作无关的任何第三方。

4．对不再需要保密或者已经公开的技术信息和文件资料，甲方应及时通知乙方。

四、乙方责任：

1．乙方应仅将甲方提供的技术信息和文件资料用于工作组范围内的____相关工作。

2．乙方对从甲方或者甲方以外的其他渠道获得的涉及普查工作保密对象的技术信息和文件资料负有保密责任，未经甲方同意不得提供给任何第三方，包括乙方的分支机构、子公司或委托顾问方、接受咨询方等。

3．乙方为承担本协议约定的保密责任，应妥善保管有关的技术信息和文件资料，未经工作组事先的书面许可，不得对其复制、仿造等。

4．乙方应对有关人员（包括在职人员和曾在职人员）进行有效管理，以确保本协议的履行。

5．在本协议约定的保密期限内，乙方如发现涉及普查工作保密对象的技术信息和文件资料被泄露，应及时通知甲方，并采取积极措施避免损失扩大。

五、本协议中涉及普查工作保密对象的技术信息和文件资料，其中已经拥有知识产权的归原所有人所有；相关工作实施中产生的知识产权归属依照相关工作任务书约定执行。

六、甲方为满足相关工作实施的需要，可以将乙方提供的有关信息（乙方特别声明不能提供给他人的除外）向相关工作的有关方面（包括：承担相关工作的其他成员、聘请的专家、政府主管部门）提供，此行为不视为甲方违约。

乙方在实施相关工作过程中，需要向相关工作的有关方面（包括：承担相关工作的其他成员、聘请的专家、政府主管部门）提供涉及普查工作保密对象的技术信息和文件资料时，必须取得甲方的书面许可，或者由甲方负责提供。

七、违反本协议的约定，由违约方承担相应责任，并赔偿由此产生的一切损失。

八、本协议要求双方承担保密义务的期限为：自本协议签字之日起或者自双方中的一方取得涉及普查工作保密对象的技术信息和文件资料之日起，以时间在前的为准。

九、双方在履行协议中产生的纠纷，应通过友好协商解决。任何通过友好协商后不能解决的争议均应提交工作组所在地的人民法院诉讼解决。

十、本协议一式两份，甲乙双方各持一份。

甲方（盖章）：____________	乙方（盖章）：________________
代表人（签字）：__________	代表人（签字）：______________
联系电话：______________	联系电话：___________________
签订时间：____年___月___日	签订时间：______年____月____日
签订地点：______________	签订地点：____________________

附件 2

保 密 承 诺 书

（样 本）

本人了解有关保密法规制度，知悉应当承担的保密义务和法律责任。本人郑重承诺：

一、严格遵守国家保密法律法规和规章制度，履行保密义务。

二、不提供虚假个人信息，自愿接受保密审查。

三、不违规记录、存储、复印、复制涉及第二次全国污染源普查（以下简称普查）工作国家秘密、敏感信息和其他应保密信息的数据（或文件）资料，不违规存储、处理或留存涉及普查工作国家秘密、敏感信息和其他应保密信息的载体。

四、不以任何方式擅自公开或泄露所接触和知悉的普查工作国家秘密、敏感信息和其他应保密信息。

五、未经主管部门（或单位）审查批准，不擅自发表涉及普查工作国家秘密、敏感信息和其他应保密信息的论文、著作、演讲和讲座等。

六、离职离岗时，积极参加脱密期保密教育，自愿接受脱密期管理（只针对涉密人员）。

违反上述承诺，自愿承担党纪、政纪责任和法律后果。

承诺人：________________（签字）

________年____月____日

附件 3

数据（或文件）资料使用协议书

（样本）

甲方：____________________________（提供方）

乙方：____________________________（使用方）

甲方自愿为乙方提供____________用于 ______________________的相关工作（以下简称相关工作）。

经双方协商一致，为确保相关工作过程中涉及第二次全国污染源普查工作国家秘密、敏感信息和其他应保密信息（以下简称普查工作保密对象）的数据（或文件）资料不被泄露和滥用，甲乙双方达成如下协议：

一、凡以直接、间接、口头或书面等形式提供涉及普查工作保密对象的行为均属泄密。

二、本协议所指涉及普查工作保密对象的数据（或文件）资料具体包括但不限于：

1. ____；

2. ____；

3. ____；

4. ____。

三、甲方责任：

1. 甲方在以书面形式（包括：磁盘、光盘等）向乙方或其他第三方提供涉及普查工作保密对象的数据（或文件）资料时，应当进行登记或备案。

2. 对不再需要保密或者已经公开的涉及普查工作保密对象的数据（或文件）资料，甲方应及时通知乙方。

四、乙方责任：

1. 乙方应仅将甲方提供的数据（或文件）资料用于______________的相关工作。

2. 乙方对甲方提供的涉及普查工作保密对象的数据（或文件）资料负有保密责任，未经甲方同意不得提供给任何第三方，包括乙方的分支机构、子公司或委托顾问方、接受咨询方等。

3. 乙方为承担本协议约定的保密责任，应妥善保管有关的数据（或文件）资料，未经甲方事先的书面许可，不得对其复制、仿造等。

4. 乙方应对有关人员（包括在职人员和曾在职人员）进行有效管理，以确保本协议的履行。

5. 在本协议约定的保密期限内，乙方如发现涉及普查工作保密对象的数据（或文件）资料被泄露，应及时通知甲方，并采取积极措施避免损失扩大。

五、违反本协议的约定，由违约方承担相应责任，并赔偿由此产生的一切损失。

六、本协议要求双方承担保密义务的期限为：自本协议签字之日起或者自双方中的一方取得涉及普查工作保密对象的数据（或文件）资料之日起，以时间在前的为准。

七、双方在履行协议中产生的纠纷，应通过友好协商解决。任何通过友好协商后不能解决的争议均应提交工作组所在地的人民法院诉讼解决。

八、本协议一式两份，甲乙双方各持一份。

甲方（盖章）：____________	乙方（盖章）：______________
代表人（签字）：__________	代表人（签字）：____________
联系电话：______________	联系电话：________________
签订时间：____年___月___日	签订时间：______年___月___日
签订地点：______________	签订地点：________________

关于第二次全国污染源普查质量管理工作的指导意见

国污普〔2018〕7号

各省、自治区、直辖市第二次全国污染源普查领导小组办公室，新疆生产建设兵团第二次全国污染源普查领导小组办公室：

为做好第二次全国污染源普查（以下简称普查）质量管理工作，根据《全国污染源普查条例》《国务院关于开展第二次全国污染源普查的通知》（国发〔2016〕59号）和《国务院办公厅关于印发第二次全国污染源普查方案的通知》（国办发〔2017〕82号）有关规定，制定本指导意见。

一、健全普查责任体系

各级普查机构要建立健全普查责任体系，明确主体责任、监督责任和相关责任。

普查对象对提供的有关资料以及填报的普查表的真实性、准确性和完整性负主体责任。

普查员对普查对象数据来源以及普查表信息的完整性和合理性负初步审核责任；普查指导员对普查员提交的普查表及入户调查信息负审核责任。

各级普查领导小组办公室（工作办公室）对辖区内普查数据审核、汇总负主体责任；对登记、录入的普查资料与普查对象填报的普查资料的一致性，以及加工、整理的普查资料的准确性负主体责任。各级普查领导小组成员单位根据职责分工对其提供的普查资料的真实性负主体责任。各级普查领导小组对普查质量管理负领导和监督责任。

地方各级普查机构对其委托的第三方机构负监督责任，并对第三方机构承担的普查工作质量负主体责任。第三方机构对其承担的普查工作依据合同约定承担相应责任。

二、建立普查质量管理岗位责任制

地方各级普查机构应明确一名质量负责人，对普查的每个环节实施质量管理和检查。质量管理人员应熟悉各相关环节的工作及其质量要求和质量管理措施，负责收集、整理、分析各阶段工作质量指标的数据，及时向同级普查机构反映情况和存在的问题，提出保证普查质量的建议和措施。各省级普查机构于2018年5月31日前将本省及所辖各地市普查机构质量负责人（见附件）报送生态环境部第二次全国污染源普查工作办公室。

各级普查机构应通过检查、抽查、核查等多种方式，及时发现普查各阶段工作存在的问题并提出改进措施，防止出现大范围的系统性误差。在清查和入户调查阶段，应至少选择一个区域，派人深入基层，检查普查指导员和普查员工作情况，及时发现问题并纠正。

三、建立普查数据质量溯源制度

数据产生、记录、汇总、核查等各主要环节都要建立健全工作记录。清查过程中，各级普查机构对未列入上一级普查机构下发的清查基本单位名录册（库）的单位，以及清查基本单位名录册（库）中未列入普查单位基本名录的单位，由负责清查的工作人员填写说明，并由质量负责人签字。

普查表填报过程中，普查对象负责人要对填报的普查表信息进行签字确认；普查员要对经普查对象负责人确认的普查表进行现场审核并签字；普查指导员要对普查员提交的普查表进行审核并签字。普查表审核过程中发现问题的，要按照有关技术规范进行整改并保留记录，相关人员需再次签字确认。要做好普查对象与普查员，普查员与普查指导员，普查指导员与普查机构之间普查表的交接记录。

数据汇总与审核，以及质量核查都要保留相关的工作记录并签字或盖章。

四、依法开展质量核查评估

全国污染源普查领导小组办公室统一组织普查质量核查工作。各省级普查领导小组办公室负责组织对辖区各地市普查进行质量核查，各地市级普查领导小组办公室负责组织对各县（市、区）普查进行质量核查，核查未达评估标准或评估结果为“差”的，要按整改要求限期整改，逾期未完成整改任务的，将视情况予以通报、约谈和专项督察。质量核查主要内容、区域选取与抽样数量、核查技术要点及评估标准另行规定。

五、严厉惩处普查违法违规行为

任何地方、部门、单位和个人均不得提供不真实、不完整普查资料，不得拒报、迟报普查资料，不得伪造、篡改普查资料。对普查对象提供不真实、不完整普查资料，拒报、迟报普查资料，推诿、拒绝或者阻挠普查，以及转移、隐匿、篡改、毁弃与污染物产生和排放有关原始资料的，普查工作人员不执行普查方案，伪造、篡改普查资料，以及授意普查对象提供虚假普查资料的，任何地方、部门、单位的负责人擅自修改普查资料，强令、授意他人伪造或者篡改普查资料，以及对拒绝伪造、篡改普查资料的有关人员进行打击报复的，依据《中华人民共和国统计法》《中华人民共和国统计法实施条例》《全国污染源普查条例》有关规定进行处理；构成犯罪的，依法追究刑事责任。

各级普查机构及其工作人员，对普查对象的技术和商业秘密，必须履行保密义务。各级普查机构及其工作人员和参与普查工作的第三方机构泄露在普查中知悉的普查对象商业秘密的，对直接负责的主管人员和其他直接责任人员依法依纪给予处理；对普查对象造成损害的，应当依法承担民事责任。

附件：普查质量负责人汇总表

国务院第二次全国污染源普查

领导小组办公室

2018 年 5 月 7 日

附件

普查质量负责人汇总表

省（区、市）：

序号	姓　名	单　位	职务（职称）	办公电话	手　机	邮　箱
省级						
地市级						

关于做好第二次全国污染源普查质量核查工作的通知

国污普〔2018〕8号

各省、自治区、直辖市第二次全国污染源普查领导小组办公室，新疆生产建设兵团第二次全国污染源普查领导小组办公室：

为做好第二次全国污染源普查（以下简称普查）质量核查工作，保障普查工作质量，根据《全国污染源普查条例》《国务院关于开展第二次全国污染源普查的通知》（国发〔2016〕59号）和《国务院办公厅关于印发第二次全国污染源普查方案的通知》（国办发〔2017〕82号）有关要求，现将有关事项通知如下：

一、总体原则

（一）全过程核查原则

核查工作覆盖普查全过程，主要包括前期准备、普查员和普查指导员选聘及管理、清查、入户调查与数据采集、数据汇总等环节。

（二）分级核查原则

国务院第二次全国污染源普查领导小组办公室统一组织对各省（区、市）普查进行质量核查。各省级、地市级普查领导小组办公室分别负责组织对本行政区域内的普查进行质量核查。

（三）抽样核查原则

核查采取抽样的方法进行。原则上采取随机抽样的方法对核查的区域和入户调查对象进行抽取。

二、核查内容

（一）前期准备

重点核查地方各级普查领导小组及其办公室（工作办公室）等机构设立、人员配备、办公条件落实情况，实施方案或工作方案编制情况，经费预算编报与落实保障情况以及普查工作动员部署情况。

（二）普查员和普查指导员选聘及管理

重点核查普查员和普查指导员选聘、证件发放、培训质量等情况。

（三）清查

重点核查各类污染源普查调查单位名录是否全面、准确。

（四）入户调查与数据采集

重点核查入户调查记录，普查表填报的完整性、真实性、合理性及相关指标间的逻辑性。

（五）数据汇总

重点核查区域普查数据汇总过程中普查对象是否存在遗漏。

核查内容技术要点及评估标准见附件。

三、工作要求

（一）分阶段进行核查。根据普查工作总体安排和进展情况，分前期准备及清查、入户调查与数据采集、数据汇总等三个阶段进行核查。

（二）编制质量核查与评估报告。三个阶段都要编制质量核查与评估报告，报告应如实反映质量核查的有关情况、核查结论、整改要求及下一步工作建议，并及时报送上一级普查领导小组办公室。

（三）强化结果运用。对各项核查指标均达到评估标准的，予以通报表扬；对核查指标未达到评估标准或评估结果为“差”的，要按整改要求限期进行整改；逾期未完成整改任务的，将视情况予以通报、约谈和专项督察。各阶段质量核查的综合结果将作为评估各地普查质量和总结表彰的重要依据。

（四）严格核查纪律。参与核查工作的人员要严格遵守中央八项规定及实施细则精神、六项禁令和廉洁自律各项规定，严格遵守核查工作纪律和相关技术要求，严禁在核查工作中牟取利益。

附件：第二次全国污染源普查质量核查技术要点及评估标准

国务院第二次全国污染源普查

领导小组办公室

2018 年 5 月 7 日

附件

第二次全国污染源普查质量核查技术要点及评估标准

一、核查区域与抽样数量

（一）选取核查区域

国家级核查：结合管理需要选取核查区域，采用飞行检查、交叉检查、专家核查等多种方式开展核查。

省级核查：覆盖所有地级市，每个地级市随机选取 2 个县（市、区）作为核查区域开展核查。

地市级核查：覆盖所有县（市、区），每个县（市、区）随机选取 2 个乡镇（街道）作为核查区域开展核查。

（二）确定抽样数量

1．工业污染源

核查区域内工业污染源总数小于500家的，随机抽取25家（不足25家的全部抽样）；500家以上的，按5%的比例进行抽样（抽样数量不超过100家）。抽取的工业污染源原则上应覆盖核查区域内的主要行业类型和不同企业规模。

2．生活污染源

核查区域内生活源锅炉总数小于60台的，随机抽取3台（不足3台的全部抽样）；60台以上的，按5%的比例进行抽样（抽样数量不超过10台）。

核查区域内入河（海）排污口总数小于60个的，随机抽取3个（不足3个的全部抽样）；60个以上的，按5%的比例进行抽样（抽样数量不超过10个）。

3．农业污染源

核查区域内规模化畜禽养殖场总数小于30家的，随机抽取3家（不足3家的全部抽样）；30家以上的，按10%的比例进行抽样（抽样数量不超过10家）。

4．集中式污染治理设施

核查区域内集中式污水处理单位总数小于10家的，随机抽取1家；10家以上的，按10%的比例进行抽样（抽样数量不超过5家）。

核查区域内生活垃圾集中处理处置单位、危险废物集中处理处置单位分别抽取1～2家。

二、核查技术要点

（一）前期准备工作

通过查阅相关会议纪要、文件等资料，对省、市、县级污染源普查领导小组及其办公室（工作办公室）等机构设立、人员配备、办公条件落实情况，实施方案或工作方案编制情况，经费预算编报与落实保障情况，以及普查工作动员部署情况等进行核查，对前期准备工作质量开展定性评估。

（二）普查员和普查指导员选聘及管理工作

通过查阅普查员和普查指导员培训记录、考试记录、证件发放记录，结合电话或现场访谈，对普查员和普查指导员选聘及培训情况进行核查，对普查员和普查指导员培训、选聘及管理质量开展定性评估。电话或现场访谈的普查员和普查指导员人数原则上分别不少于10人和5人。

（三）清查工作

对核查区域的清查工作进行全面核查，分别计算核查区域内工业污染源、农业污染源、生活污染源、集中式污染治理设施的“漏查率”“重复率”和“错误率”，填写第二次全国污染源普查清查质量核查结果统计表（附表1）。

$$漏查率=\frac{漏查的普查对象数量}{核查确认的普查对象数量}\times 100\%$$

$$重复率=\frac{重复的普查对象数量}{核查确认的普查对象数量}\times100\%$$

$$错误率=\frac{清查表信息填报错误的普查对象数量}{核查确认的普查对象数量}\times100\%$$

开展省级清查工作核查时，可将选取的县（市、区）30%的乡镇（街道）作为核查区域。

（四）入户调查与数据采集工作

通过查阅入户调查记录、普查表、普查对象基本信息、物料消耗记录、原辅料凭证、生产记录、治理设施运行和污染物排放监测记录以及其他与污染物产生、排放和处理处置相关的原始资料，对核查区域的入户调查与数据采集质量进行现场核查，分别计算核查区域内工业污染源、农业污染源、生活污染源、集中式污染治理设施的“差错率”，填写第二次全国污染源普查入户调查与数据采集质量核查结果明细表（附表 2）、第二次全国污染源普查入户调查与数据采集质量核查结果统计表（附表 3）。

$$差错率=\frac{普查表出现差错的普查对象数量}{核查确认的普查对象数量}\times100\%$$

（五）数据汇总工作

通过查阅比对污染源普查入户调查对象名录、普查表，对核查区域的数据汇总质量进行核查，分别计算核查区域内工业污染源、农业污染源、生活污染源、集中式污染治理设施普查数据汇总的“遗漏率”，填写第二次全国污染源普查数据汇总质量核查结果统计表（附表 4）。

$$遗漏率=\frac{应汇总普查对象数量-实际汇总普查对象数量}{应汇总普查对象数量}\times100\%$$

三、评估标准

各项核查内容的评估标准见附表 5。

附表 1

第二次全国污染源普查清查质量核查结果统计表

核查区域：　　　　省（自治区、直辖市）　　　　市（地区、州、盟）　　　　县（市、区）

类　别	范　围	漏查的普查对象数量（家）	重复的普查对象数量（家）	清查表信息填报错误的普查对象数量（家）	核查确认的普查对象数量（家）	漏查率（%）	重复率（%）	错误率（%）
工业污染源	全部							
农业污染源	规模化畜禽养殖场							
生活污染源	生活源锅炉							
	入河（海）排污口							

类　别	范　围	漏查的普查对象数量（家）	重复的普查对象数量（家）	清查表信息填报错误的普查对象数量（家）	核查确认的普查对象数量（家）	漏查率（%）	重复率（%）	错误率（%）
集中式污染治理设施	集中式污水处理单位							
	生活垃圾集中处理处置单位							
	危险废物集中处理处置单位							
总　计								

填表人：　　　　填表时间：　　　　质量负责人：　　　　核查组负责人：

附表 2

第二次全国污染源普查入户调查与数据采集质量核查结果明细表

核查区域：　　　　省（自治区、直辖市）　　　　市（地区、州、盟）　　　　县（市、区）

序 号	普 查 对 象 名 称	污 染 源 类 型	普 查 表 填 报 错 误 的 具 体 项 目

填表人：　　　　填表时间：　　　　质量负责人：　　　　核查组负责人：

附表 3

第二次全国污染源普查入户调查与数据采集质量核查结果统计表

核查区域：　　　　省（自治区、直辖市）　　　　市（地区、州、盟）　　　　县（市、区）

类　别	范　围	普查表出现差错的普查对象数量（家）	核查区域内普查对象数量（家）	差错率（%）
工业污染源	全部			
农业污染源	规模化畜禽养殖场			
生活污染源	生活源锅炉			
	入河（海）排污口			
集中式污染治理设施	集中式污水处理单位			
	生活垃圾集中处理处置单位			
	危险废物集中处理处置单位			
总　计				

填表人：　　　　填表时间：　　　　质量负责人：　　　　核查组负责人：

附表 4

第二次全国污染源普查数据汇总质量核查结果统计表

核查区域：　　　　省（自治区、直辖市）　　　　市（地、州、盟）　　　　县（市、区）

项目	范围	实际汇总普查对象数量（家）	应汇总普查对象数量（家）	遗漏率（%）
工业污染源	全部			
农业污染源	规模化畜禽养殖场			
生活污染源	生活源锅炉			
	入河（海）排污口			
集中式污染治理设施	集中式污水处理单位			
	生活垃圾集中处理处置单位			
	危险废物集中处理处置单位			
总　计				

填表人：　　　　填表时间：　　　　质量负责人：　　　　核查组负责人：

附表 5

第二次全国污染源普查质量核查评估标准

核查内容		评估标准		
		优	良	差
前期准备		领导重视，普查领导小组及其办公室（工作办公室）等机构成立及时，人员配备充足，办公条件满足需要，实施方案（工作方案）印发及时、科学合理、操作性强，经费保障有力，及时将普查工作部署到部门和基层政府	领导比较重视，普查领导小组及其办公室（工作办公室）等机构成立较为及时，人员配备比较充足，办公条件基本满足需要，实施方案（工作方案）较为科学合理、操作性较强、印发较为及时，经费基本得到保障，动员部署工作比较及时	领导不够重视，普查领导小组及其办公室（工作办公室）等机构成立较晚，人员配备不足，办公条件一般，实施方案（工作方案）科学性和操作性较差、印发较晚，经费保障不力，动员部署工作未开展或效果较差
普查员和普查指导员选聘及管理		选聘符合国家（省级）相关文件要求，管理到位，培训质量高，完全满足工作需要	选聘基本符合国家（省级）相关文件要求，管理基本到位，培训质量较高，基本满足工作需要	选聘与国家（省级）相关文件要求差距较大，管理不规范，培训质量不高，难以满足工作需要
清查	漏查率（%）	≤2	≤3	>3
	重复率（%）	≤3	≤4	>4
	错误率（%）	≤3	≤4	>4
入户调查与数据采集	差错率（%）	≤2	≤3	>3
数据汇总	遗漏率（%）	≤1	≤2	>2

关于做好第二次全国污染源普查清查工作的通知

国污普〔2018〕9号

各省、自治区、直辖市第二次全国污染源普查领导小组办公室，新疆生产建设兵团第二次全国污染源普查领导小组办公室：

清查是第二次全国污染源普查（以下简称普查）工作的重要内容，是确定普查入户调查对象，了解各类固定污染源的数量、结构、区域和行业分布情况，建立健全普查基本单位名录库和普查信息数据库的重要基础。为做好普查清查工作，确保清查工作质量，现将有关要求通知如下：

一、工作目标

按照《国务院办公厅关于印发第二次全国污染源普查方案的通知》（国办发〔2017〕82号）、《关于印发第二次全国污染源普查清查技术规定的通知》（国污普〔2018〕3号）、《关于开展第二次全国污染源普查入河（海）排污口普查与监测工作的通知》（国污普〔2018〕4号）等文件精神和技术要求，2018年4月至6月全面开展工业源、规模化畜禽养殖场、集中式污染治理设施、生活源锅炉和入河（海）排污口清查工作，6月底前完成清查和结果上报工作。

二、工作原则

（一）全面覆盖，应查尽查。按有关技术规定要求，对辖区范围内的全部工业企业和产业活动单位、规模化畜禽养殖场、集中式污染治理设施、生活源锅炉和入河（海）排污口，开展实地排查。对暂时不能明确是否属于清查范围的，依据从严原则，一律纳入清查范围。

（二）内外结合，不重不漏。地方各级普查机构要将名录库清洗比对工作与拉网式现场排查工作相结合，去重、去伪、补漏，摸清所在区域各类污染源数量和分布情况。

（三）加强指导，保障质量。省、市两级普查机构要加强对县级普查机构清查工作的指导，保证清查技术培训全覆盖。对于清查工作中遇到的问题，要认真及时研究回复，做好技术指导。

（四）明确责任，强化督查。地方各级人民政府普查领导小组是清查工作的第一责任主体，政府各有关部门要按照普查实施方案分工要求做好清查工作。上级普查机构要加强对下级普查机构的业务指导、工作调度和任务督办，确保相关责任落实到位。

三、工作要求

（一）2018年5月10日前做好清查准备工作。省级普查机构负责收集汇总本地区行政区划变更情况并报上级普查机构确认。省、市两级普查机构负责收集辖区内工商等部门注册登记信息，补充完善国家下发的清查名录，形成清查底册并下发至县级普查机构。各级普查机构要做好普查员和普查指导员选聘、培训与登记发证工作，做好普查宣传。

（二）2018 年 5 月至 6 月集中做好摸底清查工作。县级普查机构要充分调动乡镇、街镇和村（居）民委员会力量，利用环保员和网格员熟悉辖区情况的优势，发挥第三方机构专业优势，做好普查清查工作组织实施。在清查底册基础上，组织开展实地排查，核实企业运行、关闭、停产和其他状态，填报各类污染源基本信息和地理坐标信息。现场排查中新发现的、不在清查底册中的污染源应补充到名录中，并在清查表中填报污染源有关信息。清查底册中确认处于关闭状态和不建议纳入全面入户调查对象的，无需填报清查表，但必须进行标识。

（三）加强清查全过程工作调度与质量管理。清查期间施行双周调度制度，以 2018 年 5 月 10 日（周四）为起始点，省级普查机构每逢双周四 17：00 前将省、市、县三级普查机构工作进展情况报生态环境部。省、市两级普查机构要做好县级普查机构清查结果的现场抽查、抽样复核和质量评估，区县级普查机构要做好数据自查自检。清查结果不满足质量管理要求的，视情况要求开展补充清查或重新清查。对保障条件落实不到位、工作进度滞后、没有按计划完成的公开提出批评，视轻重程度，采取发督办函、内部约谈、公开约谈、内部通报、公开通报、专项督察等方式强化问题整改和相关责任落实。

（四）2018 年 6 月底前完成清查结果报送。清查工作完成后，各省级普查机构要按照国家下发的清查系统汇总上报普查清查结果，同时附清查工作总结报告，说明清查工作开展情况、清查底册中不同类型污染源清查结果及分类（运行和停产、关闭、新增等）汇总情况；同时上报本省普查员和普查指导员名单，包含姓名、编号、手机号码，最终划定的普查小区名称和编码。对于关闭企业和其他不建议纳入全面入户调查的单位，必须由当地人民政府普查领导小组确认后再上报。

国务院第二次全国污染源普查

领导小组办公室

2018 年 5 月 6 日

关于开展第二次全国污染源普查前期工作检查的通知

环办普查函〔2018〕289号

各省、自治区、直辖市环境保护厅（局），新疆生产建设兵团环境保护局：

为贯彻落实国务院关于第二次全国污染源普查（以下简称普查）工作的重要决策部署，加快推进普查工作，我部定于2018年5月21日至29日开展普查前期工作检查。现将有关事项通知如下：

一、检查内容

重点检查普查工作前期准备、污染源普查清查、普查员与普查指导员选聘、普查工作调度与督办、宣传与培训、普查信息化建设等方面的工作情况。

二、检查安排

我部共组织16个检查组，由司局级领导同志带队赴各省（区、市）进行检查，每个检查组各检查2个省份。

在检查省级普查工作情况的同时，下沉一层，抽查地市级或县级普查工作情况。北京、天津、上海、重庆各抽查3个区（县），新疆生产建设兵团抽查3个师（市）。其他省份各抽查2～3个地级及以上城市（省会城市必查），对被抽查的城市再随机检查2个县（市、区）。

三、有关要求

（一）各省（区、市）环境保护厅（局），新疆生产建设兵团环境保护局要高度重视，充分认识普查工作重要性，认真组织、积极配合，提前做好检查准备。按照我部检查工作方案（见附件）组织开展全面自查，并将自查报告提交我部检查组。

（二）我部将根据检查情况，对普查工作开展好的地区予以表扬，对工作进度滞后的地区予以批评，并视情况对工作进度严重滞后的地区进行督办、约谈、通报或专项督察。

（三）请配合、监督我部检查组严格落实中央八项规定精神和检查工作纪律。

附件：第二次全国污染源普查前期工作检查方案

生态环境部办公厅

2018年5月16日

附件

第二次全国污染源普查前期工作检查方案

一、检查目的

督促各地贯彻落实国务院关于普查工作的重要决策部署；督促落实《第二次全国污染源普查方案》《第二次全国污染源普查工作要点》中的前期工作任务；督促落实第二次全国污染源普查现场暨视频会议精神，总结经验，发现问题，加快推进普查工作。

二、检查内容

（一）普查工作前期准备

人员配备、经费落实等情况。

（二）污染源普查清查

省级普查机构补充完成清查基本单位名录库，形成并下发清查底册情况，省级普查机构部署市、县开展清查工作情况，市、县级普查机构对基本单位名录库的增减情况，省、市级清查核查工作开展情况。

县级普查机构开展工业企业和产业活动单位、规模化畜禽养殖场、集中式污染治理设施现场排查情况；入河（海）排污口排查、排污口清单建立、水质监测开展情况；生活源锅炉初步名录建立、清查开展情况。

（三）普查员与普查指导员选聘

省级普查机构对普查员与普查指导员的管理情况；市、县级普查机构普查员与普查指导员的选聘、培训、发证情况，已选聘普查员与普查指导员数量是否满足工作需要等情况。

（四）普查工作调度与督办

省级普查机构工作调度和督办机制建立情况；清查和试点阶段“双周调度”工作开展情况；定期开展监督检查工作情况。

（五）宣传与培训

各级普查机构面向公众以及普查对象开展的宣传工作情况；各级普查机构培训工作开展情况。

（六）信息化建设

环保专网联通到省、市、县各级普查机构情况；省级数据处理环境建设情况；移动采集终端落实情况。

三、检查安排

（一）组织 16 个检查组，每组 4～5 人，组长由司局级领导同志（普查办、有关直属单位负责同志，熟悉普查工作的退休同志）担任，部分成员从直属单位抽调。

（二）在检查省级普查工作情况的同时，下沉一层，抽查地市级或县级普查工作情况。北京、天津、上海、重庆各抽查 3 个区（县），新疆生产建设兵团抽查 3 个师（市）。其他省份各抽查 2～3 个地级及以上城市（省会城市必查），对被抽查的城市再随机检查 2 个县（市、区）。

（三）2018 年 5 月中旬，完成相关人员抽调、分组安排，印发检查通知。

（四）2018 年 5 月 17 日，召开部署培训会，统一工作要求。

（五）2018 年 5 月 21 日至 29 日，赴各地开展检查工作。

（六）2018 年 5 月 30 日，听取各检查组工作汇报。

（七）2018 年 6 月 1 日前，各检查组提交报告。

（八）2018 年 6 月 5 日，普查办汇总形成检查总报告。

关于做好第二次全国污染源普查清查结果报送工作的通知

国污普〔2018〕10号

中央宣传部、发展改革委、工业和信息化部、公安部、财政部、自然资源部、住房和城乡建设部、交通运输部、水利部、农业农村部、税务总局、市场监管总局、统计局、中央军委后勤保障部、中国铁路总公司办公厅（室），民航局综合司，各省、自治区、直辖市第二次全国污染源普查领导小组办公室，新疆生产建设兵团第二次全国污染源普查领导小组办公室：

普查清查是第二次全国污染源普查工作的重要基础，其目的是确定普查入户调查对象，建立第二次全国污染源普查基本单位名录库，为全面开展普查入户调查做好准备。为做好清查结果的汇总和报送工作，现将有关要求通知如下：

一、清查结果抽查检查

各级普查机构要严格按照《关于印发第二次全国污染源普查清查技术规定的通知》（国污普〔2018〕3号，以下简称清查技术规定）、《关于做好第二次全国污染源普查清查工作的通知》（国污普〔2018〕9号）要求，做好清查工作。县级普查机构要做好清查结果自审自查工作；市级和省级普查机构按照《关于第二次全国污染源普查质量管理工作的指导意见》（国污普〔2018〕7号）、《关于做好第二次全国污染源普查质量核查工作的通知》（国污普〔2018〕8号）要求，做好本行政区域内的清查结果质量核查工作。省级质量核查工作结束后，按照本通知要求逐级汇总上报清查结果；国务院第二次全国污染源普查领导小组办公室统一组织对各省（区、市）清查工作的抽查检查。

二、清查结果报送内容

（一）清查名录库排查结果

包括如下汇总表：工业企业和产业活动单位，规模化畜禽养殖场，集中式污染治理设施，生活源锅炉，入河（海）排污口，伴生放射性矿企业，国家级、省级工业园区（产业园区）。

清查底册中，经清查发现底册信息有误不属于清查范围或找不到、关闭等情况而不建议纳入普查入户调查对象的单位，根据相关证明材料，经本级普查机构审核确认后，整理汇总形成清单，由县级污染源普查领导小组审核确认，加盖公章存档。质量核查与抽查检查时，对此类单位须重点进行现场核实与甄别。

各省级辐射管理或监测机构根据矿产采选、冶炼和加工产业活动放射性水平初测结果，筛选出伴生放射性矿普查对象后汇总报送省级普查机构，由省级普查机构统一上报。

（二）普查员和普查指导员名册

各级普查机构将选定的普查员和普查指导员名单汇总，打印成册、盖章存档。名册内容包括普查员和普查指导员的编号、姓名、联系方式等。

（三）普查分区及编码

根据清查技术规定的普查分区划分要求，县级普查机构将划定的普查小区名称和编码汇总上报；市级普查机构将县级普查小区划分情况汇总整理后上报省级普查机构；省级普查机构统一汇总上报本行政区域普查小区划分情况。

（四）清查质量核查与评估报告

省级和市级普查机构应在清查质量核查工作结束后，分别编制质量核查与评估报告，报告应如实反映质量核查的有关情况、核查结果、整改要求和下一步工作建议，并及时报送上一级普查领导小组办公室。

（五）清查工作总结报告

清查工作结束后，省级普查机构在上报清查结果时，应同时上报清查工作总结报告。总结报告包括清查工作开展情况，普查小区划分情况，普查员和普查指导员选聘情况，清查确定的各类普查对象情况（数量、分类、分布等），不纳入普查的对象汇总情况，省级质量核查情况，存在的问题及建议等内容。

三、清查结果报送相关要求

（一）报送方式

清查名录库排查结果、普查员和普查指导员名册、普查分区及编码统一以 xlsx、xls 或 csv 格式上报；清查质量核查与评估报告、清查工作总结报告以 docx、doc 或 wps 格式上报。

使用生态环境部第二次全国污染源普查工作办公室下发的清查采集工具的，以 json 格式上报；使用其他工具的，按照《第二次全国污染源普查清查结果报送格式说明》（见附件）要求上报，汇总表按清查技术规定要求命名。

全部文件必须通过环保专网或专人以光盘的形式报送。

（二）报送程序

省级普查机构负责统一收集、汇总本行政区域结果，经省级普查领导小组办公室审核确认，按照附件格式要求加盖公章（提供扫描件）后上报。

（三）报送时间

省级普查机构应于 2018 年 6 月 30 日前报送清查结果。

附件：第二次全国污染源普查清查结果报送格式说明

国务院第二次全国污染源普查
领导小组办公室
2018 年 6 月 21 日

附件

第二次全国污染源普查清查结果报送格式说明

一、采用国家普查机构下发的清查采集工具采集、录入清查信息的，可按照操作流程和数据格式（json）上报清查汇总结果，并报国家普查机构确认。

二、用自行开发的采集工具或Excel采集、录入、汇总清查结果的，应按照附2～附8所示格式，根据字段名称、字段顺序、字段属性要求导出xlsx、xls或csv格式上报。现场调查表中必须填报普查员、普查员编号、审核人、审核人编号、填报时间、审核时间；已汇总表格中普查员、普查员编号、审核人、审核人编号、填报时间、审核时间指标缺失的不需要补充汇总。

三、字段名称及类型不得修改，须与附2～附10严格保持一致，字段名称中不得有空格或增删字符，相对顺序不得调换。

四、根据清查对象实际情况优选统一社会信用代码填报；尚未申请统一社会信用代码的，填报原组织机构代码；既未申请统一社会信用代码又无组织机构代码的，填报普查对象识别码。无统一社会信用代码、组织机构代码的伴生放射性矿企业，由省级辐射监测机构与省级普查机构沟通后填报该企业普查对象识别码。

附1

×××省第二次全国污染源普查清查报送材料清单

编　号	文　件　名　称	格　式	大　小	时　间
1	清查名录库排查结果			
（1）	工业企业和产业活动单位汇总表			
（2）	规模化畜禽养殖场汇总表			
（3）	集中式污染治理设施汇总表			
（4）	生活源锅炉汇总表			
（5）	入河（海）排污口汇总表			
（6）	伴生放射性矿企业汇总表			
（7）	国家级、省级工业园区（产业园区）汇总表			
2	普查员和普查指导员名册			
3	普查分区及编码			
4	清查质量核查与评估报告			
5	清查工作总结报告			

×××省第二次全国污染源普查领导小组办公室

（加盖公章）

2018年××月××日

附 2

第二次全国污染源普查工业企业和产业活动单位清查汇总表

字段列序号	字段名称	字段属性要求	示例
A	普查小区代码	统计用 12 位行政区划代码，字符型，长度 12 位	110105029203
B	统一社会信用代码	按清查技术规定中【统一社会信用代码/组织机构代码】指标解释填写，字符型，长度 18 位	91110105700952758D
C	组织机构代码	按清查技术规定中【统一社会信用代码/组织机构代码】指标解释填写，字符型，长度 10 位	70095275-8
D	普查对象识别码	按清查技术规定中【普查对象识别码】指标解释填写，字符型，长度 18 位	GE1101050292030001
E	排污许可证编号	按清查技术规定中【排污许可证编号】指标解释填写，字符型，长度 22 位	91130102700952758D001P
F	单位名称	字符型	北京五普有限公司
G	曾用名	字符型	
H	运行状态	字符型，运行、停产、关闭，三选一	运行
I	省（自治区、直辖市）	字符型	北京市
J	地区（市、州、盟）	字符型	市辖区
K	县（区、市、旗）	字符型	朝阳区
L	乡（镇）	字符型	平房乡
M	详细地址（街、村）	字符型	黄渠村
N	门牌号	字符型	5 号
O	联系人	字符型	丁一
P	固定电话	字符型，区号-电话号码	010-88888888
Q	移动电话	字符型，11 位手机号	13011112222
R	行业类别代码	按照《国民经济行业分类》（GB/T 4754—2017）的行业小类代码（4 位）填写，字符型	2411
S	行业类别名称	按照《国民经济行业分类》（GB/T4754—2017）的行业小类名称填写，字符型	文具制造
T	是否涉及稀土等 15 类矿产资源开采、选矿、冶炼（分离）、加工	字符型，是、否，二选一	否
U	其他厂址个数	数值型，整数	0
V	其他厂址地址	字符型	
W	经度（度）	数值型，整数，长度 3 位	116
X	经度（分）	数值型，整数，长度 2 位	32
Y	经度（秒）	数值型，小数，长度 2 位，保留 2 位小数	33.33
Z	纬度（度）	数值型，整数，长度 2 位	39
AA	纬度（分）	数值型，整数，长度 2 位	47
AB	纬度（秒）	数值型，小数，长度 2 位，保留 2 位小数	33.33
AC	备注	各项指标中存在特殊情况的，可在此予以注明。例如正在办理停产、关闭手续，设施预计在普查阶段拆除，或者长期停产且无法找到企业人员等各种情况。字符型	
AD	普查员	字符型	张三
AE	普查员编号	字符型，长度 10 位	110105P001
AF	审核人	字符型	李四

字段列序　号	字段名称	字 段 属 性 要 求	示　例
AG	审核人编号	字符型，长度 10 位	110105S001
AH	填报时间	日期型，年-月-日，年份长度 4 位，月份长度 2 位，日期长度 2 位	2018-06-01
AI	审核时间	日期型，年-月-日，年份长度 4 位，月份长度 2 位，日期长度 2 位	2018-06-01
AJ	是否纳入普查范围	字符型，是、否，二选一	是

附 3

第二次全国污染源普查规模化畜禽养殖场清查汇总表

字段列序　号	字段名称	字段属性要求	示例
A	普查小区代码	统计用 12 位行政区划代码，字符型，长度 12 位	110105029203
B	统一社会信用代码	按清查技术规定中【统一社会信用代码/组织机构代码】指标解释填写，字符型，长度 18 位	91110105700952758D
C	组织机构代码	按清查技术规定中【统一社会信用代码/组织机构代码】指标解释填写，字符型，长度 10 位	70095275-8
D	普查对象识别码	按清查技术规定中【普查对象识别码】指标解释填写，字符型，长度 18 位	GE1101050292030001
E	养殖场名称	字符型	北京朝阳丁一养殖场
F	运行状态	字符型，运行、停产、关闭，三选一	运行
G	省（自治区、直辖市）	字符型	北京市
H	地区（市、州、盟）	字符型	市辖区
I	县（区、市、旗）	字符型	朝阳区
J	乡（镇）	字符型	平房乡
K	详细地址（街、村）	字符型	黄渠村
L	门牌号	字符型	10 号
M	联系人	字符型	丁一
N	固定电话	字符型，区号-电话号码	010 88888888
O	移动电话	字符型，11 位手机号	13011112222
P	猪（头）	数值型，整数	500
Q	奶牛（头）	数值型，整数	100
R	肉牛（头）	数值型，整数	200
S	蛋鸡（羽）	数值型，整数	2000
T	肉鸡（羽）	数值型，整数	5000
U	经度（度）	数值型，整数，长度 3 位	116
V	经度（分）	数值型，整数，长度 2 位	32
W	经度（秒）	数值型，小数，长度 2 位，保留 2 位小数	33.33
X	纬度（度）	数值型，整数，长度 2 位	39
Y	纬度（分）	数值型，整数，长度 2 位	47
Z	纬度（秒）	数值型，长度 2 位，保留 2 位小数	33.33
AA	普查员	字符型	张三
AB	普查员编号	字符型，长度 10 位	110105P001
AC	审核人	字符型	李四
AD	审核人编号	字符型，长度 10 位	110105S001

字段列序　号	字段名称	字段属性要求	示例
AE	填报时间	日期型，年-月-日，年份长度4位，月份长度2位，日期长度2位	2018-06-01
AF	审核时间	日期型，年-月-日，年份长度4位，月份长度2位，日期长度2位	2018-06-01
AG	是否纳入普查范围	字符型，是、否，二选一	是

附4

第二次全国污染源普查集中式污染治理设施清查汇总表

字段列序　号	字段名称	字 段 属 性 要 求	示　例
A	普查小区代码	沿用国家统计局编制的12位统计用行政区划代码，字符型，长度12位	110105029203
B	统一社会信用代码	按清查技术规定中【统一社会信用代码/组织机构代码】指标解释填写，字符型，长度18位	91110105700952758D
C	组织机构代码	按清查技术规定中【统一社会信用代码/组织机构代码】指标解释填写，字符型，长度10位	70095275-8
D	普查对象识别码	按清查技术规定中【普查对象识别码】指标解释填写，字符型，长度18位	GE1101050292030001
E	单位名称	字符型	北京朝阳污水处理厂
F	运营单位	字符型	北京丁一净水公司
G	运行状态	字符型，运行、停产、关闭，三选一	运行
H	省（自治区、直辖市）	字符型	北京市
I	地区（市、州、盟）	字符型	市辖区
J	县（区、市、旗）	字符型	朝阳区
K	乡（镇）	字符型	平房乡
L	详细地址（街、村）	字符型	黄渠村
M	门牌号	字符型	15号
N	联系人	字符型	丁一
O	固定电话	字符型，区号-电话号码	010-88888888
P	移动电话	字符型，11位手机号	13011112222
Q	设施类别	字符型，生活垃圾集中处理处置、危险废物集中处理处置、污水集中处理处置，三选一	污水集中处理处置
R	农村集中式污水处理设施	字符型，是、否，二选一	是
S	设计处理能力（吨/日）	数值型，小数	50.32
T	服务人口（人）	数值型，整数	500
U	服务家庭（户）	数值型，整数	50
V	经度（度）	数值型，整数，长度3位	116
W	经度（分）	数值型，整数，长度2位	32
X	经度（秒）	数值型，小数，长度2位，保留2位小数	33.33
Y	纬度（度）	数值型，整数，长度2位	39
Z	纬度（分）	数值型，整数，长度2位	47
AA	纬度（秒）	数值型，小数，长度2位，保留2位小数	33.33
AB	普查员	字符型	张三
AC	普查员编号	字符型，长度10位	110105P001

字段列序　号	字段名称	字 段 属 性 要 求	示　例
AD	审核人	字符型	李四
AE	审核人编号	字符型，长度 10 位	110105S001
AF	填报时间	日期型，年-月-日，年份长度 4 位，月份长度 2 位，日期长度 2 位	2018-06-01
AG	审核时间	日期型，年-月-日，年份长度 4 位，月份长度 2 位，日期长度 2 位	2018-06-01
AH	是否纳入普查范围	字符型，是、否，二选一	是

附 5

第二次全国污染源普查生活源锅炉清查汇总表

字段列序　号	字段名称	字段属性要求	示例
A	普查小区代码	沿用国家统计局编制的 12 位统计用行政区划代码，字符型，长度 12 位	110105029203
B	统一社会信用代码	按清查技术规定中【统一社会信用代码/组织机构代码】指标解释填写，字符型，长度 18 位	91110105700952758D
C	组织机构代码	按清查技术规定中【统一社会信用代码/组织机构代码】指标解释填写，字符型，长度 10 位	70095275-8
D	普查对象识别码	按清查技术规定中【普查对象识别码】指标解释填写，字符型，长度 18 位	GE1101050292030001
E	单位名称	字符型	北京朝阳热电有限公司
F	锅炉产权单位（选填）	字符型	
G	省（自治区、直辖市）	字符型	北京市
H	地区（市、州、盟）	字符型	市辖区
I	县（区、市、旗）	字符型	朝阳区
J	乡（镇）	字符型	平房乡
K	详细地址（街、村）	字符型	黄渠村
L	门牌号	字符型	20 号
M	联系人	字符型	丁一
N	固定电话	字符型，区号-电话号码	010-88888888
O	移动电话	字符型，11 位手机号	13011112222
P	机构类型	单选：机关、事业单位、社会团体、民办非企业单位、企业、个体工商户、农民专业合作社、居委会、居民小区、村委会、其他，十选一	事业单位
Q	行业类别代码	按照《国民经济行业分类》（GB/T 4754—2017）的行业小类代码（两位）填写，字符型	××
R	行业类别名称	按照《国民经济行业分类》（GB/T 4754—2017）的行业小类名称填写，字符型	××××
S	拥有锅炉数量	数值型，整数	3
T	经度（度）	数值型，整数，长度 3 位	116
U	经度（分）	数值型，整数，长度 2 位	32
V	经度（秒）	数值型，小数，长度 2 位，保留 2 位小数	33.33
W	纬度（度）	数值型，整数，长度 2 位	39
X	纬度（分）	数值型，整数，长度 2 位	47

字段列序号	字段名称	字段属性要求	示例
Y	纬度（秒）	数值型，小数，长度 2 位，保留 2 位小数	33.33
Z	普查员	字符型	张三
AA	普查员编号	字符型，长度 10 位	110105P001
AB	审核人	字符型	李四
AC	审核人编号	字符型，长度 10 位	110105S001
AD	填报时间	日期型，年-月-日，年份长度 4 位，月份长度 2 位，日期长度 2 位	2018-06-01
AE	审核时间	日期型，年-月-日，年份长度 4 位，月份长度 2 位，日期长度 2 位	2018-06-01
AF	锅炉用途	字符型，M1 供水，M2 供暖，M3 洗浴，M4 烘干，M5 餐饮，M6 高温消毒，M7 农业，M8 制冷，M9 其他，多个用途以“/”分开	M1 供水/M2 供暖
AG	锅炉投运年份	日期型，年份 4 位	
AH	锅炉编号	用字母 GL 及其内部编号组成锅炉编号填写，字符型	GL1
AI	锅炉型号	按照锅炉铭牌上的型号填报，锅炉型号不明或铭牌不清填“0”，字符型	×××
AJ	锅炉类型	字符型，R1 燃煤锅炉，R2 燃油锅炉，R3 燃气锅炉，R4 燃生物质锅炉四选一	R1 燃煤锅炉
AK	额定出力（t/h）	数值型，小数，保留 1 位小数	2.2
AL	锅炉燃烧方式	按照清查规定锅炉燃烧方式填写，字符型	RM01 抛煤机炉
AM	年运行时间	填写调查年度锅炉全年的实际运行月份，数值型，整数	10
AN	燃料煤类型	按照清查规定能源种类代码表中燃料煤类型填写，字符型	101 原煤
AO	燃料煤消耗量（吨）	数值型，小数，保留 1 位小数	100.0
AP	燃料煤平均含硫量（%）	数值型，小数，保留 1 位小数	88.8
AQ	燃料煤平均灰分（%）	数值型，小数，保留 1 位小数	55.5
AR	燃料煤平均干燥无灰基挥发分（%）	数值型，小数，保留 1 位小数	44.4
AS	燃油类型	按照清查规定能源种类代码表中燃油类型填写。字符型	
AT	燃油消耗量（吨）	数值型，小数，保留 1 位小数	
AU	燃油平均含硫量（吨）	数值型，小数，保留 1 位小数	
AV	燃气类型	按照清查规定能源种类代码表中燃气类型填写。字符型	
AW	燃料气消耗量（万米^3）	数值型，小数，保留 1 位小数	
AX	生物质燃料类型	按照清查规定能源种类代码表中“生物质成型燃料”填写，字符型	
AY	生物质燃料消耗量（吨）	数值型，小数，保留 1 位小数	
AZ	除尘设施编号	用字母 QC 及其内部编号组成，两台或多台锅炉使用同一套设施的，填报的设施编号必须一致。字符型	QC1
BA	除尘工艺名称	按照清查规定除尘工艺填写。无任何设施的现场填写直排，数据汇总时设施编号与工艺名称均为空。字符型	P1 袋式除尘
BB	脱硫设施编号	用字母 QS 及其内部编号组成，两台或多台锅炉使用同一套设施的，填报的设施编号必须一致。字符型	QS1

字段列序　号	字段名称	字段属性要求	示例
BC	脱硫工艺名称	按照清查规定脱硫工艺填写。无任何设施的现场填写直排，数据汇总时设施编号与工艺名称均为空。字符型	S1 炉内喷钙
BD	脱硝设施编号	用字母 QN 及其内部编号组成，两台或多台锅炉使用同一套设施的，填报的设施编号必须一致。字符型	QN1
BE	脱硝工艺名称	按照清查规定脱销工艺填写。无任何设施的现场填写直排，数据汇总时设施编号与工艺名称均为空。字符型	N1 低氮燃烧法
BF	在线监测设施安装情况	字符型，ZX1 未安装，ZX2 安装未联网，ZX3 安装并联网，三选一	ZX3
BG	排气筒编号	用字母 YC 代表锅炉排气筒与烟囱编号填报，两台或多台锅炉使用同一排气筒的，填报的排气筒编号必须一致。字符型	YC1
BH	排气筒高度（米）	数值型，小数，保留 1 位小数	50.5
BI	粉煤灰、炉渣等固废去向	字符型，SJ1 集中收集处置，SJ2 直接排放环境，SJ3 其他，三选一	SJ1

附 6

第二次全国污染源普查市政入河（海）排污口清查汇总表

字段列序　号	字段名称	字 段 属 性 要 求	示　例
A	普查小区代码	沿用国家统计局编制的 12 位统计用行政区划代码，字符型，长度 12 位	110105029203
B	排污口编码	按《入河排污口管理技术导则》（SL 532—2011）填写，字符型，长度 9 位	340301A01
C	排污口名称	按《入河排污口管理技术导则》（SL 532—2011）填写，字符型	北京水花啤酒厂企业（工厂）排污口
D	排污口类别	字符型，入河排污口、入海排污口，二选一	入河排污口
E	经度（度）	数值型，整数，长度 3 位	116
F	经度（分）	数值型，整数，长度 2 位	32
G	经度（秒）	数值型，小数，长度 2 位，保留 2 位小数	33.33
H	纬度（度）	数值型，整数，长度 2 位	39
I	纬度（分）	数值型，整数，长度 2 位	47
J	纬度（秒）	数值型，小数，长度 2 位，保留 2 位小数	33.33
K	设置单位	字符型，未经行政许可设置或备案，且确实无明确设置单位的排污口填写“无”	马家堡污水处理公司
L	排污口规模	字符型，规模以下、规模以上，二选一	规模以上
M	排污口类型	字符型，工业废水排污口、生活污水排污口、混合污废水排污、其他，四选一	工业废水排污口
N	污水入河（海）方式	字符型，明渠（天然明渠、人工明渠）、暗管、泵站、涵闸、其他，五选一	明渠
O	其他入河（海）方式说明	字符型	

字段列序　号	字段名称	字 段 属 性 要 求	示　例
P	受纳水体名称	字符型，指直接接纳排放污（废）水或经处理的污（废）水的河流、湖泊、海洋或其他环境水体	北运河
Q	普查员	字符型	张三
R	普查员编号	字符型，长度10位	110105P001
S	审核人	字符型	李四
T	审核人编号	字符型，长度10位	110105S001
U	填报时间	日期型，年-月-日，年份长度4位，月份长度2位，日期长度2位	2018-06-01
V	审核时间	日期型，年-月-日，年份长度4位，月份长度2位，日期长度2位	2018-06-01
W	是否纳入普查范围	字符型，是、否，二选一	是

附7

第二次全国污染源普查伴生放射性矿企业汇总表

字段列序　号	字段名称	字段属性要求	示例
A	统一社会信用代码	按清查技术规定中【统一社会信用代码/组织机构代码】指标解释填写，字符型，长度18位	×××××××××××××××××××
B	组织机构代码	按清查技术规定中【统一社会信用代码/组织机构代码】指标解释填写，字符型，长度9位	
C	单位名称	字符型	×××稀土有限公司
D	曾用名	字符型	
E	运行状态	字符型，运行、停产、关闭，三选一	关闭
F	省（自治区、直辖市）	字符型	内蒙古
G	地区（市、州、盟）	字符型	包头市
H	县（区、市、旗）	字符型	九原区
I	乡	字符型	××乡
J	详细地址（街、村）	字符型	××××路
K	门牌号	字符型	×××号
L	联系人	字符型	×××
M	固定电话	字符型，区号-电话号码	×××××××××××
N	移动电话	字符型，11位手机号	×××××××××××
O	行业类别	按照《国民经济行业分类》（GB/T 4754—2017）的行业小类代码（4位）填写，字符型	0932稀土金属矿采选
P	经度（度）	数值型，整数，长度3位	116
Q	经度（分）	数值型，整数，长度2位	32
R	经度（秒）	数值型，小数，长度2位，保留2位小数	33.33
S	纬度（度）	数值型，整数，长度2位	39
T	纬度（分）	数值型，整数，长度2位	47
U	纬度（秒）	数值型，小数，长度2位，保留2位小数	33.33
V	物料1名称	字符型	稀土原矿
W	初测结果	数值型，保留2位小数	×××
X	单位	字符型，nGy/h或Bq/g二选一	nGy/h

字段列序　号	字段名称	字段属性要求	示例
Y	物料 2 名称	字符型	废渣
Z	初测结果	数值型，保留 2 位小数	×××
AA	单位	字符型，nGy/h 或 Bq/g 二选一	Bq/g
AB	物料 3 名称	字符型	
AC	初测结果	数值型，保留 2 位小数	
AD	单位	字符型，nGy/h 或 Bq/g 二选一	
AE	物料 4 名称	字符型	
AF	初测结果	数值型，保留 2 位小数	
AG	单位	字符型，nGy/h 或 Bq/g 二选一	
AH	填报人员	字符型	张三
AI	审核人员	字符型	李四
AJ	填报时间	日期型，年-月-日，年份长度 4 位，月份长度 2 位，日期长度 2 位	2018-06-01
AK	审核时间	日期型，年-月-日，年份长度 4 位，月份长度 2 位，日期长度 2 位	2018-06-01

附 8

国家级、省级工业园区（产业园区）汇总表

字段列序　号	字段名称	字段属性要求	示例
A	所在地市	园区所在地级市名称，直辖市填写直辖市名称，字符型	××市
B	园区名称	工业园区批复正式名称，字符型	××××园区
C	联系人	工业园区普查相关责任人，字符型	张三
D	联系电话	工业园区联系人联系电话，字符型，11 位	13011112222

附 9

普查员和普查指导员名册

省（自治区、直辖市）	地区（市、州、盟）	县（区、市、旗）	类　别	编　号	姓　名	移动电话
×××	×××	×××	普查指导员	××××××××××	×××	×××××××××××
×××	×××	×××	普查员	××××××××××	×××	×××××××××××

附 10

第二次全国污染源普查统计用区划编码

省（自治区、直辖市）	地区（市、州、盟）	县（区、市、旗）	乡（镇、街道）	村委会（居委会）	省级代码	地级代码	县级代码	乡级代码	村级代码	12 位统计用区划编码	属于工业园区实际所在区地理位置		
											地区（市、州、盟）	县（区、市、旗）	乡（镇、街道）
×××	×××	×××	×××	×××									
×××	×××	×××	×××	×××									

关于做好普查入户调查和数据审核工作的通知

国污普〔2018〕17号

各省、自治区、直辖市第二次全国污染源普查领导小组办公室，新疆生产建设兵团第二次全国污染源普查领导小组办公室：

全面入户调查是第二次全国污染源普查工作的重要阶段和攻坚阶段，目的是摸清各类污染源信息和排放状况，建立健全重点污染源档案、污染源信息数据库和环境统计平台，为加强污染源监管、改善环境质量、防控环境风险、服务环境与发展综合决策提供依据。为做好全面入户调查工作，现将有关要求通知如下：

一、高度重视全面入户调查工作

第二次全国污染源普查是在国务院统一部署下，依据《全国污染源普查条例》开展的一次重大国情调查，各地各部门要切实提高政治站位，从服务国家战略决策、打好污染防治攻坚战、推进生态文明建设、建设美丽中国的高度，全面认识开展第二次全国污染源普查的重大意义。入户调查是污染源普查最为关键的工作，入户调查的质量直接决定普查的成败。各地各部门必须高度重视，不断强化做好普查工作的责任感和使命感，高标准、高质量完成普查任务。

二、有序推进全面入户调查工作

全面入户调查工作包括：入户准备、数据采集；数据审核工作包括：数据审核、质量核查、汇总建库。各阶段具体安排如下：

（一）入户准备

完成国家和省级普查数据处理环境准备、软件部署和运行测试。完成普查员和普查指导员培训与发证，开展普查全面入户调查动员或部署。

县级普查机构应登录数据采集与管理系统，核对本地区普查对象名录，并将入户调查任务分配到位，明确普查员和普查指导员的调查任务。

市、县级普查机构应通知普查对象和有关填报单位，按照普查制度和技术规定要求，开展报表填报工作、准备相关佐证材料。

此项工作于2018年9月15日前完成。

（二）数据采集

各级普查机构组织普查对象和有关填报单位填报普查表。根据本行政区调查对象填表情况，及时组织普查员、普查指导员开展现场指导和数据质量审核，利用移动数据采集终端确认或补充采集相关地理坐标信息。现场数据采集完成后，普查员或普查指导员应填写数据质量审核确认表单，并与普查对象共同签字确认。

入户调查现场发现遗漏的普查对象，应据实纳入普查。

国家普查机构对重点区域组织开展工作检查。

此项工作于 2018 年 10 月 31 日前完成。

（三）数据审核

数据采集任务完成后，按照普查指导员审核、县级自审、市级和省级普查机构集中审核的程序，对入户调查数据开展逐级审核。

审核中发现的问题，应逐级反馈给普查对象。必要时请普查员或普查指导员协助普查对象核实、纠正错误。各级普查机构不得随意更改普查对象填报的普查表。

此项工作于 2018 年 11 月 30 日前完成。

（四）质量核查

省级和市级普查机构应在数据审核工作完成后，根据《关于印发第二次全国污染源普查质量管理工作的指导意见的通知》（国污普〔2018〕7 号）和《关于做好第二次全国污染源普查质量核查工作的通知》（国污普〔2018〕8 号）要求，开展质量核查工作。各级普查机构根据质量核查结果进行整改，整改完成后，及时将数据逐级上报国家普查机构。质量核查工作完成后，省市级普查机构应编制质量核查与评估报告。国家普查机构统一组织全国数据的抽样核查工作，核查结果作为评价该地区入户调查质量的依据。

此项工作于 2019 年 1 月 31 日前完成。

（五）汇总建库

地方各级普查机构根据国家普查机构下发的产排污核算指南，核定污染物排放量。省级和国家普查机构均采用超级汇总方式汇总普查数据。

县级、市级和省级普查机构通过环保专网，分别对行政区内普查汇总数据进行逐级质量审核确认。各级普查机构均需要编制数据审核报告。

上述工作于 2019 年 3 月 31 日前完成。

省级普查机构完成汇总审核后，由国家普查机构组织开展全国普查结果汇总审核工作。再次汇总普查结果，各级普查机构通过环保专网对汇总结果进行确认，完成数据定库工作。

此项工作于 2019 年 5 月 31 日前完成。

三、认真做好入户调查工作组织

（一）做好组织协调，充分发挥合力。地方各级政府是普查工作的责任主体，要切实加强组织领导，政府主要领导要掌握进度，主管领导要全面推动，广泛动员各部门、各行业力量参与普查工作。地方各级普查领导小组成员单位要完善协调联动工作机制，按照职责分工，密切协作、形成合力、推动工作。生态环境部门要充分发挥牵头作用，开展业务指导，做好服务保障。列入普查范围的大、中型工业企业，应当明确相关机构负责本企业普查表的填报工作，其他单位应当指定人员负责本单位普查表的填报工作。

（二）强化普查质量控制。地方各级普查机构应根据国务院第二次全国污染源普查领导小组办公室的统一规定，结合本地实际，制定普查质量控制办法和实施细则，明确入户调查各阶段、各相关人员的质量管理责任，制定各环节质量管理的具体标准，确保对普查实施全过程质量管理。

（三）强化培训、指导和宣传。按照全过程和全员覆盖原则，做好普查入户调查培训工作。强化普查工作技术指导，发挥专家和专业机构力量，通过即时通讯软件建立专门的技术支持群，及时研究、解答普查中遇到的各类问题。广泛开展宣传，营造良好的舆论氛围，让企业、单位和个人掌握入户调查安排与要求，充分了解本次污染源普查的目的和意义，消除疑虑，积极支持普查、参与普查。

（四）严守普查纪律。各地方、各部门、各单位不得自行修改普查资料，不得强令或授意普查机构、普查人员或其他机构、人员篡改普查资料或编造虚假普查数据。严格遵守相关保密规定，不对外提供、泄露普查取得的能够识别或者推断单个统计调查对象身份的资料，或将其用于污染源普查以外的目的。对违反统计法律法规和纪律的任何单位和个人，视情节轻重，将会同统计部门依法采取约谈、通报、曝光或给予处分等方式处理。

（五）加强调度和督办。从 2018 年 9 月起，国家普查机构执行双周调度机制，请各省级普查机构于每月第二、第四周周四 17：00 前报送入户调查工作进展情况。各省级普查机构也要加强对市级、县级普查工作进展的调度和督办，及时发现、研究解决普查工作过程中的问题。

国务院第二次全国污染源普查

领导小组办公室

2018 年 9 月 5 日

关于进一步做好第二次全国污染源普查质量控制工作的通知

国污普〔2018〕19 号

各省、自治区、直辖市第二次全国污染源普查领导小组办公室，新疆生产建设兵团第二次全国污染源普查领导小组办公室：

为落实好《国务院办公厅关于印发第二次全国污染源普查方案的通知》（国办发〔2017〕82 号）精神，根据《关于第二次全国污染源普查质量管理工作的指导意见》（国污普〔2018〕7 号）和《关于做好普查入户调查和数据审核工作的通知》（国污普〔2018〕17 号）要求，确保入户调查工作质量，现将有关要求通知如下：

一、严格普查数据质量审核

各级普查机构要严格落实数据质量管理制度，按程序和审核职责分工要求开展数据审核工作，确保普查表填报全面、指标完整、指标间逻辑关系合理，保留审核过程记录和相关材料。审核工作完成后，按照各省、自治区、直辖市第二次全国污染源普查数据入生态环境部电子政务专网（以下简称专网）时序要求（见附件），按时完成普查数据上报工作。2018 年 12 月 12 日前，区县级普查机构要确保普查数据通过专网上报的比率达到 100%。

根据数据安全管理相关要求，普查对象空间信息经区县、地市、省级普查机构统一审核并汇总后，由省级普查机构于 2018 年 12 月 31 日前以光盘形式通过机要渠道送至生态环境部第二次全国污染源普查工作办公室。

二、强化普查数据汇总审核与抽样核查

按照分级审核原则，区县级普查机构组织做好本级普查数据自审和抽样复核工作，自审要求全面覆盖，现场抽样复核范围须覆盖行政区域内各类污染源类型，各类源复核比例原则上不低于 30%，其中工业污染源和规模畜禽养殖场复核总数分别不高于 500 家。

省级、地市级普查领导小组办公室应按照《关于做好第二次全国污染源普查质量核查工作的通知》（国污普〔2018〕8 号）要求，组织开展本行政区域内的普查数据质量核查工作。按照所辖行政区域全覆盖原则，省级（地市级）普查机构每个地市（区县）抽取的普查小区数量不少于 5 个，核对各类污染源名录是否全面。同时，做好普查数据联合汇审，分行业、分区域数据审核工作，编制数据审核报告（报告提纲另发）。省级、地市级普查数据质量核查工作应于 2018 年 12 月 31 日前完成。

三、运用日常监管和行政记录信息强化校核比对

省级、地市级普查机构应在2018年12月31日前，根据生态环境部门已经掌握的各类污染源信息，包括环境统计、排污许可、“12369”环保热线、重点区域城市大气污染排放清单编制以及日常执法监管等工作过程中形成的污染源名录，结合统计、畜牧、住建等部门掌握的统计信息，对普查入户调查形成的基本单位名录进行校核比对，确保各类污染源不重不漏。

纳入清查名录、入户调查时已关闭的企业，须核实上报2017年度清查表相关信息，由所在乡镇（街道）确认情况属实，提供情况说明并加盖公章确认。区县普查机构应于2018年12月12日前，完成关闭企业名单收集汇总，建档备查。区县级以上普查机构应将关闭企业作为抽样复核和质量核查的重点内容。

对于无法联系到负责人（联系人）的企业，由区县级普查领导小组办公室负责组织协调企业所在乡镇（街道）、社区（村委会）联系企业负责人（联系人），按照普查制度要求采集普查信息，并于2018年12月12日前通过专网上报。

四、加强工作调度督办

从2018年12月1日起，生态环境部第二次全国污染源普查工作办公室按各省、自治区、直辖市第二次全国污染源普查数据入专网时序要求，每日汇总报送情况并在微信群公布，进度滞后的，视情况采取警示、发督办函等方式督促工作。各级普查机构要加强普查数据上报进度和质量核查情况的调度督办，确保按时完成入户调查各项任务。

附件：各省、自治区、直辖市第二次全国污染源普查数据入专网时序要求

国务院第二次全国污染源普查
领导小组办公室
2018年12月6日

附件

各省、自治区、直辖市第二次全国污染源普查数据入专网时序要求

省份	清查确定的入户调查对象数量（个）	截至2018年11月22日数据采集完成率（%）	截至2018年11月22日入专网率（%）	截至2018年12月10日完成入专网率（%）	截至2018年12月12日完成入专网率（%）	每日入专网率不低于（%）
北京	24 031	100.00	4.20	100	100	9.58
天津	33 181	100.00	45.50	100	100	5.45
河北	188 532	99.30	0.30	83	100	8.31
山西	50 116	100.00	1.90	100	100	9.81
内蒙古	27 425	98.30	8.90	100	100	9.11
辽宁	111 485	94.40	1.10	84	100	8.24
吉林	43 356	100.00	23.50	100	100	7.65
黑龙江	44 766	94.70	25.60	100	100	7.44
上海	46 631	97.70	4.40	84	100	7.97
江苏	306 537	95.60	0.50	83	100	8.29
浙江	528 033	99.00	0.20	83	100	8.32
安徽	123 606	98.50	9.70	100	100	9.03
福建	120 779	100.00	18.00	100	100	8.20
江西	69 580	92.30	4.10	84	100	7.99
山东	217 778	98.60	1.20	84	100	8.23
河南	139 296	98.30	3.90	84	100	8.01
湖北	80 686	100.00	1.20	84	100	8.23
湖南	75 449	97.20	7.20	85	100	7.73
广东	646 795	99.70	60.10	93	100	3.33
广西	39 068	99.20	4.70	84	100	7.94
海南	11 391	99.70	49.30	100	100	5.07
重庆	65 705	100.00	3.40	84	100	8.05
四川	111 849	99.20	12.30	85	100	7.31
贵州	42 946	99.00	48.70	100	100	5.13
云南	50 781	93.30	17.40	100	100	8.26
西藏	6 193	98.70	7.70	85	100	7.69
陕西	46 561	100.00	28.70	88	100	5.94
甘肃	21 743	91.00	13.90	100	100	8.61
青海	8 523	98.30	27.00	100	100	7.30
宁夏	10 442	100.00	2.70	100	100	9.73
新疆	33 929	100.00	2.50	84	100	8.13
兵团	5 361	100.00	65.60	100	100	3.44
全国	3 332 554	98.19	15.79	91.89	100	7.02

关于加强第二次全国污染源普查数据安全管理工作的通知

国污普〔2019〕1号

各省、自治区、直辖市第二次全国污染源普查领导小组办公室，新疆生产建设兵团第二次全国污染源普查领导小组办公室：

为进一步加强第二次全国污染源普查数据安全管理，切实保障普查数据安全，现提出具体要求如下。

一、强化普查数据安全主体责任和岗位责任。按照“分级管理、逐级负责”的原则，明确普查机构分管领导为第一责任人，普查数据采集与管理系统的管理员为直接责任人，并明确第一责任人、直接责任人和其他相关人员的责任分工。要加强安全保密教育，建立健全安全管理措施和制度，落实各级机构和各类人员责任，做好普查数据安全管理工作。

二、建立健全省级普查数据处理环境安全管理制度。根据相关制度开展数据处理环境的全面排查和巡检工作，确保各项防护措施落实到位，保障网络传输畅通、软件运行稳定、数据存储安全。

三、加强普查数据备份和安全管理工作。根据本省（区、市）或兵团实际情况采取在线备份、离线备份、同城备份和异地备份等多种方式开展数据备份工作，做到每日增量备份，并做好数据备份文件的安全防护和管理。

四、做好普查软件系统用户管理与使用授权。采取有效手段加强用户权限认证和密码管理，强化普查数据库用户的安全管理，确保用户每项操作都在监管范围，杜绝安全隐患与系统漏洞。

五、指导和督促市县、两级普查机构全面开展数据安全管理自查工作。严格落实有关第三方机构、普查员、普查指导员的数据安全管理要求，做好普查工作合约、合同到期后的普查数据技术处理工作，坚决杜绝普查数据泄露隐患。

六、加强普查空间数据的安全管理。在普查对象空间信息数据完成省级汇总、形成普查数据集合后，应采取必要措施保证普查空间数据存储与互联网实行物理隔离，并通过刻录光盘方式进行数据交换和报送。

七、做好普查数据采集、汇总、审核、报送和成果总结全过程的普查数据安全管理，任何单位和个人均不得违规记录、存储、复制、传输普查数据信息，不得违规留存、传播、使用普查数据及载体。

国务院第二次全国污染源普查
领导小组办公室
2019年1月8日

关于强化污染源普查数据审核和质量核查工作的通知

国污普〔2019〕2号

各省、自治区、直辖市第二次全国污染源普查领导小组办公室，新疆生产建设兵团第二次全国污染源普查领导小组办公室：

在各级普查机构的努力下，2018年完成了全国污染源普查入户调查工作，但是，根据国家普查机构对各地入户调查数据上报情况的初步分析发现，各地普查表填报、审核的质量参差不齐。存在的主要问题有：一是普查表填报不全，G106-1工业企业污染物产排污系数核算信息表、G107伴生放射性矿企业含放射性固体物料及废物情况表的漏填比例偏高，G102、G103表填报数量与普查对象总数相比，填报比例偏低；二是2017年12月中华人民共和国县以上行政区划代码（以下简称行政区划代码）、行业代码等涉及今后普查数据汇总的关键指标缺失或填报错误较多，影响普查数据的汇总；三是部分地区仍存在部分调查对象数据未提交环保专网的现象，无法确定最终的普查基本单位名录，影响普查数据汇总审核工作。

为进一步落实《关于第二次全国污染源普查质量管理工作的指导意见》（国污普〔2018〕7号）、《关于做好第二次全国污染源普查质量核查工作的通知》（国污普〔2018〕8号）、《关于做好普查入户调查和数据审核工作的通知》（国污普〔2018〕17号）、《关于印发〈第二次全国污染源普查质量控制技术指南〉的通知》（国污普〔2018〕18号）和《关于进一步做好第二次全国污染源普查质量控制工作的通知》（国污普〔2018〕19号）要求，明确各级普查机构数据质量管理责任，保障普查表填报质量，结合当前普查数据填报存在的问题，对下一步工作提出以下要求。

一、根据普查工作需要，进一步夯实四级联审制度，由各级普查机构对当前普查填报数据组织开展同步审核。省、市两级普查机构审核发现的问题，发现一批，反馈一批，及时督促区县级普查机构整改完善。国家普查机构根据工作需要，组织专家团队对区域、行业普查数据汇总情况进行审核，不定期不定时反馈省级普查机构，由省级普查机构组织安排相关问题的核实与整改。

二、区县级普查机构重点做好普查数据现场复核工作，核实各类普查报表填报的真实性、准确性和全面性，确保普查对象、产污、治污设施等不遗漏，各类普查表及表内指标填报完整。对当前普查数据库中标注为"禁用"状态的普查对象，按照"运行、全年停产、关闭"三种情况进行归类。对于其中没有污染物产生和排放、不属于普查范围的调查对象，以及重复的调查对象，在"启用"操作时选择"其他"选项；省级普查机构收集汇总重复的调查对象，明确标识需要删除的条目，并以省级普查领导小组办公室名义上报，国家普查机构据此进行"删除"操作。同时，区县级普查机构要根据行政区划代码，梳理本行政区域范围内的普查小区划分情况，保证各类污染源普查结果能够进行统一汇总。

三、地市级普查机构要组织专家团队，强化对区县级普查机构数据审核与整改完善工作的技术指导。

重点对普查基本单位名录全面性，G106-1 表和 G107 表填报情况，行政区划代码、行业代码等涉及污染物排放量核算与汇总的关键指标的填报情况，国家和省级重点监控企业普查表填报情况进行集中审核、实时反馈，指导和督促区县普查机构做好整改完善。同时，结合区县级普查机构整改进度，有针对性地组织开展普查数据质量核查工作。

四、省级普查机构要组织做好数据联合汇审和抽样核查工作。针对当前普查报表填报的突出问题，组织专家开展分区域和分行业集中审核，提出处理意见并通过分区调研、专题培训、制作培训小视频等形式开展分类指导。按照国污普〔2018〕7 号、8 号和 19 号文件要求，组织做好本行政区域范围内的普查数据质量核查工作。对于质量核查达不到国家规定标准的，必须立即进行返工。同时，做好普查工作调度和督办，督促地市和区县级普查机构落实数据质量管理责任。

五、严肃查处虚报、瞒报、拒报普查数据的行为。对于地方出现的普查对象虚报、瞒报、拒报普查数据的现象，绝不姑息。各级普查机构要配合统计主管部门，依照《中华人民共和国统计法》《中华人民共和国统计法实施条例》《全国污染源普查条例》严肃查处，并将其公开曝光，对数据审核把关不严、整体质量不高、延误污染源普查工作的地区，上一级普查机构要严肃通报问责。同时各省份应将查处的典型案件情况及时报送我办。

国务院第二次全国污染源普查

领导小组办公室

2019 年 1 月 16 日

关于印发《第二次全国污染源普查2019年及后续工作要点》的通知

国污普〔2019〕3号

中央宣传部、发展改革委、工业和信息化部、公安部、财政部、自然资源部、住房和城乡建设部、交通运输部、水利部、农业农村部、税务总局、市场监管总局、统计局、中央军委后勤保障部、中国铁路总公司办公厅（室），民航局综合司，各省、自治区、直辖市第二次全国污染源普查领导小组办公室，新疆生产建设兵团第二次全国污染源普查领导小组办公室：

为指导各级普查机构做好第二次全国污染源普查工作，现将《第二次全国污染源普查 2019 年及后续工作要点》印送给你们，请结合实际做好普查各项工作。

国务院第二次全国污染源普查
领导小组办公室
2019年2月28日

第二次全国污染源普查2019年及后续工作要点

为贯彻落实党的十九大精神和习近平生态文明思想，深入贯彻国务院关于开展第二次全国污染源普查的决策部署，确保污染源普查工作按期完成，制定2019年及后续工作要点如下。

一、开展数据审核与汇总

各级普查机构要对入户调查、抽样调查采集的数据，以及通过核算方法获得的污染物产生量、排放量等数据进行审核、汇总与上报。各级普查机构应对本行政区域污染源普查数据质量负责，省级普查机构于 2019 年 5 月底前完成本行政区域内的普查数据审核、汇总与初报。生态环境部第二次全国污染源普查工作办公室组织对各省（区、市）普查数据进行审核与汇总，地方普查机构负责组织开展数据库整改核实工作，2019年8月底前核定全国污染源普查数据库。

二、开展质量核查

强化数据质量控制，将质量控制贯穿普查工作全过程。国家和地方普查机构分级开展质量核查，按照《关于强化污染源普查数据审核和质量核查工作的通知》（国污普〔2019〕2号）要求，加强核查工作，确保质量控制目标落实，2019 年 7 月底前完成。

三、加强跟踪督办与指导

生态环境部第二次全国污染源普查工作办公室对普查工作实行不定期调度、通报和督办制度。各级普查工作办公室应对普查工作加强督办与指导，交流工作经验。对进展缓慢、数据质量不符合要求以及保障不力、影响普查工作的单位和个人要予以约谈、通报。依法严厉惩处虚报、瞒报、拒报、迟报以及伪造、篡改普查资料等违法行为。

四、开展总结验收工作

分级编制普查工作报告、质量核查与评估报告，2019 年 10 月底前完成。制定普查工作验收方案，分级开展普查工作验收，2019 年 11 月底前完成。

五、编制普查公报

分级开展普查数据汇总分析。编制全国污染源普查公报，2019 年 11 月底前报送国务院。各省（区、市）污染源普查公报经国务院第二次全国污染源普查领导小组办公室同意后发布。

六、做好宣传培训

各级普查机构应持续深入开展多种形式的宣传活动，深度挖掘普查工作中的好经验、好方法，推广先进典型，加强示范引导；提前分析谋划，做好普查成果发布的舆情应对工作。根据各阶段重点，紧跟节奏，加强培训，提高普查人员的业务能力和技术水平。

七、做好成果总结与开发

强化普查成果总结与开发。制定普查成果开发方案及使用管理办法，2020 年 6 月底前完成。

八、规范管理普查档案

各级普查机构应按照《关于印发〈污染源普查档案管理办法〉的通知》（环普查〔2018〕30 号）要求，建立污染源普查档案。普查工作结束一年内，及时将污染源普查档案移交至同级生态环境主管部门保管。各级普查机构、普查数据管理机构、第三方机构及有关工作人员，必须严格按照《关于加强第二次全国污染源普查保密管理工作的通知》（国污普〔2018〕6 号）要求，做好普查资料和数据的保密管理。

九、开展表彰活动

生态环境部将会同有关部门制定在污染源普查工作中做出突出贡献的集体和个人的表彰方案，并开展表彰活动。各级普查机构也可参照制定本级表彰方案，组织开展相应表彰活动。2020 年 6 月底前完成。

关于开展污染源基本单位名录比对核实工作的通知

国污普〔2019〕4号

各省、自治区、直辖市第二次全国污染源普查领导小组办公室，新疆生产建设兵团第二次全国污染源普查领导小组办公室：

为深入贯彻落实《国务院办公厅关于印发第二次全国污染源普查方案的通知》（国办发〔2017〕82号），做好污染源基本单位名录比对核实工作，现将有关事项通知如下。

一、工作目标

按照"真实、准确、全面"的基本要求，通过比对相关数据清单与基本单位名录的差异性，对符合普查要求但尚未纳入的普查对象进行补充，确保普查对象应查尽查、不重不漏。

二、主要任务

（一）开展不同来源数据比对，形成待核实调查对象名单

1．比对第四次全国经济普查清查名录、2017年全年用电量数据中的工业企业清单、农业农村部畜禽规模养殖场直联直报信息系统相关数据、强化监督定点帮扶检查名录、重污染天气应急预案名单、2017年1月1日至今的应急、信访等清单、"散乱污"企业排查清单与基本单位名录，筛选出符合污染源普查要求而未纳入普查的对象。

2．比对相关入河（海）排污口清单，重点梳理渤海和长江入河（海）排污口清单，筛选出符合普查要求而未纳入普查的入河（海）排污口。查找尚未纳入污染源普查中的含城镇生活污水但不在城镇区域范围的入河（海）排污口。

3．结合普查制度相关要求，比对其他部门或生态环境管理过程中形成的其他相关清单，筛选出符合污染源普查要求而未纳入普查的对象。

对筛选出的待核实调查对象名单，应根据目前已经掌握的基本单位名录剔除清查中已核实的倒闭、关停、搬迁、不在普查范围的部分。

（二）组织开展现场核实和补充调查

由区县级普查机构组织开展对待核实调查对象名单的现场核实和补充调查。补充调查统一采用纸质报表形式开展，地理坐标信息采用支持2000国家大地坐标系（CGCS2000）的工具采集。完成数据采集后，经普查员和普查指导员审核，录入第二次全国污染源普查数据采集与管理系统，开展污染物排放量核算。

（三）编制比对核实工作报告

根据不同来源数据比对分析，确定应补充调查的对象情况，编制比对核实工作报告，报告内容应包含不同来源数据比对情况，待核实的调查对象名单，现场核实工作开展情况，确定补充入库的调查对象情况等内容。

三、有关要求

（一）依据《污染源基本单位名录比对核实注意事项》（见附件 1），梳理本行政区域普查对象的漏查情况，发现漏查的，及时补充纳入。

（二）统计各乡镇街道工业源、入河（海）排污口、规模化畜禽养殖场、加油站等污染源的普查数量，对其中一类或几类污染源普查对象数量为零的乡镇、街道进行重点核实，结合实际情况，及时补充普查对象。

（三）各省份应在 2019 年 6 月 5 日前完成数据库比对、核实、增补工作，6 月 10 日前将比对核实工作报告、省级及所辖市县级的《普查对象比对核实情况统计表》（见附件 2）以及《××省不匹配对象核实情况明细表》（见附件 3）报生态环境部第二次全国污染源普查工作办公室。

（四）地方各级普查机构应将比对核实工作作为普查数据审核的重要内容，在质量核查、验收等过程中，随机选择普查小区开展拉网式排查，计算漏查率并作为衡量普查工作质量的重要指标。

附件：1. 污染源基本单位名录比对核实注意事项
　　　2. 普查对象比对核实情况统计表
　　　3. ××省不匹配对象核实情况明细表

国务院第二次全国污染源普查
领导小组办公室
2019 年 5 月 10 日

附件 1

污染源基本单位名录比对核实注意事项

一、普查易出现的漏查情况

1. 各地对企业是否纳入普查范围的判定标准不一致，地处居民区、旅游区、城乡接合部的，对环境有一定影响的小企业存在未纳入普查范围的现象。

2．地处行政交界处的企业因存在“三不管”现象而未纳入普查范围；各地自行设立的高新区、开发区、工业园区、产业集聚区等，存在整体未纳入普查范围的现象。

3．集群的特色产业，有可能选择性纳入，存在未纳入普查范围的现象。

4．一些管辖飞地[①]，因存在双重或多重管理，普查的权责没有明确导致存在漏查现象，按在地原则调查填报。

5．无工商、税务、环保等合法手续的“散乱污”企业，因担心被查处而未纳入普查范围。

6．企业从A地搬迁到B地，存在A、B两地都不将其纳入普查范围。

7．表面上关停，而信访、举报实际还在违法生产的企业，存在不纳入普查范围的现象。

8．企业相互租赁土地，存在一地多厂、一地多企，而只填写了一张清查表，其余工厂和企业存在漏填可能。

9．未找到企业联系人，也未进行实地核实，而将其不纳入普查范围。

10．规模化畜禽养殖场因存栏、出栏颠倒，其中：生猪≥500头（出栏）、奶牛≥100头（存栏）、肉牛≥50头（出栏）、蛋鸡≥2 000羽（存栏）、肉鸡≥10 000羽（出栏）应纳入普查范围。

11．村、镇集中式污水治理设施因运行不畅，而未纳入普查范围。

12．高速公路服务区锅炉、企业备用锅炉、节能改造后的非承压式锅炉或蒸汽发生器存在漏查的可能。

13．距离城区较远的，乡镇统一定点的垃圾集中处理的非正规垃圾填埋场、焚烧场存在漏查可能；生活垃圾填埋场、垃圾渗滤液处理尾水排口符合普查入河（海）排污口要求的存在漏查可能。

14．原则上每个县都有屠宰场、印刷厂、冷饮厂、垃圾填埋场等。

二、普查有关生产活动行业归类判定细则

普查有关生产活动行业归类判定表

<table>
<tr><th>序号</th><th>生产活动</th><th>行业名称</th><th>行业代码</th><th>污染物</th><th>判定依据</th><th>是否纳入</th></tr>
<tr><td rowspan="2">1</td><td rowspan="2">油类加工制造等</td><td rowspan="2">植物油加工</td><td rowspan="2">C1331</td><td rowspan="2">废气</td><td>生产场地≥200 m²</td><td>是</td></tr>
<tr><td>其余</td><td>否</td></tr>
<tr><td>2</td><td>姜糖、花生糖等类似加工制造</td><td>糖制品加工</td><td>C1340</td><td>—</td><td>—</td><td>否</td></tr>
<tr><td rowspan="3">3</td><td rowspan="3">腊肉、烤鸭、烧鸡、卤制品等</td><td rowspan="3">肉产品及副产品加工</td><td rowspan="3">C1353</td><td rowspan="3">废水、废气</td><td>以烟熏、油炸等类似工艺加工的</td><td>是</td></tr>
<tr><td>以蒸煮工艺加工的，生产场地≥200 m²</td><td>是</td></tr>
<tr><td>其余</td><td>否</td></tr>
<tr><td rowspan="3">4</td><td rowspan="3">干鱼片、火焙鱼、虾米等类似加工店</td><td rowspan="3">鱼糜制品及水产品干腌制加工</td><td rowspan="3">C1362</td><td rowspan="3">废气</td><td>以烟熏等类似工艺为主加工的</td><td>是</td></tr>
<tr><td>其他工艺加工的，生产场地≥200 m²</td><td>是</td></tr>
<tr><td>其余</td><td>否</td></tr>
<tr><td rowspan="2">5</td><td rowspan="2">粉条、凉皮、米线、麻糖等类似制造加工</td><td rowspan="2">淀粉及淀粉制品制造</td><td rowspan="2">C1391</td><td rowspan="2">废水、废气</td><td>生产场地≥200 m²</td><td>是</td></tr>
<tr><td>其余</td><td>否</td></tr>
<tr><td rowspan="3">6</td><td rowspan="3">豆腐、豆浆、油豆腐、豆腐干等制作</td><td rowspan="3">豆制品制造</td><td rowspan="3">C1392</td><td rowspan="3">废水</td><td>有烟熏工艺的</td><td>是</td></tr>
<tr><td>无烟熏工艺的，生产场地≥200 m²</td><td>是</td></tr>
<tr><td>其余</td><td>否</td></tr>
</table>

①例如北京清河农场在天津、北京双河农场在黑龙江齐齐哈尔。

序号	生产活动	行业名称	行业代码	污染物	判定依据	是否纳入
7	咸蛋、松花蛋等变蛋生产加工	蛋品加工	C1393	废水	生产场地≥200 m^2	是
					其余	否
8	水果加工、炒货	水果和坚果加工	C1373	废气	生产场地≥200 m^2	是
					其余	否
9	饼干、烤馍、膨化食品、辣条等生产制作	饼干及其他焙烤食品制造	C1419	废水	生产场地≥200 m^2	是
					其余	否
10	面条、面包、蛋糕、馒头、糕点等生产制作	糕点面包制造	C1411	废水	生产场地≥200 m^2	是
					其余	否
11	豆腐乳、豆豉、咸菜等生产制作	其他调味品、发酵制品制造	C1469	废水	生产场地≥200 m^2	是
					其余	否
12	雪糕厂、冷饮厂等类似工厂	冷冻饮品及食用冰制造	C1493	废水	生产场地≥200 m^2	是
					其余	否
13	甜酒、清酒、醪糟等生产制作	其他酒制造	C1519	废水	生产场地≥200 m^2	是
					其余	否
14	纯净水厂	瓶（罐）装饮用水制造	C1522	废水	有净化工艺的，且生产场地≥200 m^2	是
					其余	否
15	炒茶加工	精制茶加工	C1530	废气	以柴火、煤炭为能源炒制的，且生产场地≥200 m^2	是
					其余	否
16	烤烟生产制作	烟叶复烤	C1610	废气	生产场地≥200 m^2	是
					其余	否
17	毛衣加工店、毛线鞋等类似加工	针织或钩针编织物织造	C1761、C1762、C1763	废水	涉及湿法印花、染色、水洗等任意一项污染较重工艺的	是
					不涉及污染较重工艺的，生产场地≥200 m^2	是
					其余	否
18	以布匹、棉花等为原料，从事窗帘、被褥等加工的店面	床上用品制造	C1771	—	—	否
19	纺纱、纺线、织布等生产制作	棉纺纱加工	C1711	废水	涉及湿法印花、染色、水洗等任意一项污染较重工艺的	是
					不涉及污染较重工艺的，生产场地≥200 m^2	是
					其余	否
20	制衣店、针织店、帽子、围巾、帕子、袜子等类似加工	机织服装制造、针织或钩针编织服装制造、服饰制造	C181、C182、C183	废水	涉及湿法印花、染色、水洗任意一项污染较重工艺的	是
					不涉及污染较重工艺的，生产场地≥200 m^2	是
					其余	否
21	皮鞋、皮衣裤、皮箱、皮套店等类似加工	皮革制品制造	C192	废水、废气	涉及湿法印花、染色、水洗、注塑等任意一项污染较重工艺的	是
					不涉及污染较重工艺的，生产场地≥200 m^2	是
					其余	否

序号	生产活动	行业名称	行业代码	污染物	判定依据	是否纳入
22	羽绒服、羽绒被、羽绒枕等类似加工	羽毛（绒）加工及其制品制造	C193	废水	涉及湿法印花、染色、水洗等任意一项污染较重工艺的	是
					不涉及污染较重工艺的，生产场地≥200 m^2	是
					其余	否
23	木材加工厂、竹席、草席、一次性筷子等类似加工	木材加工和木、竹、藤、棕、草制品	C20	废气	单纯对木、竹、藤、棕、草进行物理切割、雕刻、编织、分装的加工	否
					涉及改性、染色、喷漆、电镀、大量注胶等任意一项污染较重工艺的	是
					不涉及污染较重工艺的，生产场地≥200 m^2	是
					其余	否
24	家具、床垫等制造	木制家具制造、竹藤家具制造、金属家具制造、塑料家具制造、其他家具制造	C211、C212、C213、C214、C219	废水、废气	涉及喷漆、电镀、注塑、大量注胶等任意一项污染较重工艺的	是
					不涉及污染较重工艺的，生产场地≥200 m^2	是
					其余	否
25	以原始工艺生产加工原纸，包括木、竹、草等粗纤维纸的生产制作	造纸	C222	废水	生产场地≥200 m^2	是
					其余	否
26	原纸经简单的切割、钻孔、粘贴等物理工艺生产草纸、手纸、纸杯、冥币、金元宝等	纸制品制造	C223	—	—	否
27	印刷喷涂等	装订及印刷相关服务	C2320	废气	涉及有机溶剂（包括水性油漆/涂料、溶剂型油漆/涂料、粉末油漆/涂料、溶剂油墨、水性油墨、胶黏剂、清洗剂、其他有机溶剂使用的，生产场地≥200 m^2	是
					其余	否
28	陶瓷、金属、塑料、美术等工艺品制作	工艺美术品制造	C243	废水、废气	涉及水洗、电镀、喷漆、注塑、烧制等任意一项污染较重工艺的	是
					不涉及污染较重工艺，生产场地≥200 m^2	是
					其余	否
29	塑胶玩具、金属玩具、弹射玩具、毛绒玩具、布娃娃玩具、木制玩具、塑形泥、膏等	玩具制造	C2451、C2452、C2453、C2454、C2455、C2456、C2459	废水、废气	涉及压铸、水冷却、热处理、酸洗、抛光、削磨、注塑、电镀、喷漆等任意一项污染较重工艺的	是
					不涉及污染较重工艺，生产场地≥200 m^2	是
					其余	否
30	蜂窝煤、煤球的生产	煤制品制造	C2524	废水	生产场地≥200 m^2	是
					其余	否
31	无正规手续，但专门收集畜禽粪便堆肥、发酵生产有机肥的场所	有机肥料及微生物肥料制造	C2625	废气	生产场地≥200 m^2	是
					其余	否

序号	生产活动	行业名称	行业代码	污染物	判定依据	是否纳入
32	塑料瓶、塑料袋、塑料桶、塑料盆、鱼漂等生产制作	塑料制品业	C292	废水、废气	涉及熔融、挤塑、注塑、吹塑、压延、层压等任何一项污染较重工艺的	是
					不涉及污染较重工艺，生产场地≥200 m^2	是
					其余	否
33	电线杆、围杆、轻体砖等类似生产厂	水泥制品制造、砼结构构件制造	C3021、C3022	废水、废气	生产场地≥200 m^2	是
					其余	否
34	砖瓦厂、石材加工厂	砖瓦、石材等建筑材料制造	C3032	废水、废气、固体废物	从事石材销售、定制等服务的门市部，专门用于存储石材的场地或仓库	否
					从事砖瓦生产、石材加工，产生废水的，或者有锯机切割和磨机磨光等工艺，且生产场地≥200 m^2	是
					其余	否
35	玻璃隔断、玻璃镜生产加工点	制镜及类似产品加工，其他玻璃制品制造	C3057、C3059	废水、废气	涉及喷漆、注塑、电镀等任意一项污染较重工艺的	是
					不涉及污染较重工艺，生产场地≥200 m^2	是
					其余	否
36	削切工具、手工具、农用及园林用工具、刀剪及类似日用金属工具加工生产；以不锈钢、铜料、铝料、铁料等机械按客户的图纸或样品加工成为各种各样的零件，如螺丝、马达轴、模型车零件、钓鱼具配件、音箱类产品外壳、移动电源外壳等	金属工具制造、金属制日用品制造	C332、C338	废水、废气	涉及冷却水使用的、酸洗、抛光、削磨、注塑、电镀、喷漆等任意一项污染较重工艺的	是
					不涉及污染较重工艺，生产场地≥200 m^2	是
					其余	否
37	铝合金、不锈钢门窗加工	金属门窗制造	C3312	废气、废水	从事上门测量，定制门窗，并进行安装的门市部	否
					从事金属门窗制造、加工，涉及电镀、注塑、喷漆等任意一项污染较重工艺的	是
					不涉及污染较重工艺，生产场地≥200 m^2	是
					其余	否
38	废品收购站	金属废料和碎屑加工处理、非金属废料和碎屑加工处理	C421、C422	废水、废气	将可再生的废旧物资回收，并批发给制造企业作初级原料的单位	否
					对废旧物资的简单、初级加工处理成可直接生产的原材料，生产场地≥200 m^2	是
					其余	否

序号	生产活动	行业名称	行业代码	污染物	判定依据	是否纳入
39	锅炉、起重设备、施工设备、非家用制冷空调等专业维修	通用设备维修	C4320	废气	涉及电镀、喷漆工艺的	是
					其余	否

注：（1）产生废水污染，涉及湿法印花、染色、水洗、电镀工艺等任意一项污染较重工艺的对象，纳入普查范围；（2）产生废气污染，涉及注塑、喷漆、烧制等任意一项污染较重工艺的对象，纳入普查范围；（3）不涉及污染较重工艺，生产场地（指生产活动、原辅材料堆放和设备占用场地，不包括销售和员工生活区）≥200 m^2 的纳入普查范围，生产场地＜200 m^2 的可以不纳入普查范围；（4）本细则未明确的，参考《建设项目环境影响评价分类管理名录》（环境保护部令 第 44 号），建设单位需编制环境影响登记表的原则上可不纳入普查范围，建设单位需编制环境影响报告表及报告书的应纳入普查范围。

附件 2

普查对象比对核实情况统计表

	数据库类型	总数量（个）	与普查数据库不匹配的数量（统一社会信用代码、组织机构代码、企业名称均不匹配）（个）	不匹配对象核实情况						
				已纳入普查，名称变更数量（个）	2017 年已经关停、取缔数量（个）	查无此企业数量（个）	2017 年以后新建数量（个）	不在普查范围的数量（个）	其他（个）	已核实补充纳入数量（个）
数据库比对核实情况	第四次全国经济普查清查名录									
	2017 年全年用电量数据中的工业企业清单	高压中的工业数量与低压中年用电量大于 1 万千瓦时的用户数量之和								
	农业农村部畜禽规模化养殖场直联直报信息系统相关数据									
	强化监督定点帮扶检查名录									
	重污染天气应急名单									
	“12369”等其他信访举报清单									
	“散乱污”企业排查清单									
	其他									

	普查对象	增补数量
增补的普查对象情况	工业源	
	规模化畜禽养殖场	
	集中式污染治理设施	
	入河（海）排污口	
	非工业企业锅炉	
	加油站	
	储油库	
	油品运输企业	

注：省、市、县级普查机构都应填写本表，填写完成后交上级普查机构，最终由省级普查机构收集、整理后将省级及所辖市县级的统计表报生态环境部第二次全国污染源普查工作办公室。

附件 3

××省不匹配对象核实情况明细表

（范　例）

序号	统一社会信用代码	名称	省级	市级	县级	乡镇/街道	村/社区	数据来源	核实情况	备注
1	××××	××公司	××	××	××	××	××	强化监督定点帮扶检查名录	关停/取缔	
2	×××	××公司	××	××	××	××	××	“12369”举报	补充纳入	
3	×××	张三	××	××	××	××	××	电网	不在普查范围	商业用电用户实为一家百货大楼
4	×××	李四	××	××	××	××	××	电网	补充纳入	用户实为一家加工企业，企业名称×××，已补充纳入
5	×××	×养殖场	××	××	××	××	××	农业农村部直联直报	不在普查范围	生猪2017年出栏为450头
6	×××	×××厂	××	××	××	××	××	“四经普”	新建	2018年新建企业
7	×××	××公司	××	××	××	××	××	“四经普”	补充纳入	
8	×××	××集团	××	××	××	××	××	“四经普”	已纳入，名称变更	已纳入普查，普查中的名称变更为×××
9	×××	×排污口	××	××	××	××	××	其他处（科）室排查	补充纳入	
10	×××	×××厂	××	××	××	××	××	强化监督定点帮扶检查名录	补充纳入	

序号	统一社会信用代码	名称	省级	市级	县级	乡镇/街道	村/社区	数据来源	核实情况	备注
11	×××	王五	××	××	××	××	××	强化监督定点帮扶检查名录	补充纳入	用户实为一家加工企业，企业名称×××，已补充纳入
12	×××	××××	××	××	××	××	××	“12369”举报	关停/取缔	2017 年已取缔
13	×××	××××	××	××	××	××	××	重污染天气应急预案名单	不在普查范围	不含重污染工艺，生产场地小于 200 平方米
14	×××	×××厂	××	××	××	××	××	电网	查无此企业	经核实无此企业
15	×××	×××厂	××	××	××	××	××	电网	其他	该企业2017年年年底由A地搬迁而来，A地已经纳入

注：本表中的核实情况应该与附件 2 中的不匹配对象核实情况相对应，按如下六种情况填报：（1）已纳入普查，名称变更；（2）2017 年已经关停、取缔；（3）查无此企业；（4）2017 年以后新建；（5）其余不在普查范围的；（6）其他。

关于进一步做好第二次全国污染源普查数据审核与汇总阶段相关工作的通知

国污普〔2019〕5 号

各省、自治区、直辖市第二次全国污染源普查领导小组办公室，新疆生产建设兵团第二次全国污染源普查领导小组办公室：

在各级普查机构的努力下，第二次全国污染源普查工业源、生活源、集中式污染治理设施与移动源污染物产排量核算工作基本完成，进入数据审核和汇总阶段。按照 2019 年 8 月底前核定全国污染源普查数据库阶段工作目标，为保证普查数据全面、真实、准确，夯实各级普查机构数据质量管理责任，现就相关工作提出要求如下。

一、严格按照普查方案和国务院第二次全国污染源普查领导小组办公室印发的有关质量管理文件，建立并实施覆盖普查全过程、全员的质量管理制度，落实各级普查机构普查数据质量管理责任。2019 年 6 月下旬开始，国家普查机构已组织行业专家和各地技术骨干开展普查数据集中审核，审核结果和整改情况作为评价各级普查机构数据质量管理责任落实的主要依据。

二、严格按照《关于强化污染源普查数据审核和质量核查工作的通知》（国污普〔2019〕2 号）要求，组织做好污染源普查数据审核和质量核查工作。重点围绕污染源名录是否全面，各类调查对象基本信息、活动水平和排放信息是否全面真实准确，区域和行业活动水平指标和排放量汇总数据是否与经济社会发展水平一致等内容开展审核，做到重点区域、重点流域、重点行业污染源信息审核全覆盖。省、市两级普查机构要根据《关于印发第二次全国污染源普查 2019 年及后续工作要点的通知》（国污普〔2019〕3 号）要求，结合普查数据审核发现的问题，组织做好普查质量核查和整改、提升工作。

三、强化工作督办和责任追究，建立全面提升普查工作质量的良好机制。各级普查机构要认真研究落实国务院第二次全国污染源普查领导小组办公室印发的有关文件要求，形成任务和责任清单，拉条挂账，强化责任落实和工作督办。对于普查过程中弄虚作假、不认真落实普查数据质量管理责任、不认真进行整改或整改不到位、违反保密管理要求造成数据泄漏或引发其他不良影响的行为，视情况采取通报、发督办函、约谈等方式进行约谈督办。对于普查数据质量管理责任落实较好、工作进展快、数据质量高的地区，给予表扬。

四、严格按照《关于加强第二次全国污染源普查保密管理工作的通知》（国污普〔2018〕6 号）要求，做好普查数据审核汇总阶段保密管理工作。第二次全国污染源普查数据发布前，未经上级第二次全国污染源普查领导小组办公室批准，不得将普查汇总结果泄露给第三方机构，不得以任何形式将本地区普查数据全部交由第三方开展审核或汇总。各级普查机构应采取有效的安全防范措施，确保本级普查成果在公布前不为第三方获取，防止因数据泄露或不当使用而引发舆论炒作；导致调查对象商业秘密泄露的，依法追究相关人员责任。

国务院第二次全国污染源普查
领导小组办公室
2019 年 7 月 5 日

关于开展第二次全国污染源普查量核查工作的通知

国污普〔2019〕6号

各省、自治区、直辖市第二次全国污染源普查领导小组办公室，新疆生产建设兵团第二次全国污染源普查领导小组办公室：

为完成2019年8月底前基本核定全国污染源普查数据库阶段工作目标，确保普查数据真实、准确、全面，对下一步工作提出要求如下。

一、进一步提高认识，强化普查工作质量责任。污染源普查数据是研究确定今后一段时期生态环境保护目标、编制生态环境规划、打好污染防治攻坚战的重要基础。各级普查机构要切实提高认识，严格按照《第二次全国污染源普查方案》（国办发〔2017〕82号）和《关于第二次全国污染源普查质量管理工作的指导意见》（国污普〔2018〕7号）要求，充分用好信息公开和调度督办手段，层层压实质量责任，确保普查数据库定库工作顺利完成。

二、依法科学开展普查数据质量审核，把好定库质量关。各级普查机构要严格按照国务院第二次全国污染源普查领导小组办公室印发的有关质量管理文件要求，做好普查数据审核工作，确保污染源普查基本单位名录不重不漏，能源使用量和主要产品产量等指标汇总结果与相关部门公开发布的统计结果基本一致、各类普查对象各污染物排放量核算结果真实准确、区域和行业各污染物排放总量和结构基本合理。省、市两级普查机构必须开展普查数据集中审核和现场抽样复核，对火电、钢铁、水泥、石油炼制、造纸、平板玻璃、炼焦、新型煤化工、铅锌冶炼、铜冶炼、电镀、化学药品原料药制造等重点行业企业，以及本地区集中度较高、排放量大的行业企业做到审核全覆盖。县级普查机构要认真做好普查数据自审和报表质量整改工作。

三、扎实开展普查质量核查工作。省、市两级普查机构按照国污普〔2018〕8号文有关要求，组织开展质量核查工作。国家普查机构按照《第二次全国污染源普查质量核查工作方案》（见附件）要求，开展质量核查及现场复核，抽查各地区普查数据质量，各省要将核查组发现的问题举一反三进行整改，整改结果报生态环境部第二次全国污染源普查工作办公室。

距离2019年8月底前完成核定全国污染源普查数据库工作目标时间紧、任务重、压力大，各级普查机构务必高度重视，迎难而上，抓好落实，确保定库目标顺利实现。

附件：第二次全国污染源普查质量核查工作方案

国务院第二次全国污染源普查

领导小组办公室

2019年8月5日

附件

第二次全国污染源普查质量核查工作方案

为提升第二次全国污染源普查（以下简称普查）数据质量，确保普查数据真实、准确、全面，根据《关于做好第二次全国污染源普查质量核查工作的通知》（国污普〔2018〕8号）等有关文件要求，制定方案如下。

一、工作目标

提升普查数据质量，确保普查数据真实、准确、全面。

二、时间安排

2019年8月19日启动，月底前结束，根据各省（区、市）质量核查工作进展分两轮开展：

第一轮8月19日至24日：云南、山西、黑龙江、吉林、陕西、天津、广西、新疆、内蒙古、北京、甘肃、宁夏、海南、西藏、新疆生产建设兵团、青海。

第二轮8月25日至30日：广东、浙江、江苏、山东、河北、福建、河南、安徽、四川、辽宁、重庆、江西、湖北、湖南、上海、贵州。

三、核查区域

省、市级核查工作，按照国污普〔2018〕8号文要求选定核查区域开展核查。

国家级核查工作覆盖所有省份，在核查省级普查工作质量的同时，下沉一级，抽样核查地市级或县级普查数据质量。北京、天津、上海、重庆各抽取2个区（县），新疆生产建设兵团抽取2个师（市），其他省份各抽取2个地级及以上城市（省会城市必抽），作为核查区域开展核查。

四、抽样数量

省、市级核查工作，按照国污普〔2018〕8号文要求抽样开展核查。

省级伴生放射性矿核查工作，由省级辐射监测机构对所在省份伴生放射性矿普查对象抽样进行现场复核。伴生放射性矿普查对象少于100家的，随机抽取不少于5家（不足5家的全部抽取）。100家以上的按不少于 5%的比例抽取。抽取的伴生放射性矿原则上应当覆盖核查区域内的主要矿产种类和不同企业规模。

国家级核查采用随机抽样的方式，抽样数量如下。

（一）工业污染源

广东省、浙江省在核查区域内各抽取200家工业污染源开展核查；除上述两省外工业污染源普查对象总数超过10万家的省份，在该省核查区域内抽取150家工业污染源开展核查；总数超过3万且低于

10 万家的，抽取 100 家工业污染源开展核查；其他省份抽取 50 家工业污染源开展核查。原则上抽取的工业污染源应覆盖核查区域内的主要行业类型和不同企业规模。除北京、上海、新疆生产建设兵团外，每个省份抽取的工业污染源还需包含 1～3 家伴生放射性矿普查对象。

（二）生活污染源

在核查区域内抽取不少于 30 家生活污染源开展核查，应包括行政村（不少于 10 个）、入河（海）排污口和生活源锅炉。

（三）农业污染源

在核查区域内抽取不少于 20 家规模化畜禽养殖场开展核查。

（四）集中式污染治理设施

在核查区域内抽取不少于 10 家集中式污染治理设施开展核查，应包括集中式污水处理单位、生活垃圾集中处理处置单位、危险废物集中处理处置单位。

（五）移动源

在核查区域内抽取不少于 10 家移动源开展核查，应包括储油库、加油站、油品运输企业。

五、核查内容

省、市级核查工作，按照国污普〔2018〕8 号文核查内容开展核查。

省级伴生放射性矿核查工作，由省级辐射监测机构开展抽样和现场复核情况。通过现场查看达到详查标准的含放射性物料、废物，对伴生放射性矿产企业含放射性固体物料及废料情况表（以下简称 G107 表）中统计原矿、精矿产生量，含放射性固体废物产生量、综合利用量、处理处置方式、处理处置量、累计贮存量等进行核查，如有不符，通知相应区县普查机构进行整改。对于伴生放射性矿关闭企业，如入户调查未获取含放射性废物贮存量等信息，省级辐射监测机构通过现场复核补充获取关闭企业相关信息，并告知县区普查机构补充填报。

此外，各地可结合工作需要根据国家级核查内容增加相关核查内容。

国家级核查内容包括：

（一）数据采集工作

通过查阅普查表及相关佐证资料，对核查区域内抽取的普查对象数据采集质量进行核查，对于存疑的指标要进行现场复核，伴生放射性矿普查对象 G107 表出现差错的关键指标计入核查区域工业污染源出现差错的关键指标数量，填写第二次全国污染源普查数据采集核查结果表（见附 1）。

开展现场复核的普查对象如发现遗漏工艺、窑炉、装置、设施的，将其应填的关键指标数并入“出现差错的关键指标数量”和“抽取的普查对象关键指标总数”。各类污染源普查表关键指标详见附 2。

（二）数据审核和质量核查工作

通过查阅相关文件、工作报告、工作记录、质量核查和评估报告等资料，对各级普查机构开展数据自审、现场复核、名录比对核实、质量核查情况进行核查，视情况对核查整改情况进行抽查。

（三）停产、关闭、其他企业核实工作

选取核查区域关闭企业、停产企业、其他企业共不少于 10 家，通过电话、现场走访等形式开展核查，核实其真实性，填写第二次全国污染源普查停产、关闭、其他企业核查结果表（见附 3）。

（四）名录比对工作

对各级普查机构名录核实结果进行核查，重点将核查区域内的工业污染源基本单位名录与 2017 年排污许可证发布名录、强化监督定点帮扶检查名录、重污染天气应急预案名单、重点排污单位名单进行比对，填写第二次全国污染源普查名录比对核查结果表（见附 4）。

六、核查要求

各省要将核查组发现的问题举一反三进行整改，整改结果报生态环境部第二次全国污染源普查工作办公室（以下简称生态环境部普查办）。

七、人员安排

核查组采用“1+1+×+4”的配置，设 1 名组长，由生态环境部普查办负责同志、技术支持单位司局级同志担任；设 1 名联络员，由生态环境部普查办同志担任，负责抽调专家、协调联络当地普查机构等工作；设×+4 名组员，其中工业污染源核查根据抽取的工业污染源数量进行配置（200 家配 6 人、150 家和 100 家配 4 人、50 家配 2 人），其他四种类型污染源核查各 1 人，组员由技术支持单位和地方普查技术骨干组成。

八、其他安排

（一）提前完成省级质量核查

各省要在国家级质量核查开展之前，提前完成省级质量核查工作，并编写质量核查与评估报告。

（二）做好随机抽样工作

核查组在开展核查工作前，提前在生态环境部普查办选定核查区域，按照各类污染源的抽样数量采用随机抽样的方式选定普查对象，并由核查组组长保存，赴核查省份后公布抽样结果，开展核查工作。

（三）编制核查报告

核查组在结束核查工作后要编制质量核查报告，内容应至少包含本次核查总体情况、核查结论、整改要求和下一步工作建议（提纲见附 5），并报送生态环境部普查办。

（四）强化结果应用

核查结果将作为评估各地普查质量和总结表彰的重要依据，表现优秀的个人和集体，在普查表彰中优先考虑；核查结果较差、未按要求完成整改的将视情况予以通报、督办。

（五）严格核查纪律

参与核查工作的人员要严格遵守核查工作纪律和相关技术要求，严格遵守中央八项规定精神、六项禁令和廉洁自律各项规定，严禁在核查工作中违反规定牟取利益。

附 1

第二次全国污染源普查数据采集核查结果表

核查区域：　　　　省（自治区、直辖市）　　　　　　市（地区、州、盟）

类别	A.出现差错的关键指标数量（个）	B.抽取普查对象的关键指标总数（个）	指标差错率（%）＝A/B×100%
工业污染源			
农业污染源			
生活污染源			
集中式污染治理设施			
移动源			
总计			

填表人：　　　　　　填表时间：　　　　　　核查组负责人：

附 2

第二次全国污染源普查关键指标表

表　名	指标代码	指标名称
G101-1	03	行业名称 1 和行业代码 1
G101-1	04	区划代码
G101-1	11	受纳水体名称和受纳水体代码
G101-1	13	企业运行状态
G101-3	1	主要能源消耗-原辅材料/能源名称
G101-3	2	主要能源消耗-原辅材料/能源代码
G101-3	3	主要能源消耗-计量单位
G101-3	4	主要能源消耗-使用量
G102	01	取水量
G102	11	年实际处理水量
G102	15	废水总排放口数
G102	19	排水去向类型
G102	22	废水排放量
G103-1	06	电站锅炉燃烧方式名称
G103-1	12	工业锅炉燃烧方式名称
G103-1	17	燃料一类型
G103-1	18	燃料一消耗量
G103-1	22	燃料一平均收到基含硫量
G103-1	23	燃料一平均收到基灰分
G103-1	24	燃料一平均干燥无灰基挥发分
G103-1	25	燃料二类型
G103-1	26	燃料二消耗量
G103-1	30	燃料二平均收到基含硫量
G103-1	31	燃料二平均收到基灰分
G103-1	32	燃料二平均干燥无灰基挥发分
G103-1	38	脱硫工艺
G103-1	45	脱硝工艺

表　名	指标代码	指标名称
G103-1	51	除尘工艺
G103-1	55-60 和 64-73	工业锅炉污染物
G103-2	01	炉窑类型
G103-2	06	燃料一类型
G103-2	12	燃料二类型
G103-2	26	脱硫工艺
G103-2	32	脱硝工艺
G103-2	38	除尘工艺
G103-2	46-53 和 55-64	工业炉窑污染物
G103-3	11	煤炭消耗量
G103-3	12	焦炭产量
G103-3	21	脱硫工艺
G103-3	27	脱硝工艺
G103-3	33	除尘工艺
G103-3	37-44	焦炉烟囱污染物
G103-3	49	脱硫工艺
G103-3	55	除尘工艺
G103-3	59-64	装煤地面站污染物
G103-3	69	脱硫工艺
G103-3	75	除尘工艺
G103-3	79-82	推焦地面站污染物
G103-3	89	脱硫工艺
G103-3	95	除尘工艺
G103-3	99-102	干熄焦地面站污染物
G103-3	110-111	一般排放口及无组织污染物
G103-4	07	煤炭-平均收到基含硫量
G103-4	12	焦炭-平均收到基含硫量
G103-4	16	铁矿石消耗量
G103-4	17	铁矿石含硫量
G103-4	18	烧结矿产量
G103-4	19	球团矿产量
G103-4	24	脱硫工艺
G103-4	30	脱硝工艺
G103-4	36	除尘工艺
G103-4	40-45	烧结机头（球团单元焙烧）污染物
G103-4	50	除尘工艺
G103-4	54-55	烧结机尾污染物
G103-4	61-62	一般排放口及无组织污染物
G103-5	09	生铁产量
G103-5	14	除尘工艺
G103-5	18-19	高炉矿槽污染物
G103-5	24	除尘工艺
G103-5	28-29	高炉出铁场污染物
G103-5	31-32、37-38	一般排放口及无组织污染物
G103-6	05	粗钢产量
G103-6	10	除尘工艺
G103-6	14-15、24-25	转炉二次烟气、电炉烟气污染物

表　名	指标代码	指标名称
G103-6	31-34	一般排放口及无组织污染物
G103-7	05	煤炭消耗量
G103-7	10	石灰石用量
G103-7	11	熟料产量
G103-7	17	脱硝工艺
G103-7	23	除尘工艺
G103-7	27-34、44-45	窑尾污染物
G103-7	50	除尘工艺
G103-7	54-55	窑头污染物
G103-7	56-57	一般排放口及无组织污染物
G103-8	07	燃料一类型
G103-8	10	燃料一平均收到基含硫量
G103-8	11	燃料二类型
G103-8	14	燃料二平均收到基含硫量
G103-8	16	脱硫工艺
G103-8	23	除尘工艺
G103-8	27-32	加热炉污染物
G103-9	13	脱硫工艺
G103-9	19	脱硝工艺
G103-9	25	除尘工艺
G103-9	39-40	石化企业污染物
G103-10	01	物料名称
G103-10	03	储罐类型
G103-10	04	储罐容积
G103-10	05	储存温度
G103-10	06	相同类型、容积、温度的储罐个数
G103-10	09	年装载量
G103-10	11	汽车/火车装载方式
G103-10	13	船舶装载方式
G103-12	04	堆存物料
G103-12	05	堆存物料类型
G103-12	06	占地面积
G103-12	08	日均储存量
G103-12	10	年物料运载车次
G103-12	11	单车平均运载量
G103-12	12	粉尘控制措施
G103-13	25-44	污染物
G104-1	01	一般工业固体废物名称
G104-1	02	一般工业固体废物代码
G104-1	03	一般工业固体废物产生量
G104-2	01	危险废物名称
G104-2	02	危险废物代码
G104-2	04	危险废物产生量
G106-1	01	对应的普查表号
G106-1	02	对应的排放口名称/编号
G106-1	03	核算环节名称
G106-1	04	原料名称

表　名	指标代码	指标名称
G106-1	05	产品名称
G106-1	06	工艺名称
G106-1	07	生产规模等级
G106-1	09	产品产量
G106-1	11	原料/燃料用量
G106-1	13	污染物名称
G106-1	17	污染物处理工艺名称
G106-2	01	对应的普查表号
G106-2	02	对应的排放口名称/编号
G106-2	03	进口水量
G106-2	04	出口水量
G106-2	05	经总排放口排放的水量
G106-3	01	对应的普查表号
G106-3	02	对应的排放口名称/编号
G106-3	03	平均流量
G106-3	04	年排放时间
G107	02	原矿名称/代码
G107	03	原矿产生量
G107	04	精矿名称/代码
G107	05	精矿产生量
G107	06	固体废物名称/代码
G107	07	固体废物产生量
G107	17	固体废物累计贮存量
G108	03	区划代码
G108	16	排水去向类型、受纳水体名称和受纳水体代码
N101-1	04	区划代码
N101-1	08	养殖种类
N101-1	09	圈舍清粪方式
N101-1	11	原水存储设施
N101-1	13	尿液废水处理设施
N101-1	14	尿液废水处理利用方式及比例
N101-1	15	粪便存储设施
N101-1	17	粪便处理利用方式及比例
N101-1	18	受纳水体名称和受纳水体代码
N101-2	02	生猪（全年出栏量）
N101-2	03	奶牛（年末存栏量）
N101-2	04	肉牛（全年出栏量）
N101-2	05	蛋鸡（年末存栏量）
N101-2	06	肉鸡（全年出栏量）
N201-1	17	耕地面积
N201-1	23	园地面积
N201-1	31	地膜覆膜总面积
N201-1	35	作物产量
N201-1	55	秸秆规模化利用数量
N201-2	01-42	播种面积/覆膜面积
N202	02	出栏量
N202	03	存栏量

表　名	指标代码	指标名称
N202	04-09	清粪方式
N202	10-17	粪便处理利用方式
N202	18-25	污水处理利用方式
N203	01	养殖品种名称
N203	02	养殖品种代码
S101	01	常住人口
S101	02	使用燃煤的居民家庭户数
S101	03	居民家庭燃煤年使用量
S101	04	其中：洁净煤年使用量
S101	07	农村生物质燃料年使用量
S101	08	农村管道燃气年使用量
S101	09	农村罐装液化石油气年使用量
S102	01	常住户数
S102	02	常住人口
S102	03	有水冲式厕所户数
S102	04	无水冲式厕所户数
S102	09	经化粪池后排入下水管道的户数
S102	11	直排入农田的户数
S102	12	直排入水体的户数
S102	13	排入户用污水处理设备的户数
S102	14	进入农村集中式处理设施的户数
S102	15	进入市政管网的户数
S102	16	其他
S103	11	锅炉类型
S103	12	额定出力
S103	13	锅炉燃烧方式
S103	15	燃料煤类型
S103	16	燃料煤消耗量
S103	17	燃料煤平均含硫量
S103	18	燃料煤平均灰分
S103	19	燃料煤平均干燥无灰基挥发分
S103	20	燃油类型
S103	21	燃油消耗量
S103	22	燃油平均含硫量
S103	23	燃气类型
S103	24	燃料气消耗量
S103	25	生物质燃料类型
S103	26	生物质燃料消耗量
S104	08	排污口类型
S105	02	污水排放流量
S105	03	化学需氧量浓度
S105	04	五日生化需氧量浓度
S105	05	氨氮浓度
S105	06	总氮浓度
S105	07	总磷浓度
S105	08	动植物油浓度
S201	01	全市常住人口

表　名	指标代码	指标名称
S201	02	房屋竣工面积
S201	03	人均住房（住宅）建筑面积
S201	04	新建沥青公路长度
S201	05	改建变更沥青公路长度
S201	06	2017 年年末城市道路长度
S201	07	2016 年年末城市道路长度
S201	09	城区人口
S201	11	城区暂住人口
S201	12	公共服务用水量
S201	13	居民家庭用水量
S201	14	生活用水量（免费供水）
S201	15	用水人口
S201	16	集中供热面积
S201	17	人工煤气销售气量（居民家庭）
S201	18	天然气销售气量（居民家庭）
S201	19	液化石油气销售气量（居民家庭）
S201	21	建成区常住人口
S201	22	建成区年生活用水量
S201	23	建成区用水人口
S202	02	县城人口
S202	04	县城暂住人口
S202	05	公共服务用水量
S202	06	居民家庭用水量
S202	07	生活用水量（免费供水）
S202	08	用水人口
S202	09	集中供热面积
S202	10	人工煤气销售气量（居民家庭）
S202	11	天然气销售气量（居民家庭）
S202	12	液化石油气销售气量（居民家庭）
S202	14	建成区常住人口
S202	15	建成区年生活用水量
S202	16	建成区用水人口
J101-1	05	区划代码
J101-1	09	污水处理设施类型
J101-1	11	污水处理方法名称（1）、代码（1）
J101-1	12	排水去向类型
J101-1	14	受纳水体名称、代码
J101-2	03	污水设计处理能力
J101-2	04	污水实际处理量
J101-2	05	其中：处理的生活污水量
J101-2	06	再生水量
J101-2	10	干污泥产生量
J101-2	13	干污泥处置量
J102-1	04	区划代码
J102-1	09	垃圾处理厂类型
J102-1	10	垃圾处理方式
J102-1	11	垃圾填埋场水平防渗

表　名	指标代码	指标名称
J102-1	12	排水去向类型
J102-1	13	受纳水体名称、代码
J102-1	16	废气处理方法
J102-2	01	年运行天数
J102-2	04	已填容量
J102-2	05	正在填埋作业区面积
J102-2	06	已使用黏土覆盖区面积
J102-2	07	已使用塑料土工膜覆盖区面积
J102-2	10	本年实际堆肥量
J102-2	12	焚烧处置方式-设施数量
J102-2	19	本年实际焚烧处理量
J102-2	20	助燃剂使用情况
J102-2	21	煤炭消耗量
J102-2	22	燃料油消耗量
J102-2	23	天然气消耗量
J102-2	25	炉渣产生量
J102-2	26	炉渣处置方式
J102-2	27	炉渣处置量
J102-2	29	焚烧飞灰产生量
J102-2	30	焚烧飞灰处置量
J102-2	31	焚烧飞灰综合利用量
J102-2	33	厌氧发酵处置方式-本年实际处置量
J102-2	35	生物分解处置方式-本年实际处置量
J102-2	38	废水（含渗滤液）产生量
J102-2	39	废水处理方式
J102-2	41	废水处理方法
J102-2	42	废水实际处理量
J102-2	43	废水实际排放量
J103-1	10	集中处理厂类型
J103-1	11	危险废物利用处置方式
J103-1	12	排水去向类型
J103-1	13	受纳水体名称、代码
J103-1	17	废气处理方法
J103-2	03	设计处置利用能力
J103-2	04	处置利用总量
J103-2	10	实际利用量
J103-2	15	实际填埋处置量
J103-2	17	物理化学处置方式-实际处置量
J103-2	18	焚烧方式-设施数量
J103-2	25	实际焚烧处置量
J103-2	26	使用的助燃剂种类
J103-2	27	煤炭消耗量
J103-2	28	燃料油消耗量（不含车船用）
J103-2	29	天然气消耗量
J103-2	31	焚烧残渣产生量
J103-2	32	焚烧残渣填埋处置量
J103-2	33	焚烧飞灰产生量

表　名	指标代码	指标名称
J103-2	34	焚烧飞灰填埋处置量
J103-2	39	废水处理方法
J103-2	41	废水产生量
J103-2	42	实际处理废水量
J103-2	43	废水排放量
J104-1	01	废水（含渗滤液）流量
J104-1	02	化学需氧量进口浓度
J104-1	03	化学需氧量排口浓度
J104-1	04	生化需氧量进口浓度
J104-1	05	生化需氧量排口浓度
J104-1	06	动植物油进口浓度
J104-1	07	动植物油排口浓度
J104-1	08	总氮进口浓度
J104-1	09	总氮排口浓度
J104-1	10	氨氮进口浓度
J104-1	11	氨氮排口浓度
J104-1	12	总磷进口浓度
J104-1	13	总磷排口浓度
J104-1	14	挥发酚进口浓度
J104-1	15	挥发酚排口浓度
J104-1	16	氰化物进口浓度
J104-1	17	氰化物排口浓度
J104-1	18	总砷进口浓度
J104-1	19	总砷排口浓度
J104-1	20	总铅进口浓度
J104-1	21	总铅排口浓度
J104-1	22	总镉进口浓度
J104-1	23	总镉排口浓度
J104-1	24	总铬进口浓度
J104-1	25	总铬排口浓度
J104-1	26	六价铬进口浓度
J104-1	27	六价铬排口浓度
J104-1	28	总汞进口浓度
J104-1	29	总汞排口浓度
J104-2	01	焚烧废气流量
J104-2	02	年排放时间
J104-2	03	二氧化硫浓度
J104-2	04	氮氧化物浓度
J104-2	05	颗粒物浓度
J104-2	06	砷及其化合物浓度
J104-2	07	铅及其化合物浓度
J104-2	08	镉及其化合物浓度
J104-2	09	铬及其化合物浓度
J104-2	10	汞及其化合物浓度
Y101	05	区划代码
Y101	10	原油-年周转量
Y101	10	汽油-年周转量

表　名	指标代码	指标名称
Y101	10	柴油-年周转量
Y102	05	区划代码
Y102	10	汽油-年销售量
Y102	10	柴油-年销售量
Y103	08	年汽油运输总量
Y103	09	年柴油运输总量
Y201-1	-	区划代码
Y201-1	05	微型客车-出租车-汽油
Y201-1	06	微型客车-出租车-燃气
Y201-1	08	微型客车-其他车-汽油
Y201-1	09	微型客车-其他车-燃气
Y201-1	12	小型客车-出租车-汽油
Y201-1	13	小型客车-出租车-柴油
Y201-1	14	小型客车-出租车-燃气
Y201-1	16	小型客车-其他车-汽油
Y201-1	17	小型客车-其他车-柴油
Y201-1	18	小型客车-其他车-燃气
Y201-1	21	中型客车-公交车-汽油
Y201-1	22	中型客车-公交车-柴油
Y201-1	23	中型客车-公交车-燃气
Y201-1	25	中型客车-其他车-汽油
Y201-1	26	中型客车-其他车-柴油
Y201-1	27	中型客车-其他车-燃气
Y201-1	30	大型客车-公交车-汽油
Y201-1	31	大型客车-公交车-柴油
Y201-1	32	大型客车-公交车-燃气
Y201-1	34	大型客车-其他车-汽油
Y201-1	35	大型客车-其他车-柴油
Y201-1	36	大型客车-其他车-燃气
Y201-1	39	微型货车-汽油
Y201-1	40	微型货车-柴油
Y201-1	41	微型货车-燃气
Y201-1	43	轻型货车-汽油
Y201-1	44	轻型货车-柴油
Y201-1	45	轻型货车-燃气
Y201-1	47	中型货车-汽油
Y201-1	48	中型货车-柴油
Y201-1	49	中型货车-燃气
Y201-1	51	重型货车-汽油
Y201-1	52	重型货车-柴油
Y201-1	53	重型货车-燃气
Y201-1	55	三轮汽车
Y201-1	56	低速货车
Y201-1	58	普通摩托车
Y201-1	59	轻便摩托车
Y201-2	02	载客汽车
Y201-2	07	载货汽车

表　名	指标代码	指标名称
Y201-2	12	低速汽车
Y201-2	15	摩托车
Y202-1	-	区划代码
Y202-1	02	柴油发动机动力/总动力
Y202-1	05	大中型拖拉机/总动力
Y202-1	11	小型拖拉机/总动力
Y202-1	34	排灌动力机械-柴油机/总动力
Y202-1	41	联合收获机/总动力
Y202-1	49	渔业机械/总动力

附 3

第二次全国污染源普查停产、关闭、其他企业核查结果表

核查区域：　　　　　　　　省（自治区、直辖市）　　　　　　　　市（地区、州、盟）

序号	企业名称	类型[1]	核实情况	是否属实	工作流程是否符合要求[2]

注：[1] 类型填写停产、关闭、其他。

[2] 停产企业需按要求填写污染治理设施等相关信息。

纳入清查名录、入户调查时已关闭的企业需由所在乡镇（街道）确认属实，提供情况说明并加盖公章确认，由区县普查机构收集汇总，建档备查，抽样复核、质量核查工作作为核查重点（国污普〔2018〕19 号）。

对于没有污染物产生和排放、不属于普查范围的调查对象，以及重复的调查对象，在“启用”操作时选择“其他”选项的，省级普查机构收集汇总重复的调查对象，明确标识需要删除的条目，并以省级普查领导小组办公室名义上报（国污普〔2019〕2 号）。

填表人：　　　　　　　　填表时间：　　　　　　　　核查组负责人：

附 4

第二次全国污染源普查名录比对核查结果表

核查区域：　　　　　　　　省（自治区、直辖市）　　　　　　　　市（地区、州、盟）

比对名录	是否遗漏[1]	企业名称	统一社会信用代码	详细地址（区/县、街/乡、社区/村）	备注
2017 年排污许可证发布名录	□是 □否				
强化监督定点帮扶检查名录	□是 □否				
重污染天气应急预案名单	□是 □否				
重点排污单位名单	□是 □否				
行数不够可自行添加					

注：若此处选“是”，需填报右侧信息；选“否”无须填报右侧信息。

填表人：　　　　　　　　填表时间：　　　　　　　　核查组负责人：

附5

第二次全国污染源普查质量核查报告提纲

一、总体情况

总体介绍核查工作开展情况，包括核查区域选取、抽样数量、工作时间、现场复核等情况。

二、核查结论

（一）数据采集工作

分源介绍抽样情况、关键指标差错情况、指标差错率计算情况，核查区域整体指标差错率情况。

（二）数据审核工作

核查区域数据自审、现场复核、名录比对核实、质量核查（包括省级）开展情况。

（三）停产、关闭、其他企业核实工作

对核查区域关闭企业、停产企业、其他企业的抽样核实情况。

（四）名录比对工作

核查区域内的工业污染源基本单位名录比对工作情况。

三、整改要求

对当前各项工作存在问题的整改要求。

四、下一步工作建议

对落实整改要求、提升数据质量提出的工作建议，包括通报、督办、约谈等。

关于进一步做好工业污染源排放量核算工作的通知

国污普〔2019〕8号

各省、自治区、直辖市第二次全国污染源普查领导小组办公室，新疆生产建设兵团第二次全国污染源普查领导小组办公室：

根据第二次全国污染源普查数据质量集中审核情况和各级普查机构反馈，目前工业污染源污染物产生量和排放量仍存在无法根据《工业污染源污染物产排污系数手册》核算的问题。为做好产排污核算收尾工作，现就有关要求通知如下：

一、严格按照《第二次全国污染源普查技术规定》（国污普〔2018〕16号）（以下简称技术规定）要求的不同核算方法优先顺序和使用要求，开展各类污染物产生量和排放量核算工作。

（一）采用监测数据法的，必须同时满足技术规定中明确的监测数据使用规范性要求和具体使用要求；不满足上述要求的，应按照产排污系数法（物料衡算法，以下简称系数法）核算。

（二）各级普查机构应组织对采用监测数据法核算的普查对象，开展抽查核实，无法提供充分的证据证明其监测数据满足使用要求的普查对象，应要求其整改，采用系数法核算。

（三）对采用不同核算方法造成产生量和排放量逻辑上不合理的，以监测数据法核算的污染物量优先的原则折算产生量，并填报至相应的产生量指标栏（即系数法核算产生量小于监测数据法的排放量时，取监测数据法核算的排放量折算相应的产生量）。

二、进一步做好工业污染源系数法核算结果确认工作。根据《关于第二次全国污染源普查质量工作的指导意见》（国污普〔2018〕7号），普查对象只对采用系数法核算中填报的核算环节、产品、原料、工艺等基本信息负责，根据系数法核算的污染物产生量或排放量结果不需要普查对象签字确认。

（一）以质量控制单形式由普查对象签字确认相关填报信息的，可以将质量控制单和打印出来的普查表（此种情况下普查对象可不在普查表上签字）作为确认依据。

（二）未签署质量控制单，但已经由普查对象签字确认的普查表，普查对象仅需对其填报的基础信息和生产活动水平情况负责，无须重新签字认可。

请督促市级普查机构指导区县级普查机构按照《工业污染源排放量核算补充说明》（见附件）要求，于2019年9月27日前，完成全部工业污染源普查对象污染物产生量和排放量核算工作。

附件：工业污染源排放量核算补充说明

国务院第二次全国污染源普查
领导小组办公室
2019年9月18日

附件

工业污染源排放量核算补充说明

一、无法采用系数法核算的

对于无法根据《第二次全国污染源普查工业源产排污系数手册》选择匹配的“四同组合”核算工业污染源污染物产生量和排放量的，应根据普查对象的产品、原料及生产工艺，按照《国民经济行业分类》（GB/T 4754—2017）核实 G101-1 表行业类别栏中选取的行业名称和行业代码是否准确。对于生产活动种类多、跨多个行业的，应按照其主要生产活动及污染物产生和排放情况，在 G101-1 表选择主要的行业类别，再顺次选择次要的行业类别。行业类别填报无误，仍无法选择适用的“四同组合”的，按照如下原则进行处理：

（一）系数类比

以生产过程产生的污染物种类、排放强度相近或相类似为原则，选取可类比的“四同组合”系数。可跨行业选择系数，也可参比不同产品/原料或工艺种类的系数，G106-1 表中的产品（或原辅材料）种类名称、计量单位，可与 G101 表中填报的名称、单位不同。

核算污染物产生量和排放量使用的产品产量或原辅材料使用量的数值须按照所选取的系数组合要求的计量单位进行折算，再进行污染物产生量和排放量的核算。同时，应优先根据普查对象污染治理设施的实际去除效率选择对应的污染物处理工艺。

（二）无法进行类比的

对无法进行类比核算的小微企业（小型企业、微型企业）采用如下方法估算污染物产生量和排放量。

1．废水污染物

仅核算化学需氧量、氨氮、总氮、总磷四种污染物产生量和排放量。根据普查对象 G102 表填报的废水排放量乘以所在区域工业污水处理厂平均进口浓度和出口浓度，获取四种污染物的产生量和排放量。如果普查对象无法填报废水排放量，其废水排放量按照取水量乘以 0.85 计算。

2．废气污染物

仅考虑燃烧源产生和排放的二氧化物、氮氧化物和颗粒物，以及溶剂使用源产生和排放的挥发性有机物。具体计算方法如下：

针对二氧化硫、氮氧化物和颗粒物，参照 4430 热力生产和供应行业相应燃料，按最小吨位锅炉系数核算，去除效率选择相同治理工艺最低去除效率取值。

针对挥发性有机物，根据 G103-11 表对应的系数手册，核算挥发性有机物的产生量和排放量。

上述污染物产生量和排放量的计算由区县级普查机构根据普查对象填报的基本信息统一组织开展，计算后的排放量结果填入G106-1表中排污许可证执行报告排放量一栏，并选取使用。此种情况下，G101-1表指标12应选择“否”。

若地方普查机构按上述要求仍无法完成核算的，根据技术规定要求，由地方普查机构组织制定产排污系数，报国务院第二次全国污染源普查领导小组办公室同意后使用。

二、对污染物核算种类和数量存在疑问的

（一）对于只有普查方案中规定的部分污染物产生和排放的普查对象，应根据实际情况核算其实际产生的污染物产生量和排放量。

（二）对于确实没有废水、废气污染物产生的普查对象，例如服装服饰的裁剪缝制、机制纸和纸板的裁切和包装（无印刷工序）等，可以不核算污染物产生量和排放量。该类普查对象同时没有固体废物或危险废物产生的，在普查数据库里应归类为“其他”。

关于开展第二次全国污染源普查工作验收的通知

国污普〔2019〕9号

各省、自治区、直辖市第二次全国污染源普查领导小组办公室，新疆生产建设兵团第二次全国污染源普查领导小组办公室：

根据《全国污染源普查条例》和《国务院办公厅关于印发第二次全国污染源普查方案的通知》（国办发〔2017〕82号）等有关规定，国务院第二次全国污染源普查领导小组（以下简称普查领导小组）办公室决定开展第二次全国污染源普查（以下简称普查）工作验收。现将有关事项通知如下。

一、时间安排

普查领导小组办公室定于2020年3月对各省（区、市）及新疆生产建设兵团普查工作进行验收。请各省（区、市）及新疆生产建设兵团在2020年2月底前完成对行政区域内各地市普查工作的验收。

二、验收内容

普查工作完成情况和普查目标完成情况。

（一）普查工作完成情况

1．前期准备

普查机构设立、人员配备，实施方案（或工作方案）编制，经费落实，普查员和普查指导员的选聘及管理，宣传与培训等。

2．清查建库

普查调查单位名录库筛选、基本名录库建立，以及伴生放射性矿、入河（海）排污口、生活源锅炉清查等。

3．全面普查

入户调查与数据采集、数据审核、数据汇总、质量核查等。

（二）普查目标完成情况

省级普查数据分析报告、工作总结报告编制，文件资料分类、整理，省级普查领导小组审议普查数据情况。

三、验收程序

（一）按照分级验收的原则，各省（区、市）及新疆生产建设兵团应先完成对行政区域内各地市的验收，同时完成自评估，梳理相关佐证材料，编制省级自评估报告。各省（区、市）及新疆生产建设兵团对本行政区域内各地市的普查工作验收合格后，于 2020 年 2 月底前向普查领导小组办公室提出验收申请。

（二）普查领导小组办公室成立验收组，负责对各省（区、市）及新疆生产建设兵团进行验收。验收组组长由普查领导小组成员单位司局级负责同志担任，每组 3～4 人，视情况抽调技术支持单位及地方有关人员。

（三）每个省份验收时间约 2 天，验收组听取工作汇报，检查自评估报告及相关佐证材料，参考前期准备检查、清查抽查检查、普查质量核查、第三方评估结果，对普查工作进行评估打分（见附件）。

附件：第二次全国污染源普查工作验收表

国务院第二次全国污染源普查
领导小组办公室
2019 年 12 月 12 日

附件

第二次全国污染源普查工作验收表

验收内容		分数	验收标准		验收意见
			优秀（满分）	较差（零分）	
前期准备（20 分）	机构设立、人员配备	5	普查领导小组及其办公室（工作办公室）等机构成立及时；专职人员配备充足	普查领导小组及其办公室（工作办公室）等机构成立较晚；专职人员配备较少	
	实施方案（工作方案）编制	4	实施方案（或工作方案）印发及时、科学合理、操作性强	实施方案（或工作方案）科学性和操作性较差、印发较晚（晚于 2018 年 6 月 30 日）	
	经费落实	2	资金充足，按需拨付到位并专款专用	资金到位较晚（2018 年度、2019 年度经费均晚于当年 6 月 30 日到账），无法保障正常工作，经费使用存在违规问题	
	普查员和普查指导员选聘和管理	3	“两员”选聘符合国家相关文件要求，配备数量比例满足各类源相关要求，管理到位，满足工作需要	“两员”选聘与国家相关文件要求差距较大，配备数量比例无法满足各类源相关要求，管理不规范，难以满足工作需要	
	宣传与培训	6	宣传活动卓有成效、特色显著、影响广泛；培训工作分阶段组织开展，覆盖全面、方法有效	宣传资金匮乏，宣传工作效果不佳；培训工作安排不合理，与工作脱节，培训效果不显著或没有全覆盖	
清查建库（20 分）	普查调查单位名录库筛选、普查基本名录库建立	15	根据行政区域内现有工商、税务、市场监管、统计、农业农村等名录收集工作，结合国家下发的名录库进行补充完善； 组织开展实地访问、逐户摸底、排重补漏，对清查结果进行审核并组织复核； 开展质量核查，对核查结果进行反馈，要求整改，编制质量核查与评估报告	未对国家下发的名录库进行增补； 实地访问、逐户摸底、排重补漏工作开展较差，未对清查结果进行审核； 未开展质量核查，或质量核查流于形式，未反馈未整改	

验收内容		分数	验收标准		验收意见
			优秀（满分）	较差（零分）	
清查建库（20 分）	伴生放射性矿、入河（海）排污口、生活源锅炉清查	5	完成可能伴生天然放射性核素的 8 类重点行业 15 个类别矿产采选、冶炼和加工产业活动单位放射性水平初测工作； 开展监测的规模以上市政入河（海）排污口数量高于该类型排污口总量 20%； 生活源锅炉运行情况、锅炉治理设施等信息填报内容完整、规范、准确	未完成可能伴生天然放射性核素的 8 类重点行业 15 个类别矿产采选、冶炼和加工产业活动单位放射性水平初测工作； 开展监测的规模以上市政入河（海）排污口数量少于该类型排污口总量 10%； 生活源锅炉运行情况、锅炉治理设施等信息填报存在错误或漏填的	
全面普查（50 分）	入户调查与数据采集	10	数据填报完整规范，数据来源真实可靠； 普查员、普查指导员现场指导填报； 利用移动数据采集终端确认或补充采集相关地理坐标信息； 农业源、生活源、移动源的综合报表数据由相关管理部门提供，数据完整准确	数据填报不完整、规范性不高，数据来源真实性较差； 普查员、普查指导员未开展现场指导工作； 未利用移动数据采集终端采集相关地理坐标信息； 农业源、生活源、移动源的综合报表数据完整性、准确性较差	
	数据审核	20	制定数据审核工作方案，按要求开展逐级审核工作； 对国家反馈问题及时进行整改； 各级普查机构均对关闭、关停企业建档； 对普查入户调查形成的基本单位名录进行校核比对工作； 开展数据质量提升工作	未制定数据审核工作方案，或未开展逐级审核工作； 对国家反馈的问题整改不及时、不到位； 关闭、关停企业未进行归档； 普查入户调查基本单位名录校核比对工作不全面； 未开展数据质量提升工作	
	质量核查	10	开展质量核查工作，并将结果反馈各地进行整改，编制质量核查与评估报告； 关闭、关停企业纳入质量核查重点	质量核查工作未开展或不到位，未对核查结果进行反馈，未编制质量核查与评估报告； 关闭、关停企业未纳入质量核查重点	
	数据汇总	10	全面开展区域、行业等汇总数据与统计、城建、行业协会等管理部门掌握的宏观数据比对，分析各类源、各工业行业产能、产量及主要污染物排放占比的合理性	汇总数据与其他统计、城建、行业协会等管理部门掌握的宏观数据的比对工作开展不到位，未全面分析各类源、各工业行业产能、产量及主要污染物排放占比的合理性	
特色亮点（10 分）		10	普查工作中形成了一些特色亮点工作经验	普查工作未形成特色经验	
是否完成了对行政区域内各地市的普查工作验收				□是　□否	
是否完成了普查数据分析报告、工作总结报告编制工作				□是　□否	
文件资料是否分类有序、按要求整理安放				□是　□否	
省级普查领导小组是否审议通过了普查数据				□是　□否	

综合评价：

总分：________　　□通过验收　　□不通过验收

验收组组长签字：　　　　日期：

关于开展第二次全国污染源普查数据汇交工作的通知

国污普〔2020〕1号

各省、自治区、直辖市第二次全国污染源普查领导小组办公室，新疆生产建设兵团第二次全国污染源普查领导小组办公室：

为做好第二次全国污染源普查结果的总结发布工作，现就省级污染源普查数据汇交提出以下要求。

一、各省级污染源普查机构需要汇交的污染源普查成果包括：经省级第二次全国污染源普查领导小组审定后的省级污染源普查汇总结果（纸质文件）、第二次全国污染源普查数据采集系统数据库备份文件、通过污染源普查数据采集系统导出的所有电子表格、第二次全国污染源普查空间信息采集系统的数据库备份文件和省级数据处理环境服务器（互联网区和专网区）中存储的附件图片文件。

二、省级污染源普查汇总结果应按照省级汇总数据上报表格样式填报（见附件1），经省级第二次全国污染源普查领导小组审定后报送纸质文件，每一页均需加盖省级第二次全国污染源普查领导小组办公室公章。

三、第二次全国污染源普查数据采集系统数据库备份文件、通过污染源普查数据采集系统导出的电子表格、第二次全国污染源普查空间信息采集系统的数据库备份文件以及附件图片应采用2020年1月15日以后版本。其中，数据库格式为.dmp，电子表格格式为.xls或.xlsx，图片文件格式应与普查数据库里保存的格式一致。电子表格数据文件应根据命名规则进行文件命名（见附件2），与数据库文件和图片文件分类标识，采用离线存储介质存储。

四、各省级污染源普查机构应于2020年2月21日前完成普查数据汇交工作，汇交材料需通过机要渠道寄送至第二次全国污染源普查工作办公室（北京市东城区东长安街12号，100006）。

附件：1. 省级汇总数据上报表格样式

2. 电子表格数据文件命名规则

国务院第二次全国污染源普查

领导小组办公室

2020年1月21日

附件 1

省级汇总数据上报表格样式

表 1 普查对象基本情况

指标名称	工业企业数	其中：运行企业	停产企业	关闭企业	其他企业	其中，有伴生放射性矿企业	工业园区数	其中：国家级工业园区	省级工业园区	规模化畜禽养殖场数	其中：生猪	奶牛	肉牛	蛋鸡	肉鸡	县区填报数	重点区域生活源社区（行政村）填报数	行政村填报数	非工业企业单位锅炉数	入河（海）排污口数	其中：水质监测排污口数	城市填报数	县域填报数	集中式污水处理厂数	生活垃圾集中处理场(厂)数	危险废物集中处置厂数	储油库数	加油站数	油品运输企业数	填报Y201-1表直辖市、地市（区、市、州、盟）填报数	填报Y202-1表直辖市、地市（区、市、州、盟）填报数	填报Y202-2表直辖市、地市（区、市、州、盟）填报数	填报Y202-3表直辖市、地市（区、市、州、盟）填报数
计量单位	个	个	个	个	个	个	个	个	个	个	个	个	个	个	个	个	个	个	个	个	个	个	个	个	个	个	个	个	个	个	个	个	个
代码	1	2	3	4	5	6	7	8	9	10	11	12	13	14	15	16	17	18	19	20	21	22	23	24	25	26	27	28	29	30	31	32	33
全省																																	
地市 1																																	
……																																	

报送单位（盖章）：　　　　　　报送日期：

表 2　废水与废气排放情况

行政区	工业源废水排放量	生活源废水排放量	集中式废水排放量	废水排放量	工业源废气排放量	集中式废气排放量	废气排放量
单位	万立方米	万立方米	万立方米	万立方米	万立方米	万立方米	万立方米
代码	1	2	3	4	5	6	7
全省							
地市 1							
地市 2							
……							

表 3　化学需氧量产生与排放情况汇总表

行政区	工业源化学需氧量产生量	农业源化学需氧量产生量	生活源化学需氧量产生量	集中式化学需氧量产生量	化学需氧量产生量	工业源化学需氧量排放量	农业源化学需氧量排放量	生活源化学需氧量排放量	集中式化学需氧量排放量	化学需氧量排放量
单位	万吨	万吨	万吨	万吨	万吨	万吨	万吨	万吨	万吨	万吨
代码	1	2	3	4	5	6	7	8	9	10
全省										
地市 1										
地市 2										
……										

报送单位（盖章）：　　　　　　　　　　　　　　　　　　报送日期：

表 4　氨氮产生与排放情况汇总表

行政区	工业源氨氮产生量	农业源氨氮产生量	生活源氨氮产生量	氨氮产生量	工业源氨氮排放量	农业源氨氮排放量	生活源氨氮排放量	集中式氨氮排放量	氨氮排放量
单位	万吨	万吨	万吨	万吨	万吨	万吨	万吨	万吨	万吨
代码	1	2	3	4	5	6	7	8	9
全省									
地市 1									
地市 2									
……									

表 5　总氮产生与排放情况汇总表

行政区	工业源总氮产生量	农业源总氮产生量	生活源总氮产生量	集中式总氮产生量	总氮产生量	工业源总氮排放量	农业源总氮排放量	生活源总氮排放量	集中式总氮排放量	总氮排放量
单位	万吨	万吨	万吨	万吨	万吨	万吨	万吨	万吨	万吨	万吨
代码	1	2	3	4	5	6	7	8	9	10
全省										
地市 1										
地市 2										
……										

报送单位（盖章）：　　　　报送日期：

表 6　总磷产生与排放情况汇总表

行政区	工业源总磷产生量	农业源总磷产生量	生活源总磷产生量	集中式总磷产生量	总磷产生量	工业源总磷排放量	农业源总磷排放量	生活源总磷排放量	集中式总磷排放量	总磷排放量
单位	万吨	万吨	万吨	万吨	万吨	万吨	万吨	万吨	万吨	万吨
代码	1	2	3	4	5	6	7	8	9	10
全省										
地市 1										
地市 2										
……										

表 7　五日生化需氧量与动植物油的产生与排放情况汇总表

行政区	生活源五日生化需氧量产生量	集中式五日生化需氧量产生量	五日生化需氧量产生量	生活源五日生化需氧量排放量	集中式五日生化需氧量排放量	五日生化需氧量排放量	生活源动植物油产生量	集中式动植物油产生量	动植物油产生量	生活源动植物油排放量	集中式动植物油排放量	动植物油排放量
单位	吨	吨	吨	吨	吨	吨	吨	吨	吨	吨	吨	吨
代码	1	2	3	4	5	6	7	8	9	10	11	12
全省												
地市 1												
地市 2												
……												

报送单位（盖章）：　　　　　　　　报送日期：

表 8　石油类、挥发酚与氰化物的产生与排放情况汇总表

行政区	工业源石油类产生量	石油类产生量	工业源石油类排放量	石油类排放量	工业源挥发酚产生量	集中式挥发酚产生量	挥发酚产生量	工业源挥发酚排放量	集中式挥发酚排放量	挥发酚排放量	工业源氰化物产生量	集中式氰化物产生量	氰化物产生量	工业源氰化物排放量	集中式氰化物排放量	氰化物排放量
单位	万吨	万吨	万吨	万吨	吨	吨	吨	吨	吨	吨	吨	吨	吨	吨	吨	吨
代码	1	2	3	4	5	6	7	8	9	10	11	12	13	14	15	16
全省																
地市 1																
地市 2																
……																

表 9　重金属产生与排放情况汇总表

行政区	工业源总砷产生量	集中式总砷产生量	总砷产生量	工业源总砷排放量	集中式总砷排放量	总砷排放量	工业源总铅产生量	集中式总铅产生量	总铅产生量	工业源总铅排放量	集中式总铅排放量	总铅排放量	工业源总镉产生量	生活源总镉产生量	集中式总镉产生量	总镉产生量	工业源总镉排放量	集中式总镉排放量	总镉排放量	工业源总铬产生量	集中式总铬产生量	总铬产生量	工业源总铬排放量	集中式总铬排放量	总铬排放量	工业源总汞产生量	集中式总汞产生量	总汞产生量	工业源总汞排放量	集中式总汞排放量	总汞排放量
单位	吨	吨	吨	吨	吨	吨	吨	吨	吨	吨	吨	吨	吨	吨	吨	吨	吨	吨	吨	吨	吨	吨	吨	吨	吨	吨	吨	吨	吨	吨	吨
代码	1	2	3	4	5	6	7	8	9	10	11	12	13	14	15	16	17	18	19	20	21	22	23	24	25	26	27	28	29	30	31
全省																															
地市1																															
地市2																															
……																															

报送单位（盖章）：　　　　报送日期：

表 10　二氧化硫产生与排放情况汇总表

行政区	工业源二氧化硫产生量	生活源二氧化硫产生量	二氧化硫产生量	工业源二氧化硫排放量	生活源二氧化硫排放量	集中式二氧化硫排放量	移动源二氧化硫排放量	二氧化硫排放量
单位	万吨	万吨	万吨	万吨	万吨	万吨	万吨	万吨
代码	1	2	3	4	5	6	7	8
全省							/	
地市 1							/	
地市 2							/	
……							/	

表 11　氮氧化物产生与排放情况汇总表

行政区	工业源氮氧化物产生量	生活源氮氧化物产生量	氮氧化物产生量	工业源氮氧化物排放量	生活源氮氧化物排放量	集中式氮氧化物排放量	移动源氮氧化物排放量	氮氧化物排放量
单位	万吨	万吨	万吨	万吨	万吨	万吨	万吨	万吨
代码	1	2	3	4	5	6	7	8
全省								
地市 1								
地市 2								
……								

报送单位（盖章）：　　　　报送日期：

表 12　颗粒物产生与排放情况汇总表

行政区	工业源颗粒物产生量	生活源颗粒物产生量	颗粒物产生量	工业源颗粒物排放量	生活源颗粒物排放量	集中式颗粒物排放量	移动源颗粒物排放量	颗粒物排放量
单位	万吨	万吨	万吨	万吨	万吨	万吨	万吨	万吨
代码	1	2	3	4	5	6	7	8
全省								
地市 1								
地市 2								
……								

表 13　挥发性有机物与氨的产生与排放情况汇总表

行政区	工业源挥发性有机物产生量	生活源挥发性有机物产生量	挥发性有机物产生量	工业源挥发性有机物排放量	农业源挥发性有机物排放量	生活源挥发性有机物排放量	移动源挥发性有机物排放量	挥发性有机物排放量	工业源氨排放量	农业源氨排放量	氨排放量
单位	吨	吨	吨	吨	吨	吨	吨	吨	吨	吨	吨
代码	1	2	3	4	5	6	7	8	9	10	11
全省											
地市 1											
地市 2											
……											

报送单位（盖章）：　　　　报送日期：

表 14 废气重金属的产生与排放情况汇总表

行政区	工业源废气砷产生量	废气砷产生量	工业源废气砷排放量	集中式废气砷排放量	废气砷排放量	工业源废气铅产生量	废气铅产生量	工业源废气铅排放量	集中式废气铅排放量	废气铅排放量	工业源废气镉产生量	废气镉产生量	工业源废气镉排放量	集中式废气镉排放量	废气镉排放量	工业源废气铬产生量	废气铬产生量	工业源废气铬排放量	集中式废气铬排放量	废气铬排放量	工业源废气汞产生量	废气汞产生量	工业源废气汞排放量	集中式废气汞排放量	废气汞排放量
单位	吨	吨	吨	吨	吨	吨	吨	吨	吨	吨	吨	吨	吨	吨	吨	吨	吨	吨	吨	吨	吨	吨	吨	吨	吨
代码	1	2	3	4	5	6	7	8	9	10	11	12	13	14	15	16	17	18	19	20	21	22	23	24	25
全省																									
地市 1																									
地市 2																									
……																									

报送单位（盖章）： 报送日期：

表 15 固体废弃物产生与排放情况汇总表

行政区	其中：自行处置量	其中：处置往年贮存量	一般工业固体废物贮存量	一般工业固体废物倾倒丢弃量	送持证单位量	接收外来危险废物量	自行综合利用量	自行处置量	本年末本单位实际贮存量	综合利用处置往年贮存量	危险废物倾倒丢弃量	畜禽养殖粪便产生量	畜禽养殖粪便利用量	种植业地膜使用量	种植业地膜残留量	秸秆理论资源量	秸秆可收集资源量	秸秆利用量	干污泥产生量	污泥处置量	自行处置量	送外单位处置量	炉渣产生量	炉渣处置量	炉渣综合利用量	焚烧飞灰处置量	焚烧飞灰综合利用量	焚烧飞灰产生量	焚烧残渣产生量	焚烧残渣填埋处置量	焚烧飞灰产生量	焚烧飞灰安全填埋处置量
单位	吨	吨	吨	吨	吨	吨	吨	吨	吨	吨	吨	万吨	万吨	吨	吨	万吨	吨	万吨	吨	吨	吨	吨	吨	吨	吨	吨	吨	吨	吨	吨	吨	吨
代码	1	2	3	4	5	6	7	8	9	10	11	12	13	14	15	16	17	18	19	20	21	22	23	24	25	26	27	28	29	30	31	32
全省																																
地市 1																																
地市 2																																
……																																

报送单位（盖章）： 报送日期：

附件 2

电子表格数据文件命名规则

G101-1	G106-1	S101
G101-2	G106-2	S102
G101-3 原辅材料	G106-3	S103
G101-3 能源	G107 放射性	S104
G102 废水排口	G107-1	S105
G102 废水设施	G107-2	S201
G103-1	G108	S202
G103-10	J101-1	Y101 原油
G103-11	J101-2	Y101 柴油
G103-12	J101-3	Y101 汽油
G103-13	J102-1	Y102
G103-2	J102-2	Y103
G103-3	J103-1	Y201-1
G103-4	J103-2	Y201-2
G103-5	J104-1	Y202-1
G103-6	J104-2	Y202-2
G103-7	J104-3	Y202-3
G103-8	N101-1	Y202-4
G103-9	N101-2	Y203
G104-1	N201-1	
G104-2	N201-2	
G105 风险工艺	N201-3	
G105 风险物质	N202	
	N203	

关于开展第二次全国污染源普查表扬工作的通知

国污普〔2020〕3号

各省、自治区、直辖市第二次全国污染源普查领导小组办公室，新疆生产建设兵团第二次全国污染源普查领导小组办公室：

为表扬在第二次全国污染源普查工作中表现突出的集体、个人和优秀技术报告、专题报告，根据《全国污染源普查条例》和《关于印发第二次全国污染源普查方案的通知》（国办发〔2017〕82号）规定，现将表扬工作有关事项通知如下。

一、表扬工作原则

本着实事求是、客观公正、质量第一、成绩突出的原则，充分体现广泛性和代表性，以普查工作实绩为依据，杜绝弄虚作假行为。

二、表扬对象、范围和条件

表扬设表现突出的集体、表现突出的个人和优秀技术报告、专题报告四个类别，重点放在基层单位和普查工作一线人员。表扬对象、范围和条件详见附件。

三、组织实施

（一）由省级普查机构统一组织审核、汇总、报送推荐材料。表现突出的集体、个人，优秀技术报告、专题报告需填写推荐表（表式见附件），由省级普查机构审核、公示后，汇总并按要求盖章统一报送生态环境部第二次全国污染源普查工作办公室。优秀技术报告、专题报告由国务院第二次全国污染源普查领导小组办公室组织开展专家评审。

（二）所有推荐材料（包括推荐表、汇总表、技术报告、专题报告）于2020年6月5日前完成报送。

（三）各省份可根据普查实际情况，参照开展表扬工作。

（四）表现突出的个人、集体相关材料请通过邮寄和网络的形式报送，地址如下：

地址：北京市朝阳区安外大羊坊8号

联系人：（略）　电话：（略）

邮箱：（略）

（五）优秀技术报告、专题报告通过机要专用渠道寄送至生态环境部第二次全国污染源普查工作办公室（北京市东城区东长安街12号，100006）。

附件：第二次全国污染源普查表扬工作方案

国务院第二次全国污染源普查
领导小组办公室
2020 年 5 月 18 日

附件

第二次全国污染源普查表扬工作方案

一、表扬对象和范围

包括表现突出的集体、表现突出的个人和优秀技术报告、专题报告，重点放在基层单位和普查工作一线人员，统筹考虑各类污染源普查单位和个人。

（一）表现突出的集体：各省（自治区、直辖市，下同）、市（地、州、盟，下同）、县（市、区、旗，下同）、新疆生产建设兵团普查领导小组成员单位和普查机构，乡（镇）政府、街道办事处，村委会，普查技术支持单位，参加普查的第三方机构，以及其他有关单位中表现突出的集体。

（二）表现突出的个人：各级普查领导小组成员单位人员、普查机构工作人员，普查员和普查指导员，普查技术支持单位人员，具体承担普查任务的第三方机构人员，以及其他有关单位人员中表现突出的个人。

（三）优秀技术报告：省、市级，新疆生产建设兵团普查机构提交的技术报告中内容完整、逻辑合理、条理清晰、结论明确的优秀技术报告。

（四）优秀专题报告：在普查工作中形成的优秀分析报告、调研报告。

二、推荐条件

（一）表现突出的集体

1．深入学习贯彻习近平新时代中国特色社会主义思想，全面贯彻落实党的十九大和十九届二中、三中、四中全会精神，认真贯彻执行党的路线方针政策，在思想上政治上行动上同以习近平同志为核心的党中央保持高度一致。

2．普查工作领导高度重视，工作机构成立及时，人员配备充足，办公条件满足需要，实施方案（工作方案）印发及时、科学合理、操作性强，宣传工作到位，经费保障有力，组织推进得力，工作落实到位，及时将工作部署到部门和基层。

3．普查员和普查指导员选聘及管理工作符合相关文件要求，管理到位，培训质量高，满足工作需要。

4．清查工作按照“应查尽查、不重不漏”原则开展，审核、抽查、增补工作及时全面，漏查率、重复率、错误率符合相关要求。

5．入户调查工作中认真指导普查对象填报普查表，普查数据真实、准确、全面，指标间逻辑合理，能妥善解决普查工作中出现的各种问题，差错率符合相关要求，及时按要求上报调度信息。

6．数据汇总工作中对数据进行认真审核、分析，及时按要求上报普查汇总数据，数据质量符合质量控制相关规定和要求。

7．2017 年以来单位没有发生违法违纪事件。

技术支持单位根据任务书要求，高质量完成实施方案编制、中期考核和验收工作，且均一次性通过专家评审；工作过程资料齐全、档案完备；对地方在使用相关成果的过程中遇到的疑问能够耐心解答，及时做好技术支持；在国家层面质量提升、数据审核、汇总分析工作中提供技术支持。

第三方机构人员配备充足、工作认真负责；按合同约定高质量完成各项普查工作任务。第三方机构在履行合同中弄虚作假、有违法违纪事件、被约谈或通报的不得被推荐。

（二）表现突出的个人

1．深入学习贯彻习近平新时代中国特色社会主义思想，全面贯彻落实党的十九大和十九届二中、三中、四中全会精神，认真贯彻执行党的路线方针政策，在思想上政治上行动上同以习近平同志为核心的党中央保持高度一致。

2．对普查工作高度热情，认真负责，一丝不苟，吃苦耐劳，深入现场，没有无故缺席情况。

3．熟练掌握普查业务知识，严格执行普查方案、普查制度和技术规定。

4．工作中有开拓精神和服务态度好，及时发现、解决问题，积极主动向普查对象和公众宣传普查知识。

5．在普查中能抓住各个工作环节，及时发现数据错误，并积极改正。

6．在普查工作中坚持实事求是的原则，依法开展普查，敢于同一切弄虚作假等违反《全国污染源普查条例》的行为做斗争，没有违法违纪行为。

7．受到过生态环境部第二次全国污染源普查工作办公室表扬或感谢的人员、艰苦边远地区的普查工作人员、农业污染源普查工作表现突出的人员可适当倾斜。

8．需从事普查工作 1 年以上。

（三）优秀技术报告

1．内容完整，包括五类污染源普查对象数量、结构、分布，以及相应的废水、废气污染物的产排污情况，固体废物及危险废物的产生、处置情况等内容。

2．普查数据逻辑性强，关系合理，有行政区域内宏观比较分析、环统比较分析、行业比较分析、地区比较分析、流域比较分析。

3．报告条理清楚，内容编排及术语使用规范，叙述清晰，文字简练，版面整洁，图表美观。

4．结论明确，所提出的对策具体、有针对性，可操作性强。

（四）优秀专题报告

1．选题具有现实意义，对推动普查工作、解决有关问题产生显著效果。

2. 报告完整，文字精练，用词准确，符合《党政机关公文处理工作条例》。

3. 报告内容全面，数据准确，一切从实际出发，分析问题实事求是，所提政策建议具有较强的针对性和可操作性。

4. 字数不少于 2 000 字。

三、表扬程序

（一）国务院第二次全国污染源普查领导小组办公室根据各地污染源普查机构和参与普查的领导小组成员单位（参与普查的各类人员）数量、普查对象数量，结合前期准备检查、清查抽查检查、入户调查质量核查结果，确定表现突出的集体（个人）分省名额和有关单位名额。

（二）省级普查机构和有关单位根据分配名额和推荐条件，选取表现突出的集体、个人，优秀技术报告、专题报告，在当地公示 5 个工作日无异议后报送生态环境部第二次全国污染源普查工作办公室。

（三）优秀技术报告（每省不超过 5 个）、专题报告（每省 1～2 个）由国务院第二次全国污染源普查领导小组办公室组织开展专家评审。

（四）对表现突出的集体将授予“第二次全国污染源普查表现突出的集体”，颁发证书和奖牌；对表现突出的个人将授予“第二次全国污染源普查表现突出的个人”，颁发证书和奖杯；对优秀技术报告、专题报告完成人员将颁发证书；对优秀专题报告牵头完成单位将颁发证书和奖牌。

四、其他事项

（一）推荐的表现突出的集体、个人和优秀技术报告、专题报告，需分别填写《第二次全国污染源普查表现突出的集体推荐表》《第二次全国污染源普查表现突出的个人推荐表》《第二次全国污染源普查优秀技术报告、专题报告推荐表》。

（二）省级普查机构和有关单位对报送的材料进行审核，汇总形成《第二次全国污染源普查表现突出的集体汇总表》《第二次全国污染源普查表现突出的个人汇总表》，并根据要求加盖公章。

附表：

1. 第二次全国污染源普查表现突出的集体、个人名额分配表
2. 第二次全国污染源普查表现突出的集体推荐表
3. 第二次全国污染源普查表现突出的个人推荐表
4. 第二次全国污染源普查表现突出的集体汇总表
5. 第二次全国污染源普查表现突出的个人汇总表
6. 第二次全国污染源普查优秀技术报告、专题报告推荐表

附表 1

第二次全国污染源普查表现突出的集体、个人名额分配表

序号	地区/单位	表现突出的集体（个）	表现突出的个人（人）
1	北京市	35	205
2	天津市	35	205
3	河北省	95	375
4	山西省	85	275
5	内蒙古自治区	65	265
6	辽宁省	75	300
7	吉林省	70	265
8	黑龙江省	65	260
9	上海市	35	205
10	江苏省	100	405
11	浙江省	110	410
12	安徽省	85	290
13	福建省	85	315
14	江西省	85	305
15	山东省	115	410
16	河南省	95	345
17	湖北省	85	315
18	湖南省	65	270
19	广东省	105	405
20	广西壮族自治区	65	255
21	海南省	35	190
22	重庆市	80	290
23	四川省	90	325
24	贵州省	75	260
25	云南省	90	325
26	西藏自治区	40	195
27	陕西省	80	315
28	甘肃省	55	240
29	青海省	40	200
30	宁夏回族自治区	35	190
31	新疆维吾尔自治区	55	245
32	新疆生产建设兵团	20	145
33	技术支持单位和其他有关单位	200	1000
	总　计	2 500	10 000

附表 2

第二次全国污染源普查表现突出的集体推荐表

单位名称		联系人	
地址		联系电话	

突出事迹（限 500 字，可另附材料）：

推荐单位意见：

（盖章）

年 月 日

国务院第二次全国污染源普查领导小组办公室意见：

（盖章）

年 月 日

附表 3

第二次全国污染源普查表现突出的个人推荐表

姓名		性别		年龄		职务/职称	
工作单位						联系电话	
从事的普查工作内容							

突出事迹（限 500 字，可另附材料）：

推荐单位意见：

（盖章）

年 月 日

国务院第二次全国污染源普查领导小组办公室意见：

（盖章）

年 月 日

附表 4

第二次全国污染源普查表现突出的集体汇总表

呈报单位（盖章）：　　　　报出时间：　年　月　日

联系人：　　　　联系电话：

序号	表现突出的集体名称	负责人	联系方式

附表 5

第二次全国污染源普查表现突出的个人汇总表

呈报单位（盖章）：　　报出时间：　年　月　日　　联系人：　　联系电话：

序号	姓名	性别	年龄	职务/职称	从事的普查工作内容	工作单位

附表 6

第二次全国污染源普查优秀技术报告、专题报告推荐表

<table>
<tr><td colspan="2">报告类型</td><td colspan="2">□优秀技术报告　　□优秀专题报告</td></tr>
<tr><td colspan="2">报告名称</td><td colspan="2"></td></tr>
<tr><td colspan="2">牵头完成单位</td><td colspan="2"></td></tr>
<tr><td colspan="2">其他完成单位</td><td colspan="2"></td></tr>
<tr><td colspan="4">主要完成人（请按序填报，限 9 人及以下）</td></tr>
<tr><td>序号</td><td>姓名</td><td>单位</td><td>职务/职称</td></tr>
<tr><td>1</td><td></td><td></td><td></td></tr>
<tr><td>2</td><td></td><td></td><td></td></tr>
<tr><td>3</td><td></td><td></td><td></td></tr>
<tr><td>4</td><td></td><td></td><td></td></tr>
<tr><td>5</td><td></td><td></td><td></td></tr>
<tr><td>6</td><td></td><td></td><td></td></tr>
<tr><td>7</td><td></td><td></td><td></td></tr>
<tr><td>8</td><td></td><td></td><td></td></tr>
<tr><td>9</td><td></td><td></td><td></td></tr>
<tr><td colspan="4">报告内容概述（不超过 150 字，正式报告另附）：</td></tr>
<tr><td colspan="4">获市级及以上领导阅示情况（如没有可不填）：</td></tr>
<tr><td colspan="4">推荐单位意见：

（盖章）
年　月　日</td></tr>
<tr><td colspan="4">国务院第二次全国污染源普查领导小组办公室意见：

（盖章）
年　月　日</td></tr>
</table>

关于通过第二次全国污染源普查工作验收的通知

国污普〔2020〕4号

各省、自治区、直辖市第二次全国污染源普查领导小组办公室，新疆生产建设兵团第二次全国污染源普查领导小组办公室：

根据《关于开展第二次全国污染源普查工作验收的通知》（国污普〔2019〕9号）要求，国务院第二次全国污染源普查领导小组办公室组织开展了第二次全国污染源普查验收工作。各地已按要求完成了普查工作，文件资料符合要求。经研究，同意通过验收。

国务院第二次全国污染源普查
领导小组办公室
2020年9月1日

关于加强第二次全国污染源普查数据库及相关软件运维管理工作的通知

国污普〔2020〕6号

各省、自治区、直辖市、新疆生产建设兵团第二次全国污染源普查领导小组办公室：

为确保第二次全国污染源普查数据库和软件安全运行，保障普查成果的管理和开发应用工作有序进行，根据《中华人民共和国统计法实施条例》和第二次全国污染源普查信息化建设有关要求，对各省级普查机构在完成普查成果移交前的下一阶段工作提出以下要求：

一、做好第二次全国污染源普查数据库和相关软件成果移交工作。完成成果移交前，省级普查机构要确保普查数据库和相关软件的稳定运行，保证普查成果服务不断档。生态环境部第二次全国污染源普查工作办公室将第二次全国污染源普查数据采集软件系统及数据库相关软件管理技术文档交换至省级普查机构，之后不再承担省级普查数据采集软件系统运维的组织管理工作，项目承建单位将按合同约定继续提供技术咨询服务。

二、省级普查机构要进一步加强普查数据成果的安全管理。依据国家相关法规和要求，落实数据管理责任，加强普查数据库用户安全管理，做好普查工作人员离岗时用户身份注销工作。强化普查数据库网络安全防护，确保普查数据成果安全、有效利用。

三、做好入户调查过程数据回收、处置等管理工作。对于入户调查阶段的数据存储设备、计算机设备、移动采集终端等数据采集设备，各级普查机构应组织做好以上设备的统一管理，确保过程数据安全处置，杜绝数据外泄。同时，按照数据安全管理规定做好普查备份文件的存放、管理和移交工作。

国务院第二次全国污染源普查
领导小组办公室
2020年10月9日

第五部分

其　他

致第二次全国污染源普查对象的一封信

2018 年 8 月 24 日

尊敬的普查对象：

全国污染源普查是依法开展的重大国情调查，是生态环境保护的基础性工作。开展第二次全国污染源普查，掌握各类污染源的数量、行业和地区分布情况，了解主要污染物产生、排放和处理情况，建立健全重点污染源档案、污染源信息数据库和环境统计平台，对于准确判断我国当前生态环境形势，制定实施有针对性的经济社会发展和生态环境保护政策、规划，不断改善环境质量，加快推进生态文明建设，补齐全面建成小康社会的生态环境短板具有重要意义。

第二次全国污染源普查范围涉及工业污染源，农业污染源，生活污染源，集中式污染治理设施，移动源及其他产生、排放污染物的设施。中华人民共和国境内有污染源的单位和个体经营户应严格按照《中华人民共和国统计法》《中华人民共和国环境保护法》《全国污染源普查条例》以及本次普查方案的规定和要求，配合普查人员依法进行调查，并如实反映情况，提供有关资料，按照要求如实填报污染源普查表。

届时，我们的普查员、普查指导员将佩戴证件，执行普查任务，请您消除疑虑，积极配合。若有任何疑问，相关工作人员将给予详细解答。同时，普查员、普查指导员将严格遵守《全国污染源普查条例》规定，保护普查对象的合法权益，保守普查对象的技术和商业秘密。

最后，感谢您配合参与第二次全国污染源普查工作！

第二次全国污染源普查工作办公室

致普查员和普查指导员的一封信

2018 年 8 月 24 日

普查员和普查指导员同志们：

根据《全国污染源普查条例》规定，国务院决定以 2017 年 12 月 31 日为标准时点，开展第二次全国污染源普查。此次普查涉及行业广、覆盖范围大、调查数据多、技术含量高、质量要求严、工作任务重。

各位普查员和普查指导员，你们处在普查工作的前沿阵地，肩负着走进千家万户、收集原始数据的重任。你们收集的数据是否准确、填写的普查表是否规范，将直接关系到普查数据质量和整个普查工作的成败。希望你们本着对党和国家负责、对人民负责、对历史负责的高度政治责任感，全身心投入到本次工作中，忠于职守，认真负责，坚持原则，依法普查。

为此，你们要积极参加培训，认真学习普查知识，熟悉每个普查项目，掌握各项工作技能；

主动出示普查机构统一印制的《普查指导员证》《普查员证》，进行自我介绍、说明来意；

做好宣传工作，向群众耐心宣传普查的重要意义，提高群众对本次工作的认同感，自觉参与其中；

严格执行普查方案，实事求是，客观反映情况，指导普查对象准确填写普查表，坚决反对和制止弄虚作假行为；

切实履行保密义务，不得泄露普查对象的技术和商业秘密。

没有松柏恒，难得雪中青。请全体普查员和普查指导员同志一定要尽职尽责，认真完成第二次全国污染源普查任务，交上一份合格的答卷。

企业代表在第二次全国污染源普查工作推进视频会议上的发言

中国石油天然气集团有限公司 段良伟

2018 年 8 月 24 日

尊敬的李部长、翟部长，各位代表：

大家好！十分荣幸能够参加本次会议，并作为企业代表发言。首先，我代表全国 300 余万家污染源普查入户单位，衷心感谢国务院第二次全国污染源普查领导小组和生态环境部对我们企业环境保护工作的指导和帮助！

第二次全国污染源普查是一项重大的国情调查，是环境保护的基础性工作，目的是了解污染源数量、结构和分布情况，掌握国家、区域、流域、行业污染物产生、排放和处置情况，建立健全重点污染源档案、污染源信息数据库和环境统计平台。我们深刻认识到，开展污染源普查是落实中央打好污染防治攻坚战要求、推动企业绿色发展的重要举措，是准确判断企业环保状态、有效实施环保管理的重要依据，也是企业自身获取完整污染源家底的重要手段。我们将按照《第二次全国污染源普查方案》和生态环境部的部署要求，坚定不移、不遗余力地推进、协助和做好第二次全国污染源普查入户调查各项工作。

自第二次全国污染源普查工作开展以来，各企业坚持以习近平生态文明思想为指导，牢固树立“绿水青山就是金山银山”的理念。按照国家和各级地方政府要求，统筹协调，全力推进，先后完成了清查建库、生活源锅炉清查普查等工作。在普查过程中，还结合国家普查方案编制了企业实施方案，开展了多次培训，将第二次全国污染源普查的重要性及要求等宣贯到每一位员工，确保普查工作高质量进行。

中国石油始终坚持资源在保护中开发、在开发中保护、环保优先，认真贯彻落实《国务院关于开展第二次全国污染源普查的通知》和《第二次全国污染源普查方案》要求。主要领导高度重视第二次全国污染源普查工作，在集团公司会上进行专题部署，成立了以集团公司主管领导为组长的污染源普查领导小组，组建了污染源普查工作办公室，负责各项普查工作，并与第二次全国污染源普查工作办公室保持密切联系。总部和各企业制定了具体的普查工作方案，工作人员、工作经费按照分级保障原则得到全面落实。普查工作由总部统一进行周调度、月报告、年考核，将污染源普查工作开展情况纳入企业高级领导人员业绩考核指标，开展全员宣传培训，举办各类培训班 30 余期，培训 1 800 余人次，切实提高了广大干部员工对第二次全国污染源普查工作重要性的认识，推动了中国石油污染源普查工作的有序开展。

目前，中国石油已完成所涉 106 家企业，包括企业下属所有车间、装置、采油队、钻井队、加油站、分输站、生活源锅炉等基层单位的污染源清查建库，统计分析各类污染源监测数据 560 万条、补充监测和验证性监测数据 355 万条等工作，基本摸清了纳入污染源普查的企业情况、产业活动范围、污染源类型、监测数据量等基础信息，为完成普查任务奠定了良好基础。同时，我们积极配合原油加工及石油制品制造业、石油和天然气开采业及辅助性活动行业的产排污系数研究制定工作，全力为第二次全国污染源普查工作多作贡献。

接下来，第二次全国污染源普查工作将开展入户调查。该项工作是核实企业信息、指导企业填报、促进企业做好污染源普查的关键环节。在此，我代表300余万家污染源普查入户单位郑重承诺：我们一定高度重视，认真对待，积极配合入户普查员，亮出家底，不瞒报、不漏报、不错报每一条污染源信息，确保数据归真、资料归全、方法归一，坚决履行企业在污染源普查工作中应尽的责任。

我们相信，有国务院第二次全国污染源普查领导小组和生态环境部的坚强领导，有几十万普查员的悉心指导，入户调查工作必将取得圆满成功！

谢谢大家！

普查员代表在第二次全国污染源普查工作推进视频会议上的发言

北京市平谷区 王天怡

2018 年 8 月 24 日

尊敬的李部长、翟部长、各位代表：

大家好！

我叫王天怡，来自北京市平谷区，是一名普查员。能有机会参加今天的入户调查动员大会，并代表全国数万普查员作表态发言，我感到非常荣幸，也深感肩负的重任与压力。

当前，全国上下以习近平总书记生态文明思想为指引，贯彻落实全国生态环境保护大会精神，全面打响了污染防治攻坚战。我深知，污染源普查是党中央、国务院确定的一项重大国情调查，每十年普查一次。而全面、准确的污染源数据是污染防治的基础和重要依据，是打好污染防治攻坚战的关键。

高质量完成第二次全国污染源普查工作，做到污染源“底数清、情况明、数据准”，是我们学习贯彻落实习近平生态文明思想、全国生态环境保护大会精神的具体行动。作为一名普查员，我们将获取普查对象最直接、最基础，也是最关键的第一手资料，我们的责任重大、使命光荣。

我们将十分珍惜这次机遇，坚决落实国家统一部署，全心全意、尽心尽力，为改善家乡的环境尽一份力，为环保的明天铺一块砖。结合自身实际，我将在以下四个方面狠下功夫，不断提高：

一是注重学习。污染源普查是一项技术性非常强的工作。我将深入学习污染源普查知识，准确理解普查技术规定和指标解释，提前熟悉责任区内污染源状况，充分掌握污染源普查的工作内容。同时，主动向普查对象宣传污染源普查的目的和意义，提高普查对象对污染源普查工作的认识，为入户调查铺平道路。

二是讲究实干。一方面，我将坚决服从国家普查机构的统一部署，积极响应上级普查机构的工作安排，按时、保质上报有关数据，认真配合各级普查机构开展工作检查、质量核查、档案整理，以及普查机构和普查指导员交办的其他工作。另一方面，我将逐一走访责任区内纳入普查的工业企业、产业活动单位、集中式污染治理设施、规模化畜禽养殖场、入河排污口及加油站储油库等设施和单位，做到对普查对象心中有数，绝不遗漏。

三是保证质量。数据质量是污染源普查的生命所在，关乎成败。首先，我将坚持实事求是的精神，克服各种客观存在的困难，严格依法办事，排除人为干扰，对普查对象做到应查尽查。其次，我将严格按照规定和上级普查机构的要求，指导普查对象规范填写普查报表，对有关数据的来源以及报表信息的合理性和完整性进行现场审核，做到调查数据不重、不漏、不错。

四是做好服务。入户调查时，我将提前与辖区单位负责人沟通，规范佩戴普查员证件，礼貌入户，依法普查，严格遵守保密原则，保护普查对象的合法权益，以优质的服务，负责的态度，圆满完成普查任务。对不配合开展普查的单位，我将耐心讲解，努力消除疑虑。如果遇到无法解答的问题，或入户调查时发现的新情况、新问题，我将及时报告给普查指导员、镇政府普查办，逐级上报，协调解决。

尊敬的李部长、翟部长及各位代表，第二次全国污染源普查时间安排紧、工作任务重、技术难度大、质量要求高，是一项系统工程。污染源普查工作，八方联动、万人配合。十年磨一剑，我们严格把关在一线；牢记使命，我们实地践行在一线。在此，请组织放心，请领导放心，我们将不忘初心，在各级普查机构的领导下，兢兢业业做好普查工作，在普查工作中树立“铁的意志”、苦练“铁的本领”、养成“铁的作风”、扛起“铁的担当”、弘扬“铁的精神”，始终保持蓬勃朝气和昂扬锐气，敢于担当、迎难而上，为第二次全国污染源普查工作奉献自己的力量，给国家、人民交上一份满意的答卷。

谢谢大家。

第六部分

污染源普查表式

关于印发《第二次全国污染源普查制度》的通知

国污普〔2018〕15号

各省、自治区、直辖市第二次全国污染源普查领导小组办公室，新疆生产建设兵团第二次全国污染源普查领导小组办公室：

为贯彻落实《国务院关于开展第二次全国污染源普查的通知》（国发〔2016〕59号）和《国务院办公厅关于印发第二次全国污染源普查方案的通知》（国办发〔2017〕82号）精神，做好第二次全国污染源普查工作，经国家统计局批准（国统制〔2018〕103号），现将《第二次全国污染源普查制度》（见附件）印发给你们，请认真贯彻执行。

附件：第二次全国污染源普查制度

国务院第二次全国污染源普查
领导小组办公室
2018年8月31日

附件

第二次全国污染源普查制度

国务院第二次全国污染源普查领导小组办公室制定

国家统计局批准

2018 年 8 月

本普查制度根据《中华人民共和国统计法》的有关规定制定：

《中华人民共和国统计法》第七条规定：国家机关、企业事业单位和其他组织以及个体工商户和个人等统计调查对象，必须依照本法和国家有关规定，真实、准确、完整、及时地提供统计调查所需的资料，不得提供不真实或者不完整的统计资料，不得迟报、拒报统计资料。

《中华人民共和国统计法》第九条规定：统计机构和统计人员对在统计工作中知悉的国家秘密、商业秘密和个人信息，应当予以保密。

一、总说明

根据《中华人民共和国统计法》《全国污染源普查条例》和《国务院关于开展第二次全国污染源普查的通知》，制定本普查制度。

（一）普查目的

摸清各类污染源基本情况，了解污染源数量、结构和分布状况，掌握国家、区域、流域、行业污染物产生、排放和处理情况，建立健全重点污染源档案、污染源信息数据库和环境统计平台，为加强污染源监管、改善环境质量、防控环境风险、服务环境与发展综合决策提供依据。

（二）普查对象和统计范围

普查对象为中华人民共和国境内有污染源的单位和个体经营户。范围包括：工业污染源（以下简称工业源）、农业污染源（以下简称农业源）、生活污染源（以下简称生活源）、集中式污染治理设施和移动源。

1．工业源

普查对象为产生废水污染物、废气污染物及固体废物的所有工业行业产业活动单位。对可能伴生天然放射性核素的8类重点行业15个类别矿产采选、冶炼和加工产业活动单位进行放射性污染源调查。

对国家级、省级开发区中的工业园区（产业园区），包括经济技术开发区、高新技术产业开发区、保税区、出口加工区等区域进行登记调查。

2．农业源

普查对象为纳入农业统计的农业生产活动对象。范围包括种植业、畜禽养殖业和水产养殖业。其中，畜禽养殖业主要对生猪、奶牛、肉牛、蛋鸡、肉鸡5类畜种的规模养殖场及规模以下养殖户开展调查。

3．生活源

普查对象为除工业企业生产使用以外所有单位和居民生活使用的锅炉（以下统称生活源锅炉），城市市区、县城、镇区的市政入河（海）排污口。以城市市区、县城、镇区、行政村为单位统计城乡居民能源使用情况及生活污水产生、排放情况。

4．集中式污染治理设施

普查对象为集中处理处置生活垃圾、危险废物和污水的单位。其中：

生活垃圾集中处理处置单位包括生活垃圾填埋场、生活垃圾焚烧厂以及以其他处理方式集中处理生活垃圾和餐厨垃圾的单位。

危险废物集中处理处置单位包括危险废物处置厂和医疗废物处理（处置）厂。危险废物处置厂包括危险废物综合处理（处置）厂、危险废物焚烧厂、危险废物安全填埋场和危险废物综合利用厂等；医疗废物处理（处置）厂包括医疗废物焚烧厂、医疗废物高温蒸煮厂、医疗废物化学消毒厂、医疗废物微波消毒厂等。

集中式污水处理单位包括城镇污水处理厂、工业污水集中处理厂和农村集中式污水处理设施。

5．移动源

普查对象为全国范围内机动车、非道路污染源和油品储运销污染源。机动车污染源包括载客汽车、载货汽车、低速汽车和摩托车。非道路污染源包括飞机、船舶、铁路内燃机车、工程机械和农业机械等。油品储运销污染源包括储油库、加油站和油罐车。按直辖市、地（区、市、州、盟）为单元分别统计。

（三）普查内容

1．工业源

企业基本情况，原辅材料消耗、产品生产情况，产生污染的设施情况，各类污染物产生、治理、排放和综合利用情况（包括排放口信息、排放方式、排放去向等），各类污染防治设施建设、运行情况等。

废水污染物：化学需氧量、氨氮、总氮、总磷、石油类、挥发酚、氰化物、砷、铅、镉、铬、汞。

废气污染物：二氧化硫、氮氧化物、颗粒物、挥发性有机物、氨、砷、铅、镉、铬、汞。

工业固体废物：一般工业固体废物和危险废物的产生、贮存、处置和综合利用情况。危险废物按照《国家危险废物名录》分类调查。工业企业建设和使用的一般工业固体废物及危险废物贮存、处置设施（场所）情况。

稀土等15类矿产采选、冶炼和加工过程中产生的放射性污染情况。

2．农业源

种植业：主要作物播种面积，农药、化肥、地膜等生产资料投入情况，地膜回收与秸秆利用情况等。

畜禽养殖业：规模畜禽养殖场调查畜禽种类、存/出栏量、饲养阶段、饲养周期、日饲喂养量等，养殖场污水和粪便产生及处理利用情况（包括处理工艺、治理设施、处理利用方式及比例等），污水和粪便消纳利用配套土地情况等。各县（区、市、旗）不同畜禽种类养殖户数量、存/出栏量、清粪方式、污水和粪便处理利用方式及消纳利用配套土地情况等。

水产养殖业：各县（区、市、旗）分养殖模式的养殖品种、投苗量与产量、养殖面积情况等。

废水污染物：氨氮、总氮、总磷、化学需氧量（畜禽养殖业和水产养殖业）。

废气污染物：氨（畜禽养殖业和种植业）、挥发性有机物（种植业）。

3．生活源

城市：常住人口，房屋竣工面积，人均住房（住宅）建筑面积，新建沥青公路长度，改建变更沥青公路长度，城市道路长度等。

市区及县城：城镇常住人口，公共服务用水量，居民家庭用水量，生活用水量（免费供水），用水人口，集中供热面积，人工煤气、天然气、液化石油气年销售量，重点区域燃煤使用情况等。

农村：农村常住人口和户数，人均日生活用水量，住房厕所类型，人粪尿处理情况，生活污水排放去向，燃煤使用情况，生物质燃料、管道煤气、罐装液化石油气年使用量，冬季家庭取暖能源使用情况等。

生活源锅炉的基本信息、锅炉运行情况、锅炉治理设施等。市区、县城、镇区入河（海）排污口的基本信息和生活污水排污口水质监测情况等。

废水污染物：化学需氧量、氨氮、总氮、总磷、五日生化需氧量、动植物油。

废气污染物：二氧化硫、氮氧化物、颗粒物、挥发性有机物。

4．集中式污染治理设施

普查对象单位基本情况，设施处理能力、污水或废物处理情况，次生污染物的产生、治理与排放情况。

废水污染物：化学需氧量、氨氮、总氮、总磷、五日生化需氧量、动植物油、挥发酚、氰化物、砷、铅、镉、铬、汞。

废气污染物：二氧化硫、氮氧化物、颗粒物、砷、铅、镉、铬、汞。

污水处理设施产生的污泥、焚烧设施产生的炉渣和飞灰等产生、贮存、处置情况。

5．移动源

各类移动源保有量及产排污相关信息，储油库、加油站、油罐车油气回收设施建设和运行情况，加油站防渗漏措施情况等。

废气污染物：二氧化硫、氮氧化物、颗粒物、挥发性有机物。

（四）普查频次和时间

为一次性调查。普查标准时点为2017年12月31日，时期资料为2017年度资料。

（五）普查方法

1．工业源

全面入户登记调查单位基本信息、活动水平信息、污染治理设施和排放口信息，基于分行业分类污染物排放核算方法，核算污染物产生量和排放量。

工业园区（产业园区）管理机构填报园区调查信息。工业园区（产业园区）内的工业企业填报工业源普查表。

2．农业源

全面入户登记调查规模畜禽养殖场基本信息、活动水平信息、污染治理设施和排放信息；其他农业源以县（区、市、旗）已有统计数据为基础，根据产排污系数核算污染物产生量和排放量。

3．生活源

登记调查生活源锅炉基本情况和能源消耗情况、污染治理情况等，根据产排污系数核算污染物产生量和排放量。通过重点调查的方法调查重点区域城市居民能源使用情况，通过抽样调查的方法调查农村居民能源使用情况。综合已有统计数据，获取与挥发性有机物排放相关活动水平信息。

利用行政管理记录，结合实地排查，获取入河（海）排污口基本信息。对规模以上城镇生活污水入河（海）排污口排水（雨季、旱季）水质开展监测，获取污染物排放信息。综合已有统计数据，结合入河（海）排污口调查与监测数据、城镇污水处理厂污水处理量及排放量核算城镇水污染物排放量。

按行政村登记调查获取农村居民生活用水排水基本信息，根据产排污系数核算农村生活污水及污染物产生量和排放量。

4．集中式污染治理设施。全面入户登记调查基本信息、废物处理处置情况，根据污染物排放监测数据和产排污系数核算污染物产生量和排放量。

5．移动源。利用相关部门统计的数据信息，获取移动源保有量、燃油消耗及活动水平信息，登记调查油品储运销活动水平信息，根据分区分类排放系数核算移动源污染物排放量。非道路移动源中工程机械、船舶、飞机、铁路内燃机车保有量及相关活动水平数据通过部门数据共享，利用有关部门（或单位）已有的全国及分地区统计汇总数据核算污染物排放量。

（六）组织实施

国务院第二次全国污染源普查领导小组负责领导和协调全国污染源普查工作。国务院第二次全国污染源普查领导小组办公室设在生态环境部，负责污染源普查日常工作。各地区、各部门按照“全国统一领导、部门分工协作、地方分级负责、各方共同参与”的原则组织实施普查。领导小组成员单位按照各自职责协调落实相关工作。

县级及以上地方人民政府第二次全国污染源普查领导小组，按照国务院第二次全国污染源普查领导小组的统一规定和要求，领导和协调本行政区域内的污染源普查工作。对普查工作中遇到的各种困难和问题，要及时采取措施，切实予以解决。

县级及以上地方人民政府第二次全国污染源普查领导小组办公室设在同级环境保护主管部门，负责本行政区域内的污染源普查日常工作。

乡（镇）人民政府、街道办事处和村（居）民委员会应当积极参与并认真做好本区域普查工作。

重点排污单位应按照环境保护法律法规、排放标准及排污许可证管理等相关要求开展监测，如实填报普查年度监测结果。各类污染源普查对象和填报单位应当指定专人负责本单位污染源普查表的填报工作。

（七）普查质量管理

国务院第二次全国污染源普查领导小组办公室统一领导普查质量管理工作，建立覆盖普查全过程、全员的质量管理制度并负责监督实施。各级普查机构要认真执行污染源普查质量管理制度，做好污染源普查质量保证和质量管理工作。

建立健全普查责任体系，明确主体责任、监督责任和相关责任。建立普查数据质量溯源和责任追究制度，依法开展普查数据核查和质量评估，严厉惩处普查违法行为。

按照依法普查原则，任何地方、部门、单位和个人均不得虚报、瞒报、拒报、迟报，不得伪造、篡改普查资料。各级普查机构及其工作人员对普查对象的技术和商业秘密必须履行保密义务。

（八）统计资料公布及数据共享

按照有关规定，以公报的形式及时向社会发布普查主要成果。根据普查数据结果和部门需求，普查综合汇总数据可以在部门之间共享。涉及的农业、畜牧业等生产数据，以及抽样调查采集的农村居民年收入、居住面积、家庭耐用消费品等数据仅作为测算污染源内部使用。

本普查制度由国务院第二次全国污染源普查领导小组办公室负责解释。

二、普查表目录

表号	表名	填报单位/统计范围	报送日期及方式	页码
普查基层表式				
G101-1 表	工业企业基本情况	辖区内有污染物产生的工业企业及产业活动单位填报	2018 年 12 月底前网络填报	465
G101-2 表	工业企业主要产品、生产工艺基本情况	同上	同上	467
G101-3 表	工业企业主要原辅材料使用、能源消耗基本情况	同上	同上	468
G102 表	工业企业废水治理与排放情况	辖区内有废水及废水污染物产生或排放的工业企业	同上	469
G103-1 表	工业企业锅炉/燃气轮机废气治理与排放情况	辖区内有工业锅炉的工业企业，以及所有在役火电厂、热电联产企业及工业企业的自备电厂、垃圾和生物质焚烧发电厂	同上	471
G103-2 表	工业企业炉窑废气治理与排放情况	辖区内有工业炉窑的工业企业	同上	474
G103-3 表	钢铁与炼焦企业炼焦废气治理与排放情况	辖区内有炼焦工序的钢铁冶炼企业和炼焦企业	同上	476
G103-4 表	钢铁企业烧结/球团废气治理与排放情况	辖区内有烧结/球团工序的钢铁冶炼企业	同上	479
G103-5 表	钢铁企业炼铁生产废气治理与排放情况	辖区内有炼铁工序的钢铁冶炼企业	同上	481
G103-6 表	钢铁企业炼钢生产废气治理与排放情况	辖区内有炼钢工序的钢铁冶炼企业	同上	483
G103-7 表	水泥企业熟料生产废气治理与排放情况	辖区内有熟料生产工序的水泥企业	同上	485
G103-8 表	石化企业工艺加热炉废气治理与排放情况	辖区内石化企业	同上	487
G103-9 表	石化企业生产工艺废气治理与排放情况	同上	同上	489
G103-10 表	工业企业有机液体储罐、装载信息	辖区内有有机液体储罐的工业企业	同上	491
G103-11 表	工业企业含挥发性有机物原辅材料使用信息	辖区内使用含挥发性有机物原辅材料的工业企业	同上	492
G103-12 表	工业企业固体物料堆存信息	辖区内有固体物料堆存的工业企业	同上	493
G103-13 表	工业企业其他废气治理与排放情况	辖区内有废气污染物产生与排放的工业企业	同上	494
G104-1 表	工业企业一般工业固体废物产生与处理利用信息	辖区内有一般工业固体废物产生的工业企业	同上	496
G104-2 表	工业企业危险废物产生与处理利用信息	辖区内有危险废物产生的工业企业	同上	497
G105 表	工业企业突发环境事件风险信息	辖区内生产或使用环境风险物质的工业企业	同上	498
G106-1 表	工业企业污染物产排污系数核算信息	辖区内使用产排污系数核算废水及废气污染物产生量或排放量的工业企业	同上	500
G106-2 表	工业企业废水监测数据	辖区内利用监测数据法核算废水污染物产生排放量的工业企业	同上	501
G106-3 表	工业企业废气监测数据	辖区内利用监测数据法核算废气污染物产生排放量的工业企业	同上	502

表号	表名	填报单位/统计范围	报送日期及方式	页码
G107 表	伴生放射性矿产企业含放射性固体物料及废物情况	辖区内达到筛选标准的伴生放射性矿产采选、冶炼、加工企业	同上	503
G108 表	园区环境管理信息	省级及以上级别工业园区填报	同上	504
N101-1 表	规模畜禽养殖场基本情况	辖区内规模畜禽养殖场填报	同上	506
N101-2 表	规模畜禽养殖场养殖规模与粪污处理情况	同上	同上	508
S101 表	重点区域生活源社区（行政村）燃煤使用情况	重点区域社区居民委员会和行政村村民委员会填报，统计范围为本社区或行政村范围	同上	509
S102 表	行政村生活污染基本信息	所有行政村村民委员会填报，统计范围为本行政村范围	同上	510
S103 表	非工业企业单位锅炉污染及防治情况	拥有或实际使用锅炉的非工业企业单位填报	同上	511
S104 表	入河（海）排污口情况	市区、县城和镇区范围内所有入河（海）排污口，由县级或以上普查机构组织填报	同上	513
S105 表	入河（海）排污口水质监测数据	市区、县城和镇区范围内所有开展监测的入河（海）排污口，由县级或以上普查机构组织填报	同上	514
S106 表	生活源农村居民能源使用情况抽样调查	抽样调查方案确定区域范围内的农户，由抽样调查单位组织填报	同上	515
J101-1 表	集中式污水处理厂基本情况	辖区内城镇污水处理厂，工业污水集中处理厂，农村集中式污水处理设施填报	同上	517
J101-2 表	集中式污水处理厂运行情况	同上	同上	518
J101-3 表	集中式污水处理厂污水监测数据	同上	同上	519
J102-1 表	生活垃圾集中处置场（厂）基本情况	辖区内生活垃圾填埋场、生活垃圾焚烧厂以及其他处理方式集中处理生活垃圾和餐厨垃圾的单位填报	同上	520
J102-2 表	生活垃圾集中处置场（厂）运行情况	同上	同上	521
J103-1 表	危险废物集中处置厂基本情况	辖区内危险废物集中处理处置厂、医疗废物集中处理处置厂填报	同上	523
J103-2 表	危险废物集中处置厂运行情况	同上	同上	524
J104-1 表	生活垃圾/危险废物集中处置厂（场）废水监测数据	辖区内生活垃圾集中处理处置设施和危险废物集中处理处置厂、医疗废物集中处理处置厂填报	同上	526
J104-2 表	生活垃圾/危险废物集中处置厂（场）焚烧废气监测数据	同上	同上	527
J104-3 表	生活垃圾/危险废物集中处置厂（场）污染物排放量	同上	同上	528
Y101 表	储油库油气回收情况	辖区内对外营业的储油库运营单位填报	同上	530
Y102 表	加油站油气回收情况	辖区内对外营业的加油站运营单位填报	同上	531
Y103 表	油品运输企业油气回收情况	辖区内油品运输企业填报	同上	532
		普查综合表式		
N201-1 表	县（区、市、旗）种植业基本情况	县（区、市、旗）农业部门组织填报	同上	533
N201-2 表	县（区、市、旗）种植业播种、覆膜与机械收获面积情况	同上	同上	535
N201-3 表	县（区、市、旗）农作物秸秆利用情况	同上	同上	537
N202 表	县（区、市、旗）规模以下养殖户养殖量及粪污处理情况	县（区、市、旗）畜牧部门组织填报	同上	538
N203 表	县（区、市、旗）水产养殖基本情况	县（区、市、旗）渔业部门组织填报	同上	540

表号	表名	填报单位/统计范围	报送日期及方式	页码
S201 表	城市生活污染基本信息	直辖市、地（区、市、州、盟）第二次全国污染源普查领导小组组织填报，统计范围为全市所辖区域	同上	542
S202 表	县域城镇生活污染基本信息	直辖市、地（区、市、州、盟）第二次全国污染源普查领导小组组织填报，统计范围为全县（市、旗）所辖区域	同上	543
Y201-1 表	机动车保有量	直辖市、地（区、市、州、盟）第二次全国污染源普查领导小组组织本级公安交管部门填报，统计范围为辖区内所有登记注册的机动车	同上	544
Y201-2 表	机动车污染物排放情况	直辖市、地（区、市、州、盟）普查机构填报	同上	546
Y202-1 表	农业机械拥有量	直辖市、地（区、市、州、盟）第二次全国污染源普查领导小组组织本级农机管理部门填报，统计范围包括从事农林牧渔业生产的单位和农户及为其提供农机作业服务的单位、组织和个人实际拥有的农业机械	同上	547
Y202-2 表	农业生产燃油消耗情况	同上	同上	549
Y202-3 表	机动渔船拥有量	直辖市、地（区、市、州、盟）第二次全国污染源普查领导小组组织本级渔业管理部门填报，统计范围为辖区内从事渔业生产的船舶以及为渔业生产服务的船舶	同上	550
Y202-4 表	农业机械污染物排放情况	直辖市、地（区、市、州、盟）普查机构填报	同上	551
Y203 表	油品储运销污染物排放情况	同上	同上	552

三、普查表式

工业企业基本情况

表　　号：　G101-1 表
制定机关：　国务院第二次全国污染源普查领导小组办公室
批准机关：　国家统计局
批准文号：　国统制〔2018〕103 号
2017 年　　有效期至：　2019 年 12 月 31 日

<table>
<tr><td>01.统一社会信用代码</td><td colspan="4">□□□□□□□□□□□□□□□□□□（□□）
尚未领取统一社会信用代码的填写原组织机构代码号：□□□□□□□□□（□□）</td></tr>
<tr><td>02.单位详细名称及曾用名</td><td colspan="4">单位详细名称：
曾用名：</td></tr>
<tr><td>03.行业类别</td><td colspan="4">行业名称 1：　　　　行业代码 1：□□□□
行业名称 2：　　　　行业代码 2：□□□□
行业名称 3：　　　　行业代码 3：□□□□</td></tr>
<tr><td rowspan="2">04.单位所在地及区划</td><td colspan="4">________省（自治区、直辖市）________地（区、市、州、盟）
________县（区、市、旗）________乡（镇）
________街（村）、门牌号</td></tr>
<tr><td colspan="4">区划代码　□□□□□□□□□□□□</td></tr>
<tr><td>05.企业地理坐标</td><td colspan="4">经度：____度____分____秒　　纬度：____度____分____秒</td></tr>
<tr><td>06.企业规模</td><td colspan="4">□　1 大型　2 中型　3 小型　4 微型</td></tr>
<tr><td>07.法定代表人（单位负责人）</td><td colspan="4"></td></tr>
<tr><td>08.开业（成立）时间</td><td colspan="4">□□□□年□□月</td></tr>
<tr><td>09.联系方式</td><td colspan="4">联系人：　　　　电话号码：</td></tr>
<tr><td rowspan="10">10.登记注册类型</td><td colspan="4">□□□</td></tr>
<tr><td colspan="2">内资</td><td>港澳台商投资</td><td>外商投资</td></tr>
<tr><td>110 国有</td><td>159 其他有限责任公司</td><td>210 与港澳台商合资经营</td><td>310 中外合资经营</td></tr>
<tr><td>120 集体</td><td>160 股份有限公司</td><td>220 与港澳台商合作经营</td><td>320 中外合作经营</td></tr>
<tr><td>130 股份合作</td><td>171 私营独资</td><td>230 港、澳、台商独资</td><td>330 外资企业</td></tr>
<tr><td>141 国有联营</td><td>172 私营合伙</td><td>240 港、澳、台商投资股份有限公司</td><td>340 外商投资股份有限公司</td></tr>
<tr><td>142 集体联营</td><td>173 私营有限责任公司</td><td>290 其他港、澳、台商投资</td><td>390 其他外商投资</td></tr>
<tr><td>143 国有与集体联营</td><td>174 私营股份有限公司</td><td></td><td></td></tr>
<tr><td>149 其他联营</td><td>190 其他</td><td></td><td></td></tr>
<tr><td>151 国有独资公司</td><td></td><td></td><td></td></tr>
<tr><td>11.受纳水体</td><td colspan="4">受纳水体名称：　　　　受纳水体代码：</td></tr>
<tr><td>12.是否发放新版排污许可证</td><td colspan="4">□　1 是　2 否　　许可证编号：________</td></tr>
<tr><td>13.企业运行状态</td><td colspan="4">□　1 运行　2 全年停产</td></tr>
<tr><td>14.正常生产时间</td><td colspan="4">________小时</td></tr>
<tr><td>15.工业总产值（当年价格）</td><td colspan="4">________千元</td></tr>
<tr><td>16.产生工业废水</td><td colspan="4">□　1 是　2 否　注：选“1”的，须填报 G102 表</td></tr>
</table>

17.有锅炉/燃气轮机	□ 1 是 2 否 注：选“1”的，须填报 G103-1 表
18.有工业炉窑	□ 1 是 2 否 注：选“1”的，须填报 G103-2 表
19.有炼焦工序	□ 1 是 2 否 注：选“1”的，须填报 G103-3 表
20.有烧结/球团工序	□ 1 是 2 否 注：选“1”的，须填报 G103-4 表
21.有炼铁工序	□ 1 是 2 否 注：选“1”的，须填报 G103-5 表
22.有炼钢工序	□ 1 是 2 否 注：选“1”的，须填报 G103-6 表
23.有熟料生产	□ 1 是 2 否 注：选“1”的，须填报 G103-7 表
24.是否为石化企业	□ 1 是 2 否 注：选“1”的，须填报 G103-8、G103-9 表
25.有有机液体储罐/装载	□ 1 是 2 否 注：指标解释中所列行业工业企业必填；选“1”的，须填报 G103-10 表
26.含挥发性有机物原辅材料使用	□ 1 是 2 否 注：指标解释中所列行业工业企业必填；选“1”的，须填报 G103-11 表
27.有工业固体物料堆存	□ 1 是 2 否 注：仅限堆存指标解释中所列固体物料工业企业选择；选“1”的，须填报 G103-12 表
28.有其他生产废气	□ 1 是 2 否 注：所有企业，有上述指标 17-27 项涉及的设备及工艺以外的环节有生产工艺废气产生的，选“1”的，须填报 G103-13 表
29.一般工业固体废物	□ 1 是 2 否 注：有一般工业固体废物产生的，选“1”的，须填报 G104-1 表
30.危险废物	□ 1 是 2 否 注：有危险体废物产生或处理利用的，选“1”的，须填报 G104-2 表
31.涉及稀土等 15 类矿产	□ 1 是 2 否 注：选“1”的，须填报 G107 表
32.备注	

单位负责人： 统计负责人（审核人）： 填表人： 报出日期：20 年 月 日

说明：本表由辖区内有污染物产生的工业企业及产业活动单位填报。

工业企业主要产品、生产工艺基本情况

表　　号：　G101-2 表
制定机关：　国务院第二次全国污染源普查领导小组办公室
批准机关：　国家统计局
批准文号：　国统制〔2018〕103 号
有效期至：　2019 年 12 月 31 日

统一社会信用代码：□□□□□□□□□□□□□□□□□□□□（□□）
组织机构代码：□□□□□□□□□（□□）
单位详细名称（盖章）：　　2017 年

产品名称	产品代码	生产工艺名称	生产工艺代码	计量单位	生产能力	实际产量
1	2	3	4	5	6	7
按照生态环境部第二次全国污染源普查工作办公室提供的工业行业污染核算用主要产品、原料、生产工艺分类目录，填报与污染物产生、排放密切相关的主要中间产品或最终产品						

单位负责人：　统计负责人（审核人）：　填表人：　报出日期：20　年　月　日

说明：1. 本表由辖区内有污染物产生的工业企业及产业活动单位填报；
2. 尚未领取统一社会信用代码的填写原组织机构代码号；
3. 对照行业及本企业生产情况，按附录填报与污染物产生、排放密切相关的产品与工艺；
4. 同种产品有多种生产工艺的，分行填报；
5. 如需填报的内容超过 1 页，可自行复印表格填报。

工业企业主要原辅材料使用、能源消耗基本情况

表　　号：　G101-3 表
制定机关：　国务院第二次全国污染源普查领导小组办公室
统一社会信用代码：□□□□□□□□□□□□□□□□□□□□（□□）　批准机关：　国家统计局
组织机构代码：□□□□□□□□□□（□□）　批准文号：　国统制〔2018〕103 号
单位详细名称（盖章）：　2017 年　有效期至：　2019 年 12 月 31 日

原辅材料/能源名称	原辅材料/能源代码	计量单位	使用量	用作原辅材料量
1	2	3	4	5
一、主要原辅材料使用	—	—	—	—
				—
原辅材料名称、代码、计量单位按照生态环境部第二次全国污染源普查工作办公室提供的工业行业污染核算用主要产品、原料、生产工艺分类目录填报				—
				—
				—
				—
				—
				—
				—
				—
				—
二、主要能源消耗	—	—	—	—
能源名称、代码、计量单位按照指标解释填报				

单位负责人：　统计负责人（审核人）：　填表人：　报出日期：20　年　月　日

说明：1. 本表由辖区内有污染物产生的工业企业及产业活动单位填报；
2. 尚未领取统一社会信用代码的填写原组织机构代码号；
3. 本厂中间产品作为本厂其他生产环节原辅材料的，不需要填报；
4. 同时作为能源、原辅材料的，如原料煤，只填报主要能源消耗指标，不必填报主要原辅材料使用指标；
5. 如需填报的内容超过 1 页，可自行复印表格填报。

工业企业废水治理与排放情况

表　　号：　G102 表
制定机关：　国务院第二次全国污染源普查领导小组办公室
统一社会信用代码：□□□□□□□□□□□□□□□□□□□□（□□）批准机关：　国家统计局
组织机构代码：□□□□□□□□□□（□□）　批准文号：　国统制〔2018〕103 号
单位详细名称（盖章）：　　2017 年　　有效期至：　2019 年 12 月 31 日

指标名称	计量单位	代码	指标值	
甲	乙	丙	1	
一、取水情况	—	—	—	
取水量	立方米	01		
其中：城市自来水	立方米	02		
自备水	立方米	03		
水利工程供水	立方米	04		
其他工业企业供水	立方米	05		
二、废水治理设施情况	—	—	—	
废水治理设施数	套	06		
废水治理设施	—	—	废水治理设施 1	……
废水类型名称/代码	—	07		
设计处理能力	立方米/日	08		
处理方法名称/代码	—	09		
年运行小时	小时	10		
年实际处理水量	立方米	11		
其中：处理其他单位水量	立方米	12		
加盖密闭情况	—	13		
处理后废水去向	—	14		
三、废水排放情况	—	—	—	
废水总排放口数	个	15		
废水总排放口	—	—	废水总排放口 1	……
废水总排放口编号	—	16		
废水总排放口名称	—	17		
废水总排放口类型	—	18		
排水去向类型	—	19		
排入污水处理厂/企业名称	—	20		
排放口地理坐标	—	21	经度：___度____分___秒 纬度：___度____分___秒	经度：___度____分____秒 纬度：___度____分____秒
废水排放量	立方米	22		
化学需氧量产生量	吨	23		
化学需氧量排放量	吨	24		
氨氮产生量	吨	25		
氨氮排放量	吨	26		
总氮产生量	吨	27		
总氮排放量	吨	28		
总磷产生量	吨	29		
总磷排放量	吨	30		
石油类产生量	吨	31		

指标名称	计量单位	代码	指标值	
甲	乙	丙	1	
石油类排放量	吨	32		
挥发酚产生量	千克	33		
挥发酚排放量	千克	34		
氰化物产生量	千克	35		
氰化物排放量	千克	36		
总砷产生量	千克	37		
总砷排放量	千克	38		
总铅产生量	千克	39		
总铅排放量	千克	40		
总镉产生量	千克	41		
总镉排放量	千克	42		
总铬产生量	千克	43		
总铬排放量	千克	44		
六价铬产生量	千克	45		
六价铬排放量	千克	46		
总汞产生量	千克	47		
总汞排放量	千克	48		

单位负责人：　　　　统计负责人（审核人）：　　　　填表人：　　　　报出日期：20　年　月　日

说明：1. 本表由辖区内有废水及废水污染物产生或排放的工业企业填报；

2. 尚未领取统一社会信用代码的填写原组织机构代码号；

3. 如需填报的治理设施套数或废水总排放口数量超过 2 个，可自行复印表格填报；

4. 废水排放去向为入外环境的，即废水排放去向选择 A、B、F、G 的，排放口地理坐标填写入外环境排放口位置的地理坐标，除此之外排放口地理坐标填写废水排出厂区位置的地理坐标，“秒”指标最多保留 2 位小数；

5. 指标 13 仅限行业类别代码为 2511、2519、2521、2522、2523、2614、2619、2621、2631、2652、2653、2710 的行业填报；加盖密闭情况包括：1.无密闭；2.隔油段密闭；3.气浮段密闭；4.生化处理段密闭；其中选择 2、3、4 的可多选；

6. 产生量、排放量指标保留 3 位小数；

7. 审核关系：01=02+03+04+05，27≥25，28≥26，43≥45，44≥46，同一污染物产生量大于等于排放量。

工业企业锅炉/燃气轮机废气治理与排放情况

表　　号：　G103-1 表
制定机关：　国务院第二次全国污染源普查领导小组办公室
统一社会信用代码：□□□□□□□□□□□□□□□□□□□□（□□）　批准机关：　国家统计局
组织机构代码：□□□□□□□□□□（□□）　批准文号：　国统制〔2018〕103 号
单位详细名称（盖章）：　2017 年　有效期至：　2019 年 12 月 31 日

指标名称	计量单位	代码	指标值	
			锅炉/燃气轮机 1	锅炉/燃气轮机 2
甲	乙	丙	1	2
一、电站锅炉/燃气轮机基本信息	—	—	—	—
电站锅炉/燃气轮机编号	—	01		
电站锅炉/燃气轮机类型	—	02		
对应机组编号	—	03		
对应机组装机容量	万千瓦	04		
是否热电联产	—	05		
电站锅炉燃烧方式名称	—	06		
电站锅炉/燃气轮机额定出力	蒸吨/小时	07		
电站锅炉/燃气轮机运行时间	小时	08		
二、工业锅炉基本信息	—	—	—	—
工业锅炉编号	—	09		
工业锅炉类型	—	10		
工业锅炉用途	—	11	□ □ □ 1 生产 2 采暖 3 其他	□ □ □ 1 生产 2 采暖 3 其他
工业锅炉燃烧方式名称	—	12		
工业锅炉额定出力	蒸吨/小时	13		
工业锅炉运行时间	小时	14		
三、产品、燃料信息	—	—	—	—
发电量	万千瓦时	15		
供热量	万吉焦	16		
燃料一类型	—	17		
燃料一消耗量	吨或万立方米	18		
其中：发电消耗量	吨或万立方米	19		
供热消耗量	吨或万立方米	20		
燃料一低位发热量	千卡/千克或千卡/标准立方米	21		
燃料一平均收到基含硫量	%或毫克/立方米	22		
燃料一平均收到基灰分	%	23		
燃料一平均干燥无灰基挥发分	%	24		
燃料二类型	—	25		
燃料二消耗量	吨或万立方米	26		

指标名称	计量单位	代码	指标值	
			锅炉/燃气轮机 1	锅炉/燃气轮机 2
甲	乙	丙	1	2
其中：发电消耗量	吨或万立方米	27		
供热消耗量	吨或万立方米	28		
燃料二低位发热量	千卡/千克或千卡/标准立方米	29		
燃料二平均收到基含硫量	%或毫克/立方米	30		
燃料二平均收到基灰分	%	31		
燃料二平均干燥无灰基挥发分	%	32		
其他燃料消耗总量	吨标准煤	33		
四、治理设施及污染物产生排放情况	—	—	—	—
排放口编号	—	34		
排放口地理坐标	—	35	经度：__度__分__秒 纬度：__度__分__秒	经度：__度__分__秒 纬度：__度__分__秒
排放口高度	米	36		
脱硫设施编号	—	37		
脱硫工艺	—	38		
脱硫效率	%	39		
脱硫设施年运行时间	小时	40		
脱硫剂名称	—	41		
脱硫剂使用量	吨	42		
是否采用低氮燃烧技术	—	43	□ 1 是 2 否	□ 1 是 2 否
脱硝设施编号	—	44		
脱硝工艺	—	45		
脱硝效率	%	46		
脱硝设施年运行时间	小时	47		
脱硝剂名称	—	48		
脱硝剂使用量	吨	49		
除尘设施编号	—	50		
除尘工艺	—	51		
除尘效率	%	52		
除尘设施年运行时间	小时	53		
工业废气排放量	万立方米	54		
二氧化硫产生量	吨	55		
二氧化硫排放量	吨	56		
氮氧化物产生量	吨	57		
氮氧化物排放量	吨	58		
颗粒物产生量	吨	59		
颗粒物排放量	吨	60		
挥发性有机物产生量	千克	61		
挥发性有机物排放量	千克	62		
氨排放量	吨	63		

指标名称	计量单位	代码	指标值	
			锅炉/燃气轮机 1	锅炉/燃气轮机 2
甲	乙	丙	1	2
废气砷产生量	千克	64		
废气砷排放量	千克	65		
废气铅产生量	千克	66		
废气铅排放量	千克	67		
废气镉产生量	千克	68		
废气镉排放量	千克	69		
废气铬产生量	千克	70		
废气铬排放量	千克	71		
废气汞产生量	千克	72		
废气汞排放量	千克	73		

单位负责人：　　　　统计负责人（审核人）：　　　　填表人：　　　　报出日期：20　年　月　日

说明：1. 本表由辖区内有工业锅炉的工业企业，以及所有在役火电厂、热电联产企业及工业企业的自备电厂、垃圾和生物质焚烧发电厂填报。

2. 尚未领取统一社会信用代码的填写原组织机构代码号。

3. 单列只填写单台锅炉或燃气轮机信息，如工业锅炉、电站锅炉、燃气轮机超过 2 个，可自行增列填报；排放口的地理坐标中“秒”指标最多保留 2 位小数，产生量、排放量指标保留 3 位小数；审核关系：18=19+20，26=27+28。

工业企业炉窑废气治理与排放情况

表　　号：G103-2 表
制定机关：国务院第二次全国污染源普查领导小组办公室
统一社会信用代码：□□□□□□□□□□□□□□□□□□（□□） 批准机关：国家统计局
组织机构代码：□□□□□□□□□（□□） 批准文号：国统制〔2018〕103 号
单位详细名称（盖章）： 2017 年 有效期至：2019 年 12 月 31 日

指标名称	计量单位	代码	指标值	
			炉窑 1	炉窑 2
甲	乙	丙	1	2
一、基本信息	—	—	—	—
炉窑类型	—	01		
炉窑编号	—	02		
炉窑规模	—	03		
炉窑规模的计量单位	—	04		
年生产时间	小时	05		
二、燃料信息	—	—	—	—
燃料一类型	—	06		
燃料一消耗量	吨或万立方米	07		
燃料一低位发热量	千卡/千克或千卡/标准立方米	08		
燃料一平均收到基含硫量	%或毫克/立方米	09		
燃料一平均收到基灰分	%	10		
燃料一平均干燥无灰基挥发分	%	11		
燃料二类型	—	12		
燃料二消耗量	吨或万立方米	13		
燃料二低位发热量	千卡/千克或千卡/标准立方米	14		
燃料二平均收到基含硫量	%或毫克/立方米	15		
燃料二平均收到基灰分	%	16		
燃料二平均干燥无灰基挥发分	%	17		
其他燃料消耗总量	吨标准煤	18		
三、产品信息	—	—	—	—
产品名称	—	19		
产品产量	—	20		
产品产量的计量单位		21		
四、原料信息	—	—	—	—
原料名称	—	22		
原料用量		23		
原料用量的计量单位		24		
五、治理设施及污染物产生排放情况	—	—	—	—
脱硫设施编号	—	25		
脱硫工艺	—	26		
脱硫效率	—	27		
脱硫设施年运行时间	小时	28		

指标名称	计量单位	代码	指标值	
			炉窑 1	炉窑 2
甲	乙	丙	1	2
脱硫剂名称	—	29		
脱硫剂使用量	吨	30		
脱硝设施编号	—	31		
脱硝工艺	—	32		
脱硝效率	—	33		
脱硝设施年运行时间	小时	34		
脱硝剂名称	—	35		
脱硝剂使用量	吨	36		
除尘设施编号	—	37		
除尘工艺	—	38		
除尘效率	%	39		
除尘设施年运行时间	小时	44		
工业废气排放量	万立方米	45		
二氧化硫产生量	吨	46		
二氧化硫排放量	吨	47		
氮氧化物产生量	吨	48		
氮氧化物排放量	吨	49		
颗粒物产生量	吨	50		
颗粒物排放量	吨	51		
挥发性有机物产生量	千克	52		
挥发性有机物排放量	千克	53		
氨排放量	吨	54		
废气砷产生量	千克	55		
废气砷排放量	千克	56		
废气铅产生量	千克	57		
废气铅排放量	千克	58		
废气镉产生量	千克	59		
废气镉排放量	千克	60		
废气铬产生量	千克	61		
废气铬排放量	千克	62		
废气汞产生量	千克	63		
废气汞排放量	千克	64		

单位负责人：　　　　　统计负责人（审核人）：　　　　　填表人：　　　　　报出日期：20　年　月　日

说明：1. 本表由辖区内有工业炉窑的工业企业填报；

2. 尚未领取统一社会信用代码的填写原组织机构代码号；

3. 如需填报的炉窑数量超过 2 个，可自行复印表格填报；

4. 产生量、排放量指标保留 3 位小数。

钢铁与炼焦企业炼焦废气治理与排放情况

表　　号：G103-3 表
制定机关：国务院第二次全国污染源普查领导小组办公室
批准机关：国家统计局
批准文号：国统制〔2018〕103 号
有效期至：2019 年 12 月 31 日

统一社会信用代码：□□□□□□□□□□□□□□□□□□（□□）
组织机构代码：□□□□□□□□□（□□）
单位详细名称（盖章）：　　2017 年

指标名称	计量单位	代码	指标值	
			炼焦生产线 1	炼焦生产线 2
甲	乙	丙	1	2
一、基本信息	—	—	—	—
炼焦炉编号	—	01		
炼焦炉型	—	02	□	□
熄焦工艺	—	03	□	□
炭化室高度	米	04		
年生产时间	小时	05		
生产能力	万吨/年	06		
二、燃料信息	—	—	—	—
煤气消耗量	万立方米	07		
煤气低位发热量	千卡/标准立方米	08		
煤气平均收到基含硫量	毫克/立方米	09		
其他燃料消耗总量	吨标准煤	10		
三、原辅材料及产品信息	—	—		
煤炭消耗量	万吨	11		
焦炭产量	万吨	12		
硫酸产量	万吨	13		
硫黄产量	万吨	14		
煤气产生量	万立方米	15		
煤焦油产量	万吨	16		
四、治理设施及污染物产生排放情况	—	—	—	—
焦炉烟囱排放口	—	—	—	—
排放口编号	—	17		
排放口地理坐标	—	18	经度：___度____分___秒 纬度：___度____分___秒	经度：___度____分___秒 纬度：___度____分___秒
排放口高度	米	19		
脱硫设施编号	—	20		
脱硫工艺	—	21		
脱硫效率	%	22		
脱硫设施年运行时间	小时	23		
脱硫剂名称	—	24		
脱硫剂使用量	吨	25		
脱硝设施编号	—	26		
脱硝工艺	—	27		
脱硝效率	%	28		
脱硝设施年运行时间	小时	29		
脱硝剂名称	—	30		
脱硝剂使用量	吨	31		
除尘设施编号	—	32		

指标名称	计量单位	代码	指标值	
			炼焦生产线 1	炼焦生产线 2
甲	乙	丙	1	2
除尘工艺	—	33		
除尘效率	%	34		
除尘设施年运行时间	小时	35		
工业废气排放量	万立方米	36		
二氧化硫产生量	吨	37		
二氧化硫排放量	吨	38		
氮氧化物产生量	吨	39		
氮氧化物排放量	吨	40		
颗粒物产生量	吨	41		
颗粒物排放量	吨	42		
挥发性有机物产生量	千克	43		
挥发性有机物排放量	千克	44		
装煤地面站排放口	—	—	—	—
排放口编号	—	45		
排放口地理坐标	—	46	经度：___度____分___秒 纬度：___度____分___秒	经度：___度____分___秒 纬度：___度____分___秒
排放口高度	米	47		
脱硫设施编号	—	48		
脱硫工艺	—	49		
脱硫效率	%	50		
脱硫设施年运行时间	小时	51		
脱硫剂名称	—	52		
脱硫剂使用量	吨	53		
除尘设施编号	—	54		
除尘工艺	—	55		
除尘效率	%	56		
除尘设施年运行时间	小时	57		
工业废气排放量	万立方米	58		
二氧化硫产生量	吨	59		
二氧化硫排放量	吨	60		
颗粒物产生量	吨	61		
颗粒物排放量	吨	62		
挥发性有机物产生量	千克	63		
挥发性有机物排放量	千克	64		
推焦地面站排放口	—	—	—	—
排放口编号	—	65		
排放口地理坐标	—	66	经度：___度____分___秒 纬度：___度____分___秒	经度：___度____分___秒 纬度：___度____分___秒
排放口高度	米	67		
脱硫设施编号	—	68		
脱硫工艺	—	69		
脱硫效率	%	70		
脱硫设施年运行时间	小时	71		
脱硫剂名称	—	72		
脱硫剂使用量	吨	73		
除尘设施编号	—	74		
除尘工艺	—	75		
除尘效率	%	76		
除尘设施年运行时间	小时	77		

指标名称	计量单位	代码	指标值	
			炼焦生产线 1	炼焦生产线 2
甲	乙	丙	1	2
工业废气排放量	万立方米	78		
二氧化硫产生量	吨	79		
二氧化硫排放量	吨	80		
颗粒物产生量	吨	81		
颗粒物排放量	吨	82		
挥发性有机物产生量	千克	83		
挥发性有机物排放量	千克	84		
干法熄焦地面站排放口	—	—	—	—
排放口编号	—	85		
排放口地理坐标	—	86	经度：___度____分___秒 纬度：___度____分___秒	经度：___度____分___秒 纬度：___度____分___秒
排放口高度	米	87		
脱硫设施编号	—	88		
脱硫工艺	—	89		
脱硫效率	%	90		
脱硫设施年运行时间	小时	91		
脱硫剂名称	—	92		
脱硫剂使用量	吨	93		
除尘设施编号	—	94		
除尘工艺	—	95		
除尘效率	%	96		
除尘设施年运行时间	小时	97		
工业废气排放量	万立方米	98		
二氧化硫产生量	吨	99		
二氧化硫排放量	吨	100		
颗粒物产生量	吨	101		
颗粒物排放量	吨	102		
挥发性有机物产生量	千克	103		
挥发性有机物排放量	千克	104		
一般排放口及无组织	—	—	—	—
工业废气排放量	万立方米	105		
二氧化硫产生量	吨	106		
二氧化硫排放量	吨	107		
氮氧化物产生量	吨	108		
氮氧化物排放量	吨	109		
颗粒物产生量	吨	110		
颗粒物排放量	吨	111		
挥发性有机物产生量	千克	112		
挥发性有机物排放量	千克	113		
氨排放量	吨	114		

单位负责人：　　　统计负责人（审核人）：　　　填表人：　　　报出日期：20　年　月　日

说明：1. 本表由辖区内有炼焦工序的钢铁冶炼企业和炼焦企业填报；

2. 尚未领取统一社会信用代码的填写原组织机构代码号；

3. 如需填报的炼焦生产线数量超过 2 个，焦炉烟囱排放口、装煤地面站排放口、推焦地面站排放口、干法熄焦地面站排放口数量超过 1 个的，可自行复印表格填报；

4. 排放口的地理坐标中“秒”指标最多保留 2 位小数，产生量、排放量指标保留 3 位小数。

钢铁企业烧结/球团废气治理与排放情况

表　　号：G103-4 表
制定机关：国务院第二次全国污染源普查领导小组办公室
统一社会信用代码：□□□□□□□□□□□□□□□□□□（□□）批准机关：国家统计局
组织机构代码：□□□□□□□□□（□□）　批准文号：国统制〔2018〕103 号
单位详细名称（盖章）：　2017 年　有效期至：2019 年 12 月 31 日

指标名称	计量单位	代码	指标值	
			烧结/球团生产线 1	烧结/球团生产线 2
甲	乙	丙	1	2
一、基本信息	—	—	—	—
设备编号	—	01		
设备规模	平方米	02		
设备年生产时间	小时	03		
生产能力	万吨/年	04		
二、燃料信息	—	—		
煤炭	—	—	—	—
消耗量	吨	05		
低位发热量	千卡/千克	06		
平均收到基含硫量	%	07		
平均收到基灰分	%	08		
平均干燥无灰基挥发分	%	09		
焦炭	—	—	—	—
消耗量	吨	10		
低位发热量	千卡/千克	11		
平均收到基含硫量	%	12		
平均收到基灰分	%	13		
平均干燥无灰基挥发分	%	14		
其他燃料消耗总量	吨标准煤	15		
三、原料信息	—	—	—	—
铁矿石消耗量	万吨	16		
铁矿石含硫量	%	17		
四、产品信息	—	—	—	—
烧结矿产量	万吨	18		
球团矿产量	万吨	19		
五、治理设施及污染物产生排放情况	—	—	—	—
烧结机头（球团单元焙烧）排放口	—	—	—	—
排放口编号	—	20		
排放口地理坐标	—	21	经度：___度____分___秒 纬度：___度____分___秒	经度：___度____分___秒 纬度：___度____分___秒
排放口高度	米	22		
脱硫设施编号	—	23		
脱硫工艺	—	24		
脱硫效率	%	25		
脱硫设施年运行时间	小时	26		
脱硫剂名称	—	27		
脱硫剂使用量	吨	28		

指标名称	计量单位	代码	指标值	
			烧结/球团生产线 1	烧结/球团生产线 2
甲	乙	丙	1	2
脱硝设施编号	—	29		
脱硝工艺	—	30		
脱硝效率	%	31		
脱硝设施年运行时间	小时	32		
脱硝剂名称	—	33		
脱硝剂使用量	吨	34		
除尘设施编号	—	35		
除尘工艺	—	36		
除尘效率	%	37		
除尘设施年运行时间	小时	38		
工业废气排放量	万立方米	39		
二氧化硫产生量	吨	40		
二氧化硫排放量	吨	41		
氮氧化物产生量	吨	42		
氮氧化物排放量	吨	43		
颗粒物产生量	吨	44		
颗粒物排放量	吨	45		
烧结机尾排放口	—	—	—	—
排放口编号	—	46		
排放口地理坐标	—	47	经度：___度____分___秒 纬度：___度____分___秒	经度：___度____分___秒 纬度：___度____分___秒
排放口高度	米	48		
除尘设施编号	—	49		
除尘工艺	—	50		
除尘效率	%	51		
除尘设施年运行时间	小时	52		
工业废气排放量	万立方米	53		
颗粒物产生量	吨	54		
颗粒物排放量	吨	55		
一般排放口及无组织	—	—	—	—
工业废气排放量	万立方米	56		
二氧化硫产生量	吨	57		
二氧化硫排放量	吨	58		
氮氧化物产生量	吨	59		
氮氧化物排放量	吨	60		
颗粒物产生量	吨	61		
颗粒物排放量	吨	62		

单位负责人：　　　　统计负责人（审核人）：　　　　填表人：　　　　报出日期：20　年　月　日

说明：1. 本表由辖区内有烧结/球团工序的钢铁冶炼企业填报；
2. 尚未领取统一社会信用代码的填写原组织机构代码号；
3. 如需填报的烧结/球团生产线数量超过 2 个，可自行复印表格填报；
4. 排放口的地理坐标中“秒”指标最多保留 2 位小数；产生量、排放量指标保留 3 位小数。

钢铁企业炼铁生产废气治理与排放情况

表　　号：G103-5 表
制定机关：国务院第二次全国污染源普查领导小组办公室
统一社会信用代码：□□□□□□□□□□□□□□□□□□（□□）批准机关：国家统计局
组织机构代码：□□□□□□□□□（□□）批准文号：国统制〔2018〕103 号
单位详细名称（盖章）：2017 年 有效期至：2019 年 12 月 31 日

指标名称	计量单位	代码	指标值	
			炼铁生产线 1	炼铁生产线 2
甲	乙	丙	1	2
一、基本信息	—	—	—	—
设备编号	—	01		
高炉容积	立方米	02		
高炉年生产时间	小时	03		
生产能力	万吨/年	04		
二、燃料信息	—	—	—	—
煤气消耗量	万立方米	05		
煤气低位发热量	千卡/标准立方米	06		
煤气平均收到基含硫量	毫克/立方米	07		
其他燃料消耗总量	吨标准煤	08		
三、产品信息	—	—		
生铁产量	万吨	09		
四、治理设施及污染物产生排放情况	—	—	—	—
高炉矿槽排放口	—	—	—	—
排放口编号	—	10		
排放口地理坐标	—	11	经度：___度____分___秒 纬度：___度____分___秒	经度：___度____分___秒 纬度：___度____分___秒
排放口高度	米	12		
除尘设施编号	—	13		
除尘工艺	—	14		
除尘效率	%	15		
除尘设施年运行时间	小时	16		
工业废气排放量	万立方米	17		
颗粒物产生量	吨	18		
颗粒物排放量	吨	19		
高炉出铁场排放口	—	—	—	—
排放口编号	—	20		
排放口地理坐标	—	21	经度：___度____分___秒 纬度：___度____分___秒	经度：___度____分___秒 纬度：___度____分___秒
排放口高度	米	22		
除尘设施编号	—	23		
除尘工艺	—	24		
除尘效率	%	25		
除尘设施年运行时间	小时	26		

指标名称	计量单位	代码	指标值	
			炼铁生产线 1	炼铁生产线 2
甲	乙	丙	1	2
工业废气排放量	万立方米	27		
颗粒物产生量	吨	28		
颗粒物排放量	吨	29		
一般排放口及无组织	—	—	—	—
工业废气排放量	万立方米	30		
二氧化硫产生量	吨	31		
二氧化硫排放量	吨	32		
氮氧化物产生量	吨	33		
氮氧化物排放量	吨	34		
颗粒物产生量	吨	35		
颗粒物排放量	吨	36		
挥发性有机物产生量	千克	37		
挥发性有机物排放量	千克	38		

单位负责人：　　统计负责人（审核人）：　　填表人：　　报出日期：20　年　月　日

说明：1. 本表由辖区内有炼铁工序的钢铁冶炼企业填报；

2. 尚未领取统一社会信用代码的填写原组织机构代码号；

3. 如需填报的炼铁生产线数量超过 2 个，可自行复印表格填报；

4. 排放口的地理坐标中“秒”指标最多保留 2 位小数，产生量、排放量指标保留 3 位小数。

钢铁企业炼钢生产废气治理与排放情况

表　　号：　G103-6 表
制定机关：　国务院第二次全国污染源普查领导小组办公室
统一社会信用代码：□□□□□□□□□□□□□□□□□□（□□）　批准机关：　国家统计局
组织机构代码：□□□□□□□□□（□□）　批准文号：　国统制〔2018〕103 号
单位详细名称（盖章）：　2017 年　有效期至：　2019 年 12 月 31 日

指标名称	计量单位	代码	指标值	
			炼钢生产线 1	炼钢生产线 2
甲	乙	丙	1	2
一、基本信息	—	—	—	—
设备编号	—	01		
设备类型	—	02	□	□
设备年生产时间	小时	03		
生产能力	万吨/年	04		
二、产品信息	—	—		
粗钢产量	万吨	05		
三、治理设施及污染物产生排放情况	—	—	—	—
转炉二次烟气排放口	—	—	—	—
排放口编号	—	06		
排放口地理坐标	—	07	经度：___度____分___秒 纬度：___度____分___秒	经度：___度____分___秒 纬度：___度____分___秒
排放口高度	米	08		
除尘设施编号	—	09		
除尘工艺	—	10		
除尘效率	%	11		
除尘设施年运行时间	小时	12		
工业废气排放量	万立方米	13		
颗粒物产生量	吨	14		
颗粒物排放量	吨	15		
电炉烟气排放口	—	—	—	—
排放口编号	—	16		
排放口地理坐标	—	17	经度：___度____分___秒 纬度：___度____分___秒	经度：___度____分___秒 纬度：___度____分___秒
排放口高度	米	18		
除尘设施编号	—	19		
除尘工艺	—	20		
除尘效率	%	21		
除尘设施年运行时间	小时	22		
工业废气排放量	万立方米	23		
颗粒物产生量	吨	24		
颗粒物排放量	吨	25		
一般排放口及无组织	—	—	—	—

指标名称	计量单位	代码	指标值	
			炼钢生产线 1	炼钢生产线 2
甲	乙	丙	1	2
工业废气排放量	万立方米	26		
二氧化硫产生量	吨	27		
二氧化硫排放量	吨	28		
氮氧化物产生量	吨	29		
氮氧化物排放量	吨	30		
颗粒物产生量	吨	31		
颗粒物排放量	吨	32		
挥发性有机物产生量	千克	33		
挥发性有机物排放量	千克	34		

单位负责人： 统计负责人（审核人）： 填表人： 报出日期：20 年 月 日

说明：1. 本表由辖区内有炼钢工序的钢铁冶炼企业填报；

2. 尚未领取统一社会信用代码的填写原组织机构代码号；

3. 如需填报的炼钢生产线数量超过 2 个，可自行复印表格填报；

4. 排放口的地理坐标中“秒”指标最多保留 2 位小数，产生量、排放量指标保留 3 位小数。

水泥企业熟料生产废气治理与排放情况

表　　号：　G103-7 表
制定机关：　国务院第二次全国污染源普查领导小组办公室
统一社会信用代码：□□□□□□□□□□□□□□□□□□（□□）　批准机关：　国家统计局
组织机构代码：□□□□□□□□□（□□）　批准文号：　国统制〔2018〕103 号
单位详细名称（盖章）：　2017 年　有效期至：　2019 年 12 月 31 日

指标名称	计量单位	代码	指标值	
			熟料生产线 1	熟料生产线 2
甲	乙	丙	1	2
一、炉窑基本信息	—	—	—	—
设备编号	—	01		
设备类型	—	02		
设备年运行时间	小时	03		
生产能力	万吨/年	04		
二、炉窑燃料消耗情况	—	—	—	—
煤炭消耗量	吨	05		
煤炭低位发热量	千卡/千克	06		
煤炭平均收到基含硫量	%	07		
煤炭平均收到基灰分	%	08		
煤炭平均干燥无灰基挥发分	%	09		
三、原料信息	—	—		
石灰石用量	万吨	10		
四、产品信息	—	—	—	—
熟料产量	万吨	11		
五、治理设施及污染物产生排放情况	—	—	—	—
窑尾排放口	—	—	—	—
排放口编号	—	12		
排放口地理坐标	—	13	经度：__度__分__秒 纬度：__度__分__秒	经度．__度__分__秒 纬度：__度__分__秒
排放口高度	米	14		
是否采用低氮燃烧技术	—	15	□　1 是　2 否	□　1 是　2 否
脱硝设施编号	—	16		
脱硝工艺	—	17		
脱硝效率	%	18		
脱硝设施年运行时间	小时	19		
脱硝剂名称	—	20		
脱硝剂使用量	吨	21		
除尘设施编号	—	22		
除尘工艺	—	23		
除尘效率	%	24		
除尘设施年运行时间	小时	25		
工业废气排放量	万立方米	26		
二氧化硫产生量	吨	27		
二氧化硫排放量	吨	28		

指标名称	计量单位	代码	指标值	
			熟料生产线 1	熟料生产线 2
甲	乙	丙	1	2
氮氧化物产生量	吨	29		
氮氧化物排放量	吨	30		
颗粒物产生量	吨	31		
颗粒物排放量	吨	32		
挥发性有机物产生量	千克	33		
挥发性有机物排放量	千克	34		
氨排放量	吨	35		
废气砷产生量	千克	36		
废气砷排放量	千克	37		
废气铅产生量	千克	38		
废气铅排放量	千克	39		
废气镉产生量	千克	40		
废气镉排放量	千克	41		
废气铬产生量	千克	42		
废气铬排放量	千克	43		
废气汞产生量	千克	44		
废气汞排放量	千克	45		
窑头排放口	—	—	—	—
排放口编号	—	46		
排放口地理坐标	—	47	经度：___度___分___秒 纬度：___度___分___秒	经度：___度___分___秒 纬度：___度___分___秒
排放口高度	米	48		
除尘设施编号	—	49		
除尘工艺	—	50		
除尘效率	%	51		
除尘设施年运行时间	小时	52		
工业废气排放量	万立方米	53		
颗粒物产生量	吨	54		
颗粒物排放量	吨	55		
一般排放口及无组织	—	—	—	—
颗粒物产生量	吨	56		
颗粒物排放量	吨	57		

单位负责人：　　　　统计负责人（审核人）：　　　　填表人：　　　　报出日期：20　年　月　日

说明：1. 本表由辖区内有熟料生产工序的水泥企业填报；

2. 尚未领取统一社会信用代码的填写原组织机构代码号；

3. 如需填报的熟料生产线数量超过 2 个，可自行复印表格填报；

4. 排放口的地理坐标中“秒”指标最多保留 2 位小数，产生量、排放量指标保留 3 位小数。

石化企业工艺加热炉废气治理与排放情况

表　　号：G103-8 表
制定机关：国务院第二次全国污染源普查领导小组办公室
批准机关：国家统计局
批准文号：国统制〔2018〕103 号
有效期至：2019 年 12 月 31 日

统一社会信用代码：□□□□□□□□□□□□□□□□□□（□□）
组织机构代码：□□□□□□□□□（□□）
单位详细名称（盖章）：　　　　2017 年

指标名称	计量单位	代码	指标值	
			加热炉 1	加热炉 2
甲	乙	丙	1	2
一、基本信息	—	—	—	—
加热炉编号	—	01		
加热物料名称	—	02		
加热炉规模	兆瓦	03		
热效率	—	04		
炉膛平均温度	℃	05		
年生产时间	小时	06		
二、燃料消耗情况	—	—	—	—
燃料一类型	—	07		
燃料一消耗量	吨或万立方米	08		
燃料一低位发热量	千卡/千克或千卡/标准立方米	09		
燃料一平均收到基含硫量	%或毫克/立方米	10		
燃料二类型	—	11		
燃料二消耗量	吨或万立方米	12		
燃料二低位发热量	千卡/千克或千卡/标准立方米	13		
燃料二平均收到基含硫量	%或毫克/立方米	14		
三、治理设施及污染物产生排放情况	—	—	—	—
脱硫设施编号	—	15		
脱硫工艺	—	16		
脱硫效率	%	17		
脱硫设施年运行时间	小时	18		
脱硫剂名称	—	19		
脱硫剂使用量	吨	20		
是否采用低氮燃烧技术	—	21	□　1 是　2 否	□　1 是　2 否
除尘设施编号	—	22		
除尘工艺	—	23		
除尘效率	%	24		
除尘设施年运行时间	小时	25		
工业废气排放量	万立方米	26		
二氧化硫产生量	吨	27		
二氧化硫排放量	吨	28		
氮氧化物产生量	吨	29		

指标名称	计量单位	代码	指标值	
			加热炉 1	加热炉 2
甲	乙	丙	1	2
氮氧化物排放量	吨	30		
颗粒物产生量	吨	31		
颗粒物排放量	吨	32		
挥发性有机物产生量	千克	33		
挥发性有机物排放量	千克	34		

单位负责人：　　统计负责人（审核人）：　　填表人：　　报出日期：20　年　月　日

说明：1. 本表由辖区内石化企业填报；

2. 尚未领取统一社会信用代码的填写原组织机构代码号；

3. 如需填报的工艺加热炉数量超过 2 个，可自行复印表格填报；

4. 产生量、排放量指标保留 3 位小数。

石化企业生产工艺废气治理与排放情况

表　　号：　G103-9 表
制定机关：　国务院第二次全国污染源普查领导小组办公室
统一社会信用代码：□□□□□□□□□□□□□□□□□□（□□）批准机关：　国家统计局
组织机构代码：□□□□□□□□□（□□）　批准文号：　国统制〔2018〕103 号
单位详细名称（盖章）：　2017 年　有效期至：　2019 年 12 月 31 日

指标名称	计量单位	代码	指标值	
			装置 1	装置 2
甲	乙	丙	1	2
一、基本信息	—	—	—	—
装置名称	—	01		
装置编号	—	02		
生产能力	—	03		
生产能力的计量单位	—	04		
年生产时间	小时	05		
二、产品信息	—	—	—	—
产品名称	—	06		
产品产量	—	07		
产品产量的计量单位	—	08		
三、原料信息	—	—	—	—
原料名称	—	09		
原料用量	—	10		
原料用量的计量单位	—	11		
四、治理设施及污染物产生排放情况	—	—	—	—
脱硫设施编号	—	12		
脱硫工艺	—	13		
脱硫效率	%	14		
脱硫设施年运行时间	小时	15		
脱硫剂名称	—	16		
脱硫剂使用量	吨	17		
脱硝设施编号	—	18		
脱硝工艺	—	19		
脱硝效率	%	20		
脱硝设施年运行时间	小时	21		
脱硝剂名称	—	22		
脱硝剂使用量	吨	23		
除尘设施编号	—	24		
除尘工艺	—	25		
除尘效率	%	26		
除尘设施年运行时间	小时	27		
挥发性有机物处理设施编号	—	28		
挥发性有机物处理工艺	—	29		
挥发性有机物去除效率	%	30		
挥发性有机物处理设施年运行时间	小时	31		

指标名称	计量单位	代码	指标值	
			装置 1	装置 2
甲	乙	丙	1	2
工艺废气排放量	万立方米	32		
二氧化硫产生量	吨	33		
二氧化硫排放量	吨	34		
氮氧化物产生量	吨	35		
氮氧化物排放量	吨	36		
颗粒物产生量	吨	37		
颗粒物排放量	吨	38		
挥发性有机物产生量	千克	39		
挥发性有机物排放量	千克	40		
氨排放量	吨	41		
五、全厂动静密封点及循环水冷却塔情况	—	—	—	
全厂动静密封点个数	个	42		
全厂动静密封点挥发性有机物产生量	千克	43		
全厂动静密封点挥发性有机物排放量	千克	44		
敞开式循环水冷却塔年循环水量	立方米	45		
敞开式循环水冷却塔挥发性有机物产生量	千克	46		
敞开式循环水冷却塔挥发性有机物排放量	千克	47		

单位负责人： 统计负责人（审核人）： 填表人： 报出日期：20 年 月 日

说明：1. 本表由辖区内石化企业填报；

2. 尚未领取统一社会信用代码的填写原组织机构代码号；

3. 如需填报的产品/原料数量超过 2 个，可自行复印表格填报；

4. 产生量、排放量指标保留 3 位小数。

工业企业有机液体储罐、装载信息

表　　号：　G103-10 表
制定机关：　国务院第二次全国污染源普查领导小组办公室
批准机关：　国家统计局
批准文号：　国统制〔2018〕103 号
有效期至：　2019 年 12 月 31 日

统一社会信用代码：□□□□□□□□□□□□□□□□□□□□□□（□□）
组织机构代码：□□□□□□□□□□（□□）
单位详细名称（盖章）：　　　　2017 年

指标名称	计量单位	代码	指标值	
			物料 1	物料 2
甲	乙	丙	1	2
一、基本信息	—	—	—	—
物料名称	—	01		
物料代码		02		
二、储罐信息	—	—	—	—
储罐类型	—	03	□	□
储罐容积	立方米	04		
储存温度	℃	05		
相同类型、容积、温度的储罐个数	个	06		
物料年周转量	吨	07		
挥发性有机物处理工艺	—	08		
三、装载信息	—	—	—	—
年装载量	吨/年	09		
其中：汽车/火车装载量	吨/年	10		
汽车/火车装载方式	—	11	□	□
船舶装载量	吨/年	12		
船舶装载方式	—	13	□	□
挥发性有机物处理工艺	—	14		
四、污染物产生排放情况	—	—	—	—
挥发性有机物产生量	千克	15		
挥发性有机物排放量	千克	16		

单位负责人：　　　　统计负责人（审核人）：　　　　填表人：　　　　报出日期：20　年　月　日

说明：1. 本表由辖区内有有机液体储罐的工业企业填报，指标解释中所列行业工业企业必填；
2. 尚未领取统一社会信用代码的填写原组织机构代码号；
3. 相同储罐类型、相同容积的储罐合并填报储罐个数，同一储罐不同时间储存不同物料的可分别计数；
4. 如需填报的物料类型数量超过 2 个，可自行复印表格填报；
5. 储罐容积达到 20 立方米以上的填报储罐信息 03-08；
6. 产生量、排放量保留 3 位小数；
7. 审核关系：09=10+12。

工业企业含挥发性有机物原辅材料使用信息

表　　号：　G103-11 表
制定机关：　国务院第二次全国污染源普查领导小组办公室
统一社会信用代码：□□□□□□□□□□□□□□□□□□（□□）批准机关：　国家统计局
组织机构代码：□□□□□□□□□（□□）　批准文号：　国统制〔2018〕103 号
单位详细名称（盖章）：　2017 年　有效期至：　2019 年 12 月 31 日

指标名称	计量单位	代码	指标值	
			原辅材料名称 1	原辅材料名称 2
甲	乙	丙	1	2
含挥发性有机物的原辅材料类别	—	01	□	□
含挥发性有机物的原辅材料名称	—	02		
含挥发性有机物的原辅材料代码	—	03		
含挥发性有机物的原辅材料品牌	—	04		
含挥发性有机物的原辅材料品牌代码	—	05		
含挥发性有机物的原辅材料使用量	吨	06		
挥发性有机物处理工艺	—	07		
挥发性有机物收集方式	—	08	□	□
挥发性有机物产生量	千克	09		
挥发性有机物排放量	千克	10		

单位负责人：　统计负责人（审核人）：　填表人：　报出日期：20　年　月　日

说明：1. 本表由辖区内使用含挥发性有机物原辅材料的工业企业填报，其中涉及含挥发性有机物的原辅材料年使用总量在 1 吨以上的主要行业工业企业必填，主要行业见指标解释；
2. 尚未领取统一社会信用代码的填写原组织机构代码号；
3. 如需填报的含挥发性有机物的原辅材料超过 2 个，可自行复印表格填报，相同含挥发性有机物的原辅材料不同品牌分列填报；
4. 产生量、排放量保留 3 位小数。

工业企业固体物料堆存信息

表　　号：G103-12 表
制定机关：国务院第二次全国污染源普查领导小组办公室
批准机关：国家统计局
批准文号：国统制〔2018〕103 号
有效期至：2019 年 12 月 31 日

统一社会信用代码：□□□□□□□□□□□□□□□□□□（□□）
组织机构代码：□□□□□□□□□（□□）
单位详细名称（盖章）：　　2017 年

指标名称	计量单位	代码	指标值	
			堆场 1	堆场 2
甲	乙	丙	1	2
一、基本信息	—	—	—	—
堆场编号	—	01		
堆场名称	—	02		
堆场类型	—	03	□	□
堆存物料	—	04	□□	□□
堆存物料类型	—	05	□	□
占地面积	平方米	06		
最高高度	米	07		
日均储存量	吨	08		
物料最终去向	—	09	□	□
二、运载信息	—	—	—	—
年物料运载车次	车	10		
单车平均运载量	吨/车	11		
三、控制设施及污染物产生排放情况	—	—	—	—
粉尘控制措施	—	12	□	□
粉尘产生量	吨	13		
粉尘排放量	吨	14		
挥发性有机物产生量	千克	15		
挥发性有机物排放量	千克	16		

单位负责人：　　统计负责人（审核人）：　　填表人：　　报出日期：20　年　月　日

说明：1. 本表由辖区内有固体物料堆存的工业企业填报；
2. 尚未领取统一社会信用代码的填写原组织机构代码号；
3. 如需填报的堆场数量超过 2 个，可自行复印表格填报；
4. 产生量、排放量保留 3 位小数。

工业企业其他废气治理与排放情况

表　　号：G103-13 表
制定机关：国务院第二次全国污染源普查领导小组办公室
批准机关：国家统计局
批准文号：国统制〔2018〕103 号
有效期至：2019 年 12 月 31 日

统一社会信用代码：□□□□□□□□□□□□□□□□□□（□□）
组织机构代码：□□□□□□□□□（□□）
单位详细名称（盖章）：　　　　2017 年

指标名称	计量单位	代码	指标值
甲	乙	丙	1
一、产品/原料信息	—	—	—
产品一名称	—	01	
产品一产量		02	
产品二名称	—	03	
产品二产量		04	
产品三名称	—	05	
产品三产量		06	
原料一名称	—	07	
原料一用量		08	
原料二名称	—	09	
原料二用量		10	
原料三名称	—	11	
原料三用量		12	
二、厂内移动源信息	—	—	—
挖掘机保有量	台	13	
推土机保有量	台	14	
装载机保有量	台	15	
柴油叉车保有量	台	16	
其他柴油机械保有量	台	17	
柴油消耗量	吨	18	
三、治理设施及污染物产生排放情况	—	—	—
脱硫设施数	套	19	
脱硝设施数	套	20	
除尘设施数	套	21	
挥发性有机物处理设施数	套	22	
氨治理设施数	套	23	
工业废气排放量	万立方米	24	
二氧化硫产生量	吨	25	
二氧化硫排放量	吨	26	
氮氧化物产生量	吨	27	
氮氧化物排放量	吨	28	
颗粒物产生量	吨	29	
颗粒物排放量	吨	30	
挥发性有机物产生量	千克	31	
挥发性有机物排放量	千克	32	
氨产生量	吨	33	

指标名称	计量单位	代码	指标值
甲	乙	丙	1
氨排放量	吨	34	
废气砷产生量	千克	35	
废气砷排放量	千克	36	
废气铅产生量	千克	37	
废气铅排放量	千克	38	
废气镉产生量	千克	39	
废气镉排放量	千克	40	
废气铬产生量	千克	41	
废气铬排放量	千克	42	
废气汞产生量	千克	43	
废气汞排放量	千克	44	

单位负责人：　　统计负责人（审核人）：　　填表人：　　报出日期：20　年　月　日

说明：1. 本表由辖区内有废气污染物产生与排放的工业企业填报；
2. 尚未领取统一社会信用代码的填写原组织机构代码号；
3. 普查对象若填报 G103-1 至 G103-12 中的一张或多张表后，仍有未包含的废气排放环节，须将未包含的废气情况填报在本表；或普查对象无 G103-1 至 G103-12 所涉及的排污环节，但有废气排放的，须填报本表；
4. 指标 02、04、06、08、10、12 的计量单位按照附录（四）工业行业污染核算用主要产品、原料、生产工艺分类目录填报；
5. 厂内移动源仅填报厂内自用，未在交管部门登记的机动车和机械；
6. 产生量、排放量保留 3 位小数。

工业企业一般工业固体废物产生与处理利用信息

表　　号：G104-1 表
制定机关：国务院第二次全国污染源普查领导小组办公室
统一社会信用代码：□□□□□□□□□□□□□□□□□□（□□）批准机关：国家统计局
组织机构代码：□□□□□□□□□（□□）批准文号：国统制〔2018〕103 号
单位详细名称（盖章）：　　2017 年　　有效期至：2019 年 12 月 31 日

指标名称	计量单位	代码	指标值	
			固体废物 1	固体废物 2
甲	乙	丙	1	2
一般工业固体废物名称	—	01		
一般工业固体废物代码	—	02		
一般工业固体废物产生量	吨	03		
一般工业固体废物综合利用量	吨	04		
其中：自行综合利用量	吨	05		
其中：综合利用往年贮存量	吨	06		
一般工业固体废物处置量	吨	07		
其中：自行处置量	吨	08		
其中：处置往年贮存量	吨	09		
一般工业固体废物贮存量	吨	10		
一般工业固体废物倾倒丢弃量	吨	11		
一般工业固体废物贮存处置场情况				
一般工业固体废物贮存处置场类型	—	12	□　1 灰场　2 渣场　3 矸石场　4 尾矿库　5 其他	
贮存处置场详细地址	—	13	______县（区、市、旗）______乡（镇）______街（村）、门牌号	
贮存处置场地理坐标	—	14	经度：___度___分___秒　纬度：___度___分___秒	
处置场设计容量	立方米	15		
处置场已填容量	立方米	16		
处置场设计处置能力	吨/年	17		
尾矿库环境风险等级（仅尾矿库填报）	—	18		
尾矿库环境风险等级划定年份	—	19	□□□□年	
一般工业固体废物综合利用设施情况				
综合利用方式	—	20	□　1 金属材料回收　2 非金属材料回收　3 能量回收　4 其他方式	
综合利用能力	吨	21		
本年实际综合利用量	吨	22		

单位负责人：　　统计负责人（审核人）：　　填表人：　　报出日期：20　年　月　日

说明：1. 本表由辖区内有一般工业固体废物产生的工业企业填报；
2. 尚未领取统一社会信用代码的填写原组织机构代码号；
3. 如需填报的固体废物种类数量超过 2 个，一般工业固体废物贮存处置场超过 1 个，可自行复印表格填报；
4. 一般工业固体废物名称及代码：SW01.冶炼废渣、SW02.粉煤灰、SW03.炉渣、SW04.煤矸石、SW05.尾矿、SW06.脱硫石膏、SW07.污泥、SW09.赤泥、SW10.磷石膏、SW99.其他废物；
5. 若一般工业固体废物贮存处置场类型为 4.尾矿库，需要填报 18、19 两项指标；
6. 审核关系：03=04-06+07-09+10+11，15≥16。

工业企业危险废物产生与处理利用信息

表　　号：G104-2 表
制定机关：国务院第二次全国污染源普查领导小组办公室
统一社会信用代码：□□□□□□□□□□□□□□□□□□（□□）批准机关：国家统计局
组织机构代码：□□□□□□□□□（□□）批准文号：国统制〔2018〕103 号
单位详细名称（盖章）：　2017 年　有效期至：2019 年 12 月 31 日

指标名称	计量单位	代码	指标值	
			危险废物 1	危险废物 2
甲	乙	丙	1	2
危险废物名称	—	01		
危险废物代码	—	02		
上年年末本单位实际贮存量	吨	03		
危险废物产生量	吨	04		
送持证单位量	吨	05		
接收外来危险废物量	吨	06		
自行综合利用量	吨	07		
自行处置量	吨	08		
本年末本单位实际贮存量	吨	09		
综合利用处置往年贮存量	吨	10		
危险废物倾倒丢弃量	吨	11		
危险废物自行填埋处置情况				
填埋场详细地址	—	12	_____县（区、市、旗）_____乡（镇）__________街（村）、门牌号	
填埋场地理坐标	—	13	经度：___度___分___秒 纬度：___度___分___秒	
设计容量	立方米	14		
已填容量	立方米	15		
设计处置能力	吨/年	16		
本年实际填埋处置量	吨	17		
危险废物自行焚烧处置情况				
焚烧装置的具体位置		18	_____县（区、市、旗）_____乡（镇）__________街（村）、门牌号	
焚烧装置的地理坐标	—	19	经度：___度___分___秒 纬度：___度___分___秒	
设施数量	台	20		
设计焚烧处置能力	吨/年	21		
本年实际焚烧处置量	吨	22		
危险废物综合利用/处置情况（自行填埋、焚烧处置的除外）				
危险废物自行综合利用/处置方式	—	23		
危险废物自行综合利用/处置能力	吨/年	24		
本年实际综合利用/处置量	吨	25		

单位负责人：　统计负责人（审核人）：　填表人：　报出日期：20　年　月　日

说明：1. 本表由辖区内有危险废物产生的工业企业填报；
2. 尚未领取统一社会信用代码的填写原组织机构代码号；
3. 如需填报的危险废物种类数量超过 2 个，可自行复印表格填报；
4. 审核关系：03+04-05+06=07+08+09+11，07+08=17+22+25，14≥15。

工业企业突发环境事件风险信息

表　　号：　G105 表
制定机关：　国务院第二次全国污染源普查领导小组办公室
统一社会信用代码：□□□□□□□□□□□□□□□□□□□□□（□□）　批准机关：　国家统计局
组织机构代码：□□□□□□□□□□（□□）　批准文号：　国统制〔2018〕103 号
单位详细名称（盖章）：　2017 年　有效期至：　2019 年 12 月 31 日

指标名称	计量单位	代码	指标值	
甲	乙	丙	风险物质 1	风险物质 2
一、突发环境事件风险物质信息	—	—	—	—
风险物质名称	—	01		
CAS 号	—	02		
活动类型	—	03		
存在量	吨	04		
二、突发环境事件风险生产工艺信息	—	—	风险工艺/设备类型 1	风险工艺/设备类型 2
工艺类型名称	—	05		
套数	套	06		
三、环境风险防控措施信息	—	—	—	
毒性气体泄漏监控预警措施	—	07	□ 1 不涉及有毒有害气体的 2 具备有毒有害气体厂界泄漏监控预警系统 3 不具备有毒有害气体厂界泄漏监控预警系统	
截流措施情况	—	08	□ 1 满足：（1）环境风险单元设防渗漏、防腐蚀、防淋溶、防流失措施；且（2）装置围堰与罐区防火堤（围堰）外设排水切换阀，正常情况下通向雨水系统的阀门关闭，通向事故存液池、应急事故水池、清净废水排放缓冲池或污水处理系统的阀门打开；且（3）前述措施日常管理及维护良好，有专人负责阀门切换或设置自动切换设施，保证初期雨水、泄漏物和受污染的消防水排入污水系统 2 有任意一个环境风险单元的截流措施不符合上述任意一条要求的	
事故废水收集措施	—	09	□ 1 按相关设计规范设置应急事故水池、事故存液池或清净废水排放缓冲池等事故排水收集设施，并根据相关设计规范、下游环境风险受体敏感程度和易发生极端天气情况，设计事故排水收集设施的容量；且确保事故排水收集设施在事故状态下能顺利收集泄漏物和消防水，日常保持足够的事故排水缓冲容量；且通过协议单位或自建管线，能将所收集废水送至厂区内污水处理设施处理 2 有任意一个环境风险单元的事故排水收集措施不符合上述任意一条要求的	
清净废水系统风险防控措施	—	10	□ 1 满足：（1）不涉及清净废水；或（2）厂区内清净废水均可排入废水处理系统；或清污分流，且清净废水系统具有下述所有措施：①具有收集受污染的清净废水的缓冲池（或收集池），池内日常保持足够的事故排水缓冲容量；池内设有提升设施或通过自流，能将所收集物送至厂区内污水处理设施处理；且②具有清净废水系统的总排口监视及关闭设施，有专人负责在紧急情况下关闭清净废水总排口，防止受污染的清净废水和泄漏物进入外环境 2 涉及清净废水，有任意一个环境风险单元的清净废水系统风险防控措施不符合上述（2）要求的	

指标名称	计量单位	代码	指标值	
			风险物质 1	风险物质 2
甲	乙	丙		
雨水排水系统风险防控措施	—	11	□ 1（1）厂区内雨水均进入废水处理系统；或雨污分流，且雨水排水系统具有下述所有措施：①具有收集初期雨水的收集池或雨水监控池；池出水管上设置切断阀，正常情况下阀门关闭，防止受污染的雨水外排；池内设有提升设施或通过自流，能将所收集物送至厂区内污水处理设施处理；②具有雨水系统总排口（含泄洪渠）监视及关闭设施，在紧急情况下有专人负责关闭雨水系统总排口（含与清净废水共用一套排水系统情况），防止雨水、消防水和泄漏物进入外环境；（2）如果有排洪沟，排洪沟不得通过生产区和罐区，或具有防止泄漏物和受污染的消防水等流入区域排洪沟的措施 2 不符合上述要求的	
生产废水处理系统风险防控措施	—	12	□ 1 满足：（1）无生产废水产生或外排；或（2）有废水外排时：①受污染的循环冷却水、雨水、消防水等排入生产废水系统或独立处理系统；②生产废水排放前设监控池，能够将不合格废水送废水处理设施处理；③如企业受污染的清净废水或雨水进入废水处理系统处理，则废水处理系统应设置事故水缓冲设施；④具有生产废水总排口监视及关闭设施，有专人负责启闭，确保泄漏物、受污染的消防水、不合格废水不排出厂外 2 涉及废水外排，且不符合上述（2）中任意一条要求的	
依法获取污水排入排水管网许可	—	13	□ 1 是　　2 否	
厂内危险废物环境管理	—	14	□ 1 不涉及危险废物 2 不具备完善危险废物管理措施	
四、突发环境事件应急预案编制信息	—	—	—	
是否编制突发环境事件应急预案	—	15	□ 1 是　　2 否	
是否进行突发环境事件应急预案备案	—	16	□ 1 是　　2 否	
突发环境事件应急预案备案编号	—	17		
企业环境风险等级	—	18		
企业环境风险等级划定年份	—	19	□□□□年	

单位负责人：　　统计负责人（审核人）：　　填表人：　　报出日期：20　年　月　日

说明：1. 本表由辖区内生产或使用环境风险物质的工业企业填报；

2. 尚未领取统一社会信用代码的填写原组织机构代码号；

3. 涉及《企业突发环境事件风险分级方法》（HJ 941—2018）附录 A 中物质和以及该分级方法表 1 中风险工艺/设备的工业企业填报，详见指标解释；

4. 如需填报的风险物质种类、风险工艺/设备类型数量超过 2 个，可自行复印表格填报。

工业企业污染物产排污系数核算信息

表　　号：　G106-1 表
制定机关：　国务院第二次全国污染源普查领导小组办公室
统一社会信用代码：□□□□□□□□□□□□□□□□□□（□□）　批准机关：　国家统计局
组织机构代码：□□□□□□□□□（□□）　批准文号：　国统制〔2018〕103 号
单位详细名称（盖章）：　2017 年　有效期至：　2019 年 12 月 31 日

指标名称	代码	核算环节 1	核算环节 2	核算环节 3	……
甲	乙	1	2	3	……
对应的普查表号	01				
对应的排放口名称/编号	02				
核算环节名称	03				
原料名称	04				
产品名称	05				
工艺名称	06				
生产规模等级	07				
生产规模的计量单位	08				
产品产量	09				
产品产量的计量单位	10				
原料/燃料用量	11				
原料/燃料用量的计量单位	12				
污染物名称	13				
污染物产污系数及计量单位	14				
污染物产污系数中参数取值	15				
污染物产生量及计量单位	16				
污染物处理工艺名称	17				
污染物去除效率/排污系数及计量单位	18				
污染治理设施实际运行参数一名称	19				
污染治理设施实际运行参数一数值	20				
污染治理设施实际运行参数一计量单位	21				
污染治理设施实际运行参数二名称	22				
污染治理设施实际运行参数二数值	23				
污染治理设施实际运行参数二计量单位	24				
污染治理设施实际运行参数三名称	25				
污染治理设施实际运行参数三数值	26				
污染治理设施实际运行参数三计量单位	27				
污染物排放量	28				
污染物排放量计量单位	29				
排污许可证执行报告排放量	30				

单位负责人：　统计负责人（审核人）：　填表人：　报出日期：20　年　月　日

说明：1. 本表由采用产排污系数法核算污染物产生量和排放量的工业企业填报；仅限采用产排污系数法核算的污染物指标填报此表；
2. 填报的核算环节超过 4 个或污染物种类超过 1 种的，可自行复印表格填报。

工业企业废水监测数据

表　　号：　G106-2 表
制定机关：　国务院第二次全国污染源普查领导小组办公室
批准机关：　国家统计局
批准文号：　国统制〔2018〕103 号
有效期至：　2019 年 12 月 31 日

统一社会信用代码：□□□□□□□□□□□□□□□□□□（□□）
组织机构代码：□□□□□□□□□（□□）
单位详细名称（盖章）：　　2017 年

指标名称	计量单位	代码	指标值	监测方式
甲	乙	丙	1	2
对应的普查表号	—	01		—
对应的排放口名称/编号	—	02		—
进口水量	立方米	03		—
出口水量	立方米	04		—
经总排放口排放的水量	立方米	05		—
化学需氧量进口浓度	毫克/升	06		□
化学需氧量出口浓度	毫克/升	07		□
氨氮进口浓度	毫克/升	08		□
氨氮出口浓度	毫克/升	09		□
总氮进口浓度	毫克/升	10		□
总氮出口浓度	毫克/升	11		□
总磷进口浓度	毫克/升	12		□
总磷出口浓度	毫克/升	13		□
石油类进口浓度	毫克/升	14		□
石油类出口浓度	毫克/升	15		□
挥发酚进口浓度	毫克/升	16		□
挥发酚出口浓度	毫克/升	17		□
氰化物进口浓度	毫克/升	18		□
氰化物出口浓度	毫克/升	19		□
总砷进口浓度	毫克/升	20		□
总砷出口浓度	毫克/升	21		□
总铅进口浓度	毫克/升	22		□
总铅出口浓度	毫克/升	23		□
总镉进口浓度	毫克/升	24		□
总镉出口浓度	毫克/升	25		□
总铬进口浓度	毫克/升	26		□
总铬出口浓度	毫克/升	27		□
六价铬进口浓度	毫克/升	28		□
六价铬出口浓度	毫克/升	29		□
总汞进口浓度	毫克/升	30		□
总汞出口浓度	毫克/升	31		□

单位负责人：　　统计负责人（审核人）：　　填表人：　　报出日期：20　年　月　日

说明：1. 有符合核算污染物产生量和排放量监测数据的企业填报本表，每个排放口监测点位填报 1 张表；如需填报的排放口监测点位数量超过 1 个，可自行复印表格填报；

2．尚未领取统一社会信用代码的填写原组织机构代码号；

3．污染物浓度按年平均浓度填报，并按监测方法对应的有效数字填报；

4．监测方式：指获取监测数据的监测活动方式。按（1）在线监测，（2）企业自测（手工），（3）委托监测，（4）监督监测，将代码填入表格内；

5．监测结果为未检出的填“0”。

工业企业废气监测数据

表　　号：G106-3 表
制定机关：国务院第二次全国污染源普查领导小组办公室
批准机关：国家统计局
批准文号：国统制〔2018〕103 号
有效期至：2019 年 12 月 31 日

统一社会信用代码：□□□□□□□□□□□□□□□□□□（□□）
组织机构代码：□□□□□□□□□（□□）
单位详细名称（盖章）：　　　　2017 年

指标名称	计量单位	代码	指标值
甲	乙	丙	1
对应的普查表号	—	01	
对应的排放口名称/编号	—	02	
平均流量	立方米/小时	03	
年排放时间	小时	04	
二氧化硫进口浓度	毫克/立方米	05	
二氧化硫出口浓度	毫克/立方米	06	
氮氧化物进口浓度	毫克/立方米	07	
氮氧化物出口浓度	毫克/立方米	08	
颗粒物进口浓度	毫克/立方米	09	
颗粒物出口浓度	毫克/立方米	10	
挥发性有机物进口浓度	毫克/立方米	11	
挥发性有机物出口浓度	毫克/立方米	12	
氨进口浓度	毫克/立方米	13	
氨出口浓度	毫克/立方米	14	
砷及其化合物进口浓度	毫克/立方米	15	
砷及其化合物出口浓度	毫克/立方米	16	
铅及其化合物进口浓度	毫克/立方米	17	
铅及其化合物出口浓度	毫克/立方米	18	
镉及其化合物进口浓度	毫克/立方米	19	
镉及其化合物出口浓度	毫克/立方米	20	
铬及其化合物进口浓度	毫克/立方米	21	
铬及其化合物出口浓度	毫克/立方米	22	
汞及其化合物进口浓度	毫克/立方米	23	
汞及其化合物出口浓度	毫克/立方米	24	

单位负责人：　　统计负责人（审核人）：　　填表人：　　报出日期：20　年　月　日

说明：1. 仅限有自动监测数据的企业填报本表，每个排放口监测点位填报 1 张表；如需填报的排放口监测点位数量超过 1 个，可自行复印表格填报；
2. 尚未领取统一社会信用代码的填写原组织机构代码号；
3. 污染物浓度按年平均浓度填报，并按监测方法对应的有效数字填报；
4. 挥发性有机物可用非甲烷总烃等可以表征挥发性有机物的监测指标代替；
5. 监测结果为未检出的填“0”。

伴生放射性矿产企业含放射性固体物料及废物情况

表　　号：　G107 表
制定机关：　国务院第二次全国污染源普查领导小组办公室
批准机关：　国家统计局
批准文号：　国统制〔2018〕103 号
有效期至：　2019 年 12 月 31 日

统一社会信用代码：□□□□□□□□□□□□□□□□□□（□□）
组织机构代码：□□□□□□□□□（□□）
填报单位详细名称（盖章）：
曾用名：　　　　　　　　　　　　2017 年

指标名称	计量单位	代码	指标值	
甲	乙	丙	1	2
企业运行状态	—	01	□ 1 运行　2 停产　3 关闭	—
含放射性固体物料	—	—	—	—
原矿	—	—	原矿 1	原矿 2
原矿名称/代码	—	02		
原矿产生量	吨	03		
精矿	—	—	精矿 1	精矿 2
精矿名称/代码	—	04		
精矿产生量	吨	05		
含放射性固体废物	—	—	—	—
固体废物名称/代码	—	06		
固体废物产生量	吨	07		
固体废物综合利用量	吨	08		
其中：内部综合利用量	吨	09		
送外部综合利用量	吨	10		
接收外来固体废物综合利用量	吨	11		
固体废物处理处置方式名称/代码	—	12		
固体废物处理处置量	吨	13		
其中：固体废物内部处理处置量	吨	14		
固体废物送外部处理处置量	吨	15		
接收外来固体废物处理处置量	吨	16		
固体废物累计贮存量	吨	17		

单位负责人：　　　　统计负责人（审核人）：　　　　填表人：　　　　报出日期：20　年　月　日

说明：1. 本表由达到伴生放射性矿普查详查标准的企业填报；
2. 尚未领取统一社会信用代码的填写原组织机构代码号；
3. 涉及的含放射性固体物料、固体废物种类超过 2 种，可自行复印表格填报。

园区环境管理信息

表　　号：G108 表
制定机关：国务院第二次全国污染源普查领导小组办公室
批准机关：国家统计局
批准文号：国统制〔2018〕103 号
2017 年　　有效期至：2019 年 12 月 31 日

01.园区名称	
02.园区代码	
03.区划代码	□□□□□□
04.详细地址	________省（自治区、直辖市）________地（区、市、州、盟） ________县（区、市、旗）________乡（镇）
05.联系方式	联系人：　　电话号码：
06.园区边界拐点坐标	拐点 1：经度：____度____分____秒　纬度：____度____分____秒 拐点 2：经度：____度____分____秒　纬度：____度____分____秒 …… 拐点 N：经度：____度____分____秒　纬度：____度____分____秒
07.园区级别	□　1 国家级　2 省级
08.园区类型	行业类：化工□ 纺织印染□ 电镀工业□ 冶金工业□ 制药□ 制革□ 其他□ 综合类：经济技术开发区□ 高新技术产业开发区□ 海关特殊监管区□ 边境/跨境经济合作区□ 其他类型开发区□
09.批准面积	________公顷
10.批准部门	
11.批准时间	□□□□年□□月
12.企业数量	注册工业企业数量：________家　园区内实际生产的企业数量：________家
13.主导行业及占比	行业名称：　代码□□□　产值占比： 行业名称：　代码□□□　产值占比： 行业名称：　代码□□□　产值占比：
14.是否清污分流	□　1 是（选择“是”填第 15 项、第 16 项）　2 否（选择“否”只填第 16 项）
15.清水系统排水去向	排水去向类型： 受纳水体名称：　受纳水体代码：
16.污水系统排水去向	排水去向类型： 受纳水体名称：　受纳水体代码：
17.有无集中生活污水处理厂	□　1 有（选择“有”则须填 18 项）　2 无
18.集中式生活污水处理厂	名称： 统一社会信用代码：□□□□□□□□□□□□□□□□□□（□□） 尚未领取统一社会信用代码的填写原组织机构代码号：□□□□□□□□□（□□）
19.有无集中工业污水处理厂	□　1 有（选择“有”则须填 20 项）　2 无
20.集中工业污水处理厂	名称： 统一社会信用代码：□□□□□□□□□□□□□□□□□□（□□） 尚未领取统一社会信用代码的填写原组织机构代码号：□□□□□□□□□（□□） 接入的工业企业数量：________家

<table>
<tr><td>21.有无集中危险废物处置厂</td><td colspan="4">□　　1 有（选择“有”则须填第 22 项）　　2 无</td></tr>
<tr><td>22.集中危险废物处置厂</td><td colspan="4">名称：
统一社会信用代码：□□□□□□□□□□□□□□□□□□（□□）
尚未领取统一社会信用代码的填写原组织机构代码号：□□□□□□□□□（□□）</td></tr>
<tr><td>23.有无集中供热设施</td><td colspan="4">□　　1 有（选择“有”则须填第 24 项）　　2 无</td></tr>
<tr><td>24.集中供热单位</td><td colspan="4">名称：
统一社会信用代码：□□□□□□□□□□□□□□□□□□（□□）
尚未领取统一社会信用代码的填写原组织机构代码号：□□□□□□□□□（□□）
使用集中供热的企业数量：＿＿＿＿＿家</td></tr>
<tr><td>25.园区环境管理机构名称</td><td colspan="4"></td></tr>
<tr><td>26.一企一档建设</td><td colspan="4">□　　1 有　　2 无</td></tr>
<tr><td rowspan="2">27.大气环境自动监测站点（可多选）</td><td>有□</td><td>数量：
监测项目：二氧化硫□ 氮氧化物□ 颗粒物□ 其他□</td><td>是否联网</td><td>是□
否□</td></tr>
<tr><td>无□</td><td colspan="3">手工监测频次：
监测项目：二氧化硫□ 氮氧化物□ 颗粒物□ 其他□</td></tr>
<tr><td rowspan="2">28.水环境自动监测站点（可多选）</td><td>有□</td><td>数量：
监测项目：化学需氧量□ 氨氮□ 总磷□ 石油类□ 其他□</td><td>是否联网</td><td>是□
否□</td></tr>
<tr><td>无□</td><td colspan="3">手工监测频次：
监测项目：化学需氧量□ 氨氮□ 总磷□ 石油类□ 其他□</td></tr>
<tr><td>29.编制园区应急预案</td><td colspan="4">□　　1 有　　2 无</td></tr>
<tr><td>30.污染源信息公开平台</td><td colspan="4">□　　1 有　　2 无</td></tr>
</table>

单位负责人：　　统计负责人（审核人）：　　填表人：　　报出日期：20　年　月　日

说明：1. 本表由园区管理部门填报；

2. 园区涉及两个及以上县（市、区）时，填写开发区所在的地级市的区划代码和详细地址；

3. 按《国民经济行业分类》（GB/T 4754—2017）分类填写主导行业的中类名称和代码，中类行业代码为 3 位数字；

4. 填报单位需另附注册登记在园区内的全部工业企业清单，清单内容包括企业名称、统一社会信用代码或组织机构代码、生产地点是否位于园区内等信息。

规模畜禽养殖场基本情况

表　　号：N101-1 表
制定机关：国务院第二次全国污染源普查领导小组办公室
批准机关：国家统计局
批准文号：国统制〔2018〕103 号
2017 年　有效期至：2019 年 12 月 31 日

01.统一社会信用代码	□□□□□□□□□□□□□□□□□□（□□） 尚未领取统一社会信用代码的填写原组织机构代码号：□□□□□□□□□（□□）
02.养殖场名称及曾用名	养殖场名称： 曾用名：
03.法定代表人	
04.区划代码	□□□□□□□□□□□□
05.详细地址	________省（自治区、直辖市）________地（区、市、州、盟） ________县（区、市、旗）________乡（镇） ________街（村）、门牌号
06.企业地理坐标	经度：____度____分____秒　纬度：____度____分____秒
07.联系方式	联系人：　电话号码：
08.养殖种类	□ □ □ □ □　1 生猪　2 奶牛　3 肉牛　4 蛋鸡　5 肉鸡　（可多选）
09.圈舍清粪方式	□　1 人工干清粪　2 机械干清粪　3 垫草垫料　4 高床养殖　5 水冲粪　6 水泡粪
10.圈舍通风方式	□　1 封闭式　2 开放式
11.原水存储设施	设施类型 □　1 土坑　2 砖池　3 水泥池　4 贴膜防渗池 池口方式 □　1 封闭式　2 开放式　如为开放式，池口面积：____平方米 容积：____立方米
12.尿液废水处理工艺	□ □ □ □ □ □ □ □ □ □□ 1 固液分离　2 肥水贮存　3 厌氧发酵　4 好氧处理　5 液体有机肥生产　6 氧化塘处理 7 人工湿地　8 膜处理　9 无处理　10 其他（请注明）___（可多选，按工艺流程填序号）
13.尿液废水处理设施	□ □ □ □ □ □ □ □ □ 1 固液分离机　2 沼液贮存池　3 厌氧发酵池/罐　4 好氧池/曝气池　5 场内液肥生产线 6 氧化塘　7 多级沉淀池　8 膜处理装置　9 其他（请注明）________（可多选）
14.尿液废水处理利用方式及比例	□ □ □ □ □ □ □ □ □ □□ 1 肥水利用___%　2 沼液还田___%　3 场内生产液体有机肥__% 4 异位发酵床___%　5 鱼塘养殖___%　6 场区循环利用___%　7 委托处理____% 8 达标排放____%　9 直接排放___%　10 其他（请注明）________（可多选）
15.粪便存储设施	是否防雨 □　1.是　2.否　是否防渗 □　1.是　2.否　容积：____立方米
16.粪便处理工艺	□ □ □ □ □ □ 1 堆肥发酵　2 有机肥生产　3 生产沼气　4 生产垫料　5 生产基质　6 其他（请注明）___
17.粪便处理利用方式及比例	□ □ □ □ □ □ □ □ □ □□ 1 农家肥___%　2 场内生产有机肥___%　3 沼渣还田___%　4 生产牛床垫料___% 5 作为栽培基质___%　6 作为燃料___%　7 鱼塘养殖___%　8 委托处理___% 9 场外丢弃___%　10 其他（请注明）______（可多选）
18.污水排放受纳水体	受纳水体名称： 受纳水体代码：　（如无废水外排，不填）
19.养殖场是否有锅炉	□　1 是　2 否 注：选择"是"，须按照非工业企业单位锅炉污染及防治情况 S103 表填报锅炉信息

指标名称	计量单位	代码	指标值		
			饲养阶段		
甲	乙	丙	1	2	3
饲养阶段名称	—	20			
饲养阶段代码	—	21			
存栏量	头（羽）	22			
体重范围	千克/头（羽）	23			
采食量	千克/天·头（羽）	24			
饲养周期	天	25			

单位负责人：　　统计负责人（审核人）：　　填表人：　　报出日期：20　年　月　日

说明：1. 本表由辖区内规模畜禽养殖场填报；

2. 饲养阶段名称及代码：生猪分为能繁母猪（代码：Z1）、保育猪（代码：Z2）、育成育肥猪（代码：Z3）3 个阶段，奶牛分为成乳牛（代码：N1）、育成牛（代码：N2）、犊牛（代码：N3）3 个阶段，肉牛分母牛（代码：R1）、育成育肥牛（代码：R2）、犊牛（代码：R3）3 个阶段，蛋鸡分育雏育成鸡（代码：J1）和产蛋鸡（代码：J2）2 个阶段，肉鸡（代码：J3）1 个阶段。

规模畜禽养殖场养殖规模与粪污处理情况

表　　号：N101-2 表
制定机关：国务院第二次全国污染源普查领导小组办公室
批准机关：国家统计局
批准文号：国统制〔2018〕103 号
有效期至：2019 年 12 月 31 日

统一社会信用代码：□□□□□□□□□□□□□□□□□□（□□）
组织机构代码：□□□□□□□□□（□□）
养殖场名称（盖章）：　　　　　　　　　　　　　2017 年

指标名称	计量单位	代码	指标值
甲	乙	丙	1
一、生产设施	—	—	—
圈舍建筑面积	平方米	01	
二、养殖量	—	—	—
生猪（全年出栏量）	头	02	
奶牛（年末存栏量）	头	03	
肉牛（全年出栏量）	头	04	
蛋鸡（年末存栏量）	羽	05	
肉鸡（全年出栏量）	羽	06	
三、污水和粪便产生及利用情况	—	—	—
污水产生量	吨/年	07	
污水利用量	吨/年	08	
粪便收集量	吨/年	09	
粪便利用量	吨/年	10	
四、养殖场粪污利用配套农田和林地情况	—	—	—
农田面积	亩	11	
大田作物	亩	12	
其中：小麦	亩	13	
玉米	亩	14	
水稻	亩	15	
谷子	亩	16	
其他作物	亩	17	
蔬菜	亩	18	
经济作物	亩	19	
果园	亩	20	
草地面积	亩	21	
林地面积	亩	22	

单位负责人：　　　　统计负责人（审核人）：　　　　填表人：　　　　报出日期：20　年　月　日

说明：1. 本表由辖区内规模畜禽养殖场填报；
2. 尚未领取统一社会信用代码的填写原组织机构代码号；
3. 12～19 为播种面积，20～22 为种植面积。

重点区域生活源社区（行政村）燃煤使用情况

区划代码：□□□□□□□□□□□□

表　　号：S101 表

______________省（自治区、直辖市）

制定机关：国务院第二次全国污染源普查领导小组办公室

______________地（区、市、州、盟）

______________县（区、市、旗）

批准机关：国家统计局

______________街道（镇）______________社区（村）

批准文号：国统制〔2018〕103 号

（居/村民委员会盖章）　　2017 年

有效期至：2019 年 1231 日

指标名称	计量单位	代码	指标值
甲	乙	丙	1
常住人口	人	01	
使用燃煤的居民家庭户数	户	02	
居民家庭燃煤年使用量	吨	03	
其中：洁净煤年使用量	吨	04	
第三产业燃煤年使用量	吨	05	
其中：洁净煤年使用量	吨	06	
农村生物质燃料年使用量	吨	07	
农村管道燃气年使用量	立方米	08	
农村罐装液化石油气年使用量	吨	09	

单位负责人：　　统计负责人（审核人）：　　填表人：　　报出日期：20　年　月　日

说明：1. 本表由重点区域社区居民委员会或村民委员会填报，每个社区或行政村填报一份；重点区域指京津冀及周边地区，包含北京市，天津市，河北省石家庄、唐山、邯郸、邢台、保定、沧州、廊坊、衡水市以及雄安新区，山西省太原市、阳泉市、长治市、晋城市，山东省济南市、淄博市、济宁市、德州市、聊城市、滨州市、菏泽市，河南省郑州市、开封市、安阳市、鹤壁市、新乡市、焦作市、濮阳市；汾渭平原，包含山西省晋中市、运城市、临汾市、吕梁市，河南省洛阳市、三门峡市，陕西省西安市、铜川市、宝鸡市、咸阳市、渭南市以及杨凌示范区；

2. 村民委员会增加填报第 07～09 指标。

行政村生活污染基本信息

区划代码：□□□□□□□□□□□□　　表　　号：S102 表

______省（自治区、直辖市）　　制定机关：国务院第二次全国污染源普查领导小组办公室

______地（区、市、州、盟）

______县（区、市、旗）　　批准机关：国家统计局

______乡（镇）______村　　批准文号：国统制〔2018〕103 号

（村民委员会盖章）　　2017 年　　有效期至：2019 年 12 月 31 日

指标名称	计量单位	代码	指标值
甲	乙	丙	1
一、人口基本情况	—	—	—
常住户数	户	01	
常住人口	人	02	
二、住房厕所类型	—	—	—
有水冲式厕所户数	户	03	
无水冲式厕所户数	户	04	
三、人粪尿处理情况	—	—	—
综合利用或填埋的户数	户	05	
采用贮粪池抽吸后集中处理的户数	户	06	
直排入水体的户数	户	07	
直排入户用污水处理设备的户数	户	08	
经化粪池后排入下水管道的户数	户	09	
其他	户	10	
四、生活污水排放去向	—	—	—
直排入农田的户数	户	11	
直排入水体的户数	户	12	
排入户用污水处理设备的户数	户	13	
进入农村集中式处理设施的户数	户	14	
进入市政管网的户数	户	15	
其他	户	16	
五、生活垃圾处理方式	—	—	—
运转至城镇处理	户	17	
镇村范围内无害化处理	户	18	
镇村范围内简易处理	户	19	
无处理	户	20	
六、冬季家庭取暖能源使用情况	—	—	—
已完成煤改气的家庭户数	户	21	
已完成煤改电的家庭户数	户	22	
燃煤取暖的家庭户数	户	23	
安装独立土暖气（即带散热片的水暖锅炉）的家庭户数	户	24	
使用取暖炉（不带暖气片）的家庭户数	户	25	
使用火炕的家庭户数	户	26	

单位负责人：　　统计负责人（审核人）：　　填表人：　　报出日期：20　年　月　日

说明：1. 本表由行政村村民委员会填报，每个行政村填报一份，所有指标均保留整数；

2. “住房厕所类型”如某一户既有水冲式厕所，又有旱厕，按“有水冲式厕所户数”填报；无厕所的按“无水冲式厕所户数”填报；

3. “人粪尿处理情况”如某一户存在多种处理方式，按最主要的一种填报；

4. “生活污水排放去向”如某一户存在多种排放去向，按最主要的一种填报；

5. 审核关系：01=03+04=05+06+07+08+09+10=11+12+13+14+15+16=17+18+19+20。

非工业企业单位锅炉污染及防治情况

表　　号：S103 表
制定机关：国务院第二次全国污染源普查领导小组办公室
批准机关：国家统计局
批准文号：国统制〔2018〕103 号
2017 年　　有效期至：2019 年 12 月 31 日

01.统一社会信用代码	□□□□□□□□□□□□□□□□□□（□□） 尚未领取统一社会信用代码的填写原组织机构代码号：□□□□□□□□□（□□）
02.单位名称	
锅炉产权单位（选填）	
03.详细地址	＿＿＿＿省（自治区、直辖市）＿＿＿＿地（区、市、州、盟） ＿＿＿＿县（区、市、旗）＿＿＿＿乡（镇） ＿＿＿＿街（村）、门牌号：
04.联系方式	联系人：　　　　电话号码：
05.地理坐标	经度：＿＿度＿＿分＿＿秒　纬度：＿＿度＿＿分＿＿秒
06.拥有锅炉数量	□□台

锅炉污染及防治情况

指标名称	计量单位	代码	锅炉 1	锅炉 2	……
甲	乙	丙	1	2	3
一、锅炉基本信息	—	—	—	—	—
锅炉用途	—	07			
锅炉投运年份	—	08			
锅炉编号	—	09			
锅炉型号	—	10			
锅炉类型	—	11			
额定出力	吨/小时	12			
锅炉燃烧方式	—	13			
年运行时间	月	14			
二、锅炉运行情况	—	—	—	—	—
燃料煤类型	—	15			
燃料煤消耗量	吨	16			
燃料煤平均含硫量	%	17			
燃料煤平均灰分	%	18			
燃料煤平均干燥无灰基挥发分	%	19			
燃油类型	—	20			
燃油消耗量	吨	21			
燃油平均含硫量	%	22			
燃气类型	—	23			
燃料气消耗量	立方米	24			
生物质燃料类型	—	25			
生物质燃料消耗量	吨	26			

指标名称	计量单位	代码	锅炉 1	锅炉 2	……
甲	乙	丙	1	2	3
三、锅炉治理设施	—	—	—	—	—
除尘设施编号	—	27			
除尘工艺名称	—	28			
脱硫设施编号	—	29			
脱硫工艺名称	—	30			
脱硝设施编号	—	31			
脱硝工艺名称	—	32			
在线监测设施安装情况	—	33			
排气筒编号	—	34			
排气筒高度	米	35			
粉煤灰、炉渣等固废去向	—	36			
四、污染物情况	—	—	—	—	—
颗粒物产生量	吨	37			
颗粒物排放量	吨	38			
二氧化硫产生量	吨	39			
二氧化硫排放量	吨	40			
氮氧化物产生量	吨	41			
氮氧化物排放量	吨	42			
挥发性有机物产生量	千克	43			
挥发性有机物排放量	千克	44			

单位负责人：　　　　统计负责人（审核人）：　　　　填表人：　　　　报出日期：20　年　月　日

说明：本表由拥有或实际使用锅炉的非工业企业单位填报。

入河（海）排污口情况

表　　号：S104 表
制定机关：国务院第二次全国污染源普查领导小组办公室
批准机关：国家统计局
批准文号：国统制〔2018〕103 号
2017 年　　有效期至：2019 年 12 月 31 日

01.排污口名称	
02.排污口编码	□□□□□□□□□□□
03.所在地区区划代码	□□□□□□□□□□□□□□□
04.排污口类别	□　1 入河排污口　2 入海排污口
05.地理坐标	经度：____度____分______秒　纬度：____度____分______秒
06.设置单位	
07.排污口规模	□　1 规模以上　2 规模以下
08.排污口类型	□　1 工业废水排污口　2 生活污水排污口　3 混合污废水排污口　4 其他______
09.入河（海）方式	□　1 明渠　2 暗管　3 泵站　4 涵闸　5 其他______
10.受纳水体	受纳水体名称：　受纳水体代码：

单位负责人：　统计负责人（审核人）：　填表人：　报出日期：20　年　月　日

说明：本表由县级或以上普查机构组织填报，统计范围为市区、县城和镇区范围内所有入河（海）排污口。

入河（海）排污口水质监测数据

表　　号：S105 表
制定机关：国务院第二次全国污染源普查领导小组办公室
批准机关：国家统计局
批准文号：国统制〔2018〕103 号
有效期至：2019 年 12 月 31 日

排污口名称：
排污口编码：□□□□□□□□□□
填报单位名称（盖章）：　　2017 年

指标名称	计量单位	代码	已有监测结果						补充监测结果					
			枯水期			丰水期			枯水期			丰水期		
甲	乙	丙	1	2	3	1	2	3	1	2	3	1	2	3
监测时间	—	01												
污水排放流量	立方米/小时	02												
化学需氧量浓度	毫克/升	03												
五日生化需氧量浓度	毫克/升	04												
氨氮浓度	毫克/升	05												
总氮浓度	毫克/升	06												
总磷浓度	毫克/升	07												
动植物油浓度	毫克/升	08												
其他	毫克/升	09												

单位负责人：　　统计负责人（审核人）：　　填表人：　　报出日期：20　年　月　日

说明：1. 本表由县级或以上普查机构组织填报；
2. 枯水期和丰水期每次采样的监测结果应在相应水期的 1、2、3 列中填写；
3. 第 02 项保留 1 位小数，第 03～09 指标按监测分析方法对应的有效数字填报；
4. 审核关系：05≤06。

生活源农村居民能源使用情况抽样调查

表　　号：S106 表
制定机关：国务院第二次全国污染源普查领导小组办公室
批准机关：国家统计局
批准文号：国统制〔2018〕103 号
有效期至：2019 年 12 月 31 日

区划代码：□□□□□□□□□□□□
________省（自治区、直辖市）
________地（区、市、州、盟）
________县（区、市、旗）
________乡（镇）________村　　2017 年

一、家庭成员基本情况	
01.户主姓名	
02.联系电话	
03.详细住址	________省（自治区、直辖市）________地（区、市、州、盟） ________县（区、市、旗）________乡（镇） ________街（村）、门牌号
04.户主户籍	□　1 在本乡镇　2 不在本乡镇
05.住户成员人数	________人
06.常住月数	________月
二、家庭住房及生活情况	
07.全年收入	________元
08.全年电费开支	________元
09.全年买煤开支	________元
10.全年管道煤气/天然气开支	________元
11.管道煤气/天然气价格	________元/立方米
12.住房面积	________平方米
13.房屋数量	________间
14.住房结构	□　1 钢筋混凝土　2 砖混　3 砖（石）木　4 竹草土坯　5 其他
15.屋顶材料	□　1 瓦　2 草　3 石板　4 混凝土　5 其他
16.家用电器（多选）	1 洗衣机 □　2 冰柜 □　3 电冰箱 □　4 电视 □　5 空调 □ 6 电饭锅 □　7 电脑 □　8 电磁炉 □　9 微波炉 □　10 电灯 □ 11 电暖器 □　12 电扇 □　13 电热毯 □　14 电水壶 □
17.沼气池	□　1 无　2 有，但不使用沼气　3 有，使用沼气
18.年液化气用量	________罐
19.年燃煤用量	________公斤
20.年蜂窝煤用量	________块
21.年颗粒/压块燃料用量	________公斤
22.燃煤类型	□　1 无烟煤　2 烟煤　3 褐煤　4 泥煤
三、家庭炉灶和取暖情况	
23.炉灶个数	________个
24.集中供暖（单位锅炉）	□　1 是　2 否
25.土暖气燃料	□　1 燃煤　2 蜂窝煤　3 劈柴　4 树枝
26.土暖气燃料用量	________公斤
27.土暖气年使用时间	________月
28.不带暖气片取暖炉燃料	□　1 秸秆　2 玉米芯　3 劈柴　4 颗粒/压块燃料 5 树枝　6 燃煤　7 蜂窝煤　8 牛羊粪
29.不带暖气片取暖炉燃料用量	________公斤

30.不带暖气片取暖炉年使用时间	________月
31.火盆（火塘）燃料	□ 1 秸秆 2 玉米芯 3 劈柴 4 颗粒/压块燃料 5 树枝 6 燃煤 7 蜂窝煤 8 牛羊粪
32.火盆（火塘）燃料用量	________公斤
33.火盆（火塘）年使用时间	________月
四、非取暖燃料使用情况	
34.做饭燃料（多选）	1 电饭锅 □ 2 电磁炉 □ 3 秸秆 □ 4 玉米芯 □ 5 劈柴 □ 6 树枝 □ 7 草 □ 8 牛羊粪 □ 9 燃煤 □ 10 蜂窝煤 □ 11 沼气 □ 12 液化气 □ 13 管道天然气 □ 14 管道煤气 □ 15 颗粒/压块燃料 □
35.做饭燃料年使用时间	________月
36.热牲畜饲料燃料（多选）	1 不热牲畜饲料 □ 2 秸秆 □ 3 玉米芯 □ 4 劈柴 □ 5 树枝 □ 6 草 □ 7 燃煤 □ 8 蜂窝煤 □ 9 牛羊粪 □
37.秸秆来源（多选）	1 无秸秆 □ 2 玉米 □ 3 小麦 □ 4 水稻 □ 5 大豆 □ 6 棉花 □ 7 芝麻 □ 8 其他 □
38.蜂窝煤来源	□ 1 自制 2 购买

被访问者： 联系电话： 调查员： 日期：20 年 月 日

说明：本表由抽样调查单位组织填报。

集中式污水处理厂基本情况

表　　号：　J101-1 表
制定机关：　国务院第二次全国污染源普查领导小组办公室
批准机关：　国家统计局
批准文号：　国统制〔2018〕103 号
2017 年　　有效期至：　2019 年 12 月 31 日

01.统一社会信用代码	□□□□□□□□□□□□□□□□□□（□□） 尚未领取统一社会信用代码的填写原组织机构代码号：□□□□□□□□□（□□）
02.单位详细名称	
03.运营单位名称	
04.法定代表人	
05.区划代码	□□□□□□□□□□□□
06.详细地址	________省（自治区、直辖市）________地（区、市、州、盟） ________县（区、市、旗）________乡（镇） ________街（村）、门牌号
07.企业地理坐标	经度：____度____分____秒　纬度：____度____分____秒
08.联系方式	联系人：　　　　电话号码：
09.污水处理设施类型	□ 1 城镇污水处理厂　　2 工业污水集中处理厂 3 农村集中式污水处理设施　　4 其他污水处理设施
10.建成时间	□□□□年□□月
11.污水处理方法（1） 污水处理方法（2） 污水处理方法（3）	名称：　　代码：□□□□ 名称：　　代码：□□□□ 名称：　　代码：□□□□
12.排水去向类型	□
13.排水进入环境的地理坐标	经度：____度____分____秒　纬度：____度____分____秒
14.受纳水体	名称：　　代码：
15.是否安装在线监测（未安装不填）	进口（多选）□ □ □ □ □ □ 1 流量　2 化学需氧量　3 氨氮　4 总氮　5 总磷　6 重金属 出口（多选）□ □ □ □ □ □ 1 流量　2 化学需氧量　3 氨氮　4 总氮　5 总磷　6 重金属
16.有无再生水处理工艺	□　1 有　2 无（选择"有"，须填报 J101-2 表第 06～09 项指标）
17.污泥稳定化处理（自建）	□　1 有　2 无
其中：污泥厌氧消化装置	□　1 有　2 无（选择"有"，须填报 J101-2 表第 11、12 指标）
18.污泥稳定化处理方法	□ 1 一级厌氧　2 二级厌氧　3 好氧消化　4 堆肥　5 其他
19.厂区内是否有锅炉	□　1 有　2 无 （选择"有"，须按照非工业企业单位锅炉污染及防治情况 S103 表填报锅炉信息）

单位负责人：　　统计负责人（审核人）：　　填表人：　　报出日期：20　年　月　日

说明：1. 本表由辖区内城镇污水处理厂，工业污水集中处理厂，农村集中式污水处理设施和其他污水处理设施填报；
2. 排水去向类型为 A、B、F、G、K 中任何一种，须填写指标 13 和 14，其他排水去向类型的不填指标 13 和 14；
3. 再生水处理工艺指为满足再生水使用要求而建设的深度处理工艺，一般指在二级处理后再增加的处理工艺。

集中式污水处理厂运行情况

表　　号：　J101-2 表
制定机关：　国务院第二次全国污染源普查领导小组办公室
批准机关：　国家统计局
批准文号：　国统制〔2018〕103 号
有效期至：　2019 年 12 月 31 日

统一社会信用代码：□□□□□□□□□□□□□□□□□□□□（□□）
组织机构代码：□□□□□□□□□（□□）
单位详细名称（盖章）：
运营单位名称：　　　　　　　　2017 年

指标名称	计量单位	代码	指标值
甲	乙	丙	1
年运行天数	天	01	
用电量	万千瓦时	02	
设计污水处理能力	立方米/日	03	
污水实际处理量	万立方米	04	
其中：处理的生活污水量	万立方米	05	
再生水量	万立方米	06	
其中：工业用水量	万立方米	07	
市政用水量	万立方米	08	
景观用水量	万立方米	09	
干污泥产生量	吨	10	
污泥厌氧消化装置产气量（有厌氧装置的填报）	立方米	11	
污泥厌氧消化装置产气利用方式	—	12	□ 1 供热　2 发电　3 其他
干污泥处置量	吨	13	
自行处置量	吨	14	
其中：土地利用量	吨	15	
填埋处置量	吨	16	
建筑材料利用量	吨	17	
焚烧处置量	吨	18	
送外单位处置量	吨	19	

单位负责人：　　　　统计负责人（审核人）：　　　　填表人：　　　　报出日期：20　年　月　日

说明：1. 本表由辖区内城镇污水处理厂，工业污水集中处理厂，农村集中式污水处理设施和其他污水处理设施填报；
2. 尚未领取统一社会信用代码的填写原组织机构代码号；
3. 污水实际处理量中如无法确定处理的生活污水量，则按污水处理厂设计建设时生活污水所占比例折算；
4. 审核关系：04≥05，06≥07+08+09，10≥13，13=14+19，14=15+16+17+18。

集中式污水处理厂污水监测数据

表　　号：　J101-3 表
制定机关：　国务院第二次全国污染源普查领导小组办公室
批准机关：　国家统计局
批准文号：　国统制〔2018〕103 号
有效期至：　2019 年 12 月 31 日

统一社会信用代码：□□□□□□□□□□□□□□□□□□□□（□□）
组织机构代码：□□□□□□□□□（□□）
单位详细名称（盖章）：
废水排放口编号：□□□□□　　2017 年

指标名称	计量单位	代码	监测方式	年平均值	最大月均值	最小月均值
甲	乙	丙	1	2	3	4
排水流量	立方米/时	01	□			
化学需氧量进口浓度	毫克/升	02	□			
化学需氧量排口浓度	毫克/升	03	□			
生化需氧量进口浓度	毫克/升	04	□			
生化需氧量排口浓度	毫克/升	05	□			
动植物油进口浓度	毫克/升	06	□			
动植物油排口浓度	毫克/升	07	□			
总氮进口浓度	毫克/升	08	□			
总氮排口浓度	毫克/升	09	□			
氨氮进口浓度	毫克/升	10	□			
氨氮排口浓度	毫克/升	11	□			
总磷进口浓度	毫克/升	12	□			
总磷排口浓度	毫克/升	13	□			
挥发酚进口浓度	毫克/升	14	□			
挥发酚排口浓度	毫克/升	15	□			
氰化物进口浓度	毫克/升	16	□			
氰化物排口浓度	毫克/升	17	□			
总砷进口浓度	毫克/升	18	□			
总砷排口浓度	毫克/升	19	□			
总铅进口浓度	毫克/升	20	□			
总铅排口浓度	毫克/升	21	□			
总镉进口浓度	毫克/升	22	□			
总镉排口浓度	毫克/升	23	□			
总铬进口浓度	毫克/升	24	□			
总铬排口浓度	毫克/升	25	□			
六价铬进口浓度	毫克/升	26	□			
六价铬排口浓度	毫克/升	27	□			
总汞进口浓度	毫克/升	28	□			
总汞排口浓度	毫克/升	29	□			

单位负责人：　　统计负责人（审核人）：　　填表人：　　报出日期：20　年　月　日

说明：1. 本表由辖区内城镇污水处理厂，工业污水集中处理厂，农村集中式污水处理设施和其他污水处理设施填报；
2. 尚未领取统一社会信用代码的填写原组织机构代码号；
3. 开展监测的单位须填报本表，如果部分项目开展监测，只填报监测项目，未监测的项目不填；
4. 普查对象若有多个排放口，则按不同排放口分别填报，排放口编号的编制方法见指标解释；如所有排放口都对应同 1 个进水口，则只在 1 号排放口普查表中填写进水浓度，其他排放口表不再填写；
5. 污染物浓度按监测方法对应的有效数字填报；
6. 监测方式：指获取监测数据的监测活动方式，按（1）在线监测，（2）企业自测（手工），（3）委托监测，（4）监督监测，将代码填入表格内。

生活垃圾集中处置场（厂）基本情况

表　　号：J102-1 表
制定机关：国务院第二次全国污染源普查领导小组办公室
批准机关：国家统计局
批准文号：国统制〔2018〕103 号
2017 年　有效期至：2019 年 12 月 31 日

01.统一社会信用代码		□□□□□□□□□□□□□□□□□□（□□） 尚未领取统一社会信用代码的填写原组织机构代码号：□□□□□□□□□（□□）	
02.单位详细名称			
03.法定代表人			
04.区划代码		□□□□□□□□□□□□	
05.详细地址		＿＿＿省（自治区、直辖市）＿＿＿地（区、市、州、盟） ＿＿＿县（区、市、旗）＿＿＿乡（镇） ＿＿＿街（村）、门牌号	
06.企业地理坐标		经度：＿＿度＿＿分＿＿秒　纬度：＿＿度＿＿分＿＿秒	
07.联系方式		联系人：　电话号码：	
08.建成时间		□□□□年□□月	
09.垃圾处理厂类型		□　1 生活垃圾处理厂　2（单独）餐厨垃圾集中处理厂	
10.垃圾处理方式		□ □ □ □ □ □ □（可多选） 1 填埋　2 焚烧　3 焚烧发电　4 堆肥　5 厌氧发酵　6 生物分解　7 其他方式	
11.垃圾填埋场水平防渗		□　1 有　2 无	
12.排水去向类型		□	
13.受纳水体		名称：　代码：	
14.排水进入环境的地理坐标		经度：＿＿度＿＿分＿＿秒　纬度：＿＿度＿＿分＿＿秒	
15.焚烧废气排放口	排放口编号	排放口一　□□□□□	排放口二　□□□□□
	排放口地理坐标	经度：＿＿度＿＿分＿＿秒 纬度：＿＿度＿＿分＿＿秒	经度：＿＿度＿＿分＿＿秒 纬度：＿＿度＿＿分＿＿秒
	是否安装在线监测（多选）	□ □ □ 1 二氧化硫　2 氮氧化物　3 颗粒物	□ □ □ 1 二氧化硫　2 氮氧化物　3 颗粒物
	烟囱高度与直径（米）	高度： 直径：	高度： 直径：
16.废气处理方法		焚烧炉一 除尘方法名称：　代码：□□□ 脱硫方法名称：　代码：□□□ 脱硝方法名称：　代码：□□□ 焚烧炉二 ……	焚烧炉一 除尘方法名称：　代码：□□□ 脱硫方法名称：　代码：□□□ 脱硝方法名称：　代码：□□□ 焚烧炉二 ……

单位负责人：　统计负责人（审核人）：　填表人：　报出日期：20　年　月　日

说明：1. 本表由辖区内生活垃圾填埋场、生活垃圾焚烧厂、垃圾堆肥厂以及其他处理方式集中处理生活垃圾和餐厨垃圾的单位填报；
2. 排水去向类型为 A、B、F、G、K 中任何一种，需填报指标 13 和 14，其他排水去向类型的不填；
3. 普查对象若有多个废气排放口，且已申领排污许可证，则按排污许可证上的排放口编号填写，未领排污许可证的，排放口编号的编制方法见指标解释；
4. 一个废气排放口如对应多个焚烧炉，且每个焚烧炉都安装了废气治理设施，则分别填报。

生活垃圾集中处置场（厂）运行情况

表　　号：　J102-2 表
制定机关：　国务院第二次全国污染源普查领导小组办公室
批准机关：　国家统计局
批准文号：　国统制〔2018〕103 号
有效期至：　2019 年 12 月 31 日

统一社会信用代码：□□□□□□□□□□□□□□□□□□（□□）
组织机构代码：□□□□□□□□□（□□）
单位详细名称（盖章）：
运营单位名称：　　　　2017 年

指标名称	计量单位	代码	指标值
甲	乙	丙	1
年运行天数	天	01	
本年实际处理量	万吨	02	
一、填埋方式（有填埋方式的填报）	—	—	—
设计容量	万立方米	03	
已填容量	万吨	04	
正在填埋作业区面积	万平方米	05	
已使用黏土覆盖区面积	万平方米	06	
已使用塑料土工膜覆盖区面积	万平方米	07	
本年实际填埋量	万吨	08	
二、堆肥处置方式（有堆肥处置方式的填报）	—	—	—
设计处理能力	吨/日	09	
本年实际堆肥量	万吨	10	
渗滤液收集系统	—	11	□　1 有　2 无
三、焚烧处置方式（有焚烧方式的填报）	—	—	—
设施数量	台	12	
其中：炉排炉	台	13	
流化床	台	14	
固定床（含热解炉）	台	15	
旋转炉	台	16	
其他	台	17	
设计焚烧处理能力	吨/日	18	
本年实际焚烧处理量	万吨	19	
助燃剂使用情况	—	20	□　1 煤炭　2 燃料油　3 天然气
煤炭消耗量	吨	21	
燃料油消耗量（不含车船用）	吨	22	
天然气消耗量	万立方米	23	
废气设计处理能力	立方米/时	24	
炉渣产生量	吨	25	
炉渣处置方式	—	26	□
炉渣处置量	吨	27	
炉渣综合利用量	吨	28	
焚烧飞灰产生量	吨	29	
焚烧飞灰处置量	吨	30	
焚烧飞灰综合利用量	吨	31	
四、厌氧发酵处置方式（有餐厨垃圾处理的填报）	—	—	—
设计处理能力	吨/日	32	

指标名称	计量单位	代码	指标值
甲	乙	丙	1
本年实际处置量	万吨	33	
五、生物分解处置方式（有餐厨垃圾处理的填报）	—	—	—
设计处理能力	吨/日	34	
本年实际处置量	万吨	35	
六、其他方式	—	—	—
设计处理能力	吨/日	36	
本年实际处置量	万吨	37	
七、全场（厂）废水（含渗滤液）产生及处理情况	—	—	—
废水（含渗滤液）产生量	立方米	38	
废水处理方式	—	39	□ 1 自行处理（须填 40～45 项） 2 委托其他单位处理（不填 40～45 项） 3 直接回喷至填埋场（不填 40～45 项） 4 直接排放（不填 40～45 项）
废水设计处理能力	立方米/日	40	
废水处理方法	—	41	名称： 代码：□□□□
废水实际处理量	立方米	42	
废水实际排放量	立方米	43	
渗滤液膜浓缩液产生量	立方米	44	
渗滤液膜浓缩液处理方法	—	45	□ 1 混凝法 2 吸附法 3 芬顿试剂法 4 回流（回灌） 5 其他

单位负责人： 统计负责人（审核人）： 填表人： 报出日期：20 年 月 日

说明：1. 本表由辖区内生活垃圾填埋场、生活垃圾焚烧厂、垃圾堆肥厂以及其他处理方式集中处理生活垃圾和餐厨垃圾的单位填报；

2. 尚未领取统一社会信用代码的填写原组织机构代码号；

3. 废水处理方式为“委托其他单位处理”的，不填报 J104-1 表和 J104-3 表中水污染物排放指标；

4. 炉渣处置方式：A 按照危险废物填埋，B 按照一般工业固体废物填埋，C 按照生活垃圾填埋，D 简易填埋，不符合国家标准的填埋设施，E 堆放（堆置），未采取工程措施的填埋设施；

5. 审核关系：02=08+10+19+37，12=13+14+15+16+17。

危险废物集中处置厂基本情况

表　　号：　J103-1 表
制定机关：　国务院第二次全国污染源普查领导小组办公室
批准机关：　国家统计局
批准文号：　国统制〔2018〕103 号
2017 年　　有效期至：　2019 年 12 月 31 日

01.统一社会信用代码		□□□□□□□□□□□□□□□□□□□□□□□（□□） 尚未领取统一社会信用代码的填写原组织机构代码号：□□□□□□□□□□（□□）	
02.单位详细名称			
03.经营许可证证书编号			
04.法定代表人			
05.区划代码		□□□□□□□□□□□□□□	
06.详细地址		＿＿省（自治区、直辖市）＿＿地（区、市、州、盟） ＿＿县（区、市、旗）＿＿乡（镇） ＿＿街（村）、门牌号	
07.企业地理坐标		经度：＿＿度＿＿分＿＿秒　纬度：＿＿度＿＿分＿＿秒	
08.联系方式		联系人：　　电话号码：	
09.建成时间		□□□□年□□月	
10.集中处理厂类型		□ 1 危险废物集中处置厂　2（单独）医疗废物集中处置厂　3 其他企业协同处置	
11.危险废物利用处置方式（可多选）		□ □ □ □ □ 1 综合利用　2 填埋　3 物理化学处理　4 焚烧　5 其他	
12.排水去向类型			
13.受纳水体		名称：　　代码：	
14.排水进入环境的地理坐标		经度：＿＿度＿＿分＿＿秒　纬度：＿＿度＿＿分＿＿秒	
15.废水排口安装的在线监测设备（多选）		□ □ □ □ □ 1 流量　2 化学需氧量　3 氨氮　4 总氮　5 总磷	
16.废气排放口	排放口编号	排放口一　□□□□□	排放口二　□□□□□
	地理坐标	经度：＿＿度＿＿分＿＿秒 纬度：＿＿度＿＿分＿＿秒	经度：＿＿度＿＿分＿＿秒 纬度：＿＿度＿＿分＿＿秒
	烟囱高度与直径（米）	高度： 直径：	高度： 直径：
	安装的在线监测设备（多选）	□ □ □ 1 二氧化硫　2 氮氧化物　3 颗粒物	□ □ □ 1 二氧化硫　2 氮氧化物　3 颗粒物
17.废气处理方法		焚烧炉一 除尘方法名称：　代码：□□□ 脱硫方法名称：　代码：□□□ 脱硝方法名称：　代码：□□□ 焚烧炉二 ……	焚烧炉一 除尘方法名称：　代码：□□□ 脱硫方法名称：　代码：□□□ 脱硝方法名称：　代码：□□□ 焚烧炉二 ……

单位负责人：　　统计负责人（审核人）：　　填表人：　　报出日期：20　年　月　日

说明：1. 本表由辖区内危险废物集中处理处置厂、医疗废物集中处理处置厂、协同处置危险废物的企业填报；
2. 排水去向类型为 A、B、F、G、K 中任何一种，需填报指标 13 和 14，其他排水去向类型的不填；
3. 普查对象若有多个废气排放口，且已申领排污许可证的，则按排污许可证上的排放口编号填写，未领排污许可证的，排放口编号的编制方法见指标解释；
4. 一个废气排放口如对应多个焚烧炉，且每个焚烧炉都安装了废气治理设施的，则分别填报。

危险废物集中处置厂运行情况

表　　号：J103-2 表
制定机关：国务院第二次全国污染源普查领导小组办公室
批准机关：国家统计局
批准文号：国统制〔2018〕103 号
有效期至：2019 年 12 月 31 日

统一社会信用代码：□□□□□□□□□□□□□□□□□□（□□）
组织机构代码：□□□□□□□□□（□□）
单位详细名称（盖章）：
运营单位名称：　　　　　　　　　　2017 年

指标名称	计量单位	代码	指标值		
甲	乙	丙	1		
本年运行天数	天	01			
一、危险废物主要利用/处置情况	—	—	—		
危险废物接收量	吨	02			
设计处置利用能力	吨/年	03			
处置利用总量	吨	04			
其中：处置工业危险废物量	吨	05			
处置医疗废物量	吨	06			
处置其他危险废物量	吨	07			
综合利用危险废物量	吨	08			
二、综合利用方式（有综合利用方式的填报）	—	—	—		
设计综合利用能力	吨/年	09			
实际利用量	吨	10			
综合利用方式（可多选，最多选 3 项）	—	11	□□□	□□□	□□□
三、填埋方式（有填埋方式的填报）	—		—		
设计容量	立方米	12			
已填容量	立方米	13			
设计处置能力	吨/年	14			
实际填埋处置量	吨	15			
四、物理化学处置方式（不包括填埋或焚烧前的预处理）	—	—	—		
设计处置能力	吨/年	16			
实际处置量	吨	17			
五、焚烧方式（有焚烧方式的填报）	—	—	—		
设施数量	台	18			
其中：炉排炉	台	19			
流化床	台	20			
固定床（含热解炉）	台	21			
旋转炉	台	22			
其他	台	23			
设计焚烧处置能力	吨/年	24			
实际焚烧处置量	吨	25			
使用的助燃剂种类	—	26	□　1 煤炭	2 燃料油	3 天然气
煤炭消耗量	吨	27			
燃料油消耗量（不含车船用）	吨	28			

指标名称	计量单位	代码	指标值
甲	乙	丙	1
天然气消耗量	万立方米	29	
废气设计处理能力	立方米/时	30	
焚烧残渣产生量	吨	31	
焚烧残渣填埋处置量	吨	32	
焚烧飞灰产生量	吨	33	
焚烧飞灰填埋处置量	吨	34	
六、医疗废物主要处置情况（有医疗废物处置方式的填报）	—	—	—
医疗废物处置方式	—	35	□ 1 焚烧　2 高温蒸汽处理　3 化学消毒处理 4 微波消毒处理　5 其他处置
医疗废物设计处置能力	吨/年	36	
其中：焚烧设计处置能力	吨/年	37	
实际处置医疗废物量	吨	38	
七、废水产生及处理情况	—	—	—
废水处理方法	—	39	名称：　代码：□□□□
废水设计处理能力	立方米/日	40	
废水产生量	立方米	41	
实际处理废水量	立方米	42	
废水排放量	立方米	43	

单位负责人：　统计负责人（审核人）：　填表人：　报出日期：20　年　月　日

说明：1. 本表由辖区内危险废物集中处理处置厂、医疗废物集中处理处置厂、协同处置危险废物的企业填报；

2. 尚未领取统一社会信用代码的填写原组织机构代码号；

3. 审核关系：04=05+06+07+08，08=10，18=19+20+21+22+23。

生活垃圾/危险废物集中处置厂（场）废水监测数据

表　　号：　J104-1 表
制定机关：　国务院第二次全国污染源普查领导小组办公室
批准机关：　国家统计局
批准文号：　国统制〔2018〕103 号
有效期至：　2019 年 12 月 31 日

统一社会信用代码：□□□□□□□□□□□□□□□□□□（□□）
组织机构代码：□□□□□□□□□（□□）
单位详细名称（盖章）：
废水排放口编号：□□□□□　　2017 年

指标名称	计量单位	代码	监测方式	指标值
甲	乙	丙	1	2
废水（含渗滤液）流量	立方米/天	01	□	
化学需氧量进口浓度	毫克/升	02	□	
化学需氧量排口浓度	毫克/升	03	□	
生化需氧量进口浓度	毫克/升	04	□	
生化需氧量排口浓度	毫克/升	05	□	
动植物油进口浓度	毫克/升	06	□	
动植物油排口浓度	毫克/升	07	□	
总氮进口浓度	毫克/升	08	□	
总氮排口浓度	毫克/升	09	□	
氨氮进口浓度	毫克/升	10	□	
氨氮排口浓度	毫克/升	11	□	
总磷进口浓度	毫克/升	12	□	
总磷排口浓度	毫克/升	13	□	
挥发酚进口浓度	毫克/升	14	□	
挥发酚排口浓度	毫克/升	15	□	
氰化物进口浓度	毫克/升	16	□	
氰化物排口浓度	毫克/升	17	□	
总砷进口浓度	毫克/升	18	□	
总砷排口浓度	毫克/升	19	□	
总铅进口浓度	毫克/升	20	□	
总铅排口浓度	毫克/升	21	□	
总镉进口浓度	毫克/升	22	□	
总镉排口浓度	毫克/升	23	□	
总铬进口浓度	毫克/升	24	□	
总铬排口浓度	毫克/升	25	□	
六价铬进口浓度	毫克/升	26	□	
六价铬排口浓度	毫克/升	27	□	
总汞进口浓度	毫克/升	28	□	
总汞排口浓度	毫克/升	29	□	

单位负责人：　　统计负责人（审核人）：　　填表人：　　报出日期：20　年　月　日

说明：1. 本表由辖区内生活垃圾集中处理处置设施和危险废物集中处理处置厂、医疗废物集中处理处置厂的企业填报；
2. 尚未领取统一社会信用代码的填写原组织机构代码号；
3. 采用监测数据计算污染物排放量的单位填报本表，如果部分项目监测，只填报监测项目，未监测的项目不填；
4. 普查对象若有多个排放口，则按不同排放口分别填报，排放口编号的编制方法见指标解释；
5. 污染物浓度按年平均浓度填报并按监测方法对应的有效数字填报；
6. 监测方式：指获取监测数据的监测活动方式，按（1）在线监测，（2）企业自测（手工），（3）委托监测，（4）监督监测，将代码填入表格内。

生活垃圾/危险废物集中处置厂（场）焚烧废气监测数据

表　　号：J104-2 表
制定机关：国务院第二次全国污染源普查领导小组办公室
批准机关：国家统计局
批准文号：国统制〔2018〕103 号
有效期至：2019 年 12 月 31 日

统一社会信用代码：□□□□□□□□□□□□□□□□□□（□□）
组织机构代码：□□□□□□□□□（□□）
单位详细名称（盖章）：
废气排放口编号：□□□□□　　2017 年

指标名称	计量单位	代码	监测方式	指标值
甲	乙	丙	1	2
焚烧废气流量	立方米/时	01	□	
年排放时间	小时	02	□	
二氧化硫浓度	毫克/立方米	03	□	
氮氧化物浓度	毫克/立方米	04	□	
颗粒物浓度	毫克/立方米	05	□	
砷及其化合物浓度	毫克/立方米	06	□	
铅及其化合物浓度	毫克/立方米	07	□	
镉及其化合物浓度	毫克/立方米	08	□	
铬及其化合物浓度	毫克/立方米	09	□	
汞及其化合物浓度	毫克/立方米	10	□	

单位负责人：　　统计负责人（审核人）：　　填表人：　　报出日期：20　年　月　日

说明：1. 本表由辖区内生活垃圾集中处理处置设施和危险废物集中处理处置厂、医疗废物集中处理处置厂的企业填报；
2. 尚未领取统一社会信用代码的填写原组织机构代码号；
3. 采用监测数据计算污染物排放量的单位填报本表，未使用监测数据的单位不填报；如果部分项目监测，只填报监测项目，未监测的项目不填；
4. 普查对象若有多个排放口，则按不同排放口分别填报；排放口编号的编制方法见指标解释；
5. 污染物浓度按年平均浓度填报并按监测方法对应的有效数字填报；废气流量保留整数，污染物浓度按监测方法对应的有效数字填报；
6. 监测方式：指获取监测数据的监测活动方式，按（1）在线监测，（2）企业自测（手工），（3）委托监测，（4）监督监测，将代码填入表格内。

生活垃圾/危险废物集中处置厂（场）污染物排放量

表　　号：　J104-3 表
制定机关：　国务院第二次全国污染源普查领导小组办公室
批准机关：　国家统计局
批准文号：　国统制〔2018〕103 号
有效期至：　2019 年 12 月 31 日

统一社会信用代码：□□□□□□□□□□□□□□□□□□（□□）
组织机构代码：□□□□□□□□□（□□）
单位详细名称（盖章）：　　　　2017 年

指标名称	计量单位	代码	数据来源	指标值
甲	乙	丙	1	2
一、废水主要污染物	—	—	—	—
化学需氧量产生量	吨	01	□	
化学需氧量排放量	吨	02	□	
生化需氧量产生量	吨	03	□	
生化需氧量排放量	吨	04	□	
动植物油产生量	吨	05	□	
动植物油排放量	吨	06	□	
总氮产生量	吨	07	□	
总氮排放量	吨	08	□	
氨氮产生量	吨	09	□	
氨氮排放量	吨	10	□	
总磷产生量	吨	11	□	
总磷排放量	吨	12	□	
挥发酚产生量	千克	13	□	
挥发酚排放量	千克	14	□	
氰化物产生量	千克	15	□	
氰化物排放量	千克	16	□	
砷产生量	千克	17	□	
砷排放量	千克	18	□	
铅产生量	千克	19	□	
铅排放量	千克	20	□	
镉产生量	千克	21	□	
镉排放量	千克	22	□	
总铬产生量	千克	23	□	
总铬排放量	千克	24	□	
六价铬产生量	千克	25	□	
六价铬排放量	千克	26	□	
汞产生量	千克	27	□	
汞排放量	千克	28	□	
二、焚烧废气主要污染物	—	—	—	—
焚烧废气排放量	立方米	29	□	
二氧化硫排放量	千克	30	□	
氮氧化物排放量	千克	31	□	
颗粒物排放量	千克	32	□	

指标名称	计量单位	代码	数据来源	指标值
甲	乙	丙	1	2
砷及其化合物排放量	千克	33	□	
铅及其化合物排放量	千克	34	□	
镉及其化合物排放量	千克	35	□	
铬及其化合物排放量	千克	36	□	
汞及其化合物排放量	千克	37	□	

单位负责人：　　统计负责人（审核人）：　　填表人：　　报出日期：20　年　月　日

说明：1. 本表由辖区内生活垃圾集中处理处置设施和危险废物集中处理处置厂、医疗废物集中处理处置厂的企业填报；

2. 尚未领取统一社会信用代码的填写原组织机构代码号；

3. 没有焚烧方式的危险废物处置厂不填报焚烧废气各项污染物产生量和排放量；

4. 本表各项污染物产生总量和排放总量按全厂填报，不按排放口填报；

5. 污染物产生量和排放量，以吨为单位的指标保留 2 位小数，以千克为单位的指标保留整数；

6. 数据来源：指污染物产排放量计算采用的数据来源，按（1）在线监测，（2）企业自测（手工），（3）委托监测，（4）监督监测，（5）系数法，将代码填入表格内。

储油库油气回收情况

表　　号：Y101 表
制定机关：国务院第二次全国污染源普查
　　　　　领导小组办公室
批准机关：国家统计局
批准文号：国统制〔2018〕103 号
2017 年　　有效期至：2019 年 12 月 31 日

01.统一社会信用代码	□□□□□□□□□□□□□□□□□□（□□） 尚未领取统一社会信用代码的填写原组织机构代码号：□□□□□□□□□（□□）
02.单位详细名称及曾用名	单位详细名称： 曾用名：
03.法定代表人/个体工商户户主姓名	
04.企业内部的储油库（区）的名称	
05.区划代码	□□□□□□□□□□□□
06.详细地址	________省（自治区、直辖市）________地（区、市、州、盟）________县（区、市、旗）________乡（镇）________街（村）、门牌号
07.联系方式	联系人：　　　　电话号码：

储油库油气回收情况

指标名称	单位	原油		汽油		柴油	
	甲	1	2	3	4	5	6
08.储罐编码	—						
09.储罐罐容	立方米						
10.年周转量	吨						
11.油气回收治理技术顶罐结构	—	—	—	□	□	—	—
12.装油方式	—	—	—	□	□	—	—
13.油气处理方法	—	—	—	□	□	—	—
14.有无在线监测系统	—	—	—	□ 1有 2无	□ 1有 2无	—	—
15.油气回收装置年运行小时数	小时	—	—			—	—

单位负责人：　　统计负责人（审核人）：　　填表人：　　报出日期：20　年　月　日

说明：1. 本表由辖区内从事油品储存的企业填报，有多个库区的按照库区逐个分别填报；
2. 储罐编码按顺序填写，可以增加列；
3. 年周转量如果无法按单个储罐统计填报，则按库区原油、汽油、柴油的年周转量统计，分别填写在原油、汽油、柴油年周转量指标的第 1 列，其他列按 0 填报；
4. 油气回收治理技术顶罐结构按（1）内浮顶灌，（2）外浮顶灌，（3）固定顶罐选择填报；
5. 装油方式按（1）底部装油，（2）顶部装油选择填报；
6. 油气处理方法按（1）吸附法，（2）吸收法，（3）冷凝法，（4）膜分离法，（5）其他选择填报；
7. 油气回收装置年运行小时填写油气回收装置年运行时间；
8. 储罐罐容、年周转量最多保留 2 位小数。

加油站油气回收情况

表　　号：　Y102 表
制定机关：　国务院第二次全国污染源普查领导小组办公室
批准机关：　国家统计局
批准文号：　国统制〔2018〕103 号
2017 年　　有效期至：　2019 年 12 月 31 日

01.统一社会信用代码	□□□□□□□□□□□□□□□□□□（□□） 尚未领取统一社会信用代码的填写原组织机构代码号：□□□□□□□□□（□□）
02.单位详细名称及曾用名	单位详细名称： 曾用名：
03.法定代表人/个体工商户户主姓名	
04.所属加油站名称	
05.区划代码	□□□□□□□□□□□□
06.详细地址	________省（自治区、直辖市）________地（区、市、州、盟） ________县（区、市、旗）________乡（镇） ________街（村）、门牌号
07.地理坐标	经度：____度____分____秒　纬度：____度____分____秒
08.联系方式	联系人：　　　　电话号码：

加油站油气回收情况

指标名称	汽油	柴油
	1	2
09.总罐容（立方米）		
10.年销售量（吨）		
11.油气回收阶段	□　1 一阶段　2 二阶段　3 无	—
12.有无排放处理装置	□　1 有　2 无	—
13.有无在线监测系统	□　1 有　2 无	—
14.油气回收装置改造完成时间	□□□□年□□月	—
15.储罐类型	□　1 地上储罐　2 覆土立式油罐　3 覆土卧式油罐	□　1 地上储罐　2 覆土立式油罐　3 覆土卧式油罐
16.储罐壳体类型	□　1 单层　2 双层	□　1 单层　2 双层
17.有无防渗池	□　1 有　2 无	□　1 有　2 无
18.有无防渗漏监测设施	□　1 有　2 无	□　1 有　2 无
19.有无双层管道	□　1 有　2 无	□　1 有　2 无

单位负责人：　　统计负责人（审核人）：　　填表人：　　报出日期：20　年　月　日

说明：1. 本表由辖区内从事油品销售的企业填报，有多个加油站的按照加油站逐个分别填报；
2. 统计范围：辖区内对外营业的加油站；
3. 燃油类型包括汽油、柴油（包括生物柴油）；
4. 油气回收阶段包括一阶段、二阶段，未进行任何油气回收改造的填“无”；
5. 总罐容、年销售量指标最多保留 2 位小数。

油品运输企业油气回收情况

表　　号：Y103 表
制定机关：国务院第二次全国污染源普查领导小组办公室
批准机关：国家统计局
批准文号：国统制〔2018〕103 号
2017 年　　有效期至：2019 年 12 月 31 日

01.统一社会信用代码	□□□□□□□□□□□□□□□□□□（□□） 尚未领取统一社会信用代码的填写原组织机构代码号：□□□□□□□□□（□□）
02.单位详细名称	
03.法定代表人/个体工商户户主姓名	
04.区划代码	□□□□□□□□□□□□
05.详细地址	________省（自治区、直辖市）________地（区、市、州、盟） ________县（区、市、旗）________乡（镇） ________街（村）、门牌号
06.地理坐标（企业）	经度：____度____分____秒　纬度：____度____分____秒
07.联系方式	联系人：　　　　电话号码：
08.年汽油运输总量	________吨
09.年柴油运输总量	________吨
10.油罐车数量	________辆
11.具有油气回收系统的油罐车数量	________辆
12.定期进行油气回收系统检测的油罐车数量	________辆

单位负责人：　　统计负责人（审核人）：　　填表人：　　报出日期：20　年　月　日

说明：1. 本表由辖区内从事油品运输企业填报；
2. 统计范围：辖区内油罐车（包括租赁车辆）；
3. 年汽油运输总量、年柴油运输总量、油罐车数量最多保留 2 位小数；
4. 审核关系：10≥11≥12。

县（区、市、旗）种植业基本情况

表　　号：　N201-1 表
制定机关：　国务院第二次全国污染源普查领导小组办公室
批准机关：　国家统计局
批准文号：　国统制〔2018〕103 号
有效期至：　2019 年 12 月 31 日

区划代码：□□□□□□
______________省（自治区、直辖市）
______________市（区、市、州、盟）
______________县（区、市、旗）
综合机关名称（盖章）：　　　　2017 年

指标名称	计量单位	代码	指标值
甲	乙	丙	1
一、农村人口情况	—	—	—
农户总数	户	01	
农村劳动力人口	人	02	
二、农业生产资料投入情况	—	—	—
化肥施用量	吨	03	
其中：氮肥施用折纯量	吨	04	
含氮复合肥施用折纯量	吨	05	
用于种植业的农药使用量	吨	06	
三、规模种植主体情况	—	—	—
规模种植主体数量	个	07	
规模种植总面积	亩	08	
其中：粮食作物面积	亩	09	
经济作物面积	亩	10	
蔬菜瓜果面积	亩	11	
园地面积	亩	12	
四、耕地与园地总面积	—	—	—
不同坡度耕地和园地总面积	亩	13	
其中：平地面积（坡度≤5°）	亩	14	
缓坡地面积（坡度 5°～15°）	亩	15	
陡坡地面积（坡度＞15°）	亩	16	
耕地面积	亩	17	
其中：旱地	亩	18	
水田	亩	19	
菜地面积	亩	20	
其中：露地	亩	21	
保护地	亩	22	
园地面积	亩	23	
其中：果园	亩	24	
茶园	亩	25	
桑园	亩	26	
其他	亩	27	
五、地膜生产应用及回收情况	—	—	—
地膜生产企业数量	个	28	
地膜生产总量	吨	29	
地膜年使用总量	吨	30	

指标名称	计量单位	代码	指标值
甲	乙	丙	1
地膜覆膜总面积	亩	31	
地膜年回收总量	吨	32	
地膜回收企业数量	个	33	
地膜回收利用总量	吨	34	
六、作物产量	吨	35	
早稻	吨	36	
中稻和一季晚稻	吨	37	
双季晚稻	吨	38	
小麦	吨	39	
玉米	吨	40	
薯类	吨	41	
其中：马铃薯	吨	42	
木薯	吨	43	
油菜	吨	44	
大豆	吨	45	
棉花	吨	46	
甘蔗	吨	47	
花生	吨	48	
七、秸秆规模化利用情况	—	—	—
秸秆规模化利用企业数量	个	49	
其中：肥料化利用企业数量	个	50	
饲料化利用企业数量	个	51	
基料化利用企业数量	个	52	
原料化利用企业数量	个	53	
燃料化利用企业数量	个	54	
秸秆规模化利用数量	吨	55	
其中：肥料化利用数量	吨	56	
饲料化利用数量	吨	57	
基料化利用数量	吨	58	
原料化利用数量	吨	59	
燃料化利用数量	吨	60	

单位负责人： 统计负责人（审核人）： 填表人： 报出日期：20 年 月 日

说明：1. 本表由县（区、市、旗）农业部门根据统计数据填报；

2. 规模种植指一年一熟制地区露地种植农作物的土地达到 100 亩及以上，一年二熟及以上地区露地种植农作物的土地达到 50 亩及以上，设施农业的设施占地面积 25 亩及以上，园地面积达到 100 亩及以上；

3. 审核关系：

（1）08=09+10+11+12；

（2）13=17+23=14+15+16；

（3）17=18+19；

（4）20=21+22；

（5）23=24+25+26+27。

县（区、市、旗）种植业播种、覆膜与机械收获面积情况

表　　号：　N201-2 表
制定机关：　国务院第二次全国污染源普查领导小组办公室
批准机关：　国家统计局
批准文号：　国统制〔2018〕103 号
有效期至：　2019 年 12 月 31 日

区划代码：□□□□□□
______省（自治区、直辖市）
______市（区、市、州、盟）
______县（区、市、旗）
综合机关名称（盖章）：　　2017 年

指标名称	代码	指标值			
		播种面积（亩）	覆膜面积（亩）	机械收获面积（亩）	秸秆直接还田面积（亩）
甲	乙	1	2	3	4
一、粮食作物	01			—	—
其中：小麦	02				
玉米	03				
水稻	04				
其中：早稻	05				
中稻和一季晚稻	06				
双季晚稻	07				
薯类	08				
其中：马铃薯	09				
豆类	10			—	—
其中：大豆	11				
其他豆类	12			—	—
其他粮食作物	13			—	—
二、经济作物	14			—	—
其中：油料作物	15			—	—
其中：油菜	16				
花生	17				
向日葵	18			—	—
棉麻作物	19			—	—
其中：棉花	20				
糖料作物	21			—	—
其中：甘蔗	22				
甜菜	23			—	—
烟叶	24			—	—
木薯	25				
中药材	26			—	—
其他经济作物	27			—	—
三、蔬菜	28			—	—
其中：露地蔬菜	29			—	—
保护地蔬菜	30			—	—
四、瓜果	31			—	—
其中：西瓜	32			—	—

指标名称	代码	指标值			
		播种面积（亩）	覆膜面积（亩）	机械收获面积（亩）	秸秆直接还田面积（亩）
甲	乙	1	2	3	4
五、果园	33			—	—
其中：苹果	34			—	—
梨	35			—	—
葡萄	36			—	—
桃	37			—	—
柑桔	38			—	—
香蕉	39			—	—
菠萝	40			—	—
荔枝	41			—	—
其他果树	42			—	—

单位负责人： 统计负责人（审核人）： 填表人： 联系电话： 报出日期：20 年 月 日

说明：1. 本表由县（区、市、旗）农业部门根据统计数据填报；

2. 审核关系：

（1）01=02+03+04+08+10+13；

（2）14=15+19+21+24+25+26+27；

（3）28=29+30；

（4）33=34+35+36+37+38+39+40+41+42。

县（区、市、旗）农作物秸秆利用情况

表　　号：N201-3 表
制定机关：国务院第二次全国污染源普查领导小组办公室
批准机关：国家统计局
批准文号：国统制〔2018〕103 号
有效期至：2019 年 12 月 31 日

区划代码：□□□□□□
______________省（自治区、直辖市）
______________市（区、市、州、盟）
______________县（区、市、旗）
综合机关名称（盖章）：　　2017 年

指标名称	代码	指标值				
		肥料化（吨）	饲料化（吨）	基料化（吨）	原料化（吨）	燃料化（吨）
甲	乙	1	2	3	4	5
早稻	01					
中稻和一季晚稻	02					
双季晚稻	03					
小麦	04					
玉米	05					
薯类	06					
其中：马铃薯	07					
木薯	08					
油菜	09					
大豆	10					
棉花	11					
甘蔗	12					
花生	13					

单位负责人：　　统计负责人（审核人）：　　填表人：　　联系电话：　　报出日期：20　年　月　日

说明：1. 本表由县（区、市、旗）农业部门根据统计数据填报；
2. 统计范围：县（区、市、旗）辖区内秸秆规模化利用情况，特指以企业、合作社等经营主体为单位对收集离田后的秸秆加以利用的情况。

县（区、市、旗）规模以下养殖户养殖量及粪污处理情况

表　　号：N202 表
制定机关：国务院第二次全国污染源普查领导小组办公室
批准机关：国家统计局
批准文号：国统制〔2018〕103 号
有效期至：2019 年 12 月 31 日

区划代码：□□□□□□

______________省（自治区、直辖市）

______________市（区、市、州、盟）

______________县（区、市、旗）

综合单位名称（盖章）：　　　　2017 年

指标名称	计量单位	代码	指标值									
			生猪		奶牛		肉牛		蛋鸡		肉鸡	
				年出栏＜50 头		年存栏＜5 头		年出栏＜10 头		年存栏＜500 羽		年出栏＜2 000 羽
甲	乙	丙	1	2	3	4	5	6	7	8	9	10
一、养殖户情况	—	—	—	—	—	—	—	—	—	—	—	—
养殖户数量	个	01										
出栏量	万头（万羽）	02			—	—			—	—		
存栏量	万头（万羽）	03	—	—			—	—			—	—
二、清粪方式	—	—	—		—		—		—		—	
干清粪	%	04										
水冲粪	%	05										
水泡粪	%	06										
垫草垫料	%	07										
高床养殖	%	08										
其他	%	09										
三、粪便处理利用方式	—	—	—		—		—		—		—	
委托处理	%	10										
生产农家肥	%	11										
生产商品有机肥	%	12										
生产牛床垫料	%	13										
生产栽培基质	%	14										
饲养昆虫	%	15										
其他	%	16										
场外丢弃	%	17										
四、污水处理利用方式	—	—	—		—		—		—		—	
委托处理	%	18										
沼液还田	%	19										
肥水还田	%	20										
生产液态有机肥	%	21										
鱼塘养殖	%	22										
达标排放	%	23										
其他利用	%	24										
未利用直接排放	%	25										

指标名称	计量单位	代码	指标值
甲	乙	丙	1
五、粪污处理利用配套农田和林地种植/播种面积	—	—	—
大田作物	亩	26	
蔬菜	亩	27	
经济作物	亩	28	
果树	亩	29	
草地	亩	30	
林地	亩	31	

单位负责人：　　统计负责人（审核人）：　　填表人：　　联系电话：　　报出日期：20　年　月　日

说明：1. 本表由县（区、市、旗）畜牧部门根据统计数据填报；

2. 26～28 填写播种面积，29～31 填写种植面积。

县（区、市、旗）水产养殖基本情况

表　　号：　N203 表
制定机关：　国务院第二次全国污染源普查领导小组办公室
批准机关：　国家统计局
批准文号：　国统制〔2018〕103 号
有效期至：　2019 年 12 月 31 日

区划代码：□□□□□□
________省（自治区、直辖市）
________市（区、市、州、盟）
________县（区、市、旗）
综合机关名称（盖章）：　　2017 年

指标名称	计量单位	代码	指标值	
甲	乙	丙	养殖品种 1	养殖品种 2
养殖品种名称	—	01		
养殖品种代码	—	02		
一、池塘养殖	—	—	—	—
养殖水体	—	03	□ 1 淡水养殖 2 海水养殖	□ 1 淡水养殖 2 海水养殖
产量	吨/年	04		
投苗量	吨/年	05		
面积	亩	06		
二、工厂化养殖	—	—	—	—
养殖水体	—	07	□ 1 淡水养殖 2 海水养殖	□ 1 淡水养殖 2 海水养殖
产量	吨/年	08		
投苗量	吨/年	09		
体积	立方米	10		
三、网箱养殖	—	—	—	—
养殖水体	—	11	□ 1 淡水养殖 2 海水养殖	□ 1 淡水养殖 2 海水养殖
产量	吨/年	12		
投苗量	吨/年	13		
面积	平方米	14		
四、围栏养殖	—	—	—	—
养殖水体		15	□ 1 淡水养殖 2 海水养殖	□ 1 淡水养殖 2 海水养殖
产量	吨/年	16		
投苗量	吨/年	17		
面积	亩	18		
五、浅海筏式养殖	—	—	—	—
养殖水体	—	19	□ 1 淡水养殖 2 海水养殖	□ 1 淡水养殖 2 海水养殖
产量	吨/年	20		
投苗量	吨/年	21		
面积	亩	22		
六、滩涂养殖	—	—	—	—
养殖水体	—	23	□ 1 淡水养殖 2 海水养殖	□ 1 淡水养殖 2 海水养殖
产量	吨/年	24		
投苗量	吨/年	25		
面积	亩	26		
七、其他	—	—	—	—
养殖水体	—	27	□ 1 淡水养殖 2 海水养殖	□ 1 淡水养殖 2 海水养殖

指标名称	计量单位	代码	指标值	
甲	乙	丙	养殖品种 1	养殖品种 2
产量	吨/年	28		
投苗量	吨/年	29		
面积	亩	30		
八、养殖情况统计	个	31		
规模养殖场	个	32		
养殖户	个	33		

单位负责人：　　统计负责人（审核人）：　　填表人：　　联系电话：　　报出日期：20　年　月　日

说明：1. 本表由县（区、市、旗）渔业部门根据统计数据填报；

2. 如需填报的养殖品种数量超过 2 种，可自行复印表格填报；

3. 审核关系：31=32+33。

城市生活污染基本信息

表　　号：S201表
制定机关：国务院第二次全国污染源普查领导小组办公室
批准机关：国家统计局
批准文号：国统制〔2018〕103号
有效期至：2019年12月31日

区划代码：□□□□□□
__________省（自治区、直辖市）
__________地（区、市、州、盟）
综合机关名称（盖章）：　　2017年

指标名称	计量单位	代码	指标值
甲	乙	丙	1
一、全市情况	—	—	—
全市常住人口	万人	01	
房屋竣工面积	万平方米	02	
人均住房（住宅）建筑面积	平方米	03	
新建沥青公路长度	公里	04	
改建变更沥青公路长度	公里	05	
2017年年末城市道路长度	公里	06	
2016年年末城市道路长度	公里	07	
二、市区情况	—	—	—
市区人口	万人	08	
其中：城区人口	万人	09	
市区暂住人口	万人	10	
其中：城区暂住人口	万人	11	
公共服务用水量	万立方米	12	
居民家庭用水量	万立方米	13	
生活用水量（免费供水）	万立方米	14	
用水人口	万人	15	
集中供热面积	万平方米	16	
人工煤气销售气量（居民家庭）	万立方米	17	
天然气销售气量（居民家庭）	万立方米	18	
液化石油气销售气量（居民家庭）	吨	19	
三、建制镇情况	—	—	—
建制镇个数	个	20	
建成区常住人口	万人	21	
建成区年生活用水量	万立方米	22	
建成区用水人口	万人	23	
人均日生活用水量（建成区部分）	升	24	
人均日生活用水量（村庄部分）	升	25	

单位负责人：　统计负责人（审核人）：　填表人：　联系电话：　报出日期：20　年　月　日

说明：1. 本表由直辖市、地（区、市、州、盟）普查机构组织本级城乡建设统计主管部门、交通运输主管部门和统计部门填报；
2. 第01～03项指标由本级统计或城乡建设统计主管部门填报；第04～05项指标由本级交通运输主管部门根据“交通运输综合统计”数据填报；第06～25项指标由本级城乡建设统计主管部门根据“城市（县城）和村镇建设统计调查”数据填报；
3. 第03、16项指标保留1位小数，第04、05、20项指标保留整数，其余指标可保留2位小数；
4. 审核关系：08≥09；10≥11。

县域城镇生活污染基本信息

表　　号：S202 表
区划代码：□□□□□□　　制定机关：国务院第二次全国污染源普查领导小组办公室
__________省（自治区、直辖市）　　批准机关：国家统计局
__________地（区、市、州、盟）　　批准文号：国统制〔2018〕103 号
__________县（市、旗）　　有效期至：2019 年 12 月 31 日
综合机关名称（盖章）：　　2017 年

指标名称	计量单位	代码	指标值
甲	乙	丙	1
一、县城情况	—	—	—
全县人口	万人	01	
其中：县城人口	万人	02	
县暂住人口	万人	03	
其中：县城暂住人口	万人	04	
公共服务用水量	万立方米	05	
居民家庭用水量	万立方米	06	
生活用水量（免费供水）	万立方米	07	
用水人口	万人	08	
集中供热面积	万平方米	09	
人工煤气销售气量（居民家庭）	万立方米	10	
天然气销售气量（居民家庭）	万立方米	11	
液化石油气销售气量（居民家庭）	吨	12	
二、建制镇情况	—	—	—
建制镇个数	个	13	
建成区常住人口	万人	14	
建成区年生活用水量	万立方米	15	
建成区用水人口	万人	16	
人均日生活用水量（建成区部分）	升	17	
人均日生活用水量（村庄部分）	升	18	

单位负责人：　　统计负责人（审核人）：　　填表人：　　联系电话：　　报出日期：20　年　月　日

说明：1. 本表由直辖市、地（区、市、州、盟）普查机构组织本级城乡建设统计主管部门填报，每个县（市、旗）填报一份；
2. 所有指标均由本级城乡建设统计主管部门根据“城市（县城）和村镇建设统计调查”数据填报；
3. 第 09 项指标保留 1 位小数，第 13 项指标保留整数，其余指标均保留 2 位小数；
4. 审核关系：01≥02；03≥04。

机动车保有量

表　　号：Y201-1 表
制定机关：国务院第二次全国污染源普查领导小组办公室
批准机关：国家统计局
批准文号：国统制〔2018〕103 号
有效期至：2019 年 12 月 31 日

区划代码：□□□□□□
__________省（自治区、直辖市）
__________地（区、市、州、盟）
综合机关名称（盖章）：　　2017 年

机动车类型	代码	保有量（辆）	其中：按初次登记注册日期分为						
			1999 年年底前	2000 年	2001 年	……	2015 年	2016 年	2017 年
甲	乙	1	2	3	4	……	18	19	20
合计	01								
一、载客汽车	02								
（一）微型客车	03								
1. 出租车	04								
其中：汽油	05								
燃气	06								
2. 其他车	07								
其中：汽油	08								
燃气	09								
（二）小型客车	10								
1. 出租车	11								
其中：汽油	12								
柴油	13								
燃气	14								
2. 其他车	15								
其中：汽油	16								
柴油	17								
燃气	18								
（三）中型客车	19								
1. 公交车	20								
其中：汽油	21								
柴油	22								
燃气	23								
2. 其他车	24								
其中：汽油	25								
柴油	26								
燃气	27								
（四）大型客车	28								
1. 公交车	29								
其中：汽油	30								
柴油	31								
燃气	32								
2. 其他车	33								

机动车类型	代码	保有量（辆）	其中：按初次登记注册日期分为						
			1999 年年底前	2000 年	2001 年	……	2015 年	2016 年	2017 年
其中：汽油	34								
柴油	35								
燃气	36								
二、载货汽车	37								
（一）微型货车	38								
1. 汽油	39								
2. 柴油	40								
3. 燃气	41								
（二）轻型货车	42								
1. 汽油	43								
2. 柴油	44								
3. 燃气	45								
（三）中型货车	46								
1. 汽油	47								
2. 柴油	48								
3. 燃气	49								
（四）重型货车	50								
1. 汽油	51								
2. 柴油	52								
3. 燃气	53								
三、低速汽车	54								
（一）三轮汽车	55								
（二）低速货车	56								
四、摩托车	57								
（一）普通摩托车	58								
（二）轻便摩托车	59								

单位负责人：　　统计负责人（审核人）：　　填表人：　　联系电话：　　报出日期：20　年　月　日

说明：1. 本表由直辖市、地（区、市、州、盟）公安交管部门填报；

2. 统计范围：辖区内所有登记注册的机动车；

3. 审核关系：

行审核关系：保有量 01=02+37+54+57；02=03+10+19+28；37=38+42+46+50；54=55+56；57=58+59；03=04+07；10=11+15；19=20+24；28=29+33；04=05+06；07=08+09；11=12+13+14；15=16+17+18；20=21+22+23；24=25+26+27；29=30+31+32；33=34+35+36；38=39+40+41；42=43+44+45；46=47+48+49；50=51+52+53；

列审核关系：保有量 1=2+3+……+20。

机动车污染物排放情况

表　　号：Y201-2 表
制定机关：国务院第二次全国污染源普查领导小组办公室
批准机关：国家统计局
批准文号：国统制〔2018〕103 号
有效期至：2019 年 12 月 31 日

区划代码：□□□□□□
__________省（自治区、直辖市）
__________地（区、市、州、盟）
综合机关名称（盖章）：　　　　2017 年

车辆类型	代码	氮氧化物（吨）	颗粒物（吨）	挥发性有机物（吨）
甲	乙	1	2	3
合计	01			
一、载客汽车	02			
微型客车	03			
小型客车	04			
中型客车	05			
大型客车	06			
二、载货汽车	07			
微型货车	08			
轻型货车	09			
中型货车	10			
重型货车	11			
三、低速汽车	12			
三轮汽车	13			
低速货车	14			
四、摩托车	15			
普通摩托车	16			
轻便摩托车	17			

单位负责人：　统计负责人（审核人）：　填表人：　联系电话：　报出日期：20　年　月　日

说明：1. 本表由直辖市、地（区、市、州、盟）普查机构填报；
2. 统计范围：辖区内所有登记注册的机动车排放量；
3. 本表指标最多保留 2 位小数；
4. 审核关系：02=03+04+05+06；07=08+09+10+11；12=13+14；15=16+17；01=02+07+12+15。

农业机械拥有量

表　　号：Y202-1 表
制定机关：国务院第二次全国污染源普查
　　　　　领导小组办公室
批准机关：国家统计局
批准文号：国统制〔2018〕103 号
有效期至：2019 年 12 月 31 日

区划代码：□□□□□□
__________省（自治区、直辖市）
__________地（区、市、州、盟）
综合机关名称（盖章）：　　　　2017 年

指标名称	代码	台数 （万台/万套/万艘）	总动力 （万千瓦）
甲	乙	1	2
一、农业机械总动力	01	—	
1. 柴油发动机动力	02	—	
2. 汽油发动机动力	03	—	
二、拖拉机	04		
1. 大中型（14.7 千瓦及以上）	05		
其中：14.7～18.4 千瓦（含 14.7 千瓦）	06		
18.4～36.7 千瓦（含 18.4 千瓦）	07		
36.7～58.8 千瓦（含 36.7 千瓦）	08		
58.8 千瓦及以上	09		
其中：轮式	10		
2. 小型（2.2～14.7 千瓦，含 2.2 千瓦）	11		
其中：手扶式	12		
三、种植业机械	13	—	—
（一）耕整地机械	14	—	—
1. 耕整机	15		
2. 机耕船	16		
3. 机引犁	17		—
4. 旋耕机	18		—
5. 深松机	19		—
6. 机引耙	20		—
（二）种植施肥机械	21	—	—
1. 播种机	22		—
其中：免耕播种机	23		—
精少量播种机	24		—
2. 水稻种植机械	25	—	—
（1）水稻直播机	26		—
（2）水稻插秧机	27		
其中：乘坐式	28		
（3）水稻浅栽机	29		
3. 化肥深施机	30		—
4. 地膜覆盖机	31		—
（三）农用排灌机械	32	—	—
1. 排灌动力机械	33		
其中：柴油机	34		
2. 农用水泵	35		—

指标名称	代码	台数（万台/万套/万艘）	总动力（万千瓦）
甲	乙	1	2
3. 节水灌溉类机械	36		—
（四）田间管理机械	37	—	—
1. 机动喷雾（粉）机	38		
2. 茶叶修剪机	39		
（五）收获机械	40	—	—
1. 联合收获机	41		
（1）稻麦联合收割机	42		
其中：自走式	43		
半喂入式	44		
（2）玉米联合收获机	45		
其中：自走式	46		
2. 割晒机	47		
3. 其他收获机械	48		
四、渔业机械	49		
其中：增氧机	50		
投饵机	51		

单位负责人： 统计负责人（审核人）： 填表人： 联系电话： 报出日期：20 年 月 日

说明：1. 本表由直辖市、地（区、市、州、盟）农机管理部门根据《全国农业机械化管理统计报表制度》的农业机械拥有量[农市（机年）3 表]填报；

2. 本表指标最多保留 4 位小数。

农业生产燃油消耗情况

表　　号：Y202-2 表
制定机关：国务院第二次全国污染源普查领导小组办公室
批准机关：国家统计局
批准文号：国统制〔2018〕103 号
有效期至：2019 年 12 月 31 日

区划代码：□□□□□□
__________省（自治区、直辖市）
__________地（区、市、州、盟）
综合机关名称（盖章）：　　2017 年

指标名称	代码	计量单位	指标值
甲	乙	丙	1
农业生产燃油消耗	01	万吨	
其中：（1）柴油	02	万吨	
（2）用于农机抗灾救灾	03	万吨	
1．农田作业	04	万吨	
其中：（1）机耕	05	万吨	
（2）机播	06	万吨	
（3）机收	07	万吨	
（4）植保	08	万吨	
（5）其他	09	万吨	
2．农田排灌	10	万吨	
3．农田基本建设	11	万吨	
4．畜牧业生产	12	万吨	
5．农产品初加工	13	万吨	
6．农业运输	14	万吨	
7．其他	15	万吨	

单位负责人：　　统计负责人（审核人）：　　填表人：　　联系电话：　　报出日期：20　年　月　日

说明：1．本表由直辖市、地（区、市、州、盟）农机管理部门根据《全国农业机械化管理统计报表制度》中的农业生产燃油消耗情况[农市（机年）6 表]填报；
2．本表指标最多保留 4 位小数；
3．审核关系：01≥02；01≥03；01=04+10+11+12+13+14+15；04=05+06+07+08+09。

机动渔船拥有量

表　　号：Y202-3 表
制定机关：国务院第二次全国污染源普查领导小组办公室
批准机关：国家统计局
批准文号：国统制〔2018〕103 号
有效期至：2019 年 12 月 31 日

区划代码：□□□□□□
________省（自治区、直辖市）
________地（区、市、州、盟）
综合机关名称（盖章）：　　2017 年

指标名称	代码	渔业船舶			其中：海洋渔业		
		艘数	总吨位	功率	艘数	总吨位	功率
		艘	吨	千瓦	艘	吨	千瓦
甲	乙	1	2	3	4	5	6
机动渔船合计	01						
一、按用途分类	—	—	—	—	—	—	—
（一）生产渔船	02						
1. 捕捞渔船	03						
其中：441 千瓦以上（600 马力以上）	04						
45～440 千瓦（61～599 马力）	05						
44 千瓦以下（60 马力以下）	06						
2. 养殖渔船	07						
（二）辅助渔船	08						
其中：捕捞辅助船	09						
渔业执法船	10						
二、按船长分类	—	—	—	—	—	—	—
（一）船长 24 米以上	11						
（二）船长 12～24 米	12						
（三）船长 12 米以下	13						

单位负责人：　　统计负责人（审核人）：　　填表人：　　联系电话：　　报出日期：20　年　月　日

说明：1. 本表依据《渔业统计报表制度》中渔业船舶拥有量（水产年报 12 表）制定，由直辖市、地（区、市、州、盟）渔业管理部门填报；
2. 本表指标均保留整数；
3. 审核关系：01=02+08；02=03+07；03=04+05+06。

农业机械污染物排放情况

表　　号：Y202-4 表
制定机关：国务院第二次全国污染源普查领导小组办公室
批准机关：国家统计局
批准文号：国统制〔2018〕103 号
有效期至：2019 年 12 月 31 日

区划代码：□□□□□□
__________省（自治区、直辖市）
__________地（区、市、州、盟）
综合机关名称（盖章）：　　　　2017 年

机械类型	代码	氮氧化物（吨）	颗粒物（吨）	挥发性有机物（吨）
甲	乙	1	2	3
合计	01			
大中型拖拉机	02			
小型拖拉机	03			
自走式联合收割机	04			
柴油排灌机械	05			
机动渔船	06			
其他柴油机械	07			

单位负责人：　统计负责人（审核人）：　填表人：　联系电话：　报出日期：20　年　月　日

说明：1. 本表由直辖市、地（区、市、州、盟）普查机构填报；
2. 统计范围：从事农林牧渔业生产的单位和农户及为其提供农机作业服务的单位、组织和个人实际拥有的农业机械排放量；
3. 本表指标最多保留 4 位小数；
4. 审核关系：01=02+03+04+05+06+07。

油品储运销污染物排放情况

表　　号：Y203 表
制定机关：国务院第二次全国污染源普查领导小组办公室
批准机关：国家统计局
批准文号：国统制〔2018〕103 号
有效期至：2019 年 12 月 31 日

区划代码：□□□□□□
______________省（自治区、直辖市）
______________地（区、市、州、盟）
综合机关名称（盖章）：　　　　2017 年

类型	代码	挥发性有机物（吨）
甲	乙	1
合计	01	
储油库	02	
加油站	03	
油罐车	04	

单位负责人：　　统计负责人（审核人）：　　填表人：　　联系电话：　　报出日期：20　年　月　日

说明：1. 本表由直辖市、地（区、市、州、盟）普查机构填报；
2. 本表指标最多保留 4 位小数；
3. 审核关系：01=02+03+04。

四、指标解释

通用指标

统一社会信用代码、组织机构代码　统一社会信用代码是一组长度为 18 位的用于法人和其他组织身份识别的代码。依据《法人和其他组织统一社会信用代码编码规则》（GB 32100—2015）编制，由登记管理部门负责在法人和其他组织注册登记时发放统一代码。统一社会信用代码用 18 位的阿拉伯数字或大写英文字母表示，由登记管理部门代码（1 位）、机构类别代码（1 位）、登记管理机关行政区划码（6 位）、主体标识码（组织机构代码）（9 位）和校验码（1 位）5 个部分组成。

组织机构代码指根据中华人民共和国国家标准《全国组织机构代码编制规则》（GB 11714—1997），由组织机构代码登记主管部门给每个企业、事业单位、机关、社会团体和民办非企业单位颁发的在全国范围内唯一的、始终不变的法定代码。组织机构代码均由 8 位无属性的数字和 1 位校验码组成。填写时，要按照技术监督部门颁发的《中华人民共和国组织机构代码证》上的代码填写。

表中统一社会信用代码、组织机构代码之后括号内的两位码为顺序码。对于大型联合企业（或集团）在同一县级行政区内的所属下级单位，凡有法人资格、符合独立核算法人工业企业条件的，填写企业的法人代码外，还应在括号内方格中填写下级单位代码，系两位码，按照 01～10 的顺序编码。

已填报统一社会信用代码的，不必再填报组织机构代码。若企业尚未申领统一社会信用代码，则填报组织机构代码；清查完成后申领统一社会信用代码的，需补充填写统一社会信用代码。没有统一社会信用代码和组织机构代码的，将普查对象识别码填入统一社会信用代码指标内。

普查对象识别码按照如下规则编码：

普查对象识别码共计 18 位，代码结构为

□ □ □ □ □ □ □ □ □ □ □ □ □ □ □ □ □ □

01 02 03 04 05 06 07 08 09 10 11 12 13 14 15 16 17 18

第 01 位，为调查对象类别识别码，用大写英文字母标识，G 工业企业和产业活动单位，X 规模畜禽养殖场，J 集中式污染治理设施，S 生活源锅炉。

第 02 位，为调查对象机构类别识别码，用大写英文字母标识，见表 1。

表 1　调查对象机构类别识别码标识

机构类别	代码标识
机关	A
事业单位	B
社会团体	C
民办非企业单位	D
企业	E
个体工商户	F
农民专业合作社	G

机构类别	代码标识
居委会、居民小区	H
村委会	K
其他	L

第 03～14 位，为 12 位的统计用区划代码。

第 15～18 位，为调查对象顺序识别码，由地方普查机构按照顺序进行编码。

单位详细名称及曾用名　按经工商行政管理部门核准、进行法人登记的名称填写，在填写时应使用规范化汉字全称，即与企业（单位）盖章所使用的名称一致。二级单位须同时用括号注明二级单位的名称。如企业名称变更（含当年变更），应同时填上变更前的名称（曾用名）。凡经登记主管机关核准或批准具有两个或两个以上名称的单位，要求填写法人名称，同时用括号注明其余的名称。在企业（单位）基本情况表左上角空白处加盖企业（单位）公章。

法定代表人（单位负责人）　按营业执照填写法人代表姓名，无法定代表人的填写单位负责人姓名。

单位所在地详细地址　指民政部门认可的单位所在地地址，应包括省（自治区、直辖市）、地（区、市、州、盟）、县（区、市、旗）、乡（镇），以及具体街（村）和门牌号码，不能填写通讯号码。大型联合企业所属下级单位，一律按本级单位所在实际生产地址填写。

区划代码　为统计用 12 位区划代码。

地理坐标　填写本调查对象地理坐标的经度、纬度。企业（单位）以企业（单位）正门所在位置为准，其他地理坐标以指标解释为依据填写。

联系方式　包括联系人姓名及其对外联系的电话号码。

排水去向类型　指普查对象产生的废水直接排向江、河、湖、海等环境水体，还是排入市政管网、污水处理厂等，按表 2 选择对应代码填报。

表 2　排水去向类型代码表

代码	排水去向类型	代码	排水去向类型
A	直接进入海域	F	直接进入污灌农田
B	直接进入江河湖、库等水环境	G	进入地渗或蒸发地
C	进入城市下水道（再入江河、湖、库）	H	进入其他单位
D	进入城市下水道（再入沿海海域）	L	进入工业废水集中处理厂
E	进入城市污水处理厂	K	其他

《工业企业基本情况》（G101-1 表）

行业类别　指根据其从事的社会经济活动性质对各类单位进行分类的名称和代码。

企业对照《国民经济行业分类》（GB/T 4754—2017）按正常生产情况下生产的主要产品的性质（一般按在工业总产值中占比重较大的产品及重要产品）确认归属的具体工业行业类别，若有两种以上（含两种）主要产品的、按所属行业小类分别填写行业名称和行业小类代码。

企业规模　指按企业从业人员数量、营业收入两项指标为划分依据划分的企业规模。企业规模代码和名称如下：1.大型，2.中型，3.小型，4.微型。在划分规模时，企业应按国家统计局制发的《国家统计局关于印发统计上大中小微型企业划分办法的通知》确定规模并填写代码。划分标准见表 1。大、中、小型企业须同时满足所列指标的下限，否则下划一档；微型企业只需满足所列指标中的一项即可。

表 1　统计上大中小微型企业划分标准

行业名称	指标名称	计算单位	大型	中型	小型	微型
工业企业	从业人员（X）	人	X≥1 000	300≤X<1 000	20≤X<300	X<20
	营业收入（Y）	万元	Y≥40 000	2 000≤Y<40 000	300≤Y<2 000	Y<300

登记注册类型　以工商行政管理部门对企业登记注册的类型为依据，企业根据登记注册的类型将其对应的代码填入方格内。

开业（成立）时间　指企业向工商行政管理部门进行登记、领取法人营业执照的时间。1949 年以前成立的企业填写最早开工年月；合并或兼并企业，按合并前主要企业领取营业执照的时间（或最早开业时间）填写；分立企业按分立后各自领取法人营业执照的时间填写。

受纳水体　指普查对象废水最终排入的水体。根据生态环境部第二次全国污染源普查工作办公室确定的附录（三）河流名称与代码填报受纳水体名称与代码。

新版排污许可证　指按照《控制污染物排放许可制实施方案》（国办发〔2016〕81 号）规定申领核发的排污许可证，编号为全国排污许可证管理信息平台中生成的许可证编号。

企业运行状态　工业企业在调查年度的实际运行状态分为两种：全年或部分时间投产运行的为“运行”，全年无投产运行的为“全年停产”。

正常生产时间　指工业企业在调查年度内的实际正常生产时间。计量单位为小时，保留整数。全年停产的不填报正常生产时间数。

工业总产值（当年价格）　指工业企业在调查年度生产的以货币形式表现的工业产品和提供工业劳务活动的总价值量，包括本期生产成品价值、对外加工费收入、自制半成品和在制产品的期末与期初差额价值，按照现行价格（当年价格）计算，即按销售产品的实际出厂价格，计量单位为千元，允许保留 1 位小数。

产生工业废水　指调查年度内工业企业生产过程中产生的生产废水。

锅炉/燃气轮机　指用于企业生产、采暖及其他生产或生活活动的锅炉、发电的锅炉、燃气轮机，包括独立火电厂的发电锅炉、燃气轮机和企业自备电厂的锅炉、燃气轮机。

工业炉窑　指在工业生产中用燃料燃烧或电能转换产生热量，将物料或工件进行冶炼、焙烧、熔化、加热等工序的热工设备，此处不包括 G103-3 表至 G103-9 表中炼焦、烧结/球团、炼钢、炼铁、水泥熟料、石化生产等使用的炉窑。

炼焦工序　指钢铁工业企业和炼焦工业企业的炼焦生产单元。

烧结/球团工序、炼铁工序、炼钢工序　指钢铁企业中相应的生产单元。

熟料生产　指水泥熟料生产工序，仅限于水泥制造企业。

有机液体储罐　属于表 G103-10 指标解释中所列行业，拥有容积 20 立方米以上储罐的工业企业选“是”，否则选“否”。

有机液体装载　属于表 G103-10 指标解释中所列行业，采用汽车、火车、船舶为运输工具进行有机物料装载的工业企业选“是”，否则选“否”。

含挥发性有机物原辅材料使用　属于表 G103-11 指标解释中所列行业，在生产过程中使用含挥发性有机物原辅材料的工业企业选“是”，否则选“否”。

工业固体物料堆存　指专门用于堆存表 G103-12 指标解释中所列明固体物料的敞开式、密闭式、半敞开式的固定堆放场所，有固定堆放场所的选“是”，否则选“否”。

其他生产废气　指生产过程中除炉窑、锅炉、含挥发性有机物原辅材料使用挥发、有机液体储罐、有机液体装载、有机废气泄漏等生产废气外，有其他生产工序中产生的废气，包含有组织废气和无组织废气。

一般工业固体废物　指除危险废物以外的，在生产活动中产生的丧失原有利用价值或虽未丧失利用价值但被抛弃或放弃的固态、半固态和置于容器中的气态的物品、物质以及法律、行政法规规定纳入固体废物管理的物品、物质。

危险废物　指按《国家危险废物名录》（2016 版）确认列入国家危险废物名录或者根据国家规定的危险废物鉴别标准和鉴别方法认定的，具有爆炸性、易燃性、反应性、毒性、腐蚀性、易传染性疾病等危险特性之一的废物（医疗废物属于危险废物）。

涉及稀土等 15 类矿产　指涉及稀土等 15 类矿产采选、冶炼、加工企业。15 类矿产名录详见 G107 表指标解释。

《工业企业主要产品、生产工艺基本情况》(G101-2 表)

产品名称/代码　指调查年度内，普查对象生产的主要产品名称、代码，按照生态环境部第二次全国污染源普查工作办公室提供的附录（四）工业行业污染核算用主要产品、原料、生产工艺分类目录，填报与污染物产生、排放密切相关的主要中间产品或最终产品。最多填写 20 个。

生产工艺名称/代码　指调查年度内，普查对象生产该种产品采取的生产工艺名称、代码，按照生态环境部第二次全国污染源普查工作办公室提供的附录（四）工业行业污染核算用主要产品、原料、生产工艺分类目录选取填报。

生产能力　指在计划期内，企业（或某生产线）参与生产的全部设备（包括主要生产设备、辅助生产设备、起重运输设备、动力设备及有关的厂房和生产用建筑物等），在既定的组织技术条件下，所能生产的产品数量，或者能够处理的原材料数量。生产能力计量单位按照生态环境部第二次全国污染源普查工作办公室提供的附录（四）工业行业污染核算用主要产品、原料、生产工艺分类目录中对应单位填报。保留整数。

实际产量　指调查年度内，普查对象该产品的实际生产量。允许保留 2 位小数。实际产量计量单位按照生态环境部第二次全国污染源普查工作办公室提供的附录（四）工业行业污染核算用主要产品、原料、生产工艺分类目录中对应计量单位填报。

《工业企业主要原辅材料使用、能源消耗基本情况》（G101-3 表）

原辅材料名称/代码　指调查年度内，普查对象生产活动使用的原辅材料，名称、代码按照生态环境部第二次全国污染源普查工作办公室提供的附录（四）工业行业污染核算用主要产品、原料、生产工艺分类目录选取填报。本厂中间产品作为本厂其他生产环节原辅材料的，不需要填报。最多填写 20 种初级原辅材料。

原辅材料使用量　指调查年度内，普查对象该种原辅材料的实际使用量。最多保留 2 位小数。原辅材料使用量计量单位按照生态环境部第二次全国污染源普查工作办公室提供的附录（四）工业行业污染核算用主要产品、原料、生产工艺分类目录中对应计量单位填报。

能源名称/代码　指调查年度内，普查对象生产活动消耗的能源名称、代码，从附录（五）指标解释通用代码表中表 2 选择填报。

能源使用量　指调查年度内，普查对象该种能源的实际消耗量，计量单位按附录（五）指标解释通用代码表中表 2 选择，最多保留 2 位小数。

用作原辅材料量　指调查年度内，普查对象将能源用作生产原辅材料使用而消耗的实际量。如石油化工厂、化工厂、化肥厂生产乙烯、化纤单体、合成氨、合成橡胶等产品所消费的石油、天然气、原煤、焦炭等，这些能源作为原料投入生产过程，通过一系列化学反应，逐步生成新的物质，构成新产品的实体。又如一些能源不构成产品实体，而是作为材料使用，例如洗涤用的汽油、柴油、煤油。同时作为能源、原辅材料的能源，如原料煤，只填写能源消耗情况，不重复填写原辅材料情况。

《工业企业废水治理与排放情况》（G102 表）

取水量　指调查年度从各种水源提取的并用于工业生产活动的水量总和，包括城市自来水用量、自备水（地表水、地下水和其他水）用量、水利工程供水量，以及企业从市场购得的其他水（如其他企业回用水量）。计量单位为立方米，保留整数。

工业生产活动用水主要包括工业生产用水、辅助生产（包括机修、运输、空压站等）用水。厂区附属生活用水（厂内绿化、职工食堂、浴室、保健站、生活区居民家庭用水、企业附属幼儿园、学校、游泳池等的用水量）如果单独计量且生活污水不与工业废水混排的水量不计入取水量。

城市自来水　指调查年度通过城镇自来水管道购自公共供水企业的自来水水量。计量单位为立方米，保留整数。

自备水　指调查年度所消耗的自备水水量，包括地表水、地下水、海水等。计量单位为立方米，保留整数。

水利工程供水　指调查年度所消耗的非本企业自备水利工程设施提供的水量。计量单位为立方米，保留整数。

其他工业企业供水　指调查年度从其他工业获取的不包括自来水的水及水的产品，包括企业回用水量、蒸汽、热水、地热水、外来中水等。计量单位为立方米，保留整数。

废水治理设施数　指普查对象内部，用于废水治理，从而降低污染物浓度的治理设施套数。以一股废水的治理系统为一套统计，报废的不统计，备用的纳入统计并计数。附属于设施内的水治理设备和配套设备不单独计算。

只填报企业内部的废水治理设施，工业废水排入的城镇污水处理厂、集中工业废水处理厂不能算作企业的废水治理设施。企业内的废水治理设施包括一级、二级和三级处理的设施，如企业有 2 个排放口，1 个排放口为一级处理（隔油池、化粪池、沉淀池等），另 1 个排放口为二级处理（如生化处理），则该企业有 2 套废水治理设施；若该企业只有 1 个排放口，经由该排放口的废水先经过一级处理，再经二级（甚至三级）处理后外排，则该企业视为 1 套废水治理设施。即针对同一股废水的所有水治理设备均视为 1 套治理设施，针对分别排放的、不同废水的治理设备可视为多套治理设施。

废水类型名称/代码　指每套废水治理设施处理的废水种类，按不同的生产工序及废水水质分类，如酸碱废水、含重金属的废水等生产工艺废水；不同类型的废水经处理后混排（包括与工业废水混排的厂区生活污水）为综合污水。废水类型及代码见表 1。

表 1　废水类型及代码

代码	废水类型
FSLX01	酸碱废水
FSLX02	含油废水
FSLX03	含硫废水

代码	废水类型
FSLX04	含氨废水
FSLX05	含氟废水
FSLX06	含磷废水
FSLX07	含酚废水
FSLX08	酚氰废水
FSLX09	有机废水
FSLX10	含重金属废水
FSLX11	含重金属以外第一类污染物废水
FSLX12	含盐废水
FSLX13	含悬浮物废水
FSLX14	综合废水
FSLX15	其他废水

设计处理能力　指在计划期内，企业按设计规模建设的废水处理全部设施（包括各种设备和构筑物），既定的组织技术条件下、设施正常运行时能处理的废水量。计量单位为立方米/日，保留整数。

处理方法名称/代码　根据废水处理的工艺方法，按附录（五）指标解释通用代码表中表 1 填写，多种处理工艺方法的，每种工艺方法均需填报，按照处理工艺方法的先后次序填报。

年运行小时　指废水处理设施全年实际运行的小时数，保留整数。

年实际处理水量　指废水处理设施在调查年度实际处理的生产废水和厂区生活污水量，包括处理后外排的和处理后回用的废水量。虽经处理但未达到国家或地方排放标准的废水量也应计算在内，按处理本单位量和处理外单位量分别填报。计量单位为立方米，保留整数。

加盖密闭情况　仅限行业类别代码为 2511、2519、2521、2522、2523、2614、2619、2621、2631、2652、2653、2710 的行业填报；加盖密闭情况包括 1.无密闭，2.隔油段密闭，3.气浮段密闭，4.生化处理段密闭，其中选择 2、3、4 的可多选。

处理后废水去向　指废水经处理设施处理后的去向，包括 1.本厂回用，2.经排放口排出厂区，3.其他。其中经排放口排出厂区的，应填写对应的废水总排放口编号。

废水总排放口数　指废水经本厂污染治理设施处理或未经处理后从厂区排出的排放口的个数。单独排放的生活污水、间接冷却水排放口应计入废水总排放口数量，仅填报废水总排放口编号、排水去向类型、排放口地理坐标，废水排放量和污染物产生量和排放量不填报。单独的雨水排放口不计数且不填报排放口信息。

废水总排放口编号　有排污许可证的企业，按照排污许可证载明的废水排放口编号填报，没有发放排污许可证的企业按照《排污单位编码规则》（HJ 608—2017），对废水排放口自行编号，不同排放口编号不得重复。

废水总排放口类型　指相应废水总排放口的类型，选择 1.工业废水或综合废水排放口，2.单独排放的生活污水，3.间接冷却水排放口。

排放口地理坐标　指普查单位废水排放口地理位置的经、纬度。

废水排放量　指调查年度排到企业外部的工业废水量，包括生产废水、外排的直接冷却水、废气治理设施废水、超标排放的矿井地下水和与工业废水混排的厂区生活污水，不包括独立外排的间接冷却水（清浊不分流的间接冷却水应计算在内）。按厂界排放口分别填报。计量单位为立方米，保留整数。

直接冷却水：在生产过程中，为满足工艺过程需要，使产品或半成品冷却所用与之直接接触的冷却水（包括调温、调湿使用的直流喷雾水）。

间接冷却水：在工业生产过程中，为保证生产设备能在正常温度下工作，用来吸收或转移生产设备的多余热量，所使用的冷却水（此冷却用水与被冷却介质之间由热交换器壁或设备隔开）。

废水污染物产生量　指生产过程中产生的未经过处理的废水中所含的化学需氧量、氨氮、总氮、总磷、石油类、挥发酚、氰化物等污染物和砷、铅、镉、总铬、六价铬、汞等重金属本身的纯质量。根据废水治理设施前的进水水量与进入废水治理设施前的浓度监测数据核算，或采用产污系数核算。

废水污染物排放量　指调查年度企业排放的工业废水中所含化学需氧量、氨氮、总氮、总磷、石油类、挥发酚、氰化物等污染物和砷、铅、镉、总铬、六价铬、汞等重金属本身的纯质量。

工业源废水污染物排放量为最终排入外环境的量。排水去向类型为城镇污水处理厂、进入其他单位和工业废水集中处理厂的调查单位，其废水污染物排放量为经污水处理厂（或其他单位）处理后最终排入外环境的排放量。

对于化学需氧量、氨氮、总氮、总磷、石油类、挥发酚、氰化物等污染物，其废水污染物排放量可通过工业企业的废水排放量与污水处理厂（或其他单位）符合核算要求的平均出口浓度计算得出；若无符合核算要求的污水处理厂（或其他单位）出口浓度监测数据，则根据污水处理厂（或其他单位）的废水处理工艺选择相应的污染物排污系数进行核算。

对于重金属污染物指标，排水去向类型为工业废水集中处理厂和进入其他单位的企业，根据接纳其废水的单位废水处理设施是否具有去除重金属的工艺，确定重金属排放量核算方法：若接纳其废水的工业废水集中处理厂（或其他单位）废水处理设施具有去除重金属的工艺，则按接纳其废水的工业废水集中处理厂（或其他单位）符合核算要求的出口废水重金属浓度或废水处理工艺核算排放量；若接纳其废水的工业废水集中处理厂（或其他单位）废水处理设施无去除重金属工艺，则不考虑对该企业重金属的去除。排水去向类型为城镇污水处理厂的企业，不考虑城镇污水处理厂对其重金属的去除。不考虑工业废水集中处理厂、城镇污水处理厂、其他单位对重金属去除的，按照下述方法进行核算。

废水排放去向为直接进入海域，直接进入江河湖、库等水环境，进入城市下水道（再入江河、湖、库），进入城市下水道（再入沿海海域），直接进入污灌农田，进入地渗或蒸发地，其他等几种类型的，根据化学需氧量、氨氮、总氮、总磷、石油类、挥发酚、氰化物等污染物根据废水总排放口符合核算要求的出口浓度监测数据或排污系数进行核算；砷、铅、镉、总铬、六价铬、汞等污染物根据符合核算要求的出口浓度监测数据或排污系数核算排放量，其中根据出口监测数据核算排放量的，根据生产车间或生产车间治理设施出口浓度监测数据核算排放量。

注意：表中各种污染物的产生量和排放量按废水实际含有的污染物种类填报，确定不存在的可不填报。

G103-1 至 G103-8 表通用指标解释

燃料类型　指普查对象 2017 年度用作燃料的能源类型。主要燃料类型、代码和计量单位见附录（五）指标解释通用代码表中表 2。

燃料消耗量　指相应生产线或设施 2017 年度消耗的燃料量。

燃料低位发热量　指相应燃料 2017 年多次检测的单位低位发热量加权平均值；若无燃料分析数据，取所在地区平均低位发热量。

燃料平均收到基含硫量　指相应燃料 2017 年多次检测的收到基含硫量加权平均值；若无燃料分析数据，取所在地区平均含硫量。

燃料平均收到基灰分　指相应燃料 2017 年多次检测的收到基灰分加权平均值；若无燃料分析数据，取所在地区平均收到基灰分。气态燃料不填写。

燃料平均干燥无灰基挥发分　指相应燃料 2017 年多次检测的干燥无灰基挥发分加权平均值；若无燃料分析数据，取所在地区平均干燥无灰基挥发分。气态燃料不填写。

其他燃料消耗总量　指相应生产线除表中列名填报的两种燃料外的其他燃料总的消耗量，均需按相应的折标系数折合为标准煤填报消耗量。各类能源的折标系数可参考上表选取。

废气排放口编号　指与相应设备所对应的排放口的编号。有排污许可证的企业，按照排污许可证载明的废气排放口编号填报，没有发放排污许可证的企业按照《排污单位编码规则》（HJ 608—2017），对废气排放口进行编号，不同排放口编号不得重复。

废气排放口地理坐标　指相应设备所对应的废气主要排放口地理位置的经、纬度。

废气排放口高度　指相应排放口的离地高度。

脱硫、脱硝、除尘设施编号　有排污许可证的企业，按照排污许可证载明的脱硫、脱硝、除尘处理设施编号填报，没有发放排污许可证的企业按照《排污单位编码规则》（HJ 608—2017），对脱硫、脱硝、除尘处理设施进行编号，不同设施编号不得重复。

脱硫、脱硝、除尘工艺　指相应的脱硫、脱硝、除尘处理设施所采用的工艺名称。两种及以上处理工艺组合使用的，每种工艺均需填报，按照处理工艺的先后次序填报。工艺名称和代码按附录（五）指标解释通用代码表中表 5 代码填报。

脱硫、脱硝、除尘效率　指 2017 年度相应的脱硫、脱硝、除尘设施实际的污染物去除效率。根据相应设施的进口和出口污染物排放量或平均浓度计算去除效率，无进口污染物平均浓度的可应用产排污系数法计算产生量，用于计算去除效率。

脱硫、脱硝、除尘设施年运行时间　指 2017 年度相应的脱硫、脱硝、除尘处理设施实际运行小时数。

脱硫剂、脱硝剂名称、使用量　指 2017 年度相应的脱硫、脱硝设施运行时使用的药剂名称及其使用量。

工业废气排放量　指 2017 年度普查对象排入空气中含有污染物的气体总量，以标态体积计。

废气污染物产生量　指 2017 年度普查对象相应生产线生产过程中产生的未经过处理的废气中所含的污染物的质量。废气污染物种类包括二氧化硫、氮氧化物、颗粒物、挥发性有机物、氨等。

颗粒物产生量指生产过程中产生的未经过处理的废气中所含的烟尘及工业粉尘的总质量。烟尘是指通过燃烧煤、石煤、柴油、木柴、天然气等产生的烟气中的尘粒。通过有组织排放的，俗称烟道尘。工业粉尘指在生产工艺过程中排放的能在空气中悬浮一定时间的固体颗粒。如钢铁企业耐火材料粉尘、焦化企业的筛焦系统粉尘、烧结机的粉尘、石灰窑的粉尘、建材企业的水泥粉尘等。

废气污染物排放量　指 2017 年度普查对象在生产过程中排入大气的废气污染物的质量，包括有组织排放量和无组织排放量。

《工业企业锅炉/燃气轮机废气治理与排放情况》（G103-1 表）

机组编号　指普查对象 2017 年度相应发电（供热）机组的编号。

机组装机容量　指相应的发电机组的发电容量。

是否热电联产　选择相应的发电机组是否是热电联产机组，即除发电外，是否还向用户供热。

年运行时间　指 2017 年度相应的发电机组的运行小时数。

电站锅炉/燃气轮机编号　指用于相应发电机组运行的锅炉或燃气轮机的编号。有排污许可证的企业，按照排污许可证载明的编号填报，没有发放排污许可证的企业按照《排污单位编码规则》（HJ 608—2017），对锅炉进行编号，不同锅炉编号不得重复。

电站锅炉/燃气轮机类型　指相应的电站锅炉/燃气轮机的类型，按附录（五）指标解释通用代码表中表 3 代码填报。

电站锅炉燃烧方式　指相应的电站锅炉根据不同燃料类型的锅炉燃烧方式，按附录（五）指标解释通用代码表中表 4 代码填报。

电站锅炉/燃气轮机额定出力　指相应的电站锅炉（燃气轮机）每小时的额定出力，统一按单位“蒸吨/小时”填报。换算关系：60 万大卡/小时≈1 蒸吨/小时（t/h）≈0.7 兆瓦（MW）。

工业锅炉编号　指普查对象 2017 年除电站锅炉外其他所有锅炉的编号。有排污许可证的企业，按照排污许可证载明的编号填报，没有发放排污许可证的企业按照《排污单位编码规则》（HJ 608—2017），对锅炉进行编号，不同锅炉编号不得重复。

工业锅炉型号　指相应工业锅炉铭牌上记载的型号，没有铭牌或铭牌上没有记录的，可不填。

工业锅炉类型　指相应工业锅炉的类型，按附录（五）指标解释通用代码表中表 3 代码填报。

工业锅炉用途　指相应工业锅炉的用途，多种用途的可多选。可选择 1.生产，2.采暖，3.其他。

工业锅炉额定出力　指相应工业锅炉每小时的额定出力，统一按单位“蒸吨/小时”填报。换算关系：60 万大卡/小时≈1 蒸吨/小时（t/h）≈0.7 兆瓦（MW）。

燃烧方式　指相应工业锅炉的燃烧方式，按附录（五）指标解释通用代码表中表 4 代码填报。

发电量　指 2017 年度相应发电机组全年实际发电量。

供热量　指 2017 年度相应电站锅炉除供应对应发电机组外，提供蒸汽或热水的总供热量。纯供热锅炉，其供热量按母管供热方式分配到其他机组。

发电标准煤耗　指相应发电机组单位发电量耗用的折合标准煤的量。

燃料消耗量　指普查对象 2017 年度实际消耗的燃料量。

发电消耗量　指 2017 年度相应电站锅炉/燃气轮机用于发电耗用的燃料消耗量。

供热消耗量　指 2017 年度相应电站锅炉/燃气轮机除发电外用于供热耗用的燃料消耗量。

其他燃料消耗总量　指相应机组除本表中填报的两种燃料外的其他燃料总的消耗量，每类燃料均需折为标准煤。各类能源的折标系数可参考附录（五）指标解释通用代码表中表 2 选取。

是否采用低氮燃烧技术　按照 2017 年年末相应的工业锅炉或电站锅炉是否采用了低氮燃烧技术，选择“是”或“否”。

排放口编号　指与相应设备所对应的排放口的编号。有排污许可证的企业，按照排污许可证载明的废气排放口编号填报，没有发放排污许可证的企业按照《排污单位编码规则》（HJ 608—2017），对废气排放口进行编号，不同排放口编号不得重复。

排放口地理坐标　指普查对象锅炉废气排放口地理位置的经、纬度。

排放口高度　指相应废气排放口的离地高度。

《工业企业炉窑废气治理与排放情况》(G103-2 表)

工业企业炉窑　指在工业生产中用燃料燃烧或电能转换产生的热量，将物料或工件进行冶炼、焙烧、熔化、加热等工序的热工设备。炼焦、烧结/球团、炼铁、炼钢、水泥熟料、石化等生产线涉及的炉窑填报 G103-3 表、G103-4 表、G103-5 表、G103-6 表、G103-7 表、G103-8 表、G103-9 表，除此之外，其他炉窑填报本表。

炉窑类型　指相应炉窑的类型，按表 1 填报。

表 1　工业炉窑类别代码

代码	工业炉窑类别	代码	工业炉窑类别
01	熔炼炉	10	热处理炉
02	熔化炉	11	烧成窑
03	加热炉	12	干燥炉（窑）
04	管式炉	13	熔煅烧炉（窑）
05	接触反应炉	14	电弧炉
06	裂解炉	15	感应炉（高温冶炼）
07	电石炉	16	焚烧炉
08	煅烧炉	17	煤气发生炉
09	沸腾炉	18	其他工业炉窑

炉窑编号　指普查对象对相应炉窑的编号。有排污许可证的企业，按照排污许可证载明的编号填报，没有发放排污许可证的企业按照《排污单位编码规则》（HJ 608—2017），对炉窑进行编号，不同炉窑编号不得重复。

炉窑规模　指普查对象相应炉窑用于生产某种产品的年生产能力，或在计划期内，该炉窑及其配套设备，在既定的组织技术条件下，所能生产产品产量或加工处理原料的量。

年生产时间　指普查对象 2017 年度相应炉窑的实际正常生产小时数。

燃料消耗量　指普查对象 2017 年度用作相应炉窑生产所消耗的燃料量。

其他燃料消耗总量　指相应机组除本表中填报的两种燃料外的其他燃料总的消耗量，均需按相应的折标系数折合为标准煤填报消耗量。

产品名称、产量、计量单位　指普查对象 2017 年度使用相应炉窑进行生产的产品名称、计量单位、年实际产量。有多种产品的，选择最具代表性的产品填报，产品名称、计量单位按照生态环境部第二次全国污染源普查工作办公室提供的附录（四）工业行业污染核算用主要产品、原料、生产工艺分类目录选取填报。

原料名称、用量、计量单位　指普查对象 2017 年度使用相应炉窑消耗的原料的名称、计量单位、年实际用量，有多种原料的，选择最具代表性的原料填报，原料名称、计量单位按照生态环境部第二次全国污染源普查工作办公室提供的附录（四）工业行业污染核算用主要产品、原料、生产工艺分类目录选取填报。

治理设施及污染物产生排放情况　有多个排放口，且治理设施有多套的，填写排放量占比最大的排放口的污染治理设施情况，但排放量要填写相应炉窑所有排放口和无组织排放的排放量。

《钢铁与炼焦企业炼焦废气治理与排放情况》(G103-3 表)

表 1　钢铁企业炼焦、烧结球团、炼铁、炼钢生产线涵盖排放源范围

生产线	涵盖范围
炼焦	精煤破碎、焦炭破碎、筛分、转运设施
	装煤地面站
	推焦地面站
	焦炉烟囱（含焦炉烟气尾部脱硫、脱硝设施）
	干法熄焦地面站
	粗苯管式炉、半焦烘干和氨分解炉等燃用焦炉煤气的设施
	冷鼓、库区焦油各类贮槽
	苯贮槽
	脱硫再生塔
	硫铵结晶干燥
烧结	配料设施、整粒筛分设施
	烧结机机头
	烧结机机尾
	破碎设施、冷却设施及其他设施
球团	配料设施
	焙烧设施
	破碎、筛分、干燥及其他设施
炼铁	矿槽
	出铁场
	热风炉
	原料系统、煤粉系统及其他设施
炼钢	转炉二次烟气
	转炉三次烟气
	电炉烟气
	石灰窑、白云石窑焙烧
	铁水预处理（包括倒罐、扒渣等）、精炼炉、钢渣处理设施
	转炉一次烟气、连铸切割及火焰清理及其他设施
	电渣冶金

炼焦炉编号　指普查对象拥有的炼焦炉所对应的编号。有排污许可证的企业，按照排污许可证载明的生产设备编号填报，没有发放排污许可证的企业按照《排污单位编码规则》(HJ 608—2017)，对生产设备进行编号，不同设备编号不得重复。

炼焦炉型　按 1.热回收焦炉，2.顶装机焦炉，3.捣固侧装机焦炉，4.（兰炭）炭化炉，选择填报。

熄焦工艺　相应炼焦炉所使用的熄焦工艺。按 1.干法熄焦，2.湿法熄焦，选择填报。

炭化室高度　相应炼焦炉对应炭化室的高度。

年生产时间　指相应炼焦炉在 2017 年实际正常生产的小时数。

煤炭消耗量　指炼焦过程中用作原料的煤炭消耗量。

焦炭产量　指 2017 年度普查对象相应炼焦炉实际产出的焦炭量。

硫酸、硫黄、煤气、煤焦油产量　指 2017 年度相应炼焦炉实际产出的硫酸、硫黄、煤气、煤焦油的量。

焦炉烟囱排放口　指焦炉烟囱排放口，含焦炉烟气尾部脱硫、脱硝设施排放口。

装煤地面站排放口　指装煤地面站废气排放口。

推焦地面站排放口　指推焦地面站废气排放口。

干法熄焦地面站排放口　指干法熄焦地面站废气排放口。

一般排放口及无组织　指除焦炉烟囱、装煤地面站、推焦地面站、干法熄焦地面站排放口以外炼焦生产的其他废气排放口。

《钢铁企业烧结/球团废气治理与排放情况》（G103-4 表）

设备规模　指普查对象相应设备的有效烧结面积，以烧结机/球团机台车宽度与有效长度的乘积值表示。

燃料类型　指相应烧结机/球团机的燃料类型。可选择 1.焦粉，2.煤粉，3.其他。

铁矿石消耗量　指 2017 年度相应烧结机用于生产烧结矿/球团矿所实际消耗的铁矿石量。

铁矿石含硫量　指 2017 年度相应烧结机用于生产烧结矿/球团矿所实际消耗的铁矿石含硫量的加权平均值。

烧结矿产量、球团矿产量　指 2017 年度相应烧结机及球团生产线等实际生产的烧结矿、球团矿。

烧结机头（球团单元焙烧）排放口　指烧结单元烧结机头废气排放口（或球团单元焙烧烟气烟囱排放口）。

烧结机尾排放口　指烧结机尾废气排放口。

一般排放口及无组织　指除烧结机头（球团单元焙烧）、烧结机尾排放口以外，烧结/球团生产过程的其他废气排放口。

《钢铁企业炼铁生产废气治理与排放情况》（G103-5 表）

高炉容积　指相应高炉的炉内容积。

生铁产量　指 2017 年度相应高炉实际生产的铁水产量。

高炉矿槽排放口　指炼铁单元高炉矿槽废气排放口。

高炉出铁场排放口　指炼铁单元高炉出铁场废气排放口。

一般排放口及无组织　指除高炉矿槽、高炉出铁场排放口以外，炼铁生产的其他废气排放口。

《钢铁企业炼钢生产废气治理与排放情况》(G103-6 表)

设备类型 指 2017 年度普查对象进行炼钢生产的设备类型,可选择 1.氧气转炉炼钢,2.电弧炉炼钢,3.其他(请注明)。

粗钢产量 指 2017 年度相应设备生产的各类钢坯产量。钢坯指铁水经过加工、添加合金、碳元素浇注成型后的产品。

转炉二次烟气排放口 指炼钢单元转炉二次烟气排放口。

电炉烟气排放口 指炼钢单元电炉烟气排放口。

一般排放口及无组织 指除转炉二次烟气、电炉烟气排放口以外，炼钢生产的其他废气排放口。

《水泥企业熟料生产废气治理与排放情况》（G103-7 表）

熟料生产线　指生料制备、熟料煅烧一系列设备组成的生产线，不包括矿山采矿、水泥粉磨包装设施，包括利用水泥窑协同处置固体废物的旁路和存储、预处理设施。

设备编号　指普查对象用于生产熟料的炉窑所对应的编号。有排污许可证的企业，按照排污许可证载明的生产设备编号填报，没有发放排污许可证的企业按照《排污单位编码规则》（HJ 608—2017），对生产设备进行编号，不同设备编号不得重复。

设备类型　指普查对象生产使用的水泥窑类型。水泥煅烧窑按照其窑体安装放置状态分为两大类：一类是窑筒体水平卧置（略带斜度），并能作回转运动的称为回转窑（也称旋窑）。根据原料制备的方法不同回转窑可分为干法回转窑和湿法回转窑两种。新型干法回转窑指以悬浮预热和预分解为核心并广泛应用原料矿山网络化开采、原料预均化、生料均化、挤压磨粉等技术的水泥干法生产线。另一类窑筒体是立置不转动的称为立窑。我国目前使用的立窑有两种：一种是人工加料和人工卸料的普通立窑；另一种是通过机械加料和卸料连续操作的机械立窑。按表 1 填报水泥窑类型名称及代码。

表 1　水泥窑类型

大类	中类	小类	类别名称
10			回转窑
	11		干法回转窑
		111	新型干法回转窑
		112	其他回转窑
	12		湿法回转窑
20			立窑
	21		普通立窑
	22		机械立窑

设备年运行时间　指普查对象相应炉窑在 2017 年实际正常生产的小时数。

生产能力　指在计划期内，普查对象相应的水泥煅烧窑及其配套设备在既定的组织技术条件下所能生产水泥熟料的量。

煤炭消耗量　指普查对象 2017 年度相应生产设备的燃料消耗量。

石灰石用量　指普查对象相应生产线 2017 年度用于生产熟料的石灰石用量。

熟料产量　指普查对象相应生产线在 2017 年度烧成的熟料；不含从外部购进的商品熟料。

窑尾排放口　指水泥窑及窑尾余热利用系统烟囱排放口。

窑头排放口　指冷却机烟囱排放口。

一般排放口及无组织　指熟料生产线中除窑尾排放口和窑头排放口以外的其他废气排放口和所有无组织源。

排放口编号　指与相应设备所对应的排放口的编号。有排污许可证的企业，按照排污许可证载明的废气排放口编号填报，没有发放排污许可证的企业按照《排污单位编码规则》（HJ 608—2017），对废气排放口进行编号，不同排放口编号不得重复。

排放口地理坐标　指普查对象相应生产设施废气主要排放口地理位置的经、纬度。

排放口高度　指相应排放口的离地高度。

是否采用低氮燃烧技术　按照 2017 年年末相应的治理设施是否采用了低氮燃烧技术，选择“是”或“否”。

《石化企业工艺加热炉废气治理与排放情况》（G103-8 表）

本表仅限于石化企业填报，石化行业范围为执行《石油化学工业污染物排放标准》（GB 31571—2015）和《石油炼制工业污染物排放标准》（GB 31570—2015）的工业企业。

工艺加热炉　指用燃料燃烧加热管内流动的液体或气体物料的设备。

加热炉编号　指普查对象 2017 年度对相应工艺加热炉的编号。有排污许可证的企业，按照排污许可证载明的编号填报，没有发放排污许可证的企业按照《排污单位编码规则》（HJ 608—2017），对工艺加热炉进行编号，不同工艺加热炉编号不得重复。

加热炉规模　指相应加热炉的设计规模。

热效率　被加热物料吸收的有效热量与燃料燃烧放出总热量之比。

炉膛平均温度　指炉膛内辐射室火焰或热烟气的平均温度。

年生产时间　指普查对象的相应加热炉 2017 年度的实际正常生产小时数。

燃料消耗量　指普查对象 2017 年度用作相应加热炉生产所消耗的燃料量。

治理设施及污染物产生排放情况　有多个排放口，且治理设施有多套的，填写排放量占比最大的排放口的污染治理设施情况，但排放量要填写相应加热炉所有排放口和无组织排放的排放量。

是否采用低氮燃烧技术　按照 2017 年年末相应的治理设施是否采用了低氮燃烧技术，选择“是”或“否”。

《石化企业生产工艺废气治理与排放情况》(G103-9 表)

本表仅限于石化企业填报，石化行业范围为执行《石油化学工业污染物排放标准》(GB 31571—2015)和《石油炼制工业污染物排放标准》(GB 31570—2015)的工业企业。

生产工艺废气　指石化企业生产过程中除工艺加热炉以外，其他生产装置产生的废气。

装置编号　指普查对象对相应生产装置的编号。有排污许可证的企业，按照排污许可证载明的编号填报，没有发放排污许可证的企业按照《排污单位编码规则》(HJ 608—2017)，对生产装置进行编号，不同生产装置编号不得重复。

生产能力　指在计划期内，企业（或某生产线）参与生产的全部设备（包括主要生产设备、辅助生产设备、起重运输设备、动力设备及有关的厂房和生产用建筑物等)，在既定的组织技术条件下，所能生产的产品数量，或者能够处理的原材料数量。保留整数。

生产能力的计量单位　生产能力的计量单位按照生态环境部第二次全国污染源普查工作办公室提供的附录（四）工业行业污染核算用主要产品、原料、生产工艺分类目录选取填报。

产品、原料名称　根据生态环境部第二次全国污染源普查工作办公室提供的附录（四）工业行业污染核算用主要产品、原料、生产工艺分类目录，选择用于污染物产生量或排放量核算的生产工艺、产品和原料名称。

产品产量的计量单位　指 2017 年相应装置中相应产品的年实际生产量。产品产量计量单位按照生态环境部第二次全国污染源普查工作办公室提供的附录（四）工业行业污染核算用主要产品、原料、生产工艺分类目录中的计量单位选取。

原料用量的计量单位　指 2017 年相应装置中相应原料的年实际使用量。原料用量计量单位按照生态环境部第二次全国污染源普查工作办公室提供的附录（四）工业行业污染核算用主要产品、原料、生产工艺分类目录提供的计量单位选取。

脱硫、脱硝、除尘、挥发性有机物处理设施编号　有排污许可证的企业，按照排污许可证载明的脱硫、脱硝、除尘、挥发性有机物处理设施编号填报，没有发放排污许可证的企业按照《排污单位编码规则》(HJ 608—2017)，对脱硫、脱硝、除尘、挥发性有机物处理设施自行编号，不同设施编号不得重复。

脱硫、脱硝、除尘、挥发性有机物处理工艺　指相应的脱硫、脱硝、除尘、挥发性有机物处理所采用的工艺名称。两种及以上处理工艺组合使用的，每种工艺均需填报，按照处理设施的先后次序填报。工艺名称和代码按附录（五）指标解释通用代码表中表 5 代码填报。

脱硫、脱硝、除尘、去除挥发性有机物效率　指 2017 年度相应的脱硫、脱硝、除尘、挥发性有机物处理工艺设施实际的污染物去除效率。根据相应设施的进口和出口污染物排放量或平均浓度计算去除效率，无进口污染物平均浓度的可应用产排污系数法计算产生量，用于计算去除效率。

脱硫、脱硝、除尘、挥发性有机物处理设施年运行时间　指 2017 年度相应的脱硫、脱硝、除尘、挥发性有机物处理设施实际运行小时数。

脱硫剂、脱硝剂名称、使用量 指 2017 年度相应的脱硫、脱硝设施运行时使用的药剂名称及其使用量。

工业废气排放量 指 2017 年度普查对象排入空气中含有污染物的气体总量，以标态体积计。

废气污染物产生量 指 2017 年度普查对象相应生产装置生产过程中产生的未经过处理的废气中所含的污染物的质量。废气污染物种类包括二氧化硫、氮氧化物、颗粒物、挥发性有机物、氨，以及废气中砷、铅、镉、铬、汞。

颗粒物产生量指生产过程中产生的未经过处理的废气中所含的烟尘及工业粉尘的总质量。烟尘是指通过燃烧煤、石煤、柴油、木柴、天然气等产生的烟气中的尘粒。通过有组织排放的，俗称烟道尘。工业粉尘指在生产工艺过程中排放的能在空气中悬浮一定时间的固体颗粒。如钢铁企业耐火材料粉尘、焦化企业的筛焦系统粉尘、烧结机的粉尘、石灰窑的粉尘、建材企业的水泥粉尘等。

废气重金属产生量指普查对象生产过程中产生的未经过处理的废气中分别所含的砷、铅、镉、铬、汞及其化合物的各自总质量（以元素计）。

废气污染物排放量 指 2017 年度普查对象在生产过程中排入大气的废气污染物的质量，包括有组织和无组织排放量。废气重金属排放量指排入大气的砷、铅、镉、铬、汞及其化合物的总质量（以元素计）。

全厂动静密封点个数 指全厂内涉挥发性有机物物料（VOCs 质量分数大于或等于 10%的物料）的泵、压缩机、搅拌器、阀门、泄压设备、开口管线、法兰、连接件及其他，共 9 大类的总个数。

全厂动静密封点挥发性有机物产生量和排放量 开展过设备泄漏检测与修复（LDAR）工作的工业企业，可按照 2017 年实际产生量和排放量填报。

敞开式循环水冷却塔年循环水量 指工业企业敞开式循环水冷却塔年循环水量。

敞开式循环水冷却塔挥发性有机物产生量和排放量 指工业企业敞开式循环水冷却塔年循环水挥发性有机物产生量和排放量。

《工业企业有机液体储罐、装载信息》(G103-10 表)

以下表 1 内所列行业的工业企业本报表必填。

表 1 涉有机液体储罐、装载主要行业

序号	行业类别代码	行业类别名称	序号	行业类别代码	行业类别名称
01	2511	原油加工及石油制品制造	07	2619	其他基础化学原料制造
02	2519	其他原油制造	08	2621	氮肥制造
03	2521	炼焦	09	2631	化学农药制造
04	2522	煤制合成气生产	10	2652	合成橡胶制造
05	2523	煤制液体燃料生产	11	2653	合成纤维单（聚合）体制造
06	2614	有机化学原料制造	12	2710	化学药品原料药制造

物料名称　指相应储罐储存的有机液体物料的名称，参照表 2 的分类名称填报。如无相关对应物质，则填入“其他（物质名称）”；如储罐内物料为混合物，可填报混合物主体物质或含量最高的物料。

表 2 储罐、装载的有机液体物料名称

代码	物料名称	代码	物料名称	代码	物料名称
01	原油	17	正壬烷	33	甲酸甲酯
02	重石脑油	18	正癸烷	34	乙酸乙酯
03	柴油	19	甲醇	35	丁酸乙酯
04	烷基化油	20	乙醇	36	丙酮
05	抽余油	21	正丁醇	37	苯
06	蜡油	22	环己醇	38	甲苯
07	渣油	23	乙二醇	39	邻二甲苯
08	污油	24	丙三醇	40	间二甲苯
09	燃料油	25	二乙苯	41	对二甲苯
10	汽油	26	苯酚	42	丙苯
11	航空汽油	27	苯乙烯	43	乙苯
12	轻石脑油	28	醋酸	44	正丙苯
13	航空煤油	29	正丁酸	45	异丙苯
14	正己烷	30	丙烯酸	46	MTBE
15	正庚烷	31	丙烯腈	47	乙二胺
16	正辛烷	32	醋酸乙烯	48	三乙胺

储罐类型　指相应储罐根据结构的不同所属的具体类型。按照 1.固定顶罐，2.内浮顶罐，3.外浮顶罐。卧式罐、方形罐按照固定顶罐填写，不统计压力储罐，分类填报。

储罐容积　指所能容纳有机液体的体积，可根据储罐设计指标填报。

储存温度　指储罐内储存物料实际储存的温度平均值（精确到个位数）。对于需伴热储存的物料，填报储存期间该储罐伴热温度的平均值；如为工艺生产中间罐储存的物料，可参考前序生产装置物料产出温度填报储罐温度；其他情况下，常温储存物料，按照该地区常年平均气温填报储罐温度。

物料年周转量　指相应储罐在 2017 年度进入储罐储存的有机液体物料的累计总量。

年装载量　指相应物料 2017 年度在普查对象厂区内装载量。

汽车/火车装载方式　指有机液体采用汽车/火车运输时的装载方式。可选择 1.液下装载，2.底部装载，3.喷溅式装载，4.桶装，5.其他。

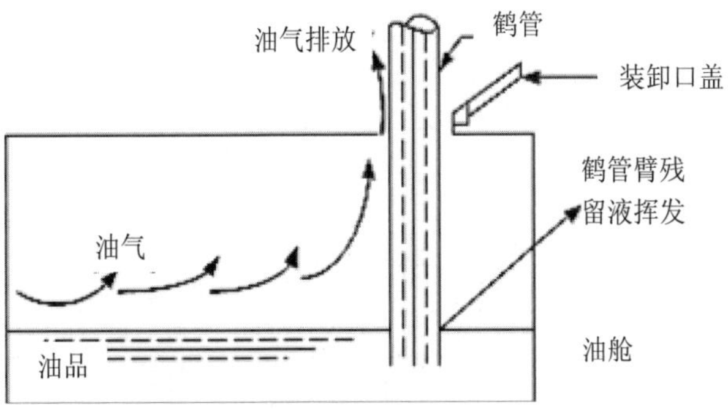

液下装载（示意图）

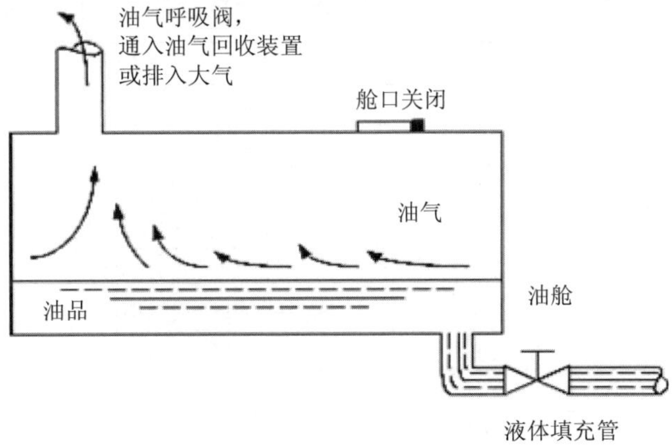

底部装载（示意图）

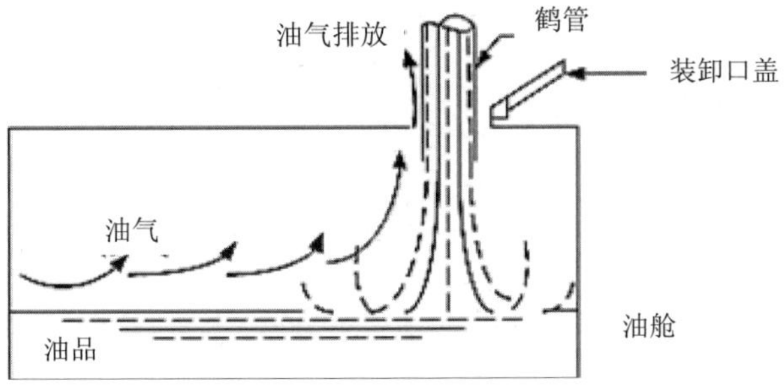

喷溅式装载（示意图）

船舶装载方式　指装载有机液体的船舶类型。可选择 1.轮船，2.驳船，3.远洋驳船。

挥发性有机物处理工艺　指减少控制有机液体物料装载过程逸散排放的挥发性有机物废气的处理工艺。按附录（五）指标解释通用代码表中表 5 代码填报。

挥发性有机物产生量　指 2017 年度普查对象相应有机液体储罐使用过程中产生的未经过处理的废气中所含的挥发性有机物的质量。

挥发性有机物排放量　指 2017 年度普查对象相应有机液体储罐使用过程中排入大气的挥发性有机物的质量。

《工业企业含挥发性有机物原辅材料使用信息》（G103-11 表）

以下表 1 内行业本报表必填。

表 1　填报含挥发性有机物原辅材料使用信息普查表的行业

序号	行业代码	行业类别名称	序号	行业代码	行业类别名称
01	1713	棉印染精加工	27	3130	钢延压加工
02	1723	毛染整精加工	28	3311	金属结构制造
03	1733	麻染整精加工	29	3331	集装箱制造
04	1743	丝印染精加工	30	3511	矿山机械制造
05	1752	化纤织物染整精加工	31	3512	石油钻采专用设备制造
06	1762	针织或钩针编织物印染精加工	32	3513	深海石油钻探设备制造
07	1951	纺织面料鞋制造	33	3514	建筑工程用机械制造
08	1952	皮鞋制造	34	3515	建筑材料生产专用机械制造
09	1953	塑料鞋制造	35	3516	冶金专用设备制造
10	1954	橡胶鞋制造	36	3517	隧道施工专用机械制造
11	1959	其他制鞋业	37	3611	汽柴油车整车制造
12	2021	胶合板制造	38	3612	新能源车整车制造
13	2022	纤维板制造	39	3630	改装汽车制造
14	2023	刨花板制造	40	3640	低速汽车制造
15	2029	其他人造板制造	41	3650	电车制造
16	2110	木质家具制造	42	3660	汽车车身、挂车制造
17	22	造纸和纸制品业	43	3670	汽车零部件及配件制造
18	23	印刷和记录媒介复制行业	44	3731	金属船舶制造
19	2631	化学农药制造	45	3732	非金属船舶制造
20	2632	生物化学农药及微生物农药制造	46	3733	娱乐船和运动船制造
21	2710	化学药品原料药制造	47	3734	船用配套设备制造
22	2720	化学药品制剂制造	48	3735	船舶改装
23	2730	中药饮片加工	49	38	电气机械和器材制造业
24	2740	中成药生产	50	39	计算机、通信和其他电子设备制造业
25	2750	兽用药品制造	51	40	仪器仪表制造业
26	2761	生物药品制造			

含挥发性有机物的原辅材料类别　指普查对象 2017 年度使用的含有挥发性有机物的原辅材料的类别。按照 1.涂料，2.油墨，3.胶黏剂，4.稀释剂，5.清洗剂，6.溶剂，7.其他有机溶剂（包括涂布液、润版液、洗车水、助焊剂、除油剂等，请注明），分类填报类别名称。

含挥发性有机物的原辅材料名称及代码　指普查对象使用的含有挥发性有机物的原辅材料的名称。溶剂、清洗剂、稀释剂只需参考下表名称（包括但不限于），无须在普查表中明确具体名称。可参照表 2 选择填报，如无可对应名称，则填入“其他”。

表 2　含挥发性有机物的原辅材料类别及物料名称

代码	有机溶剂类别	名称	代码	有机溶剂类别	名称
V01	涂料	环氧富锌漆	V37	油墨	溶剂型凹版油墨
V02	涂料	环氧漆	V38	油墨	水性凸版油墨
V03	涂料	环氧面漆	V39	油墨	溶剂型凸版油墨
V04	涂料	丙烯酸面漆	V40	油墨	水性孔版油墨
V05	涂料	氯化橡胶面漆	V41	油墨	溶剂型孔版油墨
V06	涂料	聚氨酯面漆	V42	油墨	喷墨墨水
V07	涂料	沥青底架漆	V43	油墨	UV 油墨
V08	涂料	改性环氧底架漆	V44	胶黏剂	PVAc 及共聚物乳液水基胶黏剂
V09	涂料	水性环氧富锌漆	V45	胶黏剂	VAE 乳液水基型胶黏剂
V10	涂料	水性环氧漆	V46	胶黏剂	聚丙烯酸酯乳液水基型胶黏剂
V11	涂料	水性丙烯酸漆	V47	胶黏剂	聚氨酯类水基型胶黏剂
V12	涂料	水性环氧面漆	V48	胶黏剂	聚丙烯酸酯类溶剂型胶黏剂
V13	涂料	水性丙烯酸面漆	V49	胶黏剂	氯丁橡胶类溶剂型胶黏剂
V14	涂料	水性聚氨酯面漆	V50	胶黏剂	丁苯胶乳类胶黏剂
V15	涂料	硝基涂料（NC）	V51	稀释剂	天那水
V16	涂料	酸固化涂料（AC）	V52	稀释剂	乙醇
V17	涂料	不饱和树脂涂料（PE）	V53	稀释剂	甲苯
V18	涂料	聚氨酯中涂漆	V54	稀释剂	开油水
V19	涂料	电泳漆	V55	稀释剂	异佛尔酮
V20	涂料	醇酸漆	V56	清洗剂	甲醇
V21	涂料	环氧防腐油漆	V57	清洗剂	乙醇
V22	涂料	聚氨酯防腐油漆	V58	清洗剂	石油醚
V23	涂料	丙烯酸防腐油漆	V59	清洗剂	乙醚
V24	涂料	溶剂型三防漆	V60	清洗剂	丙酮
V25	涂料	UV 固化三防漆	V61	清洗剂	苯类
V26	涂料	聚氨酯三防漆	V62	溶剂	苯
V27	涂料	有机硅三防漆	V63	溶剂	二甲苯
V28	油墨	溶剂型油墨	V64	溶剂	丁酮
V29	油墨	植物大豆油墨	V65	溶剂	苯乙烯
V30	油墨	UV 固化油墨	V66	溶剂	丙烯酸
V31	油墨	醇溶性油墨	V67	溶剂	乙酸乙酯
V32	油墨	水性油墨	V68	溶剂	丙烯酸酯
V33	油墨	溶剂型平版油墨	V69	其他有机溶剂	有机酸助焊剂
V34	油墨	植物大豆平版油墨	V70	其他有机溶剂	松香助焊剂
V35	油墨	水性平版油墨	V71	其他有机溶剂	溶剂型除油剂
V36	油墨	水性凹版油墨	V72	其他有机溶剂	水基型除油剂

含挥发性有机物的原辅材料品牌及代码　指 2017 年度相应原辅材料的品牌，仅涂料、油墨、胶黏剂填入品牌，可按表 3 选择，如无可对应名称，则填入“其他”。

含挥发性有机物的原辅材料使用量　指 2017 年度相应原辅材料的使用量。

挥发性有机物处理工艺　指减少控制有机液体物料装载过程逸散排放的挥发性有机物废气的处理工艺。按附录（五）指标解释通用代码表中表 5 代码填报。

表 3　含挥发性有机物的原辅材料品牌

代码	品牌	代码	品牌	代码	品牌
PP01	中远关西涂料化工	PP25	佳鹰	PP49	东洋
PP02	中涂化工	PP26	瑞思特	PP50	上海牡丹
PP03	海虹老人涂料	PP27	科德	PP51	立宝
PP04	天津德威涂料	PP28	泰丽	PP52	江苏中润
PP05	金刚化工	PP29	都芳	PP53	广东天龙
PP06	立邦漆	PP30	来威	PP54	杭华
PP07	多乐士	PP31	光明	PP55	珠海乐通
PP08	嘉宝莉	PP32	灯塔	PP56	苏州科斯伍德
PP09	三棵树	PP33	湘江漆	PP57	中山恒美
PP10	华润漆	PP34	大桥	PP58	乐通
PP11	百事得	PP35	威士伯	PP59	苏州科斯伍德
PP12	数码彩	PP36	永新	PP60	天津东洋
PP13	恒美	PP37	KCC	PP61	富乐
PP14	君子兰	PP38	佐敦	PP62	国胶
PP15	紫荆花	PP39	兰陵	PP63	德莎
PP16	施彩乐	PP40	双虎	PP64	永乐
PP17	PPG	PP41	宣伟	PP65	西卡
PP18	菊花漆	PP42	中益	PP66	成铭
PP19	金力泰	PP43	洋紫荆	PP67	永大
PP20	新华丽	PP44	美宁	PP68	3 M
PP21	恒隆	PP45	美吉	PP69	赢创
PP22	飞扬	PP46	杜比	PP70	道康宁
PP23	后浪	PP47	正鸿高科		
PP24	Chiboom	PP48	百利宝		

挥发性有机物收集方式　指挥发性有机物经收集进入处理设施的具体方式，从以下 5 种中选择其一：

1．密闭管道：挥发性有机物通过密闭管道直接排入处理设施。

2．密闭空间：挥发性有机物在密闭空间区域内无组织排放，但通过抽风设施排入处理设施，无组织排放区域处于负压操作状态，并设有压力监测器。

3．排气柜：挥发性有机物在非密闭空间区域内无组织排放，但通过抽风设施排入处理设施，且采用集气柜作为废气收集系统。

4．外部集气罩：挥发性有机物在非密闭空间区域内无组织排放，但通过抽风设施排入处理设施，且采用外部吸（集、排）气罩作为废气收集系统。

5．其他收集方式：除上述 4 种方式以外的其他方式。

挥发性有机物产生量　指 2017 年度普查对象相应挥发性有机物使用过程中产生的未经过处理的废气中所含的挥发性有机物的质量。

挥发性有机物排放量　指 2017 年度普查对象挥发性有机物使用过程中排入大气的挥发性有机物的质量。

《工业企业固体物料堆存信息》（G103-12 表）

堆场编号　指普查对象至 2017 年年末用于堆存固体物料的固定场所对应的编号。

堆场类型　指相应堆场堆放料堆的方式。可选择 1.敞开式堆放，2.密闭式堆放，3.半敞开式堆放，4.其他（请注明）。

堆存物料　指相应堆场堆放的具体固体物料。可以选择 01.煤炭（非褐煤），02.褐煤，03.煤矸石，04.碎焦炭，05.石油焦，06.铁矿石，07.烧结矿，08.球团矿，09.块矿，10.混合矿石，11.尾矿，12.石灰岩，13.陈年石灰石，14.各种石灰石产品，15.芯球，16.表土，17.炉渣，18.烟道灰，19.油泥，20.污泥，21.含油碱渣。

堆存物料类型　可选择 1.中间产品，2.原料，3.产品，4.其他（请注明）。

占地面积、最高高度、日均存储量　指相应堆场的占地面积、料堆的最高高度以及堆场 2017 年度平均每日堆放量。

物料最终去向　按照 1.成品外送，2.中间料参与反应，3.其他（请注明），分类填报物料最终去向。

年物料运载车次、单车平均运载量　指 2017 年度相应堆场物料运载的车次数和平均每一车的物料运载量。

粉尘控制措施　指相应堆场采取的粉尘排放控制措施。按照 1.洒水，2.围挡，3.化学剂，4.编织布覆盖，5.出入车辆冲洗，6.其他，分类填报。

粉尘、挥发性有机物产生量　指 2017 年度普查对象相应堆场产生的未经过处理的废气中所含的粉尘、挥发性有机物的质量。

粉尘、挥发性有机物排放量　指 2017 年度普查对象相应堆场排入大气的粉尘、挥发性有机物的质量。

《工业企业其他废气治理与排放情况》(G103-13 表)

有 G103-1 至 G103-12 以外其他废气的，填报本表。

产品名称　指该表中产生废气及废气污染物涉及的产品名称，最多填 3 项主要产品。产品名称根据生态环境部第二次全国污染源普查工作办公室提供的附录（四）工业行业污染核算用主要产品、原料、生产工艺分类目录填报。

产品产量　指调查年度内，该产品的年实际产生量。

原料名称　指该表中产生废气及废气污染物涉及的原料名称，最多填 3 项主要原料。原料名称根据生态环境部第二次全国污染源普查工作办公室提供的附录（四）工业行业污染核算用主要产品、原料、生产工艺分类目录填报。

原料用量　指调查年度内，该原料的年实际消耗量。

厂内移动源　指厂内自用，未在公安交通管理部门登记的机动车和移动机械。

保有量　指相同类型的厂内移动车辆的保有数量。

柴油消耗量　指 2017 年度厂内移动车辆的柴油消耗量。

废气治理设施数　指调查年度普查对象用于减少排向大气的污染物或对污染物加以回收利用的废气治理设施总数，包括脱硫、脱硝、除尘、去除挥发性有机物、去除氨的废气治理设施。已报废的设施不统计在内，备用纳入统计并计数。

工业废气排放量　指 2017 年度普查对象排入空气中含有污染物的气体总量，以标态体积计。

废气污染物产生量　指 2017 年度普查对象相应生产线生产过程中产生的未经过处理的废气中所含的污染物的质量。废气污染物种类包括二氧化硫、氮氧化物、颗粒物、挥发性有机物、氨，以及废气中砷、铅、镉、铬、汞。

颗粒物产生量指生产过程中产生的未经过处理的废气中所含的烟尘及工业粉尘的总质量。烟尘是指通过燃烧煤、石煤、柴油、木柴、天然气等产生的烟气中的尘粒。通过有组织排放的，俗称烟道尘。工业粉尘指在生产工艺过程中排放的能在空气中悬浮一定时间的固体颗粒。如钢铁企业耐火材料粉尘、焦化企业的筛焦系统粉尘、烧结机的粉尘、石灰窑的粉尘、建材企业的水泥粉尘等。

废气重金属产生量指普查对象生产过程中产生的未经过处理的废气中分别所含的砷、铅、镉、铬、汞及其化合物的总质量（以元素计）。

废气污染物排放量　指 2017 年度普查对象在生产过程中排入大气的废气污染物的质量，包括有组织和无组织排放量。废气重金属排放量指排入大气的砷、铅、镉、铬、汞及其化合物的总质量（以元素计）。

《工业企业一般工业固体废物产生与处理利用信息》（G104-1 表）

一般工业固体废物　指在工业生产活动中产生的除危险废物以外的丧失原有利用价值或者虽未丧失利用价值但被抛弃或者放弃的、固态、半固态和置于容器中的气态的物品、物质以及法律、行政法规规定纳入固体废物管理的物品、物质。

一般工业固体废物根据其性质分为两种：

（1）第Ⅰ类一般工业固体废物按照固体废物鉴别标准及技术规范进行浸出试验而获得的浸出液中，任何一种污染物的浓度均未超过 GB 8978 最高允许排放浓度，且 pH 在 6～9 范围之内的一般工业固体废物；

（2）第Ⅱ类一般工业固体废物按照固体废物鉴别标准及技术规范进行浸出试验而获得的浸出液中，有一种或一种以上的污染物浓度超过 GB 8978 最高允许排放浓度，或者 pH 在 6～9 范围之外的一般工业固体废物。

一般工业固体废物名称、代码　按表 1 填报一般工业固体废物所对应的名称及代码。

表 1　一般工业固体废物名称和代码

代码	名称	代码	名称
SW01	冶炼废渣	SW06	脱硫石膏
SW02	粉煤灰	SW07	污泥
SW03	炉渣	SW09	赤泥
SW04	煤矸石	SW10	磷石膏
SW05	尾矿	SW99	其他废物

一般工业固体废物产生量　指 2017 年度普查对象实际产生的一般工业固体废物的量。

一般工业固体废物综合利用量　指 2017 年度普查对象通过回收、加工、循环、交换等方式，从固体废物中提取或者使其转化为可以利用的资源、能源和其他原材料的固体废物量（包括当年利用的往年工业固体废物累计贮存量），如用作农业肥料、生产建筑材料、筑路等。包括本单位综合利用或委托给外单位综合利用的量。

自行综合利用量　指普查对象在 2017 年度利用自建综合利用设施或生产工艺自行综合利用一般工业固体废物的量。

综合利用往年贮存量　指普查对象在 2017 年度对往年贮存的工业固体废物进行综合利用的量。原则上，普查对象实际综合利用、处置量之和超过产生量时，方考虑综合利用、处置往年贮存量。

一般工业固体废物处置量　指 2017 年度普查对象将工业固体废物焚烧和用其他改变工业固体废物的物理、化学、生物特性的方法，达到减少或者消除其危险成分的活动，或者将工业固体废物最终置于符合环境保护规定要求的填埋场的活动中，所消纳固体废物的量（包括当年处置的往年工业固体废物累计贮存量）。包括本单位处置或委托给外单位处置的量。

自行处置量 指普查对象在 2017 年度利用自建贮存处置设施（或场所）自行处置一般工业固体废物的量。

处置往年贮存量 指普查对象在 2017 年度对往年贮存的工业固体废物进行处置的量。原则上，综合利用、处置量之和超过产生量时，方考虑综合利用、处置往年贮存量。

一般工业固体废物贮存量 指截至 2017 年年末，普查对象以综合利用或处置为目的，将固体废物暂时贮存或堆存在专设的贮存设施或专设的集中堆存场所内的量。粉煤灰、钢渣、煤矸石、尾矿等的贮存量是指排入灰场、渣场、矸石场、尾矿库等贮存的量。专设的固体废物贮存场所或贮存设施指符合环保要求的贮存场，即选址、设计、建设符合《一般工业固体废物贮存、处置场污染控制标准》（GB 18599—2001）等相关环保法律法规要求，具有防扩散、防流失、防渗漏、防止污染大气和水体措施的场所和设施。

一般工业固体废物倾倒丢弃量 指 2017 年度普查对象将所产生的固体废物倾倒或者丢弃到固体废物污染防治设施、场所以外的量。

一般工业固体废物贮存处置场 指将一般工业固体废物置于符合《一般工业固体废物贮存、处置场污染控制标准》（GB 18599—2001）规定的永久性的集中堆放场所。如用于接纳粉煤灰、钢渣、煤矸石、尾矿等固体废物的灰场、渣场、矸石场、尾矿库等。

处置场设计容量和处置场设计处置能力 普查对象根据贮存处置场建设环境影响评价报告中设计容量和年设计处置能力填报。

处置场已填容量 指截至 2017 年年底处置场已填固体废物的量。

尾矿库环境风险等级及划定年份 企业自行或者委托相关技术机构按照《尾矿库环境风险评估技术导则（试行）》（HJ 740—2015）划定的尾矿库环境风险等级。

综合利用方式 填写 1.金属材料回收，2.非金属材料回收，3.能量回收，4.其他方式。

综合利用能力 指在计划期内，企业（或某生产线）参与废物综合利用的全部设备和构筑物，在既定的组织技术条件下，所能加工利用的废物的量。普查对象按设施设计的综合利用（或处理）能力填报。

本年实际综合利用量 指 2017 年全年普查对象该设施的实际综合利用量。

《工业企业危险废物产生与处理利用信息》（G104-2 表）

危险废物名称　指 2017 年度普查对象涉及的列入国家危险废物名录或者根据国家规定的危险废物鉴别标准和鉴别方法认定的，具有爆炸性、易燃性、反应性、毒性、腐蚀性、易传染性疾病等危险特性之一的废物（医疗废物属于危险废物）。按《国家危险废物名录》（2016 版）填报。

危险废物代码　指 2017 年度普查对象实际产生的危险废物所对应的代码。按《国家危险废物名录》（2016 版）中对应的危险废物类别代码填报。

上年年末本单位实际贮存量　指截至 2016 年年末，本单位实际贮存的危险废物的量。

危险废物产生量　指 2017 年度普查对象实际产生的危险废物的量。包括利用处置危险废物过程中二次产生的危险废物的量。

送持证单位量　指 2017 年度普查对象将所产生的危险废物运往持有危险废物经营许可证的单位综合利用、进行处置或贮存的量。危险废物经营许可证根据《危险废物经营许可证管理办法》由相应管理部门审批颁发。

接收外来危险废物量　指普查对象为持有危险废物经营许可证的工业企业（不含危险废物集中式污染治理设施），2017 年度接收的来自外单位的危险废物的量。

自行综合利用量　指 2017 年度普查对象从危险废物中提取物质作为原材料或者燃料的活动中消纳危险废物的量。包括本单位自行综合利用的本单位产生的和接收外单位的危险废物的量。

自行处置量　指 2017 年度普查对象将危险废物焚烧和用其他改变工业固体废物的物理、化学、生物特性的方法，达到减少或者消除其危险成分的活动，或者将危险废物最终置于符合环境保护规定要求的填埋场的活动中，所消纳危险废物的量。包括本单位自行处置的本单位产生和接收外单位危险废物的量。

本年末本单位实际贮存量　指截至 2017 年年末，普查对象将危险废物以一定包装方式暂时存放在专设的贮存设施内的量。专设的贮存设施应符合《危险废物贮存污染控制标准》（GB 18597—2001）等相关环保法律法规要求，具有防扩散、防流失、防渗漏、防止污染大气和水体措施的设施。包括本单位自行贮存的本单位产生的和接收外单位的危险废物量。

综合利用处置往年贮存量　指2017年度普查对象对往年贮存的危险废物进行综合利用和处置的量。

危险废物倾倒丢弃量　指 2017 年度普查对象本单位危险废物未按规定要求综合利用、处置、贮存的量，包括本单位产生的和接受外来的危险废物，不包括送持证单位的危险废物。

填埋场、焚烧装置的详细地址和地理坐标　指普查对象自行建设的填埋处置的填埋场、焚烧装置的详细地址和经纬度。

焚烧装置设施数量　指 2017 年度实际拥有的自行建设运行的危险废物焚烧装置设施总数量，按整套装置计数。

危险废物自行综合利用/处置方式　指普查对象本单位综合利用或处置危险废物的方式，按表 1 选择填报代码。

表 1 危险废物的利用/处置方式

代码	说明
危险废物（不含医疗废物）利用方式	
R1	作为燃料（直接燃烧除外）或以其他方式产生能量
R2	溶剂回收/再生（如蒸馏、萃取等）
R3	再循环/再利用不是用作溶剂的有机物
R4	再循环/再利用金属和金属化合物
R5	再循环/再利用其他无机物
R6	再生酸或碱
R7	回收污染减除剂的组分
R8	回收催化剂组分
R9	废油再提炼或其他废油的再利用
R15	其他
危险废物（不含医疗废物）处置方式	
D1	填埋
D9	物理化学处理（如蒸发，干燥、中和、沉淀等），不包括填埋或焚烧前的预处理
D10	焚烧
D16	其他
C1	水泥窑协同处置
其他方式	
C2	生产建筑材料
C3	清洗（包装容器）
医疗废物处置方式	
Y10	医疗废物焚烧
Y11	医疗废物高温蒸汽处理
Y12	医疗废物化学消毒处理
Y13	医疗废物微波消毒处理
Y16	医疗废物其他处置方式

危险废物自行综合利用/处置能力　指普查对象本单位建设并运行的废物综合利用或处置设施的全部设备，在计划周期内和既定的组织技术条件下，所能利用或处置废物的量。

《工业企业突发环境事件风险信息》（G105 表）

风险物质名称、CAS 号为《企业突发环境事件风险分级方法》（HJ 941—2018）中附录 A 发环境事件风险物质及临界量清单中相应的化学品名称和 CAS 号，见附录（六）。普查对象生产原料、产品、中间产品、副产品、催化剂、辅助生产物料、燃料、“三废”污染物等涉及的环境风险物质都应纳入调查。

活动类型　指涉及风险物质的活动方式，可选择 1.生产，2.使用，3.其他。

风险工艺/设备类型及数量　指普查对象是否涉及《企业突发环境事件风险分级方法》（HJ 941—2018）中表 1 中的风险工艺/设备类型，以及本厂相应类型工艺/设备本厂总的数量。当年停产但尚有复产能力的，也应计数。

表 1　风险工艺/设备类型

类别	风险工艺/设备类型
1	涉及光气及光气化工艺、电解工艺（氯碱）、氯化工艺、硝化工艺、合成氨工艺、裂解（裂化）工艺、氟化工艺、加氢工艺、重氮化工艺、氧化工艺、过氧化工艺、胺基化工艺、磺化工艺、聚合工艺、烷基化工艺、新型煤化工工艺、电石生产工艺、偶氮化工艺
2	其他高温或高压、涉及易燃易爆等物质的工艺过程：高温指工艺温度≥300℃，高压指压力容器的设计压力（P）≥10.0 MPa，易燃易爆等物质是指按照 GB 30 000.2 至 GB 30 000.13 所确定的化学物质
3	具有国家规定限期淘汰的工艺名录和设备：《产业结构调整指导目录》中有淘汰期限的淘汰类落后生产工艺装备

存在量　指某风险物质在厂界内的存在量，混合或稀释的风险物质按其组分比例折算成纯物质，如存在量呈动态变化，则按年度内最大存在量计算。

环境风险防控措施信息　指普查对象环境风险防控措施实施情况，具体按照表 2 选择符合本企业的情形，填报所对应的指标值。

表 2　环境风险防控措施信息

调查指标	指标值	对应情形
毒性气体泄漏监控预警措施	1	不涉及《企业突发环境事件风险分级方法》（HJ 941—2018）中附录 A 中有毒有害气体
	2	具备有毒有害其他厂界泄漏监控预警系统
	3	不具备有毒有害其他厂界泄漏监控预警系统
截流措施	1	环境风险单元设防渗漏、防腐蚀、防淋溶、防流失措施；且装置围堰与罐区防火堤（围堰）外设排水切换阀，正常情况下通向雨水系统的阀门关闭，通向事故存液池、应急事故水池、清净废水排放缓冲池或污水处理系统的阀门打开；且前述措施日常管理及维护良好，有专人负责阀门切换或设置自动切换设施保证初期雨水、泄漏物和受污染的消防水排入污水系统
	2	有任意一个环境风险单元（包括可能发生液体泄漏或产生液体泄漏物的危险废物贮存场所）的截流措施不符合上述任意一条要求的
事故废水收集措施	1	按相关设计规范设置应急事故水池、事故存液池或清净废水排放缓冲池等事故排水收集设施，并根据相关设计规范、下游环境风险受体敏感程度和易发生极端天气情况，设计事故排水收集设施的容量；且确保事故排水收集设施在事故状态下能顺利收集泄漏物和消防水，日常保持足够的事故排水缓冲容量；且通过协议单位或自建管线，能将所收集废水送至厂区内污水处理设施处理
	2	有任意一个环境风险单元（包括可能发生液体泄漏或产生液体泄漏物的危险废物贮存场所）的事故排水收集措施不符合上述任意一条要求的

调查指标	指标值	对应情形
清净废水系统风险防控措施	1	不涉及清净废水
	2	涉及清净废水，厂区内清净废水均可排入废水处理系统，或清污分流，且清净废水系统具有下述所有措施：①具有收集受污染的清净废水的缓冲池（或收集池），池内日常保持足够的事故排水缓冲容量；池内设有提升设施或通过自流，能将所收集物送至厂区内污水处理设施处理；且②具有清净废水系统的总排口监视及关闭设施，有专人负责在紧急情况下关闭清净废水总排口，防止受污染的清净废水和泄漏物进入外环境
	3	涉及清净废水，有任意一个环境风险单元的清净废水系统风险防控措施不符合上述 2 要求的
雨水排水系统风险防控措施	1	厂区内雨水均进入废水处理系统；或雨污分流，且雨水排水系统具有下述所有措施：①具有收集初期雨水的收集池或雨水监控池，池出水管设置切断阀，正常情况下阀门关闭，防止受污染的雨水外排，池内设有提升设施或通过自流能将所收集物送至厂区内污水处理设施处理；②具有雨水系统总排口（含泄洪渠）监视及关闭设施，在紧急情况下有专人负责关闭雨水系统总排口（含与清净废水共用一套排水系统情况）防止雨水、消防水和泄漏物进入外环境，如果有排洪沟，排洪沟不得通过生产区和罐区，或具有防止泄漏物和受污染的消防水等流入区域排洪沟的措施
	2	不符合上述要求的
生产废水处理系统风险防控	1	无生产废水产生或外排
	2	有废水外排时①受污染的循环冷却水、雨水、消防水等排入生产废水系统或独立处理系统；②生产废水排放前设监控池，能够将不合格废水送废水处理设施处理；③如企业受污染的清净废水或雨水进入废水处理系统处理，则废水处理系统应设置事故水缓冲设施；④具有生产废水总排口监视及关闭设施，有专人负责启闭，确保泄漏物、受污染的消防水、不合格废水不排出厂外
	3	涉及废水外排，且不符合上述 2 中任意一条要求的
是否依法获取污水排入排水管网许可*	1	是
	2	否
厂内危险废物环境管理	1	不涉及危险废物的；或针对危险废物分区贮存、运输、利用、处置具有完善的专业设施和风险防控措施
	2	不具备完善的危险废物贮存、运输、利用、处置设施和风险防控措施

注：*仅限于排入城镇污水处理厂的企业填报。

是否编制突发环境事件应急预案　指普查对象是否按照生态环境行政管理部门要求编制突发环境事件应急预案。

是否进行突发环境事件应急预案备案及备案编号　指普查对象最新的突发环境事件应急预案是否到生态环境行政管理部门进行应急预案备案及备案编号。

企业环境风险等级及划定年份　企业自行或者委托相关技术机构按照《企业突发环境事件风险评估指南》（环办〔2014〕34 号）或者《企业突发环境事件风险分级方法》（HJ 941—2018）划定的环境风险等级。

《工业企业污染物产排污系数核算信息》（G106-1表）

核算环节名称　涉及污染物产生、治理、排放，需单独核算污染物产生量或排放量的一个生产工序、设备或生产单元的名称，如烧结机机头、烧结机一般排放口、工业炉窑无组织排放等。

对应的普查表号　指该核算环节核算的污染物及其相应信息对应普查报表目录中的那一张表。

对应的排放口名称/编号　指该核算环节对应的普查表中，若区分具体排放口的，填报对应的排放口的名称和编号。

产品名称、原料名称等指标　按照附录（四）工业行业污染核算用主要产品、原料、生产工艺分类目录选择填报。

排污许可证执行报告排放量　指经管理部门认可的2017年排污许可证执行报告中年度排放量数据。

《工业企业废水监测数据》（G106-2 表）

对应的普查表号　指使用监测数据核算某个排放口的废水污染物及相应信息对应普查报表目录中的那一张表。

对应废水总排放口名称/编号　指相应监测点位的废水排放对应的废水总排放口名称/编号，与 G102 表中的排放口名称/编号保持一致。

进口水量　指进入废水治理设施前的废水总量。计量单位为立方米，保留整数。

出口水量　指相应监测点位排出口的水量。计量单位为立方米，保留整数。

经总排放口排放的水量　指监测点位对应排放口排出的废水，最终经企业总排放口排放的水量。

污染物浓度　指该监测点位污染物的实际监测浓度。污染物种类包括：化学需氧量、氨氮、总氮、总磷、石油类、挥发酚、氰化物、总砷、总铅、总镉、总铬、六价铬、总汞，计量单位为毫克/升。有效数字按监测方法所对应的实际有效数字填报。同一排放口监测点位对应多个进口监测点位的，进口监测数据用多个监测点位监测数据的加权均值。

《工业企业废气监测数据》(G106-3 表)

对应的普查表号　指使用监测数据核算某个排放口的废气污染物及相应信息对应普查报表目录中的那一张表。

对应废气排放口名称/编号　指相应监测点位对应的废气排放口的名称/编号，与相应普查表中的排放口名称/编号保持一致。

平均流量　按所有有效监测数据的废气平均流量。计量单位为立方米/小时，保留整数。

年排放时间　指废气排放的实际小时数。保留整数。

污染物浓度　指所有有效监测结果实测浓度的小时平均值。计量单位为毫克/立方米，有效数字按监测方法所对应的实际有效数字填报。同一排放口监测点位对应多个进口监测点位的，进口监测数据用多个监测点位监测数据的加权均值。

《伴生放射性矿产企业含放射性固体物料及废物情况》(表 G107)

企业运行状态　指企业或单位运行、停产或关闭状态。在运行的标记为“运行”；全年停产的标记为“停产”；生产设施已移除或厂区已废弃的标记为“关闭”。

含放射性固体物料　指伴生放射性矿普查企业达到详查标准的主要固体物料，主要填写产出物料，不填写用作原料的物料，一般为原矿和精矿。对于采矿企业，主要为原矿；对于选矿企业、采选联合企业和采选冶联合企业，主要为原矿、精矿；对于冶炼企业，不填写此项；对于其他类型企业，如仅对矿物原料物理加工（破碎、粉磨等）的企业，填写为原矿。企业应根据各省（自治区、直辖市）辐射监测机构提供的筛选结果，对放射性指标达到筛选条件的固体物料进行填报。

原矿名称/代码　指伴生放射性矿普查企业达到详查标准的原矿名称和代码，分别按表 1 填写。

表 1　含放射性主要原矿及精矿名称和代码

代码	名称	代码	名称	代码	名称
093201	稀土原矿	081001	铁矿石原矿	093102	钼精矿
093202	稀土精矿	081002	铁精矿	091301	镍原矿
093901	铌/钽原矿	089001	钒原矿	091302	镍精矿
093902	铌/钽精矿	089002	钒精矿	093905	锗原矿
093903	锆石	102001	磷酸盐原矿	093906	锗精矿
093904	锆精矿	061001	原煤矿	093907	钛原矿
091401	锡原矿	069001	煤矸石	093908	钛精矿
091402	锡精矿	069002	石煤	092101	金原矿
091201	铅/锌原矿	091601	铝原矿	092102	金精矿
091202	铅/锌精矿	091602	铝精矿	999901	其他 1
091101	铜原矿	101301	铝钒土	999902	其他 2
091102	铜精矿	093101	钼原矿	999903	其他 3

注：其他 1、其他 2、其他 3 按普查物料名称填报，如有更多，序号顺延。

原矿产生量　指伴生放射性矿普查企业达到详查标准的各类原矿 2017 年度或近年的年平均产生量，停产、关闭企业可填写设计量。计量单位为吨，保留整数。

精矿名称/代码　指伴生放射性矿普查企业达到详查标准的精矿名称和代码，分别按表 1 填写。

精矿产生量　指伴生放射性矿普查企业达到详查标准的精矿 2017 年度或近年的年平均产生量，停产企业可填写设计量。计量单位为吨，保留整数。

含放射性固体废物　指伴生放射性矿普查企业达到详查标准的固体废物，企业应根据各省（自治区、直辖市）辐射监测机构提供的筛选结果，对放射性指标达到筛选条件的固体废物进行填报。

固体废物名称/代码　指伴生放射性矿普查企业达到详查标准的固体废物名称和代码，分别按表 2 填写。

表 2　含放射性固体废物的名称和代码

代码	名称	代码	名称	代码	名称	代码	名称
FSSW0101	稀土矿冶炼废渣	FSSW0102	铌/钽矿冶炼废渣	FSSW0103	锆石和氧化锆矿冶炼废渣	FSSW0104	锡矿冶炼废渣
FSSW0105	铅/锌矿冶炼废渣	FSSW0106	铜矿冶炼废渣	FSSW0107	镍矿冶炼废渣	FSSW0108	铁矿冶炼废渣
FSSW0109	钒矿冶炼废渣	FSSW0110	磷酸盐矿冶炼废渣	FSSW0111	煤矿冶炼废渣	FSSW0112	铝矿冶炼废渣
FSSW0113	钼矿冶炼废渣	FSSW0114	金矿冶炼废渣	FSSW0115	锗矿冶炼废渣	FSSW0116	钛矿冶炼废渣
FSSW0201	稀土矿废石	FSSW0202	铌/钽矿废石	FSSW0203	锆石和氧化锆矿废石	FSSW0204	锡矿废石
FSSW0205	铅/锌矿废石	FSSW0206	铜矿废石	FSSW0207	镍矿废石	FSSW0208	铁矿废石
FSSW0209	钒矿废石	FSSW0210	磷酸盐矿废石	FSSW0211	煤矿废石	FSSW0212	铝矿废石
FSSW0213	钼矿废石	FSSW0214	金矿废石	FSSW0215	锗矿废石	FSSW0216	钛矿废石
FSSW0301	稀土矿冶炼炉渣	FSSW0302	铌/钽矿冶炼炉渣	FSSW0303	锆石和氧化锆矿冶炼炉渣	FSSW0304	锡矿冶炼炉渣
FSSW0305	铅/锌矿冶炼炉渣	FSSW0306	铜矿冶炼炉渣	FSSW0307	镍矿冶炼炉渣	FSSW0308	铁矿冶炼炉渣
FSSW0309	钒冶炼炉渣	FSSW0310	磷酸盐矿冶炼炉渣	FSSW0311	煤矿冶炼炉渣	FSSW0312	铝矿冶炼炉渣
FSSW0313	钼矿冶炼炉渣	FSSW0314	金矿冶炼炉渣	FSSW0315	锗矿冶炼炉渣	FSSW0316	钛矿冶炼炉渣
FSSW0401	煤矸石	FSSW0501	稀土矿尾矿	FSSW0502	铌/钽矿尾矿	FSSW0503	锆石和氧化锆矿尾矿
FSSW0504	锡矿尾矿	FSSW0505	铅/锌矿尾矿	FSSW0506	铜矿尾矿	FSSW0507	镍矿尾矿
FSSW0508	铁矿尾矿	FSSW0509	钒矿尾矿	FSSW0510	磷酸盐矿尾矿	FSSW0511	煤矿尾矿
FSSW0512	铝矿尾矿	FSSW0513	钼矿尾矿	FSSW0514	金矿尾矿	FSSW0515	锗矿尾矿
FSSW0516	钛矿尾矿	FSSW0601	脱硫石膏	FSSW0701	污泥	FSSW0901	赤泥
FSSW1001	磷石膏	FSSW1101	稀土酸溶渣	FSSW1102	稀土中和渣	FSSW6001	其他废渣 1
FSSW6002	其他废渣 2	FSSW6003	其他废渣 3				

注：其他废渣 1、2、3 按普查企业废渣实际名称填报。

固体废物产生量　指伴生放射性矿普查企业达到详查标准的固体废物 2017 年实际产生的各类含放射性固体废物的量，2017 年 1 月 1 日前已停产、关闭的企业，不填写产生量。计量单位为吨，保留整数。

固体废物是否综合利用　指伴生放射性矿普查企业达到详查标准的固体废物是否从中提取或者使其转化为可以利用的资源、能源和其他原材料。如进行回收利用则选择“是”，如无，则选择“否”，进行回收利用的填写利用量。

固体废物综合利用量　指伴生放射性矿普查企业 2017 年全年通过综合利用消纳的达到详查标准的固体废物的量。包括本单位利用，委托、提供给外单位利用和接收外来固体废物综合利用的量。计量单位为吨，保留整数。

内部综合利用量　指伴生放射性矿普查企业 2017 年通过内部综合利用的达到详查标准的废物量。计量单位为吨，保留整数。

送外部综合利用量　指伴生放射性矿普查企业 2017 年通过送外部综合利用的达到详查标准的废物

量。计量单位为吨，保留整数。

接收外来固体废物综合利用量　指伴生放射性矿普查企业 2017 年接收综合利用达到详查标准的外来固体废物的量。计量单位为吨，保留整数。

固体废物处理处置方式名称/代码　指伴生放射性矿普查企业达到详查标准的固体废物，暂时或永久贮存、堆存在专设的贮存设施和专设的集中堆存场所内，达到减少或者消除其有害成分影响的处理处置方式。名称及代码见表 3。

表 3　含放射性固体废物废物处理处置方式名称及代码

代码	名称	代码	名称
Z1	建库室内暂存	C3	填埋处置
Z2	建库露天暂存	C4	倾倒丢弃
C1	露天建库处置（如尾矿库、废石场等）	Q1	其他 1
C2	临时堆场处置	Q2	其他 2

注：其他 1、其他 2 按普查单位设施实际名称填报。

固体废物处理处置量　指伴生放射性矿普查企业 2017 年全年处理处置的达到详查标准的固体废物的量。包括本单位处理处置，委托、提供给外单位处理处置和接收外来固体废物处理处置的量。计量单位为吨，保留整数。

固体废物内部处理处置量　指伴生放射性矿普查企业 2017 年通过内部处理处置的达到详查标准的废物量。计量单位为吨，保留整数。

固体废物送外部处理处置量　指伴生放射性矿普查企业 2017 年通过送外部处理处置的达到详查标准的废物量。计量单位为吨，保留整数。

接收外来固体废物处理处置量　指伴生放射性矿普查企业 2017 年接收处理处置的达到详查标准的外来固体废物的量。计量单位为吨，保留整数。

固体废物累计贮存量　伴生放射性矿普查企业截至 2017 年年底达到详查标准的含放射性固体废物实际保有量，包括停产和关闭的企业。计量单位为吨，保留整数。

《园区环境管理信息》（G108 表）

园区名称及代码　指经有关部门批准正式使用的工业园区的全称。工业园区名称和代码按照《中国开发区审核公告目录》（2018 版）统一填报。经由省级人民政府正式批复设立，但不在目录上的工业园区仍须填报，园区名称以省级人民政府批复名称为准。

详细地址　指园区管委会所在地的详细地址。要求写明所在的省（自治区、直辖市）、地（区、市、州、盟）、县（区、市、旗）、乡（镇）。开发区涉及两个及以上县（市、区）的，填写园区所在的地级市。

联系方式　指园区环保联系人或负责提供普查信息的人员姓名、电话等。

园区边界拐点坐标　指园区边界所有拐点的地理坐标，按拐点分别填报。

园区级别　指园区是国家级园区或省级园区。

园区类型　指根据园区规划以及实际主导产业，确定园区的类型，主要包括行业类和综合类两大类。其中，行业类分为化工、纺织印染、电镀工业、冶金工业、制药、制革等，综合类分为经济技术开发区、高新技术产业开发区、海关特殊监管区、边境/跨境经济合作区。如果不属于上述类型，则为其他类型开发区。

批准面积　指园区批准划定的面积。计量单位为公顷，保留 2 位小数。

批准部门　指普查对象是由哪个部门批准成立的。

批准时间　指园区的批准设立的时间。

注册工业企业数量　指在园区注册登记的工业企业数量。

园区内实际生产的企业数量　指在园区内实际进行生产活动的工业企业数量。不包括在园区注册但实际生产设施或厂房等在园区外的工业企业。

主导行业及占比　指园区内企业所属行业情况。行业名称和代码按《国民经济行业分类》（GB/T 4754—2017）分类填写，填写中类名称和代码。填报园区内前三位的主导行业及产值占比。

是否清污分流　指园区是否对园区内产生的污水与清下水分别进行了收集处理。清水系统、污水系统还需分别填写排水去向类型代码、受纳水体名称以及受纳水体代码。

集中式污染治理设施名称及组织机构代码　指园区自建处理园区生产废水、生活污水、危险废物的集中式污染治理设施的名称和组织机构代码，应与相应的集中式污染治理设施单位填报的普查表保持一致。

集中供热设施　指园区自建为多家企业提供供热的单位或设施。需填报名称、组织机构代码、使用集中供热的企业数。不包括为居民生活提供热源的集中供热设施。

一企一档建设　指园区内的企业是否建立了“一企一档”制度。“一企一档”制度是指为每一个排污企业建立一套环境管理档案，即企业环保档案，主要包括：环评审批材料、环保“三同时”验收材料、排污许可证、排污申报材料、排污收费材料、环境应急管理预案、环保规章制度、环境监察监测记录、企业工作照片及其他相关资料等。

大气环境自动监测站点　指园区内设置的大气环境自动监测站点的情况，包括监测站点的数量、具体的监测项目以及是否与园区管理部门或当地的环保管理部门联网。如果园区内未设置大气环境自动监测站点，则列出手工监测频次以及相应的监测项目。请在相应的内容后打钩。

水环境自动监测站点　指园区内设置的水环境自动监测站点的情况，包括监测站点的数量、具体的监测项目以及是否与园区管理部门或当地的环境管理部门联网。如果园区内未设置水环境自动监测站点，则列出手工监测频次以及相应的监测项目。请在相应的内容后打钩。

编制园区应急预案　指园区是否编制了应急预案管理。

污染源信息公开平台　指园区有无污染源信息公开平台。

《规模畜禽养殖场基本情况》（N101-1 表）

规模畜禽养殖场　指饲养数量达到一定规模的养殖单元，其中，生猪≥500 头（出栏）、奶牛≥100 头（存栏）、肉牛≥50 头（出栏）、蛋鸡≥2 000 羽（存栏）、肉鸡≥10 000 羽（出栏）。

养殖场名称　指经有关部门批准正式使用的单位全称，按工商部门登记的名称填写；未进行工商注册的，可填报畜禽养殖场负责人姓名。填写时要求使用规范化汉字。

清粪方式　根据养殖场实际情况填报，人工干清粪是指畜禽粪便和尿液一经产生便分流，干粪由人工的方式收集、清扫、运走，尿及冲洗水则从下水道流出；机械干清粪是指畜禽粪便和尿液一经产生便分流，干粪利用专用的机械设备收集和运走，尿及冲洗水则从下水道流出；垫草垫料是指稻壳、木屑、作物秸秆或者其他原料以一定厚度平铺在畜禽养殖舍地面，畜禽在其上面生长、生活的养殖方式；高床养殖是指动物以及动物粪便不与垫草垫料直接接触，饲养过程动物粪便落在垫草垫料上，通过垫草垫料对动物粪尿进行吸收进一步处理；水冲粪是指畜禽粪尿污水混合进入缝隙地板下的粪沟，每天一次或数次放水冲洗圈舍的清粪方式，冲洗后的粪水一般顺粪沟流入粪便主干沟，进入地下贮粪池或用泵抽吸到地面贮粪池；水泡粪是指畜禽舍的排粪沟中注入一定量的水，粪尿、冲洗和饲养管理用水一并排放缝隙地板下的粪沟中，储存一定时间后，待粪沟装满后，打开出口的闸门，将沟中粪水排出。

圈舍通风方式　根据养殖场实际情况填报，通风方式分为封闭式（机械通风）和开放式（自然通风）两种。

原水存储设施　指用于临时存储养殖舍排放尿液废水的设施。一般包括土坑、砖池、水泥池或贴膜防渗池。

尿液废水处理工艺　养殖场用于污水处理的工艺过程，一般包括固液分离、肥水贮存、厌氧发酵、好氧处理、生产液体有机肥、氧化塘、人工湿地、膜处理或其他工艺，请根据实际情况按顺序填写所采用的工艺流程。如果没有任何处理，则选择无处理。

尿液废水处理设施　与养殖场污水处理工艺所配套的设施和设备。

尿液废水处理利用方式及比例　养殖污水处理利用的方式，包括肥水利用、沼液还田、场内生产液体有机肥、异位发酵床、鱼塘养殖、场区循环利用、委托处理、达标排放、直接排放或其他方式，并填写对应处理方式所占比例。委托处理是指养殖场委托第三方进行尿液废水的处理处置。

粪便处理工艺　养殖场采用的粪便处理利用工艺，一般包括堆肥发酵、有机肥生产、生产沼气、生产垫料、生产基质和其他。

粪便处理利用方式及比例　粪便处理利用方式，包括作为农家肥、场内生产有机肥、生产牛床垫料、作为栽培基质、作为燃料、鱼塘养殖、委托处理、场外丢弃或其他方式，并填写对应处理方式所占比例。其中，作为栽培基质是指畜禽粪便混合菌渣或者其他农作物秸秆，进行一定的无害化处理后，生产基质盘或基质土，应用于栽培果蔬的利用方式；委托处理是指养殖场委托第三方进行粪便处理处置。

受纳水体　指养殖场废水最终排入的水体。根据第二次全国污染源普查工作办公室确定的附录（三）

河流名称与代码填报受纳水体名称与代码。

饲养阶段名称　生猪分为能繁母猪、保育猪、育成育肥猪 3 个阶段，奶牛分为成乳牛、育成牛、犊牛 3 个阶段，肉牛分母牛、育成育肥牛、犊牛 3 个阶段，蛋鸡分育雏育成鸡和产蛋鸡 2 个阶段，肉鸡 1 个阶段。

存栏量　不同饲养阶段动物存栏的数量。

体重范围　不同饲养阶段动物的体重，单位为千克/头（羽），填写范围。

采食量　不同阶段动物每头每天的采食量，单位为千克/［天·头（羽）］，填写范围。

饲养周期　该养殖场不同阶段动物的养殖天数。

《规模畜禽养殖场养殖规模及粪污处理情况》（N101-2 表）

圈舍建筑面积　养殖场场区内生产设施及配套设施的建筑面积，不包括活动区等。

养殖量　生猪、肉牛和肉鸡填写全年总出栏数量，奶牛和蛋鸡填写年末存栏数量，如年末无存栏量，则存栏量按“0”填写。

污水产生量　养殖场正常生产过程中，产生的污水总量。

污水利用量　采用一定的方式进行利用的污水量，达标排放、未利用直接排放不属于利用范围。

粪便收集量　养殖场收集的粪便总量。

粪便利用量　养殖场采用各种方式利用粪便的量，场外丢弃不属于利用范围。

养殖场粪污利用配套农田和林地　包括养殖场自有土地或通过土地承包、流转、租赁的农田和林地，以及与周边农户签订用肥协议用于粪污消纳利用的农田和林地面积。

《重点区域生活源社区（行政村）燃煤使用情况》（S101 表）

常住人口　包括 2017 年本辖区内的以下几部分人口：居住在本辖区，户口在本辖区或者户口待定的人口；居住在本辖区，户口在外乡镇，离开户口登记地半年以上的人口；户口在本辖区，居住在外乡镇或境外，离开户口登记地不到半年的人口。

使用燃煤的居民家庭户数　指社区/行政村内使用各类煤炭及其制品作为生活能源的居民户数，在本社区（行政村）内调查获得。已纳入非工业企业单位锅炉污染及防治情况普查的单位不再纳入统计。

居民家庭燃煤年使用量　指社区/行政村内居民全年日常生活中煤炭消耗量的总和，在本社区（行政村）内调查获得。已纳入非工业企业单位锅炉污染及防治情况普查的单位不再纳入统计。

第三产业燃煤年使用量　指从事交通运输、仓储和邮政业，信息传输、计算机服务和软件业，批发和零售业，住宿和餐饮业，金融业，房地产业，租赁和商务服务业，科学研究、技术服务和地质勘查业，水利、环境和公共设施管理业，居民服务和其他服务业，教育，卫生、社会保障和社会福利业，文化、体育和娱乐业，公共管理和社会组织，国际组织等行业用途的各类煤炭及其制品消耗量总和，在本社区（行政村）内调查获得。已纳入非工业企业单位锅炉燃煤消耗量的不再纳入统计。

洁净煤年使用量　指社区/行政村内居民全年日常生活或第三产业中型煤、兰炭、洁净焦等洁净煤消费量的总和，在本社区（行政村）内调查获得。已纳入非工业企业单位锅炉污染及防治情况普查的单位不再纳入统计。

农村生物质燃料年使用量　指行政村内农村居民全年日常生活中燃用柴薪、玉米秸秆、稻秆、麦秆、树枝等生物质及其成型燃料量的总和，在本社区（行政村）内调查获得。生物质主要是指农林业生产过程中除粮食、果实以外的秸秆、树木等木质纤维素、农产品加工业下脚料、农林废弃物等物质。

农村管道燃气年使用量　指行政村内居民全年日常生活中管道燃气消耗量的总和，在本社区（行政村）内调查获得。已纳入非工业企业单位锅炉燃煤消耗量的不再纳入统计。

农村罐装液化石油气年使用量　指行政村内居民全年日常生活中罐装液化石油气消耗量的总和，在本社区（行政村）内调查获得。

《行政村生活污染基本信息》（S102 表）

常住户数　指全年居住时间 6 个月及以上的家庭户和集体户。家庭户指有公安部门户籍，或虽然没有户籍，但以家庭方式居住的住户。集体户指机关、团体、学校、企业、事业单位的集体户口户籍，或以集体宿舍等居住方式居住的住户。同一单位的集体户无论其人数多少，都以一户统计。

常住人口　包括 2017 年本辖区内的以下几部分人口：居住在本辖区，户口在本辖区或者户口待定的人口；居住在本辖区，户口在外乡镇，离开户口登记地半年以上的人口；户口在本辖区，居住在外乡镇或境外，离开户口登记地不到半年的人口。

住房厕所类型　指本地住户房屋厕所类型。以常住户数统计分类，按下列两种分类填写住户数。如没有的种类则填“0”。如某一户既有水冲式厕所又有旱厕，按“有水冲式厕所户数”填报。

有水冲式厕所户数　指本地住户住房有水冲式厕所（冲厕污水冲入下水道、化粪池和厕坑、或其他地方）的住户数。

无水冲式厕所户数　指本地住户住房没有水冲式厕所，包括仅使用旱厕或没有厕所的住户数。

人粪尿处理情况 指本地住户的粪尿主要处理情况。以常住户数统计分类，按下列六种情况填写户数。如没有的种类则填“0”。如某一户有多种处理方式，按最主要的一种填报。

综合利用或填埋的户数　指人粪尿采取综合利用或直接掩埋入荒地的住户数。人粪尿综合利用的方式主要指干厕贮存后利用于农田、进入沼气池可作为家用能源等。

采用贮粪池抽吸后集中处理的户数　指人粪尿排入设置的贮粪池后定期统一抽吸运出再集中处理的住户数。

直排入水体的户数　指人粪尿没有经过化粪池或三级隔渣池直接排入户外水塘或沟渠的住户数。

直排入户用污水处理设备的户数　指人粪尿直接排入农村分散式户用生活污水处理设备的住户数。

经化粪池后排入下水管道的户数　指人粪尿经过化粪池或三级隔渣池后排入户外下水道或沟渠的住户数。

其他　指住户的粪尿除上述五种处理方式外还存在其他处理方式的户数。

生活污水排放去向　指本地住户生活污水的排放去向。以常住户数统计分类，按下列六种去向填写户数。如没有的种类则填“0”。如某一户有多种排放去向，按最主要的一种填报。

直排入农田的户数　指住户生活污水作为农业灌溉直接排入农田的户数。

直排入水体的户数　指住户生活污水直接排向沟渠、池塘、江、河、湖、海等环境水体或排出户外进入蒸发坑塘的户数。

排入户用污水处理设备的户数　指住户生活污水直接排入农村分散式户用生活污水处理设备的住户数。

进入农村集中式处理设施的户数　指住户的生活污水经乡村排水沟、水渠或管道实行集中收集后进入农村集中式污水处理设施的户数。

进入市政管网的户数　指住户的生活污水经排水沟、水渠或管道实行集中收集后进入城镇市政污水管网的户数。

其他　指住户的生活污水除上述五种排放去向外还存在其他排放去向的户数，并说明其主要去向。

生活垃圾处理方式　本地住户生活垃圾的处理方式。以常住户数统计分类，按下列四种方式填写户数。如没有的种类则填“0”。如某一户有多种方式，按最主要的一种填报。

运转至城镇处理　指生活垃圾集中收集并转运至城镇垃圾转运站或生活垃圾集中处置场（厂）的户数。

镇村范围内无害化处理　指生活垃圾在镇村范围内通过集中焚烧、卫生填埋等方式达到符合国家相关标准的无害化处理要求的户数。

镇村范围内简易处理　指生活垃圾在镇村范围内进行有限集中管理的非正规处理的户数，无污染控制措施或无法达到国家相关标准无害化处理要求。例如集中堆填，简易焚烧等。

无处理　指生活垃圾未纳入镇村范围内集中收集、处理、处置的户数。

冬季家庭取暖能源使用情况　指本行政村内冬季家庭取暖过程能源使用情况。按下列六种方式填写户数。如没有的种类则填“0”。

已完成煤改气的家庭户数　指截至 2017 年年底已经完成改造的煤改气户数。

已完成煤改电的家庭户数　指截至 2017 年年底已经完成改造的煤改电户数。

燃煤取暖的家庭户数　指使用各类煤炭或使用型煤、兰炭、洁净焦等洁净煤制品作为取暖能源的户数。

安装独立土暖气（带散热片的水暖锅炉）的家庭户数　指截至 2017 年年底安装独立土暖气的家庭户数。

使用取暖炉（不带暖气片）的家庭户数　指截至 2017 年年底安装不带暖气片取暖炉的户数。

使用火炕的家庭户数　指截至 2017 年年底安装火炕的户数。

《非工业企业单位锅炉污染及防治情况》(S103 表)

锅炉用途　填报锅炉使用主要用途，根据实际情况填写：M1 供水，M2 供暖，M3 洗浴，M4 烘干，M5 餐饮，M6 高温消毒，M7 农业，M8 制冷，M9 其他。有上述多种用途的情况，可以多选，以“/”分开。

锅炉投运年份　填写锅炉正式投入使用年份，例如 1999。改造后锅炉按照改造后投入使用年份。

锅炉编号　用字母 GL（代表锅炉）及其内部编号组成锅炉编号，如 GL1，GL2，GL3……；注意：仅对普查范围内在用及备用锅炉编号。

锅炉型号　按照锅炉铭牌上的型号填报，锅炉型号不明或铭牌不清填“0”。

锅炉类型　锅炉类型按附录（五）指标解释通用代码表中表 3 代码填报，仅填写燃煤锅炉、燃油锅炉、燃气锅炉或燃生物质锅炉。

额定出力　统一按蒸吨单位(t/h)填报。换算关系：60 万大卡/小时≈1 蒸吨/小时(t/h)≈0.7 兆瓦(MW)。指标保留 1 位小数。

锅炉燃烧方式　根据不同燃料类型的锅炉燃烧方式，按附录（五）指标解释通用代码表中表 4 名称和代码填报。

年运行时间　填写调查年度锅炉全年的实际运行月份。指标保留整数。

燃料消耗量　指调查年度该锅炉实际消耗的能源量。

燃料煤平均含硫量　指调查年度多次监测的燃料煤收到基含硫量加权平均值；若无煤质分析数据，取所在地区平均含硫量。指标保留 1 位小数。

燃料煤平均灰分　指调查年度多次监测的燃料煤收到基灰分加权平均值；若无煤质分析数据，取所在地区平均灰分。指标保留 1 位小数。

燃料煤平均干燥无灰基挥发分　调查年度燃料煤加权平均干燥无灰基挥发分；若无煤质分析数据，取所在地区平均干燥无灰基挥发分。指标保留 1 位小数。

燃油平均含硫量　指调查年度多次监测的燃油含硫量加权平均值；若无燃油分析数据，取所在地区平均含硫量；若燃油种类为醇基燃料可不填。指标保留 1 位小数。

除尘/脱硫/脱硝设施编号　用字母 QC/QS/QN（分别代表除尘/脱硫/脱硝设施）及其内部编号组成，如 QC1，QC2……，QS1，QS2…，QN1，QN2…；两台或多台锅炉使用同一套设施的，填报的设施编号必须一致。

除尘/脱硫/脱硝工艺名称　指相应的脱硫、脱硝、除尘设施所采用的工艺方法，按附录（五）指标解释通用代码表中表 5 代码填报。无任何设施的现场填写直排，数据汇总时设施编号与工艺名称均为空。两种及以上处理工艺组合使用的，每种工艺均需填报，按照处理设施的先后次序填报。选择“其他”的，需填写具体方式名称。

脱硫设施指专门设计、建设的去除烟气二氧化硫的设施。水膜除尘、除尘脱硫一体化、仅添加硫转移剂等无法连续稳定去除二氧化硫的，均不视为脱硫设施。

在线监测设施安装情况　指锅炉废气污染治理设施末端是否安装污染物在线监测设施，是否与环境管理部门联网，根据实际情况，按照如下选项填报代码：ZX1 未安装，ZX2 安装未联网，ZX3 安装并联网。

排气筒编号　用字母 YC 代表锅炉排气筒与烟囱编号，如 YC1，YC2，YC3……；两台或多台锅炉使用同一排气筒的，填报的排气筒编号必须一致。

排气筒高度　指排气筒、烟囱（或锅炉房）所在的地面至废气出口的高度。指标保留 1 位小数。

粉煤灰、炉渣等固废去向　按照粉煤灰、炉渣、脱硫石膏等固体废物收集方式填写代码：SJ1 集中收集处置，SJ2 直接排放环境，SJ3 其他。

污染物情况　污染物产生量与排放量根据产排污系数核算。安装污染源自动在线监测系统且在线数据经过有效性审核认定的，污染物排放量可优先采用自动监测数据进行核算。

《入河（海）排污口情况》（S104 表）

排污口名称　参照《入河排污口管理技术导则》（SL 532—2011）的命名规则填报排污口名称，具体如下：

1．对于企业（工厂）排污口，在排污单位名称前加该排污口所在地的行政区名称，并冠以企业（工厂）排污口的名称，例如：××县××啤酒厂企业（工厂）排污口；

2．对于生活污水排污口，在排污口所在地地名（或者是街道名）、具有显著特征的建筑物名称前加该排污口所在地的行政区名称，并冠以生活污水排污口的名称，例如：××县望城门生活污水排污口；

3．对于混合废污水排污口，在排污口所在地地名（或者是街道名）具有显著特征的建筑物名称前加入该排污口所在地的行政区名称，并冠以混合废污水排污口的名称，例如：××市一号码头混合废污水排污口。污水处理厂可参照企业排污口名称的确定方法；

4．对于其他排污口，参照企业（工厂）排污口或生活污水排污口的命名方法，并冠以能够表明废污水性质的排污口名称，例如：××县××畜禽养殖场排污口、××县××路农田退水排污口；

5．对于同一地区或者同一排污单位出现相同的排污口，在各种名称前加序号区分。例如：××县××酒厂1号工业入河（海）排污口；××县××酒厂2号工业入河（海）排污口。

排污口编码　按照《入河排污口管理技术导则》（SL 532—2011）编码规则对排污口编码，具体如下：

由全国的行政区代码加序号组成，共9个位，1～2个位表示省（自治区、直辖市）名称；3～4个位表示地（市、州、盟）名称；5～6个位表示县（市、区、旗）名称；7～9个位表示入河（海）排污口的序号。

示例：入河（海）排污口编码：340301A01代表的意思是××省××市辖区第A01号入河（海）排污口。其中1～2个位的34表示××省；3～4个位的03表示××市；5～6个位的01表示市辖区；7～9个位A01表示第A01号入河（海）排污口。

所在地区区划代码　指排污口所在地区的统计用12位区划代码。

排污口类别　选择填写入河排污口或入海排污口，其中入河排污口包括排入河流、湖泊、水库等地表水体的排污口。

地理坐标　填写排污口所在地地理位置的经、纬度，按“度分秒”形式填写，其中“秒”保留2位小数。

设置单位　有明确设置单位的排污口填写设置单位全称。经行政许可设置或备案的排污口，按许可批复或备案文件确定的设置单位填写；多个固定源共用一个排污口时，填写为主设置单位或排污量最大的单位。未经行政许可设置或备案，且确实无明确设置单位的排污口填写“无”。

排污口规模　分为“规模以上”和“规模以下”；其中，“规模以上”指日排废污水≥300立方米或年排废污水≥10万立方米，“规模以下”指日排废污水量＜300立方米或年排废污水量＜10万立方米。

排污口类型　根据排放废污水的性质，排污口类型分为工业废水入河（海）排污口，入河（海）排污口、混合废污水入河（海）排污口和其他排污口 4 种。工业废水入河（海）排污口指接纳企业生产废水的入河（海）排污口。生活污水入河（海）排污口指接纳生活污水的入河（海）排污口。混合废污水入河（海）排污口指接纳市政排水系统废污水或污水处理厂尾水的入河（海）排污口。对于接纳远离城镇、不能纳入污水收集系统的居民区、风景旅游区、度假村、疗养院、机场、铁路车站等，以及其他企事业单位或人群聚集地排放的污水，如氧化塘、渗水井、化粪池、改良化粪池、无动力地埋式污水处理装置和土地处理系统处理工艺等集中处理方式的入河（海）排污口，视为混合废污水入河（海）排污口。其他排污口指接纳除工业废水和生活污水以外，且废污水性质单一的入河（海）排污口，如城镇区域内的畜禽养殖场排污口等，应填写具体废污水种类。

入河（海）方式　按实际情况填写明渠、暗管、泵站、涵闸和其他。明渠指采用地表可见的渠道排放污水的方式，可分为天然明渠和人工明渠两种。暗管指利用地下管道或渠道排放污水的形式。泵站指利用泵站控制排放污水的形式。涵闸指利用闸门控制流量和调节水位来排放污水入河湖的形式。其他指不符合上述条件的入河（海）方式，并在后面横线说明情况。

受纳水体　指普查对象废水最终排入的水体。根据生态环境部第二次全国污染源普查工作办公室确定的附录（三）河流名称与代码填报受纳水体名称与代码。

《入河（海）排污口水质监测数据》（S105 表）

监测时间　精确至小时，填写实施采样的 201×年××月××日××时。其中，“已有监测结果”指 2017 年 1 月 1 日至 2018 年 3 月 20 日开展监测，并符合《关于开展第二次全国污染源普查入河（海）排污口普查与监测工作的通知》（国污普〔2018〕4 号）要求的数据结果；“补充监测结果”指 2018 年 3 月 20 日后开展监测的数据结果，如部分指标补充监测的应分别在“已有监测结果”和“补充监测结果”相应水期和次数列中填写（下同）。

污水排放流量　按排污口当次监测的废水流量折算为小时流量填报，计量单位为立方米/小时。

污染物排放浓度　填写实测浓度，测定结果的表示按照所采用分析方法中的要求。采集流量比例混合样品的，在相应监测时间的行内均填写同一浓度值。当测定结果低于分析方法检出限时，报所使用方法的检出限值，并在检出限值后加“L”。

其他　各地可根据水污染防治需求，对工业废水排放量较大的排污口增加相应的特征指标，并在甲列中填写指标名称。

《生活源农村居民能源使用情况抽样调查》（S106 表）

户主姓名　指本户实际决策人或主要收入来源人。户主姓名按身份证或户口本上的姓名填写。

联系电话　指户主的移动电话号码，如果没有或不愿意提供移动号码，可填写其他家庭成员的移动号码，或者固定电话（区号+号码）。

详细住址　指民政部门认可的地址。应包括省（自治区、直辖市）、地（区、市、州、盟）、县（市、旗、区）、乡（镇），以及具体街（村）和门牌号码。

户主户籍　指在普查时点，本户户主的户籍登记地。是在本乡镇选“1”，不在本乡镇选“2”。

住户成员人数　指居住在一个住宅内，所有与本住户分享生活开支或收入的人员，还包括：①由本住户供养的在外学生（含大中专学生和研究生）；②未分家的农村外出从业人员和随迁家属，无论其外出时间长短；③轮流居住的老人（按普查时点实际居住地登记）；④因探亲访友、旅游、住院、培训或出差等原因临时外出的人员。不包括：①寄宿者、住家保姆和帮工；②已分家的子女、出嫁人员、挂靠人员；③本住户不再供养的在外学生（含大中专学生和研究生）；④普查时点已应征入伍者；⑤普查时点正在服刑的人员。

常住月数　指 2017 年任意家庭成员最长居住时间，填写居住时间在 15 天及以上的月数。

全年收入　指全体家庭成员调查年度内的所有收入总和。

住房面积　房屋面积是指住宅中以户（套）为单位的分户（套）门内全部可供使用的空间面积。包括日常生活起居使用的卧室、起居室和客厅（堂屋）、亭子间、厨房、卫生间、室内走道、楼梯、壁橱、阳台、地下室、假层、附层（夹层）、阁楼、（暗楼）等面积。

住房结构　指现住房的承重结构（如梁、柱、承重墙等）所用的建筑材料。

1．钢筋混凝土　指梁、柱、承重墙等是用钢筋混凝土建造的住房。

2．砖混　指承重的主要构件是用钢筋混凝土和砖木建造的住房。如房屋的柱、梁是用钢筋混凝土制成，承重墙是砖墙。

3．砖（石）木　指梁、柱、承重的主要构件是用砖、石、木料建造的住房。如一幢由木制房架、砖墙、木柱建造的房屋。不包括以砖、石作墙基的土坯房。

4．竹草土坯　指建筑物承重的主要构件或屋顶是用竹、草、土坯等建造的。如竹楼、土窑洞等。

5．其他　指不属于上述结构的住房。

家用电器　指在家庭中使用的各种电器和电子器具。

沼气池　是一个严格密闭的发酵装置，是人工制取和贮存沼气的一种设备。

年液化气用量　液化（石油）气使用量。

蜂窝煤用量　主要用于家庭生火、取暖，是用无烟煤制成的蜂窝状的圆柱形煤球使用量。

颗粒/压块燃料用量　指以甜高粱秸秆、玉米秸秆、棉花秸秆、小麦秸秆等秸秆为原料加工的颗粒状生物质燃料使用量，或者利用新技术及专用设备将各种农作物秸秆、木屑、锯末、花生壳、玉米芯等压缩碳化成型的压块燃料使用量。

燃煤类型　按碳化程度可分为无烟煤、烟煤、褐煤、泥煤。

1．无烟煤　有粉状和小块状两种，呈黑色有金属光泽而发亮；燃烧时无烟，火焰较短，不结焦，含碳量一般在 90%以上。

2．烟煤　一般为粒状、小块状，也有粉状，灰黑色至黑色，有光泽，含碳量为 75%～90%；较易点燃，燃烧时上火快，火焰长而多黑烟，易结渣，燃烧时间较长。烟煤是自然界最重要和分布最广的煤种。

3．褐煤　多为块状，呈褐色或黑褐色，光泽暗，质地疏松；燃点低，容易着火，燃烧时火焰大，冒黑烟；燃烧时间短，需经常加煤。

4．泥煤　泥炭为棕褐色或黑褐色不均匀物质，含有大量未分解的植物残体，有时可用肉眼看出；碳化程度最浅，水分多，需露天风干后使用，极易着火燃烧。

集中供暖（单位锅炉）　指居民住户取暖方式是集中集团式供暖的一种形式。

火盆或火塘燃料　指盛炭火等的盆子或者内地上挖成的小坑的燃料使用量。

《集中式污水处理厂基本情况》(J101-1 表)

污水处理设施类型　指普查对象是城镇污水处理厂、工业污水集中处理厂、农村集中式污水处理设施和其他污水处理设施。

城镇污水处理厂是指对进入城镇污水收集系统的污水进行净化处理的污水处理厂。城镇污水指城镇居民生活污水，机关、学校、医院、商业服务机构及各种公共设施排水，以及允许排入城镇污水收集系统的工业废水和初期雨水等。

工业污水处理厂是指提供社会化有偿服务、专门从事为工业园区、联片工业企业或周边企业处理工业废水（包括一并处理周边地区生活污水）的集中设施或独立运营的单位。不包括企业内部的污水处理设施。原来按工业污水处理厂设计建设的，由于企业搬迁或其他原因导致的实际处理污水主要为生活污水的处理厂，按城镇生活污水处理厂填报。

农村集中式污水处理设施指乡、村通过管道、沟渠将乡建成区或全村污水进行集中收集后统一处理的污水处理设施或处理厂。

其他污水处理设施指不能纳入城市污水收集系统的居民区、风景名胜区、度假村、疗养院、机场、铁路、车站以及其他人群聚集地排放的污水进行就地集中处理的设施。

建成时间　填表单位实际投入生产、使用的日期。如果普查对象有改扩建的，按普查对象最新的改扩建项目投入生产、使用的日期填报。

污水处理方法、名称、代码　污水处理厂采用的污水处理工艺，按附录（五）指标解释通用代码表中表 1 填写。如有多条不同处理工艺，则分别进行填报。如一条线处理工艺为 AB 法，另一条线处理工艺为 A^2/O，则污水处理方法（1）的名称为 AB 法，代码为 4170，污水处理方法（2）的名称为 A^2/O，代码为 4120。

排水进入环境的地理坐标　指排水出厂界后最终进入环境处（水体、农田或土地等）的经纬度。排水去向类型选择 A、B、F、G 和 K 中任何一种，须填报本指标。地理坐标“秒”，最多保留 2 位小数。

受纳水体　指普查对象废水最终排入的水体。根据生态环境部第二次全国污染源普查工作办公室确定的附录（三）河流名称与代码填报受纳水体名称与代码。

再生水处理工艺　指为满足再生水使用要求而建设的深度处理工艺。一般指在二级处理后再增加的处理工艺。

污泥稳定化处理　指普查对象是否采用厌氧消化、好氧消化或好氧堆肥等方式对污泥进行稳定化处理。

污泥厌氧消化装置　污泥厌氧消化装置指在厌氧条件下，通过微生物作用将污泥中的有机物转化为沼气，从而使污泥中的有机物矿化稳定的过程。实现这一过程的装置为污泥厌氧消化装置。

污泥稳定化处理方法　指普查对象对产生污泥的稳定化、无害化处理方法的名称、代码，1.一级厌氧，2.二级厌氧，3.好氧消化，4.堆肥，5.其他。污泥未进行稳定化、无害化处理的不填。

《集中式污水处理厂运行情况》（J101-2 表）

年运行天数 指普查对象 2017 年全年正常运行的实际天数。计量单位为天，保留整数。

用电量 指 2017 年全年普查对象用于生产运行和生活的总用电量。计量单位为万千瓦时，保留 2 位小数。

设计污水处理能力 指在计划期内，污水处理厂（或某生产线）参与污水处理的全部设备和构筑物在既定的组织技术条件下，所能处理的污水的量。计量单位为立方米/日，保留整数。

污水实际处理量 指普查对象 2017 年全年实际处理的污水总量。计量单位为万立方米，保留 2 位小数。

处理的生活污水量 指普查对象 2017 年全年实际处理的污水总量中生活污水的量。如普查单位不能准确计量处理水量中的生活污水量，可按设计建设时估计的生活污水占比进行折算。计量单位为万立方米，保留 2 位小数。

再生水量 指污水处理厂二级处理后的污水再经过深度处理并达到国家已颁布的再生水利用标准的水量。未达到国家已颁布的再生水利用标准的不算再生水。

工业用水量 指普查对象 2017 年污水再生水利用量中用于工业冷却用水等工业方面的水量。计量单位为万立方米，保留 2 位小数。

市政用水量 指普查对象 2017 年污水再生水利用量中用于消防、城市绿化等市政方面的水量。计量单位为万立方米，保留 2 位小数。

景观用水量 指普查对象 2017 年污水再生水利用量中用于营造城市景观水体和各种水景构筑物的水量。计量单位为万立方米，保留 2 位小数。

干污泥产生量 2017 年全年在整个污水处理过程中最终产生污泥的质量，折合含水率为 0 的干泥量填报。污泥指污水处理厂（或处理设施）在进行污水处理过程中分离出来的固体。计量单位为吨，保留整数。

$$干污泥产生量=湿污泥产生量\times（1-n\%）$$

其中，$n\%$为湿污泥的含水率。

污泥厌氧消化装置产气量 指通过污泥厌氧消化装置产生的沼气量。有污泥厌氧消化装置的填报。计量单位为立方米，保留整数。

干污泥处置量 指 2017 年全年采用土地利用、填埋、建筑材料利用和焚烧等方法最终消纳处置的污泥质量。计量单位为吨，保留整数。

土地利用量 指 2017 年全年将处理后的污泥作为肥料或土壤改良材料，用于园林、绿化或农业等场合的处置方式处置的污泥质量。计量单位为吨，保留整数。

填埋处置量 指 2017 年全年采取工程措施将处理后的污泥集中堆、填、埋于场地内的安全处置方式处置的污泥质量。计量单位为吨，保留整数。

建筑材料利用量 指 2017 年全年将处理后的污泥作为制作建筑材料的部分原料的处置方式处置的污泥质量。计量单位为吨，保留整数。

焚烧处置量 指 2017 年全年利用焚烧炉使污泥完全矿化为少量灰烬的处置方式处置的污泥质量。计量单位为吨，保留整数。

《集中式污水处理厂监测数据》（J101-3 表）

普查对象若有多个排放口，则按不同排放口分别填报。

废水排放口编号　排放口编号由标识码、排放口类别代码和流水顺序码 3 个部分共 5 位字母和数字混合组成。

第一部分（第 1 位）：排放口的编码标识，使用 1 位英文字母 D（Discharge outlet 排污）表示。

第二部分（第 2 位）：环境要素标识符，使用 1 位英文字母（A 表示空气，W 表示水）表示。

第三部分（第 3～5 位）：全单位统一的排放口流水顺序码，使用 3 位阿拉伯数字。

监测方式　指获取监测数据的监测活动方式，按下列优先顺序选择：在线监测＞企业自测（手工）＞委托监测＞监督监测，将代码填入表格内：1.在线监测，2.企业自测（手工），3.委托监测，4.监督监测。

排水流量　将监测的污水流量折算为小时排放量填报。计量单位为立方米/时，保留整数。

污水污染物浓度　指污水中污染物的年平均浓度。未监测的项目不填。

进口浓度　指污水处理厂进口污水中污染物的浓度。

排口浓度　指污水处理厂排口污水中污染物的浓度。

《生活垃圾集中处置场（厂）基本情况》（J102-1 表）

建成时间　普查对象实际投入生产、使用的日期。如果普查对象有改扩建的，按普查对象最新的改扩建项目投入生产、使用的日期填报。

垃圾处理厂类型　根据实际处理的垃圾类别选择填报。餐厨垃圾指从事餐饮服务、集体供餐等活动的单位（含个体工商户）生产经营过程中产生的食物残渣、残液和废弃食用油脂。

垃圾处理方式　普查对象根据实际采取的垃圾处理方式选择填报，可多选。

垃圾填埋场水平防渗　指在水平方向铺设人工衬层进行防渗，防止污染地下水。

受纳水体　指普查对象废水最终排入的水体。根据生态环境部第二次全国污染源普查工作办公室确定的附录（三）河流名称与代码填报受纳水体名称与代码。

排水进入环境的地理坐标　指排水出厂界后最终进入环境处（水体、农田或土地等）的经纬度。排水去向类型选择 A、B、F、G 和 K 中任何一种，须填报本指标。地理坐标“秒”，最多保留 2 位小数。

排放口编号　排放口编号由标识码、排放口类别代码和流水顺序码3个部分共5位字母和数字混合组成。

第一部分（第 1 位）：排放口的编码标识，使用 1 位英文字母 D（Discharge outlet 排污）表示。

第二部分（第 2 位）：环境要素标识符，使用 1 位英文字母（A 表示空气，W 表示水）表示。

第三部分（第 3～5 位）：全单位统一的排放口流水顺序码，使用 3 位阿拉伯数字。

排放口地理坐标　指废气排放口的经纬度。

烟囱高度与直径　指废气排放口离地高度和排气筒出口处的内径。计量单位为米，保留 1 位小数。

废气处理方法　按普查对象焚烧废气处理设施采用的净化方式，按附录（五）指标解释通用代码表中表 5 填报废气处理方法名称及代码。

《生活垃圾集中处置场（厂）运行情况》(J102-2 表)

年运行天数　指普查对象 2017 年全年正常运行的实际天数。计量单位为天，保留整数。

本年实际处理量　指普查对象 2017 年全年处理的垃圾总质量。计量单位为万吨，保留 2 位小数。

垃圾填埋方式填报以下指标：

设计容量　指普查对象垃圾填埋设施设计建设的填埋总容量。计量单位为立方米，保留整数。

已填容量　指填埋设施投入使用以来至 2017 年年末填埋占用的累计容量。计量单位为万吨，保留整数。

正在填埋作业区面积　指生活垃圾填埋场中正在填埋的作业区面积（水平投影面积），计量单位为万平方米，保留小数点后两位有效数字。

已使用黏土覆盖区面积　指填埋库区中已使用黏土进行中间覆盖或阶段性封场的面积（水平投影面积）。计量单位为万平方米，保留小数点后两位有效数字。

已使用塑料土工膜覆盖区面积　指填埋库区中已使用塑料土工膜进行中间覆盖或阶段性封场的面积（水平投影面积）。计量单位为万平方米，保留小数点后两位有效数字。

本年实际填埋量　指 2017 年全年以填埋方式处理的垃圾总质量。计量单位为万吨，保留小数点后两位有效数字。

垃圾堆肥处置方式填报以下指标：

设计处理能力　指普查对象设计建设的用于堆肥方式处置垃圾的设施和构筑物，在计划期内和既定的组织技术条件下所能处置垃圾的量。计量单位为吨/日，保留整数。

本年实际堆肥量　指 2017 年全年以堆肥方式处理的垃圾总质量。计量单位为万吨，保留 2 位小数。

渗滤液收集系统　指为了防止污染水环境，与普查对象垃圾处理设施建设时同步建设的渗滤液收集系统，确认普查对象实际建设情况选择。

垃圾焚烧方式填写以下指标：

设施数量　焚烧设施总台数。计量单位为台。

设计焚烧处理能力　指在计划期内，普查对象参与垃圾焚烧的全部设备，在既定的组织技术条件下，所能焚烧处置垃圾的量。计量单位为吨/日，保留整数。

本年实际焚烧处理量　指普查对象 2017 年全年焚烧处理垃圾的总质量。计量单位为万吨，保留 2 位小数。

煤炭消耗量、燃料油消耗量　指普查对象 2017 年全年作为助燃剂实际消耗的煤炭、燃料油的总量。计量单位为吨，保留整数。

废气设计处理能力　指普查对象焚烧废气处理的全套设施，在计划期内和既定的组织技术条件下，所能处理的焚烧废气的量。计量单位为立方米/时，保留整数。

炉渣产生量　指 2017 年全年垃圾经焚烧后生成的残渣，不包括烟气处理设备中收集的飞灰的质量。

计量单位为吨，保留整数。

炉渣处置方式　根据残渣处置情况，按表 1 填报炉渣处置方式及代码。

表 1　炉渣处置方式及代码

代码	处置方式
A	按照危险废物填埋，填埋场符合《危险废物填埋污染控制标准》（GB 18598—2001）
B	按照一般工业固体废物填埋，填埋场符合《一般工业固体废物贮存、处置场污染控制标准》（GB 18599—2001）
C	按照生活垃圾填埋，填埋场符合《生活垃圾填埋污染控制标准》（GB 16889—1997）
D	简易填埋，不符合国家标准的填埋设施
E	堆放（堆置），未采取工程措施的填埋设施

炉渣处置量　指普查对象 2017 年全年利用本单位设施或委托外单位处置的残渣（不包括飞灰）的质量。计量单位为吨，保留整数。

炉渣综合利用量　指普查对象 2017 年全年残渣（不包括飞灰）的再利用量。如用炉渣制水泥、混凝土砖及其他材料等的质量。计量单位为吨，保留整数。

焚烧飞灰产生量　指 2017 年全年垃圾经焚烧处置后，从烟气处理设备中收集的烟尘的质量。计量单位为吨，保留整数。

焚烧飞灰处置量　指普查对象 2017 年全年焚烧飞灰按危险废物进行安全填埋处置的量。计量单位为吨，保留整数。

焚烧飞灰综合利用量　指普查对象 2017 年全年焚烧飞灰的再利用量。如用炉渣制水泥、混凝土砖及其他材料等的质量。计量单位为吨，保留整数。

餐厨垃圾厌氧发酵处置方式填写以下指标：

设计处理能力　指普查对象设计建设的以厌氧发酵处置方式处理垃圾的全套设施，在计划期内和既定的组织技术条件下，所能处置垃圾的量。计量单位为吨/日，保留整数。

本年实际处置量　指普查对象 2017 年全年使用厌氧发酵处置方式处理垃圾的总质量。计量单位为万吨，保留 2 位小数。

餐厨垃圾生物分解处置方式填写以下指标：

设计处理能力　指普查对象设计建设的以生物养殖分解处置方式处置垃圾全套设施，在计划期内和既定组织技术条件下，所能处置垃圾的量。计量单位为吨/日，保留整数。

本年实际处置量　指普查对象 2017 年全年使用生物养殖分解处置方式处理垃圾的总质量。计量单位为万吨，保留 2 位小数。

垃圾其他方式填写以下指标：

设计处理能力　指普查对象设计建设的以其他方式处理垃圾的全套设施，在计划期内和既定组织技术条件下，所能处置垃圾的量。计量单位为吨/日，保留整数。

本年实际处置量　指普查对象 2017 年全年使用其他处置方式处理垃圾的总质量。计量单位为万吨，保留 2 位小数。

废水（含渗滤液）产生及处理情况填写以下指标：

废水（含渗滤液）产生量　指普查对象 2017 年全年实际产生的废水量（含渗滤液）。如果没有计量装置可按照产污系数计算产生量。计量单位为立方米，保留整数。

废水处理方式　包括自行处理、委托其他单位处理、直接回喷至填埋场和直接排放，根据实际情况进行选择。

废水设计处理能力　指普查对象建设的专门用于处理渗滤液的全套设施和构筑物，在既定的组织技术条件下，每天所能处理渗滤液（或废水）的量。计量单位为立方米/日，保留整数。

废水处理方法　根据废水处理的工艺方法，按附录（五）指标解释通用代码表中表 1 选择填报废水处理方法及代码。废水自行处理的填报此项，选择其他处理方式的不填。

废水实际处理量　指普查对象 2017 年全年废水处理设施实际处理的废水总量。回喷、未经处理排入市政管网或再进入其他废水处理厂的量不计。计量单位为立方米，保留整数。

渗滤液膜浓缩液产生量　指垃圾渗滤液经过膜法处理后产生的浓缩液量，计量单位为立方米，保留整数。

渗滤液膜浓缩液处理方法　指对膜浓缩液的处理方法。

《危险废物集中处置厂基本情况》(J103-1 表)

建成时间　填表单位实际投入生产、使用的日期。如果普查对象有改扩建的，按普查对象最新的改扩建项目投入生产、使用的日期填报。

集中处置厂类型　选择对应集中处理厂类型。

危险废物集中处置厂：指提供社会化有偿服务，将工业企业、事业单位、第三产业或居民生活产生的危险废物集中起来进行焚烧、填埋等处置或综合利用的场所或单位。不包括企业内部自建自用且不提供社会化有偿服务的危险废物处理（置）装置。

医疗废物集中处置厂：指将医疗废物集中起来进行处置的场所。不包括医院自建自用且不提供社会化有偿服务的医疗废物处置设施。但具有危险废物经营许可证的医院纳入普查。

其他企业协同处置：由企事业单位附属的同时还接受社会其他单位委托，或利用其他设施（如水泥窑、生活垃圾焚烧设施等）处理危险废物的设施。

危险废物利用处置方式　选择对危险废物的处置和利用方式，可多选，包括：

1．综合利用：对危险废物中可利用的成分以实现资源化、无害化为目标的处理（置）方式。

2．填埋：危险废物的一种陆地处置方式，通过设置若干个处置单元和构筑物来防止水污染、大气污染和土壤污染的危险废物最终处置方式。

3．物理化学处理：通过蒸发、干燥、中和、沉淀等方式处置危险废物。

4．焚烧：指焚烧危险废物使之分解并无害化的过程或处理方式。

受纳水体　指普查对象废水最终排入的水体。根据生态环境部第二次全国污染源普查工作办公室确定的附录（三）河流名称与代码填报受纳水体名称与代码。

排水进入环境的地理坐标　指排水出厂界后最终进入环境处（水体、农田或土地等）的经纬度。排水去向类型选择 A、B、F、G 和 K 中任何一种，须填报本指标。地理坐标“秒”，最多保留 2 位小数。

排放口编号　排放口编号由标识码、排放口类别代码和流水顺序码 3 个部分共 5 位字母和数字混合组成。

第一部分（第 1 位）：排放口的编码标识，使用 1 位英文字母 D（Discharge outlet 排污）表示。

第二部分（第 2 位）：环境要素标识符，使用 1 位英文字母（A 表示空气，W 表示水）表示。

第三部分（第 3～5 位）：全单位统一的排放口流水顺序码，使用 3 位阿拉伯数字。

废气排放口地理坐标　指废气排放口的经纬度。地理坐标“秒”，最多保留 2 位小数。

烟囱高度与直径　指废气排放口的离地高度和排气筒出口内径。计量单位为米，保留 1 位小数。

废气处理方法　按普查对象焚烧废气处理设施采用的净化方式，按附录（五）指标解释通用代码表中表 5 填报废气处理方法名称及代码。

《危险废物集中处置厂运行情况》(J103-2 表)

本年运行天数　指普查对象 2017 年全年正常运行的实际天数。计量单位为天，保留整数。

危险废物主要利用处置情况填写以下指标：

危险废物接收量　指普查对象 2017 年全年接收入厂的危险废物总质量。计量单位为吨，保留整数。

危险废物设计处置利用能力　指在计划期内，普查对象（或某生产线）参与废物处置和利用的全部设备和构筑物，在既定的组织技术条件下所能处理废物的量。计量单位为吨/年，保留整数。

危险废物处置利用总量　指普查对象2017年全年处置和通过综合利用方式处理的危险废物总质量。计量单位为吨，保留整数。

处置工业危险废物量　指普查对象 2017 年全年采用各种方式处置的工业危险废物的总质量。计量单位为吨，保留整数。

处置医疗废物量　指普查对象 2017 年全年采用各种方式处置的医疗废物的总质量。计量单位为吨，保留整数。

处置其他危险废物量　指普查对象 2017 年全年采用各种方式处置的除工业危险废物和医疗废物以外其他危险废物的总质量，如教学科研单位实验室、机械电器维修、胶卷冲洗、居民生活等产生的危险废物。计量单位为吨，保留整数。

综合利用危险废物量　指普查对象 2017 年全年以综合利用方式处理的危险废物总质量。计量单位为吨，保留整数。

危险废物综合利用方式填写以下指标：

危险废物设计综合利用能力　指在计划期内，普查对象（或某生产线）参与废物利用的全部设备和构筑物，在既定的组织技术条件下，所能处理利用废物的量。计量单位为吨/年，保留整数。

危险废物实际利用量　指普查对象 2017 年全年以综合利用方式处理的危险废物总质量。计量单位为吨，保留整数。

综合利用方式　根据普查对象实际情况，按照表 1 选择填写，可多选。

表 1　危险废物利用/处置方式

代码	说明
	危险废物（不含医疗废物）利用方式
R1	作为燃料（直接燃烧除外）或以其他方式产生能量
R2	溶剂回收/再生（如蒸馏、萃取等）
R3	再循环/再利用不是用作溶剂的有机物
R4	再循环/再利用金属和金属化合物
R5	再循环/再利用其他无机物
R6	再生酸或碱
R7	回收污染减除剂的组分
R8	回收催化剂的组分

代码	说明
R9	废油再提炼或其他废油的再利用
R15	其他
危险废物（不含医疗废物）处置方式	
D1	填埋
D9	物理化学处理（如蒸发、干燥、中和、沉淀等），不包括填埋或焚烧前的预处理
D10	焚烧
D16	其他
C1	水泥窑协同处置
其他	
C2	生产建筑材料
C3	清洗（包装容器）
医疗废物处置方式	
Y10	医疗废物焚烧
Y11	医疗废物高温蒸汽处理
Y12	医疗废物化学消毒处理
Y13	医疗废物微波消毒处理
Y16	医疗废物其他处置方式

危险废物填埋方式填写以下指标：

设计容量　指普查对象填埋设施设计建设的填埋废物的构筑物的总容量。计量单位为立方米，保留整数。

已填容量　指填埋设施投入使用以来，截至2017年年末填埋占用的累计容量。计量单位为立方米，保留整数。

设计处置能力　指在计划期内，普查对象参与废物填埋处置的全部设备和构筑物，在既定的组织技术条件下所能填埋处置废物的量。计量单位为吨/年，保留整数。

实际填埋处置量　指普查对象 2017 年全年以填埋方式处置的危险废物总质量。计量单位为吨，保留整数。

危险废物物理化学处理方式填写以下指标：

设计处置能力　指在计划期内，普查对象（或某生产线）参与以物理化学方式处置废物的全部设备和配套设施，在既定的组织技术条件下，所能处理废物的量。计量单位为吨/年，保留整数。

实际处置量　指普查对象 2017 年全年以物理化学方式处理的危险废物总质量。计量单位为吨，保留整数。

物理化学处置方式　指普查对象处理危险废物的物理化学方式，包括蒸发、干燥、中和、沉淀、固化、氧化还原、其他。不包括填埋或焚烧前的预处理。

危险废物焚烧方式填写以下指标：

设施数量　焚烧设施总台数。计量单位为台。

设计焚烧处置能力　指在计划期内，普查对象参与废物焚烧的全部设备，在既定的组织技术条件下，所能焚烧处置废物的量。计量单位为吨/年，保留整数。

实际焚烧处置量　指普查对象 2017 年全年以焚烧方式处置的危险废物总质量。计量单位为吨，保留整数。

煤炭消耗量、燃料油消耗量、天然气消耗量　填报普查对象 2017 年全年实际消费的煤炭、燃料油和天然气的总量。计量单位为吨或立方米，保留整数。

废气设计处理能力　指普查对象设计建设的焚烧废气处理的全套设施，在计划期内和既定的组织技术条件下，所能处理的焚烧废气的量。计量单位为立方米/时，保留整数。

焚烧残渣产生量　指 2017 年全年危险废物经焚烧处置后生成的残渣，不包括烟气处理设备中收集的飞灰的质量。计量单位为吨，保留整数。

焚烧残渣填埋处置量　指普查对象 2017 年全年炉渣按危险废物进行安全填埋处置的量。计量单位为吨，保留整数。

焚烧飞灰产生量　指 2017 年全年从危险废物焚烧烟气处理设备中收集的烟尘的质量。计量单位为吨，保留整数。

焚烧飞灰填埋处置量　指普查对象 2017 年全年焚烧飞灰按危险废物进行安全填埋处置的量。计量单位为吨，保留整数。

医疗废物主要处置情况填报以下指标：

医疗废物设计处置能力　指在计划期内，普查对象（或某生产线）参与废物处置的全部设备和构筑物，在既定的组织技术条件下，所能处理废物的量。计量单位为吨/年，保留整数。

焚烧设计处置能力　指在计划期内，普查对象参与废物焚烧的全部设备，在既定的组织技术条件下，所能焚烧处置废物的量。计量单位为吨/年，保留整数。

实际处置医疗废物量　指普查对象 2017 年全年对医疗废物采取焚烧、化学消毒、微波消毒和高温蒸汽处理，最终置于符合环境保护规定要求的场所并不再回取的医疗废物总质量。计量单位为吨，保留整数。

废水（主要指危险废物处置厂产生的渗滤液以及设备冷却、设备清洗和地面清洗等过程产生的废水）产生及处理情况填报以下指标：

废水处理方法　根据废水处理的工艺方法，按附录（五）指标解释通用代码表中表 1 选择填报废水处理方法及代码。

废水设计处理能力　指普查对象建设的专门用于处理废水的全套设施和构筑物，在既定的组织技术条件下，每天所能处理废水的量。计量单位为立方米/日，保留整数。

废水产生量　指普查对象 2017 年全年实际产生的废水量。如果没有计量装置可按照产污系数计算产生量。计量单位为立方米，保留整数。

实际处理废水量　指普查对象 2017 年全年废水处理设施实际处理的废水总量。未经处理排入市政管网或再进入其他污水处理厂的量不计。计量单位为立方米，保留整数。

废水排放量　指普查对象 2017 年全年排放到外部的废水的总量（包括经过处理的和未经处理的）。如果没有计量装置可按照排污系数计算排放量。计量单位为立方米，保留整数。

《生活垃圾/危险废物集中处置厂（场）废水监测数据》(J104-1 表)

普查对象若有多个排放口，则按不同排放口分别填报。

废水排放口编号　排放口编号由标识码、排放口类别代码和流水顺序码 3 个部分共 5 位字母和数字混合组成。

第一部分（第 1 位）：排放口的编码标识，使用 1 位英文字母 D（Discharge outlet 排污）表示。

第二部分（第 2 位）：环境要素标识符，使用 1 位英文字母（A 表示空气，W 表示水）表示。

第三部分（第 3～5 位）：全单位统一的排放口流水顺序码，使用 3 位阿拉伯数字。

监测方式　指获取监测数据的监测活动方式，按下列优先顺序选择：在线监测＞企业自测（手工）＞委托监测＞监督监测，将代码填入表格内：1.在线监测，2.企业自测（手工），3.委托监测，4.监督监测。

废水流量　按监测时测得的废水流量折算成每天的废水流量填报。计量单位为立方米/天，保留整数。

污染物浓度　指废水中污染物的年平均浓度。未监测的项目不填。

进口浓度：指进入处理设施前废水中污染物的浓度。

排口浓度：指经过处理设施处理后排出的废水中污染物的浓度。

无废水处理设施的只填写废水流量和排放口污染物监测数据。

《生活垃圾/危险废物集中处置厂（场）焚烧废气监测数据》(J104-2 表)

采用焚烧方式的普查对象填报此表。

监测方式　指获取监测数据的监测活动方式，按下列优先顺序选择：在线监测＞企业自测（手工）＞委托监测＞监督监测，将代码填入表格内：1.在线监测，2.企业自测（手工），3.委托监测，4.监督监测。

焚烧废气流量　废气流量按标况下小时流量填报。

年排放时间　指废气排放的实际小时数。保留整数。

污染物浓度　按照废气中污染物的年平均浓度填报。

排放浓度：指烟气经处理设施处理后，排放的废气污染物的排放浓度，各项污染物的浓度均指在标准状态下以 11%（*V*/*V*%）O_2（干烟气）作为换算基准换算后的浓度。

废气流量计量单位为立方米/时，保留整数；焚烧废气污染物浓度计量单位为毫克/立方米，污染物浓度按监测方法对应的有效数字填报。

按焚烧废气排放口逐一填写。

《生活垃圾/危险废物集中处置厂（场）污染物排放量》(J104-3 表)

废水污染物产生量　指 2017 年全年未经过处理的废水中所含的各项污染物本身的纯质量。按年产生量填报。

废水污染物排放量　指 2017 年全年排放的废水中所含的各项污染物本身的纯质量。按年排放量填报。

焚烧废气污染物排放量　指 2017 年全年危险废物焚烧过程中排放到大气中的废气（包括处理过的、未经过处理）中所含的颗粒物、二氧化硫、氮氧化物、铅、汞、镉、砷、铬等重金属及其化合物（以重金属元素计）的固态、气态污染物的纯质量。按年排放量填报。

数据来源　指污染物排放量计算所采用的数据来源。按下列优先顺序选择：在线监测＞企业自测（手工）＞委托监测＞监督监测＞系数法，将代码填入表格内：1.在线监测，2.企业自测（手工），3.委托监测，4.监督监测，5.系数法。

《储油库油气回收情况》（Y101 表）

燃油类型　包括原油、汽油、柴油（包括生物柴油）。其中，原油指各种碳氢化合物的复杂混合物，通常呈暗褐色或者黑色液态，少数呈黄色、淡红色、淡褐色。汽油指由常减压装置蒸馏产出的直馏汽油组分、二次加工装置产出的汽油组分（如催化汽油、加氢裂化汽油、催化重整汽油、加氢精制后的焦化汽油等）及高辛烷值汽油组分，按一定比例调合后加入适量抗氧防胶剂、金属钝化剂，必要时加入适量的抗爆剂和甲基叔丁基醚（MTBE）等制成。柴油指由常减压装置蒸馏产出的直馏柴油或经过精制的二次加工柴油组分（如催化裂化柴油、加氢裂化柴油、加氢精制后的焦化柴油等）按一定比例调和而成，供转速为每分钟 1 000 转以上的柴油机使用的柴油。

储罐罐容　指实际储油过程中单个储罐可储藏的最大油料容积，又叫有效容积。

年周转量　指储油库的一个储罐在一年时间内，由各种运输工具或管道实际完成入库和出库的油品质量的总和。

顶罐结构　包括内浮顶灌、外浮顶灌、固定顶罐。其中，内浮顶灌是指带罐顶的浮顶罐，储油罐内部具有一个漂浮在贮液表面上的浮动顶盖，随着储液的输入输出而上下浮动；外浮顶灌是指储油罐的顶部是一个漂浮在贮液表面上的浮动顶盖，油罐顶部结构随罐内储存液位的升降而升降，顶部活动；固定顶罐是指罐顶部结构与罐体采用焊接方式连接，顶部固定的储油罐，一般有拱顶和锥顶两种结构。

装油方式　包括底部装油和顶部装油。其中，底部装油是指从罐体的底部往罐内注油的装油方式，也叫下装装油方式，一般需要在罐体底部安装防溢漏系统、油气回收系统等结构；顶部装油是指从罐体上方的入孔往罐内注油的装油方式。

油气处理方法　包括吸附法、吸收法、冷凝法、膜分离法等。其中，吸附法是指利用固体吸附剂的物理吸附和化学吸附性能，去除油气的方法；吸收法是指利用选定的液体吸收剂吸收溶解或与吸收剂中的组分发生选择性化学反应从而去除油气的方法；冷凝法是指利用物质在不同温度下具有不同饱和蒸汽压这一物理性质，采用降低系统温度或提高系统压力的方法，使处于蒸汽状态的油气冷凝从而去除油气的方法；膜分离法是指利用特殊薄膜对液体中的某些成分进行选择性透过的方法，将浓度较高的油气通过薄膜分离出来的方法。

在线监测系统　指在线监测油气回收过程中的压力、油气回收效率是否正常的系统。

《加油站油气回收情况》(Y102 表)

加油站总罐容　指加油站同一燃料类型储罐设计容积之总和。

油气回收阶段　分为一阶段、二阶段，完成卸油油气回收系统改造的称为一阶段，完成储油和加油油气回收系统改造的称为二阶段。

排放处理装置　指针对加油油气回收系统部分排放的油气，通过采用吸附、吸收、冷凝、膜分离等方法对这部分排放的油气进行回收处理的装置。

在线监测系统　指在线实时监测加油油气回收过程中的加油枪气液比、油气回收系统的密闭性、油气回收管线液阻是否正常的系统。

储罐类型　包括地上储罐、覆土立式油罐、覆土卧式油罐三种。地上储罐是指在地面以上，露天建设的立式储罐和卧式储罐的统称；覆土立式油罐是指独立设置在用土掩埋的罐室或护体内的立式油品储罐；覆土卧式储罐是指采用直接覆土或埋地方式设置的卧式油罐，包括埋地卧式油罐，埋地卧式储罐是指采用直接覆土或罐池充沙（细土）方式埋设在地下，且罐内最高液面低于罐外 4 米范围内地面的最低标高 0.2 米的卧式储罐。

储罐壳体类型　包括单层和双层。单层罐罐壁为单层的储罐；双层罐由内、外罐罐壁构成具有双层间隙的储罐。

防渗池　指储罐外围专门设置的能够起到二次油品防渗保护的池子。对于储油库等的地下单层储罐来说，一般应采取防渗池等有效措施防治油品泄漏对水体的污染。

防渗漏监测措施　指采用一定的方式方法，可以对双层储罐、防渗池进行有效监测的设施或措施。

双层管道　是由内、外管管壁形成的具有双层间隙的管道。

《油品运输企业油气回收情况》（Y103 表）

年汽油运输总量　指企业在一年内所有油罐车运送所有标号汽油的总数量。

年柴油运输总量　指企业在一年内所有油罐车运送所有标号柴油（包括生物柴油）的总数量。

具有油气回收系统的油罐车数量　指企业完成油气回收系统改造的油罐车和新购置具有油气回收系统的油罐车数量之和。

定期进行油气回收检测的油罐车数量　指至少每年进行一次油气回收系统密闭性检测的油罐车数量之和。

《县（区、市、旗）种植业基本情况》(N201-1 表)

农户总数　用于登记农业经营户、居住在农村且有确权（承包）土地的住户。以居住地或从事农业经营活动的生产地为原则登记。

农村劳动力人口　指乡村人口中经常参加集体经济组织（包括乡镇企业、事业单位）和家庭副业劳务的劳动力的人数之和。也指有劳动能力的农民的数量。

化肥施用量　指 2017 年每个县（区、市、旗）实际用于农业生产的化肥实物总量，单位为吨。氮肥施用折纯量、含氮复合肥施用折纯量是把施用的不同种类氮肥或含氮复合肥按含氮百分比成分（含氮折纯率）进行折算后的数量之和，单位为吨。氮肥、含氮复合肥种类名称和含氮折纯率见表 1。

表 1　氮肥和含氮复合肥名称及含氮折纯率

氮肥	名称	尿素	碳酸氢铵	硫酸铵	硝酸铵	氯化铵	氨水	其他氮肥
	含氮折纯率/%	46	17	21	34	23	16	20
含氮复合肥	名称	磷酸一铵	磷酸二铵	其他二元含氮复合肥	三元复合肥			
	含氮折纯率/%	12	17	14	10			

用于种植业的农药使用量　指区域（以县级行政区划为单位）内 2017 年所有作物种植周期内所施用的农药实物总量，单位为吨。如果不使用任何农药，使用量均填“0”。

规模种植主体情况　指一年一熟制地区露地种植农作物的土地达到 100 亩及以上、一年二熟及以上地区露地种植农作物的土地达到 50 亩及以上、设施农业的设施占地面积 25 亩及以上、园地面积达到 100 亩及以上，具有较大农业经营规模的农业经营主体。

不同坡度耕地和园地总面积　指耕地和园地面积之和。分别填写①平地（坡度≤5°以下）、②缓坡地（坡度 5°～15°）、③陡坡地（坡度＞15°）的耕地和园地面积。其中缓坡地的坡度 5°～15°是指坡度大于 5°且小于等于 15°。

耕地面积　指用于种植农作物的土地，不包括种植茶、桑、果等多年生木本农作物的土地。包括熟地、新开发、复垦、整理地、休闲地（含轮歇地、草田轮作地）；以种植农作物为主，间有零星果树、桑树或其他林木的土地；平均每年能保证收获一季的已垦滩地和海涂；抛荒不满三年的耕地。南方宽度小于 1 米，北方宽度小于 2 米固定的沟、渠、路和田埂也算耕地。

不包括已改为鱼塘、果园、林地的土地，被工厂、公路、铁路等设施占用的土地，已退耕还林、还草或已损毁的耕地。也不包括抛荒三年以上的耕地。

林农、果农间作的土地，以种植农作物为主的按耕地计算，以果树为主的计为园地，以林地为主的计为林地。已实施国家退耕还林、还草项目并已享受补贴的，无论是否间作农作物，都不算为耕地面积。

耕地又分成水田和旱地。水田是筑有田埂（坎），经常蓄水，常年用来种植水稻、莲藕、席草等水生作物的耕地，也包括实行水旱轮作的耕地（如水稻与小麦、油菜或蚕豆等轮作）。除水田外的其他耕地统称为旱地，包括统计资料（如统计年鉴、农业普查等）所指的旱地和水浇地。

菜地面积　指露地蔬菜和保护地蔬菜面积之和。其中，露地蔬菜指露天种植蔬菜的方式；保护地蔬菜面积是指在露地不适宜蔬菜生长的季节，采用保护设备创造适宜的环境条件栽培蔬菜的耕地面积。例如，在寒冷气候条件下通过采用温室、温床、冷床、塑料棚等设备，创造光照、温度、水分、通风等适宜的小气候环境种植蔬菜的面积。

园地面积　指种植以采集果、叶、根、茎、汁为主的多年生木本或草本作物，覆盖率大于50%，或每亩株数达到合理株数的70%的土地。包括果园、茶园、桑园以及其他等。

地膜年生产总量　指县域内全部地膜生产企业每年实际生产的地膜总量。

地膜年使用总量　指按本年度所有覆盖地膜农田实际铺设地膜重量。调查年度里覆盖一次算一次重量。

地膜覆膜总面积　指某地区所有覆盖地膜农田的总面积（包括地膜本身覆盖的面积和操作畦间的未覆盖面积）。调查年度里覆盖一次算一次面积。

地膜年回收总量　指本年度全县通过人工或机械回收的残膜总重量。

地膜年回收利用总量　指县域内全部地膜回收企业每年能够回收加工利用的地膜总重量。

秸秆规模化利用企业数量　特指对收集离田后的秸秆加以利用的企业、合作社等经营主体的数量。

秸秆规模化利用数量　特指以企业、合作社等经营主体为单位对收集离田后的秸秆加以利用数量。

《县（区、市、旗）种植业播种、覆膜与机械收获面积情况》(N201-2 表)

粮食作物播种面积　指谷类作物、薯类作物和豆类作物等粮食作物的播种面积。移植的作物面积，如稻谷、甘薯等，按移植后的面积计算，不计算移植前的秧苗面积。间种、混种的作物面积按比例折算各个作物的面积，如果完全混合、同步生长、收获的作物，按混合面积平均分配。复种、套种的作物，按次数计算面积，每种一次计算一次。

经济作物播种面积　指棉花、油料、糖料、烟叶、麻类、药材等的播种面积，不包括茶、桑、水果、橡胶等多年生木本经济作物。移植的作物面积，如烟叶等，按移植后的面积计算，不计算移植前的秧苗面积。间种、混种的作物面积按比例折算各个作物的面积，如果完全混合、同步生长、收获的作物，按混合面积平均分配。复种、套种的作物，按次数计算面积，每种一次计算一次。棉花不包括木棉。中药材指人工栽培的各种中药材作物，不包括野生药材。

蔬菜瓜果播种面积　根据不同的生长特点采取不同的统计方法。在调查年度内，播种一次收获一次的，种一茬算一茬面积；多年生的，无论一年内收获几次，都只计算一次面积；间种、套种按占地面积比例或用种量折算；种植在大棚等农业设施中的，如果是“立体”种植，按占地面积计算。生长在湖泊、水塘等水域中的莲藕等水生蔬菜无论是野生还是人工种植均不计算面积，只计算其在耕地上种植的面积。

果园面积　专指种植苹果、梨、葡萄、桃、柑橘、香蕉、菠萝、荔枝等果树的园地面积。

覆膜总面积　指某地区所有覆盖地膜农田的总面积（包括地膜本身覆盖的面积和操作畦间的未覆盖面积）。调查年度里覆盖一次算一次面积。棉花不包括木棉。中药材指人工栽培的各种中药材作物，不包括野生药材。

《县（区、市、旗）农作物秸秆利用情况》（N201-3 表）

秸秆　农业生产过程中，收获了稻谷、小麦、玉米等农作物籽粒以后，残留的不能食用的茎、叶等农作物副产品，不包括农作物地下部分。这里的秸秆是指风干重，含水率为 15%。

秸秆规模化利用　特指以企业、合作社等经营主体为单位对收集离田后的秸秆加以利用。

肥料化利用量　指以企业、合作社等经营主体为单位通过腐熟还田、堆沤还田、生物反应堆、生产商品有机肥等形式消纳利用的秸秆量。

饲料化利用量　指规模化养殖草食畜（包括牛、羊等）所消纳的秸秆量，利用方式包括青黄贮、碱化/氨化、压块（包括颗粒饲料）、揉搓丝化、蒸汽爆破等。青贮秸秆按照 3：1 的比例折合风干重。

基料化利用量　指以企业、合作社等经营主体为单位通过生产食用菌基质、育苗基质和其他栽培基质消纳的秸秆量。

燃料化利用量　指以企业、合作社等经营主体为单位通过固化成型、炭化、热解气化、沼气工程、发电等形式消纳利用的秸秆量。

《县（区、市、旗）规模以下养殖户养殖量及粪污处理情况》(N202 表)

养殖户数量　全县（市、区、旗）纳入普查范围的五类畜禽养殖种类对应的养殖户的总和。养殖户是指饲养数量未达到规模养殖场标准的养殖单元，其中，生猪＜500 头（出栏）、奶牛＜100 头（存栏）、肉牛＜50 头（出栏）、蛋鸡＜2 000 羽（存栏）、肉鸡＜10 000 羽（出栏）。

出栏量　饲养动物年总出栏数量，按生猪、肉牛和肉鸡填写。

存栏量　饲养动物的年均存栏数量，按奶牛和蛋鸡填写。

清粪方式　全县（市、区、旗）五类畜禽养殖对应的清粪工艺，人工干清粪是指畜禽粪便和尿液一经产生便分流，干粪由人工的方式收集、清扫、运走，尿及冲洗水则从下水道流出；机械干清粪是指畜禽粪便和尿液一经产生便分流，干粪利用专用的机械设备收集和运走，尿及冲洗水则从下水道流出；水冲粪是指畜禽粪尿污水混合进入缝隙地板下的粪沟，每天一次或数次放水冲洗圈舍的清粪方式，冲洗后的粪水一般顺粪沟流入粪便主干沟，进入地下贮粪池或用泵抽吸到地面贮粪池；水泡粪是指畜禽舍的排粪沟中注入一定量的水，粪尿、冲洗和饲养管理用水一并排放缝隙地板下的粪沟中，储存一定时间后，待粪沟装满后，打开出口的闸门，将沟中粪水排出；垫草垫料是指稻壳、木屑、作物秸秆或者其他原料以一定厚度平铺在畜禽养殖舍地面，畜禽在其上面生长、生活的养殖方式；高床养殖是指动物以及动物粪便不与垫草垫料直接接触，饲养过程动物粪便落在垫草垫料上，通过垫草垫料对动物粪尿进行吸收进一步处理；其他是指除以上几项以外的其他方式，需要单独注明。

粪便处理利用方式比例　填写不同粪便处理利用方式的比例。粪便处理利用方式包括委托处理、生产农家肥、生产商品有机肥、生产牛床垫料、生产栽培基质、饲养昆虫、其他、未利用直接排放。其中，垫料利用一般指牛场粪便经过固液分离、无害化处理后回用作为牛床垫料；基质利用是指畜禽粪便混合菌渣或者其他农作物秸秆，进行一定的无害化处理后，生产基质盘或基质土，应用于栽培果菜的利用方式。

污水处理利用方式比例　填写不同污水处理利用方式的比例。养殖污水处理利用方式，一般包括委托处理、沼液还田、肥水还田、生产液体有机肥、鱼池养殖、达标排放、其他利用、未利用直接排放。

配套农田种植/播种面积　填写全县（市、区、旗）所有养殖户粪污处理利用配套农田和林地所种植作物/林木的名称以及相应的播种面积，果树、草地及林地等填写种植面积，大田、蔬菜和经济作物填写播种面积。

《县（区、市、旗）水产养殖基本情况》(N203 表)

养殖品种名称、养殖品种代码　在表格内按下表填写名称和代码，见表 1。

表 1　养殖品种名称与代码对应表

品种名称	品种代码	品种名称	品种代码	品种名称	品种代码	品种名称	品种代码	品种名称	品种代码
鲟鱼	S01	鳟鱼	S15	南美白对虾（淡）	S29	鲷鱼	S43	江珧	S57
鳗鲡	S02	河豚	S16	河蟹	S30	大黄鱼	S44	扇贝	S58
青鱼	S03	池沼公鱼	S17	河蚌	S31	鲆鱼	S45	蛤	S59
草鱼	S04	银鱼	S18	螺	S32	鲽鱼	S46	蛏	S60
鲢鱼	S05	短盖巨脂鲤	S19	蚬	S33	南美白对虾（海）	S47	海参	S61
鳙鱼	S06	长吻鮠	S20	龟	S34	斑节对虾	S48	海胆	S62
鲤鱼	S07	黄鳝	S21	鳖	S35	中国对虾	S49	海水珍珠	S63
鲫鱼	S08	鳜鱼	S22	蛙	S36	日本对虾	S50	海蜇	S64
鳊鱼	S09	加州鲈	S23	淡水珍珠	S37	梭子蟹	S51	其他	S65
泥鳅	S10	乌鳢	S24	鲈鱼	S38	青蟹	S52		
鲶鱼	S11	罗非鱼	S25	石斑鱼	S39	牡蛎	S53		
鮰鱼	S12	罗氏沼虾	S26	美国红鱼	S40	鲍	S54		
黄颡鱼	S13	青虾	S27	军曹鱼	S41	蚶	S55		
鲑鱼	S14	克氏原螯虾	S28	鲕鱼	S42	贻贝	S56		

养殖水体　分为 1.淡水养殖，2.海水养殖，在方框中填写相应序号。

产量　指同一养殖模式、同一养殖类型的养殖水体中养殖的生物满足商品规格后全部收获的产量，单位用吨/年表示。在同一养殖品种的不同养殖模式中，产量须对应填写。

投苗量　指养殖最初投入的水产品苗体质量，单位吨/年。

面积　网箱养殖模式养殖面积单位为平方米，其他养殖模式单位为亩。

体积　工厂化养殖模式填写养殖水体体积，单位为立方米。

养殖情况统计　指该县（区、市、旗）规模养殖场和养殖户分别的统计总数。规模养殖场是指经有关部门批准的具有法人资格的水产养殖场；养殖户是指除规模养殖场以外的水产养殖户或养殖单位。

《城市生活污染基本信息》(S201 表)

全市常住人口　指全市行政范围内的常住人口，包括居住在本市的乡镇街道且户口在该乡镇街道或户口待定的人；居住在本市的乡镇街道且离开户口登记地所在的乡镇街道半年以上的人；户口在本市的乡镇街道且外出不满半年或在境外工作学习的人，“境外”是指我国海关关境以外。以市级统计年鉴或统计部门提供的数据为准。

房屋竣工面积　指全市报告期内按照设计要求已全部完工，达到居住和使用条件，经验收鉴定合格或达到竣工验收标准，可正式移交使用的各栋住宅（公共建筑、生产性建筑）建筑面积。

人均住房（住宅）建筑面积　指全市年末平均每人（以户籍人口为准）拥有的住宅建筑面积。

新建沥青公路长度　指全市本年度新建公路中，采用沥青混凝土铺装路面的公路的长度。根据交通运输部门《交通运输综合统计报表制度》中，交行统 1-2 表“公路里程年底到达数（按路面类型分）”中“有铺装路面—沥青混凝土”下的“二、本年新建数”指标填报。

改建变更沥青公路长度　指全市本年度改建变更公路中，采用沥青混凝土铺装路面的公路的长度。根据交通运输部《交通运输综合统计报表制度》中，交行统 1-2 表“公路里程年底到达数（按路面类型分）”中“有铺装路面—沥青混凝土”下的“三、本年改建变更数”指标填报。

2017 年年末城市道路长度、2016 年年末城市道路长度　分别指全市 2017 年和 2016 年年末城市道路的长度。根据“城市（县城）和村镇建设统计调查”中，“城市（县城）道路和桥梁综合表”的“道路长度（公里）”“建制镇燃气、供热及道路桥梁综合表”的“道路长度（公里）”“乡燃气、供热及道路桥梁综合表”的“道路长度（公里）”和“村庄市政公用设施综合表（二）”的“村庄内道路长度（公里）”等 4 项指标之和填报。

市区人口　指城市行政区域内有常住户口和未落常住户口的人，以及被注销户口的在押犯、劳改、劳教人员。未落常住户口人员是指持出生、迁移、复员转业、劳改释放、解除劳教等证件未落常住户口的、无户口的人员以及户口情况不明且定居一年以上的流入人口。根据“城市（县城）和村镇建设统计调查”中本直辖市或地级市的“城市（县城）基本情况统计基层表”的“市区（县）人口”指标填报，由住房和城乡建设部门或负责开展上述调查的部门提供，可从“住建部城乡建设统计信息管理系统”中查询。

城区人口　指划定的城区范围的户籍人口数。根据“城市（县城）和村镇建设统计调查”中本直辖市或地级市的“城市（县城）基本情况统计基层表”的“城区（县城）人口”指标填报，由住房和城乡建设部门或负责开展上述调查的部门提供，可从“住建部城乡建设统计信息管理系统”中查询。

市区暂住人口　指城市行政区域内，离开常住户口地的市区或乡、镇，到本地居住半年以上的人员。根据“城市（县城）和村镇建设统计调查”中本直辖市或地级市的“城市（县城）基本情况统计基层表”的“市区（县）暂住人口”指标填报，由住房和城乡建设部门或负责开展上述调查的部门提供，可从“住建部城乡建设统计信息管理系统”中查询。

城区暂住人口 指划定的城区范围内，离开常住户口地的市区或乡、镇，到本地居住半年以上的人员。根据“城市（县城）和村镇建设统计调查”中本直辖市或地级市的“城市（县城）基本情况统计基层表”的“城区（县城）暂住人口”指标填报，由住房和城乡建设部门或负责开展上述调查的部门提供，可从“住建部城乡建设统计信息管理系统”中查询。

公共服务用水量 指为城区社会公共生活服务的用水。包括行政事业单位、部队营区和公共设施服务、社会服务业、批发零售贸易业、旅馆饮食业以及社会服务业等单位的用水，只包括本地售水量，不包括销往本区域外的售水量。根据“城市（县城）和村镇建设统计调查”中本直辖市或地级市的“城市（县城）供水—全社会供水综合表”的“公共服务用水总量”填报，由住房和城乡建设部门或负责开展上述调查的部门提供，可从“住建部城乡建设统计信息管理系统”中查询。

居民家庭用水量 指城市范围内所有居民家庭的日常生活用水，包括城市居民、农民家庭、公共供水站用水，只包括本地售水量，不包括销往本区域外的售水量。根据“城市（县城）和村镇建设统计调查”中本直辖市或地级市的“城市（县城）供水—全社会供水综合表”的“居民家庭用水总量”指标填报，由住房和城乡建设部门或负责开展上述调查的部门提供，可从“住建部城乡建设统计信息管理系统”中查询。

生活用水量（免费供水） 指向居民生活无偿供应的水量，如特困居民免收水费的水量等。根据“城市（县城）和村镇建设统计调查”中本直辖市或地级市的“城市（县城）供水—公共供水综合表”的“居民生活用水量（免费供水）”指标填报，由住房和城乡建设部门或负责开展上述调查的部门提供，可从“住建部城乡建设统计信息管理系统”中查询。

用水人口 指由城市供水设施供给居民家庭用水的人口，包括农业用水人口、非农业用水人口等。根据“城市（县城）和村镇建设统计调查”中本直辖市或地级市的“城市（县城）供水—全社会供水综合表”的“用水人口”指标填报，由住房和城乡建设部门或负责开展上述调查的部门提供，可从“住建部城乡建设统计信息管理系统”中查询。

集中供热面积 指通过热网向建成区内各类房屋供热的房屋建筑面积。只统计供热面积达到 1 万平方米及以上的集中供热设施。根据“城市（县城）和村镇建设统计调查”中本直辖市或地级市的“城市（县城）集中供热综合表”的“集中供热总面积”指标填报，由住房和城乡建设部门或负责开展上述调查的部门提供，可从“住建部城乡建设统计信息管理系统”中查询。

人工煤气/天然气/液化石油气销售气量（居民家庭） 指报告期燃气供应企业（单位）售给本区域内居民家庭的人工煤气量/天然气量/液化石油气量。分别根据“城市（县城）和村镇建设统计调查”中本直辖市或地级市的“城市（县城）燃气—人工煤气综合表”的“销售气量”、“城市（县城）燃气—天然气综合表” 的“销售气量”、“城市（县城）燃气—液化石油气综合表” 的“销售气量”等 3 项指标填报，由住房和城乡建设部门或负责开展上述调查的部门提供，可从“住建部城乡建设统计信息管理系统”中查询。

建制镇个数 指市辖区范围内国家按行政建制设立的镇的总个数。根据“城市（县城）和村镇建设统计调查”中本直辖市或地级市的“建制镇基本情况综合表”的“建制镇个数”指标填报，由住房和城乡建设部门或负责开展上述调查的部门提供，可从“住建部城乡建设统计信息管理系统”中查询。

建成区常住人口　指建制镇建成区总常住人口，即实际经常居住在建制镇建成区半年以上的人口，建成区指建制镇内实际已成片开发建设、市政公用设施和公共设施基本具备的区域。根据“城市（县城）和村镇建设统计调查”中本直辖市或地级市的“建制镇基本情况综合表”的“建成区常住人口”指标填报，由住房和城乡建设部门或负责开展上述调查的部门提供，可从“住建部城乡建设统计信息管理系统”中查询。

建成区年生活用水量　指建制镇建成区范围内居民家庭与公共服务的年用水总量，包括饮食店、医院、商店、学校、机关、部队等单位生活用水量，以及生产单位装有专用水表计量的生活用量（不能分开者可不计）。根据“城市（县城）和村镇建设统计调查”中本直辖市或地级市的“建制镇供水综合表”的“年生活用水量”指标填报，由住房和城乡建设部门或负责开展上述调查的部门提供，可从“住建部城乡建设统计信息管理系统”中查询。

建成区用水人口　指建制镇建成区范围内总用水人口，即集中供水设施供给生活用水的家庭用户总人口数。根据“城市（县城）和村镇建设统计调查”中本直辖市或地级市的“建制镇供水综合表”的“用水人口”指标填报，由住房和城乡建设部门或负责开展上述调查的部门提供，可从“住建部城乡建设统计信息管理系统”中查询。

人均日生活用水量（建成区部分）　指建制镇建成区范围内用水人口平均每天的生活用水量，计算公式为：建成区人均日生活用水量=建成区年生活用水量/建成区用水人口。根据“城市（县城）和村镇建设统计调查”中本直辖市或地级市的“建制镇市政公用设施水平综合表”的“人均日生活用水量”指标填报，由住房和城乡建设部门或负责开展上述调查的部门提供，可从“住建部城乡建设统计信息管理系统”中查询。

人均日生活用水量（村庄部分）　指建制镇建成区以外，所有乡村用水人口平均每天的生活用水量。根据“城市（县城）和村镇建设统计调查”中本直辖市或地级市的“村庄市政公用设施综合表（一）”的“人均日生活用水量”指标填报，由住房和城乡建设部门或负责开展上述调查的部门提供，可从“住建部城乡建设统计信息管理系统”中查询。

表 1　《城市生活污染基本信息表》（S201 表）指标来源参照表

指标代码	指标名称	专业或主管部门
01	全市常住人口	统计部门
02	房屋竣工面积	统计或住房和城乡建设部门
03	人均住房（住宅）建筑面积	统计或住房和城乡建设部门
04	新建沥青公路长度	交通运输部门
05	改建变更沥青公路长度	交通运输部门
06	2017 年年末城市道路长度	住房和城乡建设部门
07	2016 年年末城市道路长度	住房和城乡建设部门
08	市区人口	住房和城乡建设部门
09	城区人口	住房和城乡建设部门
10	市区暂住人口	住房和城乡建设部门

指标代码	指标名称	专业或主管部门
11	城区暂住人口	住房和城乡建设部门
12	公共服务用水量	住房和城乡建设部门
13	居民家庭用水量	住房和城乡建设部门
14	生活用水量（免费供水）	住房和城乡建设部门
15	用水人口	住房和城乡建设部门
16	集中供热面积	住房和城乡建设部门
17	人工煤气销售气量（居民家庭）	住房和城乡建设部门
18	天然气销售气量（居民家庭）	住房和城乡建设部门
19	液化石油气销售气量（居民家庭）	住房和城乡建设部门
20	建制镇个数	住房和城乡建设部门
21	建成区常住人口	住房和城乡建设部门
22	建成区年生活用水量	住房和城乡建设部门
23	建成区用水人口	住房和城乡建设部门
24	人均日生活用水量（建成区部分）	住房和城乡建设部门
25	人均日生活用水量（村庄部分）	住房和城乡建设部门

《县域城镇生活污染基本信息》(S202 表)

全县人口　指县（市、旗）行政辖区内有常住户口和未落常住户口的人员，以及被注销户口的在押犯、劳改、劳教人员。未落常住户口人员是指持出生、迁移、复员转业、劳改释放、解除劳教等证件未落常住户口的、无户口的人员以及户口情况不明且定居一年以上的流入人口。根据“城市（县城）和村镇建设统计调查”中本县（市、旗）的“城市（县城）基本情况统计基层表”的“市区（县）人口”指标填报，由市级住房城乡建设主管部门或负责开展上述调查的部门提供，可从“住建部城乡建设统计信息管理系统”中查询。

县城人口　指划定的县城或县级市城区范围的户籍人口数。根据“城市（县城）和村镇建设统计调查”中本县（市、旗）的“城市（县城）基本情况统计基层表”的“城区（县城）人口”指标填报，由市级住房城乡建设主管部门或负责开展上述调查的部门提供，可从“住建部城乡建设统计信息管理系统”中查询。

县暂住人口　指县（市、旗）行政区域内，离开常住户口地的市区或乡、镇，到本地居住半年以上的人员。根据“城市（县城）和村镇建设统计调查”中本县（市、旗）的“城市（县城）基本情况统计基层表”的“市区（县）暂住人口”指标填报，由市级住房城乡建设主管部门或负责开展上述调查的部门提供，可从“住建部城乡建设统计信息管理系统”中查询。

县城暂住人口　指划定的县城或县级市城区范围内，离开常住户口地的市区或乡、镇，到本地居住半年以上的人员。根据“城市（县城）和村镇建设统计调查”中本县（市、旗）的“城市（县城）基本情况统计基层表”的“城区（县城）暂住人口”指标填报，由市级住房城乡建设主管部门或负责开展上述调查的部门提供，可从“住建部城乡建设统计信息管理系统”中查询。

公共服务用水量　指为县城或县级市城区社会公共生活服务的用水。包括行政事业单位、部队营区和公共设施服务、社会服务业、批发零售贸易业、旅馆饮食业以及社会服务业等单位的用水，只包括本地售水量，不包括销往本区域外的售水量。根据“城市（县城）和村镇建设统计调查”中本县（市、旗）的“城市（县城）供水—全社会供水综合表”的“公共服务用水总量”指标填报，由市级住房城乡建设主管部门或负责开展上述调查的部门提供，可从“住建部城乡建设统计信息管理系统”中查询。

居民家庭用水量　指居民家庭用水指县城或县级市城区范围内所有居民家庭的日常生活用水，包括城市居民、农民家庭、公共供水站用水，只包括本地售水量，不包括销往本区域外的售水量。根据“城市（县城）和村镇建设统计调查”中本县（市、旗）的“城市（县城）供水—全社会供水综合表”的“居民家庭用水总量”指标填报，由市级住房城乡建设主管部门或负责开展上述调查的部门提供，可从“住建部城乡建设统计信息管理系统”中查询。

生活用水量（免费供水）指向居民生活无偿供应的水量，如特困居民免收水费的水量等。根据“城市（县城）和村镇建设统计调查”中本县（市、旗）的“城市（县城）供水—公共供水综合表”的“居民生活用水量（免费供水）”指标填报，由市级住房城乡建设主管部门或负责开展上述调查的部门提供，可从“住建部城乡建设统计信息管理系统”中查询。

用水人口　指由县城或县级市供水设施供给居民家庭用水的人口，包括农业用水人口、非农业用水人口等。根据“城市（县城）和村镇建设统计调查”中本县（市、旗）的“城市（县城）供水—全社会供水综合表”的“用水人口”指标填报，由市级住房城乡建设主管部门或负责开展上述调查的部门提供，可从“住建部城乡建设统计信息管理系统”中查询。

集中供热面积　指通过热网向建成区内各类房屋供热的房屋建筑面积。只统计供热面积达到 1 万平方米及以上的集中供热设施。根据“城市（县城）和村镇建设统计调查”中本县（市、旗）的“城市（县城）集中供热综合表”的“集中供热总面积”指标填报，由市级住房城乡建设主管部门或负责开展上述调查的部门提供，可从“住建部城乡建设统计信息管理系统”中查询。

人工煤气/天然气/液化石油气销售气量（居民家庭）　指报告期燃气供应企业（单位）售给本区域内居民家庭的人工煤气量/天然气量/液化石油气量。分别根据“城市（县城）和村镇建设统计调查”中本县（市、旗）的“城市（县城）燃气—人工煤气综合表”的“销售气量”“城市（县城）燃气—天然气综合表”的“销售气量”“城市（县城）燃气—液化石油气综合表”的“销售气量”3 项指标填报，由市级住房城乡建设主管部门或负责开展上述调查的部门提供，可从“住建部城乡建设统计信息管理系统”中查询。

建制镇个数　指县（市、旗）范围内国家按行政建制设立的镇的总个数。根据“城市（县城）和村镇建设统计调查”中本县（市、旗）的“建制镇基本情况综合表”的“建制镇个数”指标填报，由市级住房城乡建设主管部门或负责开展上述调查的部门提供，可从“住建部城乡建设统计信息管理系统”中查询。

建成区常住人口　指建制镇建成区总常住人口，即早实际经常居住在建制镇建成区半年以上的人口，建成区指建制镇内实际已成片开发建设、市政公用设施和公共设施基本具备的区域。根据“城市（县城）和村镇建设统计调查”中本县（市、旗）的“建制镇基本情况综合表”的“建成区常住人口”指标填报，由市级住房城乡建设主管部门或负责开展上述调查的部门提供，可从“住建部城乡建设统计信息管理系统”中查询。

建成区年生活用水量　指建制镇建成区范围内居民家庭与公共服务的年用水总量，包括饮食店、医院、商店、学校、机关、部队等单位生活用水量，以及生产单位装有专用水表计量的生活用量（不能分开者，可不计）。根据“城市（县城）和村镇建设统计调查”中本县（市、旗）的“建制镇供水综合表”的“年生活用水量”指标填报，由市级住房城乡建设主管部门或负责开展上述调查的部门提供，可从“住建部城乡建设统计信息管理系统”中查询。

建成区用水人口　指建制镇建成区范围内总用水人口，即集中供水设施供给生活用水的家庭用户总人口数。根据“城市（县城）和村镇建设统计调查”中本县（市、旗）的“建制镇供水综合表”的“用水人口”指标填报，由市级住房城乡建设主管部门或负责开展上述调查的部门提供，可从“住建部城乡建设统计信息管理系统”中查询。

人均日生活用水量（建成区部分）　指建制镇建成区范围内用水人口平均每天的生活用水量，计算公式为：建成区人均日生活用水量=建成区年生活用水量/建成区用水人口。根据“城市（县城）和村镇建设统计调查”中本县（市、旗）的“建制镇市政公用设施水平综合表”的“人均日生活用水量”指标填报，由市级住房城乡建设主管部门或负责开展上述调查的部门提供，可从“住建部城乡建设统计信息管理系统”中查询。

人均日生活用水量（村庄部分） 指建制镇建成区以外，所有乡村用水人口平均每天的生活用水量。根据“城市（县城）和村镇建设统计调查”中本县（市、旗）的“村庄市政公用设施综合表（一）”的“人均日生活用水量”指标填报，由市级住房城乡建设主管部门或负责开展上述调查的部门提供，可从“住建部城乡建设统计信息管理系统”中查询。

表 1 《县域城镇生活污染基本信息表》（S202 表）指标来源参照表

指标代码	指标名称	专业或主管部门
01	全县人口	住房和城乡建设部门
02	县城人口	住房和城乡建设部门
03	县暂住人口	住房和城乡建设部门
04	县城暂住人口	住房和城乡建设部门
05	公共服务用水量	住房和城乡建设部门
06	居民家庭用水量	住房和城乡建设部门
07	生活用水量（免费供水）	住房和城乡建设部门
08	用水人口	住房和城乡建设部门
09	集中供热面积	住房和城乡建设部门
10	人工煤气销售气量（居民家庭）	住房和城乡建设部门
11	天然气销售气量（居民家庭）	住房和城乡建设部门
12	液化石油气销售气量（居民家庭）	住房和城乡建设部门
13	建制镇个数	住房和城乡建设部门
14	建成区常住人口	住房和城乡建设部门
15	建成区年生活用水量	住房和城乡建设部门
16	建成区用水人口	住房和城乡建设部门
17	人均日生活用水量（建成区部分）	住房和城乡建设部门
18	人均日生活用水量（村庄部分）	住房和城乡建设部门

《机动车保有量》（Y201-1 表）

机动车类型　指根据中华人民共和国公共安全行业标准《机动车类型 术语和定义》（GA 802—2014），规定的机动车类型分类的规格术语。具体见表 1：

表 1　机动车类型分类

分类		说明
载客汽车	微型	车长不大于 3 500 mm，发动机排气量不大于 1 L 的载客汽车
	小型	车长小于 6 000 mm 但大于 3 500 mm 且乘坐人数小于等于 9 人的载客汽车
	中型	车长小于 6 000 mm 且乘坐人数为（10～19）人的载客汽车
	大型	车长大于等于 6 000 mm 或者乘坐人数大于等于 20 人的载客汽车
载货汽车	微型	车长不大于 3 500 mm，总质量小于等于 1 800 kg 的载货汽车
	轻型	车长小于 6 000 mm 且总质量小于 4 500 kg 的载货汽车
	中型	车长大于等于 6 000 mm 或者总质量大于等于 4 500 kg 且小于 12 000 kg 的载货汽车，但不包括低速货车
	重型	总质量大于等于 12 000 kg 的载货汽车
低速汽车	三轮汽车	以柴油机为动力，最大设计车速小于等于 50 km/h，总质量小于等于 2 000 kg，长小于等于 4 600 mm，宽小于等于 1 600 mm，高小于等于 2 000 mm，具有三个车轮的货车。其中，采用方向盘转向、由传递轴传递动力、有驾驶室且驾驶人座椅后有物品放置空间的，总质量小于等于 3 000 kg，车长小于等于 5 200 mm，宽小于等于 1 800 mm，高小于等于 2 200 mm
	低速货车	以柴油机为动力，最大设计车速小于 70 km/h，总质量小于等于 4 500 kg，长小于等于 6 000 mm，宽小于等于 2 000 mm，高小于等于 2 500 mm，具有四个车轮的货车
摩托车	普通	最大设计车速大于 50 km/h 或者发动机气缸总排量大于 50 mL 的摩托车
	轻便	最大设计车速小于等于 50 km/h，且若使用发动机驱动，发动机气缸总排量小于等于 50 mL 的摩托车

根据中华人民共和国公共安全行业标准《机动车类型 术语和定义》（GA 802—2014），规定的机动车类型分类的使用性质术语，具体见表 2。

表 2　机动车使用性质

分类	说明
出租车	以行驶里程和时间计费，将乘客运载至其指定地点的载客汽车
公交车	城市内专门从事公共交通客运的载客汽车
其他车	除公交车、出租车外的其余载客汽车

初次登记注册日期　初次办理机动车车辆注册登记时的日期。

《机动车污染物排放情况》（Y201-2 表）

机动车　指以动力装置驱动或者牵引，上道路行驶的供人员乘用或者用于运送物品以及进行工程专项作业的轮式车辆。

《农业机械拥有量》（Y202-1 表）

农业机械总动力　全部农业机械动力的额定功率之和。农机总动力按使用能源不同分为：柴油发动机动力，指全部柴油发动机额定功率之和；汽油发动机动力，指全部汽油发动机额定功率之和。

拖拉机　指用于牵引、推动、携带和/或驱动配套机具进行作业的自走式动力机械。

大中型拖拉机：指发动机额定功率在 14.7 千瓦（含 14.7 千瓦即 20 马力）以上的拖拉机，有链轨式和轮式两种。其中 14.7～18.4 千瓦（含 14.7 千瓦即 20 马力）、18.4～36.7 千瓦（含 18.4 千瓦即 25 马力）、36.7～58.8 千瓦（含 36.7 千瓦即 50 马力）、58.8 千瓦（80 马力）及以上的专门统计。

小型拖拉机：指发动机额定功率在 2.2 千瓦（含 2.2 千瓦）以上，小于 14.7 千瓦的拖拉机，包括小四轮与手扶式。

种植业机械　包括耕整地机械、种植施肥机械、农用排灌机械、田间管理机械、收获机械。

（一）耕整地机械

耕整机：指自带发动机驱动，主要从事水田、旱田耕整作业（有的也可从事运输、加工等作业）的机械，包括微耕机、田园管理机。统计为耕整机的，不再统计为手扶拖拉机。耕整机、田园管理机与其配套机具一并按套统计，一台耕整机或田园管理机无论配套几台机具，均统计为一套。

深松机：指由拖拉机悬挂牵引，在不翻动土壤、不破坏地表植被的情况下，能够疏松土壤、打破犁底层的耕作机械。

（二）种植施肥机械

播种机：包括条播机、穴播机、异型种子播种机、小粒种子播种机、根茎类种子播种机、撒播机、免耕播种机等。

免耕播种机：指不需要进行土壤耕翻，直接进行播种作业的播种机械。

精少量播种机：指由拖拉机悬挂牵引并按规定要求进行精少量播种的机械。

水稻直播机：指专门用于直接进行稻种田间播种作业的机械。

水稻插秧机：指自带动力驱动作业的水稻插秧机械。

水稻浅栽机：指自带动力驱动作业的水稻抛秧、摆秧的机械。

化肥深施机、地膜覆盖机：分别指由拖拉机带动，进行深施化肥、铺盖地膜的机械。

（三）农用排灌机械

排灌动力机械：指用于农用排灌作业的配套动力机械，包括柴油机和电动机。

农用水泵：指用于农业生产的各类水泵。与节水灌溉类机械配套的水泵不统计在内。

节水灌溉类机械：包括微灌、喷灌、滴灌、渗灌机械。计量单位为套，一台水泵无论配多少喷头，均作为一套统计。利用天然水流或水利工程落差的压力进行自流喷灌的自压喷灌系统，也应统计在内。

（四）田间管理机械

机动喷雾（粉）机：指自带动力或与动力机械配套作业的喷雾（粉）机。包括机引式、担架式、背负式。

（五）收获机械

联合收获机：指能一次完成作物收获的切割（摘穗）、脱粒、分离、清选等其中多项工序的机械。联合收获机按用途分为稻麦联合收割机和玉米联合收获机。自走式联合收获机的功率是其发动机额定功率。

稻麦联合收割机：包括小麦联合收割机、水稻联合收割机、稻麦两用联合收割机。

玉米联合收获机：包括自走式玉米收获机、背负式玉米收获机、穗茎兼收玉米收获机等，不包括玉米青贮收获机。

割晒机：指一次仅能完成收割和禾秆铺放的机械，包括割捆机。该项统计仅指小麦、水稻和玉米的割晒机。

其他收获机械：指大豆、油菜籽、马铃薯、甜菜、花生、棉花、蔬菜、茶叶、青饲料、牧草等收获机械、秸秆粉碎还田机、秸秆捡拾打捆机以及玉米、大豆、油菜籽收获专用割台等。

渔业机械　包括增氧机、投饵机两种机械。

《农业生产燃油消耗情况》（Y202-2 表）

农业生产燃油消耗　指从事农业生产的各种农业机械消耗燃油的总量。

农田作业　指除农田排灌作业以外的田间和场上机械作业消耗燃油的数量。包括机耕、机播、机收、植保、田间管理、秸秆还田等。复式作业按其中一项计算。

（1）机耕：指使用拖拉机或其他耕作机械作业消耗燃油的数量。机耕包括耕、整地（含中耕），按作业次数累计计算。

（2）机播：指使用农业机械直接播种（含插秧）消耗燃油的数量。

（3）机收：指使用联合收获机、收割（割晒）机等消耗燃油的数量，包括机动脱粒机消耗燃油的数量。

（4）植保：指使用植保机械防治病虫害消耗燃油的数量。

（5）其他：指机械化秸秆还田、地膜收集、打捆等作业消耗燃油的数量。

农田排灌　指农机排灌消耗燃油的数量。

农田基本建设　指农业机械投入各种农田基本建设消耗燃油的数量。包括土地平整、梯田建设、小型水利工程和机耕道建设等。

畜牧业生产　指畜牧业生产过程中消耗燃油的数量。包括牧草收获、搂草、打捆、粉碎、挤奶、剪羊毛等。

农产品初加工　指农产品初加工消耗燃油的数量。

农业运输　指使用拖拉机、农用运输机械拉运农产品、农业生产资料和人畜饮水等消耗燃油的数量。

其他　包括设施农业中温室大棚机械、果园作业机械作业消耗燃油的数量等。

《机动渔船拥有量》（Y202-3 表）

机动渔船　指依靠本船主机动力来推进的渔业船舶，分为渔业生产船和渔业辅助船。

生产渔船是直接从事渔业捕捞和养殖活动的船舶统称。从事捕捞业活动的渔船为捕捞渔船，从事养殖业活动的渔船为养殖渔船。捕捞渔船，按主机总功率分为：441 千瓦（含）以上、44.1～441 千瓦、44.1 千瓦（含）以下三类；按船长分为：24 米（含）以上、12（含）～24 米、12 米以下。

辅助渔船是指从事各种加工、贮藏、运输、补给、渔业执法等渔业辅助活动的渔业船舶统称。包括水产运销船、冷藏加工船、油船、供应船、科研调查船、教学实习船、渔港工程船、拖轮、驳船和渔业行政执法船等。其中捕捞辅助船指水产运销船、冷藏加工船、油船、供应船等为渔业捕捞生产提供服务的渔业船舶。钓业、围网等作业渔船中的子船纳入捕捞辅助船统计范围。

机动渔船的统计单位包括艘、总吨、千瓦。

“艘”按船舶单元计算。子母式作业船应分别统计。

“总吨”按船舶全部容积计算，即每 2.83 立方米为 1 总吨。

“千瓦”按主机总功率计算，主机总功率是指所有用于推进的发动机持续功率总和，1 马力等于 0.735 千瓦，对经过增压的发动机，应按增压后的功率计算。

《农业机械污染物排放情况》（Y202-4 表）

农业机械　在作物种植业和畜牧业生产过程中，以及农、畜产品初加工和处理过程中所使用的各种机械，主要燃料为柴油。包括拖拉机、联合收割机、排灌机械、渔船以及其他柴油机械等。

《油品储运销环节污染物排放情况》（Y203表）

油品储运销　指从事油品储存、运输和销售的企业，包括储油库、加油站和油品运输企业。油码头储油、装油和卸油过程，以及非对外营业的加油站和储油库暂不纳入。

五、附录

（一）国民经济行业分类代码（略）

（二）统计用区划代码（略）

（三）河流名称与代码（略）

（四）工业行业污染核算用主要产品、原料、生产工艺分类目录（略）

（五）指标解释通用代码表

表 1　废水处理方法名称及代码表

代码	处理方法名称	代码	处理方法名称	代码	处理方法名称
1000	物理处理法	4000	好氧生物处理法	6000	稳定塘、人工湿地及土地处理法
1100	过滤分离	4100	活性污泥法	6100	稳定塘
1200	膜分离	4110	A/O 工艺	6110	好氧化塘
1300	离心分离	4120	A^2/O 工艺	6120	厌氧塘
1400	沉淀分离	4130	A/O^2 工艺	6130	兼性塘
1500	上浮分离	4140	氧化沟类	6140	曝气塘
1600	蒸发结晶	4150	SBR 类	6200	人工湿地
1700	其他	4160	MBR 类	6300	土地渗滤
2000	化学处理法	4170	AB 法		
2100	中和法	4200	生物膜法		
2200	化学沉淀法	4210	生物滤池		
2300	氧化还原法	4220	生物转盘		
2400	电解法	4230	生物接触氧化法		
2500	其他	5000	厌氧生物处理法		
3000	物理化学处理法	5100	厌氧水解类		
3100	化学混凝法	5200	定型厌氧反应器类		
3200	吸附	5300	厌氧生物滤池		
3300	离子交换	5400	其他		
3400	电渗析				
3500	其他				

表 2　燃料类型及代码表

能源名称	计量单位	代码	参考折标准煤系数（吨标准煤/吨）	参考发热量
原煤	吨	1	—	—
无烟煤	吨	2	0.942 8	约 6 000 千卡/千克以上
炼焦烟煤	吨	3	0.9	约 6 000 千卡/千克以上
一般烟煤	吨	4	0.714 3	约 4 500～5 500 千卡/千克
褐煤	吨	5	0.428 6	约 2 500～3 500 千卡/千克
洗精煤（用于炼焦）	吨	6	0.9	约 6 000 千卡/千克以上
其他洗煤	吨	7	0.464 3～0.9	约 2 500～6 000 千卡/千克
煤制品	吨	8	0.528 6	约 3 000～5 000 千卡/千克
焦炭	吨	9	0.971 4	约 6 800 千卡/千克
其他焦化产品	吨	10	1.1～1.5	约 7 700～10 500 千卡/千克

能源名称	计量单位	代码	参考折标准煤系数（吨标准煤/吨）	参考发热量
焦炉煤气	万立方米	11	5.714～6.143*	4 000～4 300 千卡/立方米
高炉煤气	万立方米	12	1.286*	约 900 千卡/立方米
转炉煤气	万立方米	13	2.714*	约 1 900 千卡/立方米
发生炉煤气	万立方米	14	1.786*	约 1 250 千卡/立方米
天然气	万立方米	15	11.0～13.3*	7 700～9 300 千卡/立方米
液化天然气	吨	16	1.757 2	约 12 300 千卡/千克
煤层气	万立方米	17	11*	约 7 700 千卡/立方米
原油	吨	18	1.428 6	约 10 000 千卡/千克
汽油	吨	19	1.471 4	约 10 300 千卡/千克
煤油	吨	20	1.471 4	约 10 300 千卡/千克
柴油	吨	21	1.457 1	约 10 200 千卡/千克
燃料油	吨	22	1.428 6	约 10 000 千卡/千克
液化石油气	吨	23	1.714 3	约 12 000 千卡/千克
炼厂干气	吨	24	1.571 4	约 11 000 千卡/千克
石脑油	吨	25	1.5	约 10 500 千卡/千克
润滑油	吨	26	1.414 3	约 9 900 千卡/千克
石蜡	吨	27	1.364 8	约 9 550 千卡/千克
溶剂油	吨	28	1.467 2	约 10 270 千卡/千克
石油焦	吨	29	1.091 8	约 7 640 千卡/千克
石油沥青	吨	30	1.330 7	约 9 310 千卡/千克
其他石油制品	吨	31	1.4	约 9 800 千卡/千克
煤矸石（用于燃料）	吨	32	0.285 7	约 2 000 千卡/千克
城市生活垃圾（用于燃料）	吨	33	0.271 4	约 1 900 千卡/千克
生物燃料	吨标准煤	34	1	7 000 千卡/千克标准煤
工业废料（用于燃料）	吨	35	0.428 5	约 3 000 千卡/千克
其他燃料	吨标准煤	36	1	7 000 千卡/千克标准煤

注：*参考折标准煤系数单位为吨标准煤/万立方米。

表 3 锅炉/燃气轮机类型代码表

代码	按燃料类型分
R1	燃煤锅炉
R2	燃油锅炉
R3	燃气锅炉
R4	燃生物质锅炉
R5	余热利用锅炉
R6	其他锅炉
R7	燃气轮机

表 4 锅炉燃烧方式及代码表

代码	燃煤锅炉	代码	燃油锅炉	代码	生物质锅炉
RM01	抛煤机炉	RY01	室燃炉	RS01	层燃炉
RM02	链条炉	RY02	其他	RS02	其他
RM03	其他层燃炉	代码	燃气锅炉	—	—
RM04	循环流化床锅炉	RQ01	室燃炉	—	—
RM05	煤粉炉	RQ02	其他	—	—
RM06	其他	—	—	—	—

表 5 脱硫、脱硝、除尘、挥发性有机物处理工艺代码、名称

代码	脱硫工艺	代码	脱硝工艺	代码	除尘工艺	代码	挥发性有机物处理工艺
—	炉内脱硫	—	炉内低氮技术	—	过滤式除尘	—	直接回收法
S01	炉内喷钙	N01	低氮燃烧法	P01	袋式除尘	V01	冷凝法
S02	型煤固硫	N02	循环流化床锅炉	P02	颗粒床除尘	V02	膜分离法
—	烟气脱硫	N03	烟气循环燃烧	P03	管式过滤	—	间接回收法
S03	石灰石/石膏法	—	烟气脱硝	—	静电除尘	V03	吸收+分流
S04	石灰/石膏法	N04	选择性非催化还原法（SNCR）	P04	低低温	V04	吸附+蒸汽解析
S05	氧化镁法	N05	选择性催化还原法（SCR）	P05	板式	V05	吸附+氮气/空气解析
S06	海水脱硫法	N06	活性炭（焦）法	P06	管式	—	热氧化法
S07	氨法	N07	氧化/吸收法	P07	湿式除雾	V06	直接燃烧法
S08	双碱法	N08	其他	—	湿法除尘	V07	热力燃烧法
S09	烟气循环流化床法			P08	文丘里	V08	吸附/热力燃烧法
S10	旋转喷雾干燥法			P09	离心水膜	V09	蓄热式热力燃烧法
S11	活性炭（焦）法			P10	喷淋塔/冲击水浴	V10	催化燃烧法
S12	其他			—	旋风除尘	V11	吸附/催化燃烧法
				P11	单筒（多筒并联）旋风	V12	蓄热式催化燃烧法
				P12	多管旋风	—	生物降解法
				—	组合式除尘	V13	悬浮洗涤法
				P13	电袋组合	V14	生物过滤法
				P14	旋风+布袋	V15	生物滴滤法
				P15	其他	—	高级氧化法
						V16	低温等离子体
						V17	光解
						V18	光催化
						V19	其他

（六）突发环境事件风险物质及临界量清单

序号	物质名称	CAS 号	突发事件案例及遇水反应生成的物质	临界量（吨）
		第一部分 有毒气态物质		
1	光气	75-44-5	a	0.25
2	乙烯酮	463-51-4	a	0.25
3	硒化氢	7783-07-5	b	0.25
4	二氟化氧	7783-41-7		0.25
5	砷化氢	7784-42-1	a	0.25
6	甲醛	50-00-0	a，c，d	0.5
7	乙二腈	460-19-5		0.5
8	氟	7782-41-4	e	0.5
9	二氧化氯	10049-04-4	e	0.5

序号	物质名称	CAS 号	突发事件案例及遇水反应生成的物质	临界量（吨）
10	一氧化氮	10102-43-9	e	0.5
11	氯气	7782-50-5	a，b，c，d	1
12	四氟化硫	7783-60-0		1
13	磷化氢	7803-51-2	e	1
14	二氧化氮	10102-44-0	e	1
15	乙硼烷	19287-45-7		1
16	三甲胺	75-50-3	a	2.5
17	羰基硫	463-58-1		2.5
18	二氧化硫	7446-09-5	a，b，d	2.5
19	过氯酰氟	7616-94-6		2.5
20	三氟化硼	7637-07-2	e	2.5
21	氯化氢	7647-01-0	a，c	2.5
22	硫化氢	7783-06-4	a	2.5
23	锑化氢	7803-52-3		2.5
24	硅烷	7803-62-5	e	2.5
25	溴化氢	10035-10-6		2.5
26	三氯化硼	10294-34-5		2.5
27	甲硫醇	74-93-1	b	5
28	氨气	7664-41-7	a，c	5
29	溴甲烷	74-83-9	b	7.5
30	环氧乙烷	75-21-8	c	7.5
31	二氯丙烷	78-87-5	b	7.5
32	氯化氰	506-77-4	a	7.5
33	一氧化碳	630-08-0	e	7.5
34	煤气	/	a，c	7.5
35	氯甲烷	74-87-3	a	10
36	乙胺	75-04-7		10
第二部分 易燃易爆气态物质				
37	甲胺	74-89-5	c	5
38	氯乙烷	75-00-3	e	5
39	氯乙烯	75-01-4	e	5
40	氟乙烯	75-02-5		5
41	1,1-二氟乙烷	75-37-6		5
42	1,1-二氟乙烯	75-38-7		5
43	三氟氯乙烯	79-38-9		5
44	四氟乙烯	116-14-3	e	5
45	二甲胺	124-40-3	a	5
46	三氟溴乙烯	598-73-2		5
47	二氯硅烷	4109-96-0		5
48	一氧化二氯	7791-21-1		5
49	甲烷	74-82-8	a	10
50	乙烷	74-84-0		10
51	乙烯	74-85-1	a，b	10
52	乙炔	74-86-2	e	10
53	丙烷	74-98-6	e	10
54	丙炔	74-99-7		10

序号	物质名称	CAS 号	突发事件案例及遇水反应生成的物质	临界量（吨）
55	环丙烷	75-19-4		10
56	异丁烷	75-28-5	e	10
57	丁烷	106-97-8	a	10
58	1-丁烯	106-98-9		10
59	1,3-丁二烯	106-99-0	b	10
60	乙基乙炔	107-00-6		10
61	2-丁烯	107-01-7		10
62	乙烯基甲醚	107-25-5		10
63	丙烯	115-07-1	c	10
64	二甲醚	115-10-6	e	10
65	异丁烯	115-11-7	e	10
66	丙二烯	463-49-0		10
67	2,2-二甲基丙烷	463-82-1		10
68	顺-2-丁烯	590-18-1		10
69	反式-2-丁烯	624-64-6		10
70	乙烯基乙炔	689-97-4	e	10
71	氢气	1333-74-0	e	10
72	丁烯	25167-67-3		10
73	石油气	68476-85-7	b	10
第三部分 有毒液态物质				
74	三氯硝基甲烷	76-06-2		0.25
75	硫酸二甲酯	77-78-1	c	0.25
76	氟乙酸甲酯	453-18-9	a	0.25
77	戊硼烷	19624-22-7		0.25
78	乙拌磷	298-04-4	d	0.5
79	二氯甲醚	542-88-1		0.5
80	汞	7439-97-6	d	0.5
81	氯磺酸	7790-94-5	b/氯化氢	0.5
82	羰基镍	13463-39-3	e	0.5
83	氰化氢	74-90-8	b	1
84	苯乙腈	140-29-4	e	1
85	异氰酸甲酯	624-83-9	a	1
86	丙烯酰氯	814-68-6		1
87	四氯化钛	7550-45-0	c/氯化氢	1
88	氢氟酸	7664-39-3	a，c	1
89	五羰基铁	13463-40-6		1
90	敌敌畏	62-73-7	c	2.5
91	四甲基铅	75-74-1		2.5
92	二甲基二氯硅烷	75-78-5	a/氯化氢	2.5
93	甲基三氯硅烷	75-79-6	氯化氢	2.5
94	丙酮氰醇	75-86-5	c/氰化氢	2.5
95	四乙基铅	78-00-2	a	2.5
96	氯甲酸甲酯	79-22-1		2.5
97	丙烯醛	107-02-8	b	2.5
98	氯甲基甲醚	107-30-2		2.5
99	呋喃	110-00-9		2.5

序号	物质名称	CAS 号	突发事件案例及遇水反应生成的物质	临界量（吨）
100	己二腈	111-69-3	b	2.5
101	1,2,4-三氯代苯	120-82-1		2.5
102	甲基丙烯腈	126-98-7		2.5
103	氯甲酸三氯甲酯	503-38-8	b	2.5
104	溴化氰	506-68-3		2.5
105	环氧溴丙烷	3132-64-7		2.5
106	溴	7726-95-6	a	2.5
107	一氯化硫	10025-67-9	氯化氢，硫化氢	2.5
108	氧氯化磷	10025-87-3	e/氯化氢	2.5
109	硫氢化钠	16721-80-5	a	2.5
110	甲苯二异氰酸酯	26471-62-5	b	2.5
111	苯胺	62-53-3	b，c	5
112	过氧乙酸	79-21-0	e	5
113	1,2,3-三氯代苯	87-61-6		5
114	甲苯-2,6-二异氰酸酯	91-08-7		5
115	2-氯苯胺	95-51-2		5
116	2-氯乙醇	107-07-3		5
117	3-氨基丙烯	107-11-9		5
118	丙腈	107-12-0		5
119	氯苯	108-90-7	e	5
120	氯甲酸正丙酯	109-61-5		5
121	丁酰氯	141-75-3	e/氯化氢	5
122	乙撑亚胺	151-56-4		5
123	四硝基甲烷	509-14-8	e	5
124	八甲基环四硅氧烷	556-67-2	e	5
125	甲苯-2,4-二异氰酸酯（TDI）	584-84-9	e	5
126	过氯甲基硫醇	594-42-3		5
127	邻氟硝基苯	1493-27-2	a	5
128	三氧化硫	7446-11-9	b	5
129	发烟硫酸	8014-95-7	a，b，c	5
130	四氯化硅	10026-04-7	a/氯化氢	5
131	十二烷基苯磺酸	27176-87-0	d	5
132	四氯化碳	56-23-5	c	7.5
133	1,1-甲基肼	57-14-7		7.5
134	甲基肼	60-34-4	e	7.5
135	三甲基氯硅烷	75-77-4	d/氯化氢	7.5
136	2-甲基苯胺	95-53-4		7.5
137	氯乙酸甲酯	96-34-4	a	7.5
138	1,2-二氯乙烷	107-06-2	e	7.5
139	2-丙烯-1-醇	107-18-6		7.5
140	醋酸乙烯	108-05-4	a	7.5
141	异丙基氯甲酸酯	108-23-6		7.5
142	哌啶	110-89-4		7.5
143	肼	302-01-2		7.5
144	三氟化硼-二甲醚络合物	353-42-4		7.5
145	盐酸（浓度 37%或更高）	7647-01-0	b	7.5

序号	物质名称	CAS 号	突发事件案例及遇水反应生成的物质	临界量（吨）
146	硝酸	7697-37-2	a，c	7.5
147	三氯化磷	7719-12-2	a，c/氯化氢	7.5
148	三氯化砷	7784-34-1		7.5
149	乙酸	64-19-7	a	10
150	丙酮	67-64-1	c	10
151	三氯甲烷	67-66-3	c	10
152	苯	71-43-2	a，b，c	10
153	碘甲烷	74-88-4		10
154	乙腈	75-05-8	e	10
155	乙硫醇	75-08-1	c	10
156	二氯甲烷	75-09-2	a	10
157	二硫化碳	75-15-0	a，c	10
158	二甲基硫醚	75-18-3		10
159	丙烯亚胺	75-55-8		10
160	环氧丙烷	75-56-9	e	10
161	异丁腈	78-82-0		10
162	三氯乙烯	79-01-6	a	10
163	邻苯二甲酸二丁酯	84-74-2		10
164	1,2-二氯苯	95-50-1		10
165	3,4-二氯甲苯	95-75-0	a	10
166	丙烯酸甲酯	96-33-3	b	10
167	硝基苯	98-95-3	a	10
168	乙苯	100-41-4	a	10
169	苯乙烯	100-42-5	a，c	10
170	环氧氯丙烷	106-89-8	c	10
171	丙烯腈	107-13-1	a，c	10
172	乙二胺	107-15-3	b	10
173	甲苯	108-88-3	a，c	10
174	环己胺	108-91-8		10
175	环己烷	110-82-7	e	10
176	反式-丁烯醛	123-73-9		10
177	四氯乙烯	127-18-4	b	10
178	硫氰酸甲酯	556-64-9		10
179	二甲苯	1330-20-7	a，b，c	10
180	氨水（浓度 20%或更高）	1336-21-6	a，c	10
181	丁烯醛	4170-30-3		10
182	磷酸	7664-38-2	b，d	10
183	硫酸	7664-93-9	a，b，c	10
第四部分 易燃液态物质				
184	*N*,*N*-二甲基甲酰胺	68-12-2	e	5
185	2-氯丙烷	75-29-6		5
186	异丙胺	75-31-0	e	5
187	1,1-二氯乙烯	75-35-4		5
188	2-硝基甲苯	88-72-2	b	5
189	三氯丙烷	96-18-4	b	5
190	呋喃甲醛	98-01-1	b	5

序号	物质名称	CAS 号	突发事件案例及遇水反应生成的物质	临界量（吨）
191	苯甲酰氯	98-88-4	b	5
192	3-氯丙烯	107-05-1		5
193	2-氯-1,3-丁二烯	126-99-8		5
194	二烯丙基二硫	539-86-6	e	5
195	2-氯丙烯	557-98-2		5
196	1-氯丙烯	590-21-6		5
197	亚硫酰氯	7719-09-7	b	5
198	三氯硅烷	10025-78-2	e/氯化氢	5
199	乙醚	60-29-7	e	10
200	甲酸	64-18-6	b/d	10
201	甲醇	67-56-1	a，c	10
202	异丙醇	67-63-0	e	10
203	丁醇	71-36-3	a	10
204	乙醛	75-07-0	e	10
205	2-氨基异丁烷	75-64-9		10
206	四甲基硅烷	75-76-3		10
207	2-甲基丁烷	78-78-4		10
208	2-甲基 1,3-丁二烯	78-79-5		10
209	2-甲基丙醛	78-84-2	b	10
210	丁酮	78-93-3	a	10
211	乙酸甲酯	79-20-9	b	10
212	甲基丙烯酸甲酯	80-62-6		10
213	苯甲酸乙酯	93-89-0	c	10
214	1,2-二甲苯	95-47-6	b	10
215	苯甲醛	100-52-7	a	10
216	甲基苯胺	100-61-8	b，d	10
217	异辛醇	104-76-7	b	10
218	1,4-二甲苯	106-42-3	b，e	10
219	甲酸甲酯	107-31-3		10
220	醋酸酐	108-24-7	b	10
221	1,3-二甲苯	108-38-3	a	10
222	环己酮	108-94-1	b	10
223	戊烷	109-66-0	b	10
224	1-戊烯	109-67-1		10
225	甲缩醛	109-87-5	a	10
226	乙烯基乙醚	109-92-2		10
227	亚硝酸乙酯	109-95-5	a	10
228	正己烷	110-54-3	e	10
229	2,2-二羟基二乙胺	111-42-2	b	10
230	正辛醇	111-87-5	b	10
231	邻苯二甲酸二辛酯	117-84-0	b	10
232	2,6-二氯甲苯	118-69-4	e	10
233	丙烯酸丁酯	141-32-2	a，b	10
234	乙酸乙酯	141-78-6	e	10
235	1,3-戊二烯	504-60-9	e	10
236	3-甲基-1-丁烯	563-45-1		10

序号	物质名称	CAS 号	突发事件案例及遇水反应生成的物质	临界量（吨）
237	2-甲基-1-丁烯	563-46-2		10
238	顺式-2-戊烯	627-20-3		10
239	反式-2-戊烯	646-04-8		10
240	二乙烯酮	674-82-8	d	10
241	甲基萘	1321-94-4	b	10
242	甲基叔丁基醚	1634-04-4	b	10
243	石油醚	8032-32-4	a	10
244	乙醇	64-17-5	a	500*
第五部分　其他有毒物质				
245	氰化钠	143-33-9	氰化氢	0.25
246	氰化钾	151-50-8	氰化氢	0.25
247	五氧化二砷	1303-28-2		0.25
248	氧化镉	1306-19-0	b	0.25
249	三氧化二砷	1327-53-3	b	0.25
250	碳酸镍	3333-67-3		0.25
251	砷	7440-38-2	a，b，c，d	0.25
252	氯化镍	7718-54-9		0.25
253	铬酸	7738-94-5		0.25
254	铬酸钠	7775-11-3	e	0.25
255	砷酸氢二钠	7778-43-0		0.25
256	硫酸镍	7786-81-4	c	0.25
257	铬酸钾	7789-00-6		0.25
258	七水合砷酸氢二钠	10048-95-0		0.25
259	氯化镉	10108-64-2		0.25
260	硫酸镉	10124-36-4	c	0.25
261	硫酸镍铵	15699-18-0		0.25
262	四氧化锇	20816-12-0		0.25
263	乙酰甲胺磷	30560-19-1	d	0.25
264	五氯硝基苯	82-68-8		0.5
265	联苯胺	92-87-5		0.5
266	1,3-二硝基苯	99-65-0		0.5
267	1,2-二硝基苯	528-29-0	a	0.5
268	二苯基亚甲基二异氰酸酯（MDI）	26447-40-5	e	0.5
269	乐果	60-51-5	a	1
270	4-壬基苯酚	104-40-5		1
271	对苯醌	106-51-4	a	1
272	六氯苯	118-74-1		1
273	壬基酚	25154-52-3		1
274	多聚甲醛	30525-89-4	a	1
275	对壬基苯酚（混有异构体）	84852-15-3		1
276	联苯	92-52-4	b	2.5
277	氰酸钾	590-28-3	e	2.5
278	多氯联苯	1336-36-3	d	2.5
279	氯氰菊酯	52315-07-8	a	2.5
280	氯乙酸	79-11-8	d	5
281	5-叔丁基-2,4,6-三硝基间二甲苯	81-15-2		5

序号	物质名称	CAS 号	突发事件案例及遇水反应生成的物质	临界量（吨）
282	三氯异氰尿酸	87-90-1	d	5
283	萘	91-20-3	a	5
284	1,2,4,5-四氯代苯	95-94-3		5
285	1-氯-2,4-二硝基苯	97-00-7		5
286	2,6-二氯-4-硝基苯胺	99-30-9		5
287	对硝基氯苯	100-00-5	b	5
288	4-硝基苯胺	100-01-6		5
289	己内酰胺	105-60-2	e	5
290	苯酚	108-95-2	a，b，c，d	5
291	2,4,6-三硝基甲苯	118-96-7		5
292	2,4-二氯苯酚	120-83-2		5
293	2,4-二硝基甲苯	121-14-2		5
294	2,4,6-三溴苯胺	147-82-0		5
295	二氯异腈尿酸钠	2893-78-9	e	5
296	6-氯-2,4-二硝基苯胺	3531-19-9	a	5
297	次氯酸钠	7681-52-9	b	5
298	高氯酸铵	7790-98-9	e	5
299	白磷	12185-10-3	a	5
300	氟硅酸	16961-83-4	b	5
301	1,4-二氯苯	106-46-7		10
302	三聚氯氰	108-77-0	b	10
303	蒽	120-12-7	b	10
304	五氧化二磷	1314-56-3	e	10
305	硫酸铵	7783-20-2	e	10
306	硝基氯苯	25167-93-5	b	10
307	硫	63705-05-5	b，e	10
308	硝酸铵	6484-52-2	a	50**
309	氯酸钾	3811-04-9	e	100*
310	氯酸钠	7775-09-9	e	100*
第六部分 遇水生成有毒气体的物质				
311	磷化钙	1305-99-3	磷化氢	2.5
312	五硫化二磷	1314-80-3	d/硫化氢	2.5
313	亚硝基硫酸	7782-78-7	二氧化氮	2.5
314	五氟化碘	7783-66-6	氟化氢	2.5
315	五氟化锑	7783-70-2	氟化氢	2.5
316	六氟化铀	7783-81-5	氟化氢	2.5
317	三氟化溴	7787-71-5	氟化氢，溴	2.5
318	氟磺酸	7789-21-1	氟化氢	2.5
319	五氟化溴	7789-30-2	氟化氢，溴	2.5
320	磷化镁	12057-74-8	磷化氢	2.5
321	磷化钠	12058-85-4	磷化氢	2.5
322	磷化锶	12504-16-4	磷化氢	2.5
323	磷化钾	20770-41-6	磷化氢	2.5
324	磷化铝	20859-73-8	磷化氢	2.5
325	乙酰氯	75-36-5	氯化氢	5
326	甲基二氯硅烷	75-54-7	b/氯化氢	5

序号	物质名称	CAS 号	突发事件案例及遇水反应生成的物质	临界量（吨）
327	乙烯基三氯硅烷	75-94-5	氯化氢	5
328	丙酰氯	79-03-8	氯化氢	5
329	氯乙酰氯	79-04-9	氯化氢	5
330	异丁酰氯	79-30-1	氯化氢	5
331	二氯乙酰氯	79-36-7	氯化氢	5
332	二苯二氯硅烷	80- 10-4	氯化氢	5
333	环己基三氯硅烷	98-12-4	氯化氢	5
334	苯基三氯硅烷	98-13-5	氯化氢	5
335	烯丙基三氯硅烷	107-37-9	氯化氢	5
336	戊基三氯硅烷	107-72-2	氯化氢	5
337	十八烷基三氯硅烷	112-04-9	氯化氢	5
338	乙基三氯硅烷	115-21-9	氯化氢	5
339	丙基三氯硅烷	141-57-1	氯化氢	5
340	甲基苯基二氯硅烷	149-74-6	氯化氢	5
341	乙酰溴	506-96-7	溴化氢	5
342	乙酰碘	507-02-8	碘化氢	5
343	乙基三氯硅烷	928-65-4	氯化氢	5
344	乙基苯基二氯硅烷	1125-27-5	氯化氢	5
345	二乙基二氯硅烷	1719-53-5	氯化氢	5
346	乙基二氯硅烷	1789-58-8	氯化氢	5
347	十二烷基三氯硅烷	4484-72-4	氯化氢	5
348	正辛基三氯硅烷	5283-66-9	氯化氢	5
349	壬基三氯硅烷	5283-67-0	氯化氢	5
350	十六烷基三氯硅烷	5894-60-0	氯化氢	5
351	三氯化铝	7446-70-0	氯化氢	5
352	亚硫酸锌	7488-52-0	硫化氢，二氧化硫	5
353	正丁基三氯硅烷	7521-80-4	氯化氢	5
354	氯化亚砜	7719-09-7	氯化氢，二氧化硫	5
355	三溴化铝	7727-15-3	溴化氢	5
356	亚硫酸氢钾	7773-03-7	硫化氢，二氧化硫	5
357	连二亚硫酸钠	7775-14-6	硫化氢，二氧化硫	5
358	连二亚硫酸锌	7779-86-4	硫化氢，二氧化硫	5
359	三溴化磷	7789-60-8	溴化氢	5
360	五溴化磷	7789-69-7	溴化氢	5
361	硫酰氯	7791-25-5	氯化氢	5
362	五氯化磷	10026-13-8	氯化氢	5
363	三溴化硼	10294-33-4	溴化氢	5
364	二氯化硫	10545-99-0	氯化氢，硫化氢，二氧化硫	5
365	四氯化硫	13451-08-6	氯化氢，硫化氢，二氧化硫	5
366	亚硫酸氢钙	13780-03-5	硫化氢，二氧化硫	5
367	连二亚硫酸钾	14293-73-3	硫化氢，二氧化硫	5
368	铬酰氯	14977-61-8	氯化氢	5
369	连二亚硫酸钙	15512-36-4	硫化氢，二氧化硫	5
370	二苄基二氯硅烷	18414-36-3	氯化氢	5
371	氯苯基三氯硅烷	26571-79-9	氯化氢	5
372	二氯苯基三氯硅烷	27137-85-5	氯化氢	5

序号	物质名称	CAS 号	突发事件案例及遇水反应生成的物质	临界量（吨）
373	金属卤代烷	/	氯化氢	5
374	二氨基镁	7803-54-5	氨气	10
375	氮化锂	26134-62-3	氨气	10
		第七部分 重金属及其化合物		
376	铜及其化合物（以铜离子计）	/	b，d	0.25
377	锑及其化合物（以锑计）	/	a	0.25
378	铊及其化合物（以铊计）	/	b	0.25
379	钼及其化合物（以钼计）	/	a	0.25
380	钒及其化合物（以钒计）	/	a	0.25
381	镍及其化合物（以镍计）	/	d	0.25
382	钴及其化合物（以钴计）	/		0.25
383	银及其化合物（以银计）	/		0.25
384	铬及其化合物（以铬计）	/		0.25
385	锰及其化合物（以锰计）	/	a，d	0.25
		第八部分 其他类物质及污染物		
386	健康危险急性毒性物质（类别 1）	/	a，b	5**
387	NH_3-N 浓度≥2 000 mg/L 的废液	/	c	5
388	COD_{Cr} 浓度≥10 000 mg/L 的有机废液	/	a，b	10
389	健康危险急性毒性物质（类别 2，类别 3）	/	a，b，c	50**
390	危害水环境物质（急性毒性类别：急性 1，慢性毒性类别：慢性 1）	/		100**
391	危害水环境物质（慢性毒性类别：慢性 2）	/		200**
392	油类物质（矿物油类，如石油、汽油、柴油等；生物柴油等）	/	a，b	2 500**

注：1. a 代表该种物质曾由于生产安全事故引发了突发环境事件；b 代表该种物质曾由于交通事故引发了突发环境事件；c 代表该种物质曾由于非法排污引发了突发环境事件；d 代表该种物质曾由于其他原因引发了突发环境事件；e 代表该物质发生过生产安全事故。

2．第一、第二、第三、第四、第五、第六部分风险物质临界量均以纯物质质量计，第七部分风险物质按标注物质的质量计。

3．健康危害急性毒性物质分类见 GB 30000.18，危害水环境物质分类见 GB 30000.28。

* 该物质临界量参考 GB 18218。

** 该物质临界量参考欧盟《塞维索指令III》（2012/18/EU）。

（七）生活源农村居民能源使用情况抽样方案

1．抽样设计原则

抽样方法既考虑科学性，同时又兼顾可操作性。在保证抽样科学性的前提下，适当考虑各地区实际情况的差异。

2．调查区域

调查以全国农村为总体，采用分层抽样和系统随机抽样方法，最终样本单元为户。

抽样范围为我国内地（不含港澳台地区）农村地区。定义为非城市户籍居民（农村户口）居住地。考虑到行政边界的动态变化，以 2017 年年底的行政区划为准。

3．抽样方法与样本量

（1）农村家庭能源结构调查

设计总样本量 50 000 户。采用分层抽样方法，以全国 31 个省市（不包括香港、澳门、台湾）为第一层次，根据预调研得出的 $PM_{2.5}$ 排放密度划分成两类：第一类包括 $PM_{2.5}$ 排放密度较高的重点区域：山西、山东、河北、天津、河南、辽宁、安徽、北京和陕西 9 省市，第二类为排放密度较低的非重点区域。抽样以最新农村户数为基准，第一类地区抽样密度为 0.43%，第二类地区抽样密度为 0.22%。

采用系统随机抽样方式，以最新版《中华人民共和国乡镇行政区划》为依据，划分成四级单元进行抽样：

①一级单元：地级单元。现有市、区、州、盟中少数农村户数偏低（即根据抽样密度计算的理论抽样量不足 50），与相邻地级单元合并抽样。最终确定的抽样单元为 276 个地级行政单元（包括相邻地级单元组合）。这些单元根据前述原则分重点和非重点两类。

②二级单元：每个地级抽取若干县级单元。抽样数符合以下原则：a）占一级单元中县级单元总数的 1/7（四舍五入）b），每个单元抽样量不超过 300，如果超过，则增加县级单元。据此原则总抽样量为 488 个县级单元。具体抽样采用系统-随机方式，即根据需要抽取的县级单元数将地级区域划分为若干空间相邻的子区域，每个子区域随机抽取一个县级单元。这样的抽样结果兼顾空间代表性和随机性。

③三级单元：每个选中的县级单元抽取若干村级单元。抽样量符合以下原则：a）每个县不低于 2 个村级单元，b）每个村样本量不高于 80。具体抽样方案与二级单元类似，即根据需要抽取的村级单元数将县级级区域划分为若干空间相邻的子区域，每个子区域随机抽取一个村级单元。

④四级单元：每个村随机抽取大致相当的户数。县级单元个村样本量根据总样本了分配。每个县级单元各村样本量大致均衡。

（2）农村家庭固体燃料使用量调查

称重调查与能源结构调查同步进行（降低差旅成本），设计总样本量 2 500 户·日，样本量大于 1/3 独立户。采用系统随机抽样方式，划分成二级单元进行抽样：

一级单元：覆盖 334 个地（市、区、州、盟）；户数偏低的地区与相邻地区合并。

二级单元：考虑空间分布均衡，每个一级单元中抽取 1/16～1/8 县级单元；具体方案与能源结构调查抽样方案相同。

三级单元：每个县级单元中随机抽取一个村，从中抽若干户。样本量根据总样本量逐级分配到村。

4．数据汇总与抽样误差估计

（1）估计各能源使用量均值

用本次抽样调查数据，估算各地市、省、全国农村居民能源使用量均值。

$$\overline{x}=\frac{\sum_{i}^{n}x_i}{n}$$

（2）抽样误差估计

抽样标准误差：

$$S=\sqrt{\frac{\sum_{1}^{n}(x_i-\overline{x})}{n-1}}$$

对于各能源使用量均值计算置信空间如下：

$$P\{L_1 \leqslant \mu \leqslant L_2\}=p=1-\alpha$$

下界：

$$L_1=\overline{x}-t_{\alpha[n-1]}\frac{S}{\sqrt{n}}$$

上界：

$$L_2=\overline{x}+t_{\alpha[n-1]}\frac{S}{\sqrt{n}}$$

式中，$\overline{x}$ 为基于抽样调查数据计算的能源使用量；n 为抽样调查的样本量；$t_{\alpha[n-1]}$ 依据相应的α和自由度（$n-1$）值从 t-分布临界值表中查到相应的 t 值。

后　记

《第二次全国污染源普查成果系列丛书》（以下简称《丛书》）是污染源普查工作成果的具体体现。这一成果是在国务院第二次全国污染源普查领导小组统一领导和部署、地方各级人民政府全力支持下，全国生态环境、农业农村、统计及有关部门普查工作人员和几十万普查员、普查指导员，历经三年多时间，不懈努力、辛勤劳动获得的。及时整理相关材料、全面总结实践经验、编辑出版这些成果资料，使政府有关部门、广大人民群众、科研人员及社会各界了解污染源普查情况、开发利用普查成果，是十分必要且非常有意义的一件大事。

在《丛书》编纂指导委员会指导下，《丛书》主要由第二次全国污染源普查工作办公室的同志编纂完成，技术支持单位研究人员和地方普查工作人员参与了部分内容的编写。在编纂过程中，得到了生态环境部领导、相关司局的关心和支持。中国环境出版集团许多同志不辞辛苦，作了大量编辑工作。中图地理信息有限公司参与了《第二次全国污染源普查图集》的制作。在此一并表示由衷的感谢！

从第二次全国污染源普查启动至《丛书》出版，历时 4 年多时间，相关数据、资料整理过程中会有不尽如人意之处，希望读者谅解指正。

主编 

2021 年 6 月